本书部分案例

底座草图

支架草图

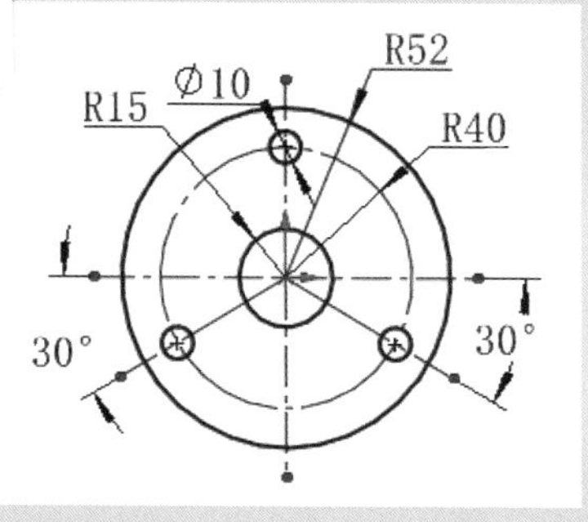

垫片草图

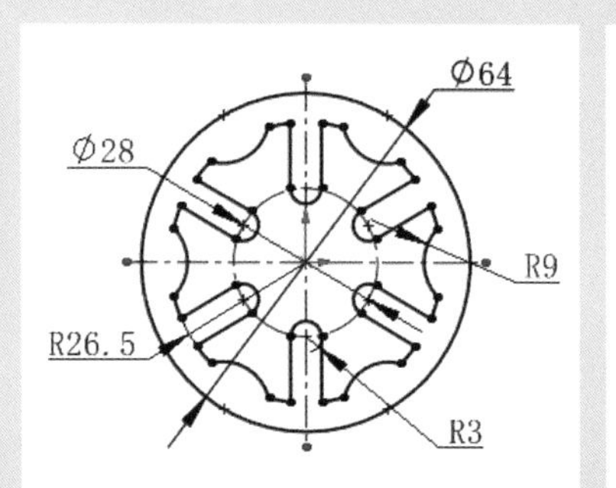

间歇轮草图

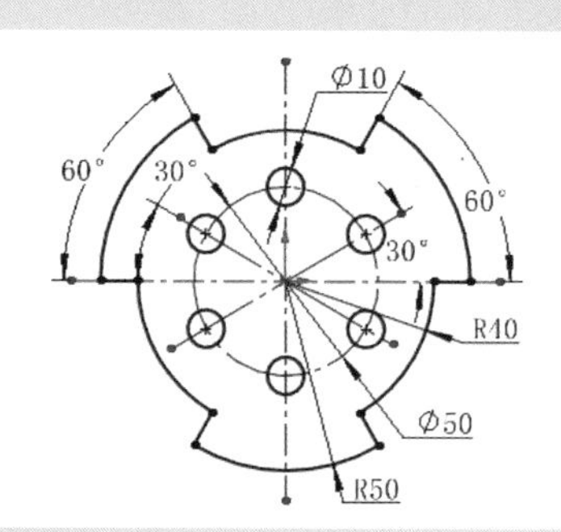

密封垫草图

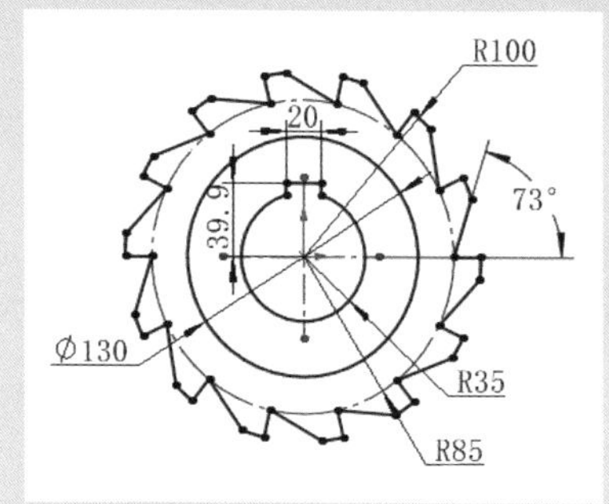

棘轮草图

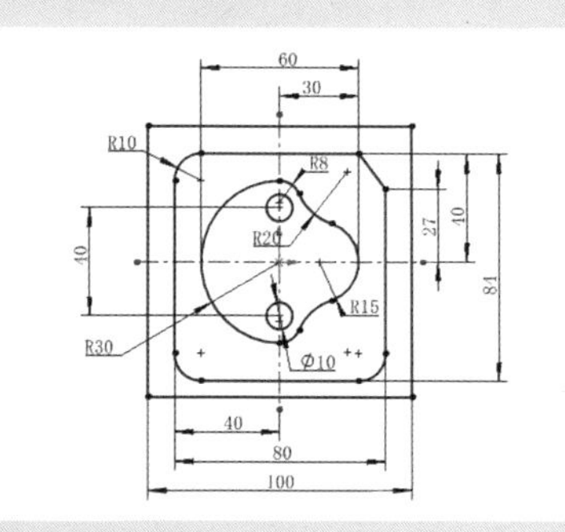

模具草图

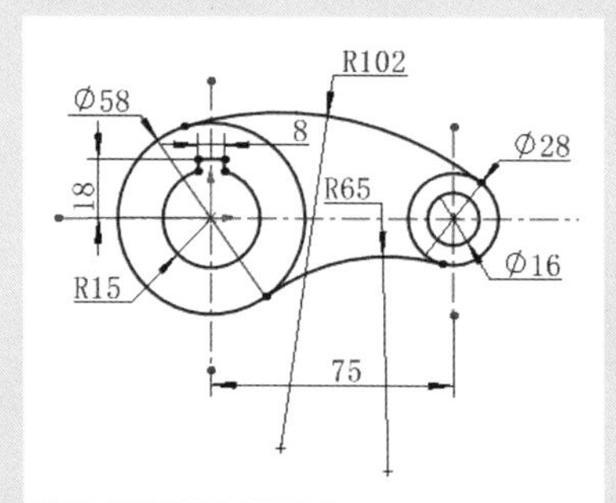

连杆草图

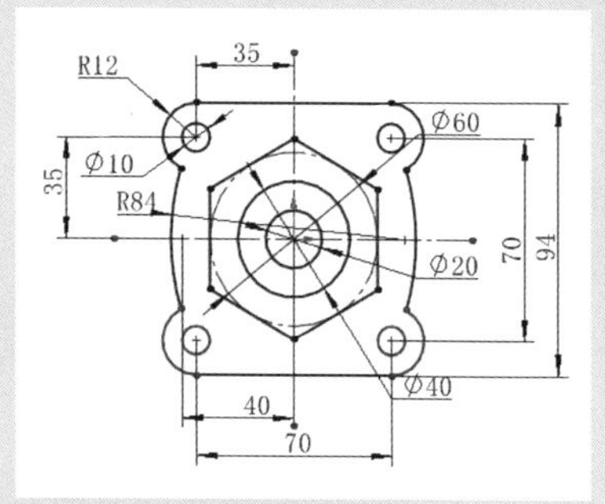

盘盖草图

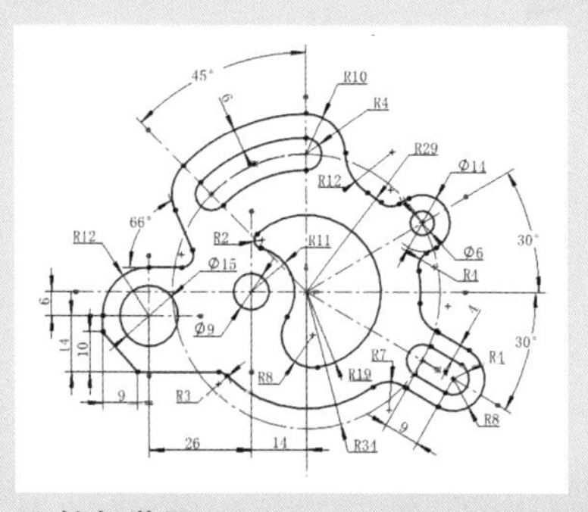

轮架草图

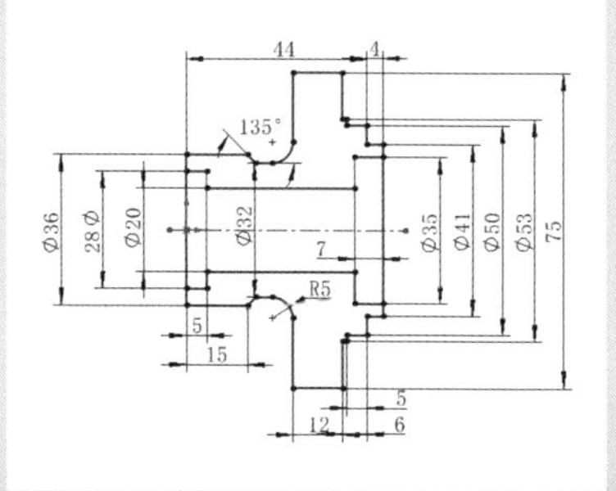

阀盖草图

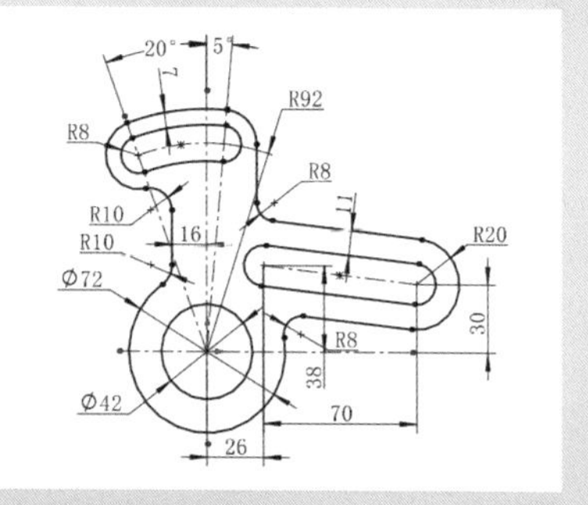

拨叉盘草图

本书部分案例

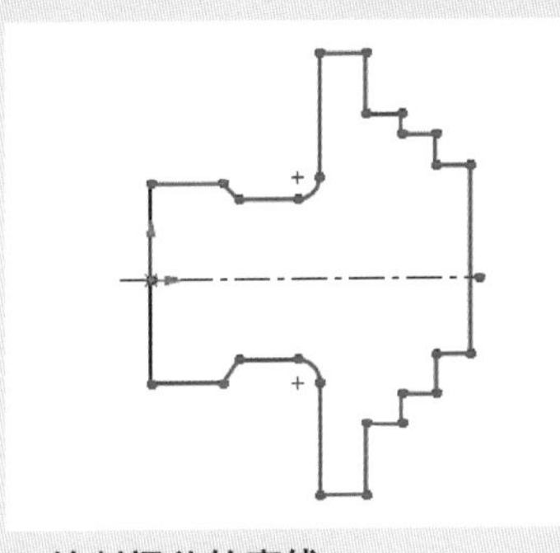

绘制阀盖轮廓线

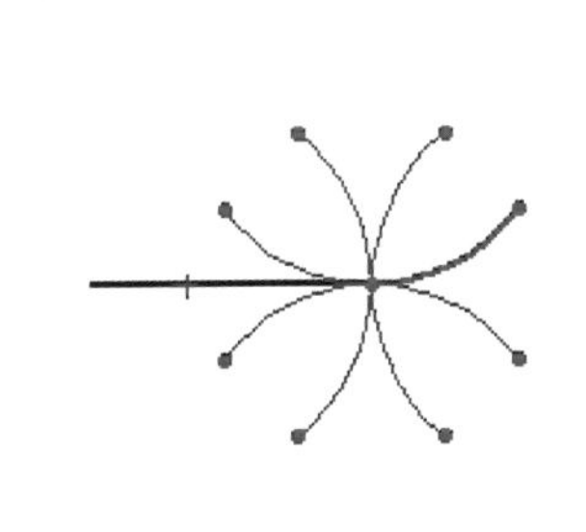

绘制切线弧

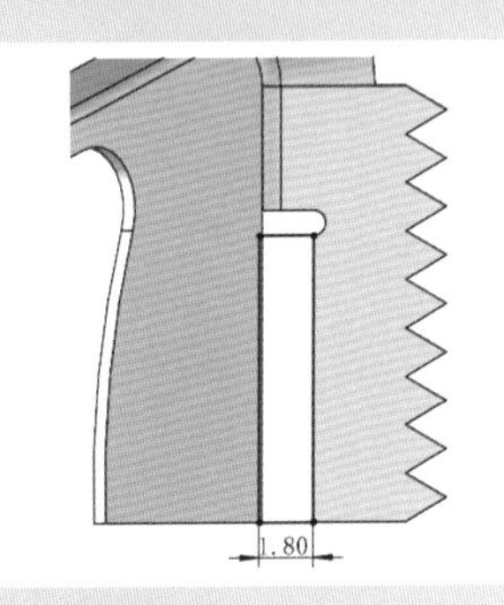

绘制草图

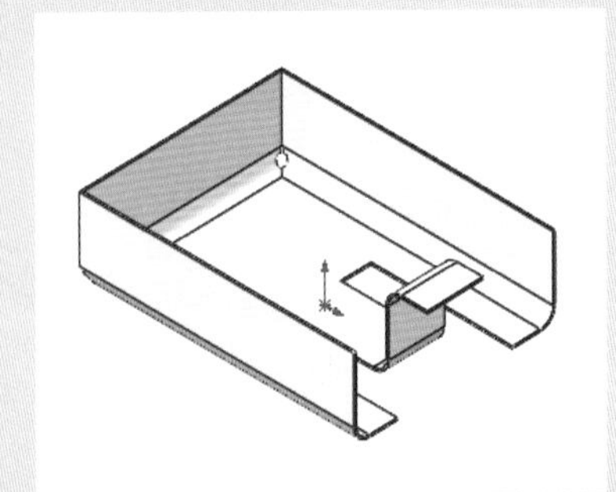

创建钣金箱

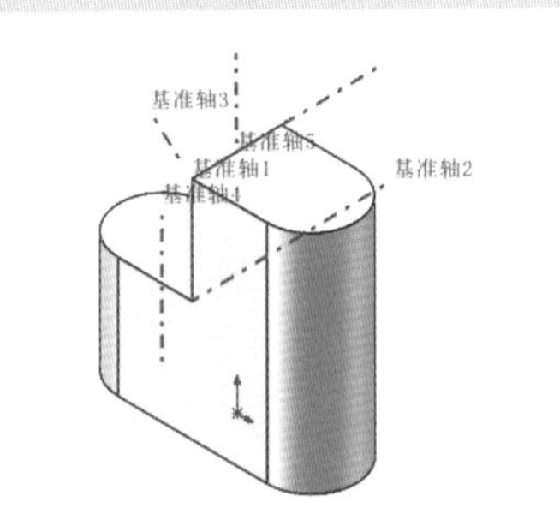

创建基准轴

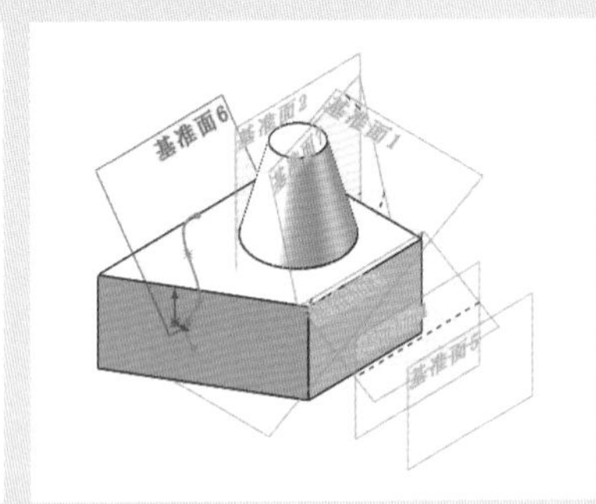

创建基准面

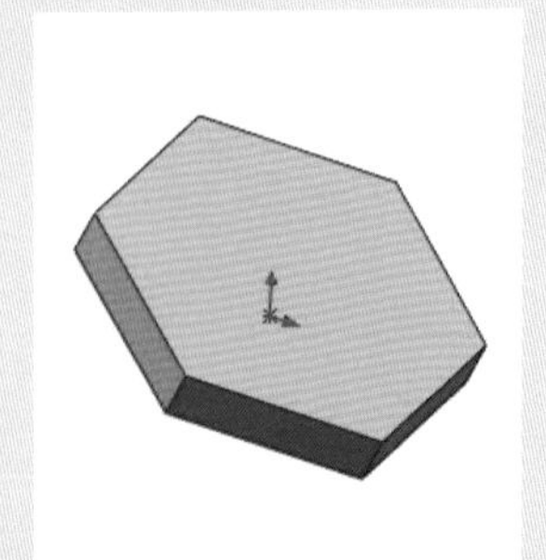

反侧切除

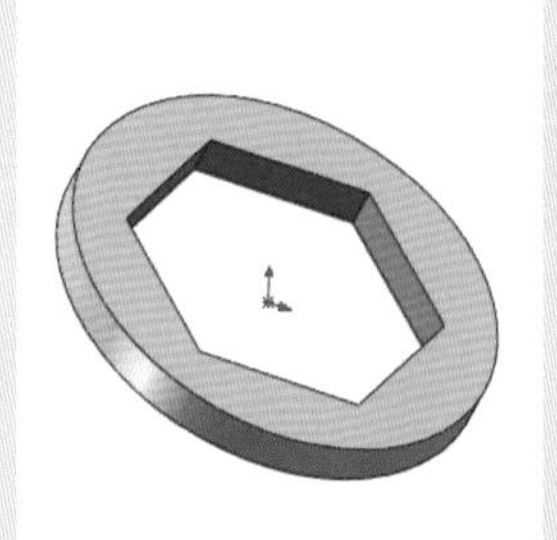

拉伸切除

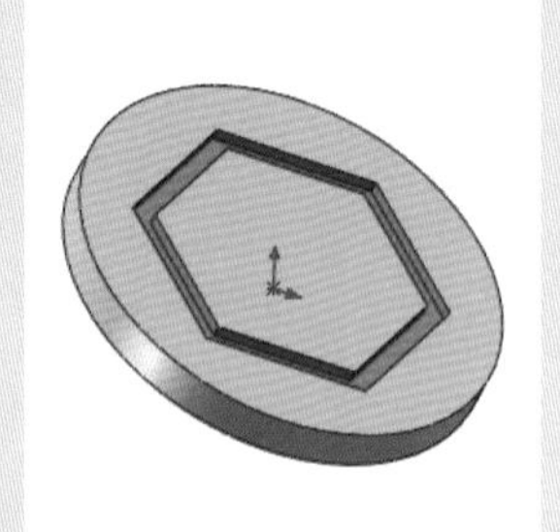

薄壁切除

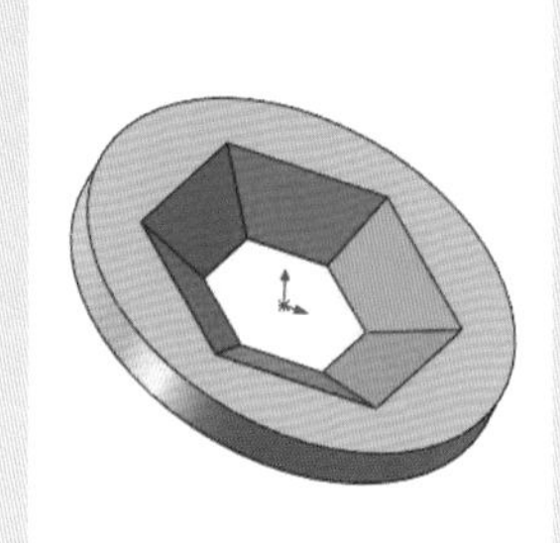

拔模切除

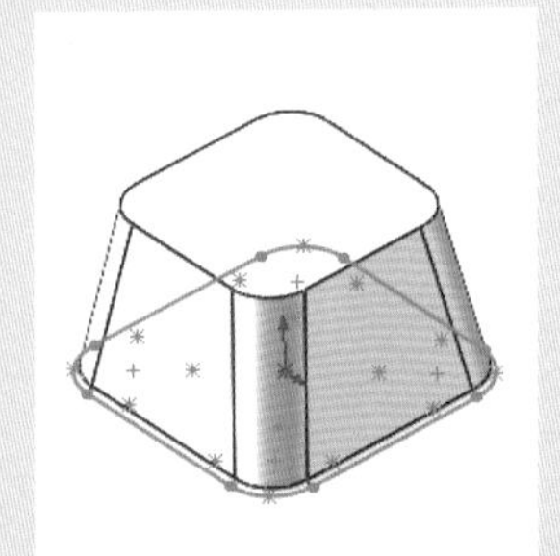

电话机成形工具

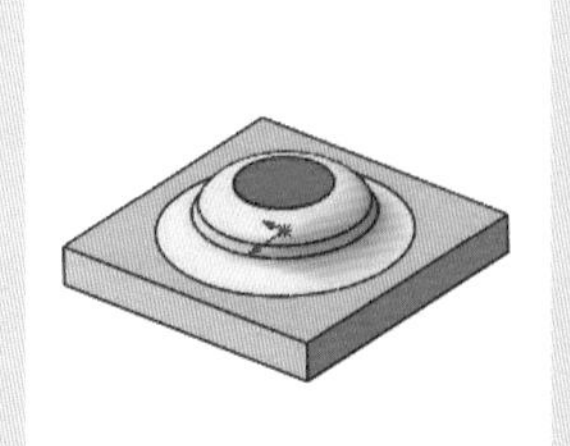

抽屉支架成形工具

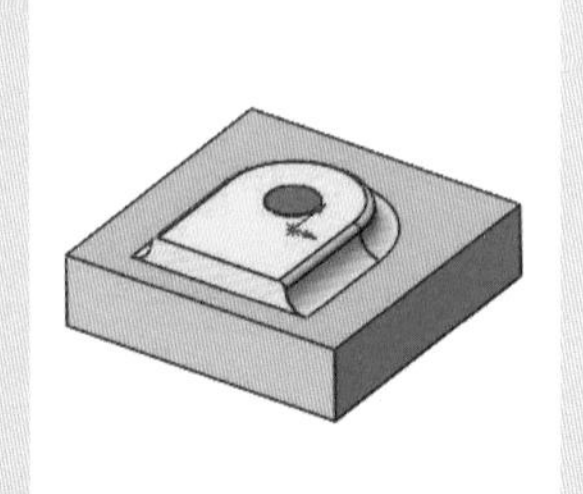

硬盘支架成形工具 1

硬盘支架成形工具 2

本书部分案例

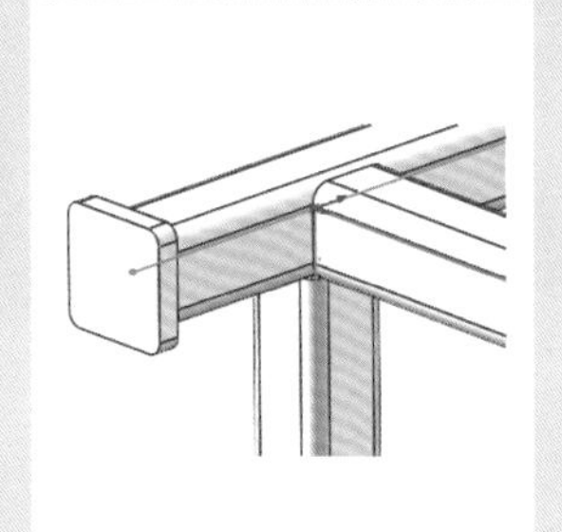

鞋架顶端盖放大图

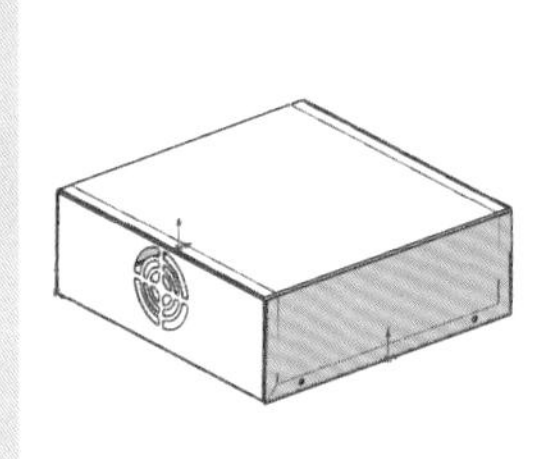

电气箱

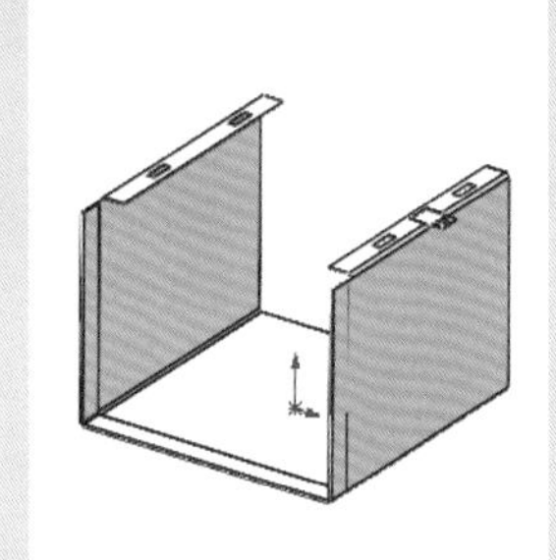

硬盘支架的主体结构

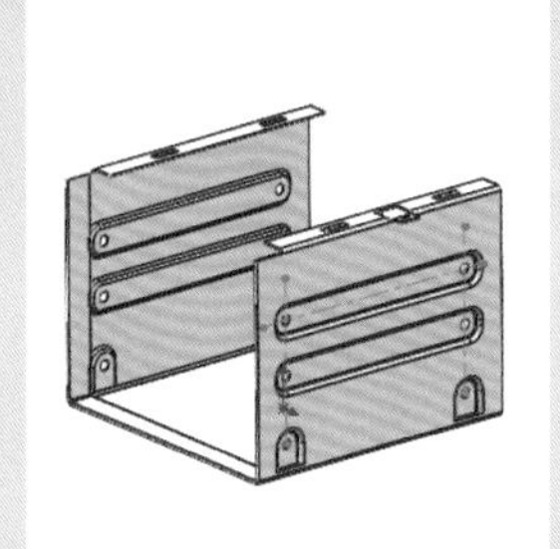

添加成形工具后的硬盘支架

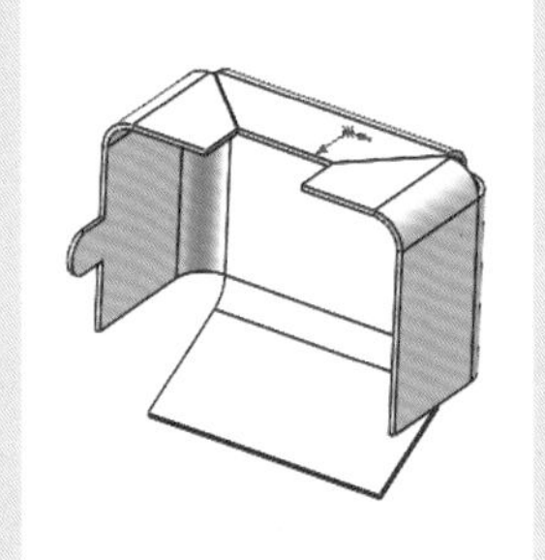

遮罩的斜接法兰

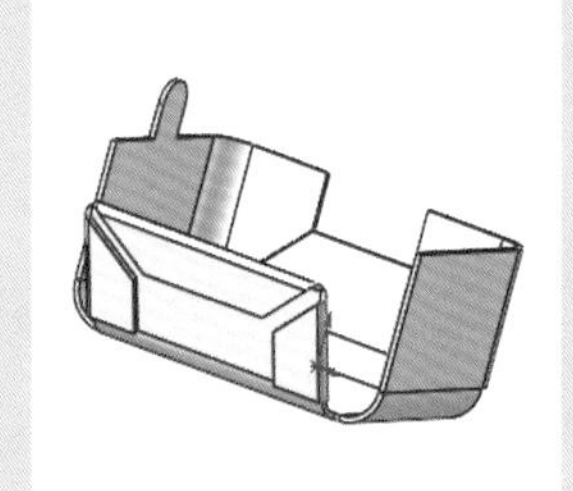

遮罩的褶边

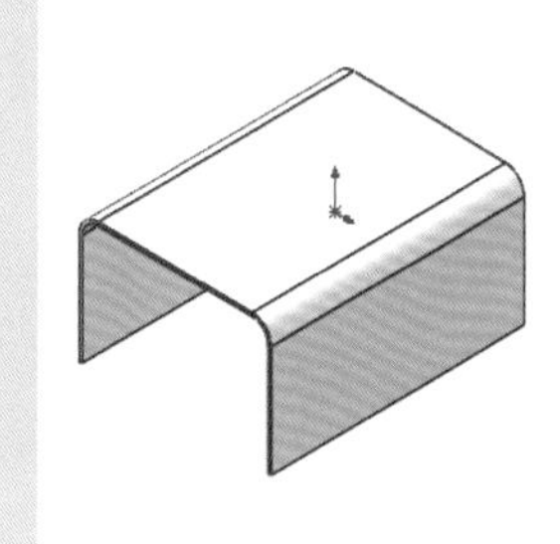

支撑板 1

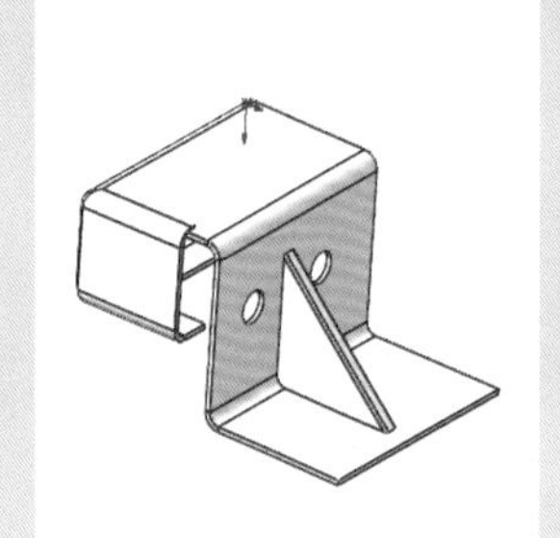

支撑板 2

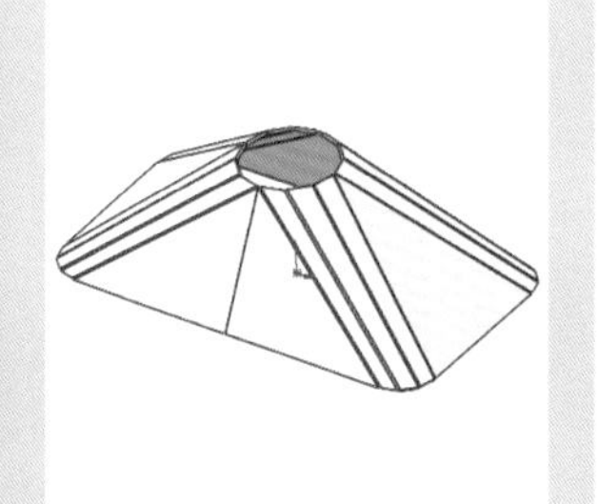

油烟机内腔

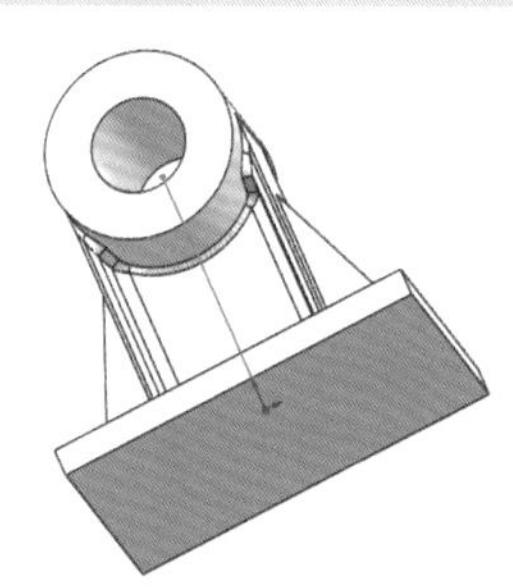

圆角焊缝 1

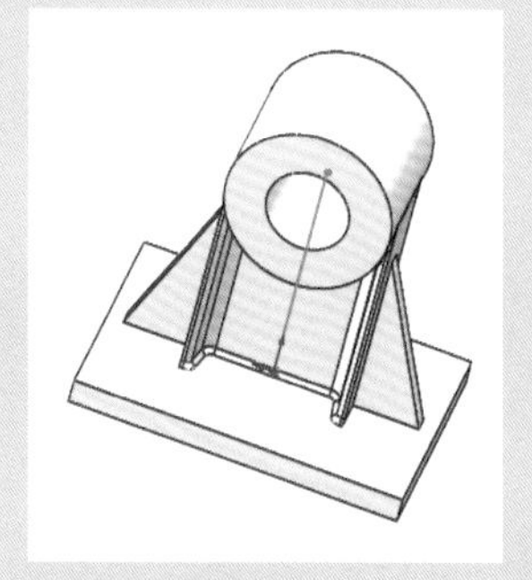

圆角焊缝 2

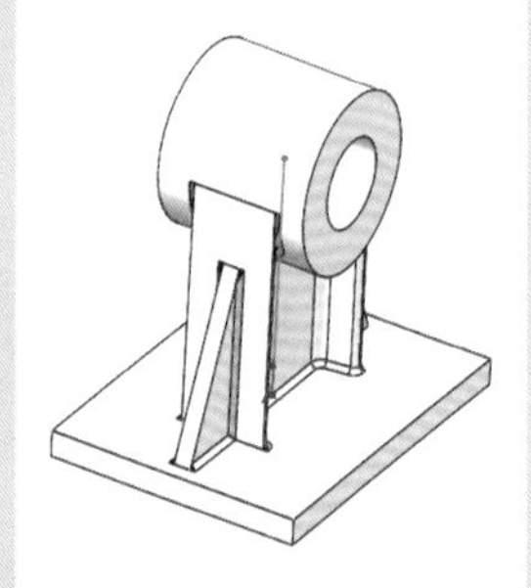

圆角焊缝 3

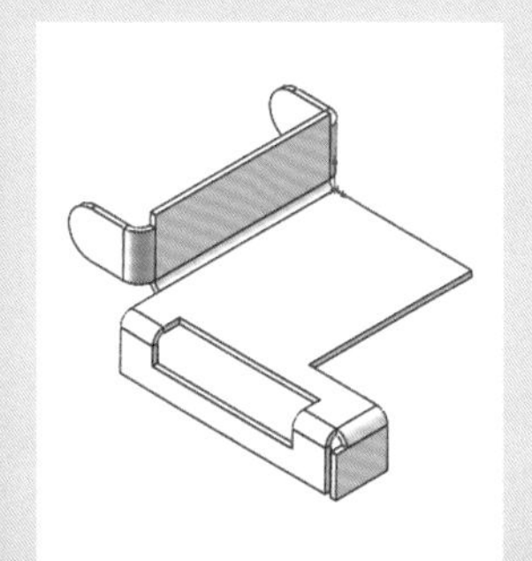

支撑架

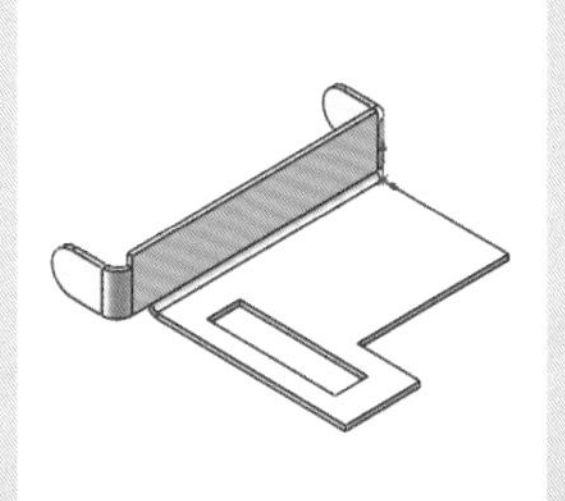

支撑架的拉伸切除特征

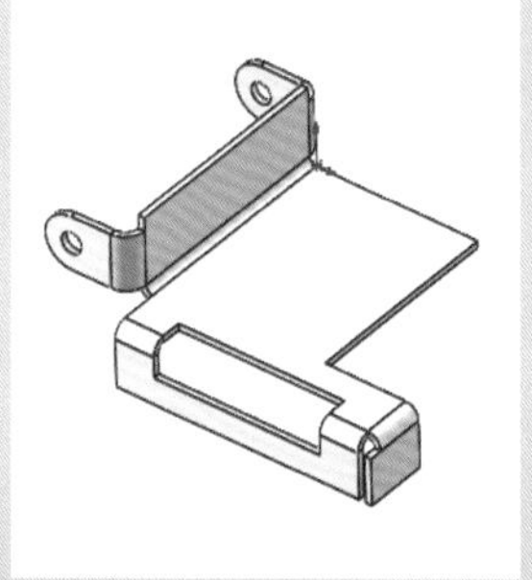

支撑架开孔

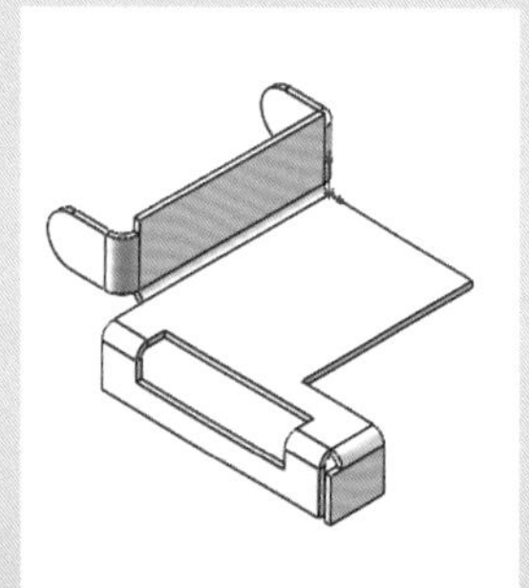

支撑架折弯

本书部分案例

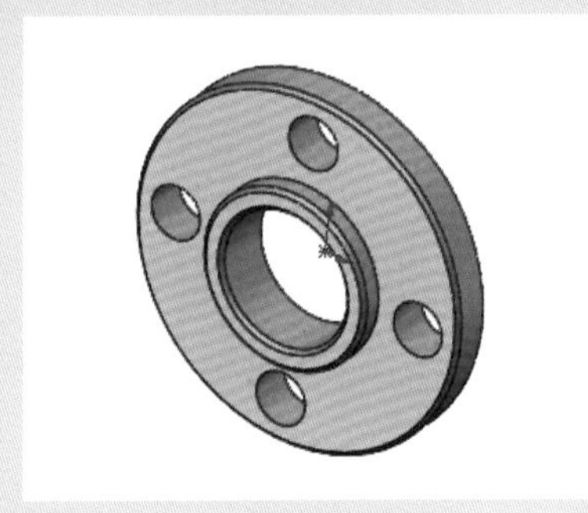

法兰盘

健身器

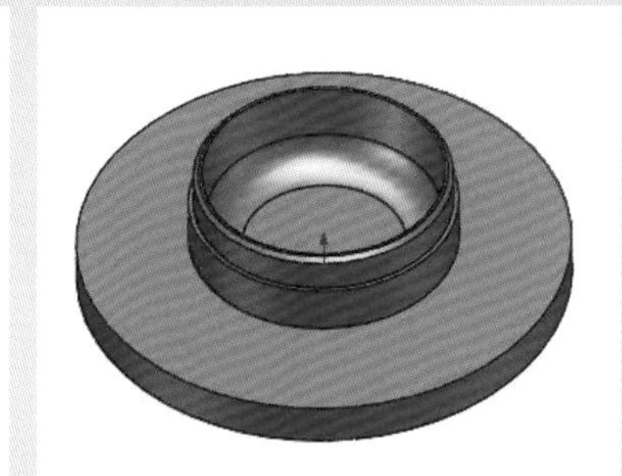

端盖

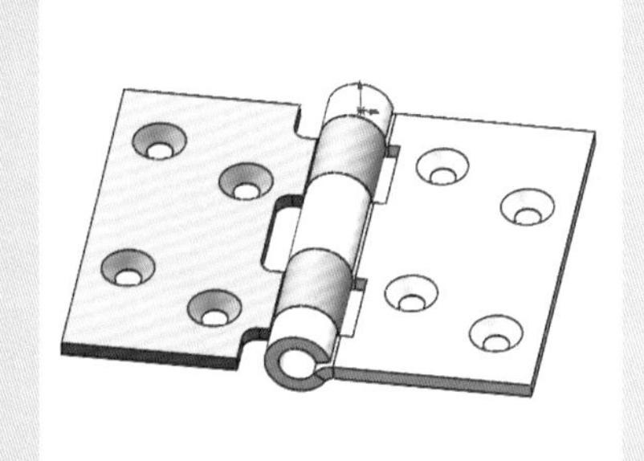

合页

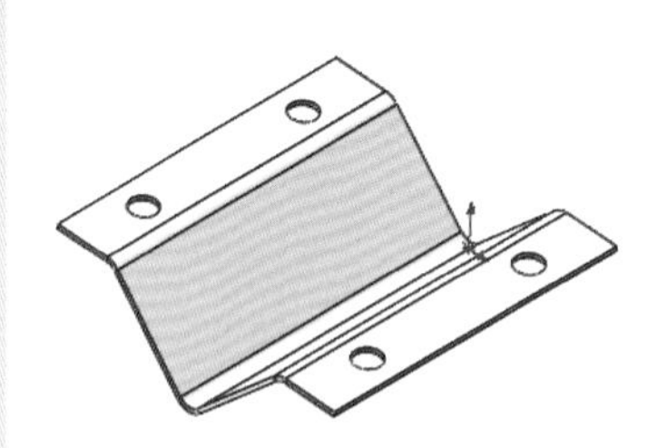

固定铁

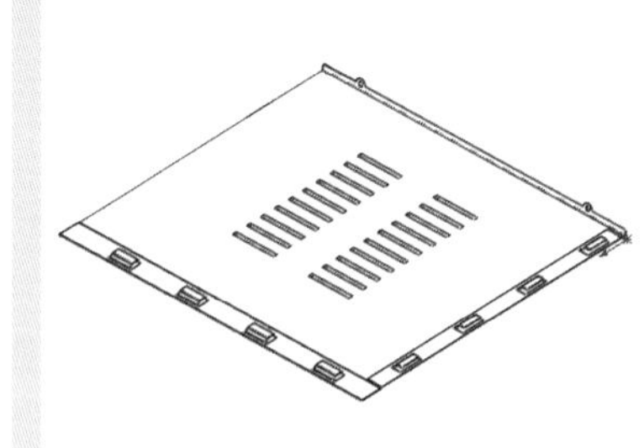

计算机机箱侧板

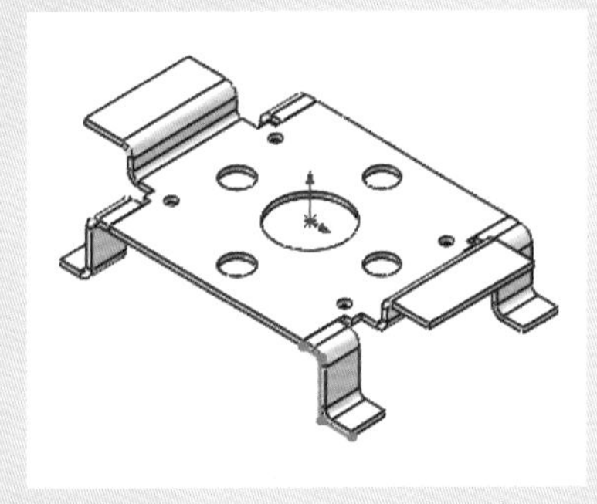

校准架

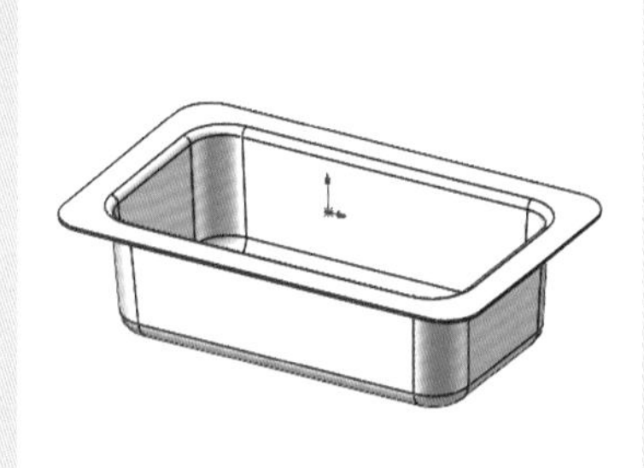

洗菜盆

多功能开瓶器

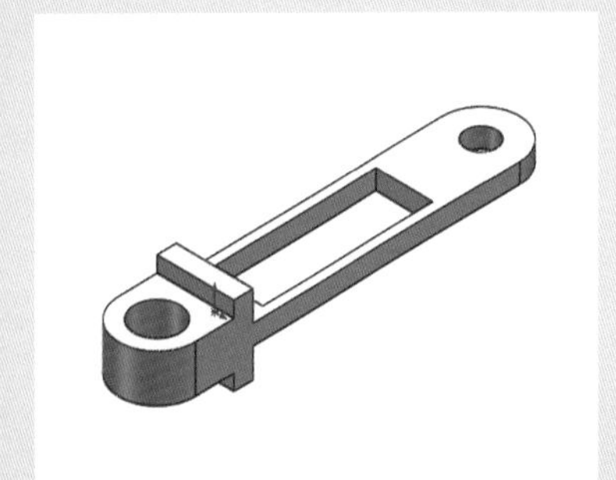

大臂

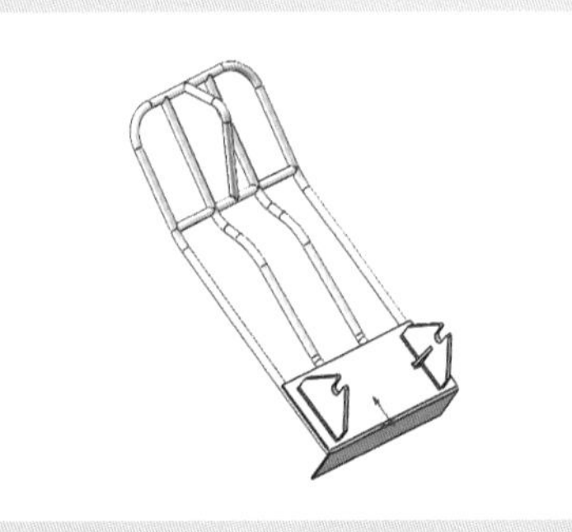

手推车车架

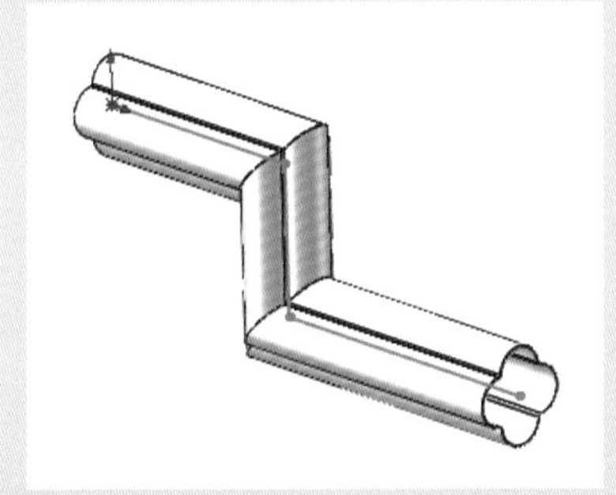

四叶草形管道

CAD/CAM/CAE/EDA 微视频讲解大系

中文版 SOLIDWORKS 钣金与焊接设计从入门到精通

（实战案例版）

624 分钟同步视频教程　98 个实例案例分析

☑草图绘制　☑钣金基础知识　☑钣金设计　☑钣金成形　☑钣金零件设计与关联装配

☑焊件特征　☑切割清单　☑焊接设计实例

天工在线　编著

·北京·

内 容 提 要

SOLIDWORKS 是目前第一个基于 Windows 开发的三维 CAD 系统，是一个以设计功能为主的 CAD/CAM/CAE/EDA 软件。它采用直观、一体化的 3D 开发环境，涵盖产品开发流程的各个环节，如零件设计、钣金设计、装配体设计、工程图设计、仿真分析等，提供了将创意转化为上市产品所需的多种资源。

本书既是一本详细介绍 SOLIDWORKS 钣金与焊接设计使用方法和操作技巧的图文教程，也是一本案例视频教程。全书共 11 章，包括 SOLIDWORKS 2024 概述、绘图基础、草图绘制、草图编辑、钣金基础知识、钣金设计、钣金成形、钣金零件设计与关联装配、焊件特征、切割清单、焊接设计实例等。在讲解过程中，每个重要知识点均配有实例，通过对实例的学习，读者不仅可以提高动手能力，还能加深对知识点的理解。

本书配备了 120 集（624 分钟）微视频、98 个实例分析及配套的实例素材源文件，还附赠了大量相关案例的学习视频和练习资料（如 14 套 SOLIDWORKS 行业案例设计方案及同步视频讲解）。

本书适合 SOLIDWORKS 入门或需要系统学习 SOLIDWORKS 的读者阅读使用。本书基于 SOLIDWORKS 2024 版本编写，使用 SOLIDWORKS 2022、SOLIDWORKS 2020、SOLIDWORKS 2018 等较低版本的读者也可以参考学习。

图书在版编目（CIP）数据

中文版SOLIDWORKS钣金与焊接设计从入门到精通 ： 实战案例版 / 天工在线编著. -- 北京 ： 中国水利水电出版社, 2025. 3. -- (CAD/CAM/CAE/EDA微视频讲解大系). -- ISBN 978-7-5226-2974-2

Ⅰ. TG382-39；TG409

中国国家版本馆CIP数据核字第2025Z1L657号

丛 书 名	CAD/CAM/CAE/EDA 微视频讲解大系
书　　名	中文版 SOLIDWORKS 钣金与焊接设计从入门到精通（实战案例版） ZHONGWENBAN SOLIDWORKS BANJIN YU HANJIE SHEJI CONG RUMEN DAO JINGTONG
作　　者	天工在线　编著
出版发行	中国水利水电出版社 （北京市海淀区玉渊潭南路 1 号 D 座　100038） 网址：www.waterpub.com.cn E-mail：zhiboshangshu@163.com 电话：（010）62572966-2205/2266/2201（营销中心）
经　　售	北京科水图书销售有限公司 电话：（010）68545874、63202643 全国各地新华书店和相关出版物销售网点
排　　版	北京智博尚书文化传媒有限公司
印　　刷	河北文福旺印刷有限公司
规　　格	190mm×235mm　16 开本　23.25 印张　554 千字　2 插页
版　　次	2025 年 3 月第 1 版　2025 年 3 月第 1 次印刷
印　　数	0001—3000 册
定　　价	89.80 元

前　　言

Preface

SOLIDWORKS 是目前第一个基于 Windows 开发的三维 CAD 系统，是一个以设计功能为主的 CAD/CAM/CAE/EDA 软件，它采用直观、一体化的 3D 开发环境，涵盖产品开发流程的各个环节，如零件设计、钣金设计、装配体设计、工程图设计、仿真分析等，提供了将创意转化为上市产品所需的多种资源。

SOLIDWORKS 因其功能强大、易学易用和技术不断创新等特点，成为市场上领先的、主流的三维 CAD 解决方案。其应用涉及平面工程制图、三维造型、求逆运算、加工制造、工业标准交互传输、模拟加工过程、电缆布线和电子线路等领域。

一、本书特点

本书详细介绍了 SOLIDWORKS 2024 在钣金与焊接设计方面的使用方法和操作技巧，涵盖 SOLIDWORKS 2024 概述、绘图基础、草图绘制、草图编辑、钣金基础知识、钣金设计、钣金成形、钣金零件设计与关联装配、焊件特征、切割清单、焊接设计实例等内容。

➘ 体验好，随时随地学习

*二维码扫一扫，随时随地看视频。*书中的重点基础知识和大部分实例都提供了视频资源，读者可以用手机扫描书中的二维码，随时随地观看相关的教学视频。

➘ 实例多，用实例学习更高效

*实例丰富详尽，边学边做更快捷。*基于实例，边学边做，从做中学，可以使学习更深入、更高效。

➘ 入门易，全面为初学者着想

*遵循学习规律，入门与实战相结合。*本书采用“基础知识+实例”的模式编写，内容由浅入深、循序渐进，将基础知识与实战操作相结合。

➘ 服务快，让读者学习无后顾之忧

*提供在线服务，随时随地可交流。*本书提供公众号、QQ 群等多渠道贴心服务。

二、本书学习资源

为了方便读者学习，本书提供了极为丰富的学习资源。

➘ 配套资源

（1）为了方便读者学习，本书中的重点基础知识和大部分实例均录制了视频讲解文件，共 120 集（可扫描二维码直接观看或通过“关于本书服务”中所述方法下载后观看）。

（2）本书包含 98 个实例分析（素材和源文件可通过“关于本书服务”中所述方法下载后参考与使用），用实例学习更快捷。

➘ **拓展学习资源**

14 套 SOLIDWORKS 行业案例设计方案及 339 分钟同步视频讲解。

三、关于本书服务

➘ **“SOLIDWORKS 2024 简体中文版”安装软件的获取**

本书中的各类操作都基于 SOLIDWORKS 2024 软件，用户可以登录官方网站或在网上商城购买正版软件，也可以通过网络搜索或在相关学习群中咨询软件获取方式。

说明：本书插图是在软件中文界面下截取的，其中有些菜单、命令或选项名称可能与习惯称呼略有不同，请以正文叙述为准，特此说明。

➘ **本书资源下载及在线交流服务**

（1）扫描下面的微信公众号二维码，关注后输入 sd29742 并发送到公众号后台，获取本书资源下载链接。然后将该链接复制到计算机浏览器的地址栏中，按 Enter 键后进入资源下载页面，根据提示下载即可。

（2）推荐加入 QQ 群：793608610（若此群已满，请根据提示加入相应的群），进行在线交流学习，作者会不定时地在线答疑解惑。

四、关于作者

本书由天工在线组织编写。天工在线是一个有关 CAD/CAM/CAE/EDA 技术研讨、工程开发、培训咨询和图书创作的工程技术人员协作联盟，包含 40 多位专职和众多兼职 CAD/CAM/CAE/EDA 工程技术专家。其创作的很多教材成为国内具有引导性的旗帜作品，在国内相关专业方向图书创作领域具有举足轻重的地位。

五、致谢

本书能够顺利出版，是作者、编辑和所有审校人员共同努力的结果，在此表示深深的感谢。同时，祝福所有读者在通往优秀工程师的道路上一帆风顺。

编　者

目　　录

Contents

第 1 章　SOLIDWORKS 2024 概述

内容简介

本章将对 SOLIDWORKS 软件的概况进行简要介绍，包括 SOLIDWORKS 2024 用户界面、SOLIDWORKS 基础操作、设置系统属性、模型显示、视图操作等。本章内容是后面绘图操作的基础。

内容要点

- SOLIDWORKS 2024 用户界面
- SOLIDWORKS 基础操作
- 设置系统属性
- 模型显示
- 视图操作

案例效果视图操作

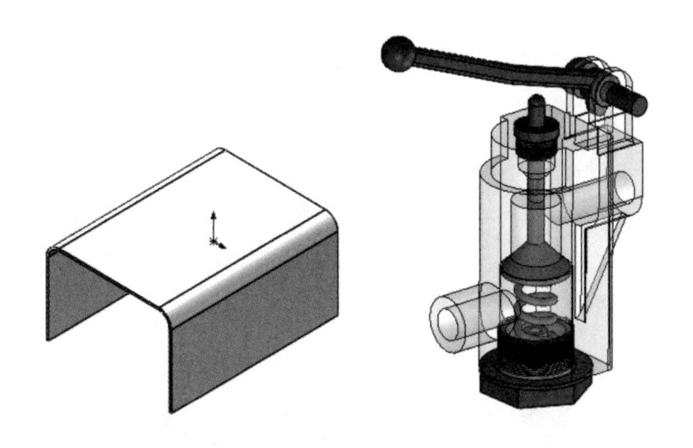

1.1　SOLIDWORKS 2024 用户界面

相比之前的 SOLIDWORKS 版本，SOLIDWORKS 2024 在创新性、使用的方便性以及界面的人性化等方面都得到了增强，性能和绘图质量有了大幅度的提升，尤其是新增的一些设计功能，更是使产品开发流程发生了根本性的变革——支持全球性的协作和连接，大大拓展了项目之间的合作。

SOLIDWORKS 2024 在用户界面、草图绘制、特征、成本、零件、装配体、SOLIDWORKS Workgroup PDM、Simulation、运动算例、工程图、出详图、钣金设计、输出和输入以及网络协同等方面都得到了增强，用户可以更方便地使用该软件。本节将介绍 SOLIDWORKS 2024 用户界面。

1.1.1 启动 SOLIDWORKS 2024

SOLIDWORKS 2024 安装完成后，就可以启动了。在 Windows 10 操作系统环境下，选择“开始”→“所有程序”→SOLIDWORKS 2024→SOLIDWORKS 2024 x64 Edition 命令或者双击桌面上的 SOLIDWORKS 2024 x64 Edition 快捷方式就可以启动该软件。图 1-1 所示为 SOLIDWORKS 2024 启动界面。

图 1-1 SOLIDWORKS 2024 启动界面

启动界面消失后，系统进入 SOLIDWORKS 2024 初始界面。该初始界面中只有菜单栏和标准工具栏，如图 1-2 所示。

图 1-2 SOLIDWORKS 2024 初始界面

新建一个零件文件后，进入完整的 SOLIDWORKS 2024 用户界面，如图 1-3 所示。

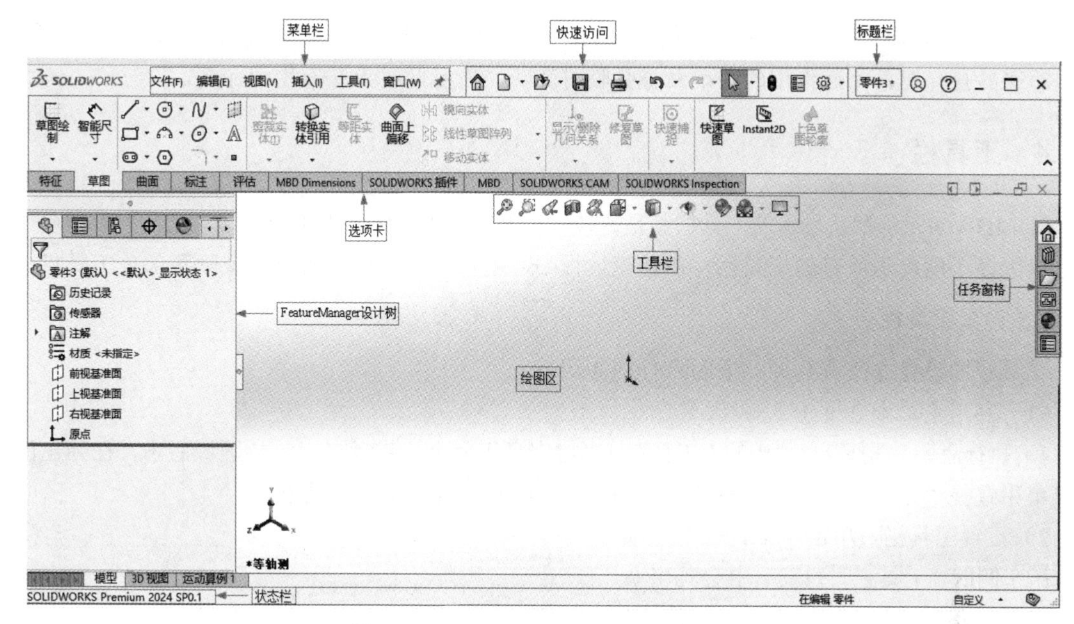

图 1-3　SOLIDWORKS 2024 用户界面

提示：

装配体文件和工程图文件与零件文件的用户界面类似，在此不再一一罗列。

图 1-3 中的用户界面主要由菜单栏、快速访问、标题栏、选项卡、工具栏、状态栏、FeatureManager 设计树、任务窗格以及绘图区 9 部分组成。其中，菜单栏中包含所有的 SOLIDWORKS 命令；工具栏可根据文件类型（零件、装配体或工程图）调整、放置以及设置显示状态；位于底部的状态栏可以为设计人员提供正在执行的功能的有关信息。下面介绍该用户界面的一些基本功能。

1.1.2　标题栏

标题栏用于显示文件的名称。

1.1.3　菜单栏

默认情况下，菜单栏是隐藏的，其位置只显示了一个按钮，如图 1-4 所示。

若要显示菜单栏，需要将鼠标指针移动到 SOLIDWORKS 徽标上或单击它，如图 1-5 所示。若要始终保持菜单栏可见，需要将“图钉”按钮更改为钉住状态。菜单栏中包括“文件”“编辑”“视图”“插入”“工具”“窗口”6 个菜单项，单击任一菜单项，即可打开相应的下拉菜单。最关键的功能集中在“插入”与“工具”菜单项中。

图 1-4　默认菜单栏

图 1-5　菜单栏

在不同的工作环境下，菜单项及其相应的菜单命令会有所不同。在后面章节的应用中会发现，在进行某些操作时，不起作用的菜单命令会临时变灰，表示此时无法应用该命令。

1.1.4 工具栏

SOLIDWORKS 默认显示的工具栏都是比较常用的。SOLIDWORKS 中有很多工具栏，但由于绘图区有限，不能显示所有的工具栏。在建模过程中，用户可以根据需要显示或隐藏部分工具栏。

1. 设置工具栏

工具栏的设置方法有两种，下面将分别介绍。

（1）利用菜单命令设置工具栏。

1）执行命令。选择菜单栏中的“工具”→“自定义”命令，或者在工具栏区域右击，在弹出的快捷菜单中选择“自定义”命令，系统弹出图 1-6 所示的“自定义”对话框。

2）设置工具栏。单击“工具栏”选项卡，在左侧的“工具栏”列表框中会列出系统所有的工具栏，从中勾选需要的工具栏。

3）确认设置。单击“确定”按钮，在操作界面中便会显示所选工具栏。

如果要隐藏已经显示的工具栏，可以单击勾选的工具栏取消勾选，然后单击“确定”按钮，此时在操作界面中便会隐藏取消勾选的工具栏。

图 1-6 “自定义”对话框

（2）利用鼠标右键设置工具栏。

1）执行命令。在操作界面的工具栏中右击，系统会出现设置工具栏的快捷菜单，如图 1-7 所示。

2）设置工具栏。单击需要的工具栏，的该工具栏名称前面会出现复选框☑，在操作界面中便会显示所选工具栏。

如果单击已经显示的工具栏，则该工具栏名称前面的复选框消失，在操作界面中便会隐藏该工具栏。

另外，隐藏工具栏还有一种简便的方法，即用鼠标将操作界面中不需要的工具栏拖到绘图区中，此时工具栏上会出现标题栏，然后单击标题栏右上角的“关闭”按钮☒，则操作界面中便会隐藏该工具栏。图 1-8 所示是拖到绘图区中的“注解”工具栏。

（3）设置工具栏命令按钮。系统默认显示的工具栏中的命令按钮，有时无法满足需要，用户可以根据需要添加或者删除命令按钮。

1）单击“命令”选项卡，如图 1-9 所示。

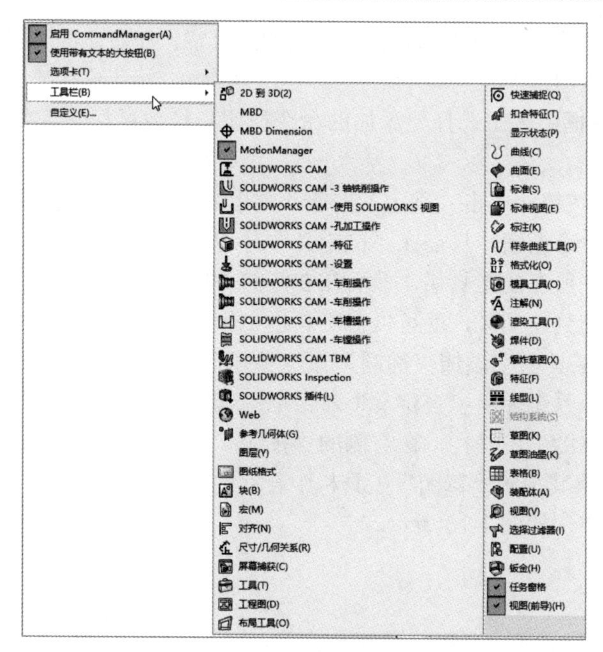

图 1-7　工具栏快捷菜单

图 1-8　“注解”工具栏

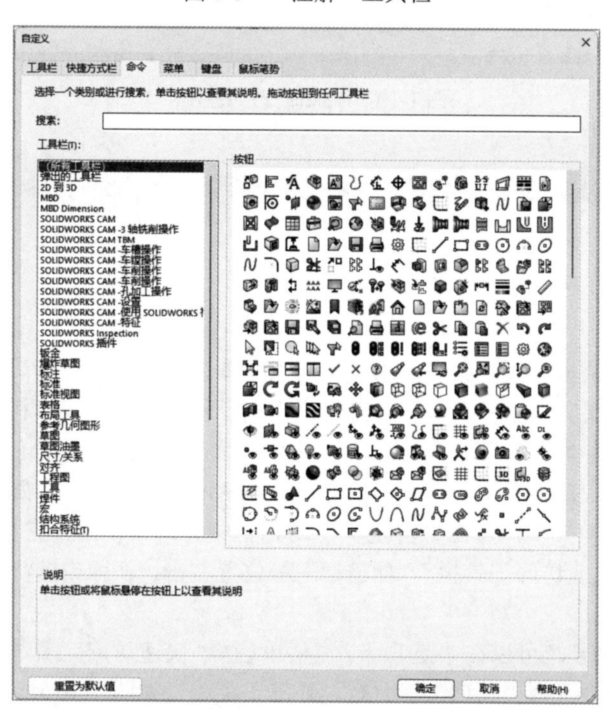

图 1-9　“自定义”对话框中的“命令”选项卡

2）在左侧的“工具栏”列表框中选择命令所在的工具栏，在右侧的“按钮”列表框中便会列出该工具栏中所有的命令按钮。

3）在“按钮”列表框中单击选择要添加的命令按钮，按住鼠标左键将其拖到要放置的工具栏上，然后松开鼠标。

4）确认添加的命令按钮。单击“确定”按钮，则工具栏上便会显示添加的命令按钮。

如果要删除无用的命令按钮，只需在“自定义”对话框中单击“命令”选项卡，在左侧的“工具栏”列表框中选择命令所在的工具栏，然后在右侧的“按钮”列表框中单击选择要删除的命令按钮，按住鼠标左键将其拖到绘图区，就可以在工具栏中删除该命令按钮。

例如，在“草图”工具栏中添加“椭圆”命令按钮，操作如下：首先，选择菜单栏中的“工具”→“自定义”命令，系统弹出“自定义”对话框；其次，单击“命令”选项卡，在左侧的“工具栏”列表框中选择“草图”工具栏，在右侧的“按钮”列表框中单击选择“三点圆弧槽口”命令按钮，按住鼠标左键将其拖到“草图”工具栏中合适的位置；最后，松开鼠标，该命令按钮就被添加到“草图”工具栏中，如图 1-10 所示。

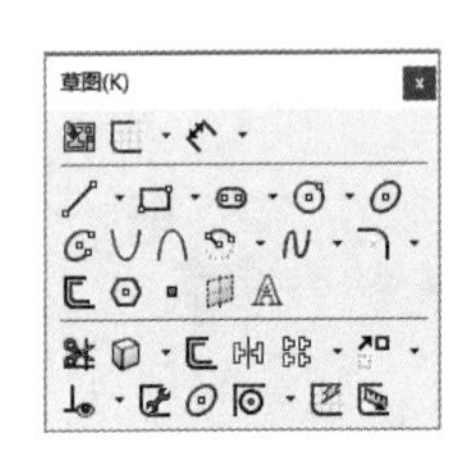

（a）添加命令按钮前

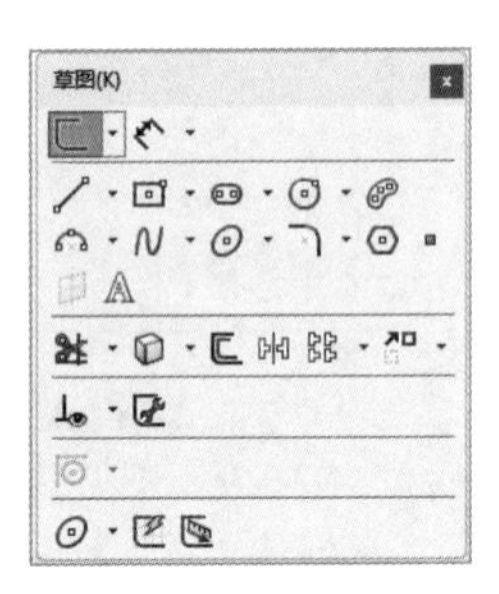

（b）添加命令按钮后

图 1-10　添加命令按钮图示

注意：

在工具栏中添加或删除命令按钮后，对工具栏的设置会应用到当前激活的 SOLIDWORKS 文件类型中。

1.1.5　选项卡

选项卡可以将工具栏按钮集中起来使用，从而为绘图区节省空间。默认情况下，打开文档时将启用并展开选项卡。如果其未出现，可从“自定义”对话框中选择“工具栏”选项卡，勾选“激活 CommandManager”复选框，如图 1-11 所示。也可以在“菜单栏”“快速访问”工具栏、“标题栏”等位置右击，在弹出的快捷菜单中选择“启用 CommandManager”命令，如图 1-12 所示。

要切换按钮的说明和大小，可在“自定义”对话框中勾选“使用带有文本的大按钮”复选框，也可以在“菜单栏”“快速访问工具栏”“标题栏”等位置右击，在弹出的快捷菜单中选择“使用带有文本的大按钮”命令。

要显示或隐藏选项卡，可以在“选项卡”“菜单栏”“快速访问工具栏”“标题栏”等位置右击，在弹出的快捷菜单中选择“选项卡”命令，弹出子菜单，如图 1-13 所示。勾选需要的选项卡，该选项卡即可显示，取消勾选则隐藏。

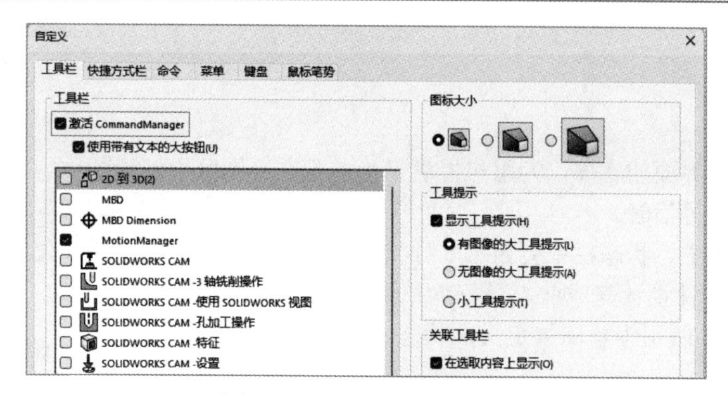

图 1-11　“自定义”对话框

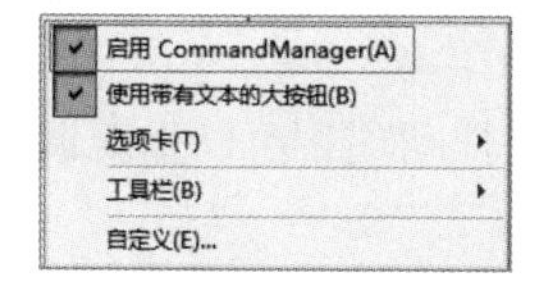

图 1-12　右击菜单

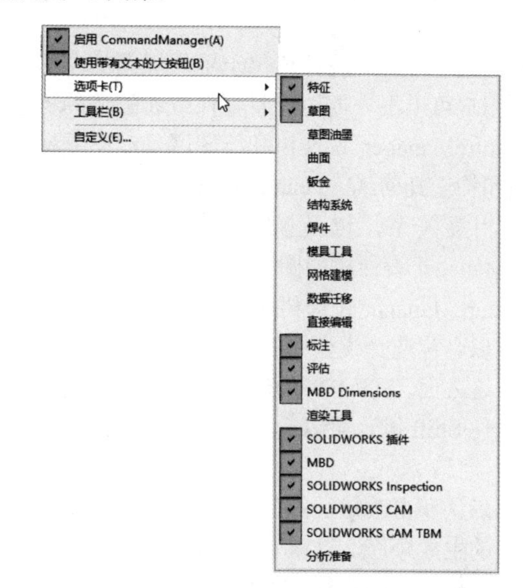

图 1-13　选项卡子菜单

设置选项卡中的命令按钮与工具栏中的命令按钮操作相似，这里不再赘述。

1.1.6　快速访问工具栏

用户可以自定义快速访问工具栏中显示的工具，方法与在“自定义”对话框中自定义其他工具栏相同，不能关闭快速访问工具栏。

同其他标准的 Windows 程序一样，快速访问工具栏中的工具按钮可用来对文件执行最基本的操作，如“新建”“打开”“保存”“打印”等。该工具栏中的“重建模型”工具为 SOLIDWORKS 特有，单击重建模型按钮，可以根据进行的更改重建模型。

单击快速访问工具栏中的下拉按钮，在弹出的下拉菜单中选择所含命令，可以执行相应的附加功能。例如，单击“保存”右侧的下拉按钮，在弹出的下拉菜单中可以看到“保存”“另存为”“保存所有”3 个命令，如图 1-14 所示。

保存
另存为
保存所有

图 1-14　下拉菜单

1.1.7 状态栏

状态栏位于用户界面的底部，为用户提供了当前正在绘图区中编辑的内容名称，以及鼠标指针位置坐标、草图状态等信息。

在编辑草图过程中，状态栏中会显示 5 种状态，即完全定义、过定义、欠定义、没有找到解和发现无效的解。在零件设计完成前，最好为草图完全定义的状态，图 1-15 所示为草图欠定义的状态。

距离: 66.64mm dX: -66.64mm dY: 0mm dZ: 0mm 欠定义 在编辑 草图1

图 1-15 状态栏状态

1.1.8 FeatureManager 设计树

FeatureManager 设计树位于用户界面的左侧，其中提供了激活的零件、装配体或工程图的大纲视图，用户可以很方便地查看零件或装配体的构造情况，或者查看工程图中的不同图纸和视图。

FeatureManager 设计树和绘图区是动态链接的，使用时可以在任何窗格中选择特征、草图、工程视图和构造几何线。FeatureManager 设计树用来组织和记录模型中的各个要素的参数信息、要素之间的相互关系，以及模型、特征和零件之间的约束关系等，几乎包含了所有设计信息。FeatureManager 设计树如图 1-16 所示。

FeatureManager 设计树的主要功能介绍如下。

- 以名称选择模型中的项目，即可以通过模型中的名称选择特征、草图、基准面及基准轴。在这方面，SOLIDWORKS 有很多功能与 Windows 操作界面类似。例如，在选择项目的同时按住 Shift 键，可以选择多个连续项目；在选择项目的同时按住 Ctrl 键，可以选择多个非连续项目。
- 确认和更改特征的生成顺序。在 FeatureManager 设计树中通过拖动项目可以重新调整特征的生成顺序，这将更改重建模型时特征重建的顺序。
- 双击特征的名称可以显示特征的尺寸。
- 如果要更改项目名称，可在项目名称上单击两次以选择该名称，然后输入新的名称即可，如图 1-17 所示。

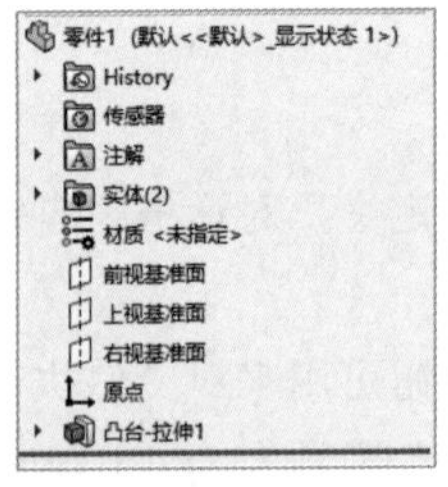

图 1-16 FeatureManager 设计树

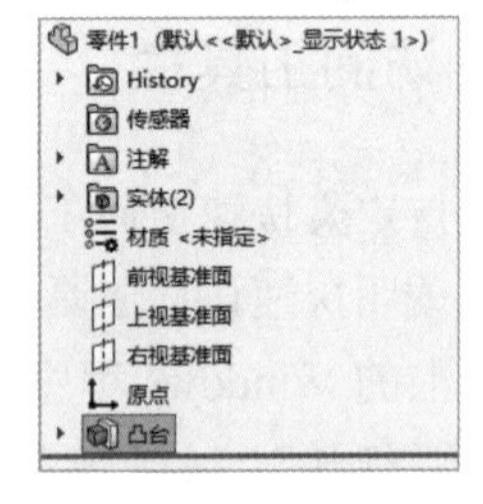

图 1-17 更改 FeatureManager 设计树中的项目名称

- 压缩和解压缩零件特征与装配体零部件，在装配零件时是很常用的。同样，如果要选择多个特征，可在选择特征时按住 Ctrl 键。
- 右击 FeatureManager 设计树中的特征，然后选择父子关系，即可快速查看父子关系。
- 右击 FeatureManager 设计树中的特征还可显示以下项目：特征说明、零部件说明、零部件配置名称、零部件配置说明等。

➢ 可以将文件夹添加到 FeatureManager 设计树中。

掌握对 FeatureManager 设计树的操作是熟练应用 SOLIDWORKS 的基础，也是重点所在。由于其内容丰富、功能强大，在此就不一一列举了，在后面章节中用到时将会详细讲解。只有在学习的过程中熟练应用 FeatureManager 设计树的功能，才能加快建模的速度和效率。

1.1.9 绘图区

绘图区是进行零件设计、工程图制作、装配的主要操作窗口。后面章节中提到的草图绘制、零件装配、工程图的绘制等操作，均是在这个区域中完成的。

1.1.10 任务窗格

任务窗格提供了访问 SOLIDWORKS 资源、可重用设计元素库、可拖到工程图图纸上的视图以及其他有用项目和信息的方法。用户可以重新排序、显示或隐藏任务窗格中的选项卡，还可以指定打开任务窗格时要打开的默认选项卡。

1. 控制任务窗格的外观

（1）显示或隐藏任务窗格。

1）选择菜单栏中的“视图”→“用户界面”→“任务窗格”命令，显示任务窗格。

2）在绘图区以上或以下的边界中右击，然后在弹出的快捷菜单中选择或取消选择“任务窗格”命令。

（2）扩展任务窗格的大小：单击任务窗格标签，即可弹出扩大的任务窗格。

（3）折叠任务窗格：单击绘图区或 FeatureManager 设计树将折叠任务窗格。如果任务窗格被固定，就不会折叠。

（4）固定或取消固定任务窗格。

1）单击标题栏中的“自动显示”按钮 固定任务窗格。

2）单击“自动显示”按钮取消固定任务窗格。

（5）浮动或对接任务窗格。

1）要浮动任务窗格，通过标题栏将其拖到绘图区。

2）当任务窗格浮动时，要对接任务窗格，单击标题栏中的“停放任务窗格”按钮。

（6）调整任务窗格的大小：拖动未对接的任意边框。

2. 自定义任务窗格选项卡

要自定义任务窗格选项卡，可以进行以下操作。

（1）右击任务窗格的任意选项卡或任务窗格的标题，然后在弹出的快捷菜单中选择“自定义”命令，系统弹出“自定义任务窗格选项卡”对话框，如图 1-18 所示。

（2）在“自定义任何窗格选项卡”对话框中，可以进行以下操作。

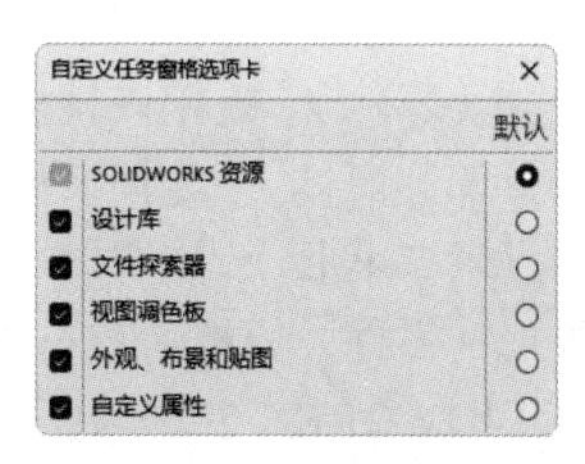

图 1-18 “自定义任务窗格选项卡”对话框

1）要显示或隐藏任务窗格选项卡，勾选或取消勾选相应复选框。

2）要重新排序，可拖动选项卡标题。

3）要指定默认选项卡，在“默认”栏中单击相应的按钮。

（3）单击绘图区中的任何位置可关闭“自定义任务窗格选项卡”对话框。

SOLIDWORKS 软件将保存新设置。当重新启动软件时，任务窗格选项卡将使用自定义设置。

1.2 SOLIDWORKS 基础操作

常见的文件管理工作有新建文件、打开文件、保存文件和退出系统等，下面简要介绍。

1.2.1 新建文件

创建新的 SOLIDWORKS 文件。

【执行方式】

- 工具栏：单击“快速访问”工具栏中的“新建”按钮。
- 菜单栏：选择菜单栏中的“文件”→“新建”命令。

【选项说明】

执行上述操作，系统弹出图 1-19 所示的“新建 SOLIDWORKS 文件”对话框。该对话框中包含 3 种模板。

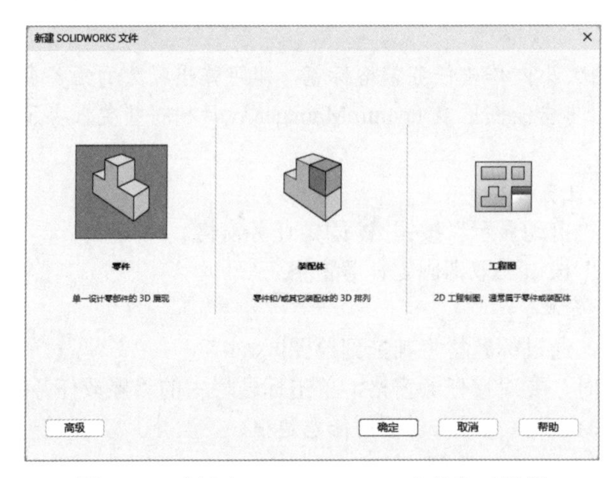

图 1-19　“新建 SOLIDWORKS 文件”对话框

（1）（零件）：选择该模板，可以生成单一的三维零部件文件。

（2）（装配体）：选择该模板，可以生成零件或其他装配体的排列文件。

（3）（工程图）：选择该模板，可以生成零件或装配体的二维工程图文件。

选择（零件）模板，单击“确定”按钮，可进入完整的用户界面。

在 SOLIDWORKS 2024 中，“新建 SOLIDWORKS 文件”对话框中有两个版本可供选择：一个是新手版本；另一个是高级版本。

单击图 1-19 中的“高级”按钮就会进入高级版本显示模式，如图 1-20 所示。当选择某一文件类型时，模板预览出现在预览框中。在该版本中，用户可以添加自己的选项卡并保存模板文件。

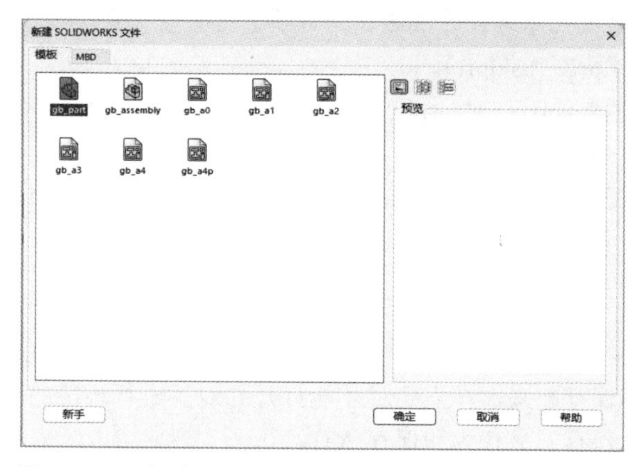

图 1-20　“新建 SOLIDWORKS 文件”高级版本对话框

1.2.2　打开文件

打开已存储的文件，并对其进行相应的编辑。

【执行方式】

➢ 工具栏：单击“快速访问”工具栏中的“打开”按钮。

➢ 菜单栏：选择菜单栏中的“文件”→“打开”命令。

【选项说明】

执行上述操作，系统弹出图 1-21 所示的“打开”对话框。该对话框中部分选项的含义如下。

（1）文件类型：“文件类型”下拉列表用于选择文件的类型，除了可以选择 SOLIDWORKS 自有的文件类型（如*.sldprt、*.sldasm 和*.slddrw），还可以选择其他文件类型（换句话说，SOLIDWORKS 软件还可以调用其他软件生成的图形），图 1-22 所示为 SOLIDWORKS 的文件类型。选择不同的文件类型，则在对话框中会显示所选文件夹中对应文件类型的文件。

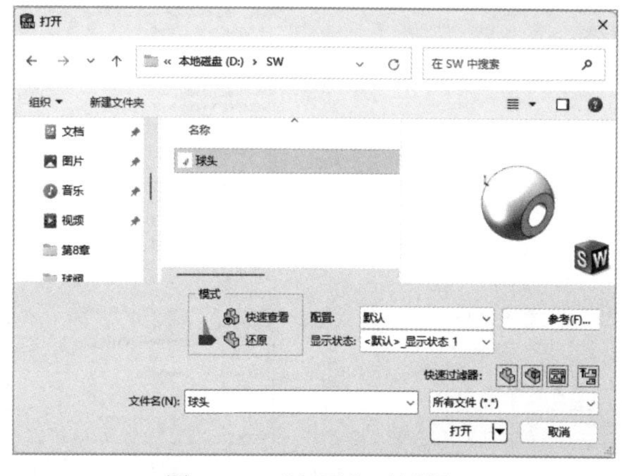

图 1-21　“打开”对话框

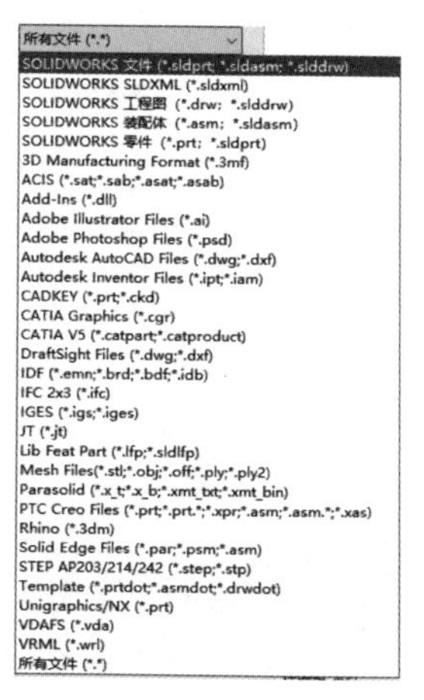

图 1-22　“文件类型”下拉列表

（2）显示预览窗格：单击该按钮，选择的文件就会显示在右侧的“预览”窗格中，但是并不打开该文件。

（3）快速过滤器：单击任意组合的快速过滤选项，可查看文件类型。

1）：过滤零件（*.prt、*.sldprt）。

2）：过滤装配体（*.asm、*.sldasm）。

3）：过滤工程图（*.drw、*.slddrw）。

4）：过滤顶层装配体（*.asm、*.sldasm）。仅显示顶层装配体，而不显示子装配体。如果文件夹中有大量文件或文件名称很长，可能需要若干秒时间。如果要取消，则按 Esc 键。

1.2.3 保存文件

设计完成的文件只有保存起来，在需要时才能打开并对其进行相应的编辑。SOLIDWORKS 提供了 3 种文件保存命令：保存、另存为和保存所有。

【执行方式】

- 工具栏：单击“快速访问”工具栏中的“保存”按钮、“另存为”按钮或“保存所有”按钮。
- 菜单栏：选择菜单栏中的“文件”→“保存”“另存为”或“保存所有”命令。

【选项说明】

执行上述操作，系统弹出图 1-23 所示的“另存为”对话框。该对话框中部分选项的含义如下。

（1）保存类型：在“保存类型”下拉列表中，除了可以选择 SOLIDWORKS 自有的文件类型（如*.sldprt、*.sldasm 和*.slddrw），还可以选择其他文件类型。也就是说，SOLIDWORKS 不但可以把文件保存为自有类型，还可以保存为其他类型，方便其他软件对其调用并进行编辑，如图 1-24 所示。在不同的工作模式下，通常系统会自动设置文件的保存类型。

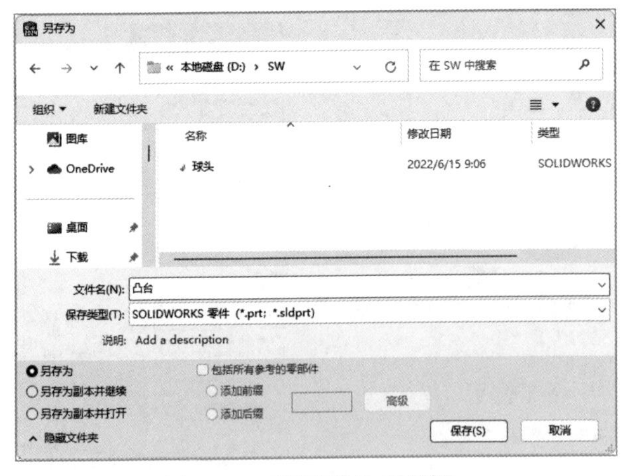

图 1-23 “另存为”对话框

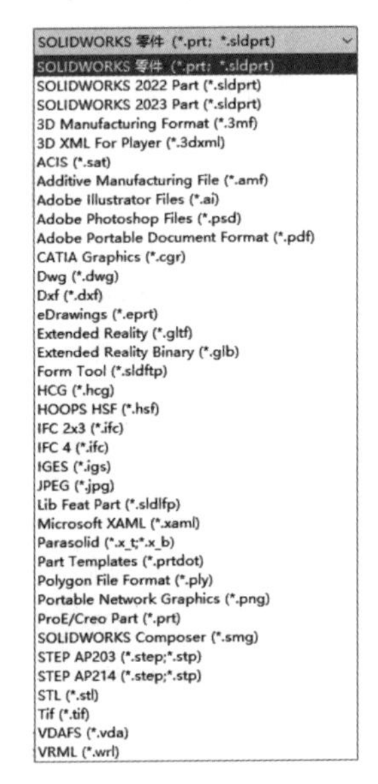

图 1-24 “保存类型”下拉列表

（2）“文件名”下拉列表用于输入或选择要保存的文件名称。

在图 1-23 所示的“另存为”对话框中，可以在保存文件的同时保存一份备份文件。要保存备份文件，需要预先设置保存的文件目录。选择菜单栏中的“工具”→“选项”命令，系统弹出“系统选项(S)-备份/恢复”对话框，在“系统选项”选项卡中选择左侧树形列表中的“备份/恢复”选项，勾选“每个文档的备份数”复选框，在“备份文件夹”文本框中可以修改保存备份文件的目录，如图 1-25 所示。

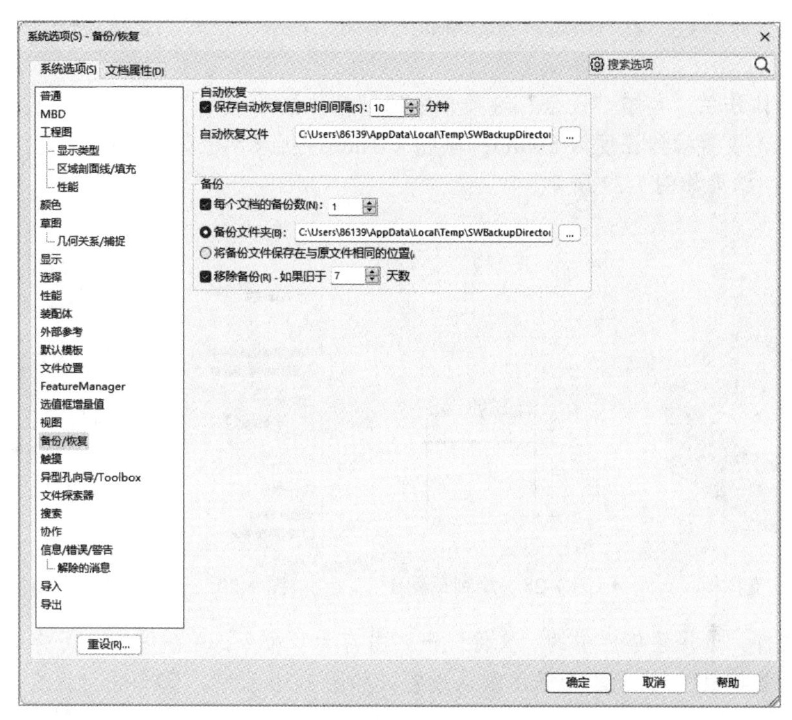

图 1-25 “系统选项(S)-备份/恢复”对话框

1.2.4 退出 SOLIDWORKS 2024

在文件编辑并保存完成后，即可退出 SOLIDWORKS 2024。选择菜单栏中的“文件”→“退出”命令，或者单击操作界面右上角的“关闭”按钮✕，可直接退出。

如果对文件进行了编辑而没有保存文件，或者在操作过程中不小心执行了退出命令，系统会弹出 SOLIDWORKS 提示对话框，如图 1-26 所示。如果要保存修改过的文档，则选择“全部保存(S) 将保存所有修改的文档”选项，系统会保存修改后的文件，并退出 SOLIDWORKS 2024；如果不保存对文件的修改，则选择“不保存(N) 将丢失对未保存文档所作的所有修改。”选项，系统不保存修改后的文件，并退出 SOLIDWORKS 2024；单击“取消”按钮，则取消退出操作，回到原来的操作界面。

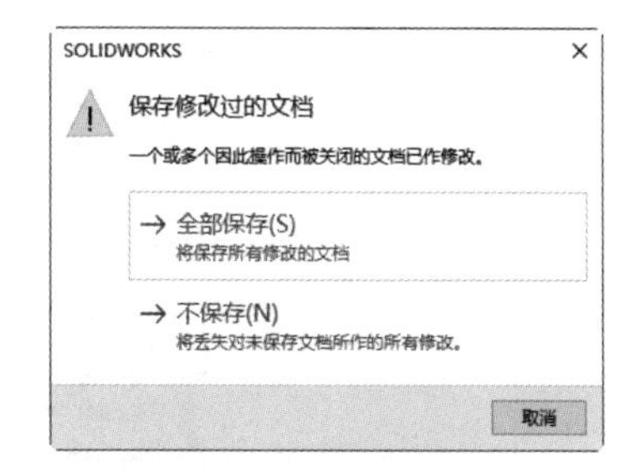

图 1-26 提示对话框

扫一扫，看视频

动手学——绘制支撑板

本例绘制图 1-27 所示的支撑板。

【操作步骤】

（1）新建文件。单击“快速访问”工具栏中的“新建”按钮，系统弹出“新建 SOLIDWORKS 文件”对话框，单击“零件”按钮，然后单击“确定”按钮，创建一个新的零件文件。

（2）绘制草图 1。在左侧的 FeatureManager 设计树中选择“前视基准面”，单击“草图”选项卡中的“草图绘制”按钮，进入草绘环境。单击“草图”选项卡中的“直线”按钮，绘制图 1-28 所示的草图。

（3）创建基体法兰。单击“钣金”选项卡中的“基体法兰/薄片”按钮，系统弹出“基体法兰”属性管理器，设置拉伸深度为 80mm，厚度为 1mm，折弯半径为 5mm，如图 1-29 所示。单击“确定”按钮，结果如图 1-27 所示。

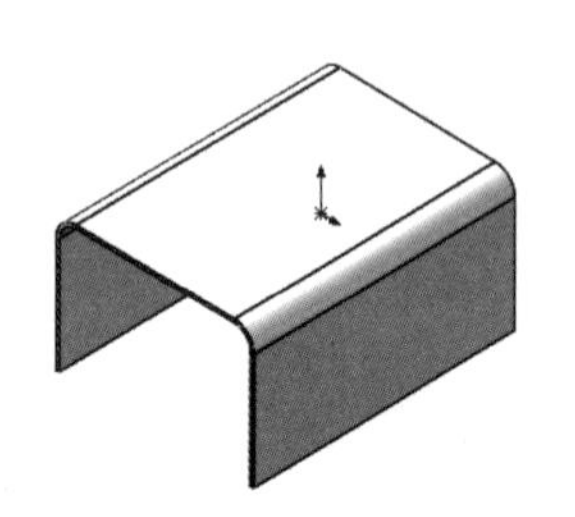

图 1-27　支撑板

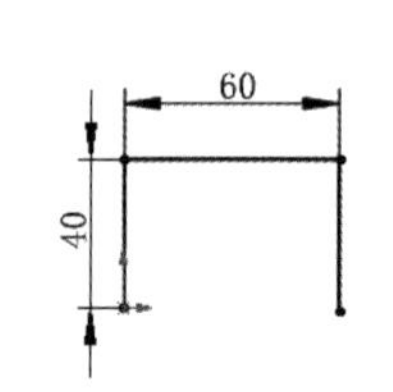

图 1-28　绘制草图 1

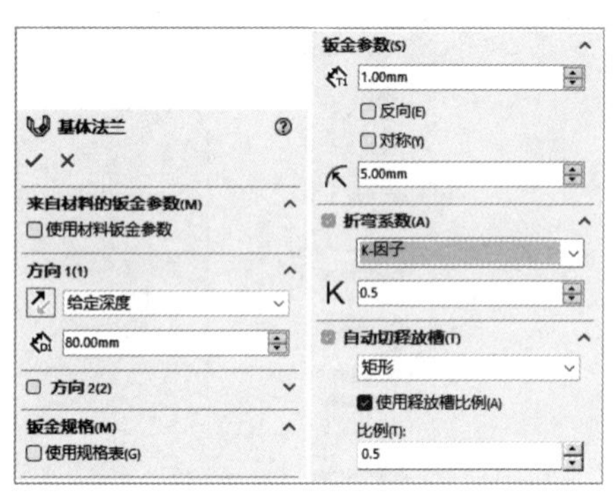

图 1-29　“基体法兰”属性管理器

（4）另存文件。选择菜单栏中的“文件”→“另存为”命令，系统弹出“另存为”对话框，❶输入文件名为“支撑板”，文件类型采用默认设置，如图 1-30 所示。❷单击“保存”按钮，文件另存完成。

图 1-30　保存文件

1.3　设置系统属性

设置系统属性，可选择菜单栏中的“工具”→“选项”命令或单击“快速访问”工具栏中的“选项”按钮，在弹出的下拉列表中选择“选项”命令，系统弹出“系统选项(S)-普通”对话框。

SOLIDWORKS 2024 的“系统选项(S)-普通”对话框强调了“系统选项”和“文档属性”之间的不同，该对话框有两个选项卡。

（1）系统选项：在该选项卡中设置的内容都将保存在注册表中，这些更改会影响当前和将来的所有文件。

（2）文档属性：在该选项卡中设置的内容仅应用于当前文件。

每个选项卡中列出的选项以树形列表格式显示在选项卡的左侧。单击其中一个项目时，该项目的选项就会出现在选项卡的右侧。

1.3.1　设置系统选项

选择菜单栏中的“工具”→“选项”命令，打开“系统选项(S)-普通”对话框中的“系统选项”选项卡，如图 1-31 所示。

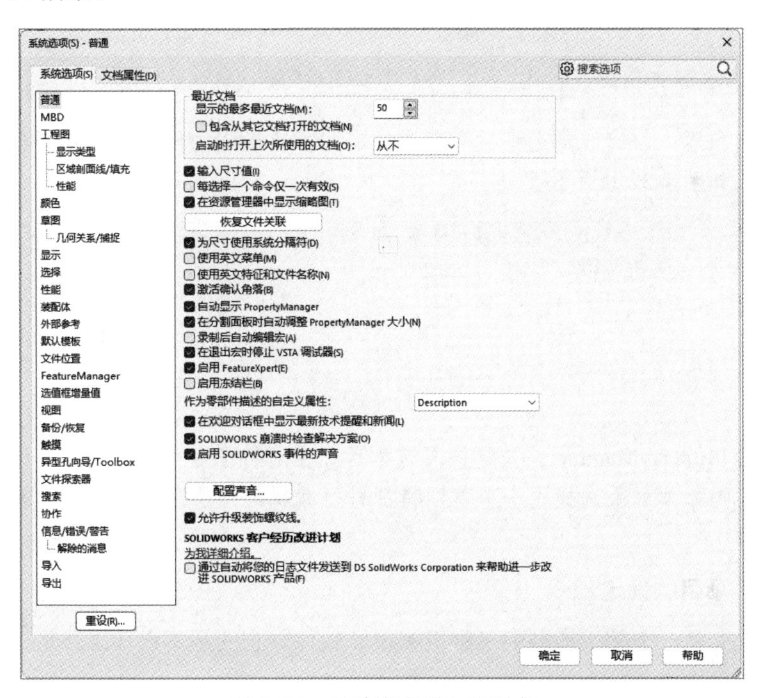

图 1-31　“系统选项”选项卡

“系统选项”选项卡中有很多项目，它们以树形列表格式显示在选项卡的左侧，下面介绍几个常用的项目。

1. “普通”项目的设定

（1）启动时打开上次所使用的文档：如果希望在启动 SOLIDWORKS 时自动打开最近使用的文档，则在其下拉列表中选择“始终”选项，否则选择“从不”选项。

（2）输入尺寸值：建议勾选该复选框。勾选该复选框后，当对一个新的尺寸进行标注后，会自动显示尺寸值修改框；否则，必须在双击标注尺寸后才会显示该修改框。

（3）每选择一个命令仅一次有效：勾选该复选框后，当每次使用草图绘制或尺寸标注工具进行操作后，系统会自动取消其勾选状态，从而避免了该命令的连续执行。双击某工具可使其保持为勾选状态以继续使用。

（4）在资源管理器中显示缩略图：在建立装配体文件时，经常会遇到只知其名，不知何物的尴尬情况。如果勾选该复选框，则在 Windows 资源管理器中会显示每个 SOLIDWORKS 零件或装配体文件的缩略图，而不是图标。该缩略图将以文件保存时的模型视图为基础，并使用 16 色的调色板，如果其中没有模型使用的颜色，则用相似的颜色代替。此外，该缩略图也可以在“打开”对话框中使用。

（5）为尺寸使用系统分隔符：勾选该复选框后，系统将使用默认的系统小数点分隔符显示小数数值。如果不使用系统默认的小数点分隔符，可取消勾选该复选框，此时其右侧的文本框便被激活，可以在其中输入作为小数点分隔符的符号。

（6）使用英文菜单：以另一种语言安装 SOLIDWORKS 后，将菜单语言设置为“英语”。

注意：

退出并重新启动 SOLIDWORKS 后，“使用英文菜单”更改才会生效。

（7）激活确认角落：勾选该复选框后，当进行某些需要确认的操作时，在图形窗口的右上角将会显示确认角落，如图 1-32 所示。

图 1-32　确认角落

（8）自动显示 PropertyManager：勾选该复选框后，在对特征进行编辑时，系统将自动显示该特征的属性管理器。例如，如果选择了一个草图特征进行编辑，则所选草图特征的属性管理器将自动出现。

2. “工程图”项目的设定

SOLIDWORKS 是一个基于造型的三维机械设计软件，它的基本设计思路是：实体造型—虚拟装配—二维图纸。

SOLIDWORKS 2024 推出了更加省事的二维转换工具，它能够在保留原有数据的基础上，让用户方便地将二维图纸转换到 SOLIDWORKS 的环境中，从而完成详细的工程图。此外，利用它独有的快速制图功能，可迅速生成与三维零件和装配体暂时脱开的二维工程图，但依然保持与三维的全相关性。这样的功能使从三维到二维的瓶颈问题得以彻底解决。

“工程图”项目中的选项如图 1-33 所示，其中部分选项介绍如下。

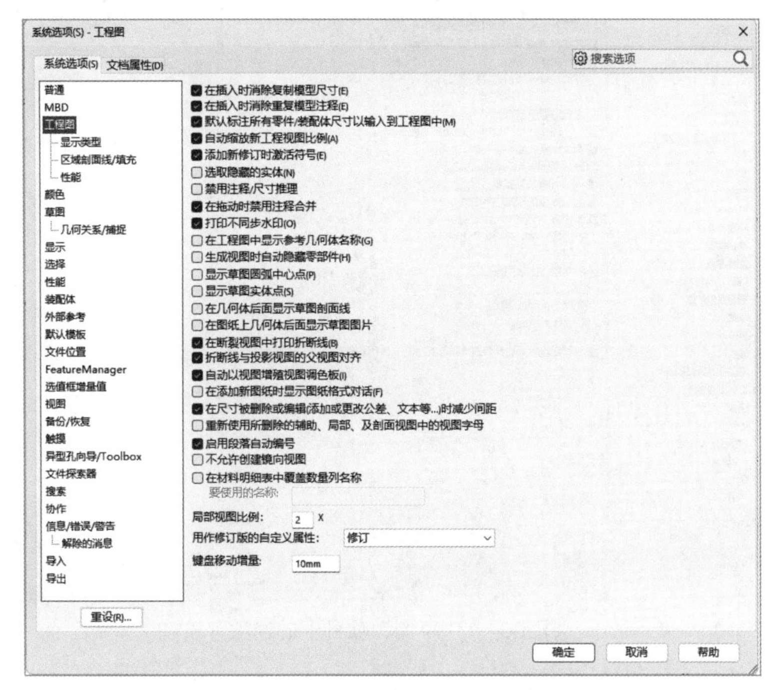

图 1-33 “工程图”项目中的选项

（1）自动缩放新工程视图比例：勾选该复选框后，当插入零件或装配体的标准三视图到工程图时，将会调整三视图的比例以配合工程图纸的大小，而不管已选的图纸大小。

（2）选取隐藏的实体：勾选该复选框后，用户可以选择隐藏实体的切边和边线。当鼠标指针经过隐藏的边线时，边线将以双点画线显示。

（3）在工程图中显示参考几何体名称：勾选该复选框后，当将参考几何实体输入工程图中时，它们的名称将在工程图中显示出来。

（4）生成视图时自动隐藏零部件：勾选该复选框后，当生成新的视图时，装配体的任何隐藏零部件将自动列举在“工程视图属性”对话框中的“隐藏/显示零部件”选项卡中。

（5）显示草图圆弧中心点：勾选该复选框后，将在工程图中显示模型中草图圆弧的中心点。

（6）显示草图实体点：勾选该复选框后，草图中的实体点将在工程图中一同显示。

（7）局部视图比例：局部视图比例是指局部视图相对于原工程图的比例，在其右侧的文本框中指定该比例。

3. “草图”项目的设定

SOLIDWORKS 所有的零件都是建立在草图基础上的，大部分 SOLIDWORKS 的特征也都是由二维草图绘制开始。提高绘制草图的功能会直接影响对零件编辑能力的提高，所以能够熟练地使用草图绘制工具绘制草图是一件非常重要的事。

下面介绍“草图”项目中的部分选项，其中的选项如图 1-34 所示。

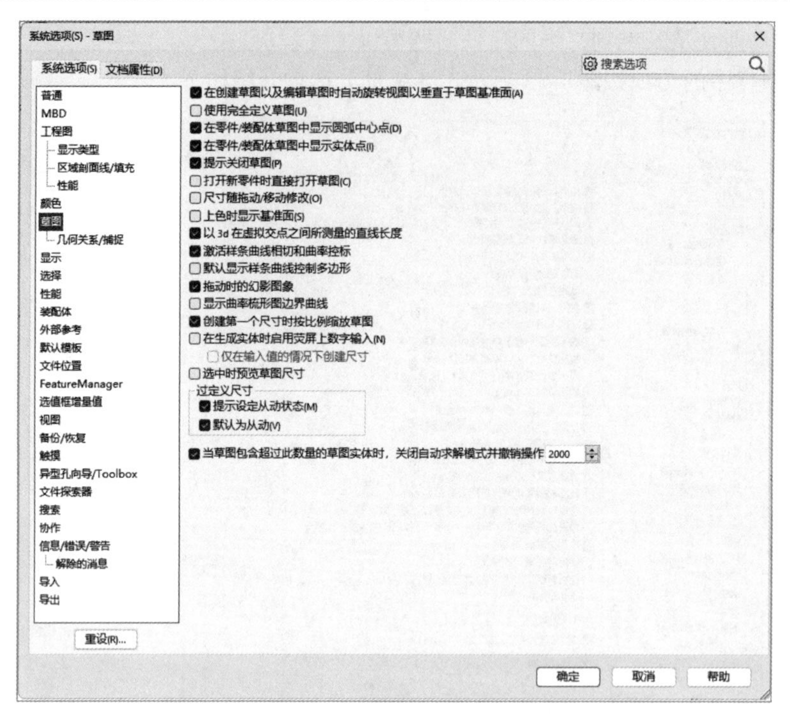

图 1-34　“草图”项目中的选项

（1）在创建草图以及编辑草图时自动旋转视图以垂直于草图基准面：勾选该复选框后，则在选择基准面进入草绘环境时，系统自动将基准面与视图垂直；否则，要单击“视图（前导）”工具栏中“视图定向”下拉列表中的“正视于”按钮。

（2）使用完全定义草图：所谓完全定义草图，是指草图中所有的直线和曲线及其位置均由尺寸或几何关系或两者说明。勾选该复选框后，草图用来生成特征之前必须是完全定义的。

（3）在零件/装配体草图中显示圆弧中心点：勾选该复选框后，草图中所有的圆弧圆心点都将显示在草图中。

（4）在零件/装配体草图中显示实体点：勾选该复选框后，草图中实体的端点将以实心圆点的方式显示。

注意：

草图实体端点圆点的颜色反映草图中实体的状态，颜色的含义如下。

黑色表示实体是完全定义的。

蓝色表示实体是欠定义的，即草图中实体的一些尺寸或几何关系未定义，可以随意改变。

红色表示实体是过定义的，即草图中实体的一些尺寸或几何关系冲突或多余的。

（5）提示关闭草图：勾选该复选框后，当利用具有开环轮廓的草图生成凸台时，如果该草图可以用模型的边线封闭，系统就会弹出“封闭草图到模型边线”对话框。选择“是”选项，即选择用模型的边线封闭草图轮廓，同时还可选择封闭草图的方向。

（6）打开新零件时直接打开草图：勾选该复选框后，新建零件时可以直接使用草图绘制区域和草图绘制工具。

（7）尺寸随拖动/移动修改：勾选该复选框后，拖动草图绘制实体时或在 PropertyManager 中移动草图实体时覆盖尺寸，拖动完成后，尺寸会自动更新。

ⓘ 注意：

> 生成几何关系时，其中至少有一个项目是草图实体。其他项目可以是草图实体或边线、面、顶点、原点、基准面、轴，或其他草图的曲线投影到草图基准面上形成的直线或圆弧。

（8）上色时显示基准面：勾选该复选框后，如果在上色模式中编辑草图，可将草图基准面显示为上色基准面。

（9）“过定义尺寸”选项组：其中有以下两个选项。

1）提示设定从动状态：所谓从动尺寸，是指该尺寸是由其他尺寸或条件驱动的，不能被修改。勾选该复选框后，当添加一个过定义尺寸到草图时，系统将弹出图 1-35 所示的“将尺寸设为从动?”对话框，询问尺寸是否应为从动。

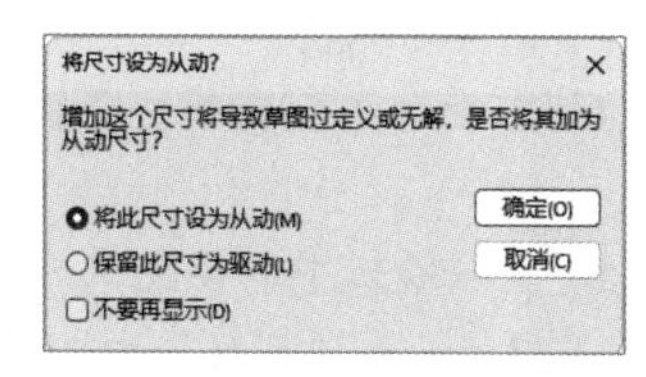

图 1-35 “将尺寸设为从动?”对话框

2）默认为从动：勾选该复选框后，当添加一个过定义尺寸到草图时，尺寸会被默认为从动。

4．“显示”和“选择”项目的设定

任何零件的轮廓都是一个复杂的闭合边线回路，在 SOLIDWORKS 的操作中离不开对边线的操作。该项目就是为边线显示和边线选择设定系统的默认值。

下面介绍“显示”和“选择”项目中的部分选项，其中的选项如图 1-36 所示。

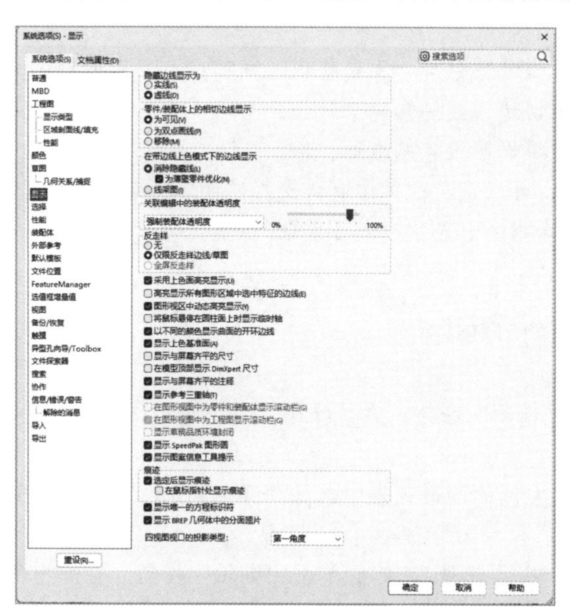

（a）“显示”项目

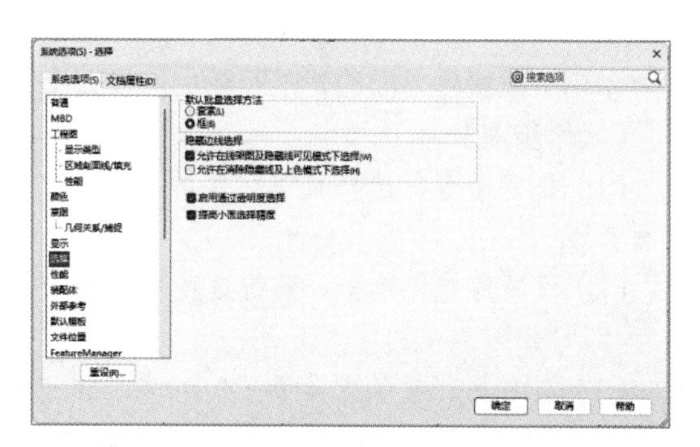

（b）“选择”项目

图 1-36 “显示”/“选择”项目中的选项

（1）隐藏边线显示为：这组单选按钮只有在隐藏线变暗模式下才有效。选中“实线”单选按钮，则将零件或装配体中的隐藏线以实线显示。所谓“虚线”模式，是指以浅灰色线显示视图中不可见的边线，而可见的边线仍正常显示。

（2）“隐藏边线选择”选项组中有两个复选框。

1）允许在线架图及隐藏线可见模式下选择：勾选该复选框后，则在这两种模式下可以选择隐藏的边线或顶点。线架图模式是指显示零件或装配体的所有边线。

2）允许在消除隐藏线及上色模式下选择：勾选该复选框后，则在这两种模式下可以选择隐藏的边线或顶点。消除隐藏线模式是指系统仅显示在模型旋转到的角度下可见的线条，不可见的线条将被消除。上色模式是指系统将对模型使用颜色渲染。

（3）零件/装配体上的相切边线显示：这组单选按钮用来控制在消除隐藏线和隐藏线变暗模式下模型切边的显示状态。

（4）在带边线上色模式下的边线显示：这组单选按钮用来控制在上色模式下模型边线的显示状态。

（5）关联编辑中的装配体透明度：该下拉列表框用来设置在关联中编辑装配体的透明度，可以选择“保持装配体透明度”和“强制装配体透明度”选项，其右边的移动滑块用来设置透明度的值。所谓关联，是指在装配体中，在零部件中生成一个参考其他零部件几何特征的关联特征，此关联特征对其他零部件进行了外部参考。如果改变了参考零部件的几何特征，则相关的关联特征也会相应改变。

（6）高亮显示所有图形区域中选中特征的边线：勾选该复选框后，在单击模型特征时，所选特征的所有边线会高亮显示。

（7）图形视区中动态高亮显示：勾选该复选框后，当移动鼠标指针经过草图、模型或工程图时，系统将高亮度显示模型的边线、面及顶点。

（8）以不同的颜色显示曲面的开环边线：勾选该复选框后，系统将以不同的颜色显示曲面的开环边线，这样更容易区分曲面的开环边线和任何相切边线或侧影轮廓边线。

（9）显示上色基准面：勾选该复选框后，系统将显示上色基准面。

（10）启用通过透明度选择：勾选该复选框后，可以在装配体中直接选择透明零件后的零件。

（11）显示参考三重轴：勾选该复选框后，在绘图区中显示参考三重轴。

扫一扫，看视频

动手学——设置界面背景及颜色

本例更改操作界面的背景及颜色，设置个性化的用户界面。

【操作步骤】

（1）执行命令。选择菜单栏中的“工具”→“选项”命令，系统弹出“系统选项(S)-颜色”对话框。

（2）设置颜色。单击“系统选项”选项卡，在左侧的树形列表中选择“颜色”选项，如图 1-37 所示。

（3）在右侧“颜色方案设置”列表框中选择“视区背景”，然后单击“编辑”按钮，在弹出的图 1-38 所示的“颜色”对话框中选择“白色”，然后单击“确定”按钮。也可以使用该方式设置其他选项的颜色。

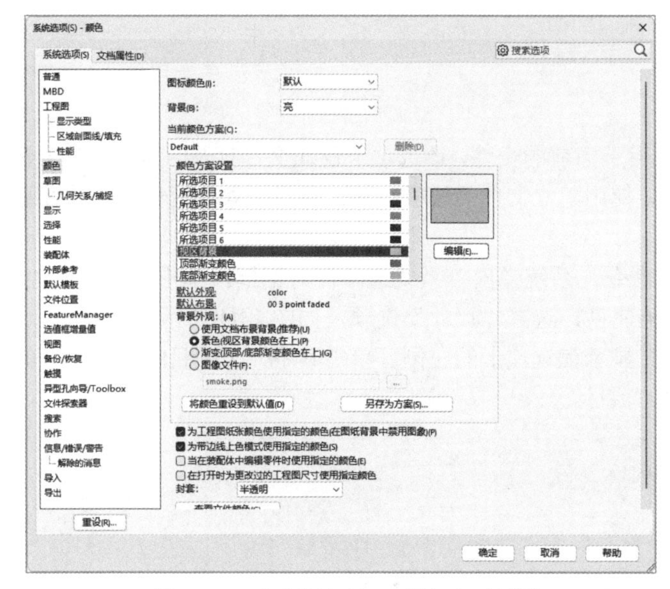

图 1-37 “系统选项(S)-颜色”对话框

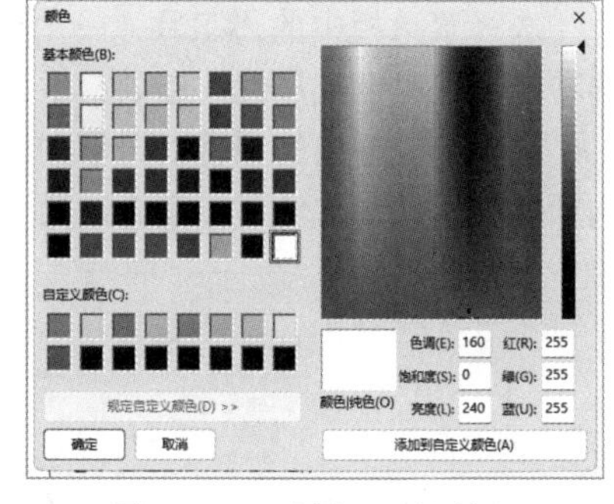

图 1-38 “颜色”对话框

（4）在“背景外观”选项组中选中“素色（视区背景颜色在上）”单选按钮。

（5）单击“确定”按钮，系统背景颜色设置成功，如图 1-39 所示。

（6）若只设置当前文件的背景，可以在“视图（前导）”工具栏中单击“应用布景”按钮右侧的下拉按钮，在弹出的下拉菜单中选择“单白色”命令，如图 1-40 所示。

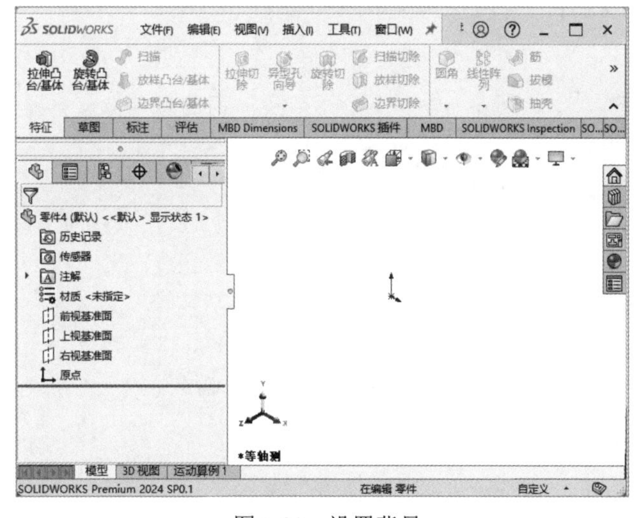

图 1-39 设置背景

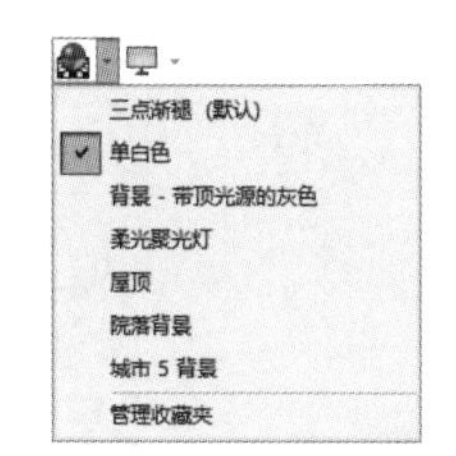

图 1-40 设置背景颜色

ⓘ 注意：

（1）在“系统选项(S)-颜色”对话框中设置的背景颜色，将作为以后新建文件的背景颜色。

（2）在“视图（前导）”工具栏中设置的背景颜色，只能控制当前文件，再新建文件时，需要重新设置背景。

1.3.2 设置文档属性

“文档属性”选项卡中设置的内容仅应用于当前的文件，该选项卡仅在文件打开时可用。对于新建文件，如果没有特别指定该文档属性，将使用建立文件的模板中的文件设置（如网格线、边线显示和单位等）。

选择菜单栏中的“工具”→“选项”命令，系统弹出“系统选项”对话框，单击“文档属性”选项卡，在“文档属性”选项卡中设置文档属性，选择“尺寸”选项，如图 1-41 所示。

选项卡中列出的项目以树形列表的形式显示在选项卡的左侧。单击其中一个项目时，该项目的选项就会出现在右侧。下面介绍两个常用的项目。

图 1-41 “尺寸”项目中的选项

1. “尺寸”项目的设定

选择“尺寸”项目后，该项目的选项就会出现在选项卡右侧，如图 1-41 所示。

（1）添加默认括号：勾选该复选框后，将添加默认括号并在括号中显示工程图的参考尺寸。

（2）置中于延伸线之间：勾选该复选框后，标注的尺寸文字将被置于尺寸界线的中间位置。

（3）等距距离：该选项组用来设置标准尺寸间的距离。

（4）箭头：该选项组用来指定标注尺寸中箭头的显示状态。

（5）水平折线：是指在工程图中如果尺寸界线彼此交叉，需要穿越其他尺寸界线时，可折断尺寸界线。

（6）主要精度：该选项组用来设置主要尺寸、角度尺寸以及替换单位的尺寸精度和公差值。

2．“单位”项目的设定

“单位”项目用来指定激活的零件、装配体或工程图文件中使用的线性单位类型和角度单位类型，系统默认的单位系统为“MMGS（毫米、克、秒）”，用户可以根据需要自定义其他类型的单位系统及具体的单位，如图1-42所示。

（1）单位系统：该选项组用来设置文件的单位系统。如果选中“自定义”单选按钮，则激活其余的选项。

（2）双尺寸长度：用来指定系统的第二种长度单位。

（3）角度：用来设置角度单位类型。其中可选择的单位有度、度/分、度/分/秒或弧度。只有在单位选择度或弧度时，才可以选择“小数位数”。

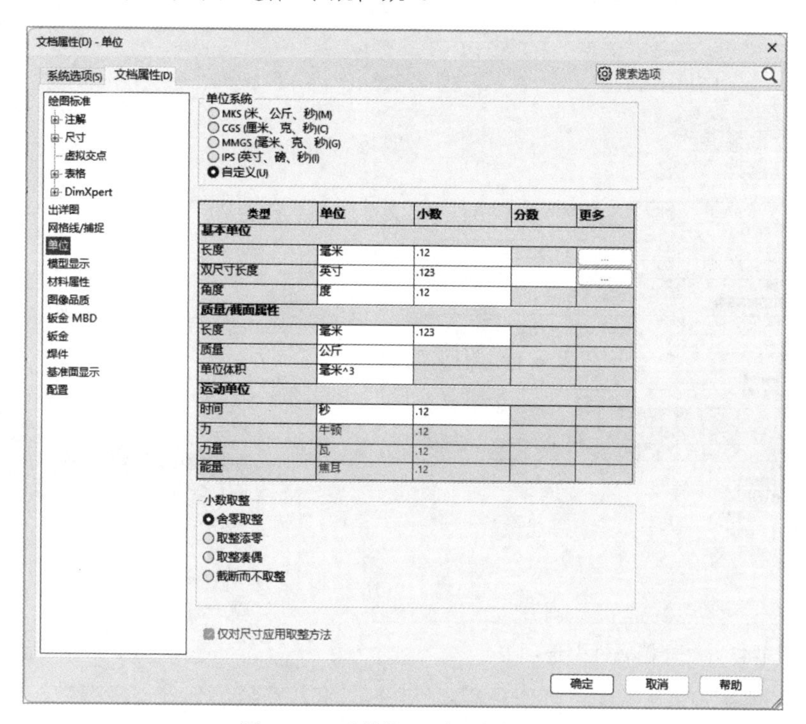

图1-42 “单位”项目中的选项

动手学——设置绘图单位和标注样式

本例介绍绘图单位和标注样式的设置方法。

【操作步骤】

（1）新建文件。选择菜单栏中的“文件”→“新建”命令，或者单击“快速访问”工具栏中的“新建”按钮，在弹出的“新建 SOLIDWORKS 文件”对话框中单击“零件”按钮，然后单击“确定”按钮，创建一个新的零件文件。

（2）设置背景颜色。单击“视图（前导）”工具栏中的“应用布景”按钮右侧的下拉按钮，在弹出的下拉菜单中选择“单白色”命令。

（3）设置单位。选择菜单栏中的“工具”→“选项”命令，系统弹出“系统选项(S)-普通”对话框。单击“文档属性”选项卡，然后在左侧的树形列表中选择“单位”项目，单位系统选择“自定义”。将长度单位设置为“毫米”，小数位数设置为“无”；角度单位设置为“度”，小数位数设置为.12；“小数取整”选中“舍零取整”单选按钮，如图1-43所示。

（4）设置标注样式。单击“尺寸”项目，单击“字体”按钮字体(F)...，系统弹出“选择字体”对话框，设置“字体”为“仿宋”，“高度”选中“单位”单选按钮，大小设置为5mm，如图1-44所示。单击“确定”按钮，返回“文档属性”选项卡。在“箭头”选项组中勾选“以尺寸高度调整比例”复选框，如图1-45所示。单击“角度”项目，修改“文本位置”为“折断引线，水平文字”，如图1-46所示。单击“直径”项目，修改“文本位置”为“折断引线，水平文字”，勾选“显示第二向外箭头”复选框，如图1-47所示。单击“半径”项目，修改“文本位置”为“折断引线，水平文字”，如图1-48所示。

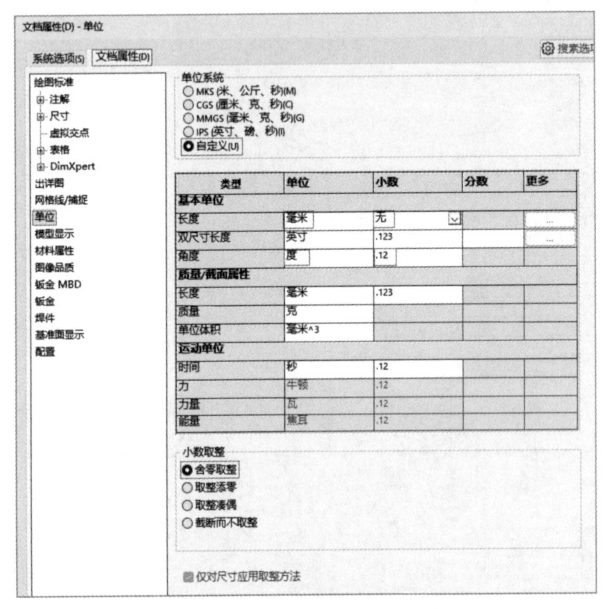

图1-43 “文档属性”选项卡

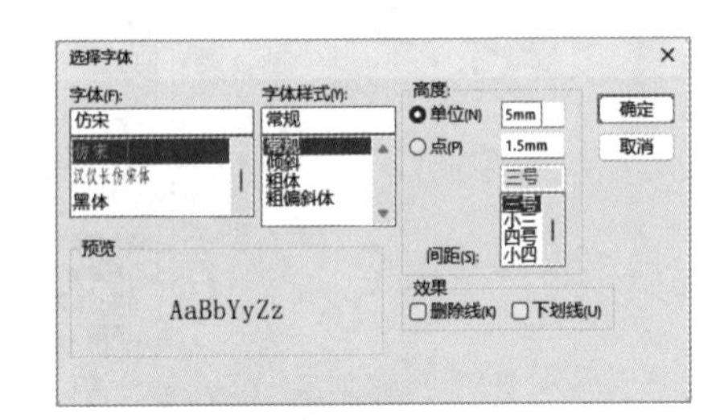

图1-44 设置字体

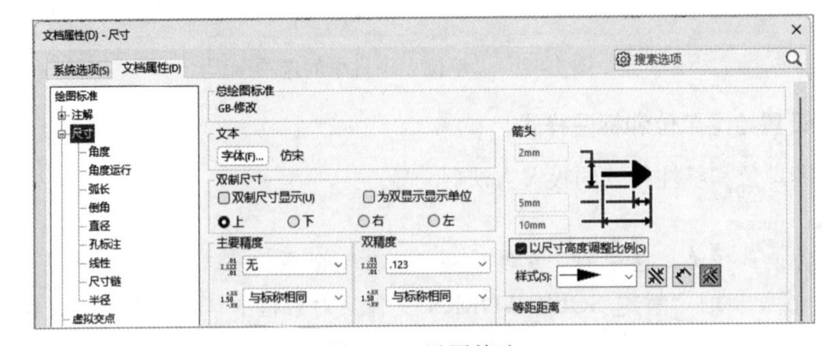

图1-45 设置箭头

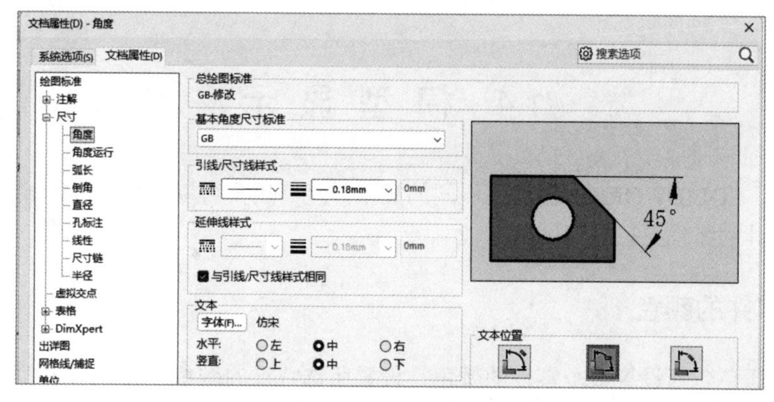

图 1-46　设置角度

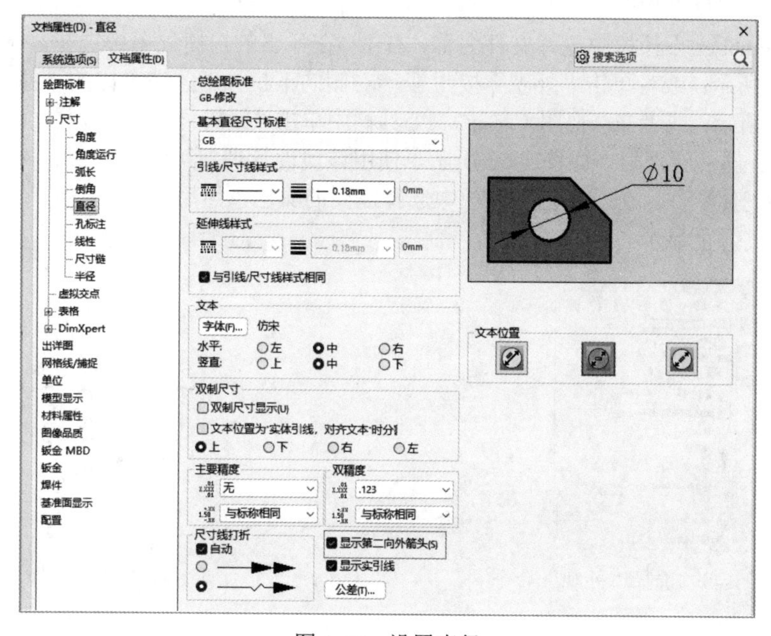

图 1-47　设置直径

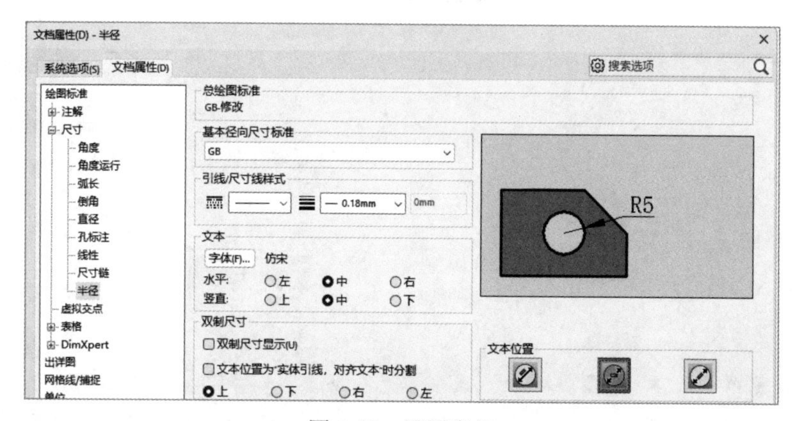

图 1-48　设置半径

1.4 模型显示

零件建模时，SOLIDWORKS 提供了不同的显示外观。用户可以根据实际需要设置零件的颜色及透明度，使设计的零件更接近实际情况。

1.4.1 设置零件的颜色

设置零件的颜色包括设置整个零件的颜色、设置所选特征的颜色及设置所选面的颜色。

1. 设置整个零件的颜色

在 FeatureManager 设计树中选择文件名称，右击，在弹出的快捷菜单中选择“外观”→“外观”命令，如图 1-49 所示；或者单击“外观”按钮右侧的下拉按钮，在弹出的下拉列表中选择文件名称，如图 1-50 所示；或者在“视图（前导）”工具栏中单击“编辑外观”按钮，如图 1-51 所示。系统弹出“颜色”属性管理器，如图 1-52 所示。使用该属性管理器可以将颜色、材料外观和透明度应用到零件和装配体零件。在“颜色”选项中选择需要的颜色，然后单击“确定”按钮，此时整个零件将以设置的颜色显示。

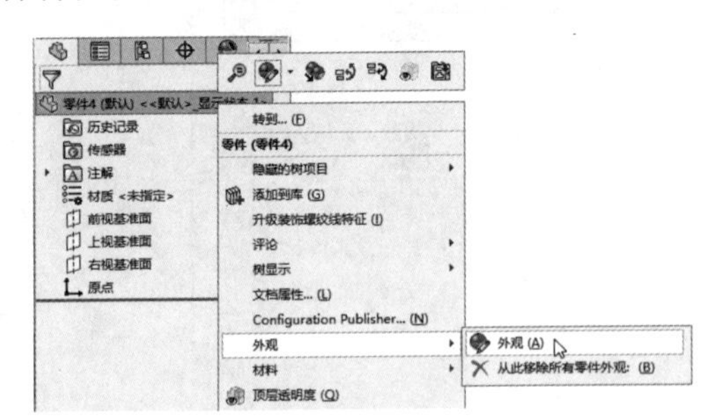

图 1-49 选择“外观”命令

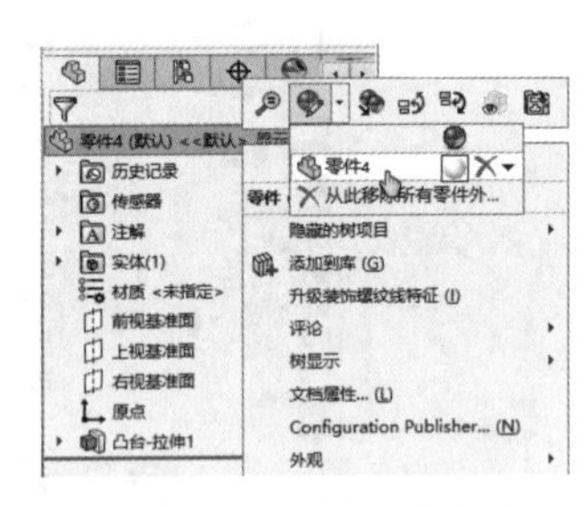

图 1-50 选择文件名称

图 1-51 “视图（前导）”工具栏

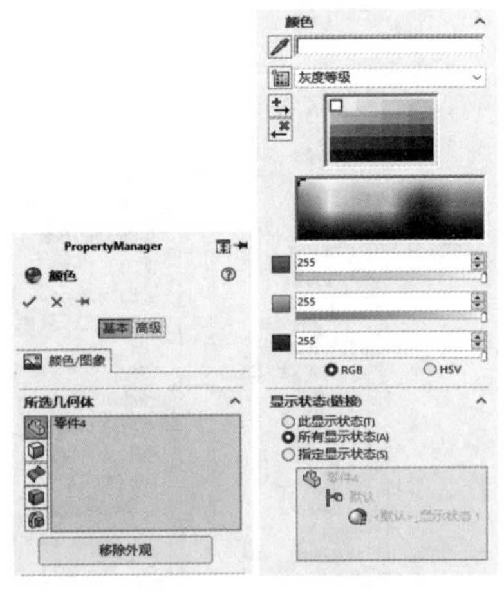

图 1-52 “颜色”属性管理器

2．设置所选特征的颜色

（1）在 FeatureManager 设计树中选择需要改变颜色的特征，可以按住 Ctrl 键选择多个特征。

（2）右击所选特征，在弹出的快捷菜单中单击“外观”按钮，在下拉菜单中选择第（1）步中选中的特征，如图 1-53 所示。

（3）系统弹出“颜色”属性管理器，在“颜色”选项中选择需要的颜色，然后单击“确定”按钮，颜色设置完成。

（4）或者在“视图（前导）”工具栏中单击“编辑外观”按钮，系统弹出“颜色”属性管理器，在 FeatureManager 设计树中选择要修改颜色的特征，再选择需要的颜色，然后单击“确定”按钮，颜色即可设置完成。

3．设置所选面的颜色

（1）右击图 1-54 所示的面 1，在弹出的快捷菜单中单击“外观”按钮，在下拉菜单中选择选中的面，如图 1-55 所示。

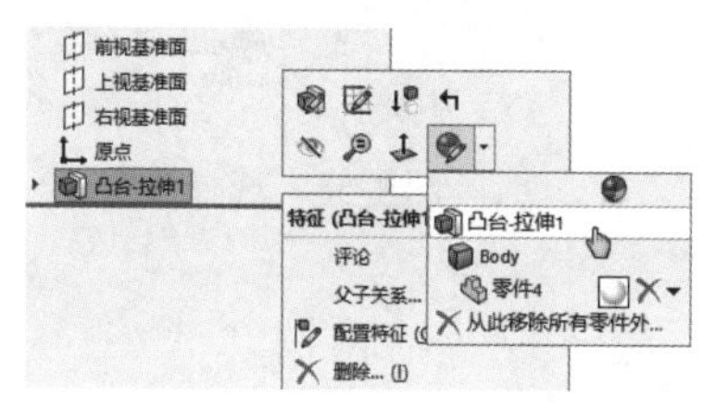

图 1-53　选择特征名称

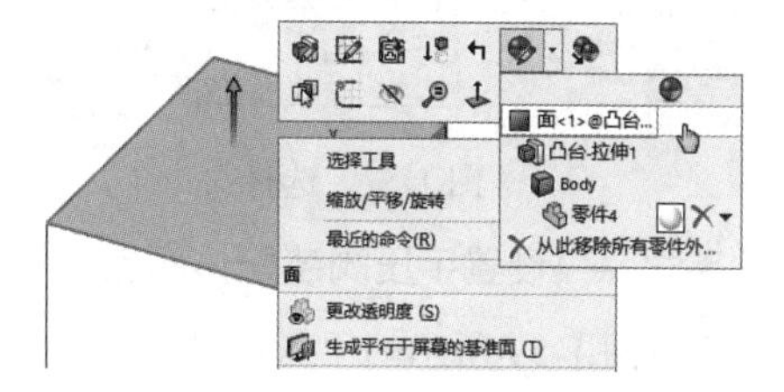

图 1-54　选择面

（2）系统弹出“颜色”属性管理器，在“颜色”选项中选择需要的颜色，然后单击“确定”按钮，颜色设置完成。

（3）或者在“视图（前导）”工具栏中单击“编辑外观”按钮，系统弹出“颜色”属性管理器，在 FeatureManager 设计树中选择要修改颜色的面，再选择需要的颜色，然后单击“确定”按钮，颜色即可设置完成，如图 1-56 所示。

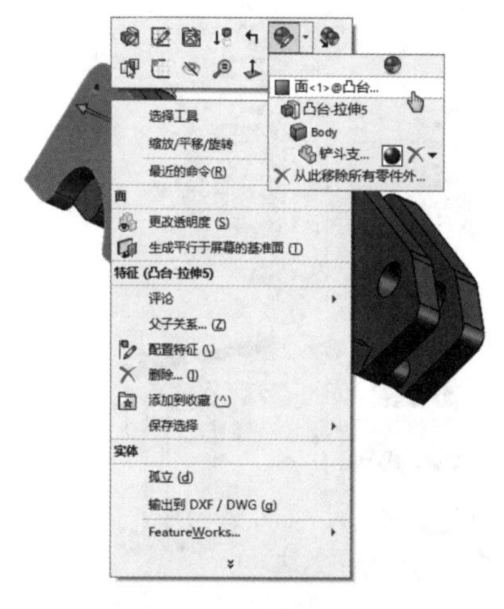

图 1-55　快捷菜单

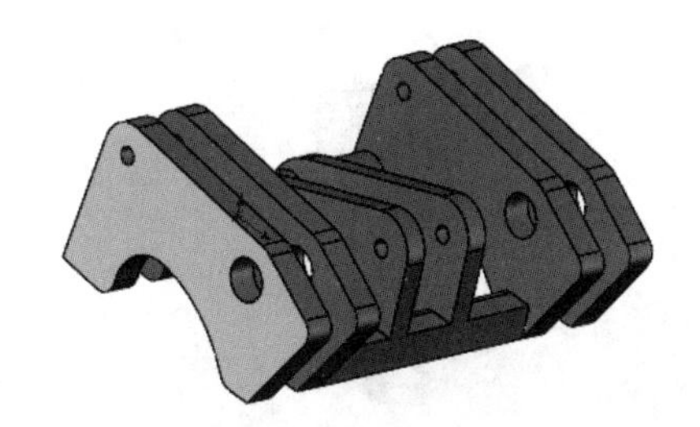

图 1-56　设置面的颜色

1.4.2 设置零件的透明度

在装配体零件中，外面的零件会遮挡内部的零件，给零件的选择造成困难。设置零件的透明度后，可以透过透明零件选择非透明对象。

在 FeatureManager 设计树中选择文件名称，右击，在弹出的快捷菜单中选择“更改透明度”命令，如图 1-57 所示。或者右击视图中的模型，在弹出的快捷菜单中选择“更改透明度”命令，如图 1-58 所示。

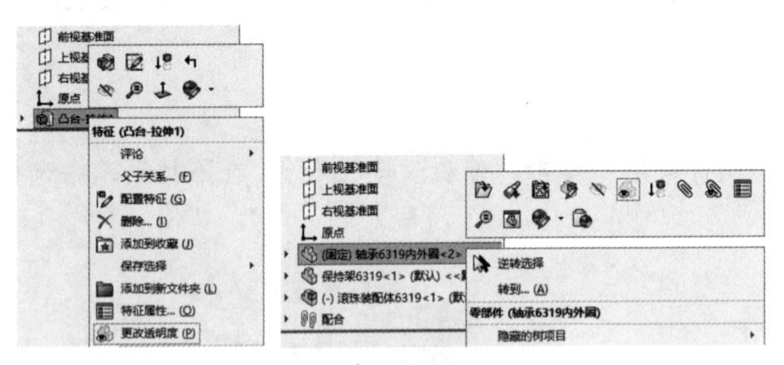

图 1-57 选择命令 1

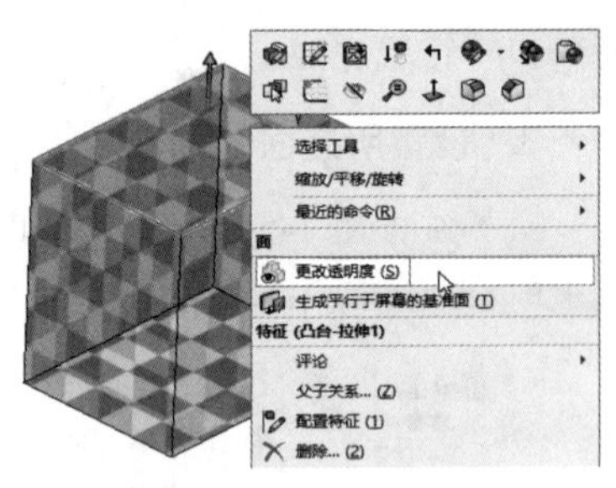

图 1-58 选择命令 2

扫一扫，看视频

动手学——设置手压阀装配体颜色

本例对图 1-59 所示的手压阀装配体的颜色和透明度进行设置。

【操作步骤】

（1）打开文件。单击“快速访问”工具栏中的“打开”按钮，打开“手压阀装配体”源文件，如图 1-59 所示。

（2）设置颜色。在“视图（前导）”工具栏中单击“编辑外观”按钮，系统弹出“颜色”属性管理器，❶在 FeatureManager 设计树中选择除“阀体”之外的所有零部件，❷设置颜色为（0,215,63），如图 1-60 所示。❸单击“确定”按钮，颜色设置完成。

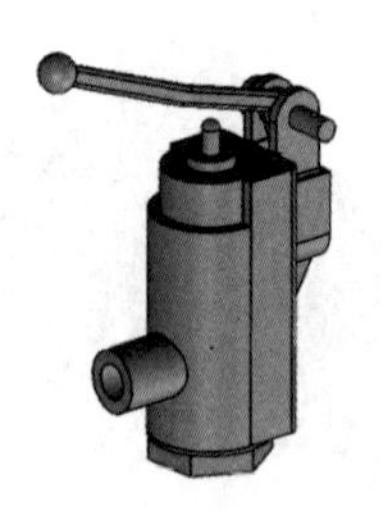

图 1-59 手压阀装配体

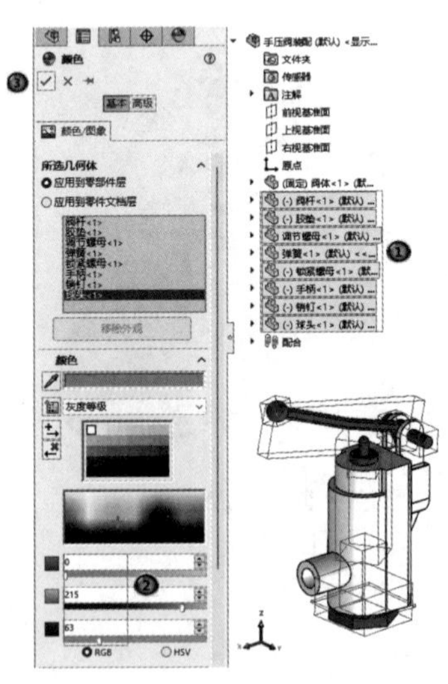

图 1-60 设置颜色

（3）设置透明度。在 FeatureManager 设计树中选择文件名称“阀体”，如图 1-61 所示，右击，在弹出的快捷菜单中单击“更改透明度”按钮，在绘图区单击，结果如图 1-62 所示。

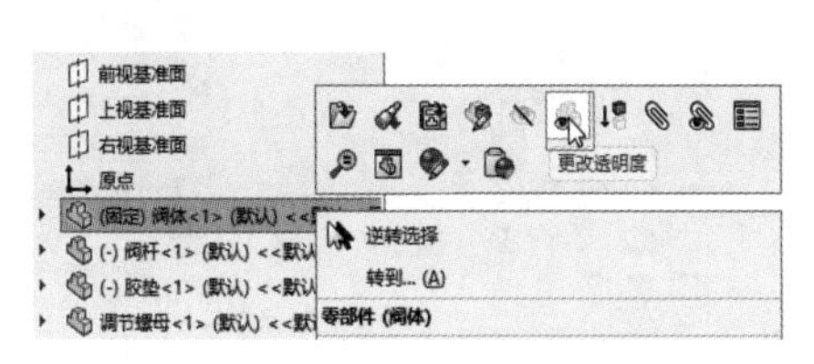

图 1-61　单击按钮

图 1-62　更改透明度结果

1.5　视 图 操 作

在使用 SOLIDWORKS 绘制实体模型的过程中，视图操作是不可或缺的一部分。

常见的视图操作包括视图定向、整屏显示全图、局部放大、动态放大/缩小、旋转、平移、滚转、上一视图。相应命令集中在“视图”→“修改”子菜单中，如图 1-63 所示。下面依次讲解常用命令。

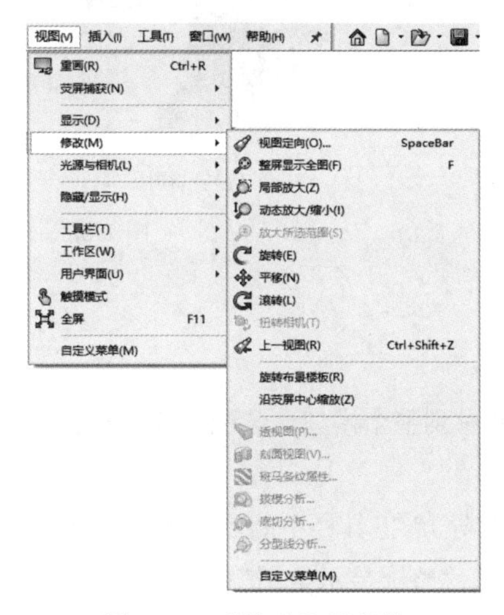

图 1-63　“修改”子菜单

1.5.1　视图定向

选择模型显示方向。

【执行方式】

➢ 工具栏：在“标准视图”工具栏中单击“视图定向”按钮，如图 1-64 所示，或者单击“视图（前导）”工具栏中的“视图定向”按钮，如图 1-65 所示。
➢ 菜单栏：选择菜单栏中的“视图”→“修改”→“视图定向”命令，如图 1-63 所示。
➢ 快捷菜单：右击，在弹出的快捷菜单中选择“视图定向”命令，如图 1-66 所示。
➢ 按空格键。

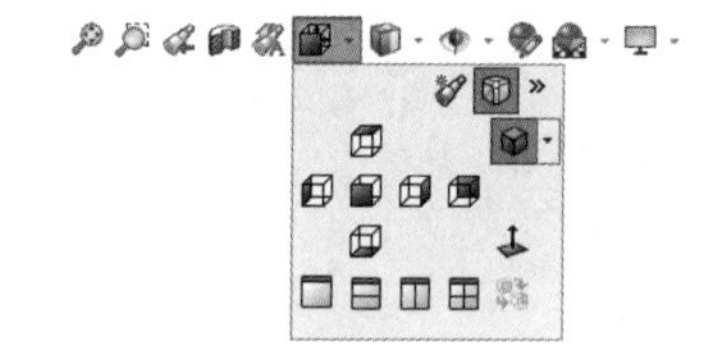

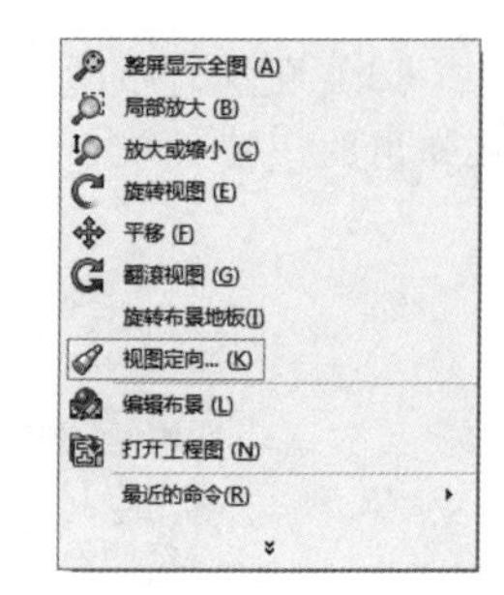

图 1-64 “标准视图”工具栏　　图 1-65 “视图（前导）”工具栏　　图 1-66 右键快捷菜单

【选项说明】

执行上述操作，系统弹出“方向”对话框，如图 1-67 所示。

在该对话框中单击选择所需视图方向按钮，则实体模型转换到指定视图方向，如图 1-68 所示。

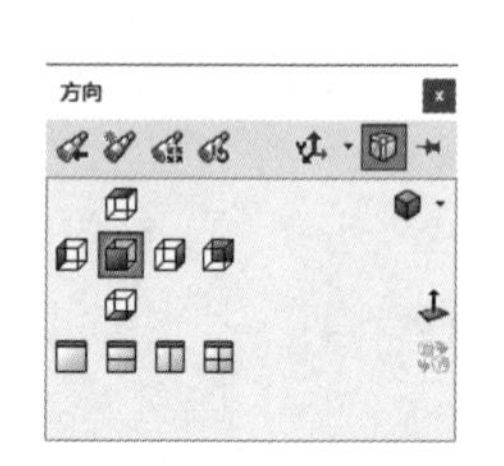

图 1-67 “方向”对话框

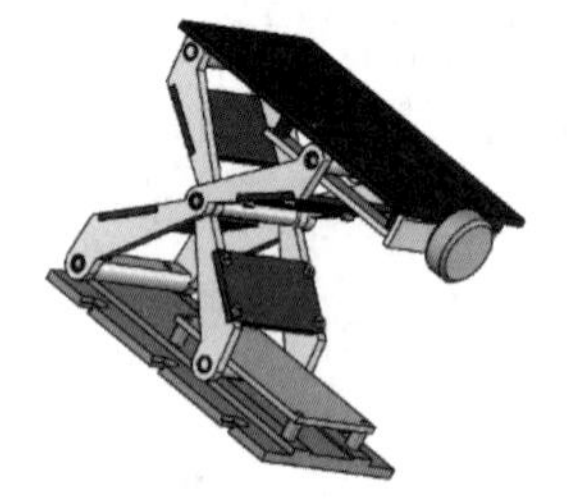

（a）旋转前视图

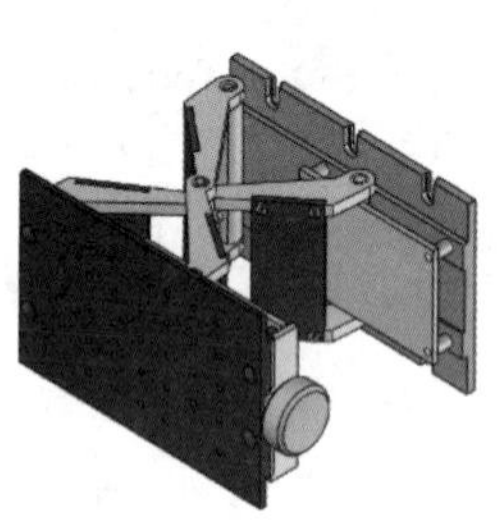

（b）等轴测方向

图 1-68 转换视图

1.5.2 整屏显示全图

调整放大或缩小的范围以便看到整个模型、装配体或工程图纸。

【执行方式】

- 工具栏：单击“视图（前导）”工具栏中的“整屏显示全图”按钮，如图 1-69 所示，或者单击“视图”工具栏中的“整屏显示全图”按钮，如图 1-70 所示。
- 菜单栏：选择菜单栏中的“视图”→“修改”→“整屏显示全图”命令，如图 1-63 所示。
- 快捷菜单：右击，在弹出的快捷菜单中选择“整屏显示全图”命令，如图 1-66 所示。

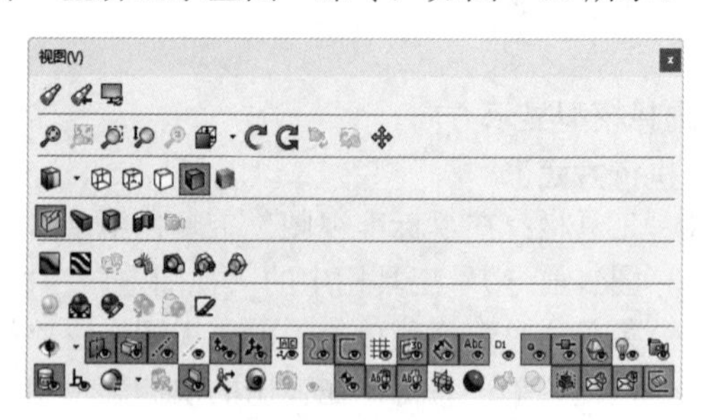

图 1-69 单击“整屏显示全图”按钮

图 1-70 “视图”工具栏

【选项说明】

执行上述操作，可将模型全部显示在窗口中，如图 1-71 所示。

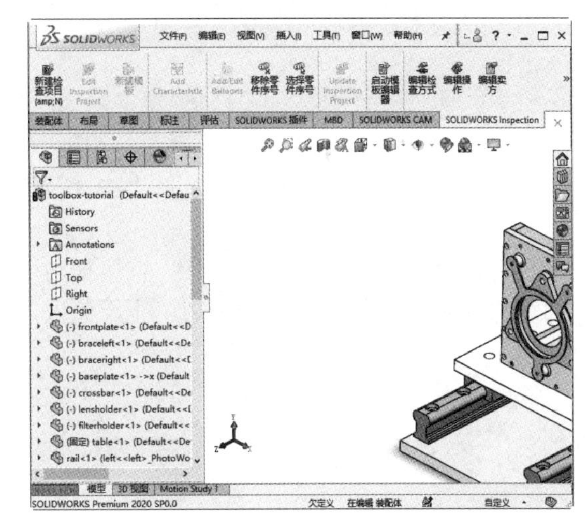

（a）部分显示模型

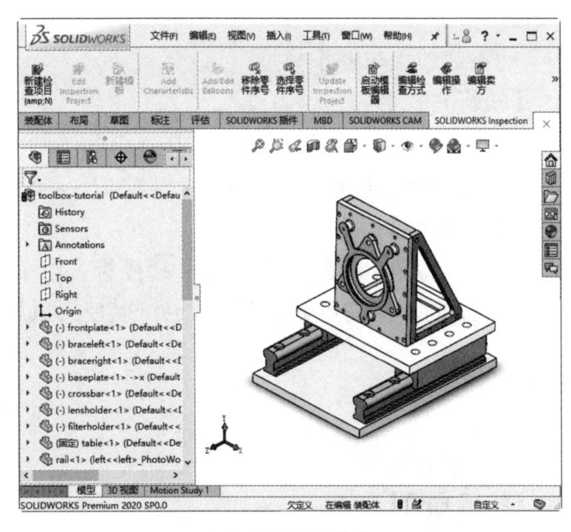

（b）全屏显示模型

图 1-71　显示视图

1.5.3　局部放大

局部放大所选区域。

【执行方式】

➢ 工具栏：单击“视图（前导）”工具栏中的“局部放大”按钮，如图 1-69 所示，或者单击“视图”工具栏中的“局部放大”按钮，如图 1-70 所示。

➢ 菜单栏：选择菜单栏中的“视图”→“修改”→“局部放大”命令，如图 1-63 所示。

➢ 快捷菜单：单击鼠标右键，在弹出的快捷菜单中选择“局部放大”命令，如图 1-66 所示。

【选项说明】

执行上述操作，在绘图区出现图标，根据系统提示框选要放大的部位，即可将局部放大，如图 1-72 所示。

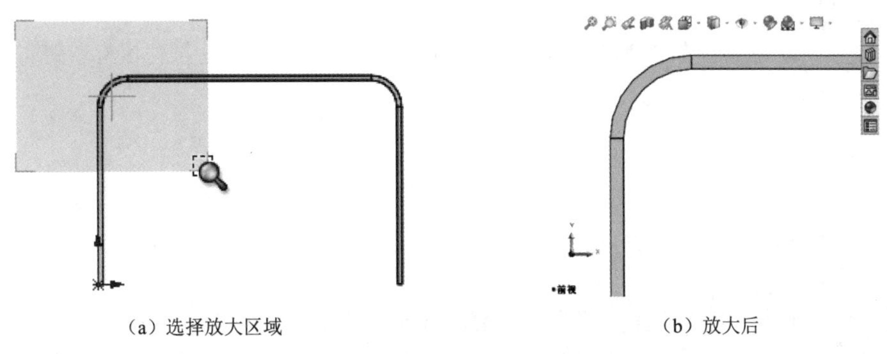

（a）选择放大区域　　（b）放大后

图 1-72　局部放大

1.5.4 动态放大/缩小

动态地放大与缩小模型。

【执行方式】

➢ 工具栏：单击“视图”工具栏中的“动态放大/缩小”按钮，如图 1-70 所示。

➢ 菜单栏：选择菜单栏中的“视图”→“修改”→“动态放大/缩小”命令，如图 1-63 所示。

【选项说明】

执行上述操作，鼠标指针变为图标，将鼠标指针放置在模型上，按住鼠标左键，向下拖动可缩小模型，向上拖动可放大模型，也可以使用鼠标中间滚轮放大或缩小模型，上滚缩小，下滚放大。

1.5.5 旋转

旋转模型视图方向。

【执行方式】

➢ 工具栏：单击“视图”工具栏中的“旋转”按钮，如图 1-70 所示。

➢ 菜单栏：选择菜单栏中的“视图”→“修改”→“旋转”命令，如图 1-63 所示。

➢ 快捷菜单：右击，在弹出的快捷菜单中选择“旋转视图”命令，如图 1-66 所示。

【选项说明】

执行上述操作，鼠标指针变为图标，将鼠标指针放置在模型上，按住鼠标左键，向不同方向拖动鼠标，模型随之旋转，也可以按住鼠标中键进行旋转。

1.5.6 平移

移动模型零件。

【执行方式】

➢ 工具栏：单击“视图”工具栏中的“平移”按钮，如图 1-70 所示。

➢ 菜单栏：选择菜单栏中的“视图”→“修改”→“平移”命令，如图 1-63 所示。

➢ 快捷菜单：右击，在弹出的快捷菜单中选择“平移”命令，如图 1-66 所示。

【选项说明】

执行上述操作，鼠标指针变为图标，将鼠标指针放置在模型上，按住鼠标左键，模型随着鼠标向不同方向拖动而移动。

1.5.7 滚转

绕基点旋转模型。

【执行方式】

➢ 工具栏：单击“视图”工具栏中的“翻滚视图”按钮，如图 1-70 所示。

➢ 菜单栏：选择菜单栏中的“视图”→“修改”→“滚转”命令，如图 1-63 所示。

- 快捷菜单：右击，在弹出的快捷菜单中选择“翻滚视图”命令，如图 1-66 所示。
- 按住 Alt 键和鼠标中键。

【选项说明】

执行上述操作，鼠标指针变为 图标，按住鼠标左键，模型随着鼠标运动而绕垂直于屏幕的轴旋转。

1.5.8 上一视图

显示上一视图。使用此命令可将当前视图返回到上一个视图。

【执行方式】

- 工具栏：单击“视图（前导）”工具栏中的“上一视图”按钮 ，如图 1-66 所示，或者单击“视图”工具栏中的“上一视图”按钮 ，如图 1-70 所示。
- 菜单栏：选择菜单栏中的“视图”→“修改”→“上一视图”命令，如图 1-63 所示。

动手练——手压阀装配体

【操作提示】

（1）打开“手压阀装配体”文件。

（2）熟悉各视图操作命令。

第 2 章　绘 图 基 础

内容简介

在使用 SOLIDWORKS 进行草图绘制过程中，尺寸标注、几何关系约束必不可少，而参考几何体是实体创建过程中不可或缺的重要组成部分，所以在进行草图绘制前先要了解一些绘图基础知识。

内容要点

- 参考几何体
- 智能尺寸标注
- 几何关系

案例效果

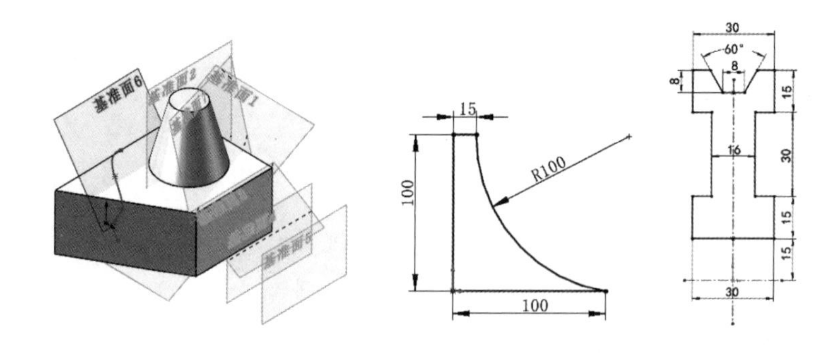

2.1　参考几何体

“参考几何体”下拉菜单位于“特征”选项卡中，如图 2-1 所示。

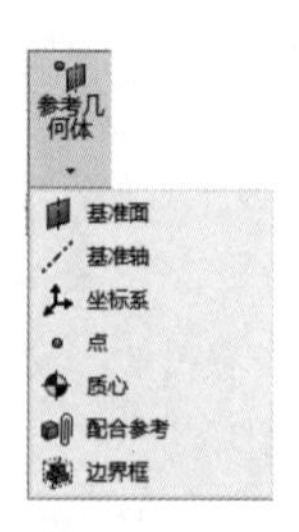

图 2-1　“参考几何体”下拉菜单

2.1.1 基准面

SOLIDWORKS 提供了前视基准面、上视基准面和右视基准面 3 个默认的相互垂直的基准面。通常情况下，用户在这 3 个基准面上绘制草图，然后使用特征命令创建实体模型即可绘制需要的图形。但是，对于一些特殊的特征，如扫描特征和放样特征，需要在不同的基准面上绘制草图，才能完成模型的构建，这就需要创建新的基准面。

基准面主要应用于零件图和装配图中。用户可以利用基准面绘制草图，生成模型的剖视图，用于拔模特征中的中性面等。

【执行方式】

- 菜单栏：选择菜单栏中的“插入”→“参考几何体”→“基准面”命令。
- 选项卡：单击“特征”选项卡中的“参考几何体”→“基准面”按钮，如图 2-2 所示。

【选项说明】

执行上述操作，系统弹出“基准面”属性管理器，如图 2-3 所示。

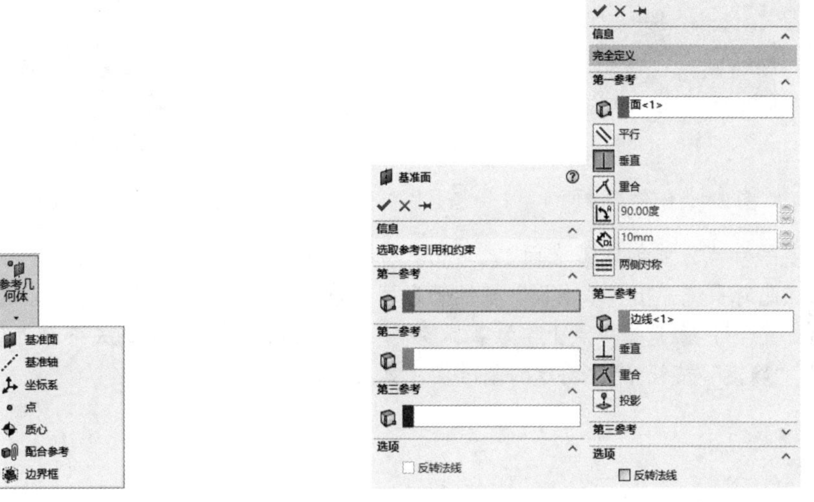

图 2-2　选择命令

图 2-3　“基准面”属性管理器

一个基准面至少需要两个参考才能正确地构建。两个参考之间的几何关系如下。

（1）：选择已有面（特征面、工作面），说明基准面与之平行。

（2）：选择已有的平面，说明这是新基准面的参考面；选择某棱边，说明这是新工作面通过的轴；在微调框中输入与参考面的夹角。

（3）：选择已有的平面，说明这是新基准面的参考面；在微调框中输入与参考面的间距。

（4）：选择已有面（特征面、工作面），说明基准面与之垂直。

（5）：选择已有面（特征面、工作面），说明基准面与之重合。

在 SOLIDWORKS 中，基准面与创建它时依赖的几何对象相互关联。当依赖对象的参数改变后，基准面也会相应改变。

创建基准面有 6 种方式。

（1）通过直线和点方式：用于创建一个通过边线、轴或草图线及点，或通过三点的基准面。

（2）平行方式：用于创建一个平行于基准面或面的基准面。

（3）两面夹角方式：用于创建一个通过一条边线、轴线或草图线，并与一个面或基准面成一定角度的基准面。

（4）等距距离方式：用于创建一个平行于一个基准面或面，并等距指定距离的基准面。

（5）垂直于曲线方式：用于创建一个通过一个点且垂直于一条边线或曲线的基准面。

（6）曲面切平面方式：用于创建一个与空间面或圆形曲面相切于一点的基准面。

扫一扫，看视频

动手学——创建基准面

本例介绍几种创建基准面的方法，如图 2-4 所示。

【操作步骤】

（1）打开源文件。单击“快速访问”工具栏中的“打开”按钮，打开“零件 1”源文件，如图 2-5 所示。

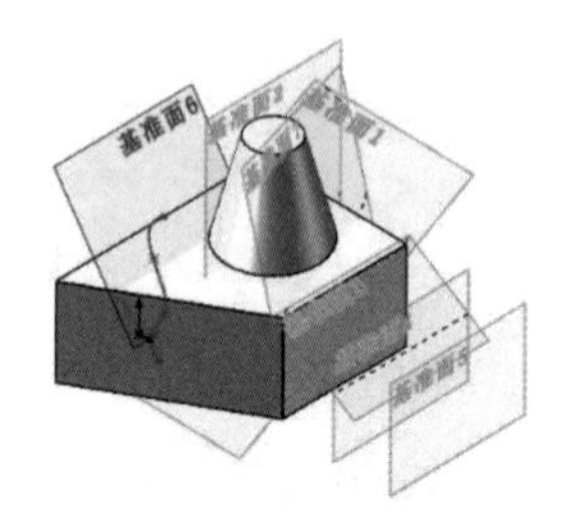

图 2-4　创建基准面

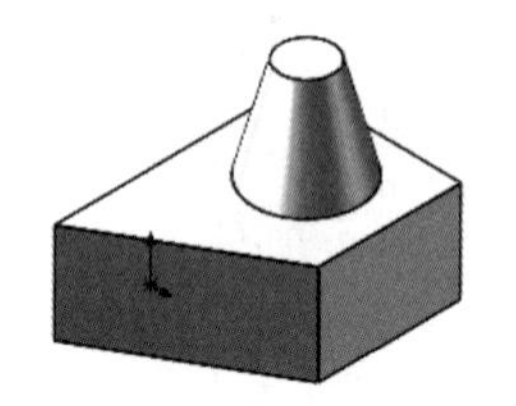

图 2-5　“零件 1”源文件

（2）通过直线和点方式创建基准面 1。单击“特征”选项卡的“参考几何体”下拉列表中的“基准面”按钮，此时系统弹出“基准面”属性管理器。❶选择边线 1 作为第一参考，❷基准面与第一参考的关系为“重合”，❸选择中点 1 作为第二参考，❹基准面与第二参考的关系为“重合”，如图 2-6 所示。❺单击“确定”按钮，创建的基准面 1 如图 2-7 所示。

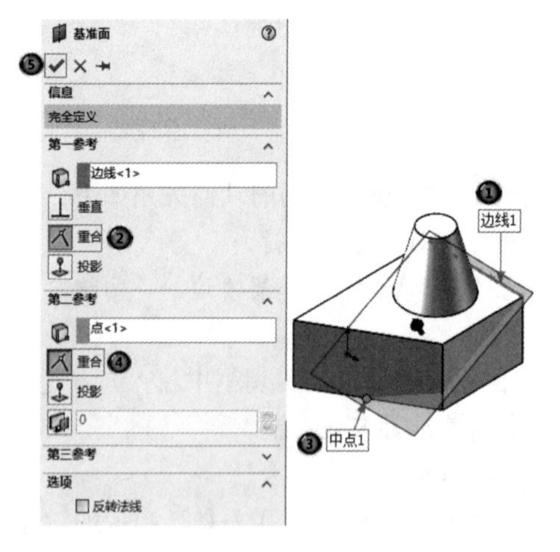

图 2-6　基准面 1 参数设置

图 2-7　基准面 1

注意：

若创建的基准面大小不符合要求，可以选中该基准面，此时会显示基准面标控，如图 2-8 所示。可拖动边角或边线标控调整基准面的大小。

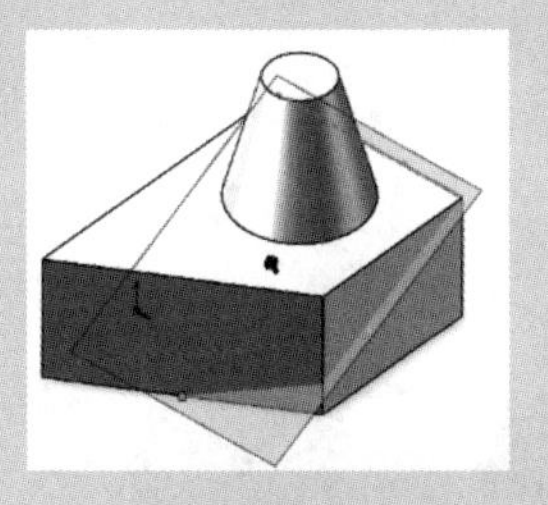

图 2-8 基准面标控

（3）隐藏基准面 1。在 FeatureManager 设计树中选择基准面 1，右击，在弹出的快捷菜单中单击“隐藏”按钮，将基准面 1 隐藏。

（4）用平行方式创建基准面 2。单击“特征”选项卡的“参考几何体”下拉列表中的“基准面”按钮，此时系统弹出“基准面”属性管理器。❶选择面 1 作为第一参考，❷基准面与第一参考的关系为“平行”，❸选择点 1 作为第二参考，❹基准面与第二参考的关系为“重合”，如图 2-9 所示。❺单击“确定”按钮，创建的基准面 2 如图 2-10 所示。

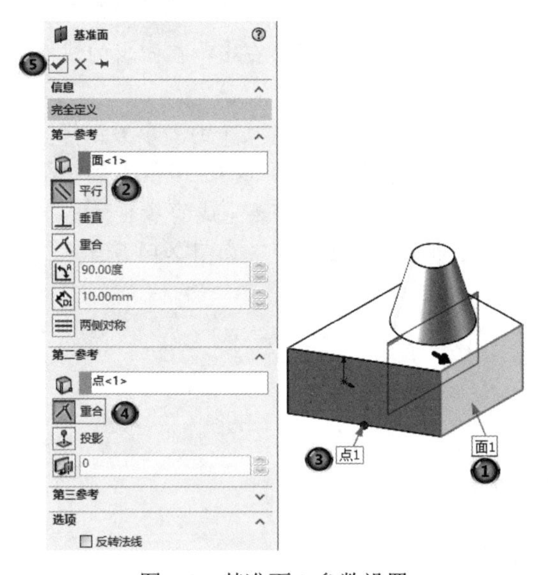

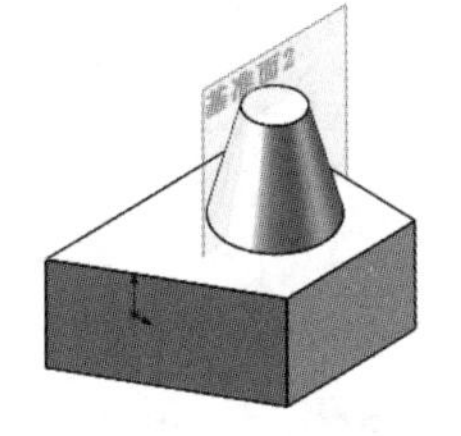

图 2-9 基准面 2 参数设置

图 2-10 基准面 2

（5）隐藏基准面 2。在 FeatureManager 设计树中选择基准面 2，右击，在弹出的快捷菜单中单击“隐藏”按钮，将基准面 2 隐藏。

（6）用两面夹角方式创建基准面 3。单击“特征”选项卡的“参考几何体”下拉列表中的“基准面”按钮，此时系统弹出“基准面”属性管理器。❶选择面 1 作为第一参考，❷基准面与第一参考的关系为“两面夹角”，❸角度为 60 度，❹勾选“反转等距”复选框，❺选择边线 1 作为第二参考，❻基准面与第二参考的关系为“重合”，如图 2-11 所示。❼单击“确定”按钮✔，创建的基准面 3 如图 2-12 所示。

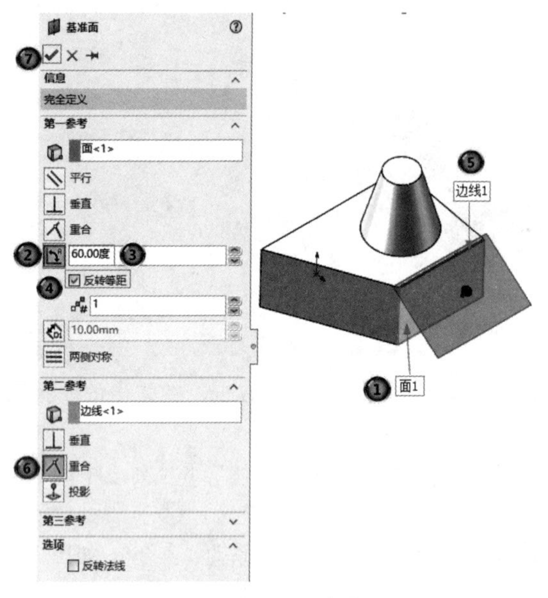

图 2-11　基准面 3 参数设置

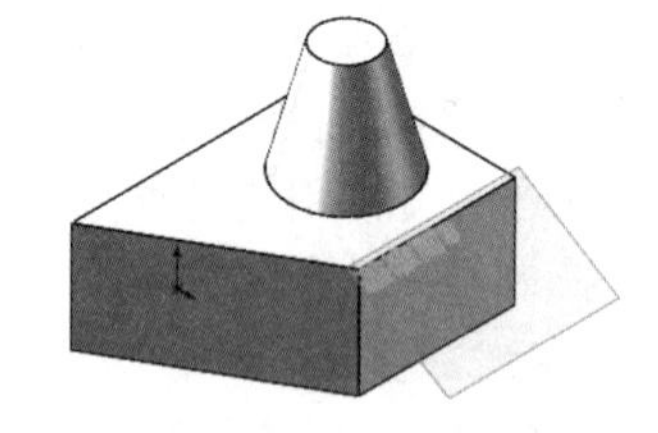

图 2-12　基准面 3

（7）隐藏基准面 3。在 FeatureManager 设计树中选择基准面 3，右击，在弹出的快捷菜单中单击“隐藏”按钮，将基准面 3 隐藏。

（8）用等距距离方式创建基准面 4 和基准面 5。单击“特征”选项卡的“参考几何体”下拉列表中的“基准面”按钮，此时系统弹出“基准面”属性管理器。❶选择面 1 作为第一参考，❷基准面与第一参考的关系为“偏移距离”，❸设置距离为 20mm，❹“要生成的基准面数”设置为 2，如图 2-13 所示。❺单击“确定”按钮✔，创建的基准面 4 和基准面 5 如图 2-14 所示。

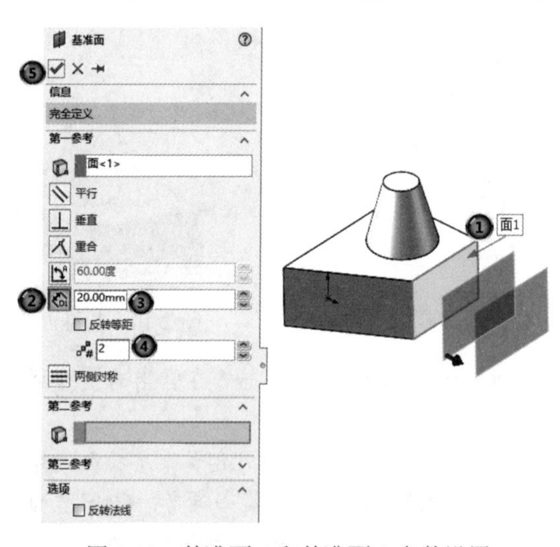

图 2-13　基准面 4 和基准面 5 参数设置

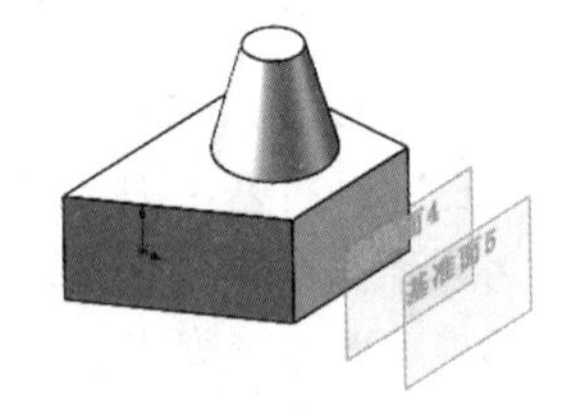

图 2-14　基准面 4 和基准面 5

（9）隐藏基准面4和基准面5。在FeatureManager设计树中选择基准面4和基准面5，右击，在弹出的快捷菜单中单击“隐藏”按钮，将基准面4和基准面5隐藏。

（10）显示曲线。在FeatureManager设计树中选择草图3，右击，在弹出的快捷菜单中单击“显示”按钮，显示草图3曲线，如图2-15所示。

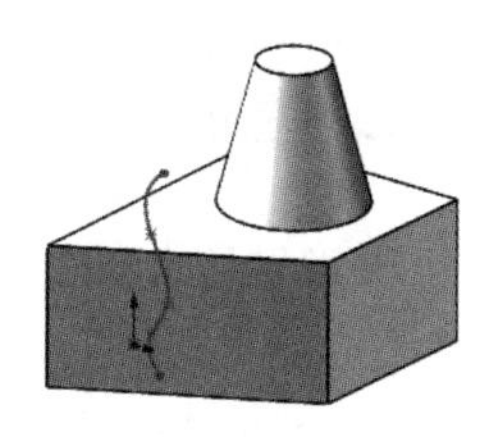
图2-15 显示草图3

（11）用垂直于曲线方式创建基准面6。单击“特征”选项卡的“参考几何体”下拉列表中的“基准面”按钮，此时系统弹出“基准面”属性管理器。❶选择样条曲线1作为第一参考，❷基准面与第一参考的关系为“垂直”，❸选择点1作为第二参考，❹基准面与第二参考的关系为“重合”，如图2-16所示。❺单击“确定”按钮，创建的基准面6如图2-17所示。

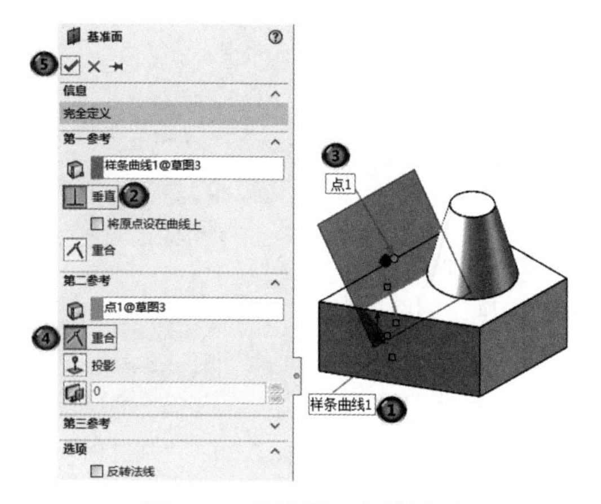

图2-16 基准面6参数设置

图2-17 基准面6

（12）隐藏基准面6。在FeatureManager设计树中选择基准面6，右击，在弹出的快捷菜单中单击“隐藏”按钮，将基准面6隐藏。

（13）用曲面切平面方式创建基准面7。单击“特征”选项卡的“参考几何体”下拉列表中的“基准面”按钮，此时系统弹出“基准面”属性管理器。❶选择面1作为第一参考，❷基准面与第一参考的关系为“相切”，❸选择点1作为第二参考，❹基准面与第二参考的关系为“重合”，如图2-18所示。❺单击“确定”按钮，创建的基准面7如图2-19所示。

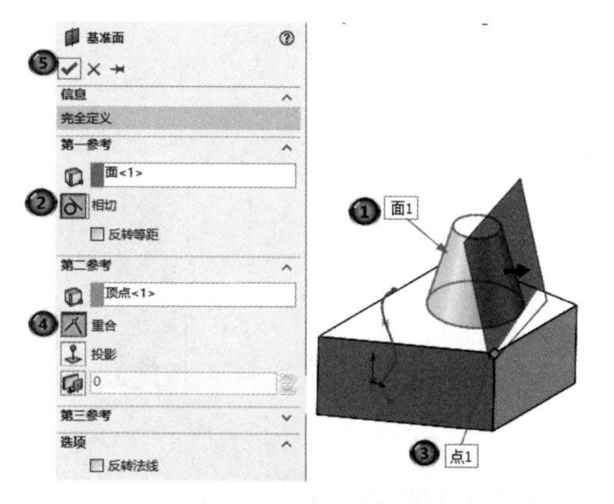

图2-18 基准面7参数设置

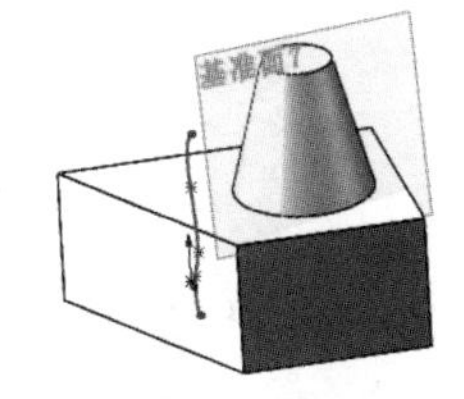

图2-19 基准面7

（14）显示曲线。在 FeatureManager 设计树中选择基准面 1～基准面 6，右击，在弹出的快捷菜单中单击“显示”按钮，显示创建的所有基准面，如图 2-4 所示。

2.1.2 基准轴

基准轴通常在生成草图几何体或圆周阵列时使用。每一个圆柱和圆锥面都有一条轴线。

【执行方式】

➢ 菜单栏：选择菜单栏中的“插入”→“参考几何体”→“基准轴”命令。

➢ 选项卡：单击“特征”选项卡中的“参考几何体”→“基准轴”按钮。

【选项说明】

执行上述操作，系统弹出“基准轴”属性管理器，如图 2-20 所示。

创建基准轴有以下 5 种方式。

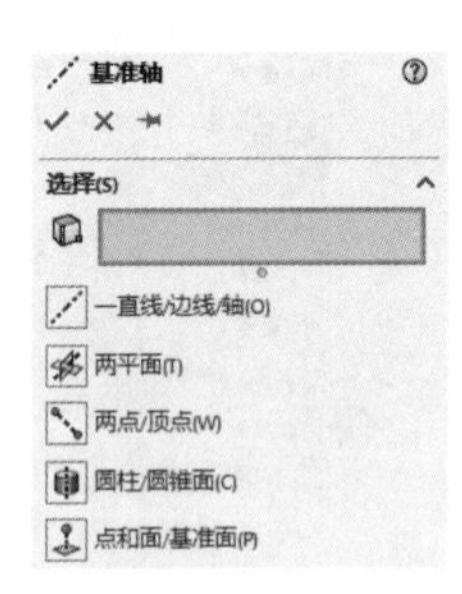

图 2-20 “基准轴”属性管理器

（1）一直线/边线/轴方式：选择一草图的直线、实体的边线或轴，创建所选直线所在的轴线。

（2）两平面方式：将所选两平面的交线作为基准轴。

（3）两点/顶点方式：将两个点或两个顶点的连线作为基准轴。

（4）圆柱/圆锥面方式：选择圆柱面或圆锥面，将其临时轴确定为基准轴。

（5）点和面/基准面方式：选择一曲面或基准面以及顶点、点或中点，创建一个通过所选点并且垂直于所选面的基准轴。

扫一扫，看视频

动手学——创建基准轴

本例介绍 5 种基准轴的创建方式，如图 2-21 所示。

【操作步骤】

（1）打开源文件。单击“快速访问”工具栏中的“打开”按钮，打开“零件 2”源文件，如图 2-22 所示。

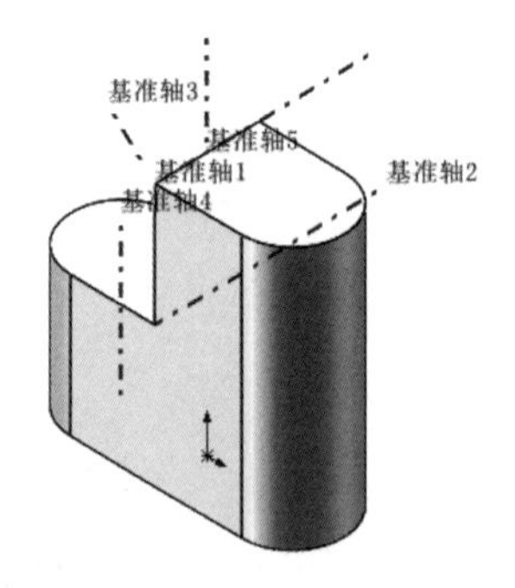

图 2-21 创建基准轴

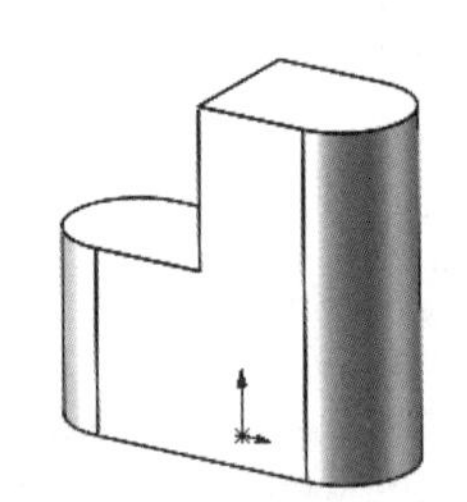

图 2-22 “零件 2“源文件

（2）用一直线/边线/轴方式创建基准轴 1。单击“特征”选项卡的“参考几何体”下拉列表中的

“基准轴”按钮，此时系统弹出“基准轴”属性管理器。❶选择边线 1 作为第一参考，系统自动选择“一直线/边线/轴”方式，如图 2-23 所示。❷单击“确定”按钮，创建的基准轴 1 如图 2-24 所示。

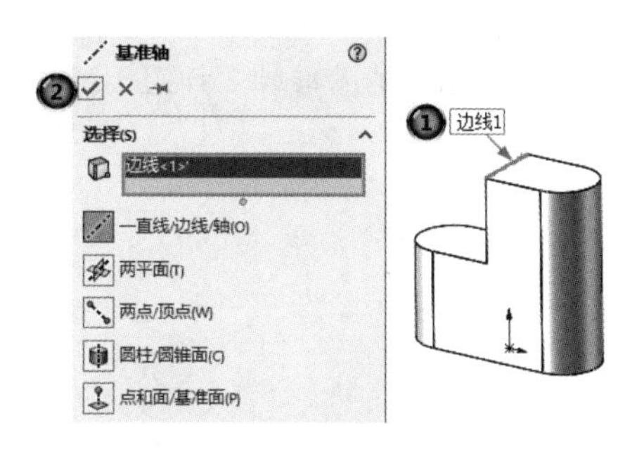

图 2-23　基准轴 1 参数设置

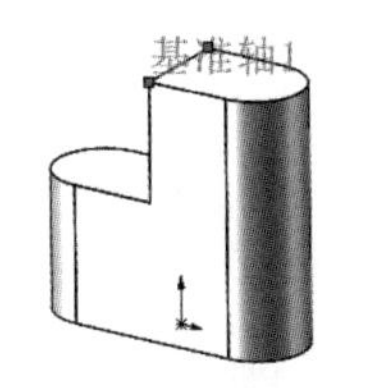

图 2-24　基准轴 1

注意：

若创建的基准轴的长短不符合要求，可以选中该基准轴，此时会显示基准轴端点，拖动端点可以调整基准轴的长短，如图 2-25 所示。

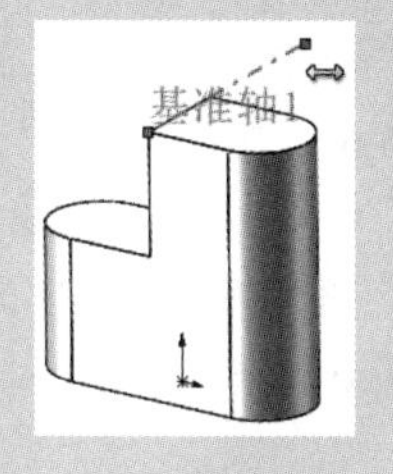

图 2-25　调整基准轴

（3）隐藏基准轴 1。在 FeatureManager 设计树中选择基准轴 1，右击，在弹出的快捷菜单中单击“隐藏”按钮，将基准轴 1 隐藏。

（4）用两平面方式创建基准轴 2。单击“特征”选项卡的“参考几何体”下拉列表中的“基准轴”按钮，此时系统弹出“基准轴”属性管理器。❶选择面 1 和❷面 2，系统自动选择“两平面”方式，如图 2-26 所示。❸单击“确定”按钮，创建的基准轴 2 如图 2-27 所示。

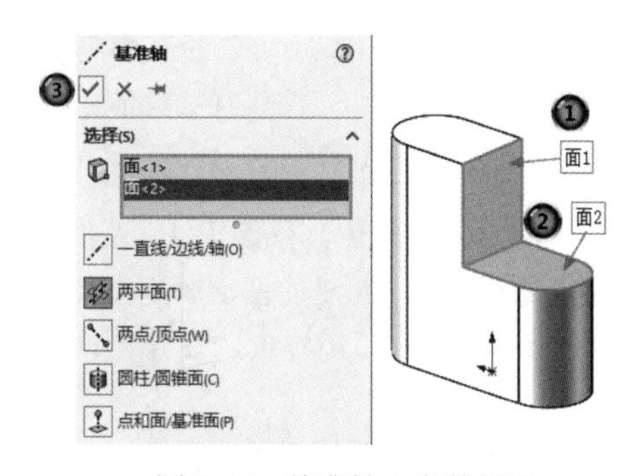

图 2-26　基准轴 2 参数设置

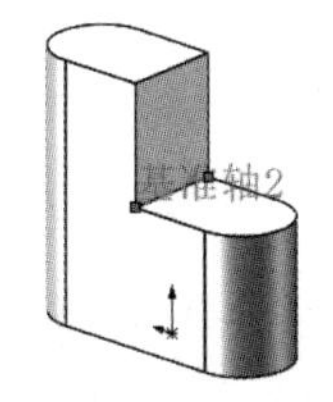

图 2-27　基准轴 2

（5）隐藏基准轴 2。在 FeatureManager 设计树中选择基准轴 2，右击，在弹出的快捷菜单中单击“隐藏”按钮，将基准轴 2 隐藏。

（6）用两点/顶点方式创建基准轴 3。单击“特征”选项卡的“参考几何体”下拉列表中的“基准轴”按钮，此时系统弹出“基准轴”属性管理器。❶选择点 1 和❷点 2，系统自动选择“两点/顶点”方式，如图 2-28 所示。❸单击“确定”按钮，创建的基准轴 3 如图 2-29 所示。

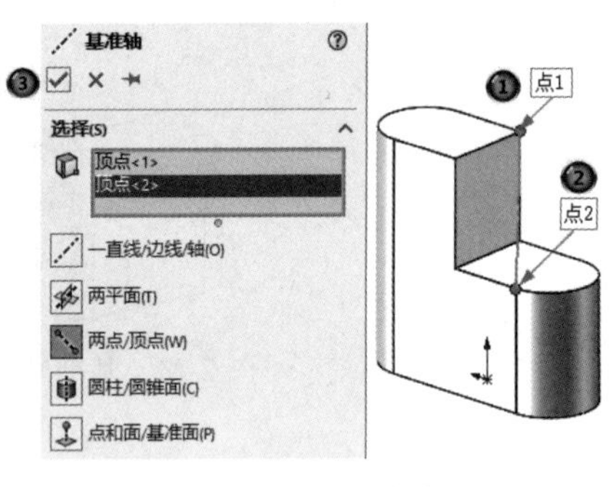

图 2-28　基准轴 3 参数设置

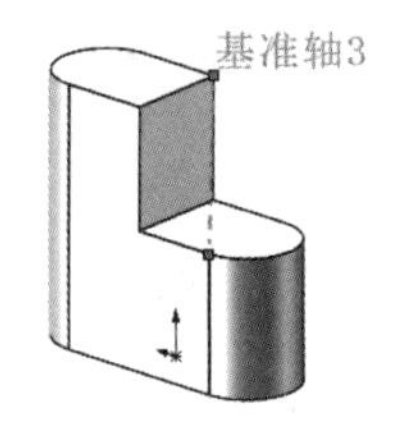

图 2-29　基准轴 3

（7）隐藏基准轴 3。在 FeatureManager 设计树中选择基准轴 3，右击，在弹出的快捷菜单中单击“隐藏”按钮，将基准轴 3 隐藏。

（8）用圆柱/圆锥面方式创建基准轴 4。单击“特征”选项卡的“参考几何体”下拉列表中的“基准轴”按钮，此时系统弹出“基准轴”属性管理器。❶选择圆柱面，系统自动选择“圆柱/圆锥面”方式，如图 2-30 所示。❷单击“确定”按钮，创建的基准轴 4 如图 2-31 所示。

（9）隐藏基准轴 4。在 FeatureManager 设计树中选择基准轴 4，右击，在弹出的快捷菜单中单击“隐藏”按钮，将基准轴 4 隐藏。

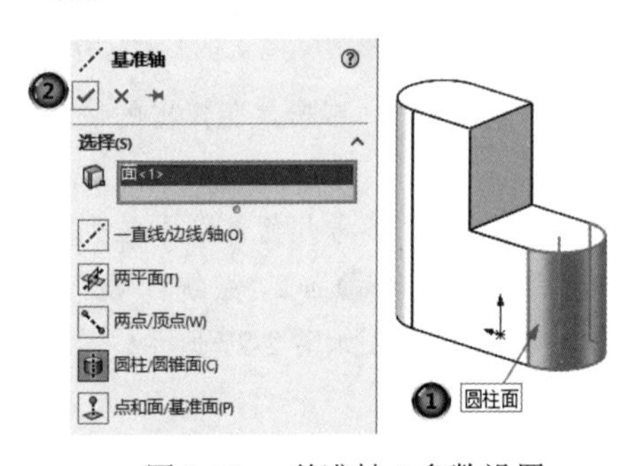

图 2-30　基准轴 4 参数设置

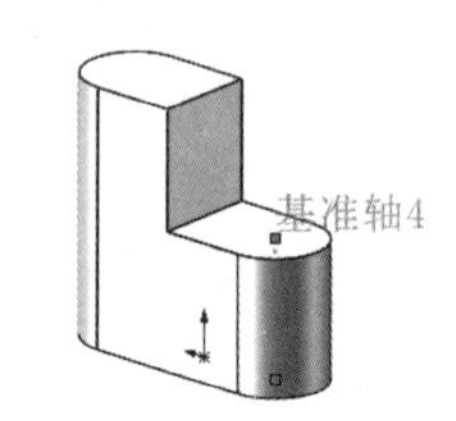

图 2-31　基准轴 4

（10）用点和面/基准面方式创建基准轴 5。单击“特征”选项卡的“参考几何体”下拉列表中的“基准轴”按钮，此时系统弹出“基准轴”属性管理器。❶选择点 1 和❷面 1，系统自动选择“点和面/基准面”方式，如图 2-32 所示。❸单击“确定”按钮，创建的基准轴 5 如图 2-33 所示。

（11）隐藏基准轴 5。在 FeatureManager 设计树中选择基准轴 5，右击，在弹出的快捷菜单中单击“隐藏”按钮，将基准轴 5 隐藏。

（12）显示曲线。在 FeatureManager 设计树中选择基准轴 1～基准轴 5，右击，在弹出的快捷菜单中单击“显示”按钮，显示创建的所有基准轴，如图 2-21 所示。

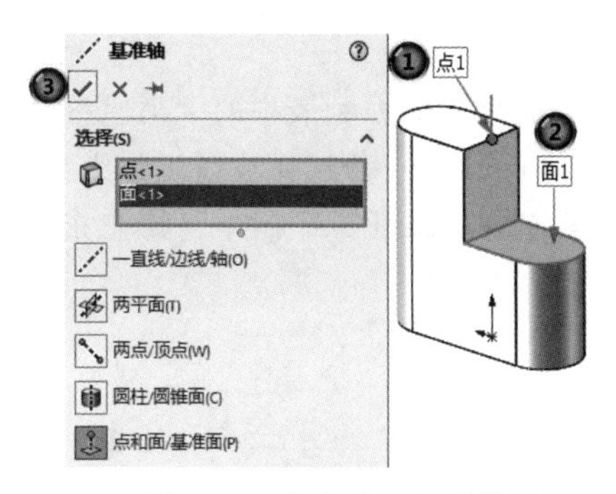

图 2-32　基准轴 5 参数设置

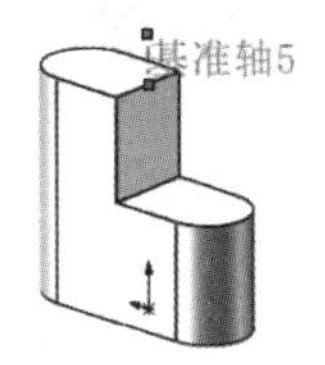

图 2-33　基准轴 5

2.1.3　坐标系

用户可以定义零件或装配体的坐标系。此坐标系与测量和质量属性工具配合使用，可将 SOLIDWORKS 文件输出为 IGES、STL、ACIS、STEP、Parasolid、VRML 和 VDA 文件。

【执行方式】

➢ 菜单栏：选择菜单栏中的“插入”→“参考几何体”→“坐标系”命令。

➢ 选项卡：单击“特征”选项卡中的“参考几何体”→“坐标系”按钮。

【选项说明】

执行上述操作，系统弹出“坐标系”属性管理器，如图 2-34 所示。该属性管理器中部分选项的含义如下。

（1）位置。

1）原点：为坐标系原点选择顶点、点、中点或零件上或装配体上默认的原点。

2）用数值定义位置：勾选该复选框，则需要输入 X、Y 和 Z 值以指定位置。这些值定义了相对于局部原点的位置，而不是全局原点 (0, 0, 0)。

（2）方向。

1）X 轴、Y 轴和 Z 轴：作为轴方向参考可以选择以下项之一：顶点、点或中点、线性边线或草图直线、非线性边线或草图实体和平面中的一项。

2）反转 X/ Y/ Z 轴方向：反转轴的方向。

3）用数值定义旋转：勾选该复选框，则需要输入 X、Y 和 Z 值以指定旋转方向。至少需要设置一个轴的数值。轴始终依次按、和的顺序旋转。

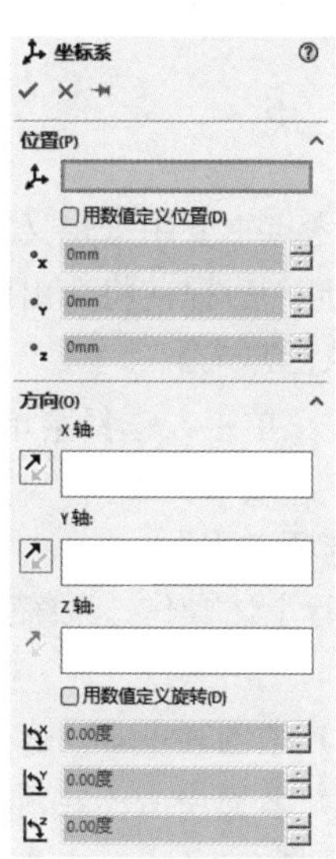

图 2-34　“坐标系”属性管理器

动手学——创建坐标系

扫一扫，看视频

本例介绍坐标系的创建方式，如图 2-35 所示。

【操作步骤】

（1）打开源文件。单击“快速访问”工具栏中的“打开”按钮，打开“零件 2”源文件，如

图 2-36 所示。

（2）创建坐标系。单击“特征”选项卡的“参考几何体”下拉列表中的“坐标系”按钮，此时系统弹出“坐标系”属性管理器。❶选择点 1 作为坐标原点，❷选择边线 1 作为 X 轴，❸选择边线 2 作为 Y 轴，❹单击“反向”按钮，调整 Y 轴方向，如图 2-37 所示。❺单击“确定”按钮，创建的坐标系如图 2-35 所示。

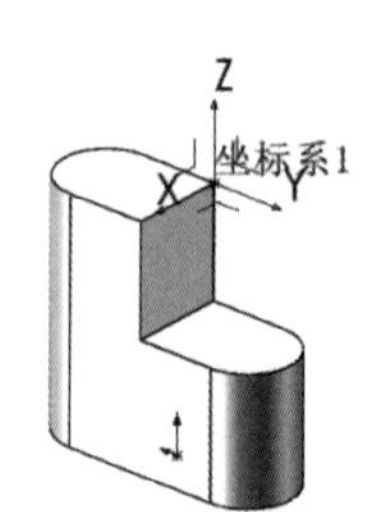

图 2-35 创建坐标系

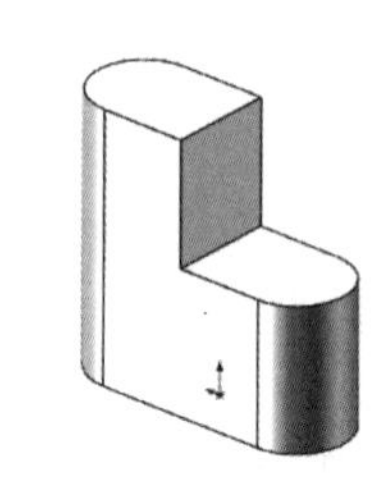

图 2-36 “零件 2”源文件

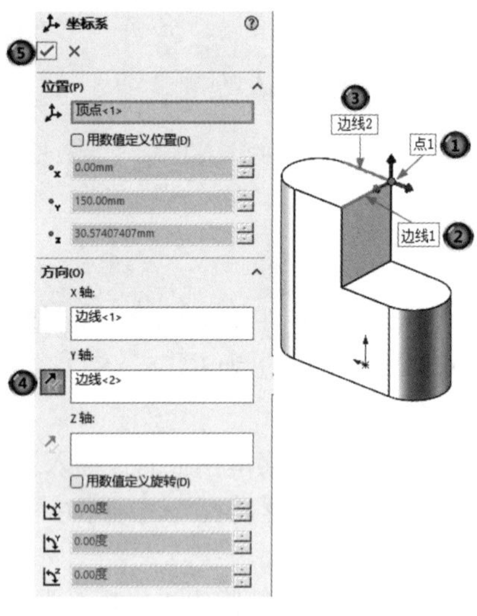

图 2-37 坐标系参数设置

2.1.4 点

参考点主要用来定义零件或装配体的点。在进行特征操作时，如果遇到必须使用特殊点作为参考的情形，应提前将选出的对应点设置成参考基准。

【执行方式】

➢ 菜单栏：选择菜单栏中的“插入”→“参考几何体”→“点”命令。

➢ 选项卡：单击“特征”选项卡中的“参考几何体”→“点”按钮。

【选项说明】

执行上述操作，系统弹出“点”属性管理器，如图 2-38 所示。该属性管理器中部分选项的含义如下。

（1）圆弧中心：选择圆弧或圆，从而将它们的圆心作为参考点。

（2）面中心：在所选面的质量中心生成一参考点。

（3）交叉点：在两个所选实体（可以是特征边线、曲线、草图线段及参考轴）的交点处生成一参考点。

（4）投影：选择一已有点（可以是特征顶点、曲线端点、草图线段端点等）作为投影对象，选择一基准面、平面或非平面作为被投影面，从而在被投影面上生成投影对象在投影面上的投影点。

（5）在点上：可以在草图点和草图区域末端上生成参考点。

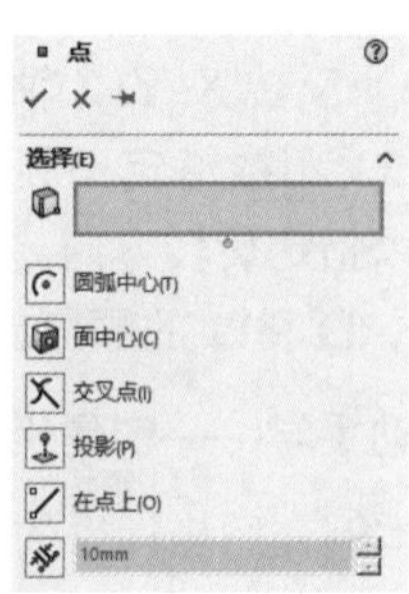

图 2-38 “点”属性管理器

（6）沿曲线距离或多个参考点：沿边线、曲线或草图线段按照距离生成一组参考点。

动手学——创建基准点

本例介绍基准点的创建方式，如图 2-39 所示。

【操作步骤】

（1）打开源文件。单击“快速访问”工具栏中的“打开”按钮，打开“零件 1”源文件，如图 2-40 所示。

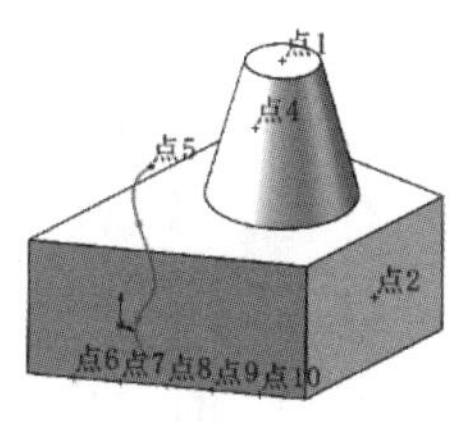

图 2-39　创建基准点

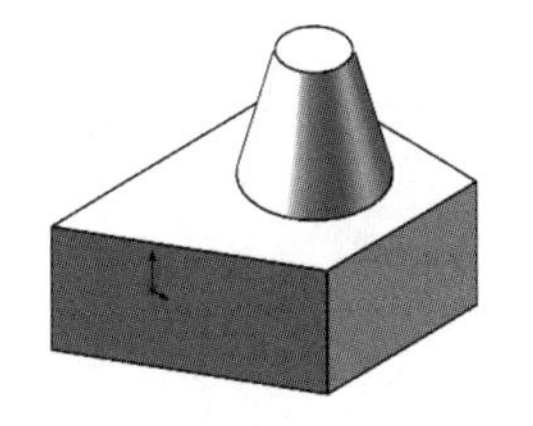

图 2-40　“零件 1”源文件

（2）创建圆弧中心点。单击“特征”选项卡中的“参考几何体”→“点”按钮，系统弹出“点”属性管理器，①选择圆弧边线，系统自动选择“圆弧中心”方式，如图 2-41 所示。②单击“确定”按钮，点 1 创建完成，如图 2-42 所示。

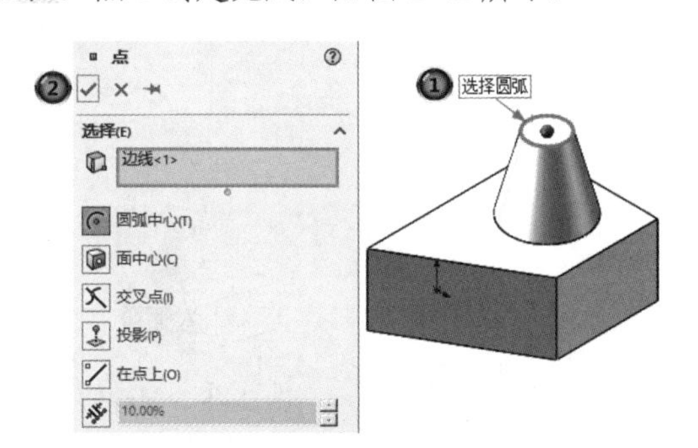

图 2-41　点 1 参数设置

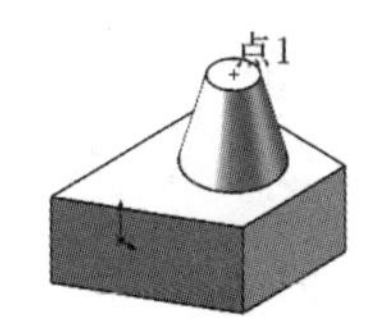

图 2-42　创建的点 1

（3）创建面中心点。单击“特征”选项卡中的“参考几何体”→“点”按钮，系统弹出“点”属性管理器，①选择面 1，系统自动选择“面中心”方式，如图 2-43 所示。②单击“确定”按钮，点 2 创建完成，如图 2-44 所示。

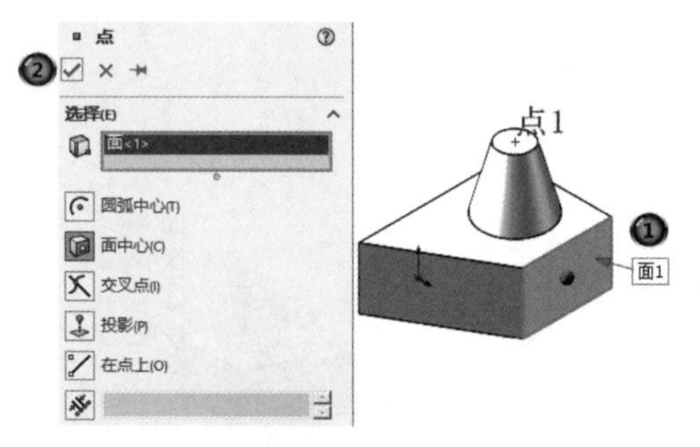

图 2-43　点 2 参数设置

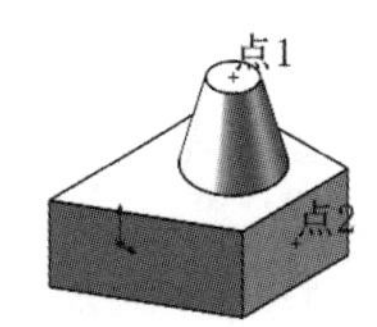

图 2-44　创建的点 2

（4）创建交叉点。单击“特征”选项卡中的“参考几何体”→“点”按钮，系统弹出“点”属性管理器，❶选择边线1和❷边线2，系统自动选择“交叉点”方式，如图2-45所示。❸单击“确定”按钮✔，点3创建完成，如图2-46所示。

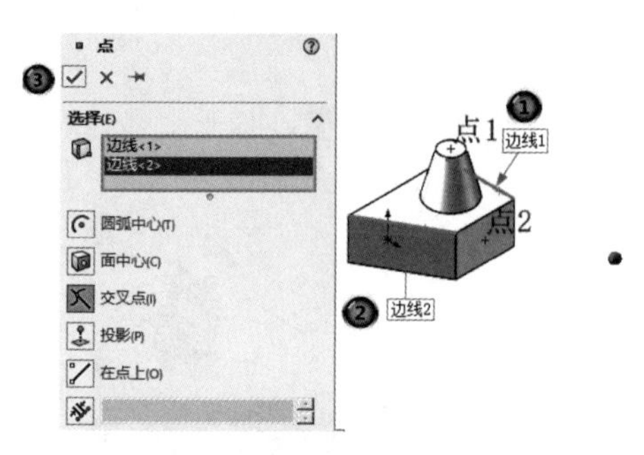

图2-45　点3参数设置

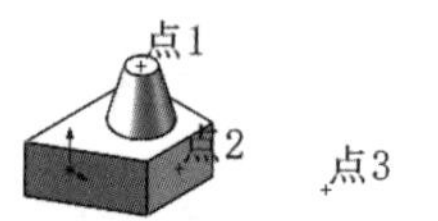

图2-46　创建的点3

（5）创建投影点。单击“特征”选项卡中的“参考几何体”→“点”按钮，系统弹出“点”属性管理器，❶选择创建的基准点1和❷面1，系统自动选择“投影”方式，如图2-47所示。❸单击“确定”按钮✔，点4创建完成，如图2-48所示。

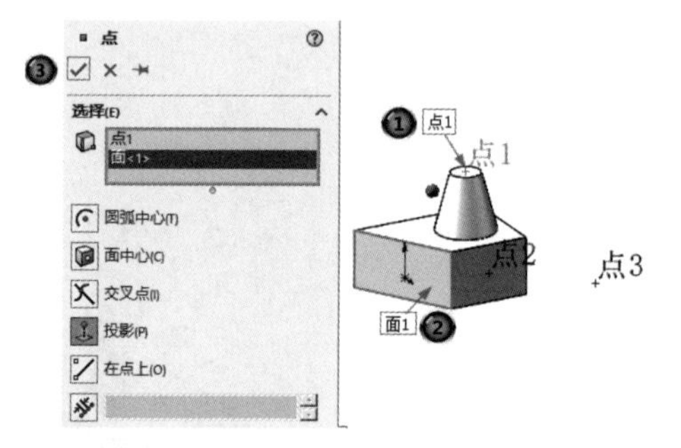

图2-47　点4参数设置

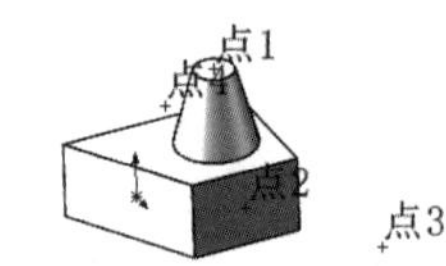

图2-48　创建的点4

（6）显示曲线。在FeatureManager设计树中选择草图3，右击，在弹出的快捷菜单中单击“显示”按钮，显示草图3曲线。

（7）创建草图点上的点。单击“特征”选项卡中的“参考几何体”→“点”按钮，系统弹出“点”属性管理器，❶选择曲线的一个端点，系统自动选择“在点上”方式，如图2-49所示。❷单击“确定”按钮✔，点5创建完成，如图2-50所示。

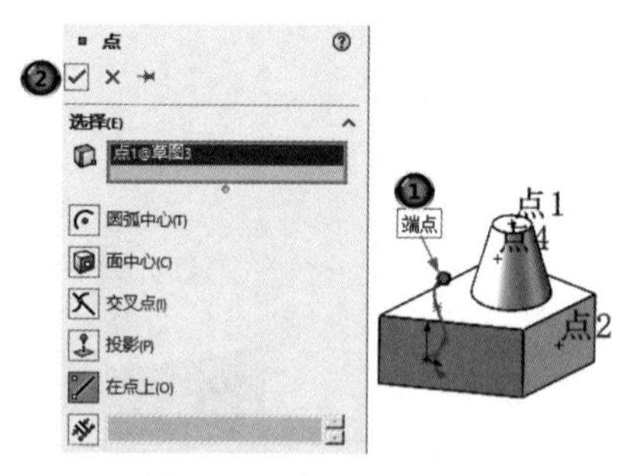

图2-49　点5参数设置

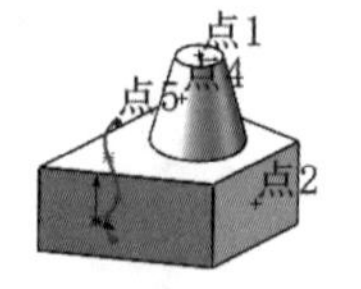

图2-50　创建的点5

（8）沿曲线创建点。单击“特征”选项卡中的“参考几何体”→“点”按钮，系统弹出“点”属性管理器，❶选择曲线的一个端点，系统自动选择“沿曲线距离或多个参考点”方式，❷选中“均匀分布”单选按钮，❸输入点数为 5，如图 2-51 所示。❹单击“确定”按钮，点 6～点 10 创建完成，如图 2-52 所示。

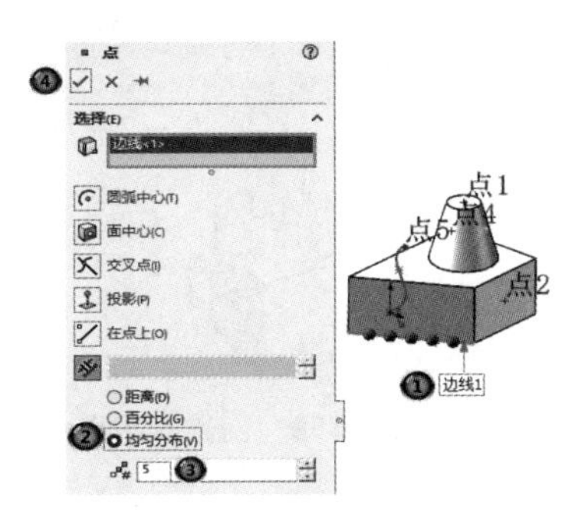

图 2-51　点 6～点 10 参数设置

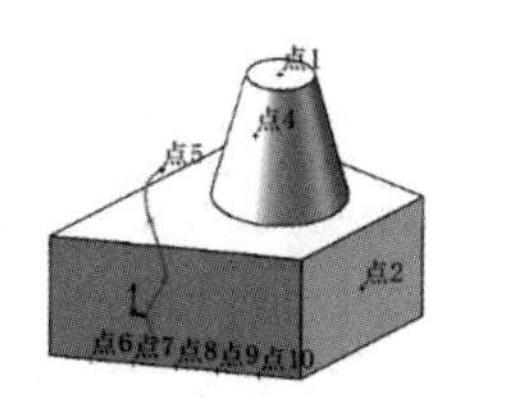

图 2-52　创建的点 6～点 10

（9）单击“特征”选项卡中的“参考几何体”→“基准轴”按钮，系统弹出“基准轴”属性管理器，单击“两平面”按钮，选择长方体的上表面和基准面 1，如图 2-53 所示。单击“确定”按钮，基准轴 1 创建完成，如图 2-54 所示。

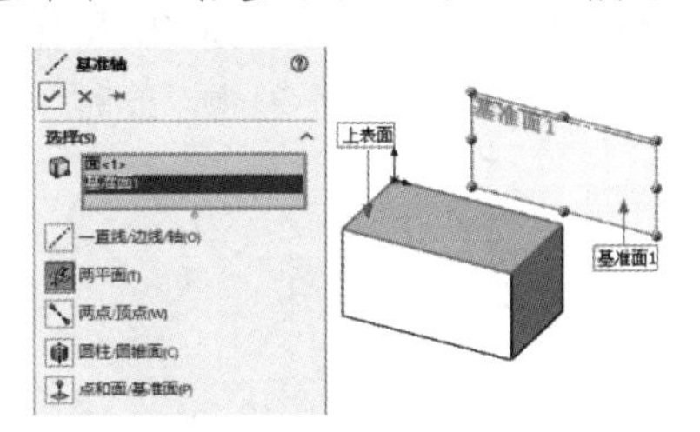

图 2-53　基准轴参数设置

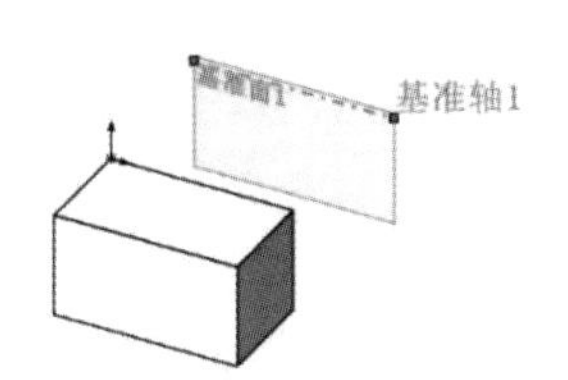

图 2-54　创建基准轴 1

（10）单击“特征”选项卡中的“参考几何体”→“坐标系”按钮，系统弹出“坐标系”属性管理器，选择长方体的顶点作为坐标原点，选择边 1 作为 X 轴、边 2 作为 Y 轴，如图 2-55 所示。单击“确定”按钮，结果如图 2-56 所示。

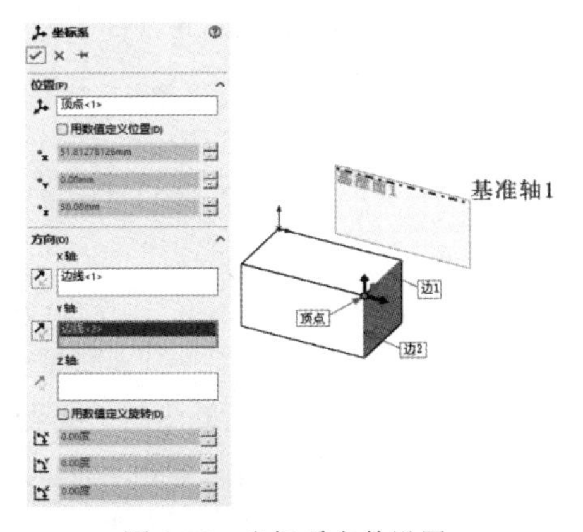

图 2-55　坐标系参数设置

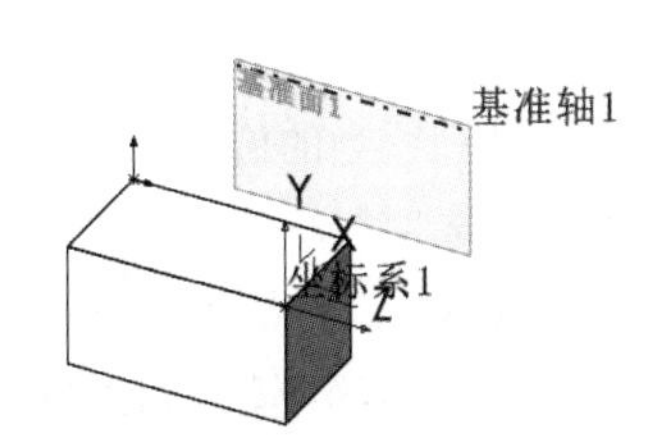

图 2-56　创建的坐标系

（11）单击“参考几何体”工具栏中的“点”按钮●，系统弹出“点”属性管理器，选择点类型为“面中心”，在绘图区选择长方体的上表面，如图 2-57 所示。单击“确定”按钮✔，即可创建一个新的参考点，如图 2-58 所示。

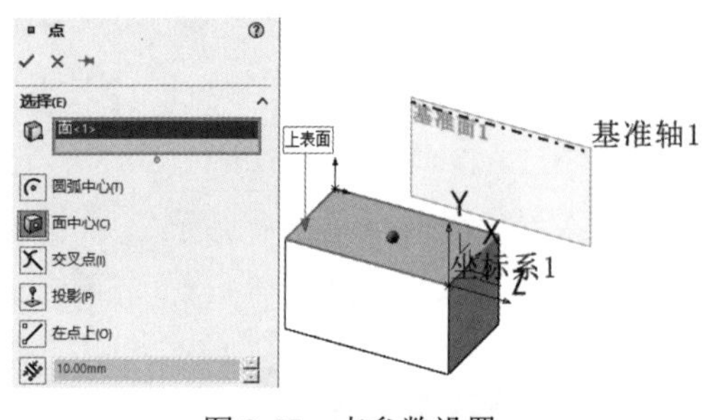

图 2-57　点参数设置

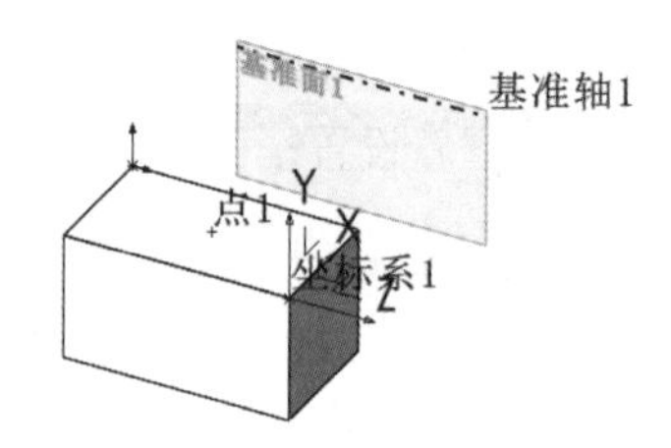

图 2-58　创建的参考点

2.2　智能尺寸标注

SOLIDWORKS 2024 是一种尺寸驱动式系统，用户可以指定尺寸及各实体间的几何关系，以改变零件的尺寸与形状。尺寸标注是草图绘制过程的重要组成部分。SOLIDWORKS 虽然可以捕捉用户的设计意图自动进行尺寸标注，但由于各种原因有时自动标注的尺寸不理想，此时用户须手动进行尺寸标注。

【执行方式】

- 工具栏：单击“草图”工具栏中的“智能尺寸”按钮。
- 菜单栏：选择菜单栏中的“工具”→“尺寸”→“智能尺寸”命令。
- 选项卡：单击“草图”选项卡中的“智能尺寸”按钮。
- 快捷菜单：草绘环境下在绘图区右击，在弹出的快捷菜单中单击“智能尺寸”按钮，如图 2-59 所示。

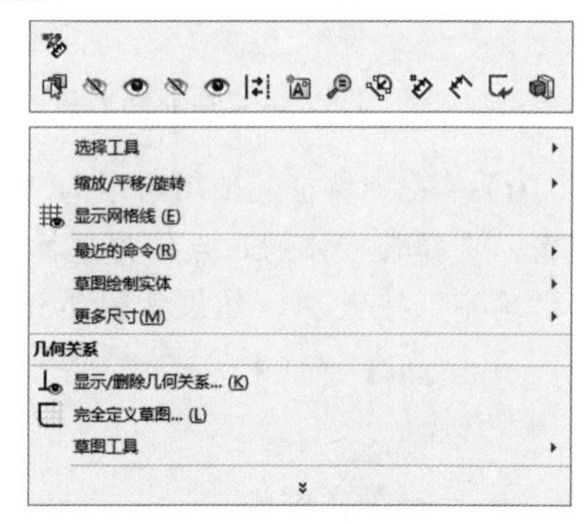

图 2-59　快捷菜单

【选项说明】

执行上述操作，此时鼠标指针变为形状。将鼠标指针放到要标注的直线上，这时鼠标指针变为形状，要标注的直线以黄色高亮度显示。单击，则标注尺寸线出现并随着鼠标指针移动，将尺寸线移动到适当的位置后单击，尺寸线就被固定下来了。

如果在“系统选项”对话框的“系统选项”选项卡中勾选“输入尺寸值”复选框，则当尺寸线被固定下来时会弹出“修改”对话框，如图 2-60 所示。在“修改”对话框中输入直线的长度，单击“确定”按钮✔，即可完成标注。

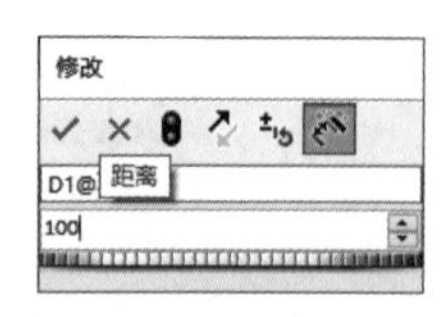

图 2-60　修改尺寸值

如果没有勾选“输入尺寸值”复选框，则需要双击尺寸值，打开“修改”对话框对尺寸进行修改。“修改”对话框中各按钮的作用如下。

- ✔：保存当前修改的数值并退出该对话框。
- ✕：取消修改的数值，恢复原始数值并退出该对话框。
- 以当前的数值重新生成模型。
- 反转尺寸的方向。
- 重新设置选值框中的增量值。
- 标注要输入工程图中的尺寸。此选项只在零件和装配体文件中使用。当插入模型项目到工程图中时，就可以相应地插入所有尺寸或标注的尺寸。

注意：

> 可以在“修改”对话框中输入数值和算术符号，将其作为计算器使用，计算的结果就是所求的数值。

在 SOLIDWORKS 中，主要有以下几种标注类型：线性尺寸标注、角度尺寸标注、圆弧尺寸标注与圆尺寸标注等。

2.2.1 线性尺寸标注

线性尺寸标注不仅仅是指标注直线段的距离，还包括点与点之间、点与线段之间的距离。标注直线长度尺寸时，根据鼠标指针所在的位置，可以标注不同的尺寸形式，有水平形式、垂直形式与平行形式，如图 2-61 所示。

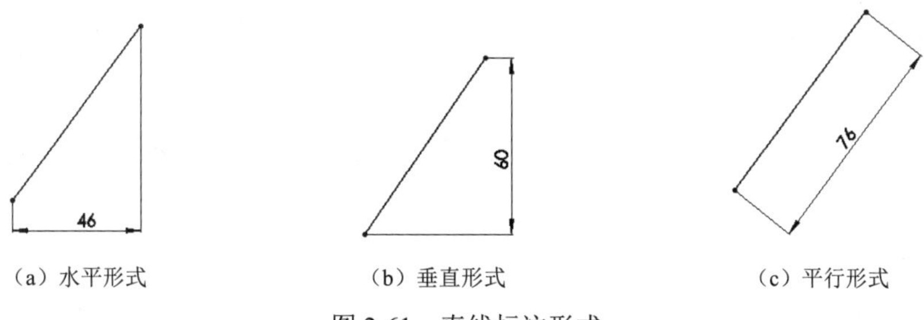

（a）水平形式　（b）垂直形式　（c）平行形式

图 2-61　直线标注形式

标注直线段长度的方法比较简单，在标注模式下，直接用鼠标单击直线段，然后拖动鼠标即可，在此不再赘述。

2.2.2 角度尺寸标注

角度尺寸标注分为 3 种：第 1 种为两直线之间的夹角，第 2 种为直线与点之间的夹角，第 3 种为圆弧的角度。

（1）两直线之间的夹角：直接选取两条直线，没有顺序差别。根据鼠标指针放置位置的不同，有 4 种不同的标注形式，如图 2-62 所示。

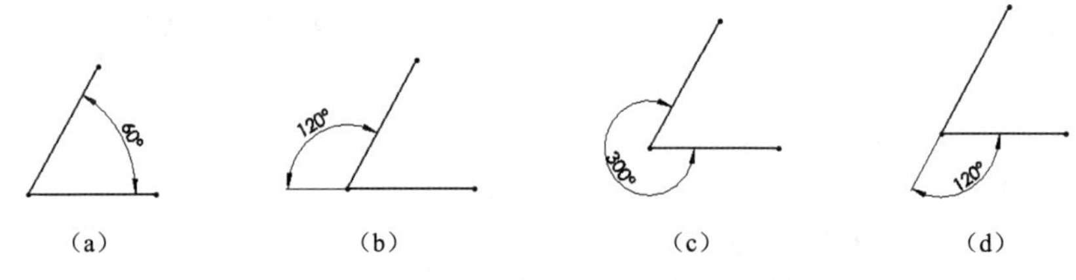

（a）　　（b）　　（c）　　（d）

图 2-62　两直线之间的夹角标注形式

（2）直线与点之间的夹角：标注直线与点之间的夹角，有顺序差别。选择的顺序：直线的一个端点→直线的另一个端点→点。一般有 4 种不同的标注形式，如图 2-63 所示。

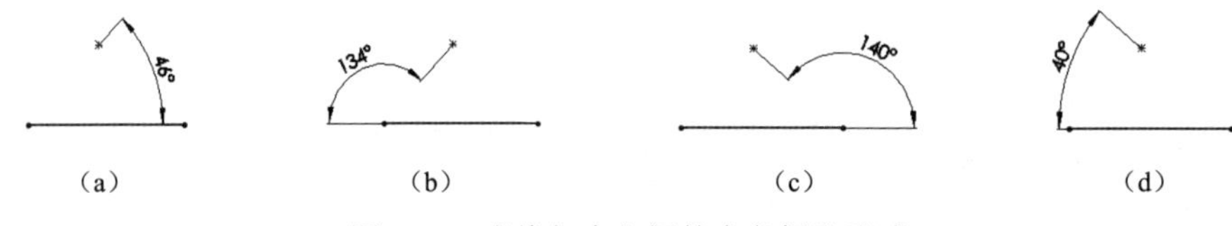

（a）　　（b）　　（c）　　（d）

图 2-63　直线与点之间的夹角标注形式

（3）圆弧的角度：对于圆弧的标注顺序是没有严格要求的，一般的习惯：起点→终点→圆心（颠倒顺序标注的效果是一样的）。

2.2.3　圆弧尺寸标注

圆弧尺寸有 3 种标注形式：第 1 种为标注圆弧的半径，第 2 种为标注圆弧的弧长，第 3 种为标注圆弧的弦长。下面将分别介绍。

（1）标注圆弧的半径：标注圆弧半径的形式比较简单，直接选取圆弧，在“修改”对话框中输入要标注的半径值，然后单击放置标注的位置即可。图 2-64 所示说明了圆弧半径的标注过程。

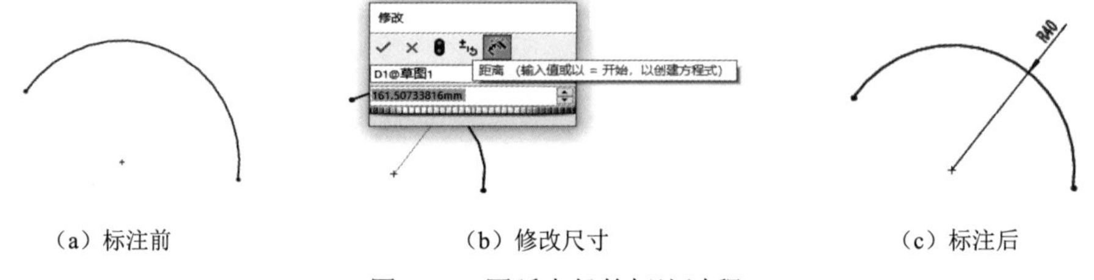

（a）标注前　　（b）修改尺寸　　（c）标注后

图 2-64　圆弧半径的标注过程

（2）标注圆弧的弧长：标注圆弧弧长的形式是，依次选取圆弧的两个端点与圆弧，在“修改”对话框中输入要标注的弧长值，然后单击放置标注的位置即可。图 2-65 所示说明了圆弧弧长的标注过程。

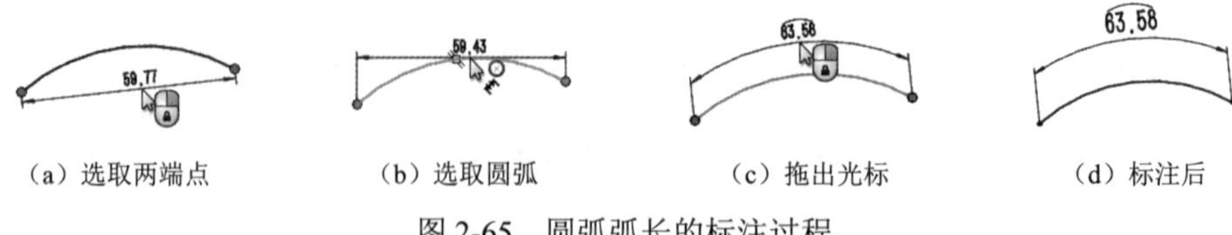

（a）选取两端点　　（b）选取圆弧　　（c）拖出光标　　（d）标注后

图 2-65　圆弧弧长的标注过程

（3）标注圆弧的弦长：标注圆弧弦长的形式是，依次选取圆弧的两个端点，然后拖动尺寸，单击要放置标注的位置即可。尺寸放置的位置主要有 3 种形式：水平形式、垂直形式与平行形式，如图 2-66 所示。

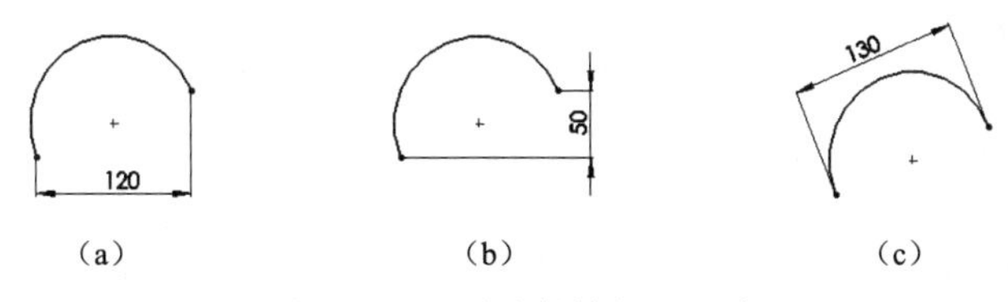

图 2-66　圆弧弦长的标注形式

2.2.4　圆尺寸标注

圆尺寸的标注比较简单，标注形式为执行标注命令，直接选取圆上任意点，然后拖动尺寸到要放置标注的位置，左击，在“修改”对话框中输入要修改的直径数值。单击该对话框中的“确定”按钮✓，即可完成圆尺寸标注。根据尺寸标注位置不同，通常圆有 3 种标注形式，如图 2-67 所示。

直径尺寸标注完成后，若要将其转换为半径尺寸标注，可选中该尺寸，右击，在弹出的快捷菜单中单击“显示为半径”按钮，即可转换为半径尺寸标注，如图 2-68 所示。同理，若要将半径尺寸标注转换为直径尺寸标注，可单击“显示为直径”按钮进行转换。

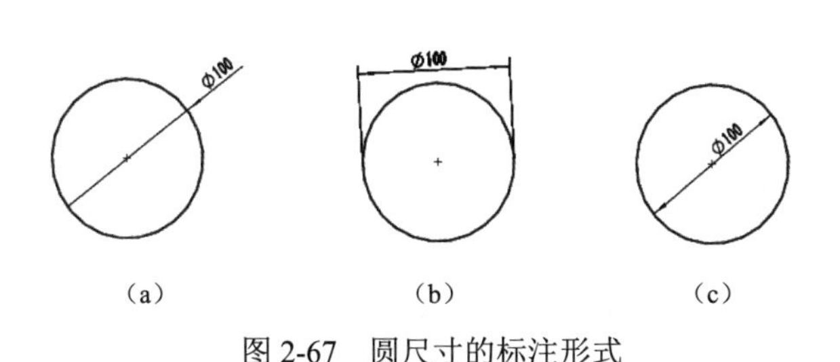

图 2-67　圆尺寸的标注形式

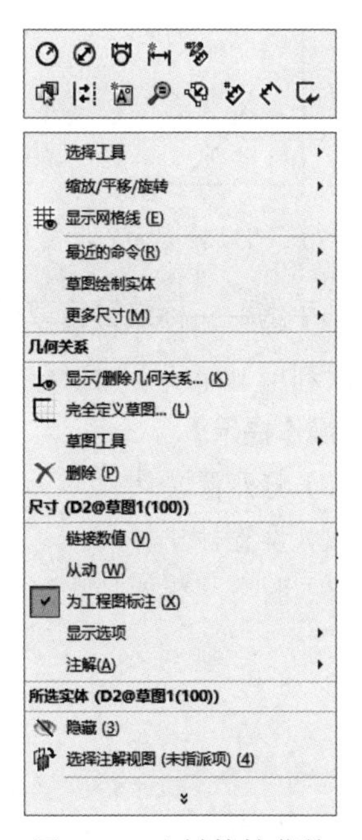

图 2-68　右键快捷菜单

动手学——标注叶轮截面草图

本例为绘制好的叶轮截面草图进行尺寸标注，如图 2-69 所示。

扫一扫，看视频

【操作步骤】

（1）打开源文件。单击“快速访问”工具栏中的“打开”按钮，打开“叶轮截面”源文件，如图 2-70 所示。

（2）设置标注样式。

1）选择菜单栏中的“工具”→“选项”命令，系统弹出“系统选项(S)-普通”对话框，勾选“输入尺寸值”复选框。

2）单击“文档属性”选项卡，单击“尺寸”选项，在“系统选项(S)-普通”对话框中单击“字体”按钮，系统弹出“选择字体”对话框，设置字体为“仿宋”，高度选择“单位”选项，大小设置为 5mm。

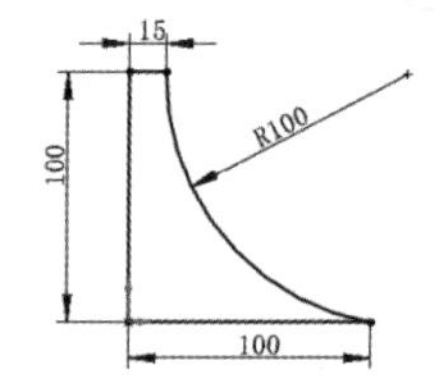

图 2-69　叶轮截面草图

3）在“主要精度”选项组中设置标注尺寸精度为“无”，在“箭头”选项组中勾选“以尺寸高度调整比例”复选框。

4）单击“半径”选项，修改文本位置为“折断引线，水平文字”。

（3）标注半径尺寸。单击“草图”选项卡中的“智能尺寸”按钮，❶选择圆弧，拖动鼠标指针，❷在适当位置单击，系统弹出“修改”对话框，❸不需要修改尺寸，❹单击“确定”按钮，如图 2-71 所示。半径尺寸标注完成，结果如图 2-72 所示。

（4）标注线性尺寸。用同样的方法标注其他尺寸，结果如图 2-69 所示。

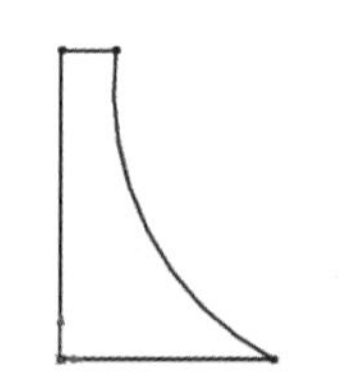

图 2-70　“叶轮截面”源文件

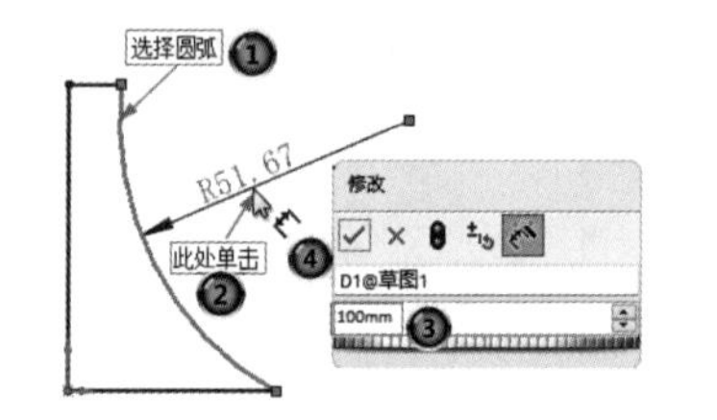

图 2-71　标注半径尺寸

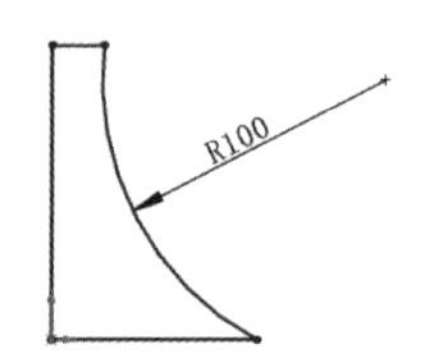

图 2-72　半径尺寸标注完成

动手练——标注铆钉草图

试利用上面所学知识标注图 2-73 所示的铆钉草图。

【操作提示】

（1）打开源文件。

（2）设置标注样式。

（3）利用“智能尺寸”命令进行标注。

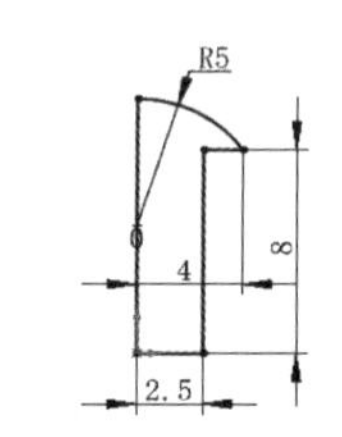

图 2-73　铆钉草图

2.3　几 何 关 系

几何关系为草图实体之间或草图实体与基准面、基准轴、边线或顶点之间的几何约束。

2.3.1　自动添加几何关系

使用 SOLIDWORKS 的自动添加几何关系功能后，在绘制草图时鼠标指针会改变形状以显示可以生成哪些几何关系。图 2-74 所示为不同几何关系对应的鼠标指针形状。

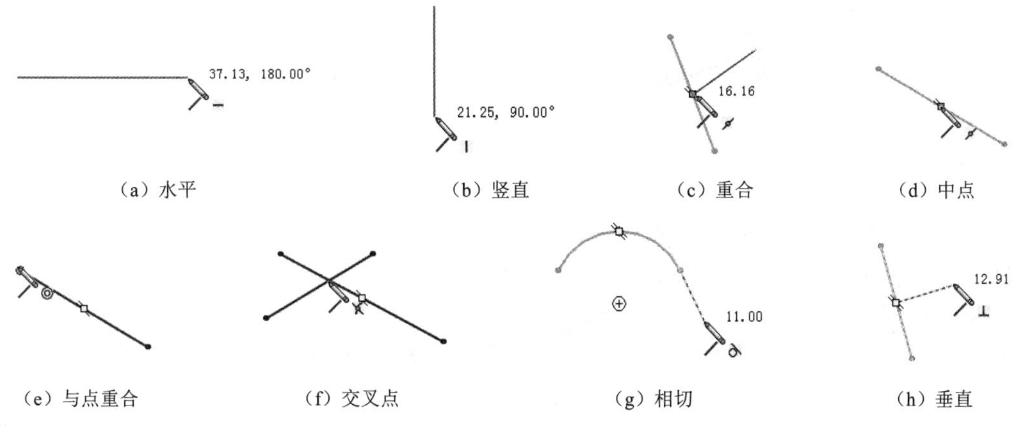

（a）水平　（b）竖直　（c）重合　（d）中点
（e）与点重合　（f）交叉点　（g）相切　（h）垂直

图 2-74　不同几何关系对应的鼠标指针形状

将自动添加几何关系作为系统的默认设置，操作如下。

1）选择菜单栏中的“工具”→“选项”命令，系统弹出“系统选项(S)-普通”对话框。

2）在左边的树形列表中单击“草图”中的“几何关系/捕捉”选项，然后在右边的区域中勾选“自动几何关系”复选框，如图 2-75 所示。

图 2-75　自动添加几何关系

3）单击“确定”按钮，关闭“系统选项(S)-几何关系/捕捉”对话框。

2.3.2 手动添加几何关系

利用“添加几何关系”按钮上可以在草图实体之间或草图实体与基准面、基准轴、边线或顶点之间生成几何关系。

【执行方式】

- 工具栏：单击“尺寸/几何关系”工具栏中的“添加几何关系”按钮上。
- 菜单栏：选择菜单栏中的“工具”→“关系”→“添加”命令。
- 选项卡：单击“草图”选项卡中的“添加几何关系”按钮上。

【选项说明】

执行上述操作，系统弹出“添加几何关系”属性管理器，如图 2-76 所示。该属性管理器中各选项的含义如下。

（1）所选实体：通过在绘图区中选择实体将实体添加到列表框中。如果要移除该列表框中的所有实体，在“所选实体”列表框中右击，在弹出的快捷菜单中选择“清除选择”命令即可，如图 2-77 所示。如果仅移除一个实体，则只需选中该实体，右击，在弹出的快捷菜单中选择“删除”命令即可。

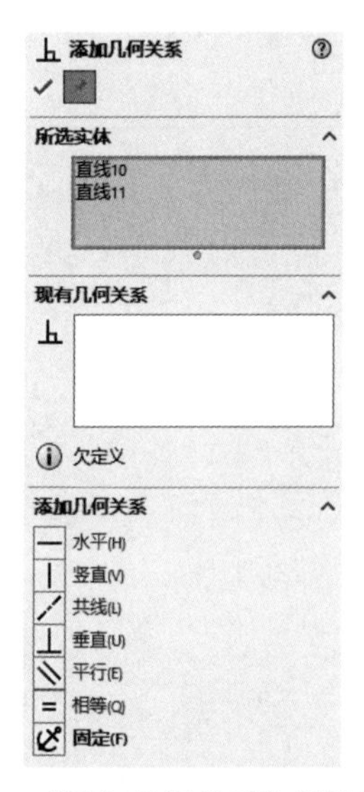

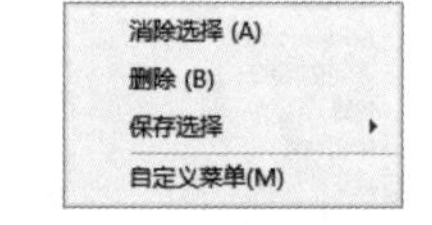

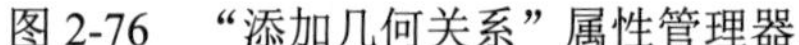
图 2-76 “添加几何关系”属性管理器

图 2-77 右键快捷菜单

（2）现有几何关系上：显示所选草图实体现存的几何关系。如果要删除添加的几何关系，在“现有几何关系”列表框中右击该几何关系，在弹出的快捷菜单中选择“删除”/“删除所有”命令即可。

（3）信息ⓘ：显示所选草图实体的状态为完全定义或欠定义。

（4）添加几何关系：在“添加几何关系”选项组中单击要添加的几何关系类型（相切或固定等），这时添加的几何关系类型就会显示在“现有几何关系”列表框中。表 2-1 对各种几何关系进行了说明。

表 2-1 几何关系说明

几何关系	选择的实体	产生的几何关系
水平或竖直	一条或多条直线，两个或多个点	直线会变成水平或竖直（由当前草图的空间定义），而点会水平或竖直对齐
共线	两条或多条直线	实体位于同一条无限长的直线上
全等	两个或多个圆弧	实体共用相同的圆心和半径
垂直	两条直线	两条直线相互垂直
平行	两条或多条直线	实体相互平行
相切	圆弧、椭圆和样条曲线，直线和圆弧，直线和曲面或三维草图中的曲面	两个实体保持相切
同心	两个或多个圆弧，一个点和一个圆弧	圆弧共用同一圆心
中点	一个点和一条直线	点保持位于线段的中点
交叉	两条直线和一个点	点保持位于直线的交叉点
重合	一个点和一条直线、圆弧或椭圆	点位于直线、圆弧或椭圆上
相等	两条或多条直线，两个或多个圆弧	直线长度或圆弧半径保持相等
对称	一条中心线和两个点、直线、圆弧或椭圆	实体保持与中心线相等距离，并位于一条与中心线垂直的直线上
固定	任何实体	实体的大小和位置被固定
穿透	一个草图点和一个基准轴、边线、直线或样条曲线	草图点与基准轴、边线或曲线在草图基准面上穿透的位置重合
合并点	两个草图点或端点	两个点合并成一个点

2.3.3 显示/删除几何关系

可利用显示/删除几何关系工具显示手动和自动应用到草图实体的几何关系，查看有疑问的特定草图实体的几何关系，并可删除不再需要的几何关系。此外，还可以通过替换列出的参考引用修正错误的实体。

【执行方式】

- 工具栏：单击“尺寸/几何关系”工具栏中的“显示/删除几何关系”按钮。
- 菜单栏：选择菜单栏中的“工具”→“关系”→“显示/删除”命令。
- 选项卡：单击“草图”选项卡中的“显示/删除几何关系”按钮。

【选项说明】

执行上述操作，系统弹出“显示/删除几何关系”属性管理器，如图 2-78 所示。该属性管理器中各选项的含义如下。

（1）过滤器：该下拉列表用于选择显示几何关系的准则。

（2）几何关系：显示基于所选过滤器的现有几何关系。当从列表中选择一几何关系时，相关实体的名称显示在实体之下，草图实体在图形区域中高亮显示。

（3）信息：显示所选草图实体的状态。如果几何关系在装配体关联内生成，状态可以是断裂或锁定。

（4）压缩：勾选该复选框，则为当前的配置压缩几何关系。几何关系的名称变成灰色，信息状态更改（例如，从满足到从动）。

（5）删除和删除所有：删除所选几何关系，或删除所有几何关系。

（6）实体：在“实体”列表框中也会显示草图实体的名称、状态。

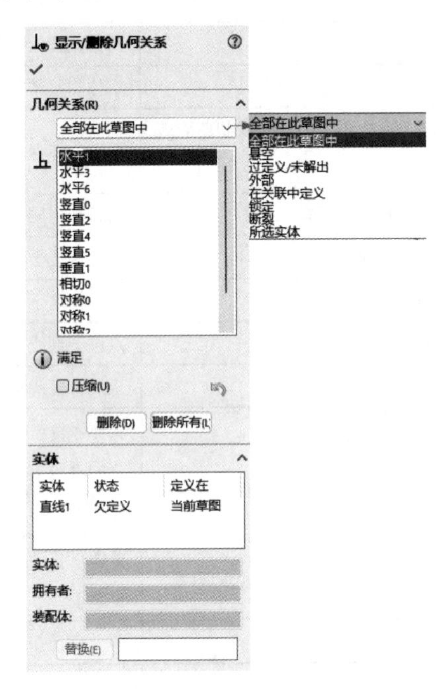

图 2-78 “显示/删除几何关系”属性管理器

扫一扫，看视频

动手学——绘制带轮草图

本例绘制带轮草图，如图 2-79 所示。

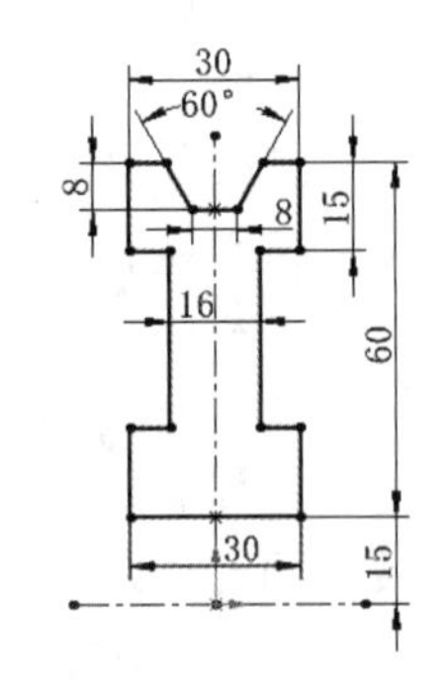

图 2-79 带轮草图

【操作步骤】

（1）打开源文件。单击“快速访问”工具栏中的“打开”按钮，打开“带轮草图”源文件，如图 2-80 所示。

（2）设置标注样式。选择菜单栏中的“工具”→“选项”命令，系统弹出“系统选项(S)-普通”对话框，单击“文档属性”选项卡，单击“尺寸”选项，在“系统选项(S)-普通”对话框中单击“字体”按钮字体(F)...，系统弹出“选择字体”对话框，设置字体为“仿宋”，高度选择“单位”选项，大小设置为 5mm；在“主要精度”选项组中设置标注尺寸精度为“.1”；在“箭头”选项组中勾选“以尺寸高度调整比例”复选框。单击“角度”选项，修改文本位置为“折断引线，水平文字”；单击“直径”选项，修改文本位置为“折断引线，水平文字”，勾选“显示第二向外箭头”复选框；单击“半径”选项，修改文本位置为“折断引线，水平文字”。

注意：

后面所有草图均需设置尺寸标注样式，方法与此相同，不再赘述。

（3）标注尺寸。单击“草图”选项卡中的“智能尺寸”按钮，标注尺寸，如图 2-81 所示。

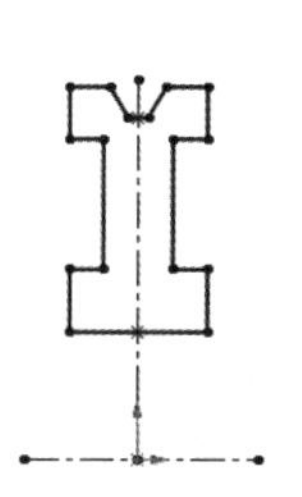

图 2-80　“带轮草图”源文件

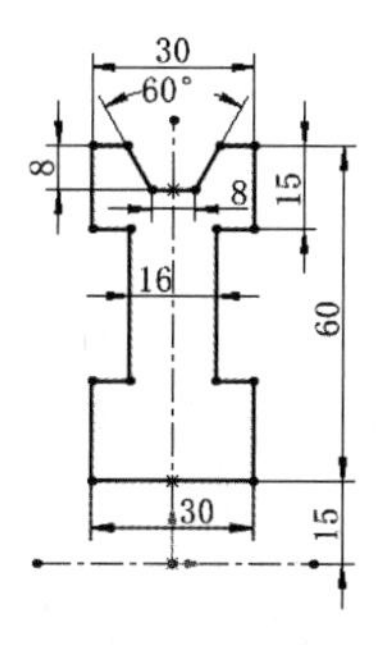

图 2-81　标注尺寸

（4）添加约束。单击“草图”选项卡中的“添加几何关系”按钮，系统弹出“添加几何关系”属性管理器，❶在绘图区选择直线 3 和❷直线 7，❸单击“相等”按钮，如图 2-82 所示。❹单击“确定”按钮，结果如图 2-83 所示。

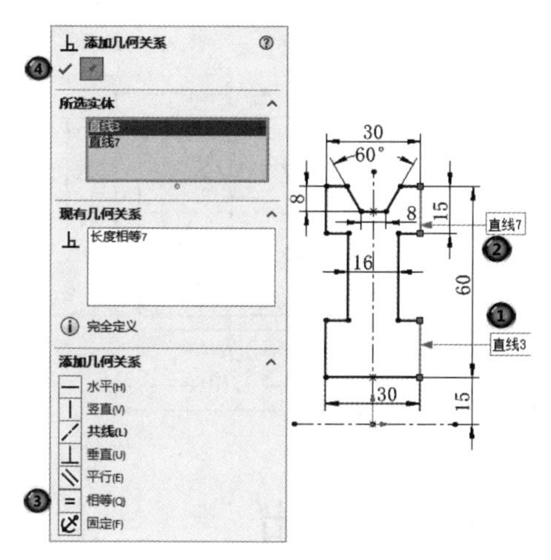

图 2-82　设置约束

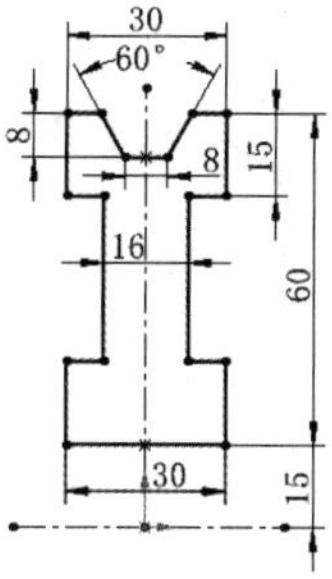

图 2-83　设置相等约束

动手练——绘制盘盖草图

试利用上面所学知识绘制图 2-84 所示的盘盖草图。

【操作提示】

（1）打开源文件。

（2）设置标注样式并标注尺寸。

（3）将直线与圆弧添加相切约束，并将两侧的圆和圆弧分别添加相等约束，再将两侧的圆的圆心与原点添加水平约束。

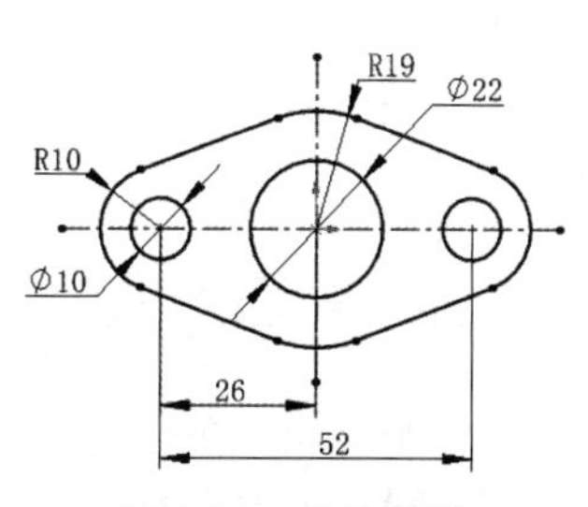

图 2-84　盘盖草图

第 3 章　草 图 绘 制

内容简介

SOLIDWORKS 的大部分特征均由 2D 草图绘制开始，草图绘制在该软件的使用中占有重要地位。本章将详细介绍草图的绘制方法和编辑方法。

内容要点

- 草图绘制的进入与退出
- 草图绘制工具
- 综合实例——绘制模具草图

案例效果

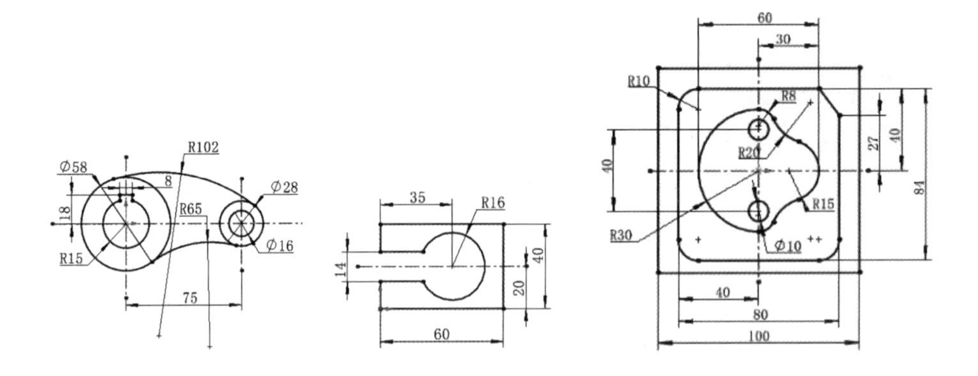

3.1　草图绘制的进入与退出

当新建零件文件时，应首先生成草图。草图是 3D 模型的基础，可在任意默认基准面（前视基准面、上视基准面和右视基准面）或生成的基准面上生成草图。本节主要介绍如何进入和退出草图绘制状态。

3.1.1　进入草图绘制状态

绘制二维草图，必须进入草图绘制状态。草图必须在平面上绘制，这个平面可以是基准面，也可以是三维模型上的平面。由于刚进入草图绘制状态时，没有三维模型，因此必须指定基准面，操作步骤如下。

（1）先在 FeatureManager 设计树中选择要绘制的基准面，即前视基准面、上视基准面和右视基准面中的一个面。

（2）单击“视图(前导)”工具栏“视图定向”下拉列表中的“正视于”按钮，使基准面旋转到正视于方向。

（3）单击“草图”选项卡中的“草图绘制”按钮，或者单击要绘制的草图实体，进入草图绘制状态。

3.1.2 退出草图绘制状态

草图绘制完毕后，可立即建立特征，也可以退出草图绘制再建立特征。有些特征的建立，需要多个草图，如扫描实体等，因此需要了解退出草图绘制的方法，操作步骤如下。

（1）单击右上角的“退出草图”按钮，退出草图绘制状态。

（2）单击右上角的“关闭草图”按钮，弹出提示对话框，提示用户是否保存对草图的修改，如图 3-1 所示。根据需要单击其中的按钮，退出草图绘制状态。

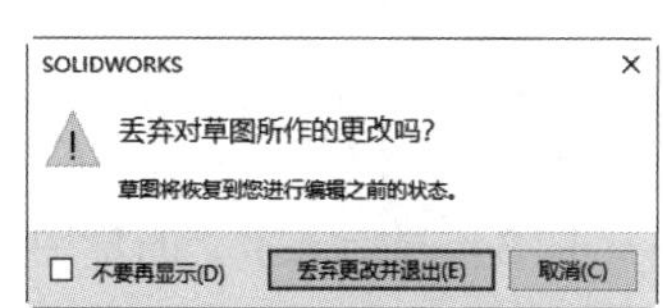

图 3-1 SOLIDWORKS 对话框

3.2 草图绘制工具

绘制草图必须认识绘制草图的工具。草图绘制命令集中放置在“草图”工具栏和“草图”选项卡中。

在选项卡空白处右击，在弹出的快捷菜单中选择“工具栏”→“草图”命令，如图 3-2 所示，系统弹出图 3-3 所示的“草图”工具栏。

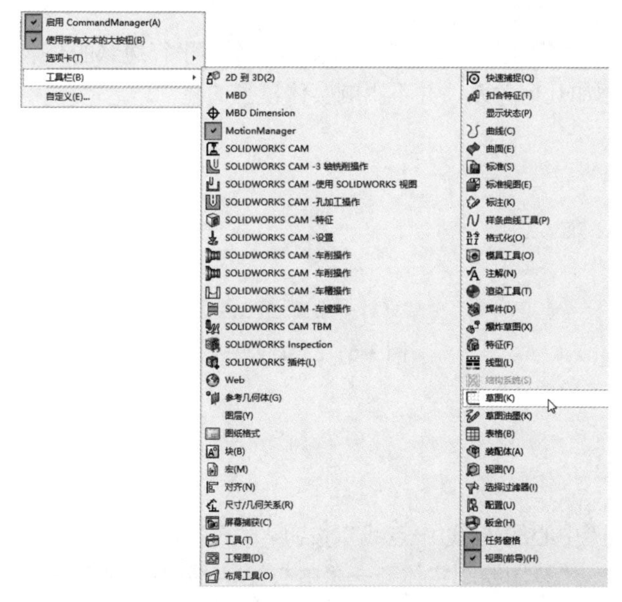

图 3-2 快捷菜单

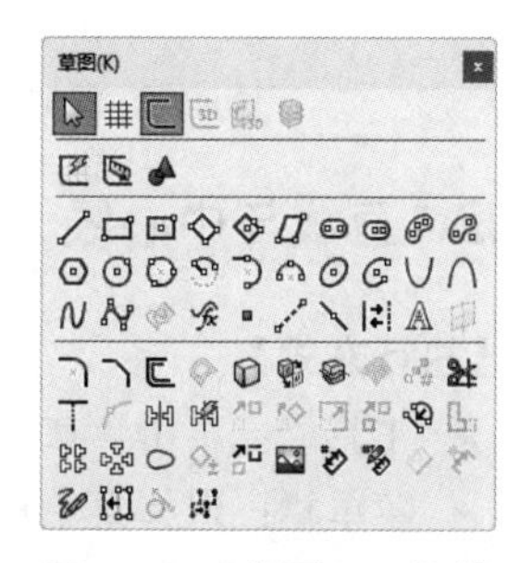

图 3-3 “草图”工具栏

在左侧 FeatureManager 设计树中选择要绘制的基准面（前视基准面、上视基准面和右视基准面中的一个面），单击“草图”选项卡中的“草图绘制”按钮，或者单击绘图命令按钮，如图 3-4 所示，进入草图绘制状态。

（a）进入草图环境前

（b）进入草图环境后

图 3-4 “草图”选项卡

图 3-4 显示了常见的草图绘制工具，下面分别介绍绘制草图的各个命令。

3.2.1 点

【执行方式】

➢ 工具栏：单击“草图”工具栏中的“点”按钮。

➢ 菜单栏：选择菜单栏中的“工具”→“草图绘制实体”→“点”命令。

➢ 选项卡：单击“草图”选项卡中的“点”按钮（图 3-4）。

【选项说明】

执行上述操作，鼠标指针变为绘图鼠标指针，在绘图区中的任何位置都可以绘制点，如图 3-5 所示。绘制的点不影响三维建模的外形，只起参考作用。

“点”命令还可以生成草图中两条不平行线段的交点以及特征实体中两个不平行边缘的交点，产生的交点作为辅助图形，用于标注尺寸或添加几何关系，并不影响实体模型的建立。

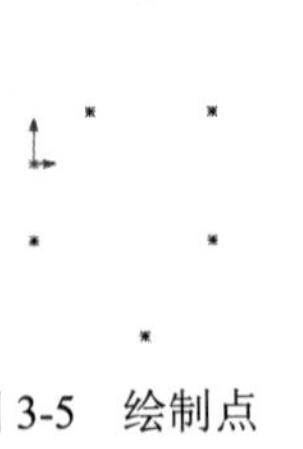

图 3-5 绘制点

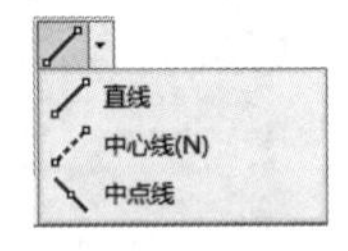

图 3-6 “直线/中心线”按钮

3.2.2 直线与中心线

【执行方式】

➢ 工具栏：单击“草图”工具栏中的“中心线/直线/中点线”按钮。

➢ 菜单栏：选择菜单栏中的“工具”→“草图绘制实体”→“中心线/直线/中点线”命令。

➢ 选项卡：单击“草图”选项卡中的“中心线/直线/中点线”按钮（图 3-6）。

【选项说明】

执行上述操作，系统弹出“插入线条”属性管理器，如图 3-7 所示。鼠标指针变为绘图鼠标指针，开始绘制直线。

（1）在“方向”选项组中有 4 个单选按钮，默认选中“按绘制原样”单选按钮。选中不同的单选按钮，绘制的直线类型不一样。选中“按绘制原样”单选按钮以外的任意一项，均会要求输入直线的参数。如果选中“角度”单选按钮，弹出的“线条属性”属性管理器如图 3-8 所示，要求输入直线的参数。设置好参数以后，单击直线的起点就可以绘制出需要的直线。

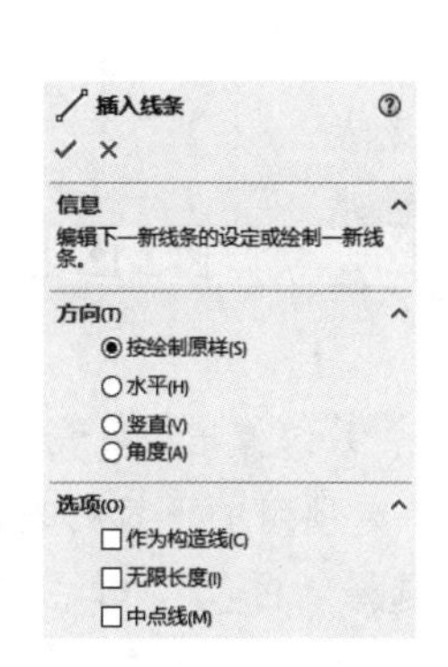

图 3-7　“插入线条”属性管理器

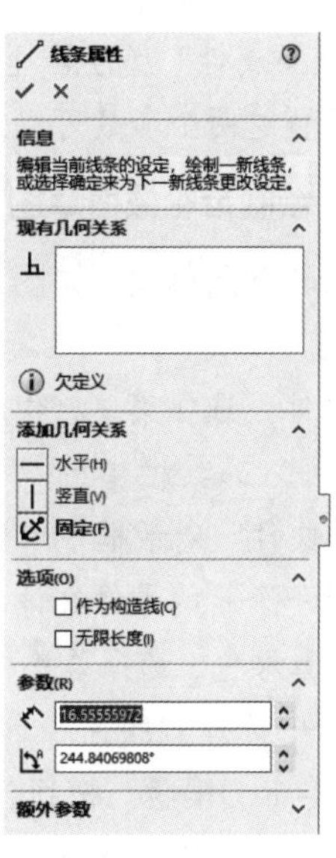

图 3-8　“线条属性”属性管理器

直线与中心线、中点线的绘制方法相同，执行不同的命令，按照类似的操作步骤，在绘图区绘制相应的图形即可。

直线分为 3 种类型，即水平直线、竖直直线和任意角度直线。在绘制过程中，不同类型的直线其显示方式不同，下面将分别介绍。

- 水平直线：在绘制直线过程中，笔形鼠标指针附近会出现水平直线图标符号，如图 3-9 所示。
- 竖直直线：在绘制直线过程中，笔形鼠标指针附近会出现竖直直线图标符号，如图 3-10 所示。
- 任意角度直线：在绘制直线过程中，笔形鼠标指针附近会出现任意角度直线图标符号，如图 3-11 所示。

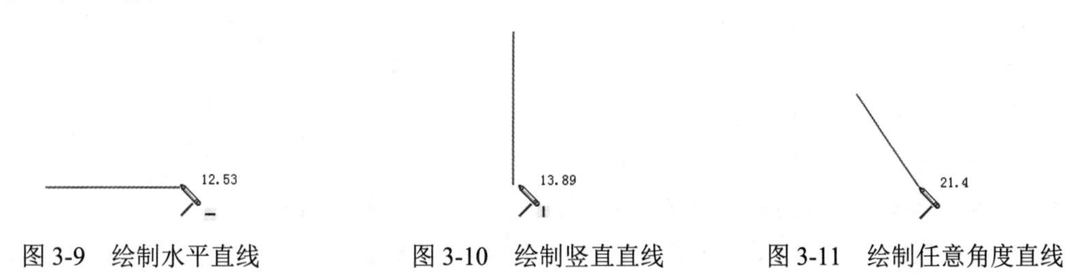

图 3-9　绘制水平直线　　图 3-10　绘制竖直直线　　图 3-11　绘制任意角度直线

在绘制直线的过程中，鼠标指针上方显示的参数，为直线的长度和角度，可供参考。一般在绘制过程中，首先绘制一条直线，然后标注尺寸，直线也随之改变长度和角度。

绘制直线的方式有两种：拖动式和单击式。

- 拖动式就是先绘制直线的起点，然后按住鼠标左键开始拖动鼠标，直到直线终点放开。
- 单击式就是在绘制直线的起点处单击，然后在直线终点处单击。

（2）在“线条属性”属性管理器的“选项”选项组中有两个复选框，勾选不同的复选框，可以分别绘制构造线和无限长度直线。

（3）在“线条属性”属性管理器的“参数”选项组中有两个文本框，分别是长度文本框和角度文本框。通过设置这两个参数可以绘制一条直线。

扫一扫，看视频

动手学——绘制齿轮截面草图

本例绘制齿轮截面草图，如图 3-12 所示。

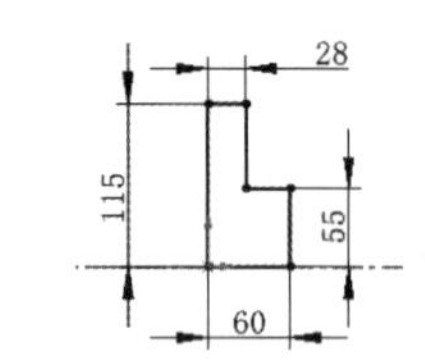

图 3-12　齿轮截面草图

【操作步骤】

（1）新建文件。选择菜单栏中的“文件”→“新建”命令，或者单击“快速访问”工具栏中的“新建”按钮，在弹出的“新建 SOLIDWORKS 文件”对话框中单击“零件”按钮，然后单击“确定”按钮，创建一个新的零件文件。

（2）设置背景颜色。选择菜单栏中的“工具”→“选项”命令，系统弹出“系统选项”对话框。在左侧树形列表中选择“颜色”选项，在右侧“颜色方案设置”选项组的下拉列表框中选择“视区背景”，然后单击“编辑”按钮，在弹出的“颜色”对话框中选择“白色”，单击“确定”按钮。在“背景外观”选项组中选择“素色（视区背景颜色在上）”，单击“确定”按钮，系统背景颜色设置成功。

注意：

用上述方法设置背景颜色后，当再次新建文件时，背景颜色均沿用设置的背景。若使用“视图（前导）”工具栏中的“应用布景”设置背景颜色，则在新建文件时，需要重新设置。

（3）设置草绘平面。在 FeatureManager 设计树中选择“前视基准面”作为草绘基准面。单击“草图”选项卡中的“草图绘制”按钮，进入草图绘制状态。

（4）绘制中心线。单击“草图”选项卡中的“中心线”按钮，❶将鼠标指针放置在原点处，向左拖动鼠标，当出现虚线时，❷在适当位置单击，然后向右拖动鼠标，❸再次单击，绘制一条过原点的水平中心线，如图 3-13 所示。

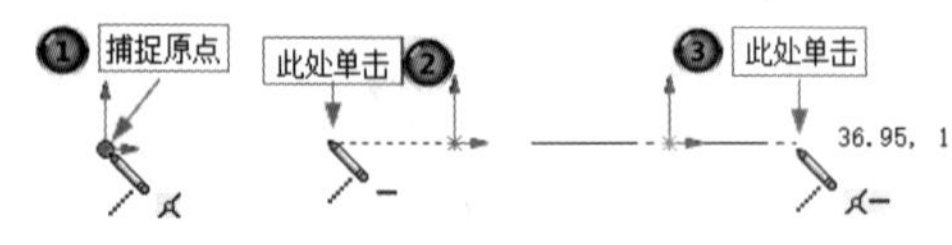

图 3-13　绘制中心线

（5）添加约束。单击“草图”选项卡中的“添加几何关系”按钮，系统弹出“添加几何关系”属性管理器，选择中心线的中点和坐标原点添加重合约束，如图 3-14 所示。

（6）绘制直线。单击“草图”选项卡中的“直线”按钮，绘制草图，如图 3-15 所示。

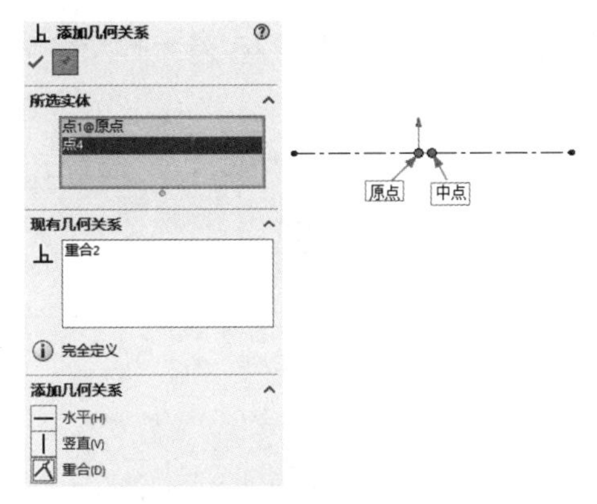

图 3-14　设置重合约束

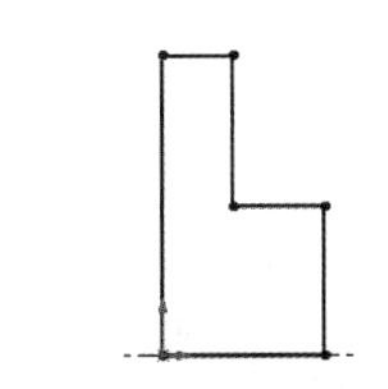

图 3-15　绘制草图轮廓

注意：

绘制过程中若要显示尺寸标注，可以在“快速访问”工具栏“选项”下拉列表中单击选择“草图”，勾选“在生成实体时启用荧幕上数字输入”复选框。

（7）标注样式设置。

1）选择菜单栏中的“工具”→“选项”命令，系统弹出“系统选项(S)-普通”对话框，勾选“输入尺寸值”复选框。

2）单击“文档属性”选项卡，单击“尺寸”选项，在“系统选项(S)-普通”对话框中单击“字体”按钮 字体(F)... ，系统弹出“选择字体”对话框，设置字体为“仿宋”，高度选择“单位”选项，大小设置为5mm。

3）在“主要精度”选项组中设置标注尺寸精度为“无”，设置完成后单击“确定”按钮，关闭对话框。

（8）标注尺寸。单击“草图”选项卡中的“智能尺寸”按钮，标注尺寸，如图 3-12 所示。

动手练——绘制销钉草图

利用前面所学知识绘制图 3-16 所示的销钉草图。

【操作提示】

（1）绘制一条过原点的中心线。

（2）利用“直线”命令绘制其他直线。

（3）标注尺寸。

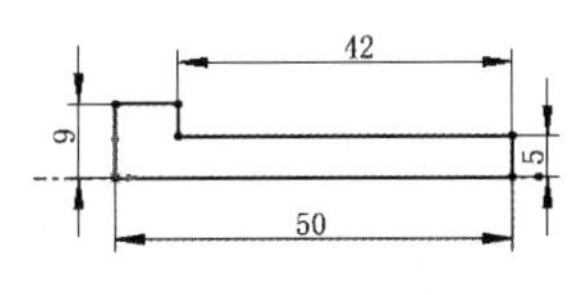

图 3-16　销钉草图

3.2.3　绘制圆

【执行方式】

➢ 工具栏：单击“草图”工具栏中的“圆/周边圆”按钮/，如图 3-17 所示。

➢ 菜单栏：选择菜单栏中的“工具”→“草图绘制实体”→“圆/周边圆”命令。

➢ 选项卡：单击“草图”选项卡中的“圆/周边圆”按钮/，如图 3-17 所示。

【选项说明】

执行上述操作，系统弹出“圆”属性管理器，如图 3-18 所示。从该属性管理器中可以看出，可以通过两种方式绘制圆：一种是绘制基于中心的圆（图 3-19）；另一种是绘制基于周边的圆（图 3-20）。

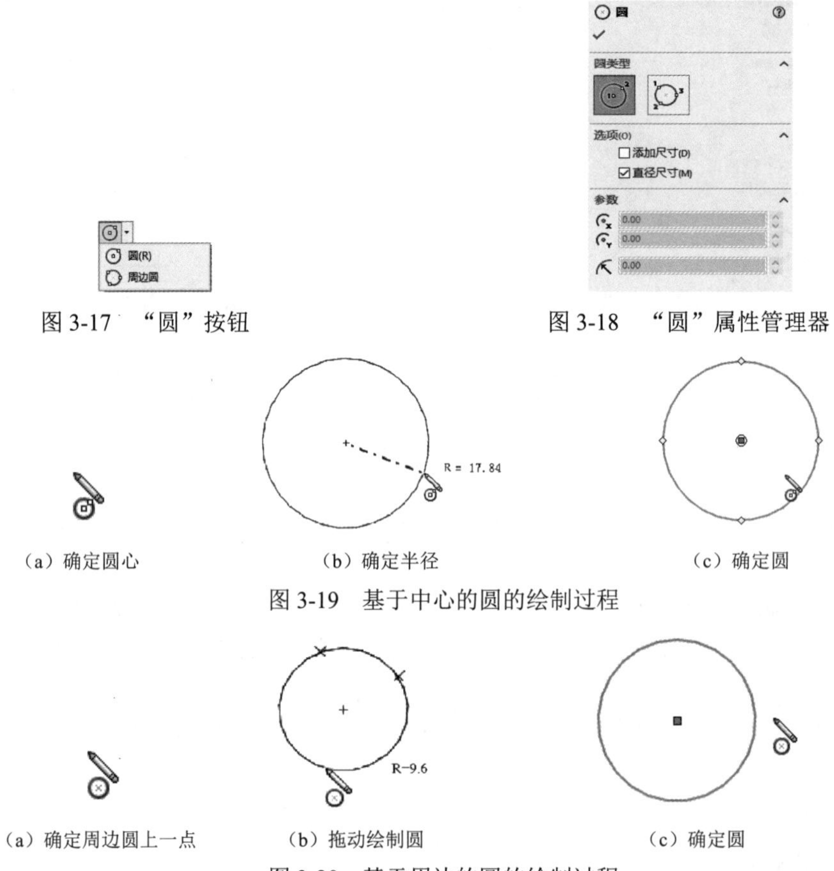

图 3-17 “圆”按钮

图 3-18 “圆”属性管理器

（a）确定圆心 （b）确定半径 （c）确定圆

图 3-19 基于中心的圆的绘制过程

（a）确定周边圆上一点 （b）拖动绘制圆 （c）确定圆

图 3-20 基于周边的圆的绘制过程

圆绘制完成后，可以通过拖动修改圆草图。用鼠标左键拖动圆的周边可以改变圆的半径，拖动圆的圆心可以改变圆的位置。同时，也可以通过图 3-18 所示的“圆”属性管理器修改圆的属性，通过该属性管理器中的“参数”选项修改圆心坐标和圆的半径。

扫一扫，看视频

动手学——绘制垫片草图

本实例将利用草图绘制工具，绘制图 3-21 所示的垫片草图。

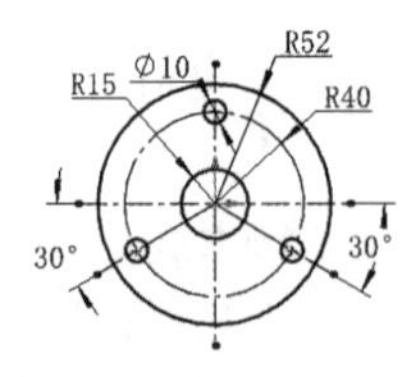

图 3-21 垫片草图

【操作步骤】

（1）新建文件。选择菜单栏中的“文件”→“新建”命令，或者单击“快速访问”工具栏中的“新建”按钮，在弹出的“新建 SOLIDWORKS 文件”对话框中单击“零件”按钮，然后单击“确定”按钮，创建一个新的零件文件。

（2）绘制中心线。在左侧的 FeatureManager 设计树中选择“前视基准面”作为草绘基准面，单击“草图”选项卡中的“中心线”按钮，绘制中心线，如图 3-22 所示。

（3）添加约束。单击“草图”选项卡中的“添加几何关系”按钮 ，系统弹出“添加几何关系”属性管理器，选择中心线的中点和坐标原点添加重合约束。

（4）绘制圆。单击“草图”选项卡中的“圆”按钮 ，❶捕捉原点为圆心，❷拖动鼠标在适当位置单击，如图 3-23 所示，圆绘制完成。

（5）绘制其他圆。继续捕捉原点绘制其他圆，结果如图 3-24 所示。

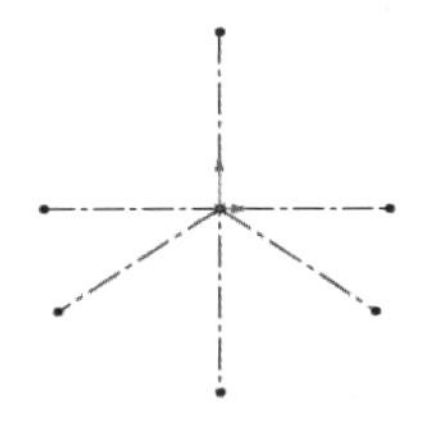

图 3-22 绘制中心线

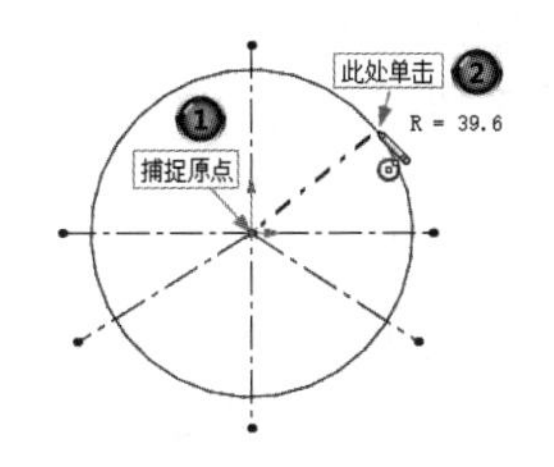

图 3-23 圆的绘制步骤

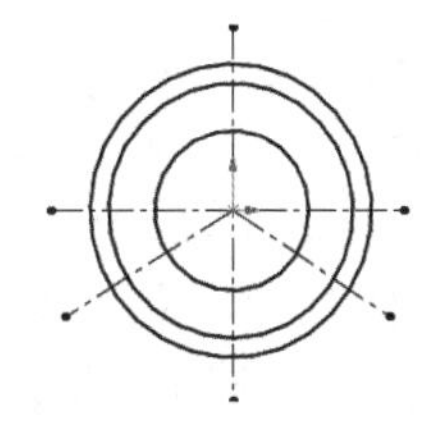

图 3-24 绘制的圆

（6）转换中心圆。在绘图区选中图 3-25 所示的圆，右击，在弹出的快捷菜单中单击“构造几何线”按钮 ，将圆转换为中心圆，结果如图 3-26 所示。

（7）绘制小圆。单击“草图”选项卡中的“圆”按钮 ，以中心线与中心圆的交点为圆心绘制小圆，如图 3-27 所示。

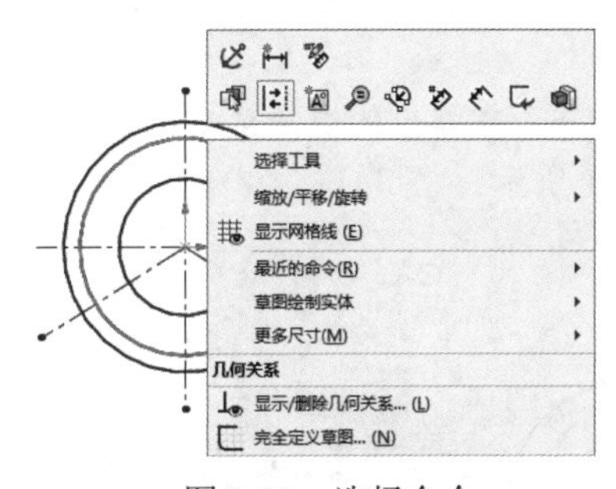

图 3-25 选择命令

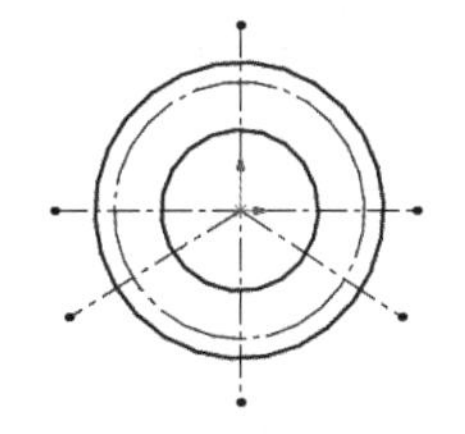

图 3-26 转换结果

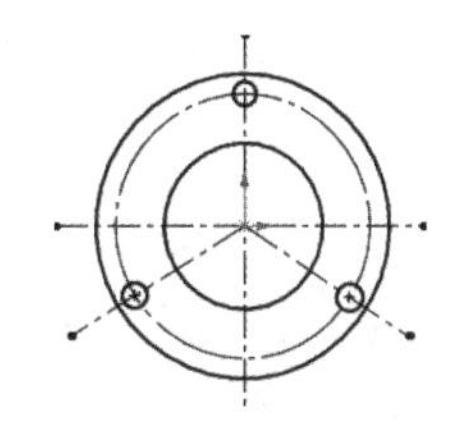

图 3-27 绘制小圆

技巧荟萃：

在捕捉交点时，可能捕捉不到，这时可以在绘图区右击，在弹出的快捷菜单中选择“快速捕捉”→“交叉点捕捉”命令，如图 3-28 所示。

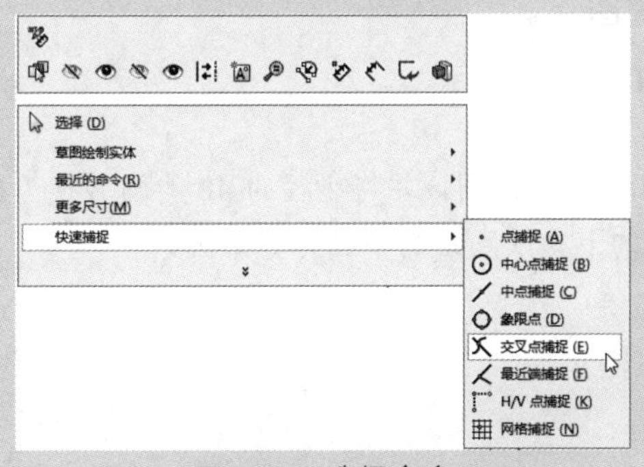

图 3-28 选择命令

（8）添加约束。单击“草图”选项卡中的“添加几何关系”按钮，系统弹出“添加几何关系”属性管理器，选择3个小圆设置相等约束，如图3-29所示。

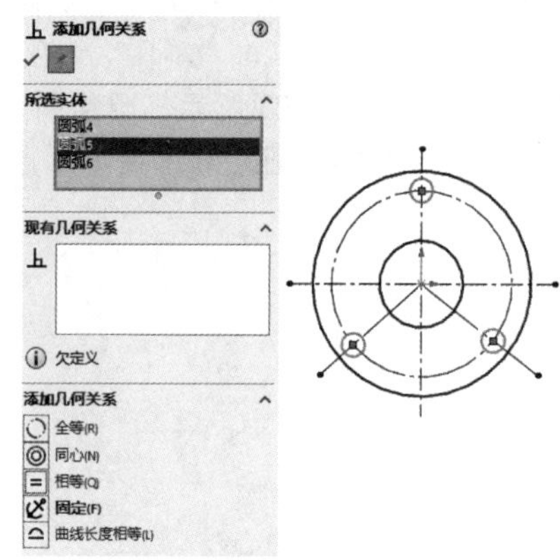

图3-29 添加相等约束

（9）标注样式设置。

1）选择菜单栏中的“工具”→“选项”命令，系统弹出“系统选项(S)-普通”对话框，勾选“输入尺寸值”复选框。

2）单击“文档属性”选项卡，单击“尺寸”选项，在“系统选项(S)-普通”对话框中单击“字体”按钮字体(F)...，系统弹出“选择字体”对话框，设置字体为“仿宋”，高度选择“单位”选项，大小设置为5mm。

3）在“主要精度”选项组中设置标注尺寸精度为“无”。

4）单击“半径”选项，修改文本位置为“折断引线，水平文字”。

5）单击“直径”选项，修改文本位置为“折断引线，水平文字”，勾选“显示第二向外箭头”复选框。

6）单击“角度”选项，修改文本位置为“折断引线，水平文字”。设置完成，单击“确定”按钮，关闭“系统选项(S)-普通”对话框。

（10）标注尺寸。单击“草图”选项卡中的“智能尺寸”按钮，标注草图尺寸，结果如图3-30所示。

（11）尺寸转换。在绘图区选中直径尺寸30、104和80，右击，在弹出的快捷菜单中单击“显示为半径”按钮，将直径尺寸显示为半径尺寸，结果如图3-31所示。

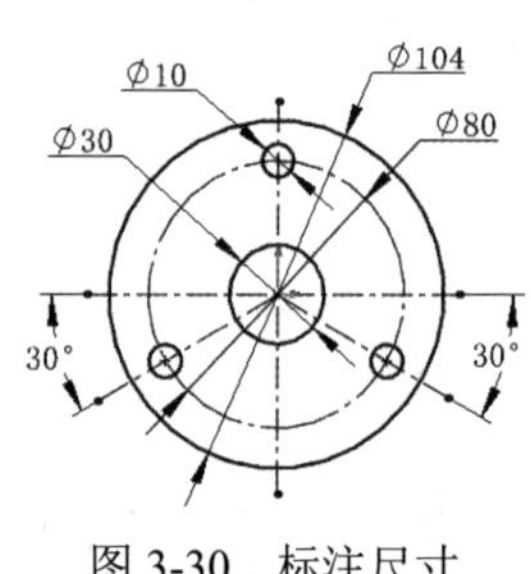

图3-30 标注尺寸

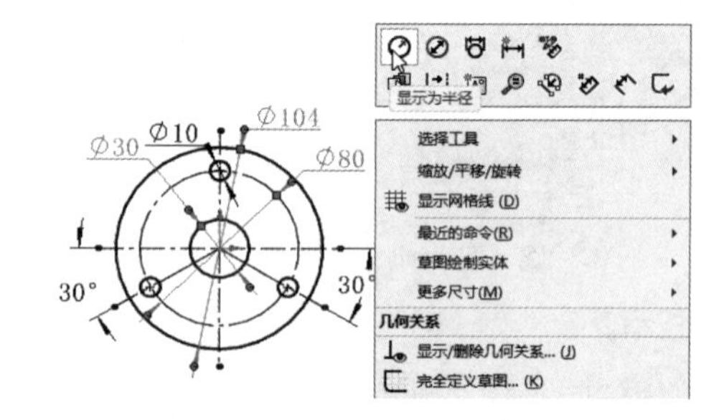

图3-31 尺寸转换

动手练——绘制挡圈草图

本例绘制挡圈草图，如图3-32所示。

【操作提示】

（1）绘制半径为60、48和15的圆，并将半径为48的圆转换为构造线。

（2）在半径为48的圆的下象限点绘制半径为3的圆。

R60
R48
R15
R3

图3-32 挡圈草图

3.2.4 绘制圆弧

【执行方式】

➢ 工具栏：单击“草图”工具栏中的“圆弧”按钮，如图3-33所示。

➢ 菜单栏：选择菜单栏中的“工具”→“草图绘制实体”→“圆弧”命令。
➢ 选项卡：单击“草图”选项卡中的“圆弧”按钮，如图 3-33 所示。

【选项说明】

执行上述操作，系统弹出“圆弧”属性管理器，如图 3-34 所示，同时可在该属性管理器中选择其他绘制圆弧的方式。

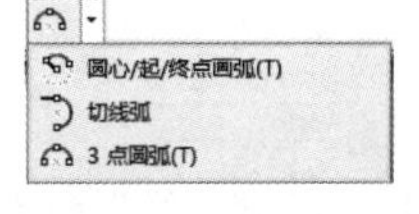

图 3-33　“圆弧”按钮

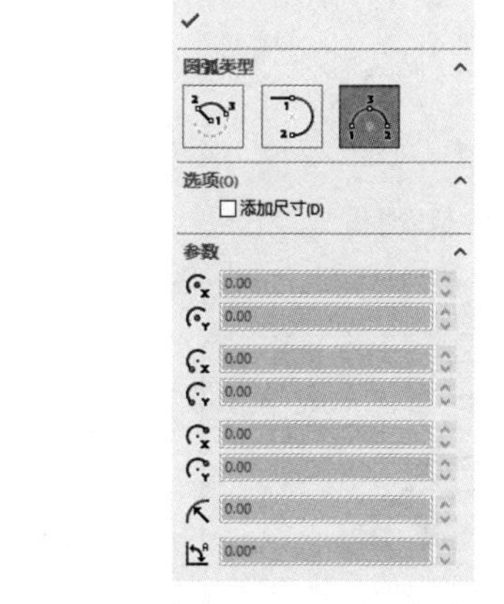

图 3-34　“圆弧”属性管理器

（1）圆心/起/终点画弧：先指定圆弧的圆心，然后顺序拖动鼠标指针指定圆弧的起点和终点，确定圆弧的大小和方向，如图 3-35 所示。

（2）切线弧：是指生成一条与草图实体相切的弧线。草图实体可以是直线、圆弧、椭圆和样条曲线等，如图 3-36 所示。

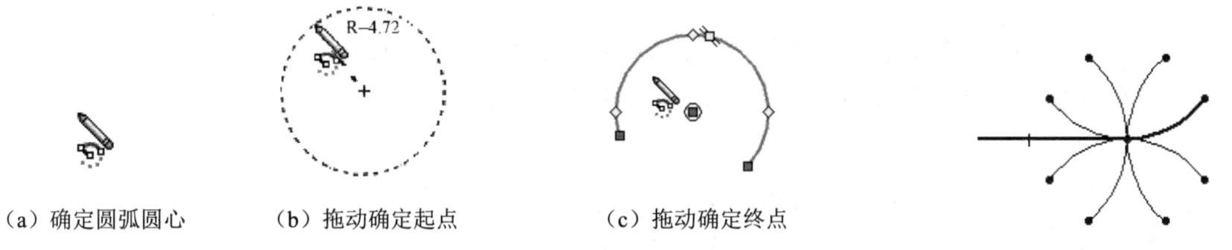

（a）确定圆弧圆心　（b）拖动确定起点　（c）拖动确定终点

图 3-35　用“圆心/起/终点画弧”方法绘制圆弧的过程

图 3-36　绘制的 8 种切线弧

（3）3 点圆弧：通过起点、终点与中点的方式绘制圆弧，如图 3-37 所示。

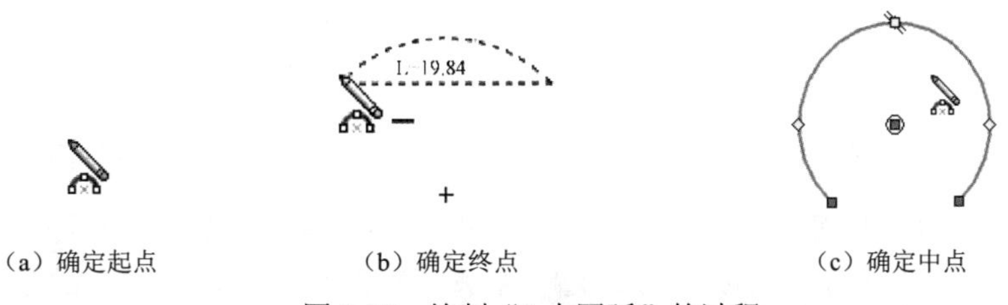

（a）确定起点　（b）确定终点　（c）确定中点

图 3-37　绘制“3 点圆弧”的过程

除了上述 3 种绘制圆弧的方法，单击“草图”选项卡中的“直线”按钮，首先绘制一条直线，在不结束绘制直线命令的情况下，将鼠标稍微向旁边拖动，如图 3-38（a）所示。将鼠标拖回直线的终点，开始绘制圆弧，如图 3-38（b）所示，拖动鼠标到图中合适的位置，并单击左键确定圆弧的大小，如图 3-38（c）所示。也可以在此状态下，右击，此时系统弹出快捷菜单，单击“转到圆弧”命令即可绘制圆弧（图 3-39）。同样在绘制圆弧的状态下，使用快捷菜单中的“转到直线”命令（图 3-40），就可以绘制直线。

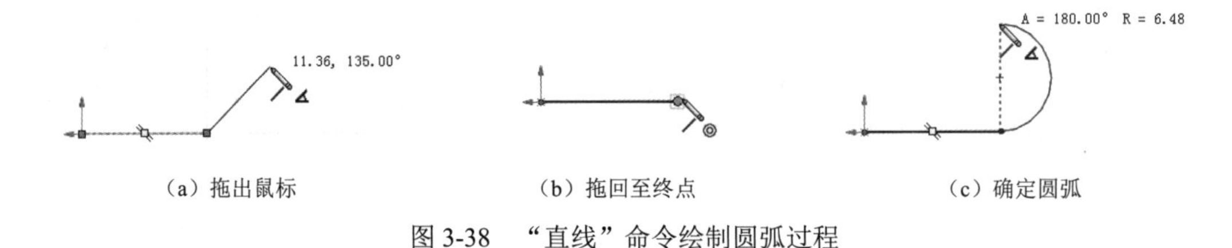

（a）拖出鼠标　（b）拖回至终点　（c）确定圆弧

图 3-38　“直线”命令绘制圆弧过程

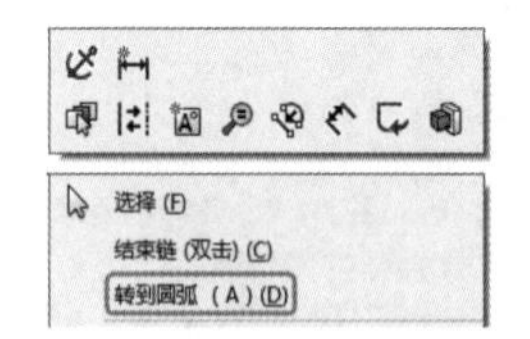

图 3-39　使用“转到圆弧”命令绘制“圆弧”的快捷菜单

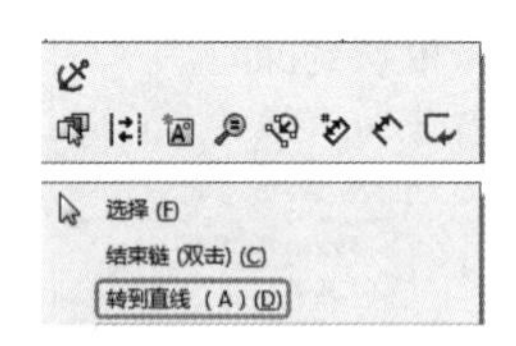

图 3-40　使用“转到直线”命令绘制“直线”的快捷菜单

扫一扫，看视频

动手学——绘制连杆草图

本例绘制图 3-41 所示的连杆草图。

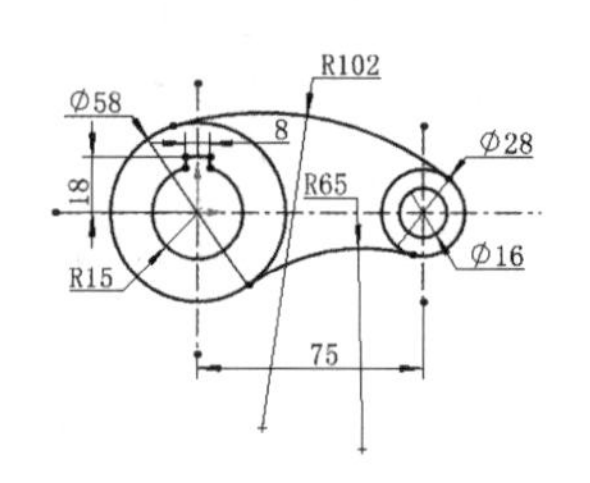

图 3-41　连杆草图

【操作步骤】

（1）新建文件。选择菜单栏中的“文件”→“新建”命令，或者单击“快速访问”工具栏中的“新建”按钮，在弹出的“新建 SOLIDWORKS 文件”对话框中单击“零件”按钮，然后单击“确定”按钮，创建一个新的零件文件。

（2）绘制直线 1。在 FeatureManager 设计树中单击选择“前视基准面”，单击“草图”选项卡中的“中心线”按钮，绘制中心线，如图 3-42 所示。

（3）绘制圆。单击“草图”选项卡中的“圆”按钮，绘制圆，如图 3-43 所示。

图 3-42　绘制中心线　　图 3-43　绘制圆

（4）绘制圆弧。单击“草图”选项卡中的“3 点圆弧”按钮，系统弹出“圆弧”属性管理器，❶在左侧的圆上选择一点作为圆弧的第一点，❷在右侧的圆上选择一点作为圆弧的第二点，❸在适当位置单击确定圆弧的第三点，如图 3-44 所示，圆弧绘制完成。

（5）绘制另一圆弧。用同样的方法，继续绘制下方的圆弧，如图 3-45 所示。

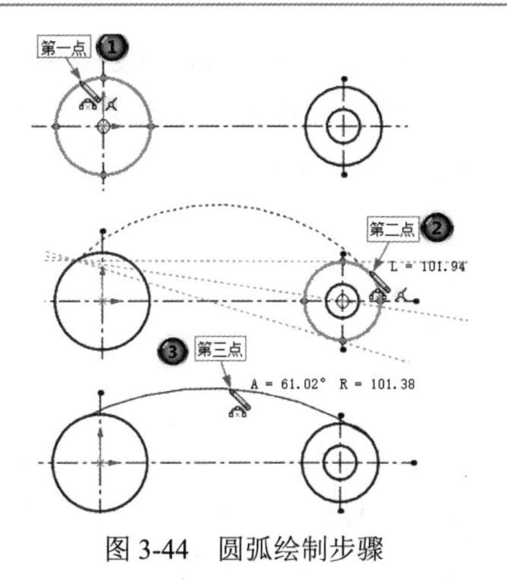

图 3-44　圆弧绘制步骤

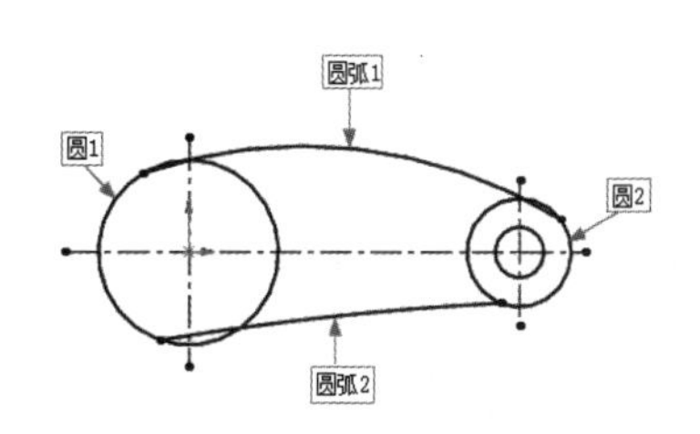

图 3-45　绘制的圆弧

（6）添加相切约束。单击“草图”选项卡中的“添加几何关系”按钮，系统弹出“添加几何关系”属性管理器，选择圆 1 与圆弧 1 进行相切约束，如图 3-46 所示。

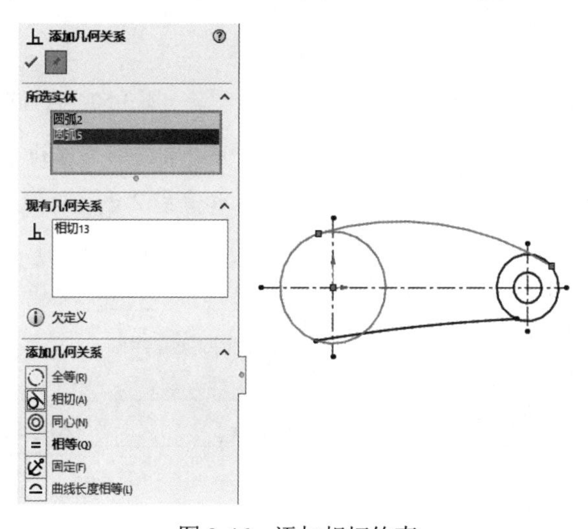

图 3-46　添加相切约束

（7）用同样的方法，设置圆 1 与圆弧 2 的相切约束，以及圆 2 与圆弧 1 和圆弧 2 的相切约束，如图 3-47 所示。

（8）绘制键槽。单击“草图”选项卡中的“直线”按钮，绘制键槽，如图 3-48 所示。

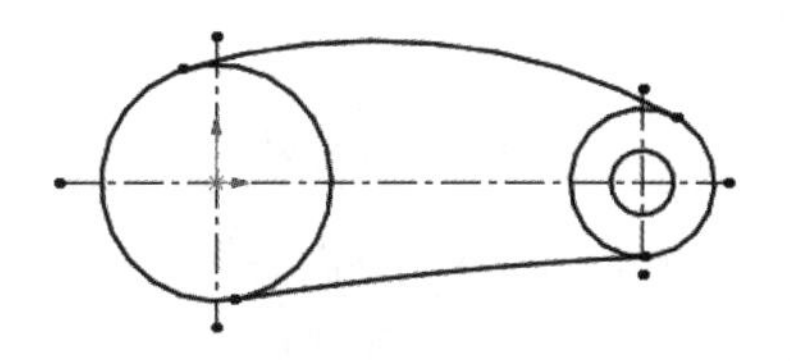

图 3-47　添加其他相切约束

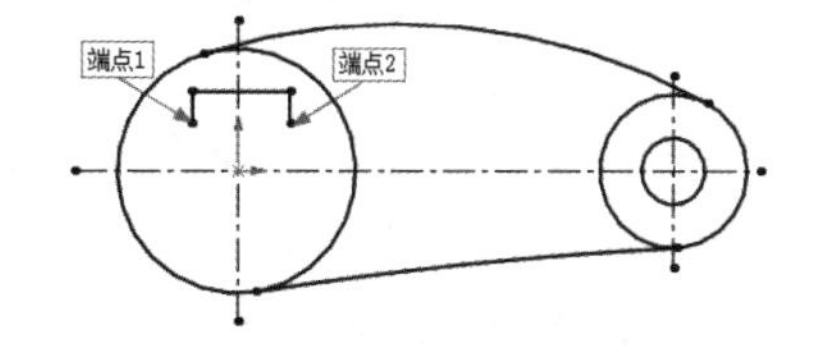

图 3-48　绘制键槽

（9）绘制圆弧。单击“草图”选项卡中的“3 点圆弧”按钮，系统弹出“圆弧”属性管理器，捕捉图 3-48 所示的端点 1 和端点 2，在适当位置单击确定第三点绘制圆弧，如图 3-49 所示。

（10）添加重合约束。单击“草图”选项卡中的“添加几何关系”按钮，系统弹出“添加几何关系”属性管理器，选择上一步中绘制的圆弧的圆心和原点进行重合约束，如图 3-50 所示。

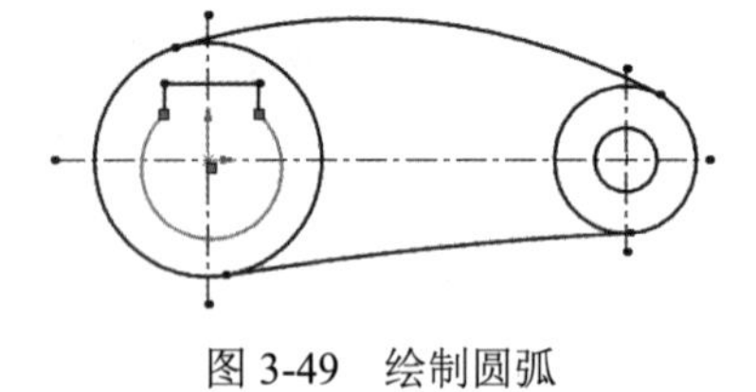

图 3-49　绘制圆弧

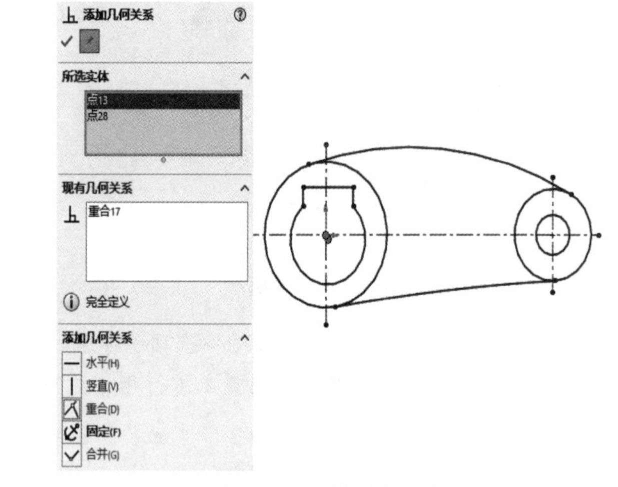

图 3-50　设置重合约束

（11）添加对称约束。单击“草图”选项卡中的“添加几何关系”按钮，系统弹出“添加几何关系”属性管理器，选择图 3-51 所示的直线 4、直线 6 和直线 2 进行对称约束。

（12）标注样式设置。

1）选择菜单栏中的“工具”→“选项”命令，系统弹出“系统选项(S)-普通”对话框，勾选“输入尺寸值”复选框。

2）单击“文档属性”选项卡，单击“尺寸”选项，在“系统选项(S)-普通”对话框中单击“字体”按钮，系统弹出“选择字体”对话框，设置字体为“仿宋”，高度选择“单位”选项，大小设置为 5mm。

3）在“主要精度”选项组中设置标注尺寸精度为“无”。

4）单击“半径”选项，修改文本位置为“折断引线，水平文字”。

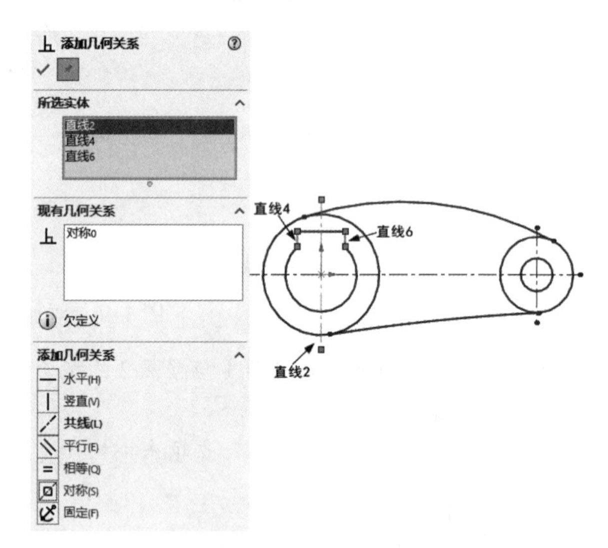

图 3-51　设置对称约束

5）单击“直径”选项，修改文本位置为“折断引线，水平文字”，勾选“显示第二向外箭头”复选框。设置完成，单击“确定”按钮，关闭“系统选项(S)-普通”对话框。

（13）标注尺寸。单击“草图”选项卡中的“智能尺寸”按钮，标注草图尺寸，结果如图 3-41 所示。

动手练——绘制定位销草图

利用上面所学知识绘制图 3-52 所示的定位销草图。

【操作提示】

（1）绘制轮廓。

（2）标注尺寸。

（3）将圆心与中心线添加重合约束。

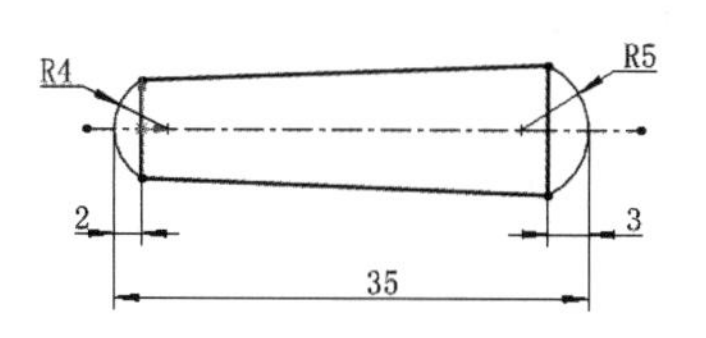

图 3-52　定位销草图

3.2.5　绘制矩形

【执行方式】

➢ 工具栏：单击“草图”工具栏中的“边角矩形”按钮，如图 3-53 所示。

➢ 菜单栏：选择菜单栏中的“工具”→“草图绘制实体”→“边角矩形”命令。

➢ 选项卡：单击“草图”选项卡中的“边角矩形”按钮，如图 3-53 所示。

【选项说明】

执行上述操作，系统弹出“矩形”属性管理器，如图 3-54 所示，可选择其他绘制矩形的方式。

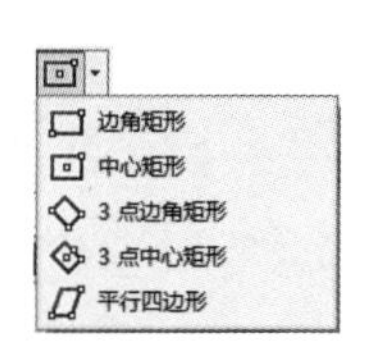

图 3-53　绘制矩形按钮

图 3-54　“矩形”属性管理器

绘制矩形的方法主要有 5 种，即用边角矩形、中心矩形、3 点边角矩形、3 点中心矩形以及平行四边形命令绘制矩形。

（1）边角矩形：指定矩形左上角与右下角的端点以确定矩形的长度和宽度，绘制过程如图 3-55 所示。

（a）确定第 1 角点

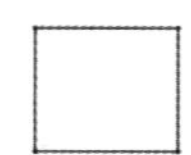

（b）确定第 2 角点

（c）绘制结果

图 3-55　“边角矩形”绘制过程

（2）中心矩形：指定矩形的中心与右上角的端点确定矩形的中心和 4 条边线，绘制过程如图 3-56 所示。

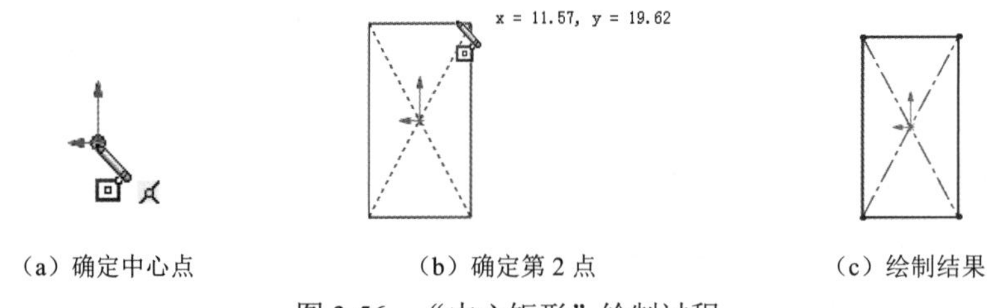

（a）确定中心点　（b）确定第 2 点　（c）绘制结果

图 3-56　“中心矩形”绘制过程

（3）3 点边角矩形：通过指定 3 个角点确定矩形，前两个角点用于定义角度和一条边，第 3 个角点用于确定另一条边，绘制过程如图 3-57 所示。

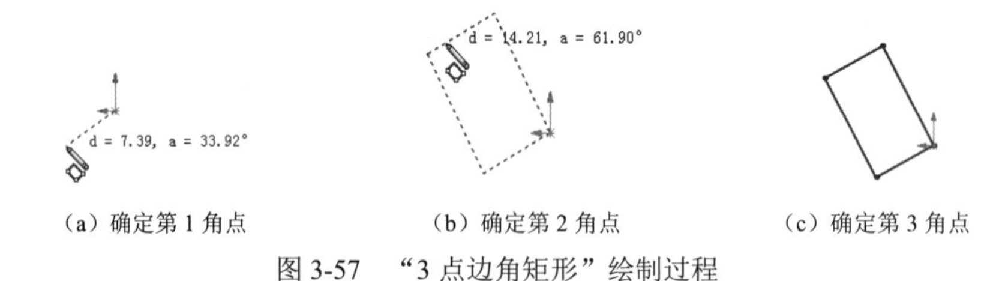

（a）确定第 1 角点　（b）确定第 2 角点　（c）确定第 3 角点

图 3-57　“3 点边角矩形”绘制过程

（4）3 点中心矩形：通过指定 3 个点确定矩形，绘制过程如图 3-58 所示。

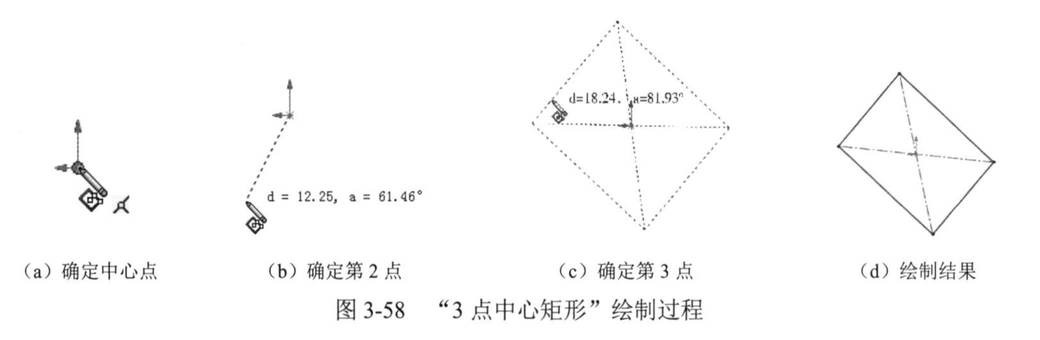

（a）确定中心点　（b）确定第 2 点　（c）确定第 3 点　（d）绘制结果

图 3-58　“3 点中心矩形”绘制过程

（5）平行四边形：该命令既可以生成平行四边形，也可以生成边线与草图网格线不平行或不垂直的矩形，绘制过程如图 3-59 所示。

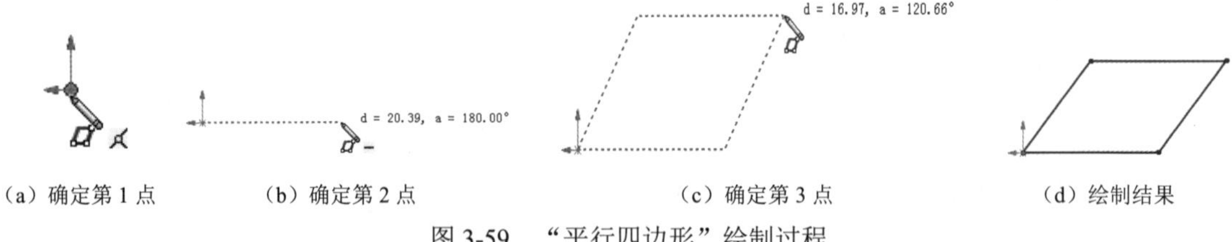

（a）确定第 1 点　（b）确定第 2 点　（c）确定第 3 点　（d）绘制结果

图 3-59　“平行四边形”绘制过程

矩形绘制完毕后，按住鼠标左键拖动矩形的一个角点，可以动态地改变 4 条边的尺寸。按住 Ctrl

键，移动鼠标指针可以改变平行四边形的形状。

动手学——绘制固定卡截面草图

本例绘制图 3-60 所示的固定卡截面草图。

【操作步骤】

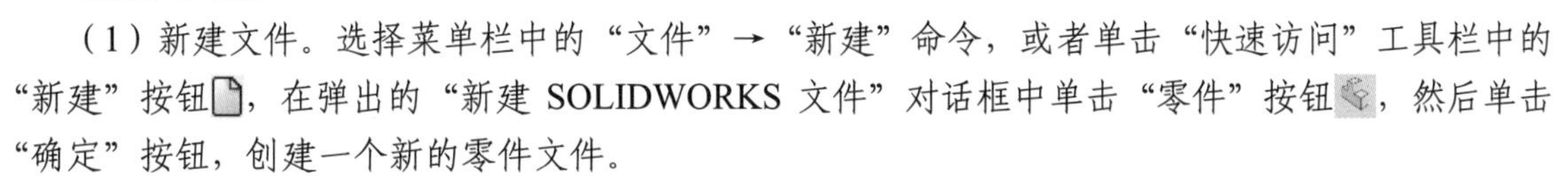

（1）新建文件。选择菜单栏中的“文件”→“新建”命令，或者单击“快速访问”工具栏中的“新建”按钮，在弹出的“新建 SOLIDWORKS 文件”对话框中单击“零件”按钮，然后单击“确定”按钮，创建一个新的零件文件。

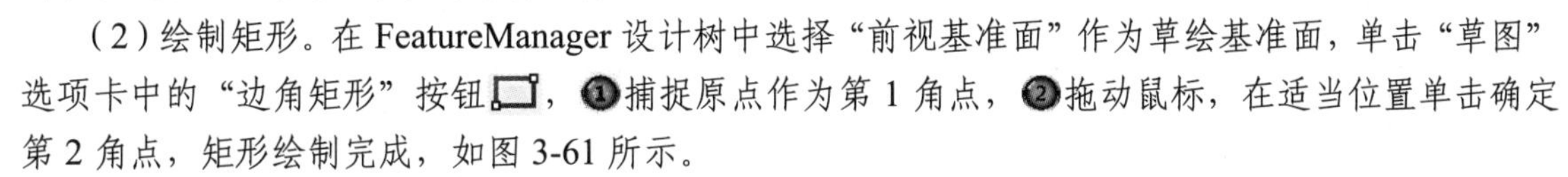

（2）绘制矩形。在 FeatureManager 设计树中选择“前视基准面”作为草绘基准面，单击“草图”选项卡中的“边角矩形”按钮，❶捕捉原点作为第 1 角点，❷拖动鼠标，在适当位置单击确定第 2 角点，矩形绘制完成，如图 3-61 所示。

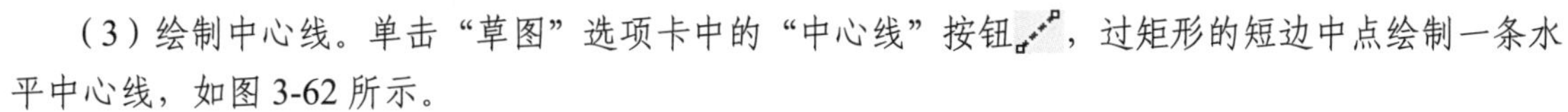

（3）绘制中心线。单击“草图”选项卡中的“中心线”按钮，过矩形的短边中点绘制一条水平中心线，如图 3-62 所示。

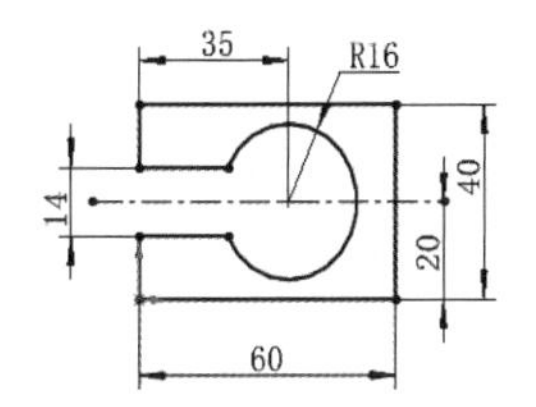

图 3-60　固定卡截面草图

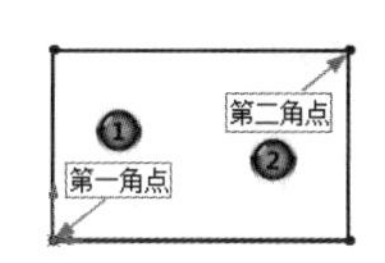

图 3-61　绘制矩形

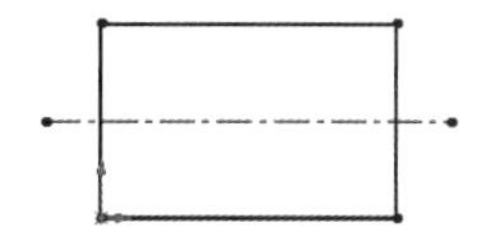

图 3-62　绘制中心线

（4）绘制直线。单击“草图”选项卡中的“直线”按钮，绘制两条直线，如图 3-63 所示。

（5）绘制圆弧。单击“草图”选项卡中的“3 点圆弧”按钮，系统弹出“圆弧”属性管理器，捕捉直线的两个端点绘制圆弧，如图 3-64 所示。

（6）删除直线。选中矩形左侧的直线，按 Delete 键将其删除。

（7）绘制连接线。单击“草图”选项卡中的“直线”按钮，绘制两直线端点连接线，如图 3-65 所示。

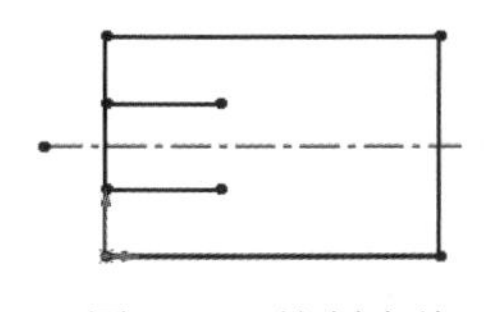

图 3-63　绘制直线

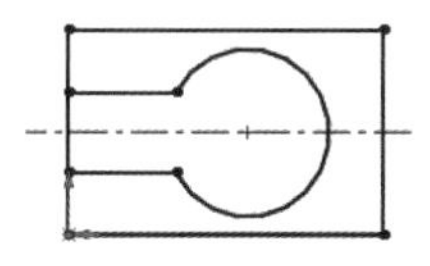

图 3-64　绘制圆弧

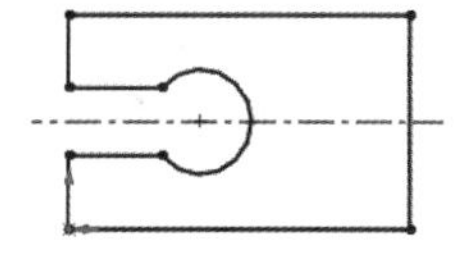

图 3-65　绘制连接线

（8）添加对称约束。单击“草图”选项卡中的“添加几何关系”按钮，系统弹出“添加几何关系”属性管理器，选择槽口两直线和中心线进行对称约束，如图 3-66 所示。

（9）添加相等约束。在“所选实体”列表框中右击，在弹出的快捷菜单中选择“消除选择”命令，消除选择的实体，如图 3-67 所示。再选择矩形的上下两边设置相等约束，如图 3-68 所示。

（10）添加重合约束。同样的方法在“所选实体”列表框中右击，在弹出的快捷菜单中选择“消除选择”命令。消除选择的实体。选择圆弧的圆心与水平中心线设置重合约束。

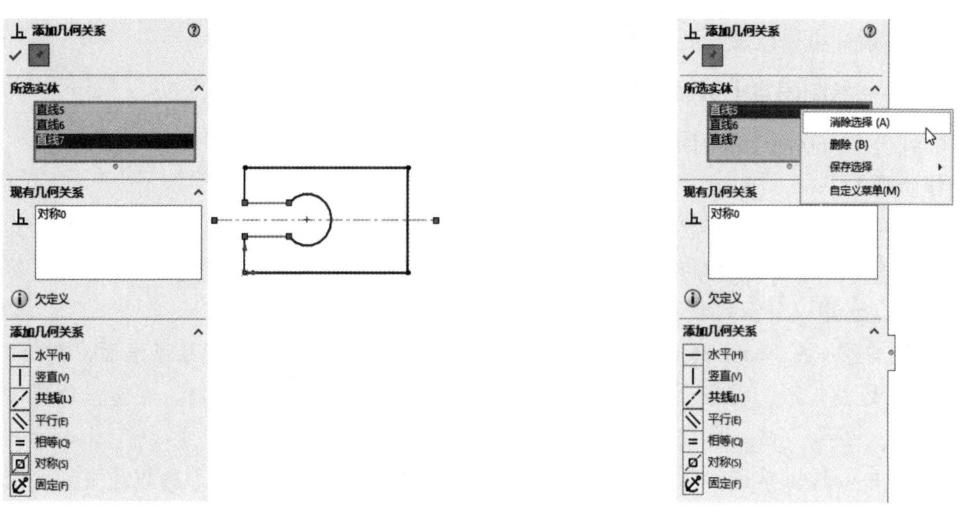

图 3-66　设置对称约束　　　　图 3-67　消除选择

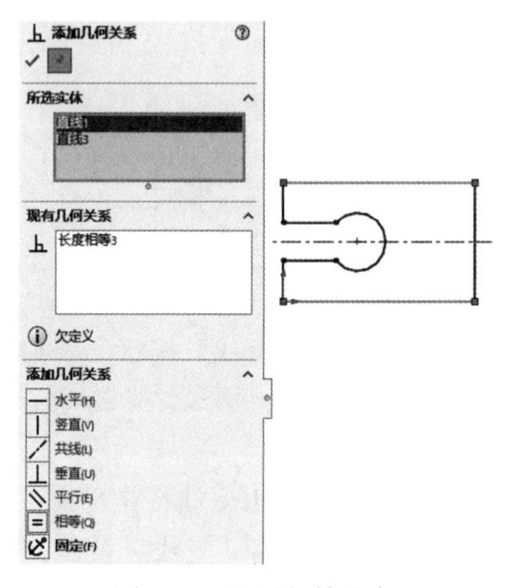

图 3-68　设置相等约束

（11）标注样式设置。

1）选择菜单栏中的“工具”→“选项”命令，系统弹出“系统选项(S)-普通”对话框，勾选“输入尺寸值”复选框。

2）单击“文档属性”选项卡，单击“尺寸”选项，在“系统选项(S)-普通”对话框中单击“字体”按钮 字体(F)... ，系统弹出“选择字体”对话框，设置字体为“仿宋”，高度选择“单位”选项，大小设置为 5mm。

3）在“主要精度”选项组中设置标注尺寸精度为“无”。

4）单击“半径”选项，修改文本位置为“折断引线，水平文字”。设置完成后，单击“确定”按钮，关闭“系统选项(S)-普通”对话框。

（12）标注尺寸。单击“草图”选项卡中的“智能尺寸”按钮，标注草图尺寸，结果如图 3-60 所示。

动手练——绘制底板截面草图

试利用上面所学知识绘制图 3-69 所示的底板截面草图。

【操作提示】

（1）绘制草图轮廓。

（2）添加约束并标注尺寸。

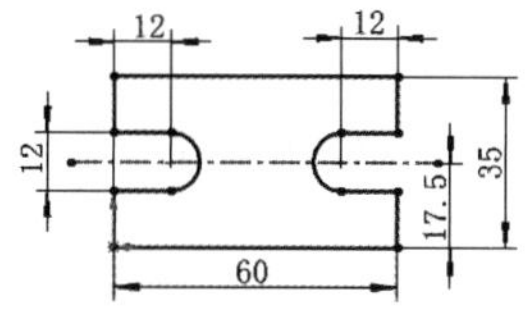

图 3-69　底板截面草图

3.2.6　绘制多边形

【执行方式】

➢ 工具栏：单击“草图”工具栏中的“多边形”按钮。

➢ 菜单栏：选择菜单栏中的“工具”→“草图绘制实体”→“多边形”命令。

➢ 选项卡：单击“草图”选项卡中的“多边形”按钮。

【选项说明】

执行上述操作，鼠标指针变为形状，系统弹出“多边形”属性管理器，如图 3-70 所示。该属性管理器中部分选项的含义如下。

（1）边数：定义多边形的边数。一个多边形可有 3～40 条边。

（2）内切圆：在多边形内显示内切圆以定义多边形的大小。圆为构造几何线。

（3）外接圆：在多边形外显示外接圆以定义多边形的大小。圆为构造几何线。

（4）X 坐标置中：显示多边形中心的 X 坐标。

（5）Y 坐标置中：显示多边形中心的 Y 坐标。

（6）圆直径：显示内切圆或外接圆的直径。

（7）角度：显示旋转角度。

（8）新多边形：单击该按钮，绘制另一多边形。

（9）作为构造线：选中该复选框，将实体转换到构造几何线。

图 3-70　“多边形”属性管理器

技巧荟萃：

多边形有内切圆和外接圆两种方式，两者的区别主要在于标注方法的不同。内切圆是表示圆中心到各边的垂直距离，外接圆是表示圆中心到多边形端点的距离。

3.2.7　绘制槽口

【执行方式】

➢ 工具栏：单击“草图”工具栏中的“直槽口”按钮。

➢ 菜单栏：选择菜单栏中的“工具”→“草图绘制实体”→“直槽口”命令。

➢ 选项卡：单击“草图”选项卡中的“直槽口”按钮。

【选项说明】

执行上述操作，系统弹出“槽口”属性管理器，如图 3-71 所示。该属性管理器中部分选项的含义如下。

（1）槽口类型。

1）直槽口：用两个端点绘制直槽口。

2）中心点直槽口：从中心点绘制直槽口。

3）三点圆弧槽口：在圆弧上用 3 个点绘制圆弧槽口。

4）中心点圆弧槽口：用圆弧的中心点和圆弧的两个端点绘制圆弧槽口。

（2）添加尺寸：选中该复选框，则自动为槽口添加长度和圆弧尺寸。

（3）槽口的尺寸类型。

1）中心到中心：以两个中心之间的长度作为直槽口的长度尺寸。

2）总长度：以槽口的总长度作为直槽口的长度尺寸。

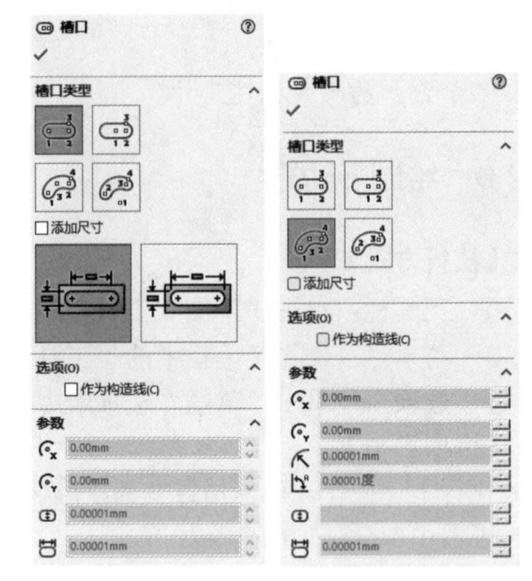

图 3-71　“槽口”属性管理器

（4）参数：如果槽口不受几何关系约束，则可指定以下参数的适当组合定义槽口。

所有槽口均包括以下参数。

1）X 坐标置中：槽口中心点的 X 坐标。

2）Y 坐标置中：槽口中心点的 Y 坐标。

3）槽口宽度：设置槽口宽度尺寸。

4）槽口长度：设置槽口长度尺寸。

圆弧槽口还包括以下参数。

1）圆弧半径：设置圆弧槽口中心圆弧的半径。

2）圆弧角度：圆弧槽口的角度尺寸一般是中心到中心的尺寸。

扫一扫，看视频

动手学——绘制底座草图

本例绘制底座草图，如图 3-72 所示。

图 3-72　底座草图

【操作步骤】

（1）新建文件。选择菜单栏中的“文件”→“新建”命令，或者单击“快速访问”工具栏中的“新建”按钮，在弹出的“新建 SOLIDWORKS 文件”对话框中单击“零件”按钮，然后单击“确定”按钮，创建一个新的零件文件。

（2）绘制中心线。在左侧的 FeatureManager 设计树中选择“前视基准面”作为草绘基准面。单击“草图”选项卡中的“中心线”按钮，绘制两条过原点且互相垂直的中心线。

（3）绘制圆。单击“草图”选项卡中的“圆”按钮，系统弹出“圆”属性管理器。以原点为中心绘制 3 个同心圆，并将中间的圆转换为构造线，如图 3-73 所示。

（4）绘制六边形。单击“草图”选项卡中的“多边形”按钮，❶捕捉原点作为六边形的中心，拖动鼠标，❷在适当的位置单击绘制六边形，如图 3-74 所示。

（5）标注样式设置。

1）选择菜单栏中的“工具”→“选项”命令，系统弹出“系统选项(S)-普通”对话框，勾选“输入尺寸值”复选框。

2）单击“文档属性”选项卡，单击“尺寸”选项，在“系统选项(S)-普通”对话框中单击“字体”按钮 字体(F)...，系统弹出“选择字体”对话框，设置字体为“仿宋”，高度选择“单位”选项，大小设置为 5mm。

3）在“主要精度”选项组中设置标注尺寸精度为“无”。

4）单击“半径”选项，修改文本位置为“折断引线，水平文字”。

5）单击“直径”选项，修改文本位置为“折断引线，水平文字”，勾选“显示第二向外箭头”复选框。

6）单击“角度”选项，修改文本位置为“折断引线，水平文字”。设置完成后，单击“确定”按钮，关闭“系统选项(S)-普通”对话框。

（6）标注尺寸。单击“草图”选项卡中的“智能尺寸”按钮，标注草图尺寸，结果如图 3-75 所示。

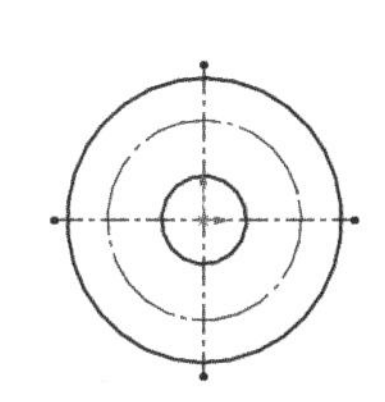

图 3-73　绘制圆

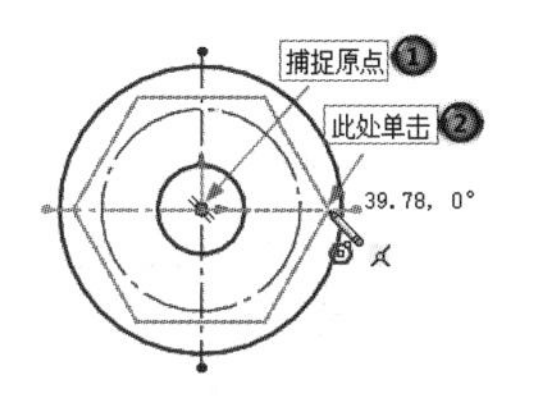

图 3-74　绘制六边形

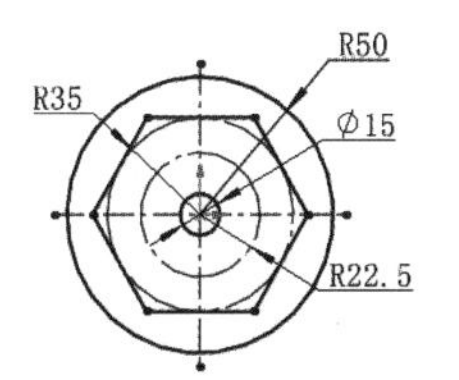

图 3-75　标注尺寸

（7）绘制槽口。单击“草图”选项卡中的“中心点圆弧槽口”按钮，系统弹出“槽口”属性管理器，❶捕捉原点作为中心点，❷捕捉半径为 22.5 的圆的右象限点作为槽口的起始点，❸在适当位置单击确定终止位置，❹修改槽口宽度的尺寸为 8，❺圆弧角度为 30 度，如图 3-76 所示。

（8）绘制其他槽口。用同样的方法，继续绘制其他槽口，结果如图 3-77 所示。

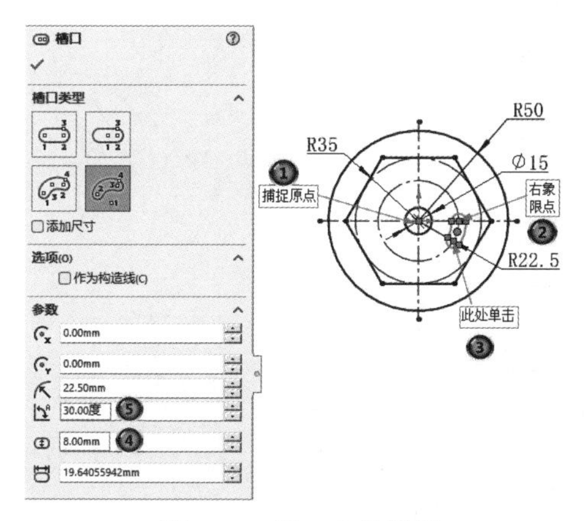

图 3-76　槽口参数设置

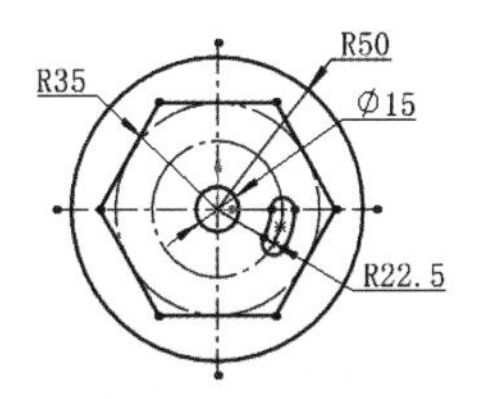

图 3-77　绘制槽口

（9）绘制中心线。单击“草图”选项卡中的“中心线”按钮，过原点绘制各槽口的中心线，如图 3-78 所示。

（10）标注尺寸。单击“草图”选项卡中的“智能尺寸”按钮，标注草图尺寸，结果如图 3-79 所示。

图 3-78　绘制中心线　　图 3-79　标注尺寸

（11）添加相等约束。单击“草图”选项卡中的“添加几何关系”按钮，系统弹出“添加几何关系”属性管理器，分别选中槽口 1 和槽口 2，设置相等约束，如图 3-80 所示。

（12）添加其他相等约束。用同样的方法，选择其他槽口添加相等约束，结果如图 3-72 所示。

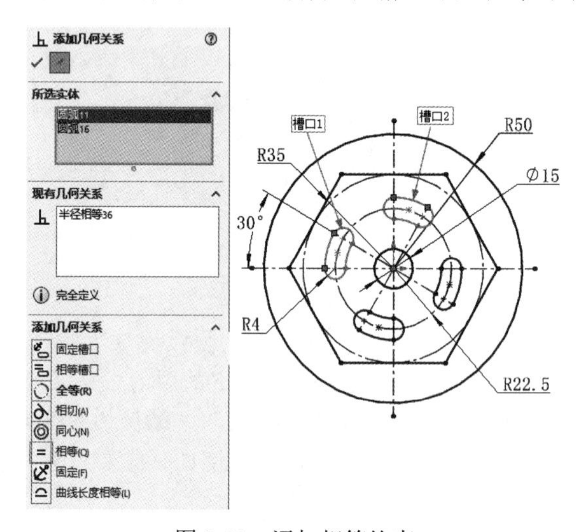

图 3-80　添加相等约束

动手练——绘制轴上键槽草图

本例绘制图 3-81 所示的轴上键槽草图。

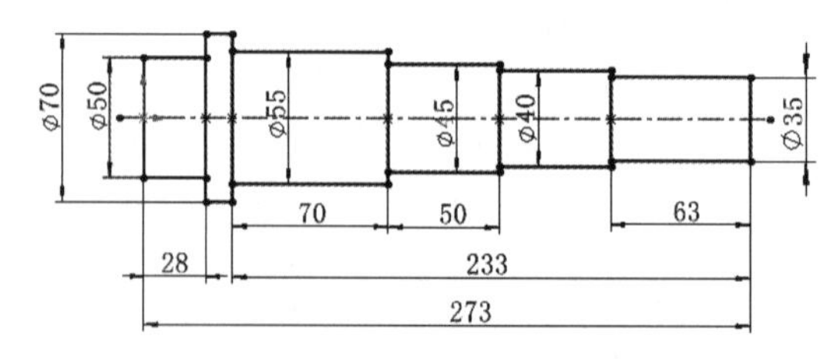

图 3-81　“轴”源文件

【操作提示】

(1) 打开“轴”源文件，如图 3-81 所示。

(2) 绘制直槽口，并标注尺寸，如图 3-82 所示。

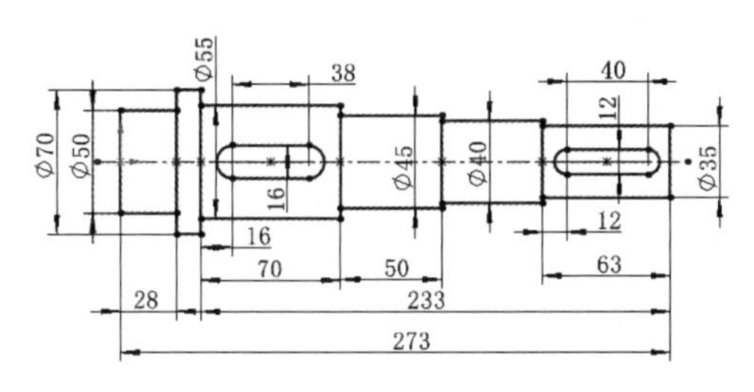

图 3-82　轴上键槽草图

3.2.8　绘制样条曲线

【执行方式】

➢ 工具栏：单击“草图”工具栏中的“样条曲线”按钮。

➢ 菜单栏：选择菜单栏中的“工具”→“草图绘制实体”→“样条曲线”命令。

➢ 选项卡：单击“草图”选项卡中的“样条曲线”按钮。

【选项说明】

执行上述操作，此时鼠标指针变为形状。在绘图区单击，确定样条曲线的起点，系统弹出“样条曲线”属性管理器，如图 3-83 所示。移动鼠标指针，在图中合适的位置单击，确定样条曲线上的第 2 点。重复移动鼠标指针，确定样条曲线上的其他点。按 Esc 键或双击退出样条曲线的绘制。

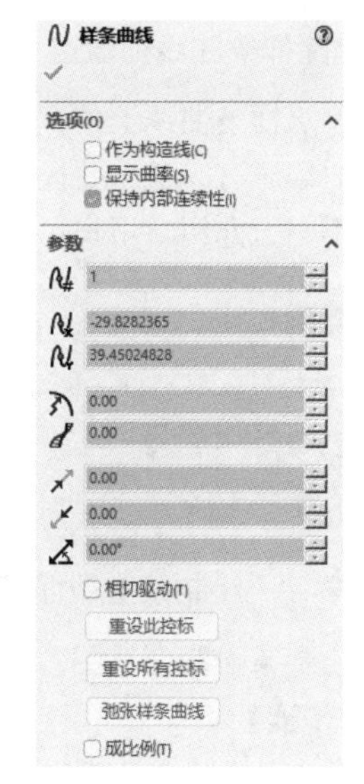

图 3-83　“样条曲线”属性管理器

SOLIDWORKS 软件提供了强大的样条曲线绘制功能，绘制样条曲线至少需要两个点，并且可以在端点指定相切。图 3-84 所示为绘制样条曲线的过程。

样条曲线绘制完毕后，可以通过以下方式，对样条曲线进行编辑和修改。

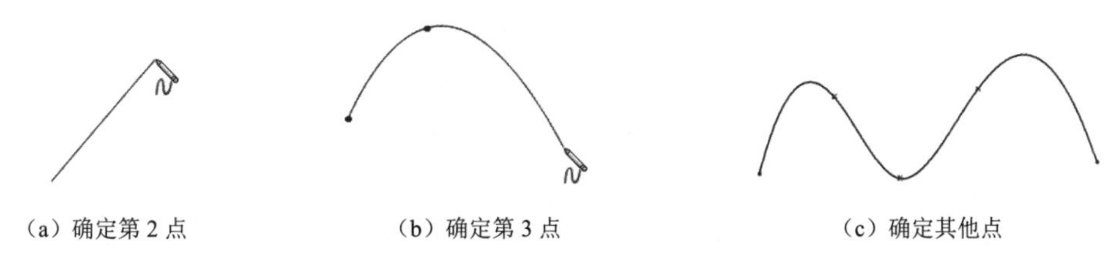

(a) 确定第 2 点　(b) 确定第 3 点　(c) 确定其他点

图 3-84　绘制样条曲线的过程

1．“样条曲线”属性管理器

“样条曲线”属性管理器如图 3-83 所示，在“参数”选项组中可以对样条曲线的各种参数进行修改。

2．样条曲线上的点

选择要修改的样条曲线，此时样条曲线上会出现点，按住鼠标左键拖动这些点就可以实现对样条曲线的修改。图 3-85 所示为样条曲线的修改过程，拖动点 1 到点 2 位置，图 3-85（a）所示为修改前的图形，图 3-85（b）所示为修改后的图形。

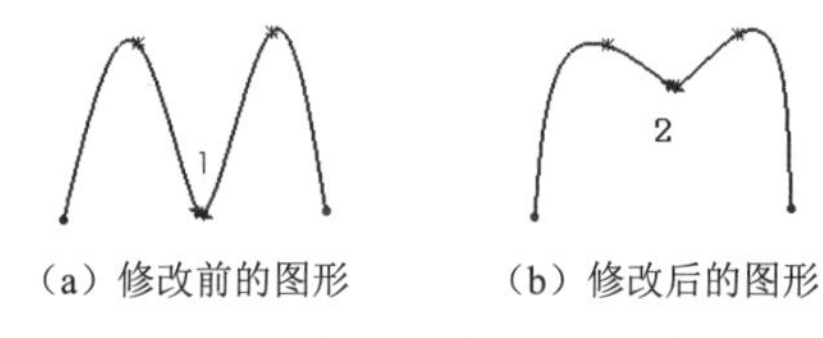

（a）修改前的图形　（b）修改后的图形

图 3-85　样条曲线的修改过程

3．插入样条曲线型值点

确定样条曲线形状的点称为型值点，即除样条曲线端点以外的点。在样条曲线绘制完成后，还可以插入一些型值点。右击样条曲线，在弹出的快捷菜单中选择“插入样条曲线型值点”命令，然后在需要添加的位置单击即可。

4．删除样条曲线型值点

若要删除样条曲线上的型值点，则单击选择要删除的点，然后按 Delete 键即可。

样条曲线还有其他一些操作，如显示样条曲线控标、显示拐点、显示最小半径与显示曲率检查等，在此不一一介绍，用户可以右击，在弹出的快捷菜单中选择相应的命令，进行练习。

技巧荟萃：

系统默认显示样条曲线的控标。单击“样条曲线工具”工具栏中的（显示样条曲线控标）按钮，或选择菜单栏中的“工具”→“样条曲线工具”→“显示样条曲线控标”命令，可以隐藏或显示样条曲线的控标。

扫一扫，看视频

动手学——绘制茶壶截面草图

本例绘制茶壶截面草图，如图 3-86 所示。

【操作步骤】

（1）新建文件。选择菜单栏中的“文件”→“新建”命令，或者单击“快速访问”工具栏中的“新建”按钮，在弹出的“新建 SOLIDWORKS 文件”对话框中单击“零件”按钮，然后单击“确定”按钮，创建一个新的零件文件。

（2）绘制样条曲线。在左侧的 FeatureManager 设计树中选择“前视基准面”作为草绘基准面。单击“草图”选项卡中的“样条曲线”按钮，绘制样条曲线，如图 3-87 所示。

（3）标注样式设置。

1）选择菜单栏中的“工具”→“选项”命令，系统弹出“系统选项(S)-普通”对话框，选中“输入尺寸值”复选框。

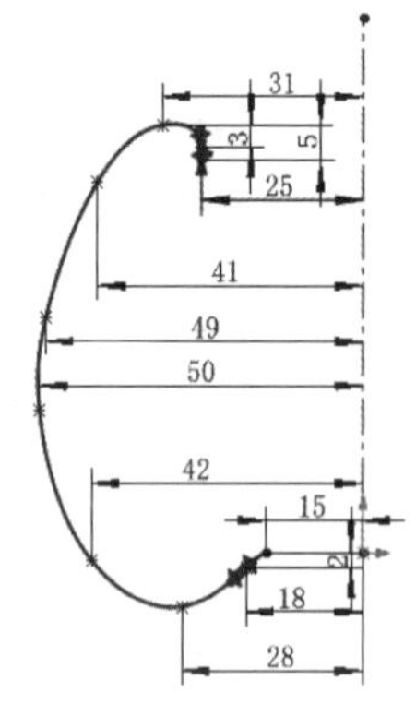

图 3-86　茶壶截面草图

2）单击“文档属性”选项卡，单击“尺寸”选项，在“系统选项(S)-普通”对话框中单击“字体”按钮 字体(F)... ，系统弹出“选择字体”对话框，设置字体为“仿宋”，高度选择“单位”选项，大小设置为 5mm。

3）在“主要精度”选项组中设置标注尺寸精度为“无”。设置完成单击“确定”按钮，关闭“系统选项(S)-普通”对话框。

（4）标注尺寸。单击“草图”选项卡中的“智能尺寸”按钮，参照图 3-86 标注草图尺寸。

（5）隐藏尺寸标注。单击“视图（前导）”工具栏中的“隐藏所有类型”按钮右侧的“隐藏/显示项目”按钮，在弹出的下拉列表中单击“尺寸”按钮，如图 3-88 所示。关闭尺寸显示。

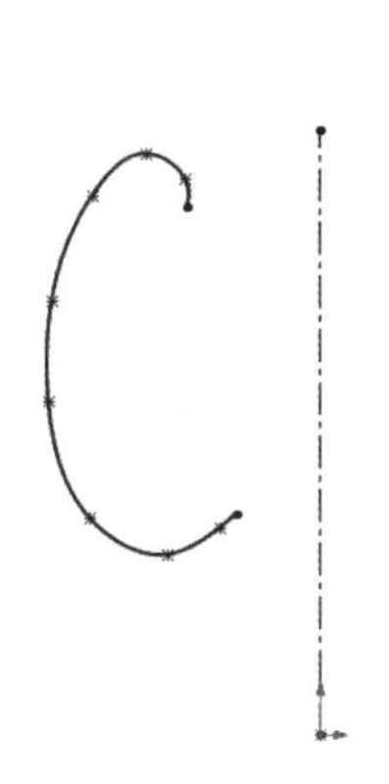

图 3-87　绘制样条曲线

图 3-88　选择命令

（6）添加竖直约束。单击“草图”选项卡中的“添加几何关系”按钮，系统弹出“添加几何关系”属性管理器，选择最上端的第 1 点和第 2 点添加竖直约束，如图 3-89 所示。

（7）添加水平约束。在“所选实体”列表框中右击，在弹出的快捷菜单中选择“消除选择”命令，消除选择的实体。添加最后一个端点与原点的水平约束，如图 3-90 所示。

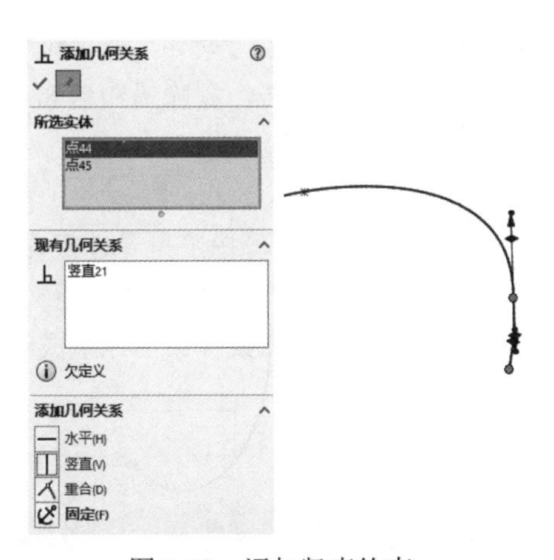

图 3-89　添加竖直约束

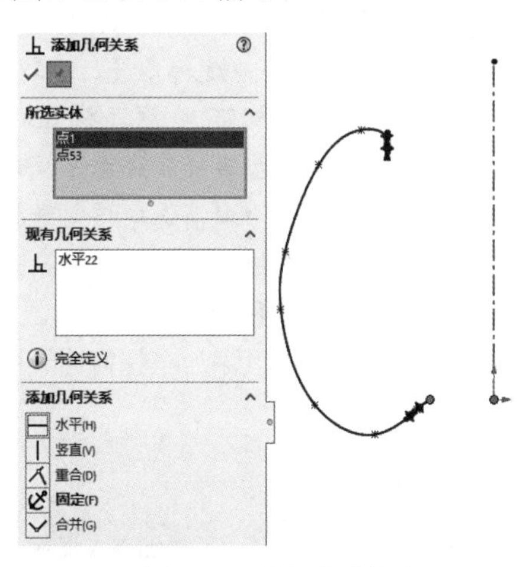

图 3-90　添加水平约束

（8）显示尺寸标注。单击“视图（前导）”工具栏中的“隐藏所有类型”按钮 右侧的“隐藏/显示项目”按钮，在弹出的下拉列表中单击“尺寸”按钮，如图 3-88 所示，打开尺寸显示。绘制结果如图 3-86 所示。

动手练——绘制茶壶盖截面草图

本例绘制图 3-91 所示的茶壶盖截面草图。

【操作提示】

（1）利用草图绘制工具绘制茶壶盖截面草图。

（2）标注尺寸。

（3）添加约束。

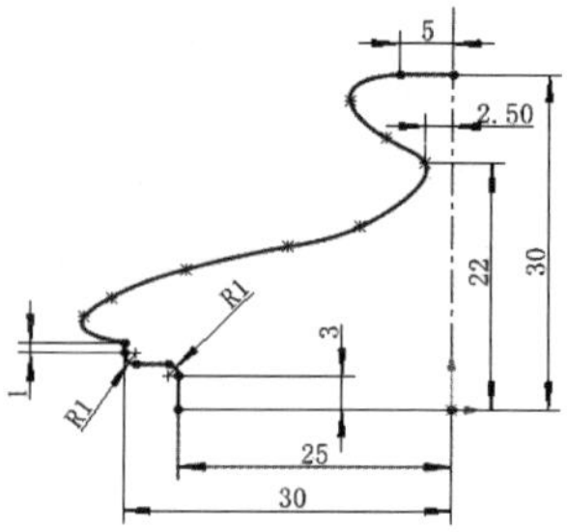

图 3-91　茶壶盖截面草图

3.2.9　绘制草图文字

【执行方式】

➢ 工具栏：单击“草图”工具栏中的“文字”按钮。

➢ 菜单栏：选择菜单栏中的“工具”→“草图绘制实体”→“文本”命令。

➢ 选项卡：单击“草图”选项卡中的“文字”按钮。

【选项说明】

执行上述操作，系统弹出“草图文字”属性管理器，如图 3-92 所示。该属性管理器中部分选项的含义如下。

（1）选择边线、曲线、草图及草图段：选择边线、曲线、草图及草图段。所选实体的名称显示在框中，文字沿实体出现。

（2）文字：在“文字”选项组中输入文字。文字在图形区域沿所选实体出现。如果没选取实体，文字在原点开始并且水平出现。

（3）链接到属性：将草图文字链接到自定义属性。可使用设计表配置文本。

（4）旋转：在“文字”选项组中选取文字，然后单击“旋转”按钮，将所选文字以逆时针方向旋转 30 度。对于其他旋转角度，选取文字，单击“旋转”按钮，然后在“文字”选项组中编辑码。例如，要顺时针旋转 10 度，将<r30>替换为<r-10>。欲返回到零度旋转，删除码和括号。要旋转 180 度，可以使用竖直反转或水平反转按钮。

（5）使用文档字体：取消选中该复选框，则激活“字体”按钮。

（6）字体：单击该按钮，系统弹出“选择字体”对话框，如图 3-93 所示，按照需要进行设置。

草图文字可以在零件特征面上添加，可以利用“拉伸”命令或“包覆”命令拉伸和切除文字，形成立体效果。文字可以添加在任何连续曲线或边线组中，包括由直线、圆弧或样条曲线组成的圆或轮廓。

技巧荟萃：

在草图绘制模式下，双击绘制的草图文字，在系统弹出的“草图文字”属性管理器中，可以对其属性进行修改。

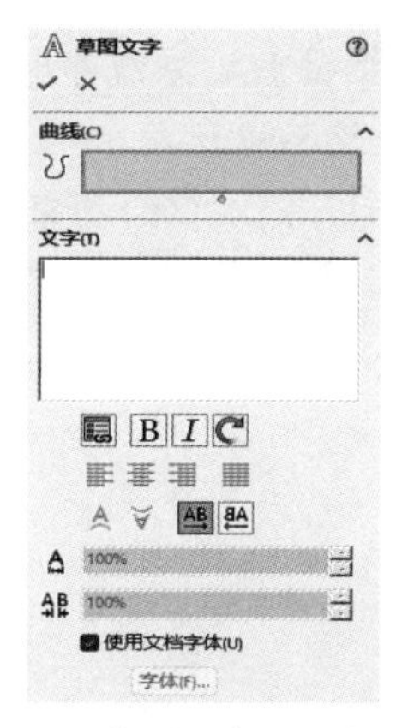

图 3-92　“草图文字”属性管理器

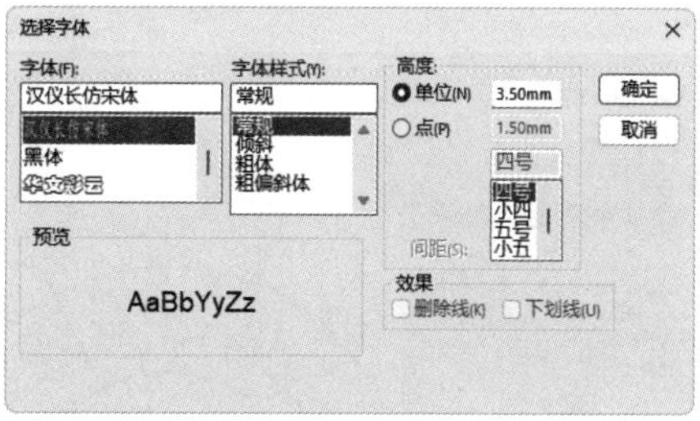

图 3-93　“选择字体”对话框

扫一扫，看视频

动手学——绘制匾额

【操作步骤】

本例绘制图 3-94 所示的匾额。

（1）新建文件。选择菜单栏中的“文件”→“新建”命令，或者单击“快速访问”工具栏中的“新建”按钮，在弹出的“新建 SOLIDWORKS 文件”对话框中单击“零件”按钮，然后单击“确定”按钮，创建一个新的零件文件。

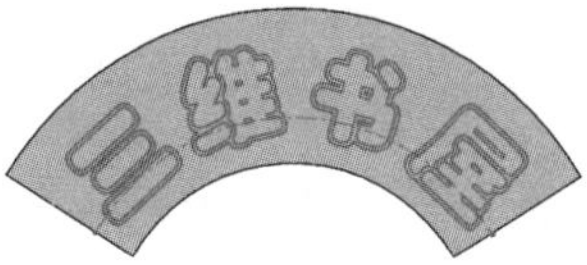

图 3-94　匾额

（2）绘制草图 1。在 FeatureManager 设计树中选择“上视基准面”作为草绘基准面，单击“草图”选项卡中的“中心线”按钮、“圆心起/终点画弧”按钮、“直线”按钮，绘制草图 1，如图 3-95 所示。

（3）标注样式设置。

1）选择菜单栏中的“工具”→“选项”命令，系统弹出“系统选项(S)-普通”对话框，勾选“输入尺寸值”复选框。

2）单击“文档属性”选项卡，单击“尺寸”选项，在“系统选项(S)-普通”对话框中单击“字体”按钮，系统弹出“选择字体”对话框，设置字体为“仿宋”，高度选择“单位”选项，大小设置为 5mm。

3）在“主要精度”选项组中设置标注尺寸精度为“无”。

4）单击“半径”选项，修改文本位置为“折断引线，水平文字”。

5）单击“角度”选项，修改文本位置为“折断引线，水平文字”。设置完成后，单击“确定”按钮，关闭对话框。

（4）标注尺寸。单击“草图”选项卡中的“智能尺寸”按钮，标注草图尺寸，结果如图 3-96 所示。

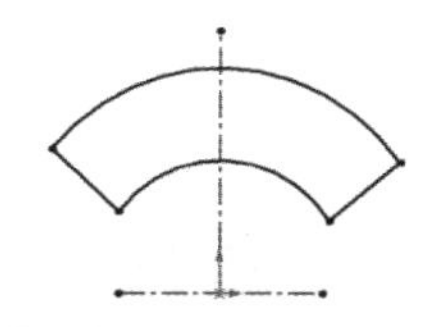

图 3-95　绘制草图 1

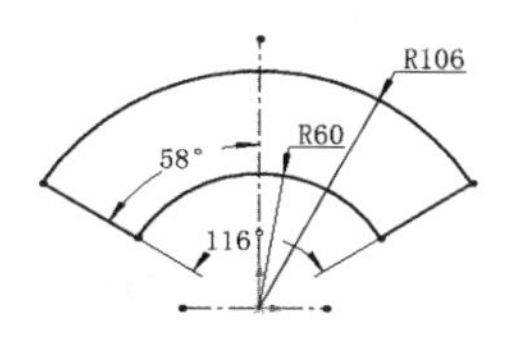

图 3-96　标注尺寸

（5）添加重合约束1。单击“草图”选项卡中的“添加几何关系”按钮，系统弹出“添加几何关系”属性管理器，选择左侧的直线和坐标原点，添加重合约束，如图3-97所示。

（6）添加重合约束2。用同样的方法，选择右侧的直线和坐标原点，添加重合约束，结果如图3-98所示。

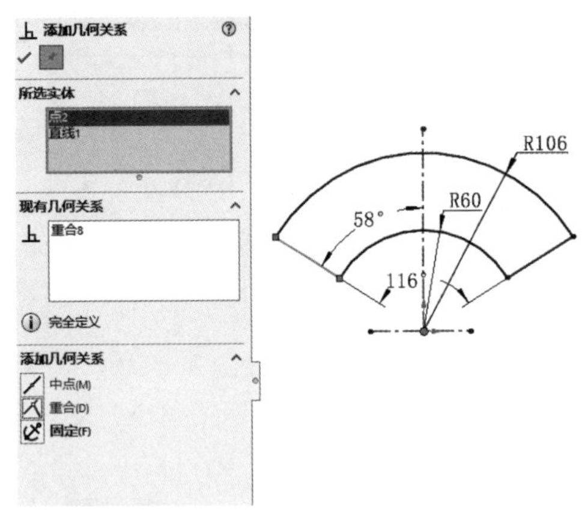

图3-97 添加重合约束

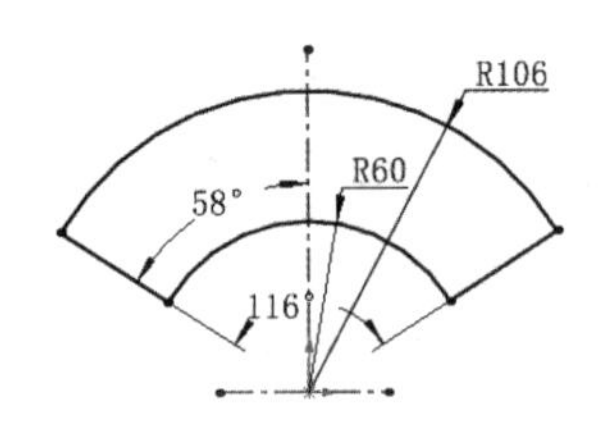

图3-98 重合约束结果

（7）创建拉伸实体。单击“特征”选项卡中的“拉伸凸台/基体”按钮，选择草图1，系统弹出“凸台-拉伸”属性管理器，设置拉伸深度为5mm，如图3-99所示。单击“确定”按钮，结果如图3-100所示。

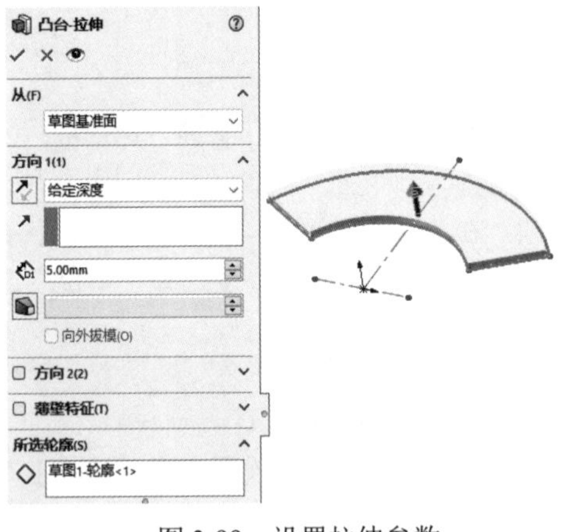

图3-99 设置拉伸参数

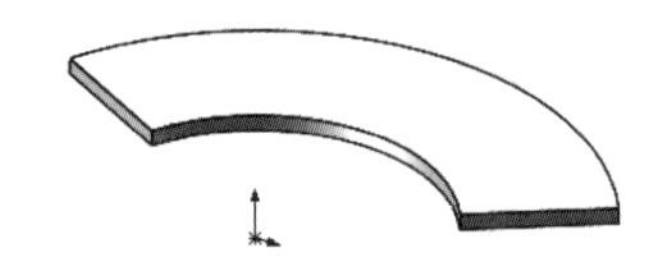

图3-100 拉伸实体

（8）绘制圆弧。选择拉伸实体的上表面作为草绘基准面。单击“草图”选项卡中的“圆心起/终点画弧”按钮，以原点为圆心，拉伸实体的左侧边为起点，右侧边为终点绘制圆弧，勾选“作为构造线”复选框，结果如图3-101所示。

（9）输入文字。单击“草图”选项卡中的“文字”按钮，系统弹出“草图文字”属性管理器，❶选择步骤（8）绘制的圆弧，❷在“文字”选项组中输入“三维书屋”，❸取消勾选“使用文档字体”复选框，❹单击“字体”按钮，系统弹出“选择字体”对话框，❺选择“华文彩云”字体，❻设置“高度”为 22mm，⑦单击“确定”按钮，返回“草图文字”属性管理器，⑧选择排列方式为“居中▤”，⑨设置“间距”为 130%，⑩单击“确定”按钮✔，绘制结果如图 3-102 所示。

图 3-101 绘制圆弧

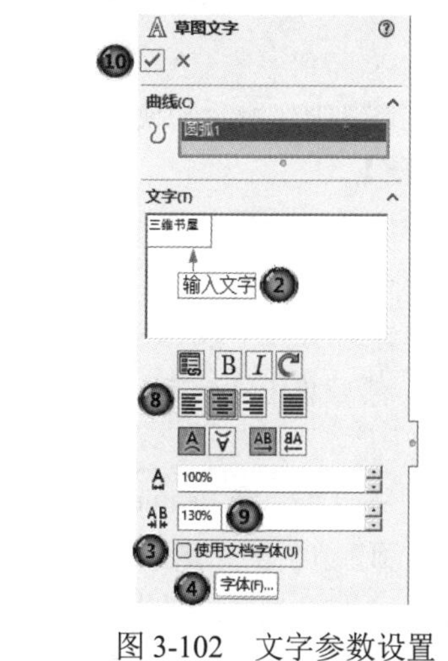

图 3-102 文字参数设置

ⓘ 注意：

利用步骤（7）“拉伸-凸台/基体”命令拉伸草图文字，结果如图 3-103 所示。

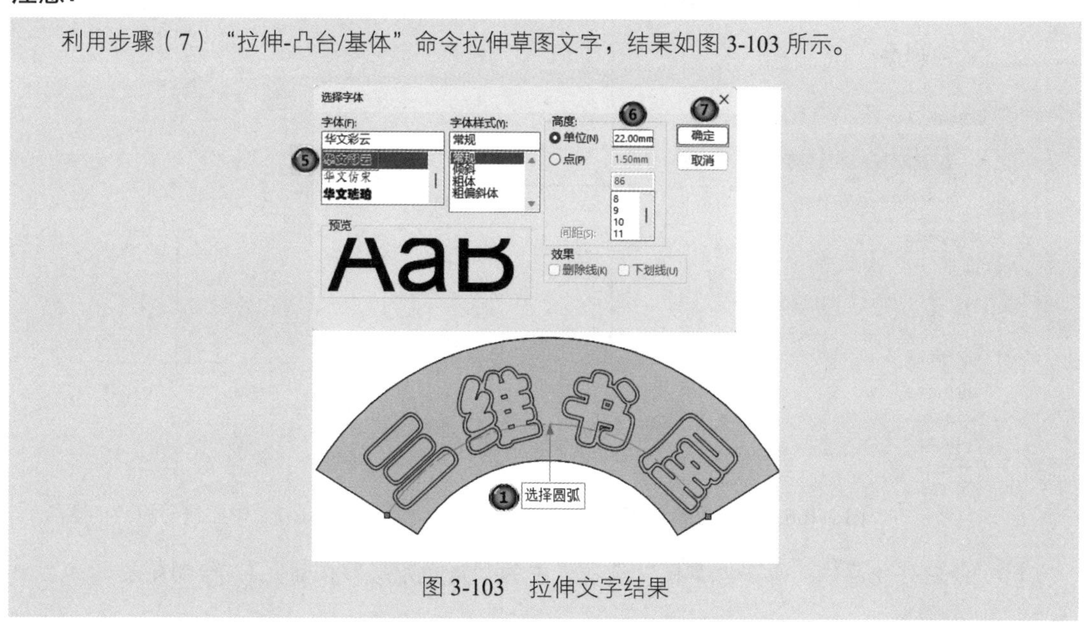

图 3-103 拉伸文字结果

动手练——绘制宠物盆文字

本例在宠物盆的底面绘制文字，如图 3-104 所示。

图 3-104 宠物盆文字

【操作提示】

（1）打开“宠物盆”源文件。

（2）利用“文字”命令绘制文字。

扫一扫，看视频

3.3　综合实例——绘制模具草图

本例绘制图 3-105 所示的模具草图。

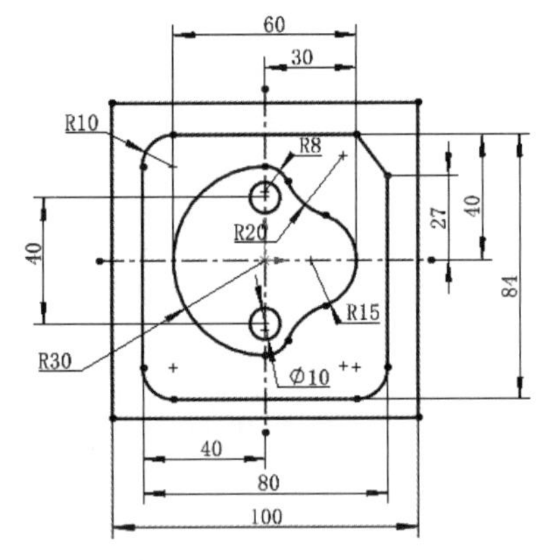

图 3-105　模具草图

【操作步骤】

（1）新建文件。选择菜单栏中的“文件”→“新建”命令，或者单击“快速访问”工具栏中的“新建”按钮，在弹出的“新建 SOLIDWORKS 文件”对话框中单击“零件”按钮，然后单击“确定”按钮，创建一个新的零件文件。

（2）绘制中心线。在 FeatureManager 设计树中单击选择“前视基准面”，单击“草图”选项卡中的“中心线”按钮，绘制中心线，选择水平中心线的中点与原点添加重合约束，如图 3-106 所示。用同样的方法，添加竖直中心线与原点的重合约束，结果如图 3-107 所示。

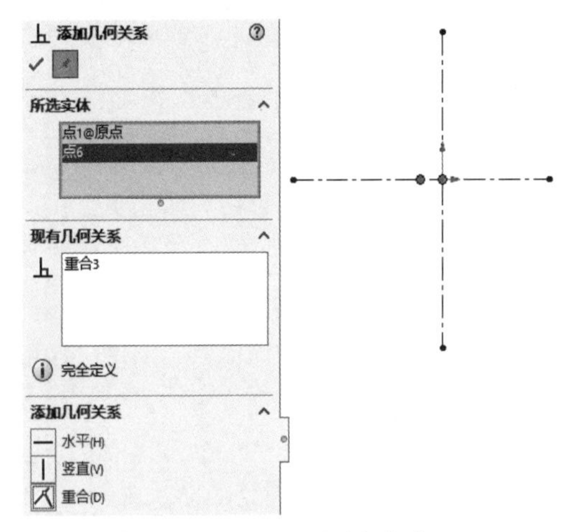

图 3-106　设置重合约束

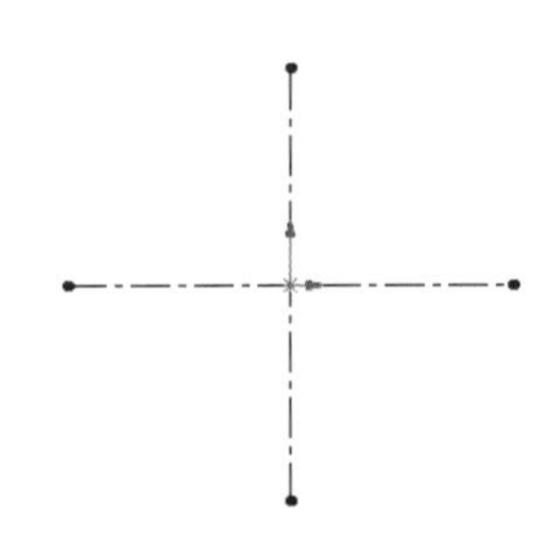
图 3-107　中心线与原点的重合约束

（3）绘制外轮廓线。单击“草图”选项卡中的“边角矩形”按钮，绘制矩形，如图 3-108 所示。

（4）添加相等约束。单击“草图”选项卡中的“添加几何关系”按钮，系统弹出“添加几何关系”属性管理器，选择图 3-109 所示的边添加相等约束，如图 3-110 所示。

（5）添加对称约束。选择图 3-111 所示的左右两条边和竖直中心线添加对称约束。用同样的方法，选择上下两条边和水平中心线添加对称约束，结果如图 3-112 所示。

（6）绘制第二轮廓线。单击“草图”选项卡中的“直线”按钮与“切线弧”，绘制第二轮廓线，如图 3-113 所示。

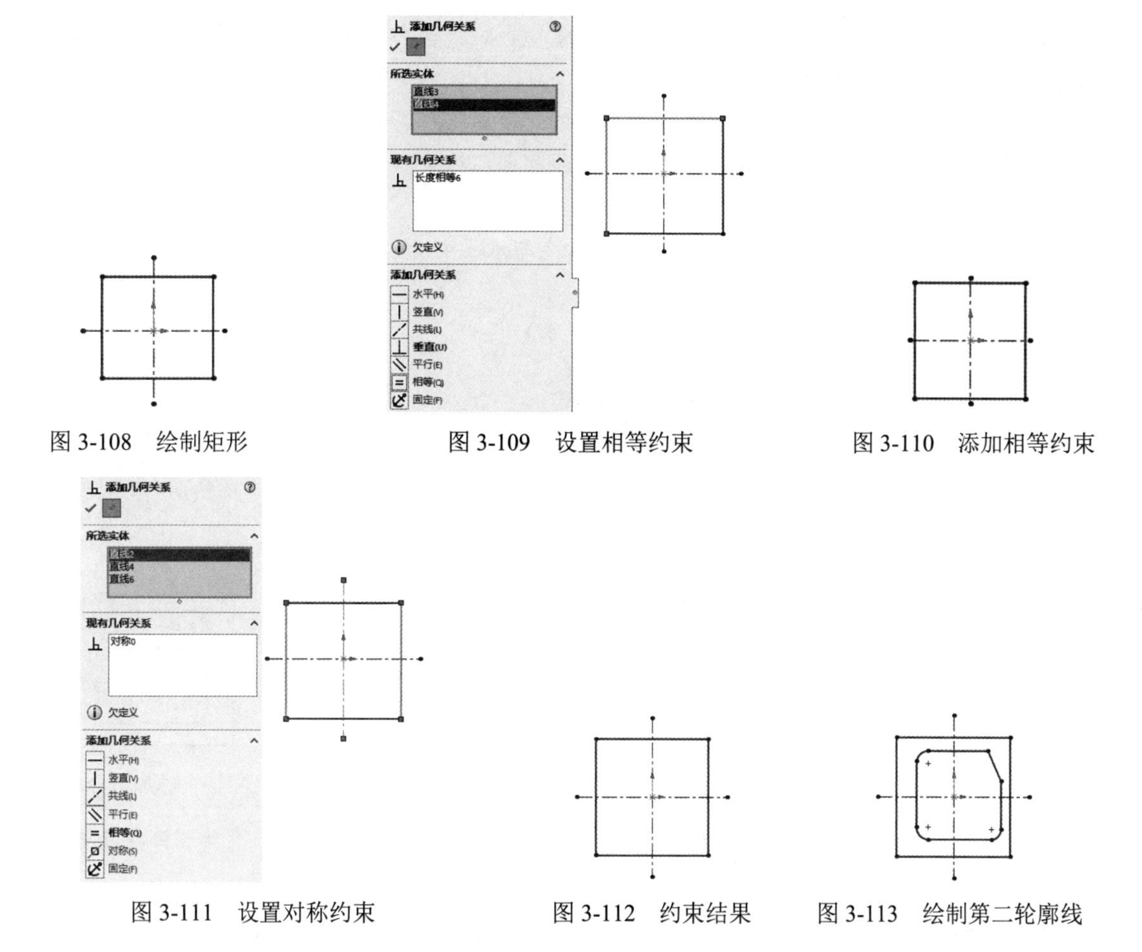

图 3-108　绘制矩形　　图 3-109　设置相等约束　　图 3-110　添加相等约束

图 3-111　设置对称约束　　图 3-112　约束结果　　图 3-113　绘制第二轮廓线

（7）添加相等约束。单击“草图”选项卡中的“添加几何关系”按钮上，系统弹出“添加几何关系”属性管理器，选择3个圆角添加相等约束，如图3-114所示。

（8）添加相切约束。选择图3-115所示的直线与圆弧添加相切约束，用同样的方法，添加其他直线和圆弧的相切约束，结果如图3-116所示。

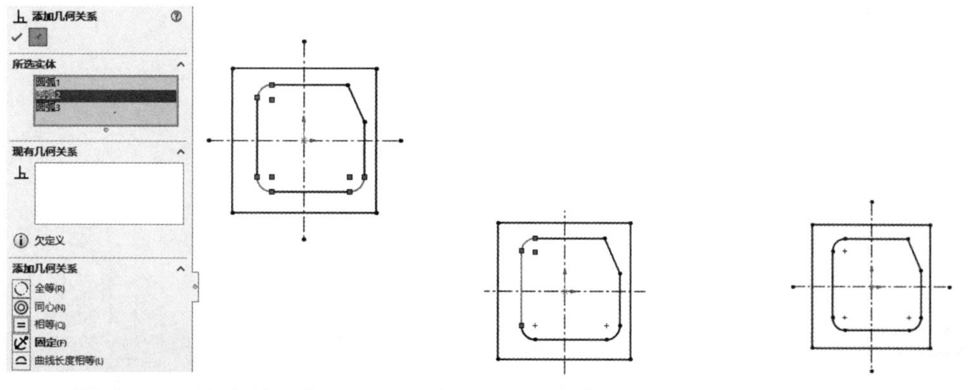

图 3-114　设置相等约束　　图 3-115　选择直线和圆弧　　图 3-116　添加相切约束

（9）绘制内轮廓线。单击“草图”选项卡中的“圆心/起点/终点画弧”按钮和“3 点圆弧”按钮，绘制内轮廓线，如图 3-117 所示。

（10）添加相切约束。单击“草图”选项卡中的“添加几何关系”按钮，系统弹出“添加几何关系”属性管理器，选择图 3-118 所示的两圆弧添加相切约束。用同样的方法，选择其他相邻圆弧添加相切约束。

（11）添加重合约束。添加最右端圆弧的圆心点与水平中心线的重合约束，如图 3-119 所示。

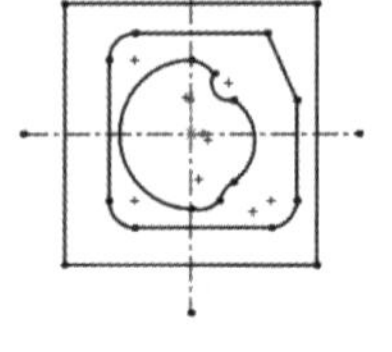

图 3-117　绘制内轮廓线

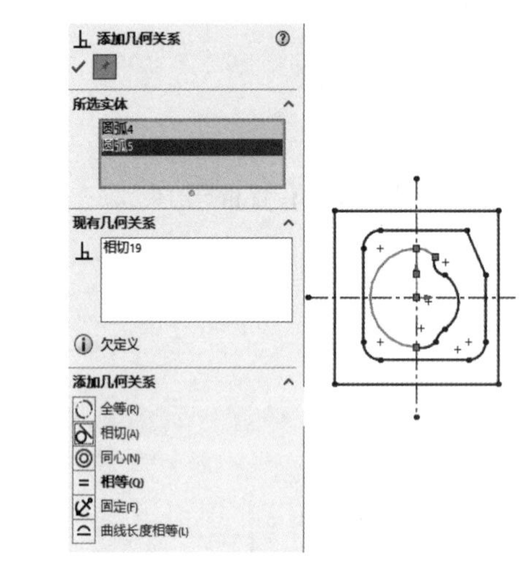

图 3-118　添加相切约束

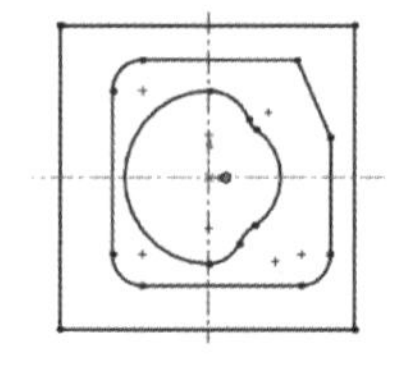

图 3-119　添加重合约束

（12）添加相等约束。选择图 3-120 所示的两圆弧添加相等约束，用同样的方法，再选择图 3-121 所示的两圆弧添加相等约束。

（13）绘制圆。单击“草图”选项卡中的“圆”按钮，绘制圆，添加两圆的相等约束和两圆的圆心与水平中心线的对称约束，如图 3-122 所示。

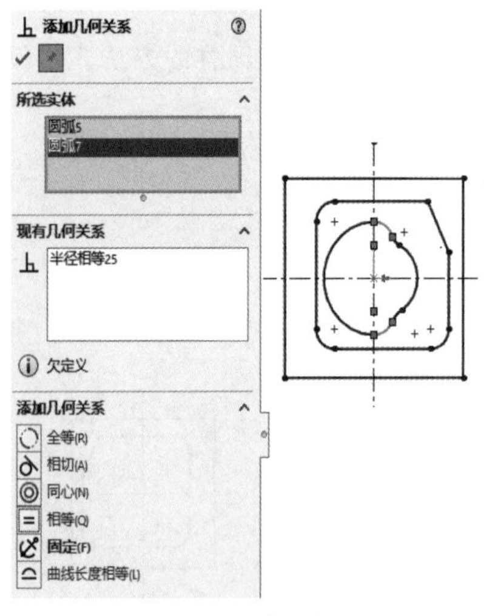

图 3-120　选择圆弧 1

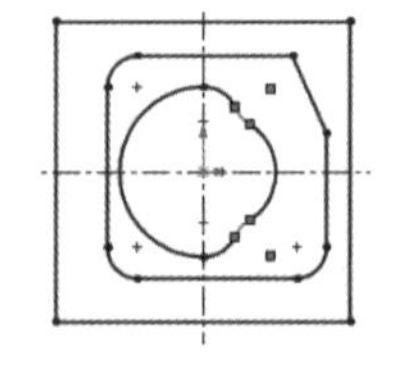

图 3-121　选择圆弧 2

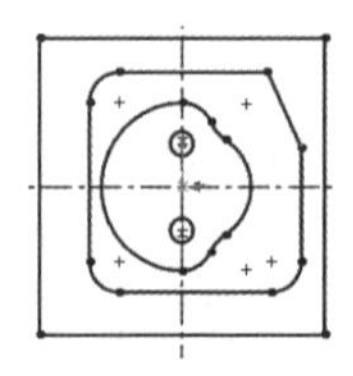

图 3-122　绘制圆

（14）标注样式设置。

1）选择菜单栏中的“工具”→“选项”命令，系统弹出“系统选项(S)-普通”对话框，勾选“输入尺寸值”复选框。

2）单击“文档属性”选项卡，单击“尺寸”选项，在“系统选项(S)-普通”对话框中单击“字体”按钮 字体(F)...，系统弹出“选择字体”对话框，设置字体为“仿宋”，高度选择“单位”选项，大小设置为 5mm。

3）在“主要精度”选项组中设置标注尺寸精度为“无”，在“箭头”选项组中勾选“以尺寸高度调整比例”复选框。

4）单击“半径”选项，修改文本位置为“折断引线，水平文字”。

5）单击“直径”选项，修改文本位置为“折断引线，水平文字”，勾选“显示第二向外箭头”复选框。

（15）标注线性尺寸。单击“草图”选项卡中的“智能尺寸”按钮，标注草图线性尺寸，如图 3-123 所示。

（16）标注半径尺寸。单击“草图”选项卡中的“智能尺寸”按钮，标注圆弧的半径尺寸，如图 3-124 所示。

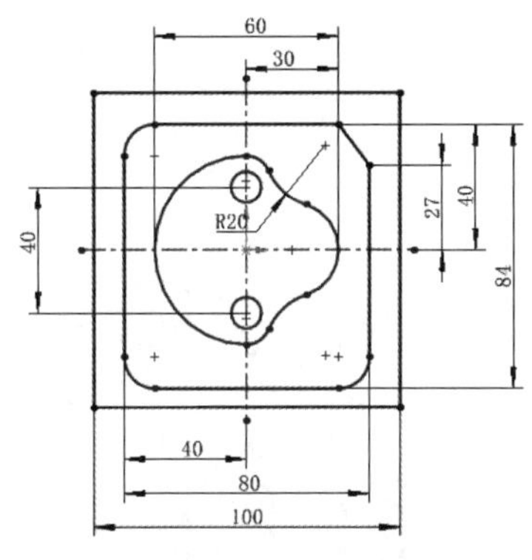

图 3-123　标注线性尺寸

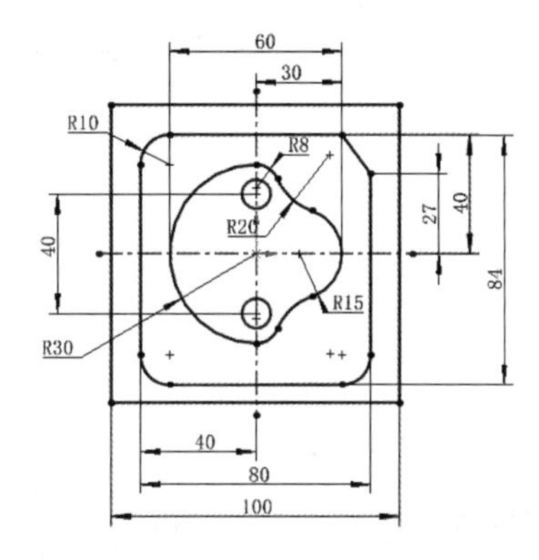

图 3-124　标注半径尺寸

（17）标注直径尺寸。单击“草图”选项卡中的“智能尺寸”按钮，标注圆的直径尺寸，如图 3-125 所示。

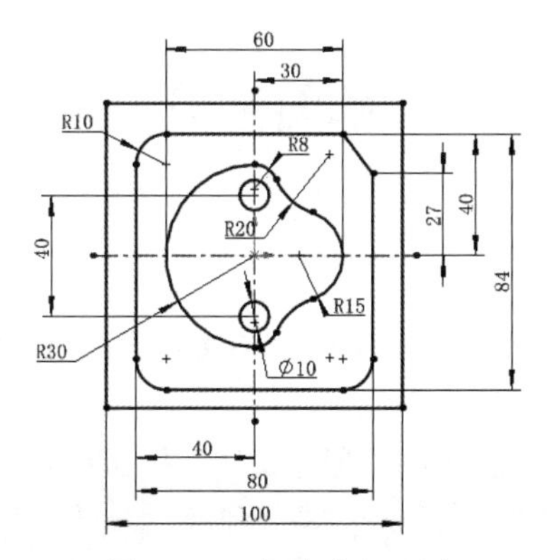

图 3-125　标注直径尺寸

第 4 章　草 图 编 辑

内容简介

本章将在第 3 章的基础上详细介绍草图的修剪工具和编辑工具。本章的内容非常重要，能否熟练掌握草图的编辑方法，决定了能否快速三维建模，能否提高工程设计的效率。

内容要点

- 草图修剪工具
- 草图编辑工具
- 草图移动复制工具
- 综合实例——绘制轮架草图

案例效果

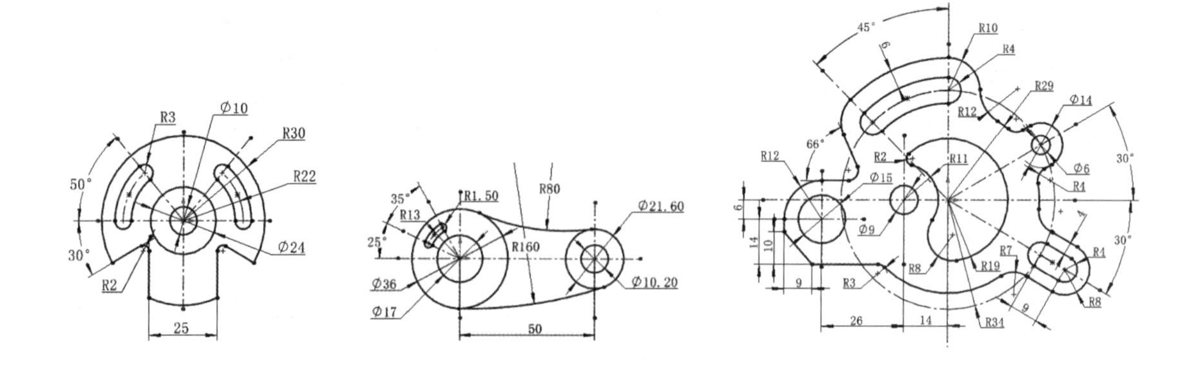

4.1　草图修剪工具

4.1.1　草图剪裁

草图剪裁是常用的草图编辑命令。根据剪裁草图实体的不同，可以选择不同的剪裁模式。

【执行方式】

- 工具栏：单击“草图”工具栏中的“剪裁实体”按钮。
- 菜单栏：选择菜单栏中的“工具”→“草图工具”→“剪裁”命令。
- 选项卡：单击“草图”选项卡中的“剪裁实体”按钮。

【选项说明】

执行上述操作，系统弹出“剪裁”属性管理器，如图4-1所示。下面将介绍该属性管理器中不同类型的草图剪裁模式。

图4-1　“剪裁”属性管理器

（1）强劲剪裁：若想剪裁实体，按住鼠标左键并在实体上拖动鼠标，或单击一实体，然后单击一边界实体或绘图区任何地方。若想延伸实体，按住Shift键，然后在实体上拖动鼠标。

（2）边角：选择两相交实体，则选择的部分被保留，其余交点以外的部分被裁剪掉。

（3）在内剪除：选择两个边界实体或一个面，然后选择要剪裁的实体。此选项移除边界内的实体部分。

（4）在外剪除：选择两个边界实体或一个面，然后选择要剪裁的实体。此选项移除边界外的实体部分。

（5）剪裁到最近端：选择一实体剪裁到最近端交叉实体或拖动到实体。

（6）将已剪裁的实体保留为构造几何体：将要剪裁掉的实体转换为构造几何体。

（7）忽略对构造几何体的剪裁：剪裁实体使构造几何体不受影响。

扫一扫，看视频

动手学——绘制密封垫草图

本例绘制密封垫草图，如图4-2所示。

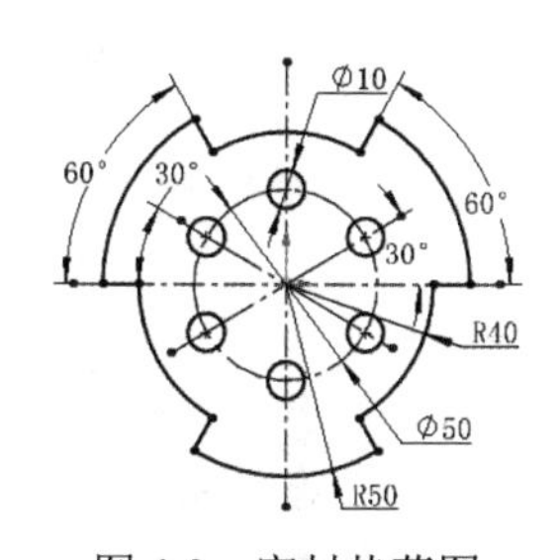

图4-2　密封垫草图

【操作步骤】

（1）新建文件。选择菜单栏中的“文件”→“新建”命令，或者单击“快速访问”工具栏中的“新建”按钮，在弹出的“新建SOLIDWORKS文件”对话框中单击“零件”按钮，然后单击“确定”按钮，创建一个新的零件文件。

（2）绘制中心线。在左侧的FeatureManager设计树中选择“前视基准面”作为草绘基准面。单击“草图”选项卡中的“中心线”按钮，绘制中心线并添加两中心线与原点的重合约束及两中心线的相等约束。

（3）绘制同心圆。单击“草图”选项卡中的“圆”按钮，以原点为圆心。绘制3个同心圆，并将最小的圆转换为构造线，结果如图4-3所示。

（4）绘制中点线。单击“草图”选项卡中的“中点线”按钮，以原点为中心绘制两条线，并将其转换为构造线，如图4-4所示。

（5）绘制圆。单击“草图”选项卡中的“圆”按钮，在中心圆上绘制6个圆，并设置圆心与中心线的重合约束，以及圆的相等约束，如图4-5所示。

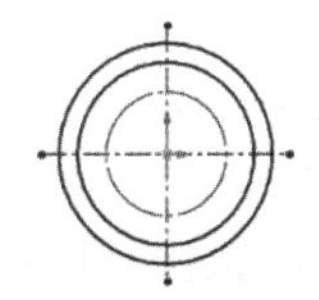

图4-3　绘制同心圆

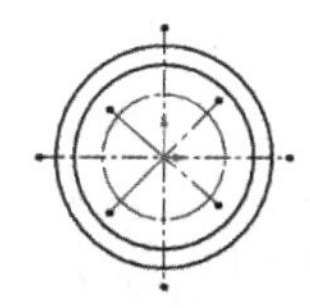

图4-4　绘制中点线1

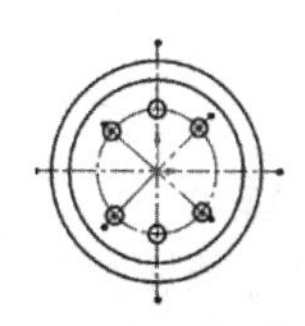

图4-5　绘制圆

（6）绘制中点线。单击“草图”选项卡中的“中点线”按钮，以原点为中心绘制3条线，如图4-6所示。

（7）强劲剪裁实体。单击“草图”选项卡中的“裁剪实体”按钮，系统弹出“剪裁”属性管理器，❶单击“强劲剪裁”按钮，❷以点1为起点，按住鼠标左键并在实体上拖动鼠标，❸依次经过点2、❹点3和❺点4，鼠标所过之处的图形被修剪掉，如图4-7所示。

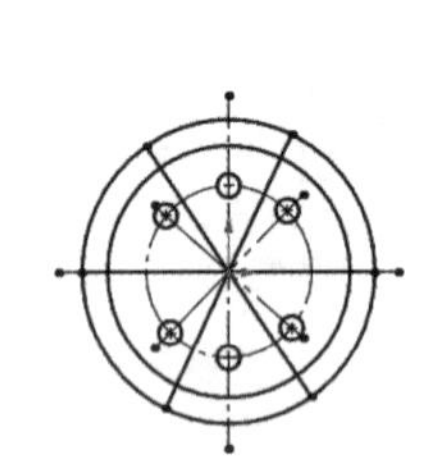

图4-6　绘制中点线2

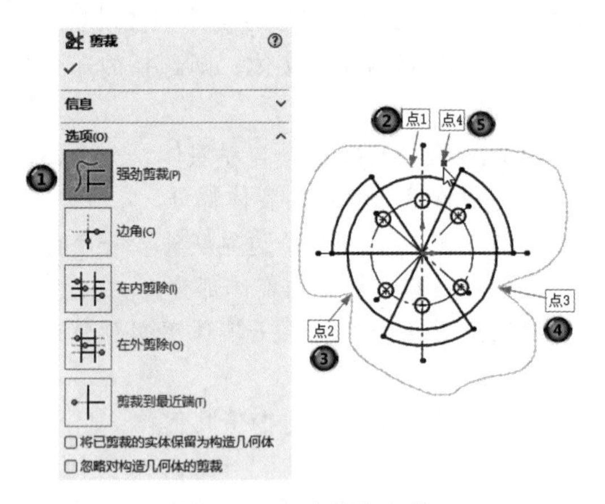

图4-7　强劲剪裁实体

（8）剪裁内部实体。❶单击“在内剪除”按钮，❷选择图4-8所示的圆，然后❸依次选择直线1、❹直线2和❺直线3，结果如图4-9所示。

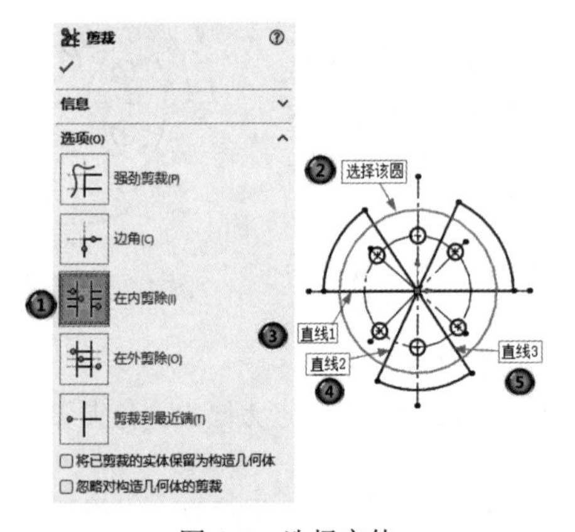

图4-8　选择实体

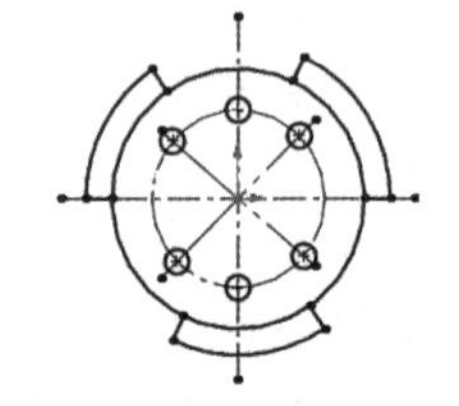

图4-9　剪裁内部实体结果

（9）剪裁实体。❶单击“剪裁到最近端”按钮，❷依次单击圆弧段1、❸圆弧段2、❹圆弧段3和❺圆弧段4，修剪多余图形，如图4-10所示。

（10）标注样式设置。

1）选择菜单栏中的“工具”→“选项”命令，系统弹出“系统选项(S)-普通”对话框，勾选“输入尺寸值”复选框。

2）单击“文档属性”选项卡，单击“尺寸”选项，在“系统选项(S)-普通”对话框中单击“字体”按钮字体(F)...，系统弹出“选择字体”对话框，设置字体为“仿宋”，高度选择“单位”选项，大小设置为 5mm。

3）在“主要精度”选项组中设置标注尺寸精度为“无”。

4）单击“半径”选项，修改文本位置为“折断引线，水平文字”。

5）单击“直径”选项，修改文本位置为“折断引线，水平文字”，勾选“显示第二向外箭头”复选框。

6）单击“角度”选项，修改文本位置为“折断引线，水平文字”。设置完成后，单击“确定”按钮，关闭“系统选项(S)-普通”对话框。

（11）标注尺寸。单击“草图”选项卡中的“智能尺寸”按钮，标注尺寸，如图 4-11 所示。

（12）添加约束。单击“草图”选项卡中的“添加几何关系”按钮，系统弹出“添加几何关系”属性管理器，选择图 4-11 所示的直线 1 和直线 2 与原点添加重合约束，结果如图 4-2 所示。

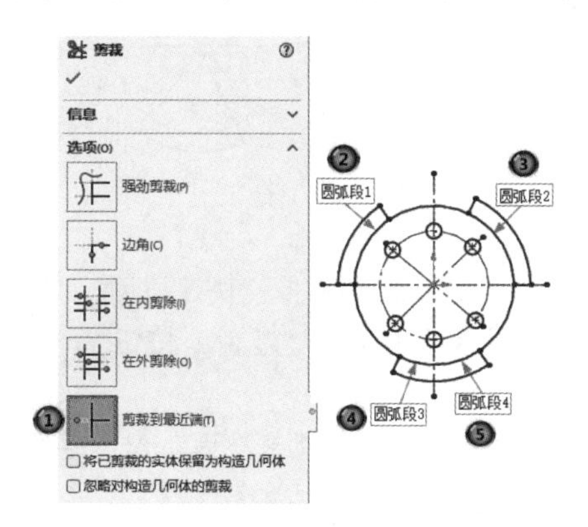

图 4-10　剪裁实体

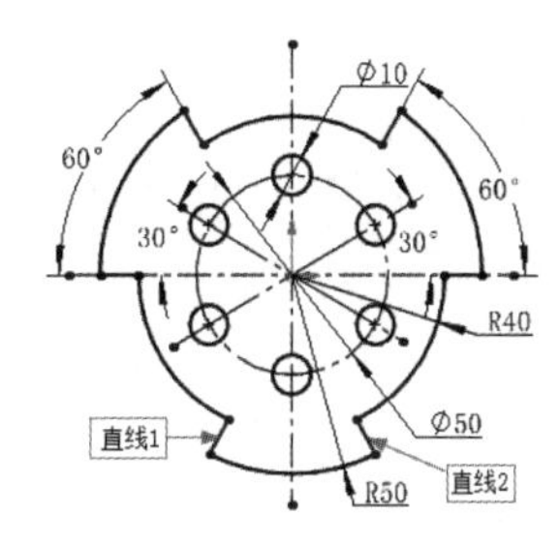

图 4-11　标注尺寸

4.1.2　草图延伸

草图延伸是常用的草图编辑工具。利用该工具可以将草图实体延伸至另一个草图实体。

【执行方式】

➢ 工具栏：单击“草图”工具栏中的“延伸实体”按钮。

➢ 菜单栏：选择菜单栏中的“工具”→“草图工具”→“延伸”命令。

➢ 选项卡：单击“草图”选项卡中的“延伸实体”按钮。

【选项说明】

执行上述操作，鼠标指针变为形状，进入草图延伸状态。单击要延伸的实体，系统自动延伸至另一实体边界，如图 4-12 所示。

（a）延伸前的图形　　（b）延伸后的图形

图 4-12　草图延伸的过程

在延伸草图实体时，如果两个方向都可以延伸，但只需单一方向延伸时，单击延伸方向一侧的

扫一扫，看视频

实体部分即可，在执行该命令过程中，实体延伸的结果在预览时会以红色显示。

动手学——绘制阀盖草图

本例绘制图 4-13 所示的阀盖草图。

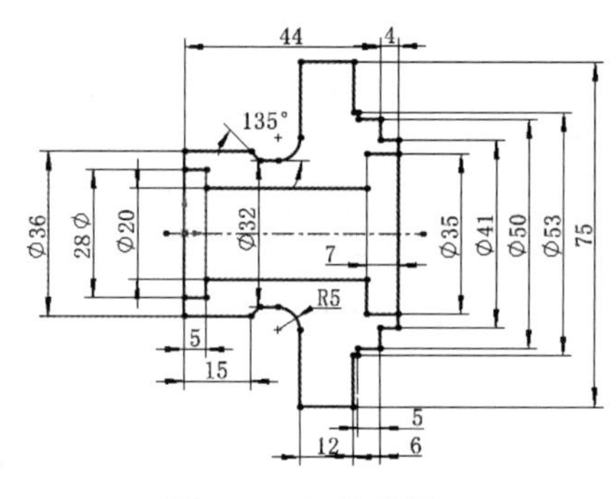

图 4-13　阀盖草图

【操作步骤】

（1）新建文件。选择菜单栏中的“文件”→“新建”命令，或者单击“快速访问”工具栏中的“新建”按钮，在弹出的“新建 SOLIDWORKS 文件”对话框中单击“零件”按钮，然后单击“确定”按钮，创建一个新的零件文件。

（2）设置草绘平面。在左侧的 FeatureManager 设计树中选择“前视基准面”作为草绘基准面。单击“草图”选项卡中的“中心线”按钮，绘制一条过原点的水平中心线。

（3）绘制轮廓直线。单击“草图”选项卡中的“直线”按钮和“切线弧”按钮，绘制阀盖的轮廓线，如图 4-14 所示。

（4）添加约束。单击“草图”选项卡中的“添加几何关系”按钮，系统弹出“添加几何关系”属性管理器，将上下对称的直线和圆弧分别进行对称约束和相等约束。

（5）绘制内孔轮廓。单击“草图”选项卡中的“直线”按钮，绘制内孔轮廓，如图 4-15 所示。

（6）添加约束。单击“草图”选项卡中的“添加几何关系”按钮，系统弹出“添加几何关系”属性管理器，将上下对称的直线分别进行对称约束和相等约束。

（7）延伸直线。单击“草图”选项卡中的“延伸实体”按钮，在绘图区单击图 4-15 所示的直线 1 的下方部分，直线延伸到中心线，再单击延伸后的直线的下方部分，单击直线 4 的下方部分，直线 1 延伸完成。用同样的方法，延伸直线 2，结果如图 4-16 所示。

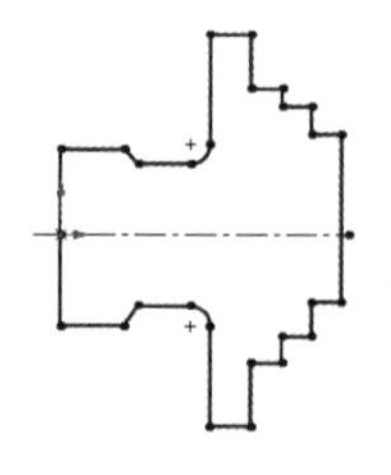

图 4-14　绘制轮廓线

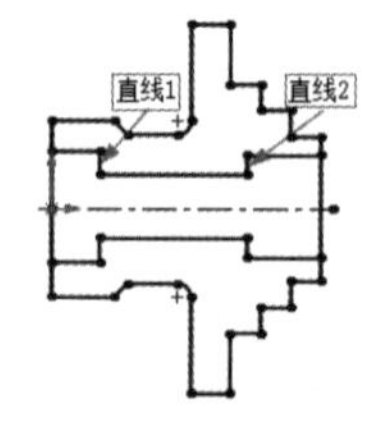

图 4-15　绘制内孔轮廓

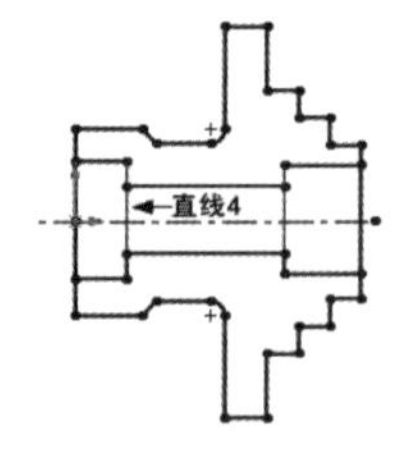

图 4-16　延伸直线

（8）标注样式设置。

1）选择菜单栏中的“工具”→“选项”命令，系统弹出“系统选项(S)-普通”对话框，勾选“输入尺寸值”复选框。

2）单击“文档属性”选项卡，单击“尺寸”选项，在“系统选项(S)-普通”对话框中单击“字体”按钮 字体(F)... ，系统弹出“选择字体”对话框，设置字体为“仿宋”，高度选择“单位”选项，大小设置为5mm。

3）在“主要精度”选项组中设置标注尺寸精度为“无”。

4）单击“半径”选项，修改文本位置为“折断引线，水平文字”。

5）单击“直径”选项，修改文本位置为“折断引线，水平文字”，勾选“显示第二向外箭头”复选框。

6）单击“角度”选项，修改文本位置为“折断引线，水平文字”。设置完成后，单击“确定”按钮，关闭“系统选项(S)-普通”对话框。

（9）标注直径尺寸。单击“草图”选项卡中的“智能尺寸”按钮，标注直径尺寸为36，在系统弹出的“尺寸”属性管理器中单击ϕ符号按钮，如图4-17所示。在数字前添加直径符号，结果如图4-18所示。用同样的方法，标注其他直径尺寸，结果如图4-19所示。

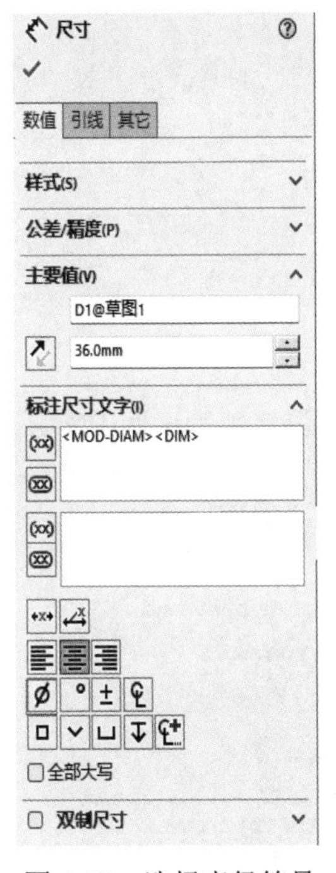

图4-17 选择直径符号

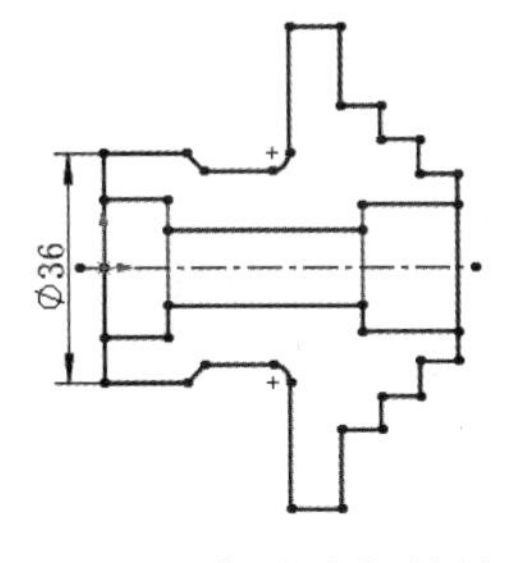

图4-18 标注直径符号

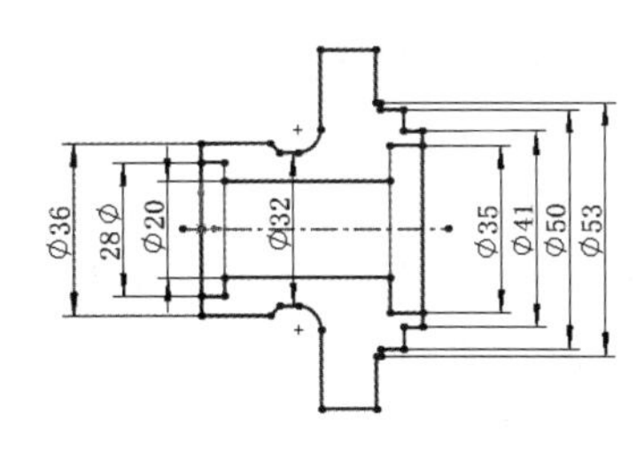

图4-19 标注直径尺寸

（10）标注线性尺寸。单击“草图”选项卡中的“智能尺寸”按钮，标注线性尺寸，如图4-20所示。

（11）标注半径和角度尺寸。单击“草图”选项卡中的“智能尺寸”按钮，标注半径和角度尺寸，如图4-21所示。

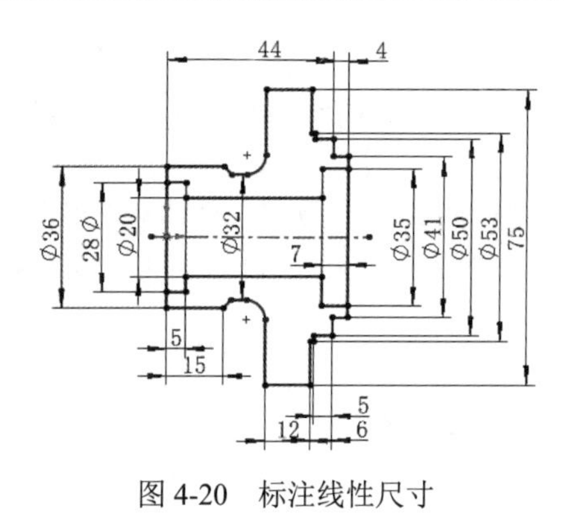

图 4-20　标注线性尺寸

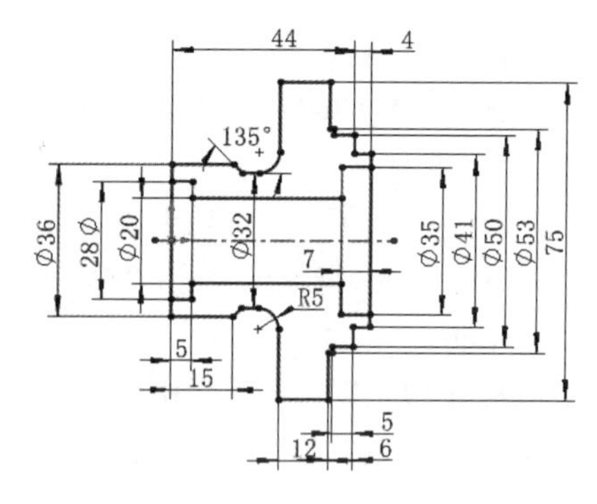

图 4-21　标注半径和角度尺寸

4.2　草图编辑工具

本节主要介绍草图编辑工具的使用方法，如绘制圆角、绘制倒角、等距实体以及转换实体引用。

4.2.1　绘制圆角

绘制圆角是指在两个草图实体的交叉处剪裁掉角部，从而生成一个切线弧。

【执行方式】

➢ 工具栏：单击“草图”工具栏中的“绘制圆角”按钮。

➢ 菜单栏：选择菜单栏中的“工具”→“草图工具”→“圆角”命令。

➢ 选项卡：单击“草图”选项卡中的“绘制圆角”按钮。

【选项说明】

执行上述操作，系统弹出“绘制圆角”属性管理器，如图 4-22 所示。该属性管理器中部分选项的含义如下。

(1) 要圆角化的实体：当选取一个草图实体时，该实体出现在该列表中。当选取两个草图实体时，圆角名称出现在列表中。

(2) 半径：控制圆角半径。具有相同半径的连续圆角不会单独标注尺寸；它们自动与该系列中的第一个圆角具有相等几何关系。

(3) 保持拐角处约束条件：勾选该复选框，如果顶点具有尺寸或几何关系，将保留虚拟交点。如果取消勾选，且如果顶点具有尺寸或几何关系，将会询问是否要在生成圆角时删除这些几何关系。

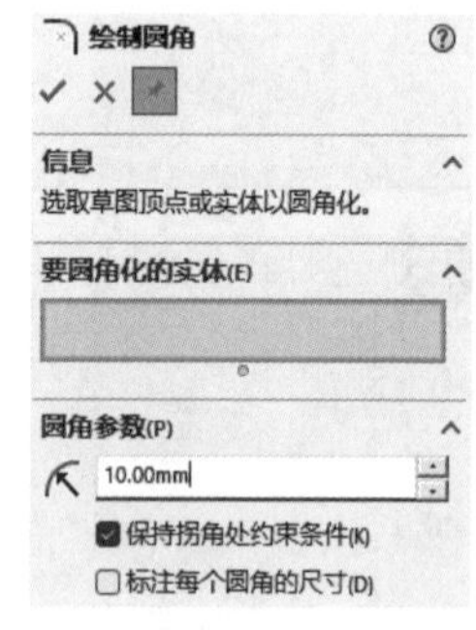

图 4-22　“绘制圆角”属性管理器

(4) 标注每个圆角的尺寸：勾选该复选框，将尺寸添加到每个圆角。当取消勾选时，在圆角之间添加相等几何关系。

技巧荟萃：

SOLIDWORKS 可以将两个非交叉的草图实体进行倒圆角操作。执行“圆角”命令后，草图实体将被拉伸，边角将被圆角处理。

动手学——绘制阀盖倒圆角

扫一扫，看视频

本小节将对 4.1.2 小节绘制的阀盖草图进行圆角处理，结果如图 4-23 所示。

【操作步骤】

（1）打开源文件。单击“快速访问”工具栏中的“打开”按钮，打开“阀盖草图”源文件，如图 4-24 所示。

（2）隐藏尺寸。单击“视图（前导）”工具栏中的“隐藏/显示项目”按钮，在弹出的下拉列表中单击“观阅草图尺寸”按钮，将所有尺寸进行隐藏。

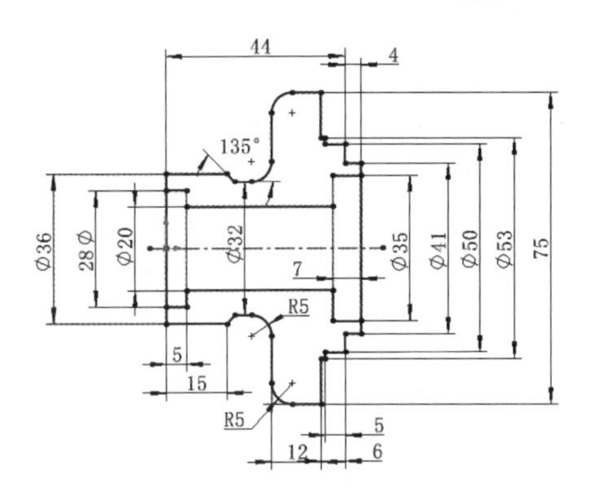

图 4-23　阀盖倒圆角

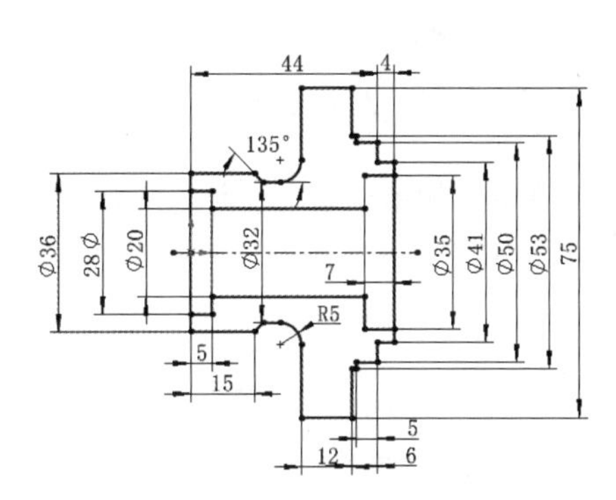

图 4-24　“阀盖草图”源文件

（3）绘制圆角。单击“草图”选项卡中的“绘制圆角”按钮，系统弹出“绘制圆角”属性管理器，①设置圆角半径为 5mm，②勾选“保存拐角处约束条件”复选框，③在绘图区选择直线 1 和④直线 2，系统弹出 SOLIDWORKS 对话框，⑤单击“是（Y）”按钮即可，如图 4-25 所示。继续选取另一侧的两条直线进行圆角，单击“确定”按钮，结果如图 4-26 所示。

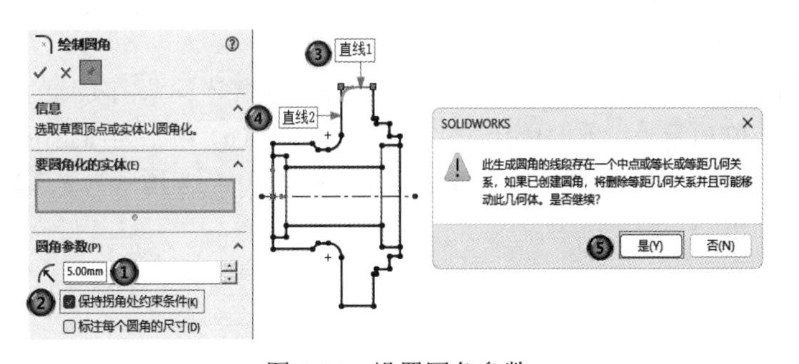

图 4-25　设置圆角参数

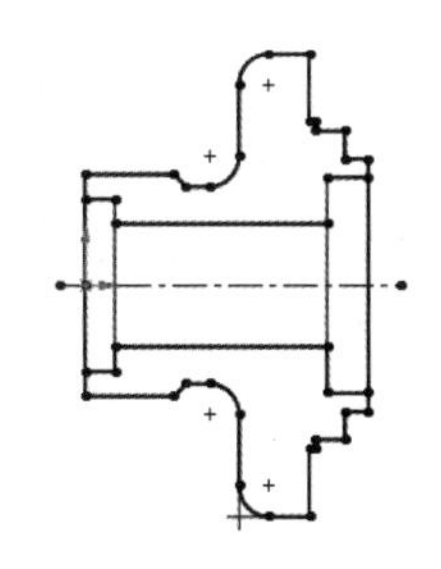

图 4-26　圆角结果

（4）显示尺寸。单击“视图（前导）”工具栏中的“隐藏/显示项目”按钮，在弹出的下拉列表中单击“观阅草图尺寸”按钮，显示所有尺寸，如图 4-23 所示。

动手练——绘制工字钢圆角

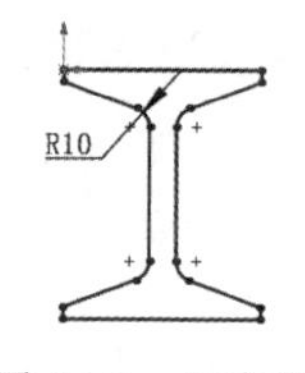

图 4-27　工字钢

试利用上面所学知识绘制工字钢圆角，如图 4-27 所示。

【操作提示】

打开“工字钢”源文件，并进行圆角处理。

4.2.2　绘制倒角

绘制倒角工具是将倒角应用到相邻的草图实体中。

【执行方式】

- 工具栏：单击“草图”工具栏中的“绘制倒角”按钮。
- 菜单栏：选择菜单栏中的“工具”→“草图工具”→“倒角”命令。
- 选项卡：单击“草图”选项卡中的“绘制倒角”按钮。

【选项说明】

执行上述操作，系统弹出“绘制倒角”属性管理器，如图 4-28 所示。该属性管理器中部分选项的含义如下。

（1）角度距离：选中该单选按钮，需要设置距离和角度，如图 4-29 所示。距离应用到第一个选择的草图实体。

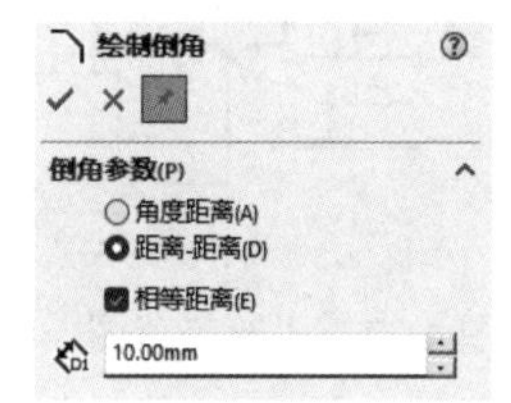

图 4-28　“绘制倒角”属性管理器

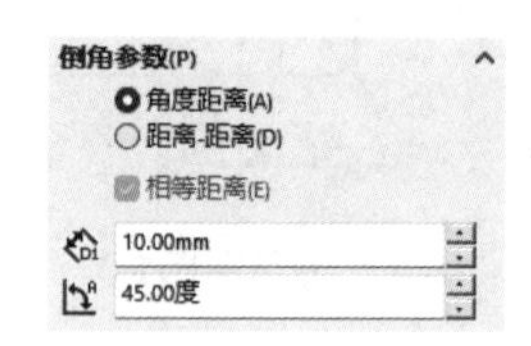

图 4-29　设置距离和角度

（2）距离-距离：若勾选“相等距离”复选框，则只需设置一个距离尺寸；否则，需要设置两个距离尺寸。

倒角的选取方法与圆角相同。“绘制倒角”属性管理器中提供了倒角的两种设置方式，分别是“角度距离”设置倒角方式和“距离-距离”设置倒角方式。

以“距离-距离”设置方式绘制倒角时，如果设置的两个距离不相等，选择不同草图实体的次序不同，绘制的结果也不相同。如图 4-30 所示，设置 D1=10、D2=20，图 4-30（a）所示为原始图形；图 4-30（b）所示为先选取左侧的直线，后选取右侧直线形成的倒角；图 4-30（c）所示为先选取右侧的直线，后选取左侧直线形成的倒角。

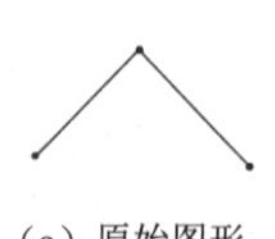

（a）原始图形

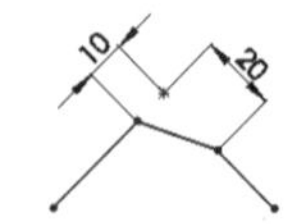

（b）先左后右选取图形

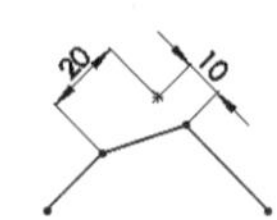

（c）先右后左选取图形

图 4-30　选择直线次序不同形成的倒角

扫一扫，看视频

动手学——绘制阀盖倒角

本小节在 4.2.1 小节倒圆角的基础上对阀盖进行倒角，如图 4-31 所示。

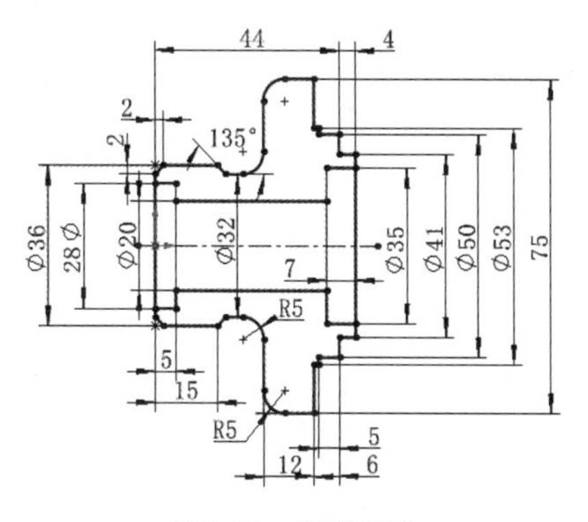

图 4-31　阀盖倒角

【操作步骤】

（1）打开源文件。单击“快速访问”工具栏中的“打开”按钮，打开“阀盖倒圆角”源文件。

（2）隐藏尺寸。单击“视图（前导）”工具栏中的“隐藏/显示项目”按钮，在弹出的下拉列表中单击“观阅草图尺寸”按钮，将所有尺寸进行隐藏。

（3）绘制倒角 1。单击“草图”选项卡中的“绘制倒角”按钮，系统弹出“绘制倒角”属性管理器。❶倒角参数选中“角度距离”单选按钮，❷倒角距离为 2mm，❸角度为 45 度，先选择图 4-32 所示的❹直线 1 和❺直线 2，再选择❻直线 3 和❼直线 4 进行倒角，❽单击“确定”按钮，结果如图 4-33 所示。

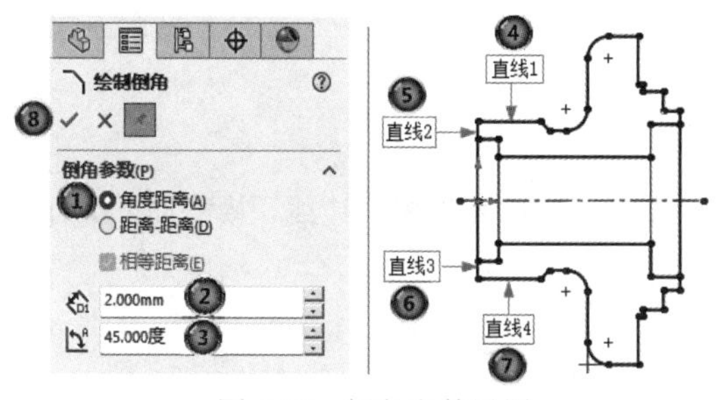

图 4-32　倒角参数设置

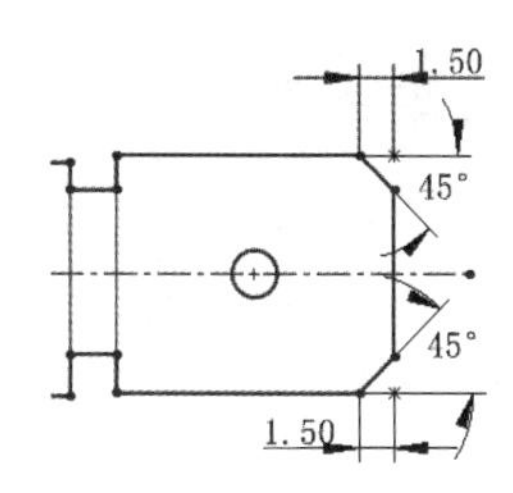

图 4-33　绘制倒角 1

（4）显示尺寸。单击“视图（前导）”工具栏中的“隐藏/显示项目”按钮，在弹出的下拉列表中单击“观阅草图尺寸”按钮，显示所有尺寸，如图 4-34 所示。

（5）删除倒角尺寸。选中倒角尺寸，按 Delete 键，将其删除。

（6）标注倒角尺寸。单击“草图”选项卡中的“智能尺寸”按钮，标注尺寸，如图 4-35 所示。

（7）添加对称约束。单击“草图”选项卡中的“添加几何关系”按钮，系统弹出“添加几何关系”属性管理器，选中两倒角设置对称约束，结果如图 4-31 所示。

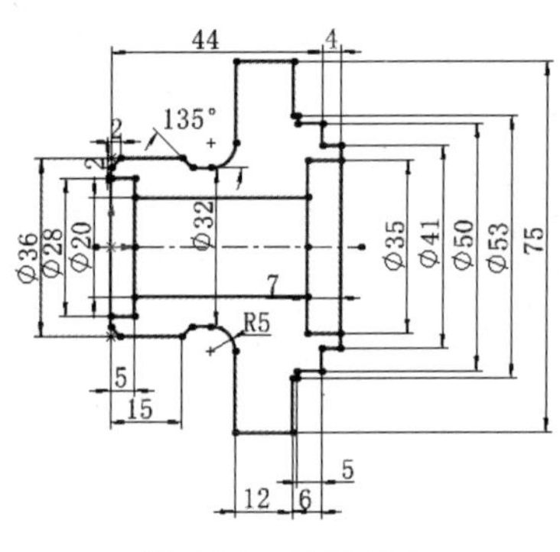

图 4-34　显示尺寸

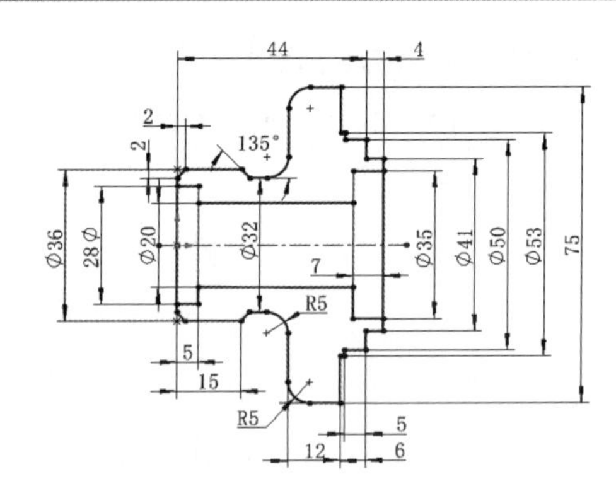

图 4-35　标注倒角尺寸

动手练——绘制销钉倒角

试运用上面所学知识绘制销钉倒角，如图 4-36 所示。

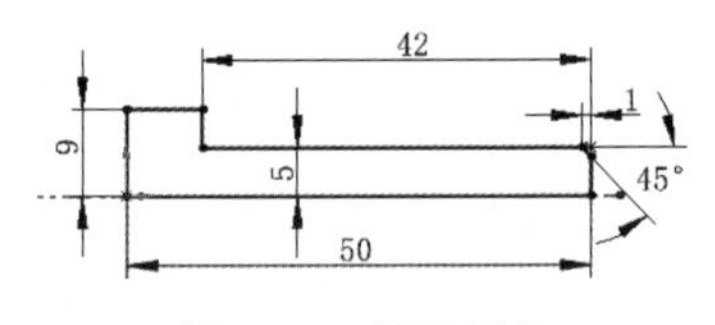

图 4-36　销钉倒角

【操作提示】

（1）打开“销钉草图”源文件，如图 4-37 所示。

（2）对图 4-38 所示的位置进行倒角，倒角参数选中“角度距离”单选按钮，倒角距离为 1mm，角度为 45 度。

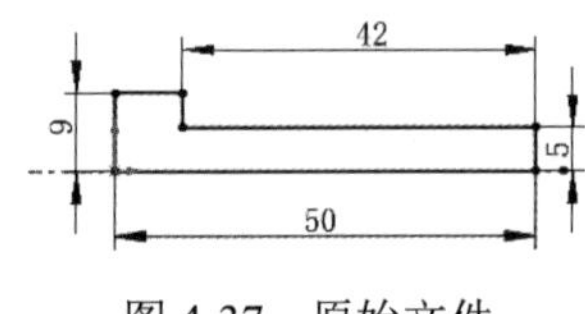

图 4-37　原始文件

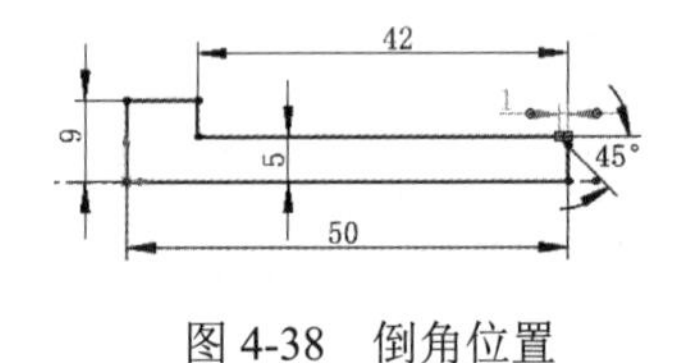

图 4-38　倒角位置

4.2.3　等距实体

等距实体工具是按特定的距离等距一个或多个草图实体、所选模型边线、模型面，如样条曲线或圆弧、模型边线组、环等之类的草图实体。

【执行方式】

➢ 工具栏：单击“草图”工具栏中的“等距实体”按钮。

➢ 菜单栏：选择菜单栏中的“工具”→“草图工具”→“等距实体”命令。

➢ 选项卡：单击“草图”选项卡中的“等距实体”按钮。

【选项说明】

执行上述操作，系统弹出“等距实体”属性管理器，如图 4-39 所示。该属性管理器中部分选项的含义如下。

（1）等距距离：设定数值以特定距离等距草图实体。

（2）添加尺寸：勾选该复选框，将在草图中添加等距距离的尺寸标注，这不会影响包括在原有草图实体中的任何尺寸。

（3）反向：勾选该复选框，将更改单向等距实体的方向。

（4）选择链：勾选该复选框，将生成所有连续草图实体的等距。

（5）双向：勾选该复选框，将在草图中双向生成等距实体。

（6）构造几何体：勾选“基本几何体”复选框、“偏移几何体”复选框，可将原始草图实体转换为构造线。

（7）顶端加盖：勾选该复选框，可以通过勾选“双向”复选框并添加一顶盖延伸原有非相交草图实体。

图 4-40 所示为按照图 4-39 所示的“等距实体”属性管理器进行设置后，选取中间草图实体中任意一部分得到的图形。

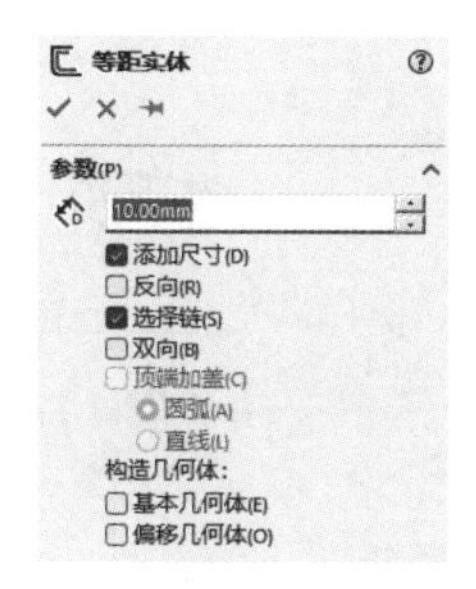

图 4-39　“等距实体”属性管理器

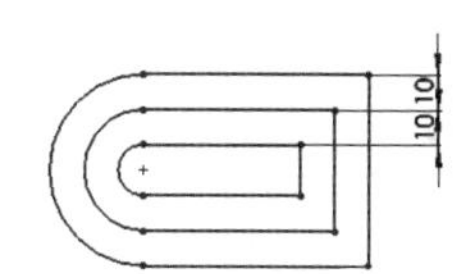

图 4-40　等距后的草图实体

图 4-41 所示为在模型面上添加草图实体的过程，图 4-41（a）为原始图形，图 4-41（b）为等距实体后的图形。执行过程为先选择图 4-41（a）中模型的上表面，然后进入草图绘制状态，再执行“等距实体”命令，设置参数为单向等距距离，距离为 10mm。

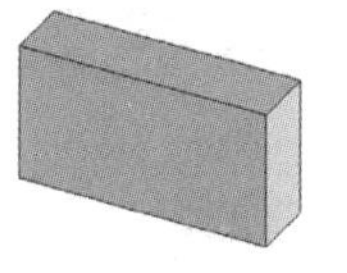

（a）原始图形

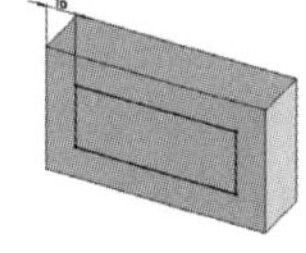

（b）等距实体后的图形

图 4-41　模型面等距实体

技巧荟萃：

在草图绘制状态下，双击等距距离的尺寸，然后更改数值，就可以修改等距实体的距离。在双向等距中，修改单个数值就可以更改两个等距的尺寸。

动手学——绘制拨叉盘草图

扫一扫，看视频

本例绘制拨叉盘草图，如图 4-42 所示。

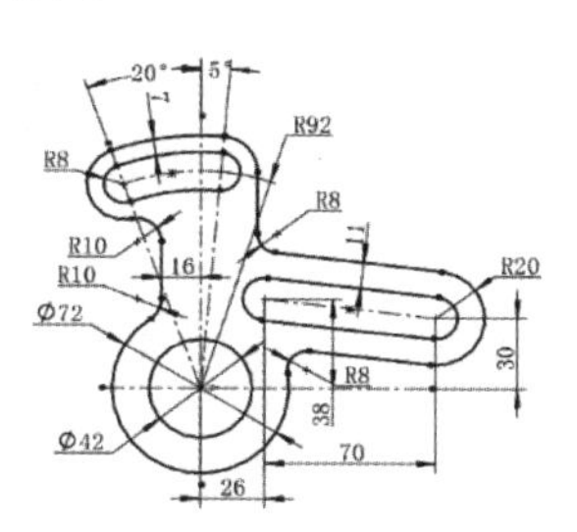

图 4-42　拨叉盘草图

【操作步骤】

（1）新建文件。选择菜单栏中的“文件”→“新建”命令，或者单击“快速访问”工具栏中的

“新建”按钮，在弹出的“新建 SOLIDWORKS 文件”对话框中单击“零件”按钮，然后单击“确定”按钮，创建一个新的零件文件。

（2）设置草绘平面。在左侧的 FeatureManager 设计树中选择“前视基准面”作为草绘基准面。单击“草图”选项卡中的“中心线”按钮，绘制中心线，如图 4-43 所示。

（3）绘制圆。单击“草图”选项卡中的“圆”按钮，以原点为圆心，绘制两个同心圆，如图 4-44 所示。

（4）绘制中心点圆弧槽口。单击“草图”选项卡中的“中心点圆弧槽口”按钮，系统弹出“槽口”属性管理器，以原点为中心点，以两条斜中心线为起止位置绘制槽口，单击“确定”按钮，结果如图 4-45 所示。

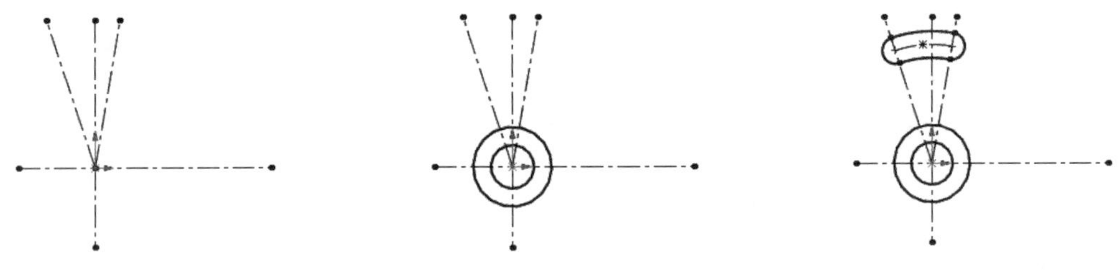

图 4-43　绘制中心线　　图 4-44　绘制同心圆　　图 4-45　绘制中心点圆弧槽口

（5）绘制直槽口。单击“草图”选项卡中的“直槽口”按钮，系统弹出“槽口”属性管理器，槽口尺寸类型选择“中心到中心”，绘制槽口，单击“确定”按钮，结果如图 4-46 所示。

（6）等距实体 1。单击“草图”选项卡中的“等距实体”按钮，系统弹出“等距实体”属性管理器，❶设置距离为 3mm，❷勾选“添加尺寸”复选框和❸“选择链”复选框，❹选择槽口的边，如图 4-47 所示。❺单击“确定”按钮，等距完成。

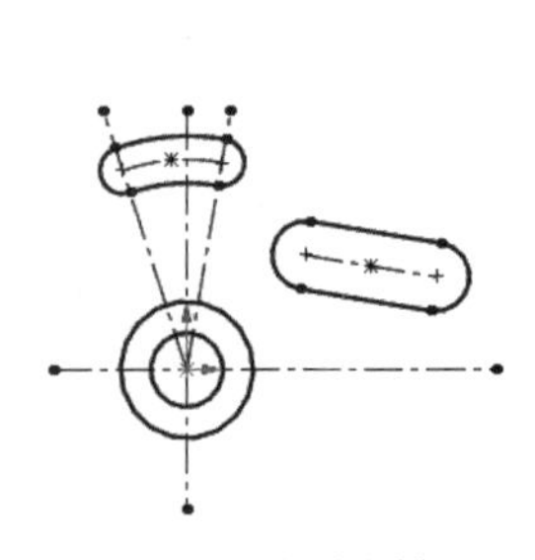

图 4-46　绘制直槽口

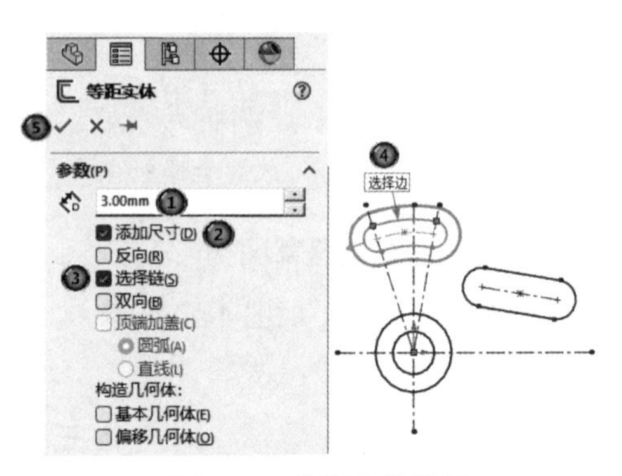

图 4-47　等距参数设置

（7）等距实体 2。用同样的方法，等距直槽口，等距距离为 11mm，结果如图 4-48 所示。

（8）标注样式设置。

1）选择菜单栏中的“工具”→“选项”命令，系统弹出“系统选项(S)-普通”对话框，勾选“输入尺寸值”复选框。

2）单击“文档属性”选项卡，单击“尺寸”选项，在“系统选项(S)-普通”对话框中单击“字体”按钮，系统弹出“选择字体”对话框，设置字体为“仿宋”，高度选择“单位”选项，大小设置为 5mm。

3）在“主要精度”选项组中设置标注尺寸精度为“无”。

4）单击“半径”选项，修改文本位置为“折断引线，水平文字”。

5）单击“直径”选项，修改文本位置为“折断引线，水平文字”，勾选“显示第二向外箭头”复选框。

6）单击“角度”选项，修改文本位置为“折断引线，水平文字”。设置完成后，单击“确定”按钮，关闭“系统选项(S)-普通”对话框。

（9）标注尺寸。单击“草图”选项卡中的“智能尺寸”按钮，标注尺寸，如图 4-49 所示。

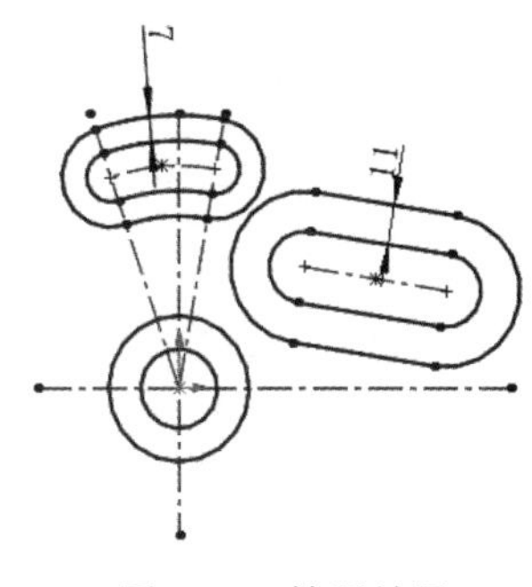

图 4-48　等距结果

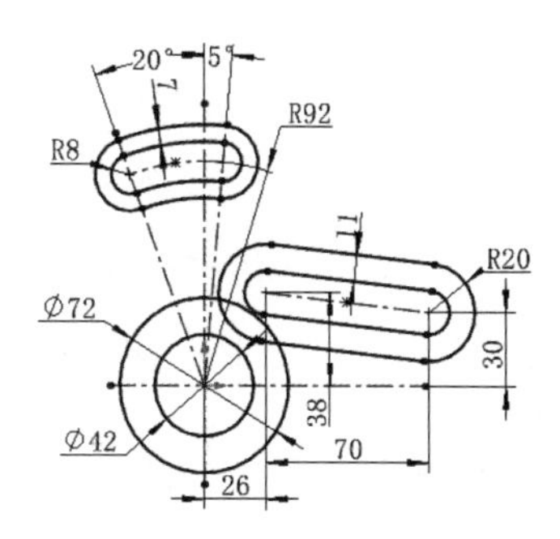

图 4-49　标注尺寸

（10）绘制直线。单击“草图”选项卡中的“直线”按钮，绘制连接线，如图 4-50 所示。

（11）剪裁实体 1。单击“草图”选项卡中的“剪裁实体”按钮，系统弹出“剪裁”属性管理器，单击“剪裁到最近端”按钮，修剪多余图形，如图 4-51 所示。

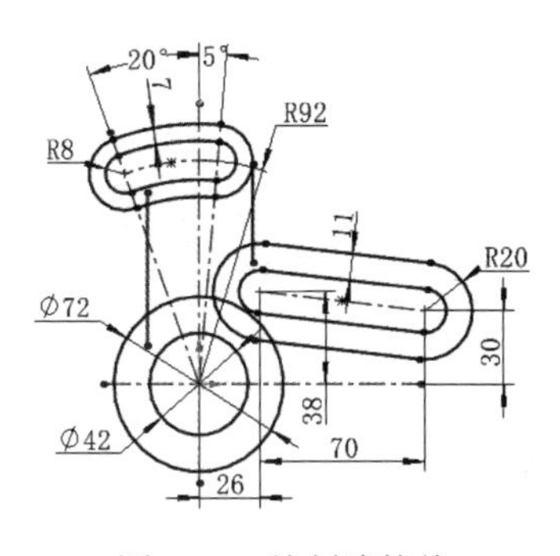

图 4-50　绘制连接线

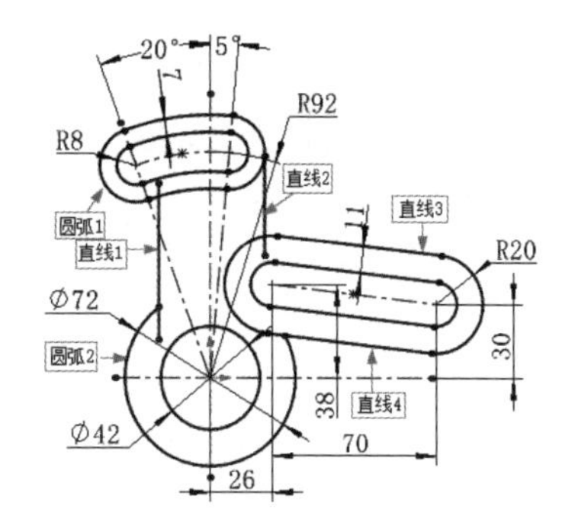

图 4-51　剪裁实体

（12）绘制圆角。单击“草图”选项卡中的“绘制圆角”按钮，系统弹出“绘制圆角”属性管理器，设置圆角半径为 10mm，勾选“保持拐角处约束条件”复选框和 “标注每个圆角的尺寸”复选框，在绘图区选择圆弧 1 和直线 1、圆弧 2 和直线 1 进行圆角，单击“确定”按钮，圆角完成。修改圆角半径为 8mm，选择直线 2 和直线 3 进行圆角，再选择直线 4 和圆弧 2 进行圆角，结果如图 4-52 所示。

（13）尺寸标注。单击“草图”选项卡中的“智能尺寸”按钮，标注左侧直线的尺寸，如图 4-53 所示。

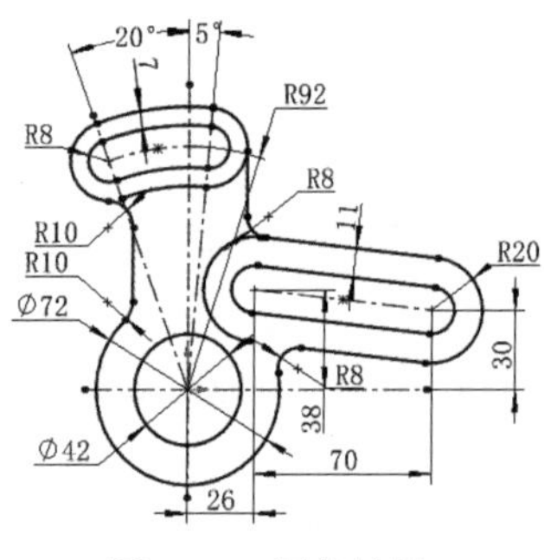

图 4-52　圆角结果

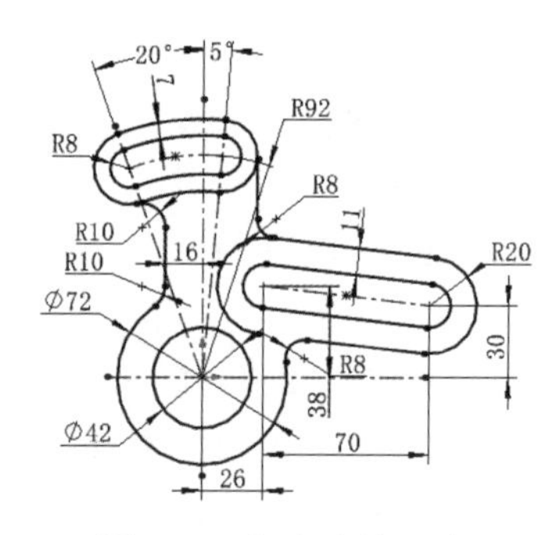

图 4-53　标注直线尺寸

（14）剪裁实体 2。单击“草图”选项卡中的“剪裁实体”按钮，系统弹出“剪裁”属性管理器，单击“剪裁到最近端”按钮，修剪多余图形，并对所有图线进行约束，结果如图 4-42 所示。

动手练——绘制凸轮连杆草图

本例绘制凸轮连杆草图，如图 4-54 所示。

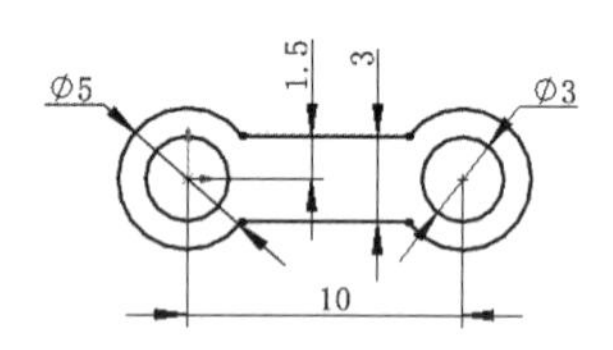

图 4-54　凸轮连杆草图

【操作提示】

（1）利用“圆”“直线”“等距实体”等命令绘制凸轮连杆草图。

（2）标注尺寸。

（3）添加几何关系。

4.2.4　转换实体引用

转换实体引用是指通过已有的模型或草图，将其边线、环、面、曲线、外部草图轮廓线、一组边线或一组草图曲线投影到草图基准面上，使其成为当前草图线段。通过这种方式，可以在草图基准面上生成一个或多个草图实体。使用该命令时，如果引用的实体发生更改，那么转换的草图实体也会相应改变。

【执行方式】

➢ 工具栏：单击“草图”工具栏中的“转换实体引用”按钮。

➢ 菜单栏：选择菜单栏中的“工具”→“草图工具”→“转换实体引用”命令。

➢ 选项卡：单击“草图”选项卡中的“转换实体引用”按钮。

【选项说明】

执行上述操作，系统弹出“转换实体引用”属性管理器，如图 4-55 所示。该属性管理器中部分选项的含义如下。

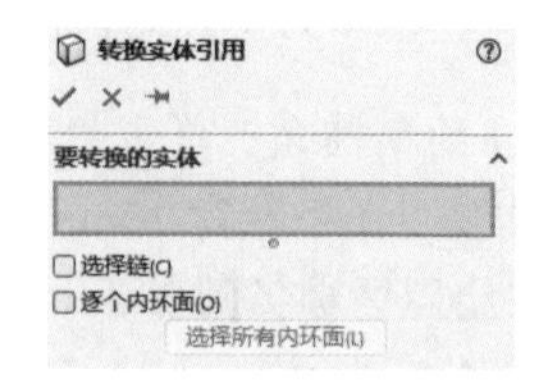

图 4-55　“转换实体引用”属性管理器

（1）选择链：勾选该复选框，则与选择的实体相邻的实体也将被转换。

（2）逐个内环面：勾选该复选框，则当选择内环面的一条边线时，在列表框中显示为“环”；否则，显示为“边”。

（3）选择所有内环面：只有选择了整个实体面时该选项才能被激活。单击该按钮，实体面上的所有内环面都将被选中。

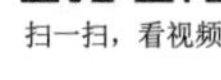

动手学——绘制凸台草图

本例绘制图4-56所示的凸台草图。

【操作步骤】

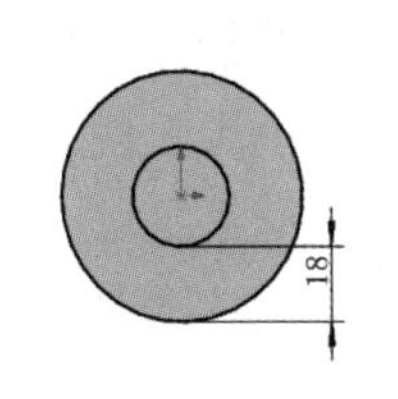

图4-56 凸台草图

(1) 打开源文件。单击“快速访问”工具栏中的“打开”按钮，打开“凸台”源文件，如图4-57所示。

(2) 设置草绘基准面。选择图4-57中的面1，进入草图绘制状态。单击“草图”工具栏中的“草图绘制”按钮，进入草绘环境。

(3) 转换实体引用。单击“草图”选项卡中的“转换实体引用”按钮，系统弹出“转换实体引用”属性管理器，❶选择圆弧，如图4-58所示，❷单击“确定”按钮✓，转换完成。

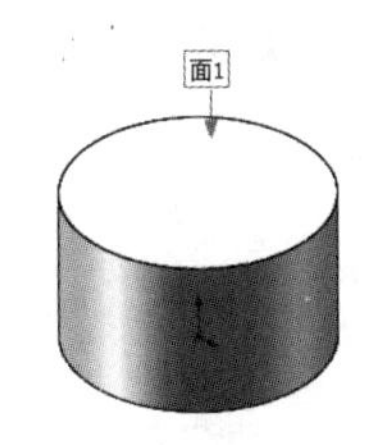

图4-57 “凸台”源文件

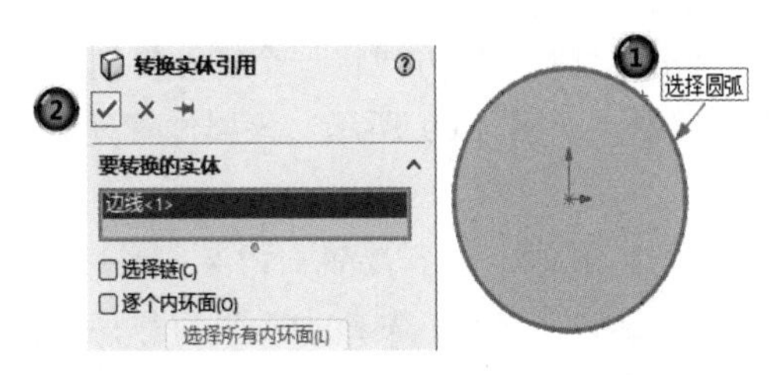

图4-58 “转换实体引用”属性管理器

(4) 等距实体。单击“草图”选项卡中的“等距实体”按钮，系统弹出“等距实体”属性管理器，设置等距距离为18mm，勾选“反向”和“选择链”复选框，选择转换后的圆，如图4-59所示。单击“确定”按钮✓，结果如图4-56所示。

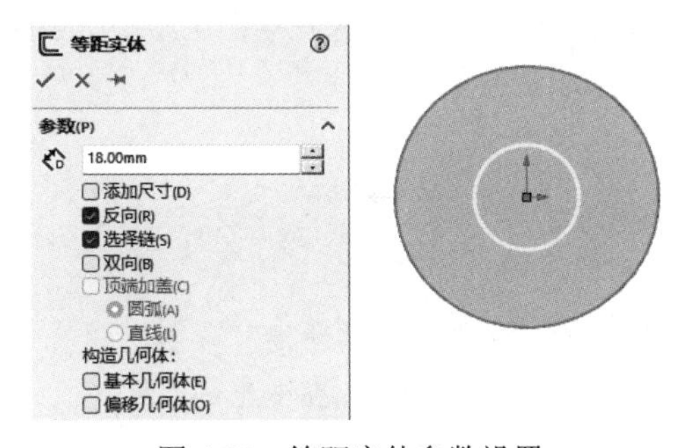

图4-59 等距实体参数设置

4.3 草图移动复制工具

本节介绍草图绘制过程中常用的复制命令，包括镜向、阵列、移动和旋转等。

4.3.1 镜向草图实体

在绘制草图时，经常要绘制对称的图形，这时可以使用“镜向实体”命令实现。

【执行方式】

➢ 工具栏：单击“草图”工具栏中的“镜向实体/动态镜向实体”按钮。

➢ 菜单栏：选择菜单栏中的“工具”→“草图工具”→“镜向/动态镜向”命令。

➢ 选项卡：单击“草图”选项卡中的“镜向实体”按钮。

【选项说明】

在 SOLIDWORKS 2024 中，镜向点不再局限于构造线，它可以是任意类型的直线。SOLIDWORKS 2024 提供了两种镜向方式：一种是镜向现有草图实体；另一种是在绘制草图时动态镜向草图实体。

1. 镜向现有草图实体

镜向实体就是通过对称的方式将一个实体复制到另外一边。执行“镜向实体”命令，系统弹出“镜向”属性管理器，如图 4-60 所示。该属性管理器中部分选项的含义如下。

（1）要镜向的实体：选择要镜向的某些或所有实体。

（2）复制：勾选该复选框，则镜向后保留原始实体和镜向实体。

（3）镜向轴：任意直线、模型的线性边线、参考基准面、平面模型面或线性边线均可作为镜向轴。

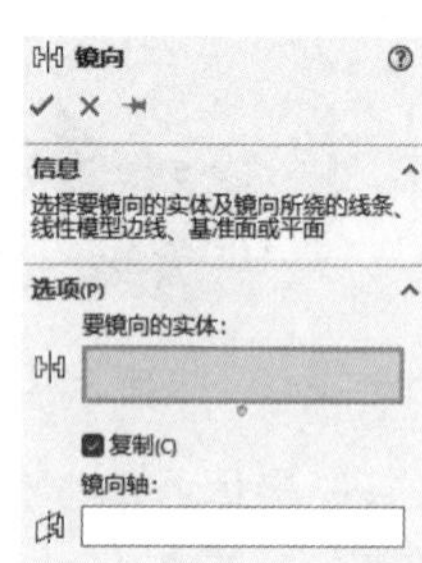

图 4-60 “镜向”属性管理器

2. 动态镜向草图实体

动态镜向草图实体是指在草图绘制状态下，先在绘图区绘制一条中心线，并选取它，然后绘制草图，此时另一侧会动态地镜向出绘制的草图。

扫一扫，看视频

动手学——绘制支架草图

本例绘制的支架草图如图 4-61 所示。

【操作步骤】

（1）新建文件。选择菜单栏中的“文件”→“新建”命令，或者单击“快速访问”工具栏中的“新建”按钮，在弹出的“新建 SOLIDWORKS 文件”对话框中单击“零件”按钮，然后单击“确定”按钮，创建一个新的零件文件。

（2）设置草绘平面。在左侧的 FeatureManager 设计树中选择“上视基准面”作为草绘基准面。单击“草图”选项卡中的“中心线”按钮，绘制两条过原点的互相垂直的中心线。

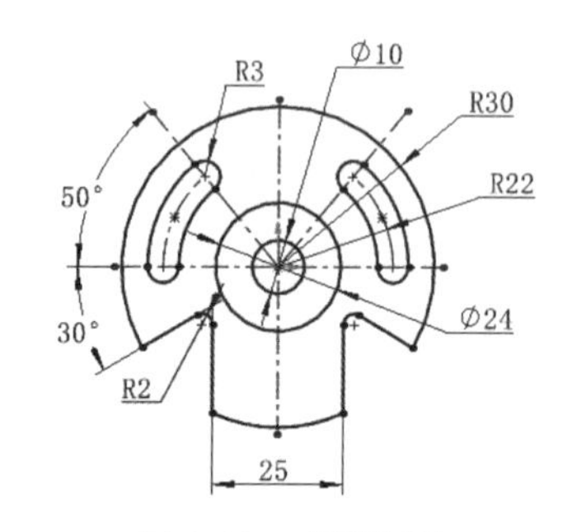

图 4-61 支架草图

（3）绘制圆。单击“草图”选项卡中的“圆”按钮，以原点为圆心，绘制同心圆，如图 4-62 所示。

（4）绘制中心点圆弧槽口。单击“草图”选项卡中的“中心点圆弧槽口”按钮，系统弹出“槽口”属性管理器，以原点为中心点，绘制槽口，如图 4-63 所示。

（5）绘制直线。单击“草图”选项卡中的“直线”按钮，绘制直线，如图 4-64 所示。

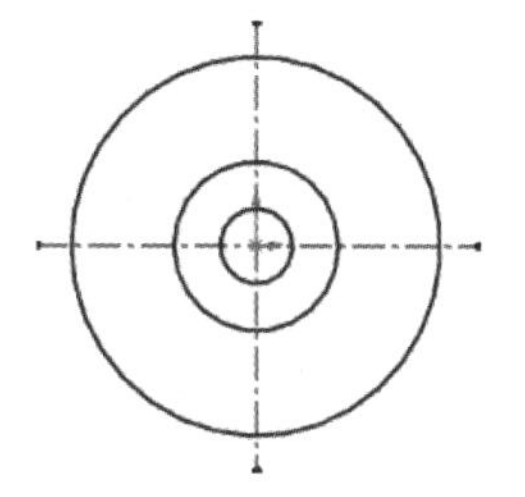

图 4-62 绘制同心圆

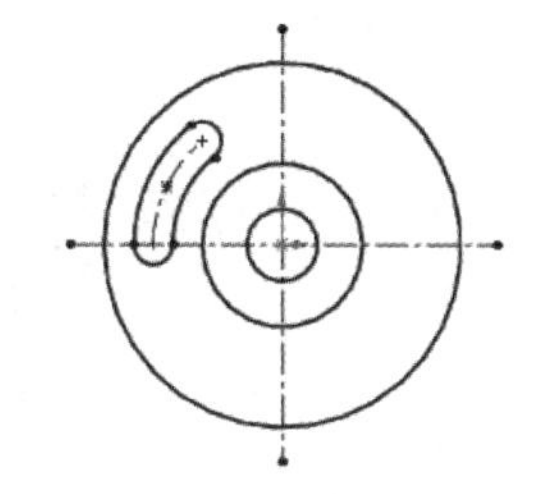

图 4-63 绘制槽口

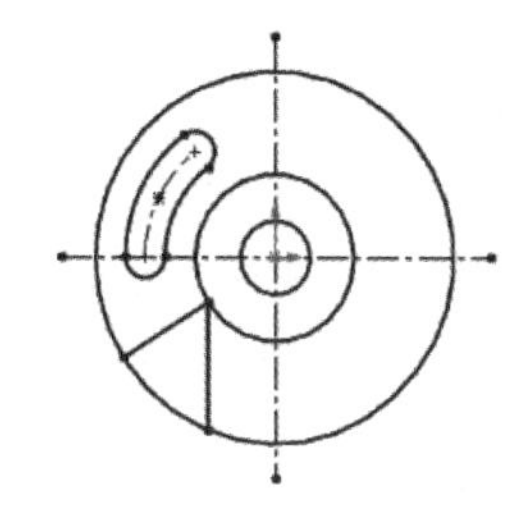

图 4-64 绘制直线

（6）绘制圆角。单击“草图”选项卡中的“绘制圆角”按钮，系统弹出“绘制圆角”属性管理器，圆角半径设置为 2mm，选择两条直线进行圆角，结果如图 4-65 所示。

（7）镜向图形。单击“草图”选项卡中的“镜向实体”按钮，❶在绘图区选择圆弧槽口、直线和圆角，❷勾选“复制”复选框，❸选择竖直中心线作为镜向轴，如图 4-66 所示。❹单击“确定”按钮，结果如图 4-67 所示。

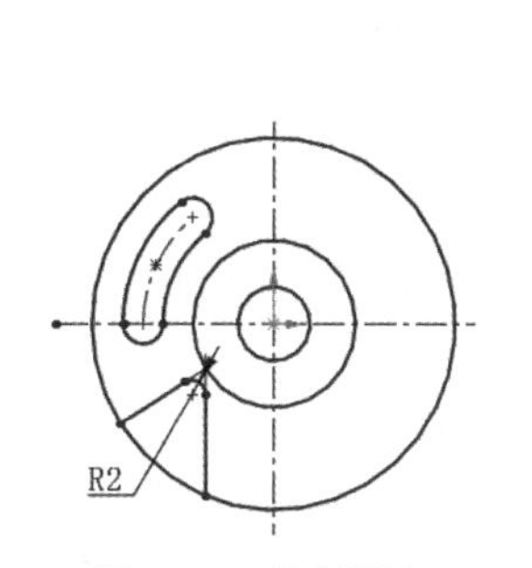

图 4-65 绘制圆角

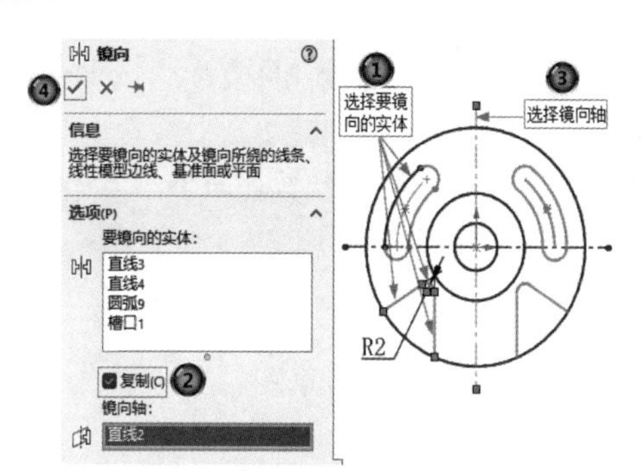

图 4-66 设置镜向参数

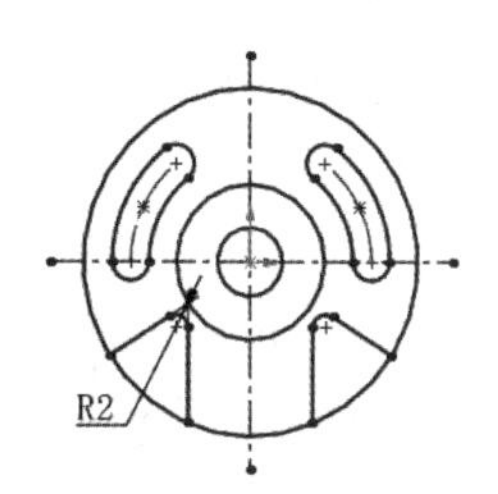

图 4-67 镜向结果

（8）剪裁实体。单击“草图”选项卡中的“剪裁实体”按钮，系统弹出“剪裁”属性管理器，单击“剪裁到最近端”按钮，修剪多余图形，如图 4-68 所示。

（9）删除约束。单击“草图”选项卡中的“显示/删除几何关系”按钮，系统弹出“显示/删除几何关系”属性管理器，在“几何关系”下拉列表中选择“全部在此草图中”，则在下方的列表框中显示所有几何关系，选中直线与圆的重合 5，单击“删除”按钮，将该约束删除，如图 4-69 所示。

（10）绘制中心线。单击“草图”选项卡中的“中心线”按钮，绘制过原点的斜中心线，并设置中心线与圆弧槽口终止端圆弧圆心的重合约束，如图 4-70 所示。

（11）标注样式设置。

1）选择菜单栏中的“工具”→“选项”命令，系统弹出“系统选项(S)-普通”对话框，勾选“输入尺寸值”复选框。

2）单击“文档属性”选项卡，单击“尺寸”选项，在“系统选项(S)-普通”对话框中单击“字体”按钮 字体(F)...，系统弹出“选择字体”对话框，设置字体为“仿宋”，高度选择“单位”选项，大小设置为 5mm。

3）在“主要精度”选项组中设置标注尺寸精度为“无”。

4）单击“半径”选项，修改文本位置为“折断引线，水平文字”。

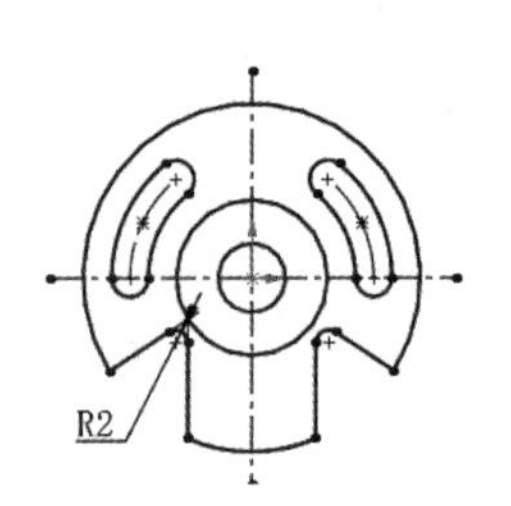

图 4-68　剪裁实体

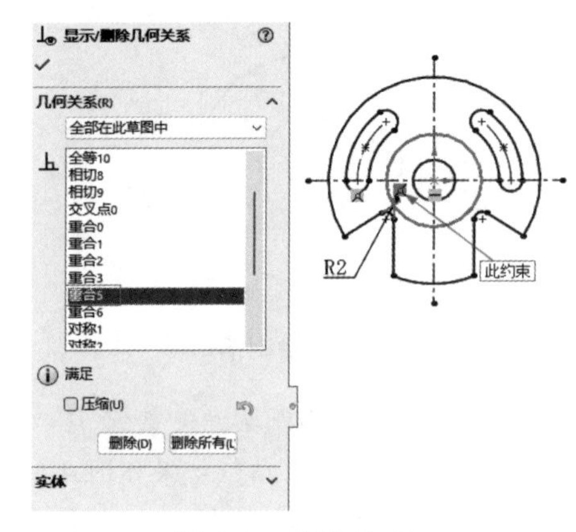

图 4-69　删除约束

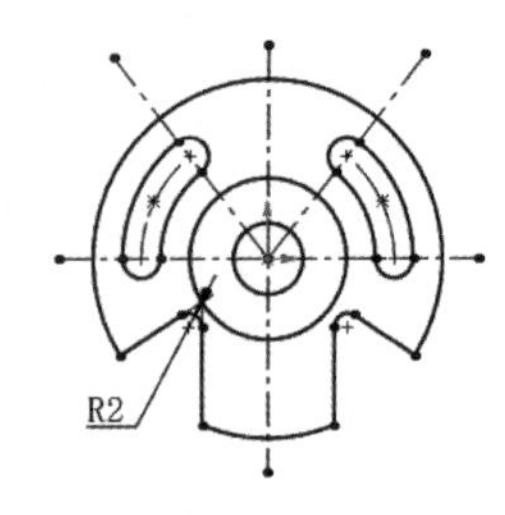

图 4-70　绘制中心线

5）单击“直径”选项，修改文本位置为“折断引线，水平文字”，勾选“显示第二向外箭头”复选框。

6）单击“角度”选项，修改文本位置为“折断引线，水平文字”。设置完成后，单击“确定”按钮，关闭“系统选项(S)-普通”对话框。

（12）标注尺寸。单击“草图”选项卡中的“智能尺寸”按钮，标注图形尺寸并添加约束，如图 4-61 所示。

动手练——绘制压盖草图

试运用上面所学知识绘制图 4-71 所示的压盖草图。

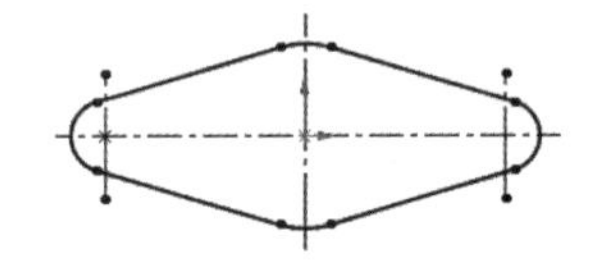
图 4-71　压盖草图

【操作提示】

（1）绘制中心线。

（2）绘制圆，如图 4-72 所示。

（3）绘制两圆的切线，并设置相切约束，如图 4-73 所示。

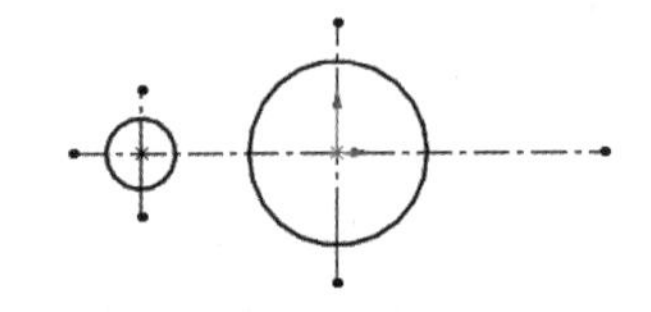
图 4-72　绘制圆

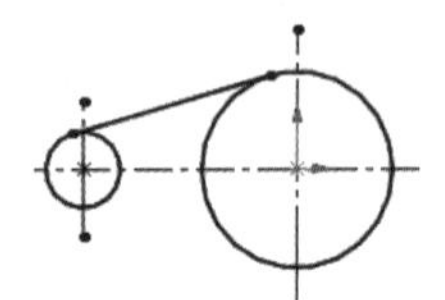
图 4-73　绘制切线

（4）以水平中心线为镜向轴，镜向切线，如图 4-74 所示。

（5）以竖直中心线为镜向轴，镜向左侧的圆及切线，如图 4-75 所示。

（6）剪裁实体。

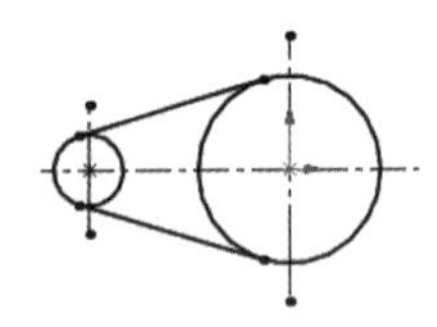
图 4-74　镜向结果 1

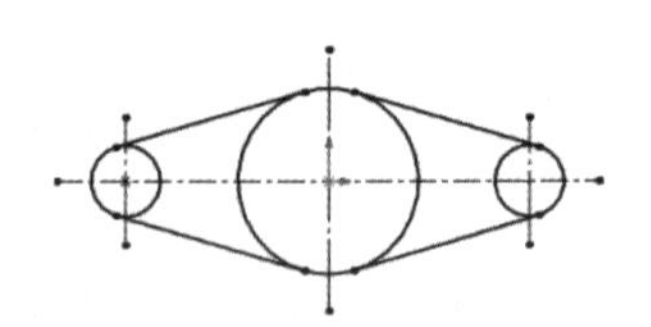
图 4-75　镜向结果 2

4.3.2　线性草图阵列

线性草图阵列是将草图实体沿一个或两个轴复制生成多个排列图形。

【执行方式】

- 工具栏：单击“草图”工具栏中的“线性草图阵列”按钮。
- 菜单栏：选择菜单栏中的“工具”→“草图工具”→“线性阵列”命令。
- 选项卡：单击“草图”选项卡中的“线性草图阵列”按钮。

【选项说明】

执行上述操作，系统弹出“线性阵列”属性管理器，如图 4-76 所示。该属性管理器中部分选项的含义如下。

（1）方向 1/2 的方向参考：选择 X/Y 轴、线性实体或模型边线作为方向 1/2 的方向参考。

（2）反向：单击该按钮，调整阵列方向。

（3）间距：设定阵列实例间的距离。

（4）标注 X 间距：勾选该复选框，显示阵列实例之间的尺寸。

（5）实例数：设定阵列实例的数量。

（6）显示实例记数：勾选该复选框，显示阵列的实例个数。

（7）角度：水平设定角度方向（X 轴）。

（8）固定 X 轴方向：应用约束以固定实例沿 X 轴的旋转。

（9）在轴之间标注角度：勾选该复选框，显示阵列之间的角度尺寸。沿 Y 轴的角度值取决于阵列沿 Y 轴的方向以及沿 X 轴的角度设置的值。

（10）要阵列的实体：在绘图区选取草图实体。

（11）可跳过的实例：单击该列表框，当鼠标指针变为时单击要移除的实例。

图 4-76　“线性阵列”属性管理器

扫一扫，看视频

动手学——绘制盘盖草图

本例绘制盘盖草图，如图 4-77 所示。

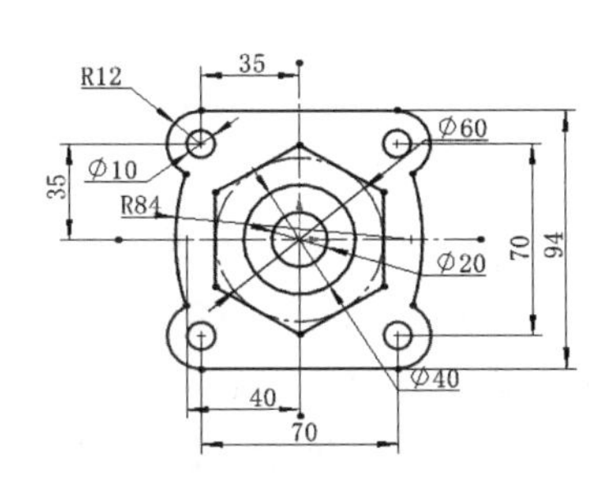

图 4-77　盘盖草图

【操作步骤】

（1）新建文件。选择菜单栏中的“文件”→“新建”命令，或者单击“快速访问”工具栏中的“新建”按钮，在弹出的“新建 SOLIDWORKS 文件”对话框中单击“零件”按钮，然后单击“确定”按钮，创建一个新的零件文件。

（2）设置草绘平面。在左侧的 FeatureManager 设计树中选择“上视基准面”作为草绘基准面。单击“草图”选项卡中的“中心线”按钮，绘制两条过原点的互相垂直的中心线。

（3）绘制正六边形。单击“草图”选项卡中的“多边形”按钮，以原点为中心，绘制正六边形，如图 4-78 所示。

（4）绘制圆。单击“草图”选项卡中的“圆”按钮，绘制两组同心圆，如图 4-79 所示。

（5）标注样式设置。

1）选择菜单栏中的“工具”→“选项”命令，系统弹出“系统选项(S)-普通”对话框，勾选“输入尺寸值”复选框。

2）单击“文档属性”选项卡，单击“尺寸”选项，在“系统选项(S)-普通”对话框中单击“字体”按钮 字体(F)...，系统弹出“选择字体”对话框，设置字体为“仿宋”，高度选择“单位”选项，大小设置为 5mm。

3）在“主要精度”选项组中设置标注尺寸精度为“无”。

4）单击“半径”选项，修改文本位置为“折断引线，水平文字”。

5）单击“直径”选项，修改文本位置为“折断引线，水平文字”，勾选“显示第二向外箭头”复选框。

6）单击“角度”选项，修改文本位置为“折断引线，水平文字”。设置完成后，单击“确定”按钮，关闭“系统选项(S)-普通”对话框。

（6）标注尺寸。单击“草图”选项卡中的“智能尺寸”按钮，标注图形尺寸并添加约束，如图 4-80 所示。

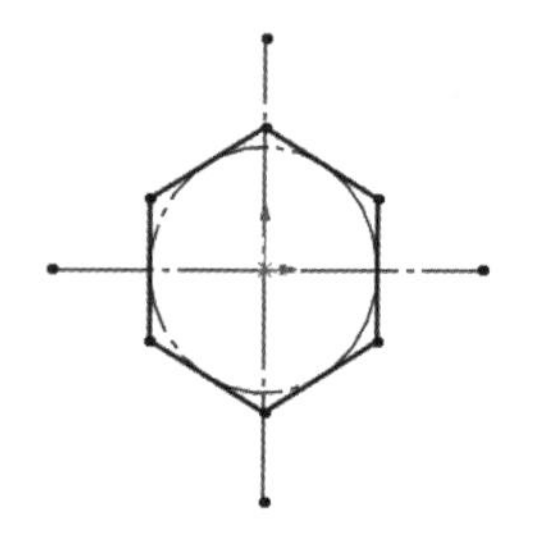

图 4-78　绘制正六边形

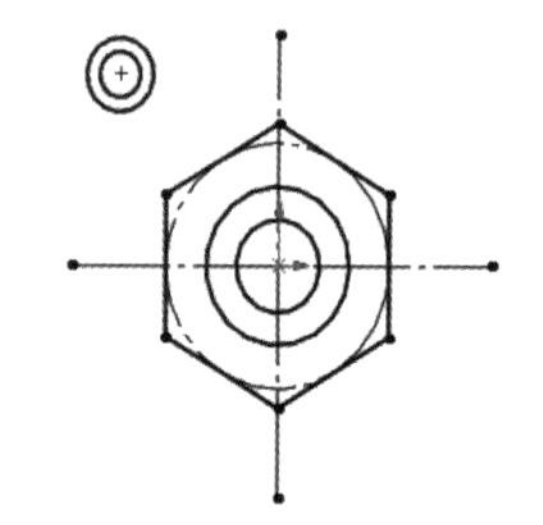

图 4-79　绘制圆

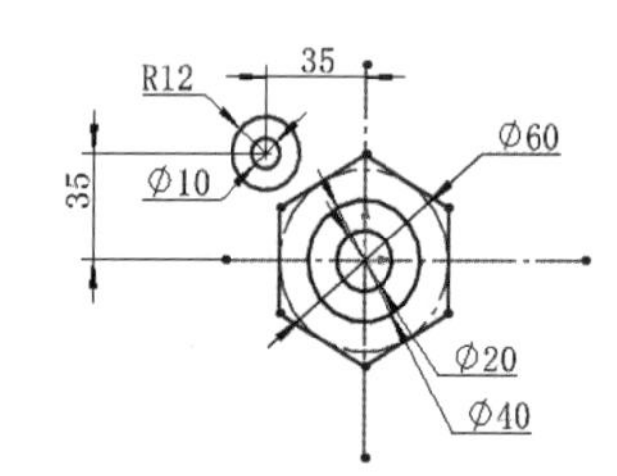

图 4-80　标注尺寸

（7）绘制线性阵列。单击“草图”选项卡中的“线性草图阵列”按钮，系统弹出“线性阵列”属性管理器。❶在“要阵列的实体”列表框中单击，❷然后在绘图区选择阵列实体，❸设置方向 1(1) 的实例数为 2，❹间距为 70mm，❺取消勾选“显示实例记数”复选框。❻设置方向 2(2) 的实例数为 2，❼间距为 70mm，❽取消“反向”按钮，❾取消勾选“显示实例记数”复选框，参数设置如图 4-81 所示。❿单击“确定”按钮，结果如图 4-82 所示。

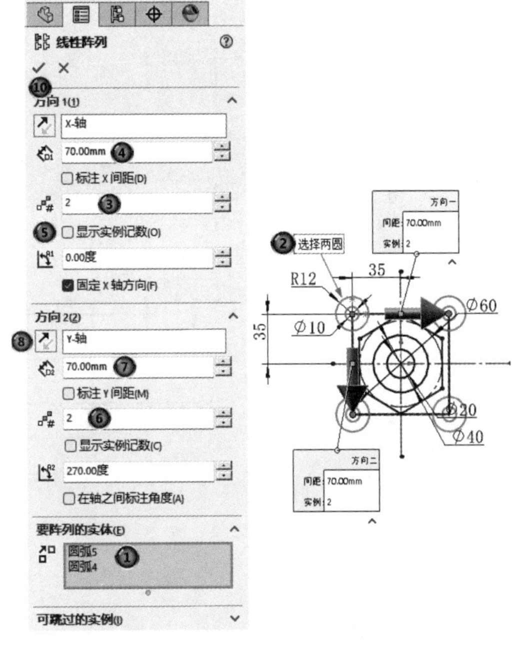

图 4-81 “线性阵列”属性管理器

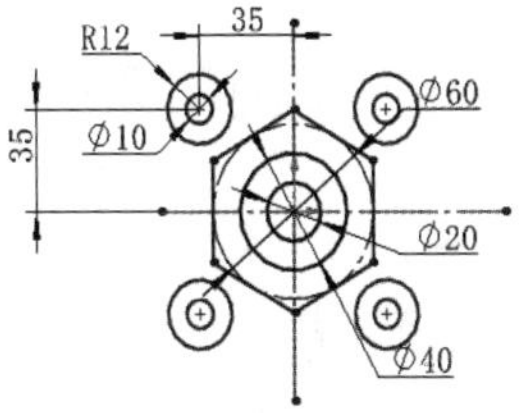

图 4-82 线性阵列

（8）绘制直线。单击“草图”选项卡中的“直线”按钮，绘制圆的切线，如图 4-83 所示。

（9）绘制圆弧。单击“草图”选项卡中的“3 点圆弧”按钮，绘制半径为 84 的圆弧，如图 4-84 所示。

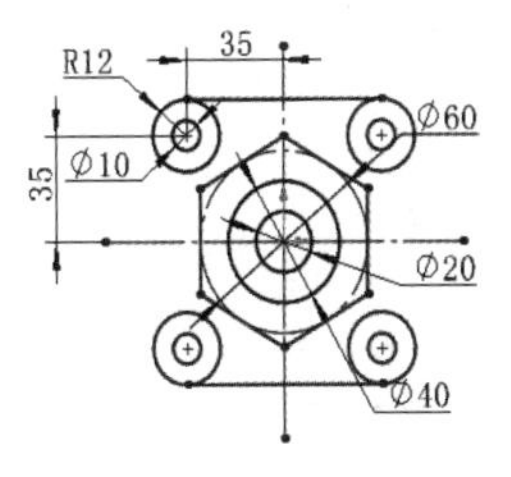

图 4-83 绘制直线

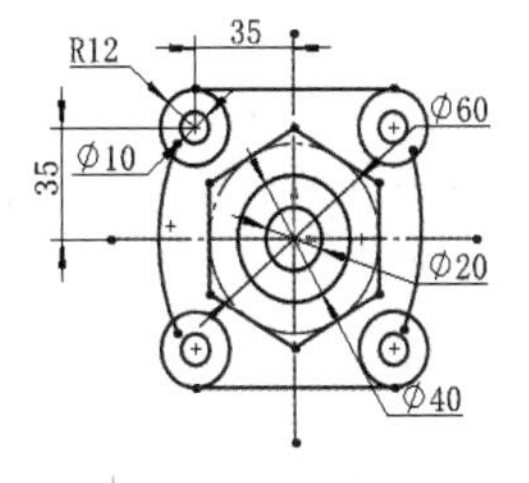

图 4-84 绘制圆弧

（10）添加约束。单击“草图”选项卡中的“添加几何关系”按钮，系统弹出“添加几何关系”属性管理器，添加两圆弧圆心与水平中心线的重合约束，再添加两圆弧关于竖直中心线的对称约束。

（11）剪裁实体。单击“草图”选项卡中的“剪裁实体”按钮，单击“剪裁到最近端”按钮，对图形进行剪裁。

（12）标注尺寸。单击“草图”选项卡中的“智能尺寸”按钮，补全图形尺寸并添加约束，如图 4-77 所示。

动手练——绘制齿条草图

试运用上面所学知识绘制图 4-85 所示的齿条草图。

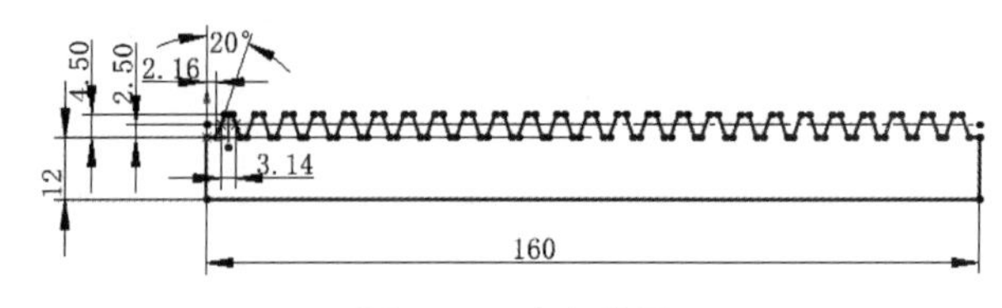

图 4-85　齿条草图

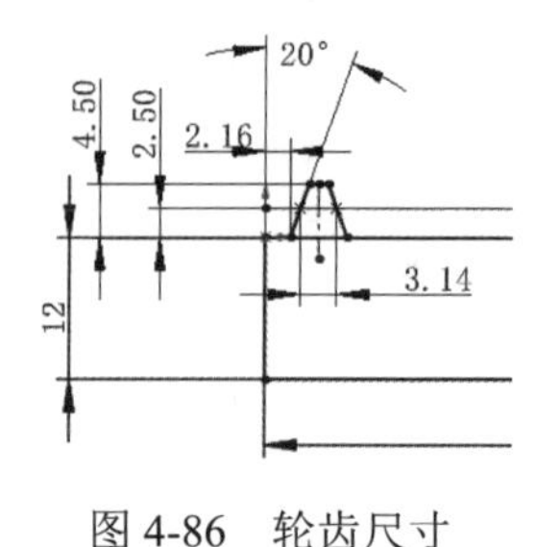

图 4-86　轮齿尺寸

【操作提示】

（1）绘制矩形，尺寸为 12×160。

（2）绘制轮齿，如图 4-86 所示。

（3）线性阵列轮齿，实例数为 25，间距为 6.28。

（4）剪裁实体。

4.3.3　圆周草图阵列

圆周草图阵列是将草图实体沿一个指定大小的圆弧进行环状阵列。

【执行方式】

➢ 工具栏：单击“草图”工具栏中的“圆周草图阵列”按钮。

➢ 菜单栏：选择菜单栏中的“工具”→“草图工具”→“圆周阵列”命令。

➢ 选项卡：单击“草图”选项卡中的“圆周草图阵列”按钮。

【选项说明】

执行上述操作，系统弹出“圆周阵列”属性管理器，如图 4-87 所示。该属性管理器中部分选项的含义如下。

（1）阵列轴：为阵列选取一中心点。选取要阵列的草图实体后，系统自动选择草图原点作为中心点，用户也可以自行定义中心点。

（2）间距：勾选“等间距”复选框时，该参数用来指定阵列中包括的总度数。取消勾选时，该参数用来指定相邻阵列实例间的夹角。

（3）等间距：勾选该复选框，则阵列实例彼此间距相等。

（4）标注半径：勾选该复选框，则显示圆周阵列的半径。

（5）标注角间距：勾选该复选框，则显示阵列实例之间的夹角。

（6）半径：指定阵列的半径。

（7）圆弧角度：指定从所选实体的中心到阵列的中心点或顶点测量的夹角。

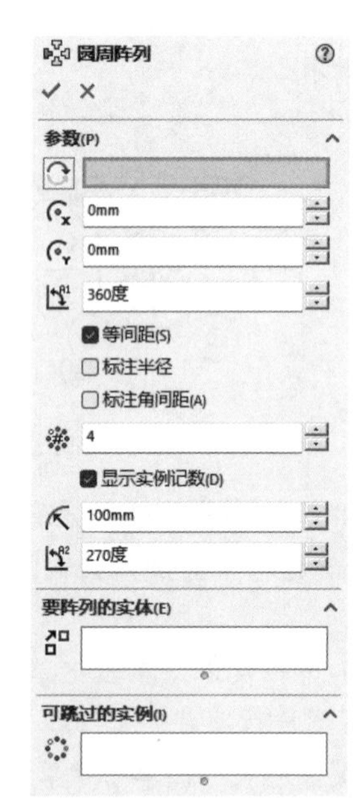

图 4-87　“圆周阵列”属性管理器

扫一扫，看视频

动手学——绘制棘轮草图

本例将运用草图绘制工具，绘制图 4-88 所示的棘轮草图。

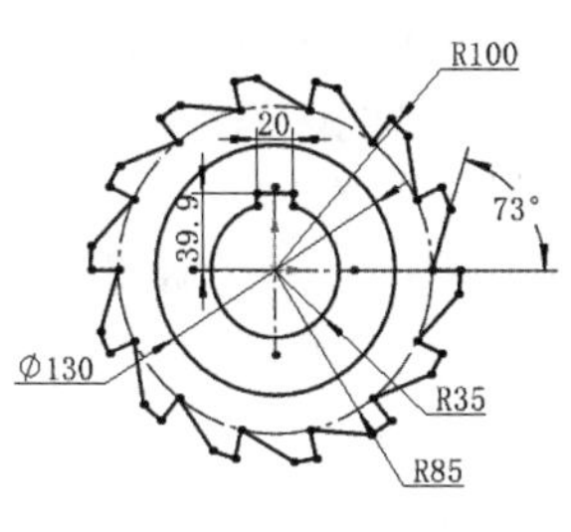

图 4-88　棘轮草图

【操作步骤】

（1）新建文件。选择菜单栏中的“文件”→“新建”命令，或者单击“快速访问”工具栏中的“新建”按钮，在弹出的“新建 SOLIDWORKS 文件”对话框中单击“零件”按钮，然后单击“确定”按钮，创建一个新的零件文件。

（2）绘制中心线。在左侧的 FeatureManager 设计树中选择“前视基准面”作为草绘基准面。单击“草图”选项卡中的“中心线”按钮，绘制相交中心线。

（3）绘制圆。单击“草图”选项卡中的“圆”按钮，以原点为圆心绘制同心圆，并将第 2 个圆转换为构造线，如图 4-89 所示。

（4）绘制直线。单击“草图”选项卡中的“直线”按钮，绘制棘齿和键槽，并设置键槽两侧直线的对称约束，如图 4-90 所示。

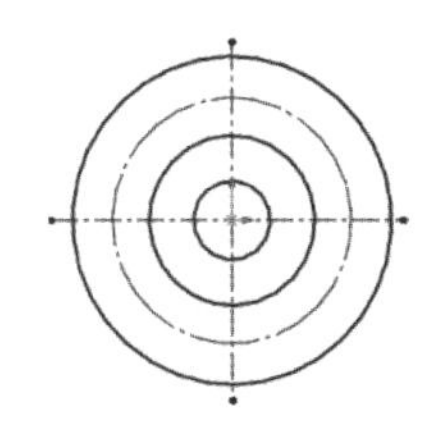
图 4-89　绘制圆

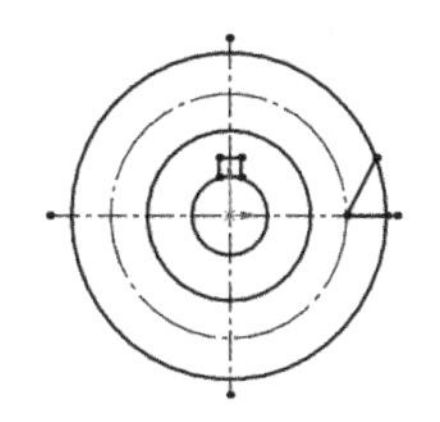
图 4-90　绘制棘齿和键槽

（5）圆周阵列。单击“草图”选项卡中的“圆周草图阵列”按钮，系统弹出“圆周阵列”属性管理器，❶选择棘齿，系统自动选择原点作为阵列中心点，❷勾选“等间距”复选框，❸实例数设置为 14，❹取消勾选“显示实例记数”复选框，如图 4-91 所示。❺单击“确定”按钮，结果如图 4-92 所示。

（6）剪裁实体。单击“草图”选项卡中的“剪裁实体”按钮，单击“剪裁到最近端”按钮，对实体进行剪裁，结果如图 4-93 所示。

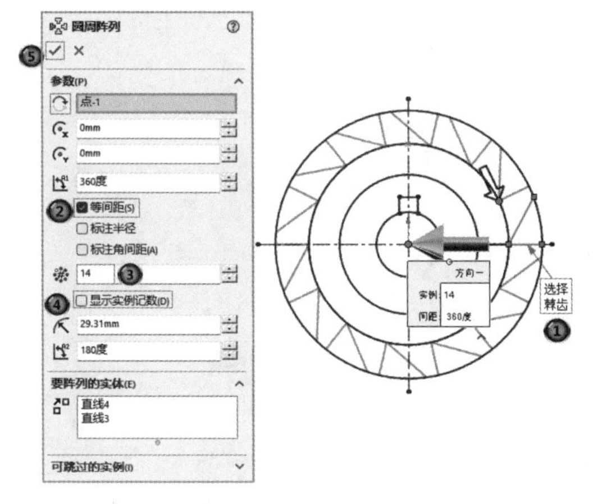

图 4-91　圆周阵列参数设置

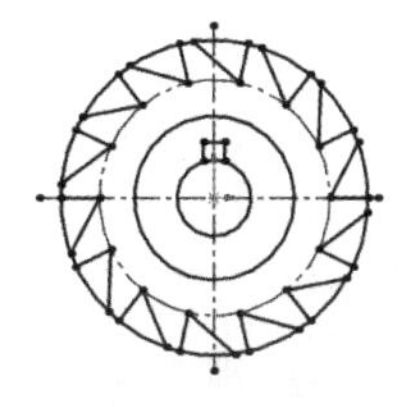
图 4-92　阵列结果

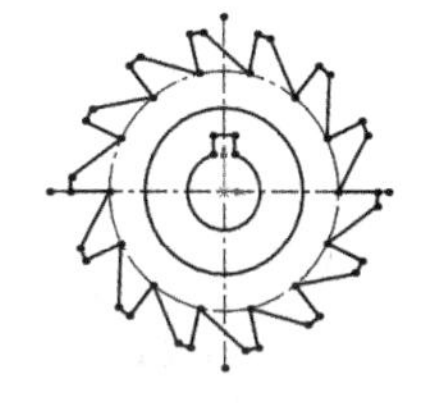
图 4-93　剪裁实体

（7）标注样式设置。

1）选择菜单栏中的“工具”→“选项”命令，系统弹出“系统选项(S)-普通”对话框，勾选“输入尺寸值”复选框。

2）单击“文档属性”选项卡，单击“尺寸”选项，在“系统选项(S)-普通”对话框中单击“字体”按钮 字体(F)... ，系统弹出“选择字体”对话框，设置字体为“仿宋”，高度选择“单位”选项，大小设置为5mm。

3）在“主要精度”选项组中设置标注尺寸精度为“无”。

4）单击“半径”选项，修改文本位置为“折断引线，水平文字”。

5）单击“直径”选项，修改文本位置为“折断引线，水平文字”，勾选“显示第二向外箭头”复选框。

6）单击“角度”选项，修改文本位置为“折断引线，水平文字”。设置完成后，单击“确定”按钮，关闭“系统选项(S)-普通”对话框。

（8）标注尺寸。单击“草图”选项卡中的“智能尺寸”按钮，标注图形尺寸，如图4-88所示。

动手练——绘制间歇轮

试运用上面所学知识绘制图4-94所示的间歇轮。

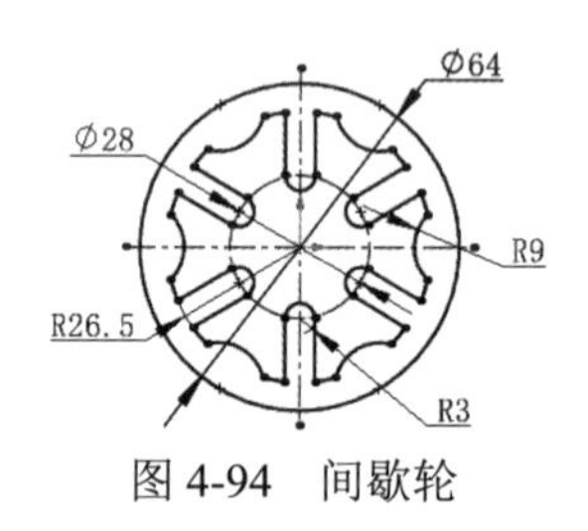

图4-94　间歇轮

4.3.4　缩放实体比例

缩放草图是通过基准点和比例因子对草图实体进行缩放，也可以根据需要在保留圆缩放对象的基础上缩放草图。

【执行方式】

➢ 工具栏：单击“草图”工具栏中的“缩放实体比例”按钮。
➢ 菜单栏：选择菜单栏中的“工具”→“草图工具”→“缩放比例”命令。
➢ 选项卡：单击“草图”选项卡中的“缩放实体比例”按钮。

【选项说明】

执行上述操作，系统弹出“比例”属性管理器，如图4-95所示。该属性管理器中部分选项的含义如下。

（1）草图项目或注解：显示要进行缩放的实体。

（2）基准点：选择缩放的中心点。

（3）比例因子：指定缩放比例。

（4）复制：勾选该复选框，则保留原件并生成已缩放比例的实体。

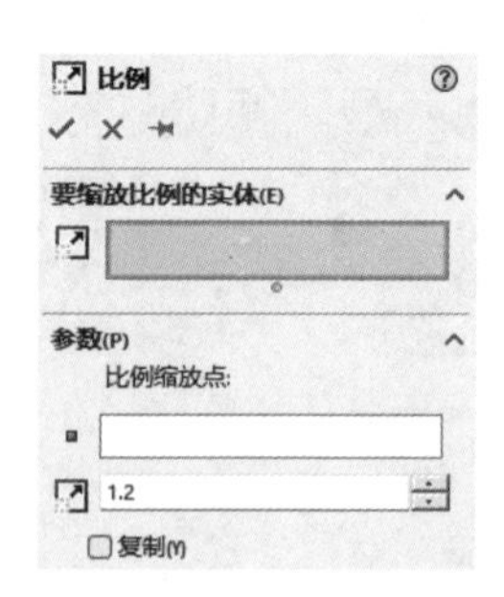

图4-95　“比例”属性管理器

4.3.5　移动实体

该命令实体通过从点和到点或通过 X 和 Y 目标坐标移动实体。

【执行方式】

➢ 工具栏：单击“草图”工具栏中的“移动实体”按钮。
➢ 菜单栏：选择菜单栏中的“工具”→“草图工具”→“移动”命令。
➢ 选项卡：单击“草图”选项卡中的“移动实体”按钮。

【选项说明】

执行上述操作，系统弹出“移动”属性管理器，如图 4-96 所示。该属性管理器中部分选项的含义如下。

（1）草图项目或注解：显示要移动的实体。

（2）保留几何关系：勾选该复选框，则保持草图实体之间的几何关系。

（3）从/到：选中该单选按钮，则需要选择移动的开始基准点和目标点。

（4）X/Y：选中该单选按钮，则需要设置 X/Y 增量坐标确定目标点。

（5）重复：单击该按钮，则按相同距离再次移动草图实体。

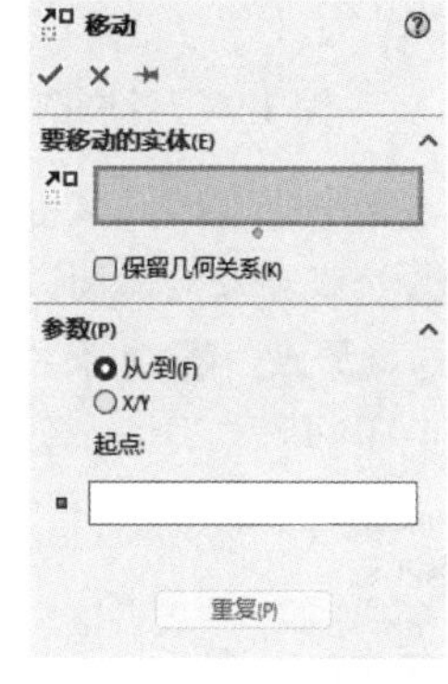

图 4-96　“移动”属性管理器

扫一扫，看视频

动手学——绘制拉杆草图

本例将使用草图绘制工具绘制图 4-97 所示的拉杆草图。

图 4-97　拉杆草图

【操作步骤】

（1）新建文件。选择菜单栏中的“文件”→“新建”命令，或者单击“快速访问”工具栏中的“新建”按钮，在弹出的“新建 SOLIDWORKS 文件”对话框中单击“零件”按钮，然后单击“确定”按钮，创建一个新的零件文件。

（2）绘制中心线。在左侧的 FeatureManager 设计树中选择“前视基准面”作为草绘基准面。单击“草图”选项卡中的“中心线”按钮，绘制中心线。

（3）绘制圆。单击“草图”选项卡中的“圆”按钮，以原点为圆心绘制直径为 60mm 和 28mm 的圆，如图 4-98 所示。

（4）缩放实体。单击“草图”选项卡中的“缩放实体比例”按钮，系统弹出“比例”属性管理器，①选择直径为 60mm 和 28mm 的两个圆，②在“基准点”列表框中单击，③然后在绘图区选择原点，④设置缩放比例为 0.6，⑤设置实例数为 1，⑥勾选“复制”复选框，如图 4-99 所示。⑦单击“确定”按钮✓，缩放完成。

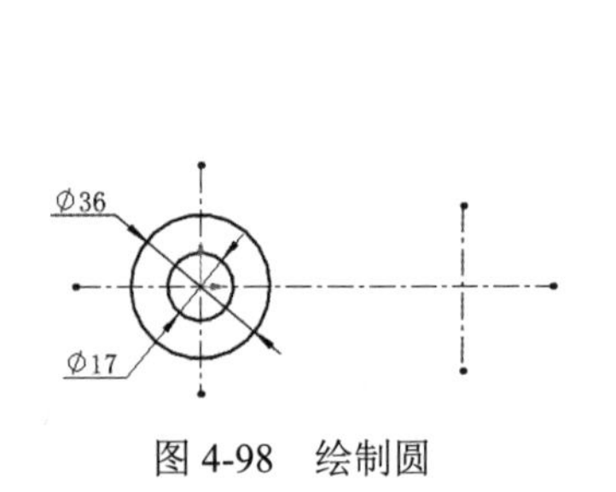

图 4-98　绘制圆

图 4-99　缩放实体参数设置

（5）移动实体。单击“草图”选项卡中的“移动实体”按钮，系统弹出“移动”属性管理器，①选择缩放后的圆，②选中“从/到”单选按钮，③在“基准点”列表框中单击，④然后在绘图区选择原点，⑤选择右侧中心线交点为目标点，如图 4-100 所示。⑥单击“确定”按钮✓，结果如图 4-101 所示。

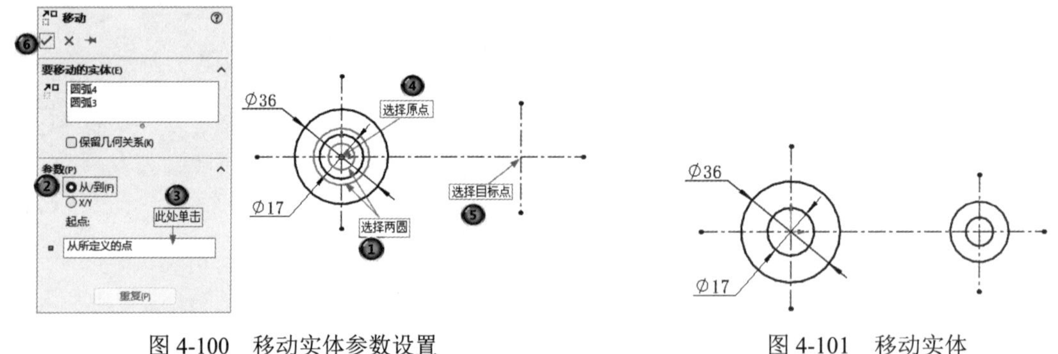

图 4-100　移动实体参数设置

图 4-101　移动实体

（6）标注样式设置。

1）选择菜单栏中的“工具”→“选项”命令，系统弹出“系统选项(S)-普通”对话框，勾选“输入尺寸值”复选框。

2）单击“文档属性”选项卡，单击“尺寸”选项，在“系统选项(S)-普通”对话框中单击“字体”按钮字体(F)...，系统弹出“选择字体”对话框，设置字体为“仿宋”，高度选择“单位”选项，大小设置为 5mm。

3）在“主要精度”选项组中设置标注尺寸精度为“无”。

4）单击“半径”选项，修改文本位置为“折断引线，水平文字”。

5）单击“直径”选项，修改文本位置为“折断引线，水平文字”，勾选“显示第二向外箭头”复选框。

6）单击“角度”选项，修改文本位置为“折断引线，水平文字”。设置完成后，单击“确定”

按钮，关闭“系统选项(S)-普通”对话框。

（7）标注尺寸。单击“草图”选项卡中的“智能尺寸”按钮，标注移动后两圆的尺寸，如图 4-102 所示。

（8）绘制圆弧。单击“草图”选项卡中的“3 点圆弧”按钮，绘制两圆弧，标注尺寸并添加与圆的相切约束，结果如图 4-103 所示。

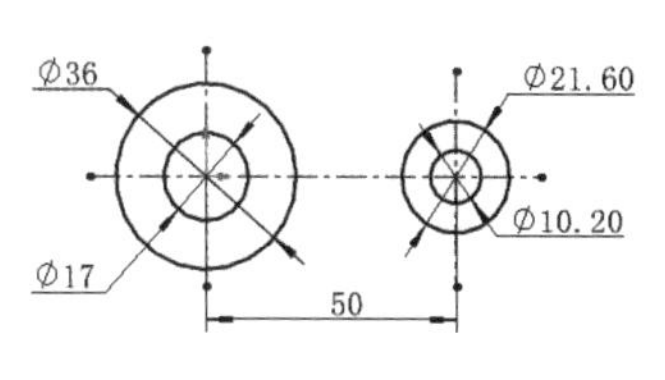

图 4-102　标注尺寸

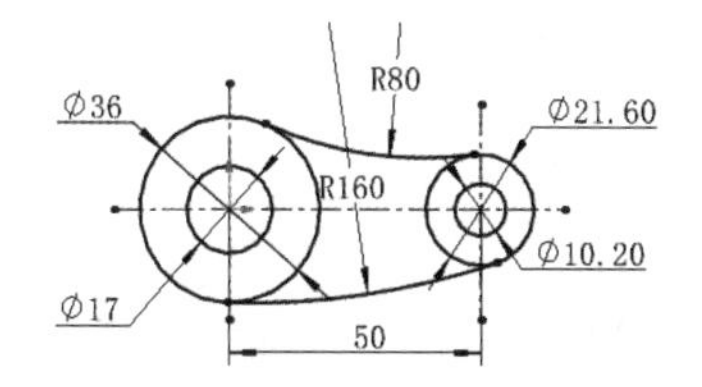

图 4-103　绘制圆弧

（9）绘制中心线。单击“草图”选项卡中的“中心线”按钮，绘制两条过原点的中心线，如图 4-104 所示。

（10）绘制中心点圆弧槽口。单击“草图”选项卡中的“中心点圆弧槽口”按钮，系统弹出“槽口”属性管理器，以原点为中心点，绘制槽口，如图 4-105 所示。

（11）标注尺寸。单击“草图”选项卡中的“智能尺寸”按钮，标注槽口尺寸，如图 4-97 所示。

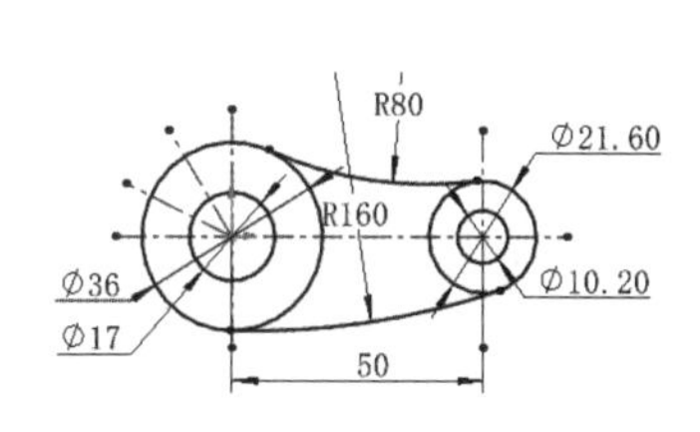

图 4-104　绘制中心线

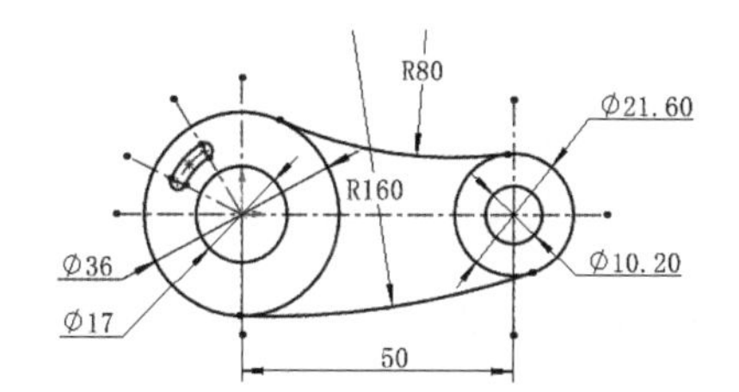

图 4-105　绘制中心点圆弧槽口

4.3.6　复制实体

该命令通过从点和到点或 X 和 Y 目标坐标复制实体。

【执行方式】

➢ 工具栏：单击“草图”工具栏中的“复制实体”按钮。
➢ 菜单栏：选择菜单栏中的“工具”→“草图工具”→“复制”命令。
➢ 选项卡：单击“草图”选项卡中的“复制实体”按钮。

【选项说明】

执行上述操作，系统弹出“复制”属性管理器，如图 4-106 所示。该属性管理器中部分选项的含义如下。

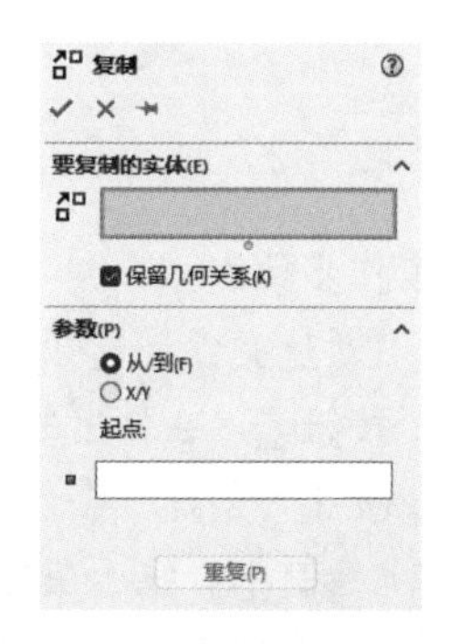

图 4-106　“复制”属性管理器

（1）草图项目或实体：显示要进行复制的实体。

（2）保留几何关系：勾选该复选框，则保持草图实体之间的几何关系。

（3）从/到：选中该单选按钮，则需要选择复制的开始基准点和目标点。

（4）X/Y：选中该单选按钮，则需要设置X/Y增量坐标确定目标点。

（5）重复：单击该按钮，按相同距离再次复制草图实体。

4.3.7 旋转实体

该命令通过选择旋转中心及设置旋转的角度旋转实体。

【执行方式】

- 工具栏：单击“草图”工具栏中的“旋转实体”按钮。
- 菜单栏：选择菜单栏中的“工具”→“草图工具”→“旋转”命令。
- 选项卡：单击“草图”选项卡中的“旋转实体”按钮。

【选项说明】

执行上述操作，系统弹出“旋转”属性管理器，如图4-107所示。该属性管理器中部分选项的含义如下。

（1）草图项目或注解：显示要进行旋转的实体。

（2）保留几何关系：勾选该复选框，则保持草图实体之间的几何关系。

（3）基准点：选择旋转中心点。

（4）角度：设置旋转角度。

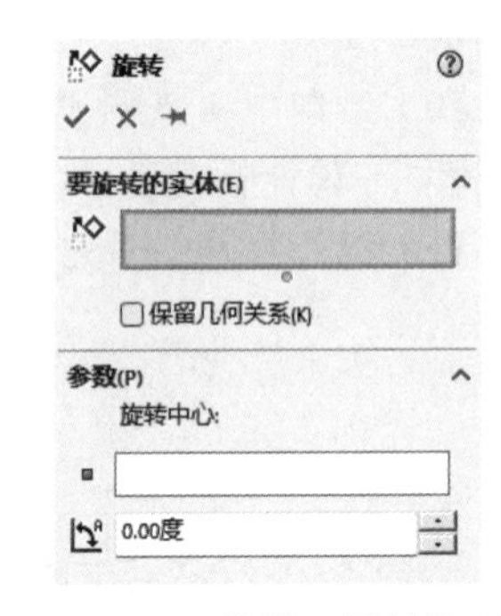

图4-107 “旋转”属性管理器

扫一扫，看视频

动手学——绘制曲柄草图

本例绘制图4-108所示的曲柄草图。

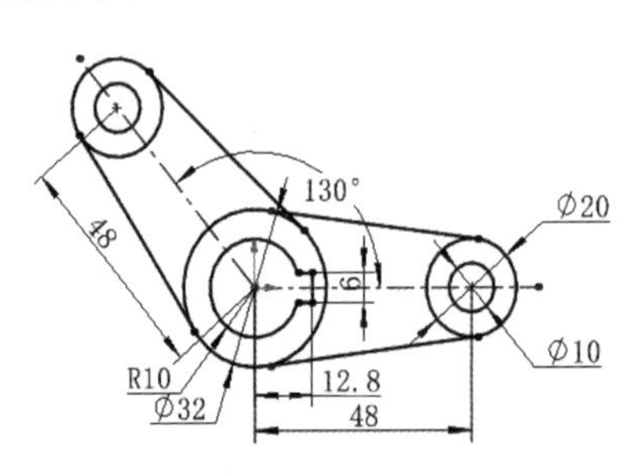

图4-108 曲柄草图

【操作步骤】

（1）新建文件。选择菜单栏中的“文件”→“新建”命令，或者单击“快速访问”工具栏中的“新建”按钮，在弹出的“新建 SOLIDWORKS 文件”对话框中单击“零件”按钮，然后单击“确定”按钮，创建一个新的零件文件。

（2）绘制中心线。在左侧的 FeatureManager 设计树中选择“前视基准面”作为草绘基准面。单击“草图”选项卡中的“中心线”按钮，绘制一条过原点的水平中心线。

（3）绘制圆。单击“草图”选项卡中的“圆”按钮，以原点为圆心，绘制4个圆，如图4-109所示。

（4）绘制切线。单击“草图”选项卡中的“直线”按钮，绘制两圆切线，并添加圆与直线的相切约束，如图4-110所示。

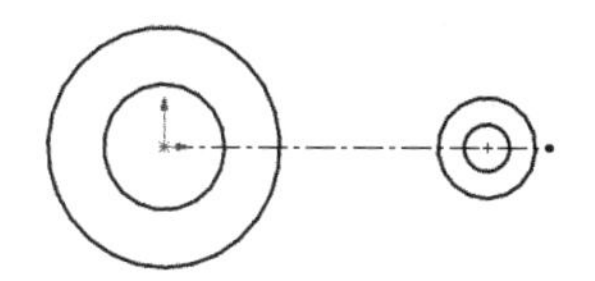
图4-109　绘制圆

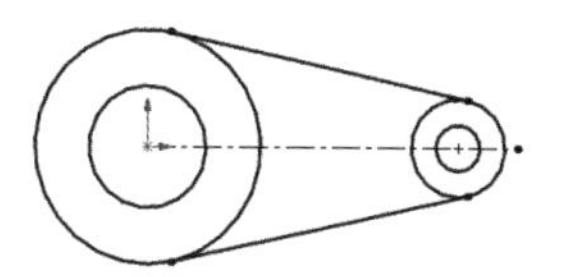
图4-110　绘制切线

（5）复制实体。单击“草图”选项卡中的“复制实体”按钮，选择图4-111所示的实体以原点为起点和目标点进行复制。

（6）旋转实体。单击“草图”选项卡中的“旋转实体”按钮，❶选择已复制的实体进行旋转，❷勾选“保留几何关系”复选框，❸单击“基准点”列表框，❹在绘图区选择原点作为旋转中心，❺设置旋转角度为130度，如图4-112所示。❻单击“确定”按钮，结果如图4-113所示。

图4-111　选择实体

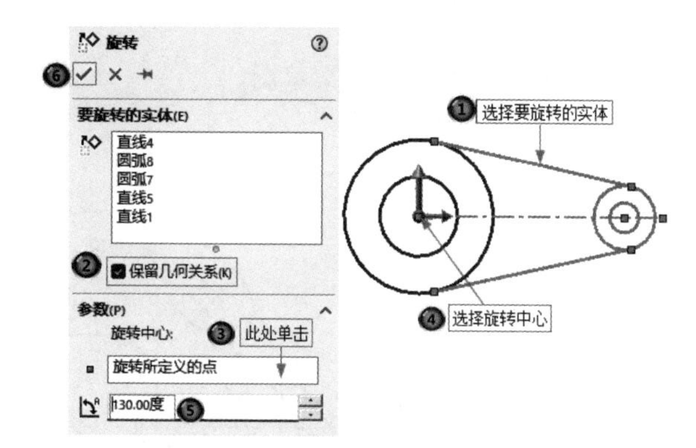

图4-112　旋转实体参数设置

（7）绘制键槽。单击“草图”选项卡中的“直线”按钮，绘制键槽，并添加两侧直线的对称约束。

（8）剪裁实体。单击“草图”选项卡中的“剪裁实体”按钮，单击“剪裁到最近端”按钮剪裁图形，结果如图4-114所示。

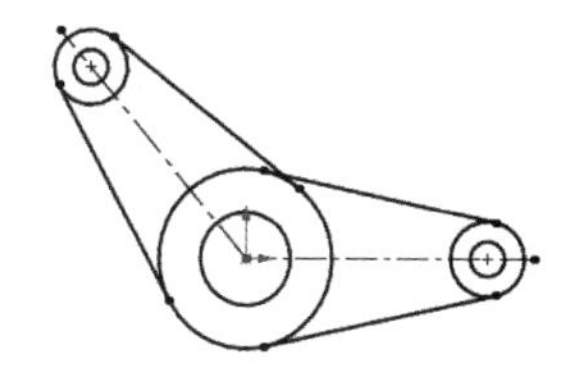
图4-113　旋转结果

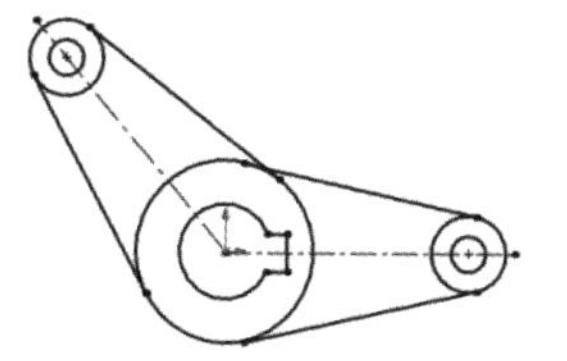
图4-114　剪裁实体

（9）标注样式设置。

1）选择菜单栏中的“工具”→“选项”命令，系统弹出“系统选项(S)-普通”对话框，勾选“输入尺寸值”复选框。

2）单击“文档属性”选项卡，单击“尺寸”选项，在“系统选项(S)-普通”对话框中单击“字体”按钮字体(F)...，系统弹出“选择字体”对话框，设置字体为“仿宋”，高度选择“单位”选项，大小设置为5mm。

3）在“主要精度”选项组中设置标注尺寸精度为“无”。

4）单击“半径”选项，修改文本位置为“折断引线，水平文字”。

5）单击“直径”选项，修改文本位置为“折断引线，水平文字”，勾选“显示第二向外箭头”复选框。

6）单击“角度”选项，修改文本位置为“折断引线，水平文字”。设置完成后，单击“确定”按钮，关闭“系统选项(S)-普通”对话框。

（10）标注尺寸。单击“草图”选项卡中的“智能尺寸”按钮，标注图形尺寸，如图4-108所示。

扫一扫，看视频

4.4 综合实例——绘制轮架草图

本例绘制图4-115所示的轮架草图。

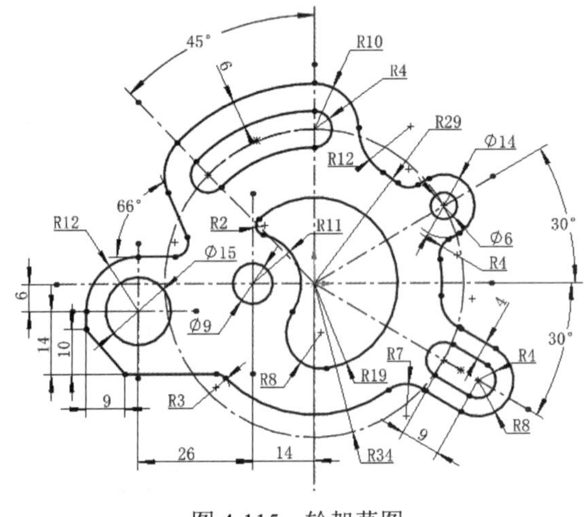

图4-115 轮架草图

【操作步骤】

（1）新建文件。选择菜单栏中的“文件”→“新建”命令，或者单击“快速访问”工具栏中的“新建”按钮，在弹出的“新建 SOLIDWORKS 文件”对话框中单击“零件”按钮，然后单击“确定”按钮，创建一个新的零件文件。

（2）绘制中心线。在左侧的FeatureManager设计树中选择“前视基准面”作为草绘基准面。单击“草图”选项卡中的“中心线”按钮，绘制中心线，如图4-116所示。

（3）绘制圆。单击“草图”选项卡中的“圆”按钮，以原点为圆心，绘制同心圆，并将最大的圆转换为构造线，再分别以交点1和交点2为圆心绘制同心圆，结果如图4-117所示。

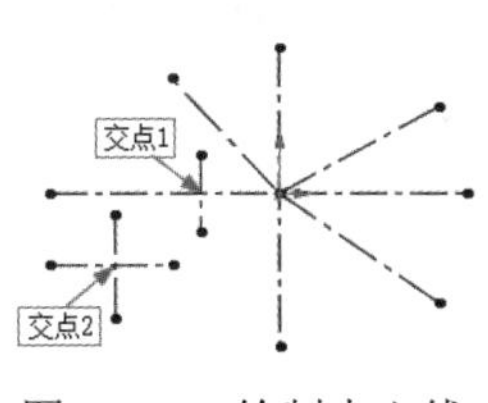

图4-116　绘制中心线

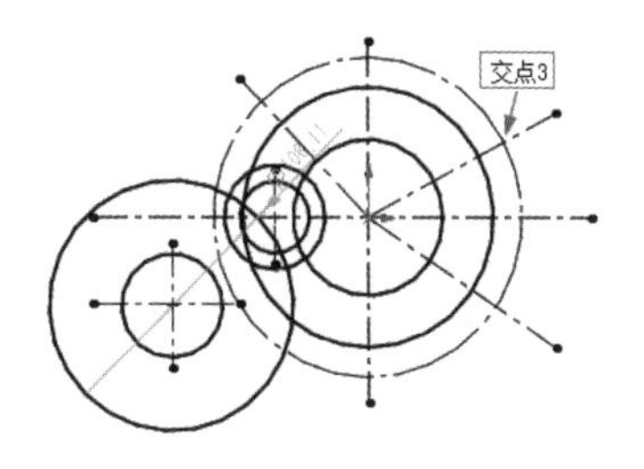

图4-117　绘制圆

（4）继续绘制圆。单击“草图”选项卡中的“圆”按钮，以交点3为圆心绘制同心圆，结果如图4-118所示。

（5）绘制中心点圆弧槽口。单击“草图”选项卡中的“中心点圆弧槽口”按钮，系统弹出“槽口”属性管理器，以原点为中心点，以交点4为起点、交点5为终点绘制两个同心槽口，如图4-119所示。

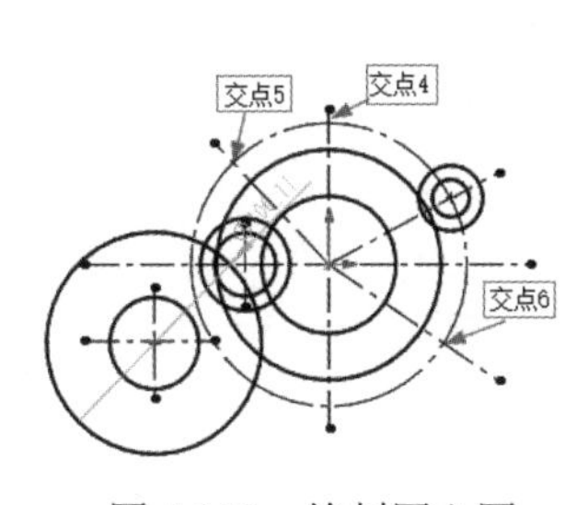

图4-118　绘制同心圆

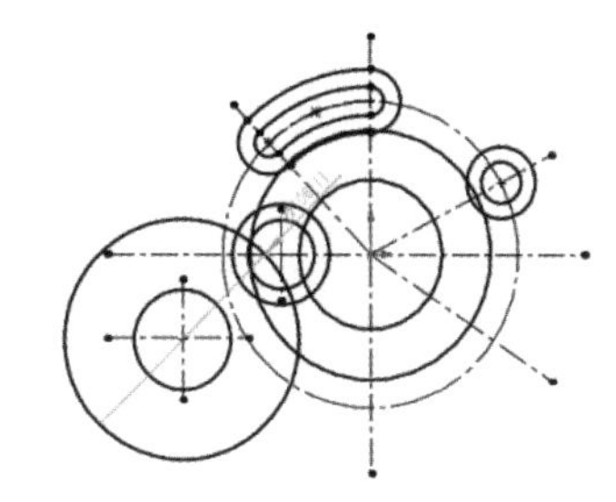

图4-119　绘制中心点圆弧槽口

（6）绘制直槽口。单击“草图”选项卡中的“直槽口”按钮，系统弹出“槽口”属性管理器，以交点6为起点绘制两个同心的直槽口，如图4-120所示。

（7）标注样式设置。

1）选择菜单栏中的“工具”→“选项”命令，系统弹出“系统选项(S)-普通”对话框，勾选“输入尺寸值”复选框。

2）单击“文档属性”选项卡，单击“尺寸”选项，在“系统选项(S)-普通”对话框中单击“字体”按钮字体(F)...，系统弹出“选择字体”对话框，设置字体为“仿宋”，高度选择“单位”选项，大小设置为5mm。

3）在“主要精度”选项组中设置标注尺寸精度为“无”。

4）单击“半径”选项，修改文本位置为“折断引线，水平文字”。

5）单击“直径”选项，修改文本位置为“折断引线，水平文字”，勾选“显示第二向外箭头”复选框。

6）单击“角度”选项，修改文本位置为“折断引线，水平文字”。设置完成后，单击“确定”按钮，关闭“系统选项(S)-普通”对话框。

（8）标注尺寸。单击“草图”选项卡中的“智能尺寸”按钮，标注图形尺寸，如图4-121所示。

（9）隐藏尺寸。单击“视图（前导）”工具栏中的“隐藏/显示项目”按钮，在弹出的下拉列表中单击“观阅草图尺寸”按钮，将所有尺寸隐藏。

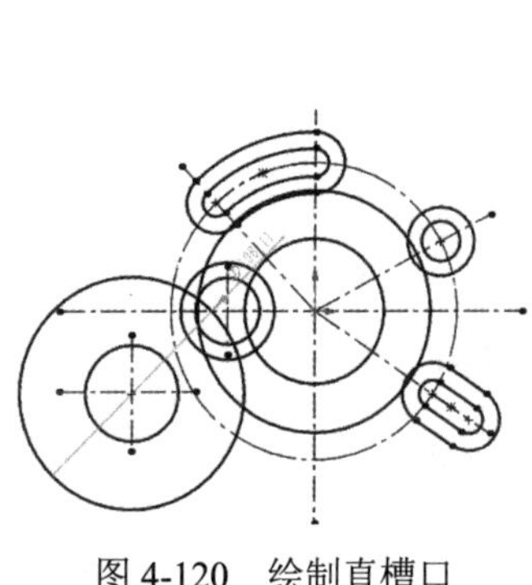

图 4-120　绘制直槽口

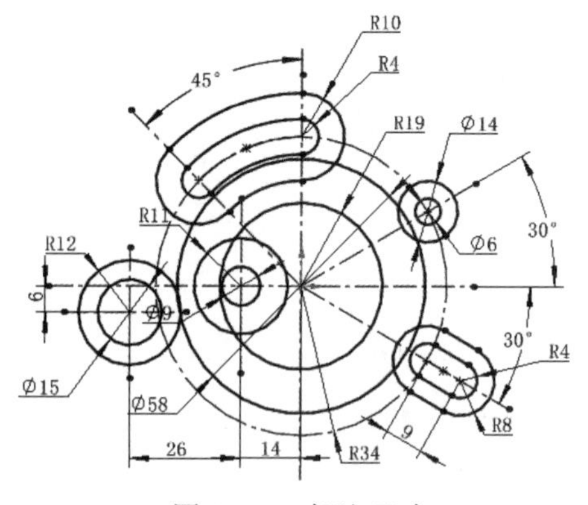

图 4-121　标注尺寸

（10）剪裁实体。单击“草图”选项卡中的“剪裁实体”按钮，单击“剪裁到最近端”按钮剪裁图形，结果如图 4-122 所示。

（11）补画轮廓线。单击“草图”选项卡中的“直线”按钮和“绘制圆角”按钮，补画轮廓线，并添加约束和标注尺寸，结果如图 4-123 所示。

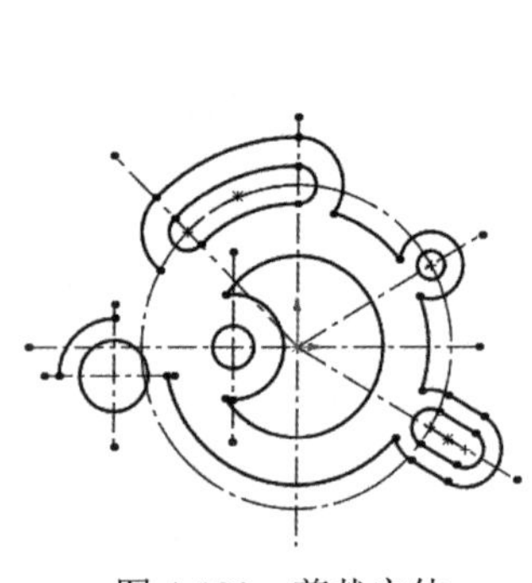

图 4-122　剪裁实体

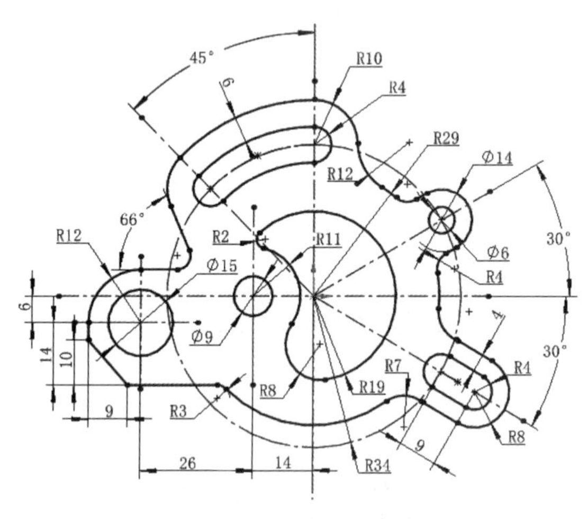

图 4-123　补画轮廓线

第 5 章　钣金基础知识

内容简介

本章简要介绍 SOLIDWORKS 钣金设计的一些基本操作，是用户进行钣金操作必须掌握的基础知识。本章主要目的是使读者了解钣金基础的概况，熟习钣金设计编辑的操作。

内容要点

- 概述
- 基本术语
- 钣金特征引用
- 转换钣金特征

案例效果

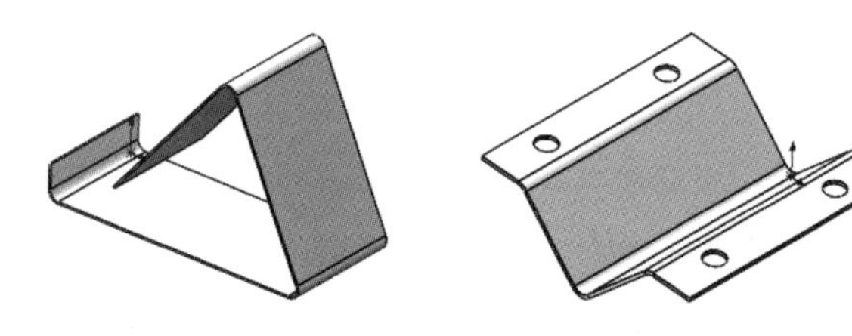

5.1　概　　述

钣金零件通常用作零部件的外壳，或用于支撑其他零部件。钣金零件通常由一块薄片材料加工而成，其特点是零件厚度比较薄，在边角处有折弯和扯裂，可以被展开。

SOLIDWORKS 提供了超强的钣金设计功能，能直接以三维模型进行设计，直观、准确地表达出了全部的设计参数。SOLIDWORKS 的钣金设计模块可以帮助用户进行零件设计和装配。在 SOLIDWORKS 中可以使用基体法兰创建新的钣金件，然后利用边线法兰、斜接法兰、褶边、绘制的折弯等命令进行钣金设计。

SOLIDWORKS 中的钣金设计方法与界面和零件设计完全相同，而且可以在装配环境下进行关联设计，并能自动添加关联关系，修改其中一个钣金件的尺寸，其他与之相关联的钣金件也会自动修改。

本章介绍与钣金设计相关的术语、常用命令以及转换钣金特征。

5.2 基本术语

5.2.1 折弯系数

零件要生成折弯时，可以给钣金折弯指定一个折弯系数，但指定的折弯系数必须介于折弯内侧边线的长度与外侧边线的长度之间。

折弯系数可以由钣金原材料的总展开长度减去非折弯长度计算，如图 5-1 所示。

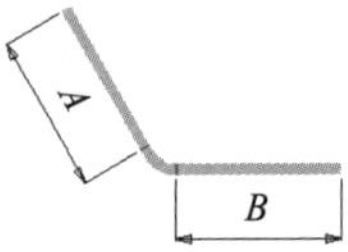

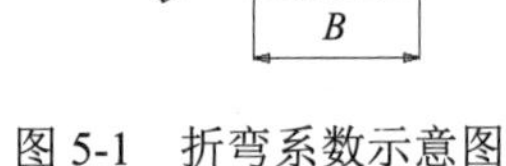

图 5-1 折弯系数示意图

使用折弯系数值时，总展开长度的计算公式如下：

$$L_t = A + B + BA$$

式中，L_t 为总展开长度；A、B 为非折弯长度；BA 为折弯系数值。

5.2.2 折弯扣除

生成折弯时，用户可以通过输入数值给任何一个钣金折弯指定一个明确的折弯扣除。折弯扣除由虚拟非折弯长度减去钣金原材料的总展开长度计算，如图 5-2 所示。

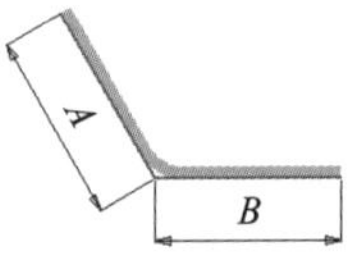

使用折弯扣除值时，总展开长度的计算公式如下：

$$L_t = A + B - BD$$

图 5-2 折弯扣除示意图

式中，A、B 为虚拟非折弯长度；L_t 为总展开长度；BD 为折弯扣除值。

5.2.3 K-因子

K-因子表示钣金中性面的位置，以钣金厚度作为计算基准，如图 5-3 所示。K-因子即为钣金内表面到中性面的距离 t 与钣金厚度 T 的比值。

当选择 K-因子作为折弯系数时，可以指定 K-因子折弯系数表。SOLIDWORKS 2024 应用程序随附 Microsoft Excel 格式的 K-因子折弯系数表格，它位于<安装目录>\SOLIDWORKS Corp\SOLIDWORKS\lang\Chinese- Simplified\ Sheetmetal Bend Tables\kfactor base bend table.xls。

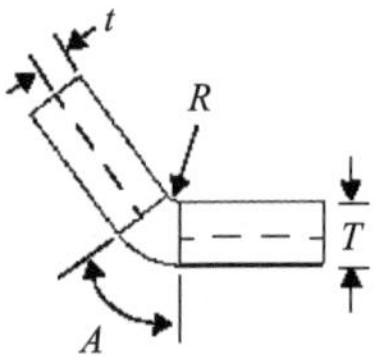

图 5-3 K-因子示意图

使用 K-因子也可以确定折弯系数，计算公式如下：

$$BA = \pi(R + KT)A / 180$$

式中，BA 为折弯系数值；R 为内侧折弯半径；K 为 K-因子，即 t / T（T 为材料厚度；t 为内表面到中性面的距离）；A 为折弯角度（经过折弯材料的角度）。

由上面的计算公式可知，折弯系数即为钣金中性面上的折弯圆弧长。因此，指定的折弯系数必须介于钣金的内侧圆弧长和外侧圆弧长之间，以便与折弯半径和折弯角度的数值相一致。

5.2.4　折弯系数表

除直接指定和由 K-因子确定折弯系数之外，还可以利用折弯系数表确定，在折弯系数表中可以指定钣金件的折弯系数值或折弯扣除值等，折弯系数表还包括折弯半径、折弯角度以及零件厚度的数值。在 SOLIDWORKS 2024 中有两种折弯系数表可供使用。

1．带有.btl 扩展名的文本文件

在 SOLIDWORKS 2024 的<安装目录>\lang\chinese-simplified\Sheetmetal Bend Tables\metric sample.btl 中提供了一个有关钣金操作的折弯系数表样例。如果要生成自己的折弯系数表，可使用任何文字编辑程序复制并编辑此折弯系数表。在使用折弯系数表文本文件时，只允许包括折弯系数值，不允许包括折弯扣除值。折弯系数表的单位必须用米制单位指定。

如果要编辑拥有多个折弯厚度的折弯系数表，半径和角度必须相同。例如要将一个新的折弯半径值插入有多个折弯厚度的折弯系数表，必须在所有表中插入新数值。

注意：

折弯系数表范例仅供参考，此表中的数值不代表任何实际折弯系数值。如果零件或折弯角度的厚度介于表中的数值之间，那么系统会插入数值并计算折弯系数。

2．嵌入的 Excel 电子表格

SOLIDWORKS 2024 生成的新折弯系数表保存在嵌入的 Excel 电子表格程序内，根据需要可以将折弯系数表的数值添加到电子表格程序中的单元格内。

电子表格的折弯系数表只包括 90º 折弯的数值，其他角度折弯的折弯系数值或折弯扣除值由 SOLIDWORKS 2024 计算得到。

生成折弯系数表的方法如下。

（1）在零件文件中，选择菜单栏中的“插入”→“钣金”→“折弯系数表”→“新建”命令，系统弹出图 5-4 所示的“折弯系数表”对话框。

（2）在“折弯系数表”对话框中设置单位，输入文件名称，单击“确定”按钮，包含折弯系数表电子表格的嵌入 Excel 窗口出现在 SOLIDWORKS 窗口中，如图 5-5 所示。折弯系数表电子表格包含默认的半径和厚度值。

（3）在表格外的 SOLIDWORKS 绘图区单击，关闭折弯系数表电子表格。

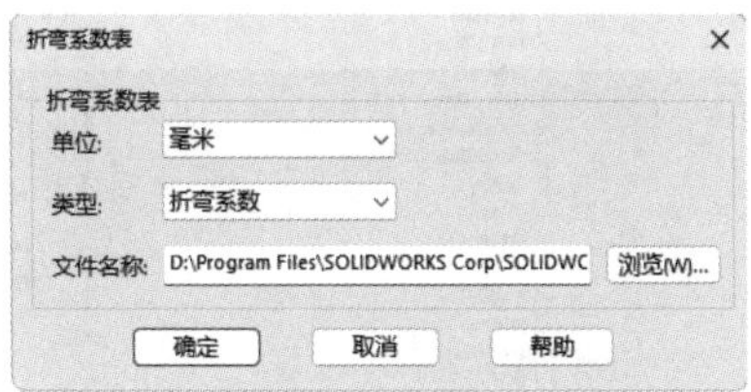

图 5-4　“折弯系数表”对话框

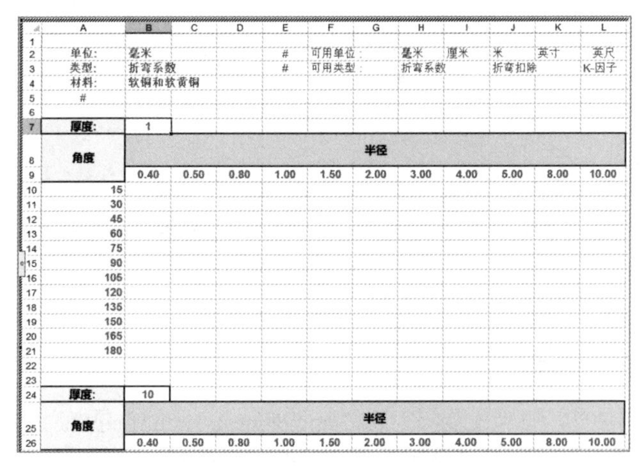

图 5-5　折弯系数表电子表格

5.3　钣金特征引用

本节介绍启动钣金工具的几种方法。

5.3.1　启用钣金特征工具栏

启动 SOLIDWORKS 2024 后，选择菜单栏中的“工具”→“自定义”命令，系统弹出图 5-6 所示的“自定义”对话框。在该对话框中单击工具栏中的“钣金”按钮，然后单击“确定”按钮。在 SOLIDWORKS 用户界面右侧将显示钣金工具栏，如图 5-7 所示。

图 5-6　“自定义”对话框

图 5-7　钣金工具栏

5.3.2　钣金菜单

选择菜单栏中的“插入”→“钣金”命令，可以弹出“钣金”下拉菜单，如图 5-8 所示。

图 5-8　“钣金”下拉菜单

5.3.3　钣金选项卡

启动 SOLIDWORKS 2024 后，新建一个零件文件，在选项卡空白处右击，弹出图 5-9 所示的快捷菜单，勾选“钣金”复选框，则打开“钣金”选项卡，如图 5-10 所示。

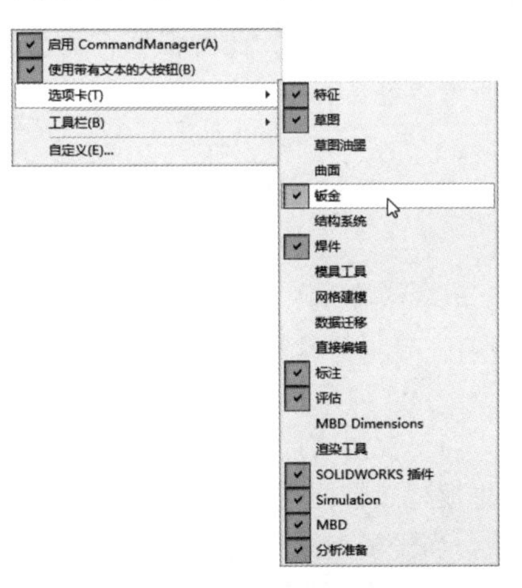

图 5-9　勾选“钣金”复选框

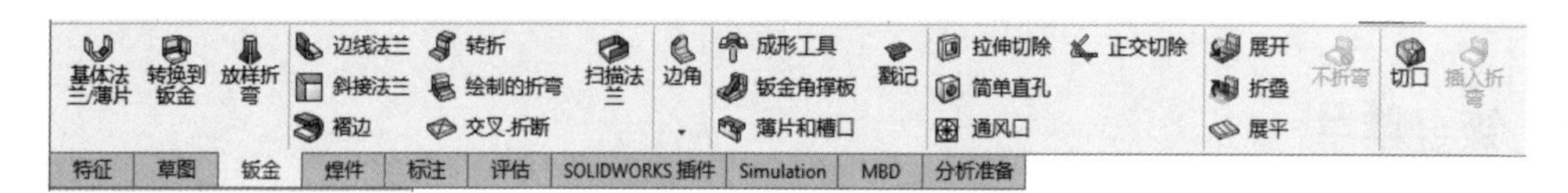

图 5-10 “钣金”选项卡

5.4 转换钣金特征

用户可以使用特定的钣金特征快速生成钣金实体。但在某些情况下，当设计需要某些类型的几何体时，也可以使用非钣金特征工具，然后插入折弯或将零件转换为钣金。使用钣金进行设计时，考虑设计零件的最佳方案很重要。虽然使用非钣金特征（如拉伸和抽壳），然后插入折弯或将零件转换为钣金可能更快捷。

使用 SOLIDWORKS 2024 软件进行钣金件设计，常用的方法基本上有以下两种。

（1）使用钣金特有的特征生成钣金件。这种设计方法直接考虑作为钣金件开始建模，从最初的基体法兰特征开始，利用了钣金设计软件的所有功能和特殊工具、命令与选项。对于几乎所有的钣金件而言，这是最佳的方法。因为用户从最初设计阶段开始就生成钣金件，所以避免了多余步骤。

（2）将实体零件转换为钣金件。在设计钣金件的过程中，可以按照常见的设计方法设计零件实体，然后将其转换为钣金件；也可以在设计过程中先将零件展开，以便应用钣金的特定特征。由此可见，将一个已有的零件实体转换为钣金件是本方法的典型应用。

5.4.1 使用基体-法兰创建钣金特征

使用（基体法兰/薄片）命令生成一个钣金件后，钣金特征将出现在图 5-11 所示的属性管理器中。

该属性管理器包含 3 个特征，分别代表钣金的 3 个基本操作。

（1）（钣金）特征：包含钣金件的定义。此特征保存了整个零件的默认折弯参数信息，如折弯半径、折弯系数、自动切释放槽（预切槽）比例等。

（2）（基体-法兰 1）特征：该项是钣金件的第一个实体特征，包括深度和厚度等信息。

（3）（平板型式）特征：在默认情况下，当零件处于折弯状态时，平板型式特征是被压缩的，将该特征解除压缩即展开钣金件。

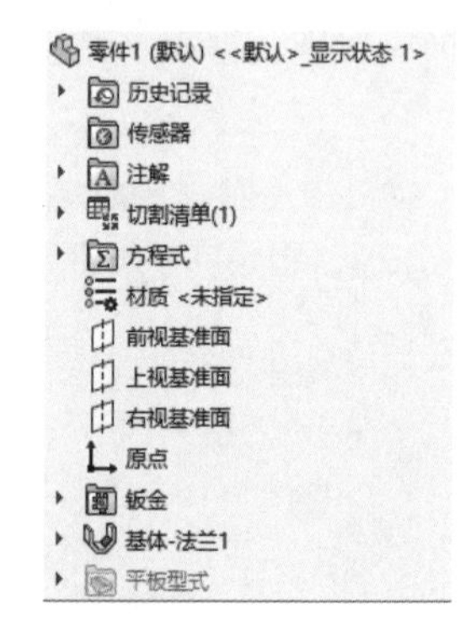

图 5-11 钣金特征 1

在 FeatureManager 设计树中，当平板型式特征被压缩时，添加到零件的所有新特征均自动插入平板型式特征的上方。

在 FeatureManager 设计树中，当平板型式特征解除压缩后，新特征插入平板型式特征的下方，并且不在折叠零件中显示。

5.4.2 将零件转换为钣金特征

使用“转换到钣金”工具，可以通过转换实体或曲面实体生成钣金零件。生成钣金零件后，可以将所有钣金特征应用到零件上。

以下实体可以转换为钣金。

（1）SOLIDWORKS 创建的实体零件。

（2）导入的其他格式的钣金类零件。要求导入的零件必须具有固定厚度，如果转换的零件有成形特征，该成形特征会被删除。用户可以在转换后重新应用该特征。可导入的零件格式如图 5-12 所示。

单击“钣金”选项卡中的“转换到钣金”按钮，系统弹出“转换到钣金”属性管理器，如图 5-13 所示。该属性管理器中部分选项的含义如下。

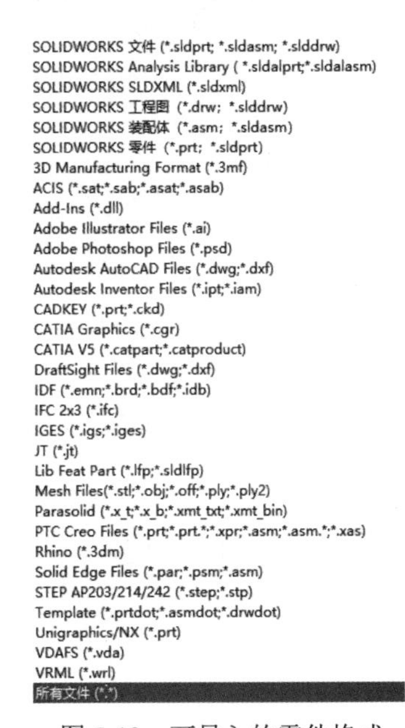

图 5-12 可导入的零件格式

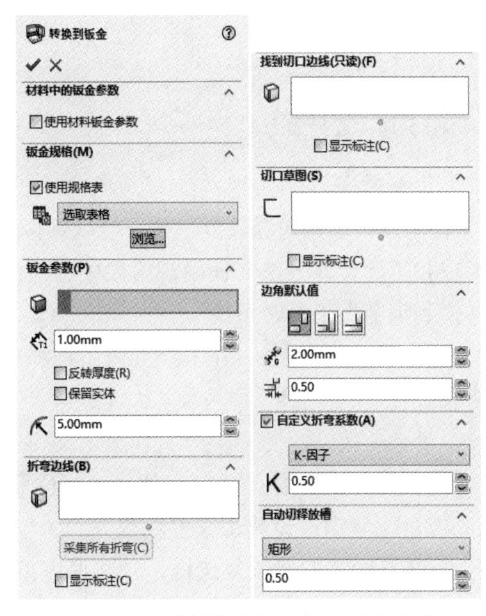

图 5-13 “转换到钣金”属性管理器

（1）使用材料钣金参数：勾选该复选框，则使用附加到选定材料的钣金参数。当用户将自定义材料分配给钣金零件时，可以将钣金参数链接到材料。如果更改材料，钣金参数也将相应更新。

注意：

若想使用材料钣金参数，则必须提前设置好材料的钣金参数。

材料钣金参数的设置步骤如下。

1）在 FeatureManager 设计树中选择“材质”选项并右击，在弹出的快捷菜单中选择“编辑材料”命令，如图 5-14 所示。

2）系统弹出“材料”对话框，选择一种自定义材料，单击“钣金”选项卡，设置材料钣金参数，如图 5-15 所示。

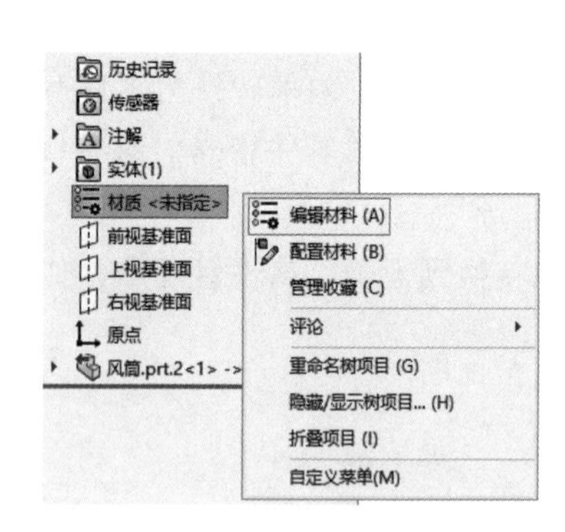

图 5-14　选择命令

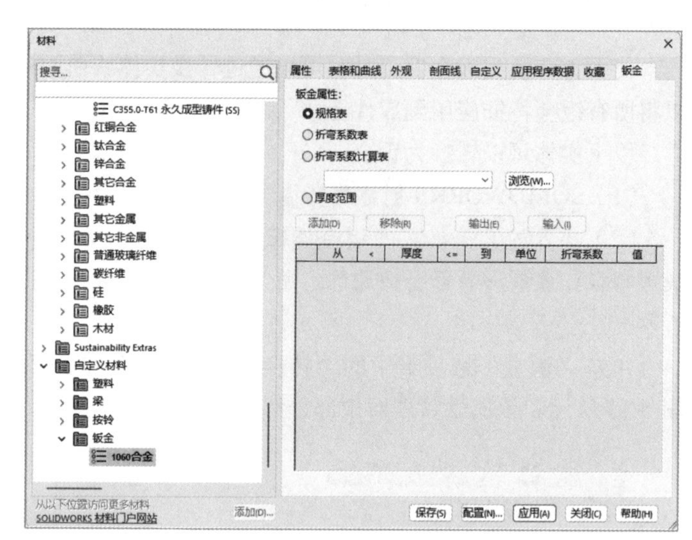

图 5-15　设置材料钣金参数

（2）钣金规格。

1）使用规格表：勾选该复选框，可以选取规格表作为钣金特征的基准。钣金参数（材料厚度、折弯半径和折弯计算方法）使用规格表中存储的值，除非用户将这些值覆盖。该选项仅在第一次使用“转换到钣金”工具时可用。

2）规格表 K-因子：在下拉列表中选择规格表，如图 5-16 所示，或者单击“浏览”按钮，选择规格表。

（3）钣金参数。

1）选取固定实体：选取零件展开时位置保持不变的面。只能选择一个面。

2）钣金厚度：设置钣金厚度值。

3）反转厚度：勾选该复选框，则将厚度方向反向。

4）保留实体：勾选该复选框，则保留原始实体。

5）折弯的默认半径：设置折弯半径值。

（4）折弯边线。

1）选取代表折弯的边线/面：显示选择的折弯边线。

2）采集所有折弯：当有预先存在的折弯时（例如，在输入的零件中），单击该按钮，查找零件中所有合适的折弯。

3）显示标注：勾选该复选框，为折弯边线在绘图区中显示标注。

（5）找到切口边线（只读）。

1）自动找到切口边线：选取折弯边线时，会自动选取相应的切口边线。

2）显示标注：勾选该复选框，为切口边线在绘图区中显示标注。

（6）切口草图。

1）选取草图以添加切口：选择 2D 或 3D 草图定义所需的切口。

2）显示标注：勾选该复选框，为切口边线在绘图区中显示标注。

（7）边角默认值。

1）切口类型：包括明对接、重叠、欠重叠。

2）所有切口的默认缝隙：定义切口宽度。

3）所有切口的默认重叠比率：为重叠和欠重叠切口设置材料长度。

（8）自定义折弯系数：勾选该复选框，则需为折弯系数设定一数值。

（9）自动切释放槽：插入折弯时，软件会自动在需要的位置添加释放槽切除。

1）释放槽类型：选择要添加的释放槽切除类型，包括矩形、矩圆形和撕裂形。

2）释放槽比例：如果选取了矩形或矩圆形，则必须设定释放槽比例。在以下方程式中，距离 d 代表自动释放槽切除的宽度，以及它延伸到折弯区域外的深度。

$$释放槽比例 = d/零件厚度$$

释放槽比例的值必须介于 0.05 和 2 之间。比例值越高，插入折弯时添加的释放槽切除的尺寸就越大。

将已经生成的零件转换为钣金特征时，FeatureManager 设计树如图 5-17 所示。

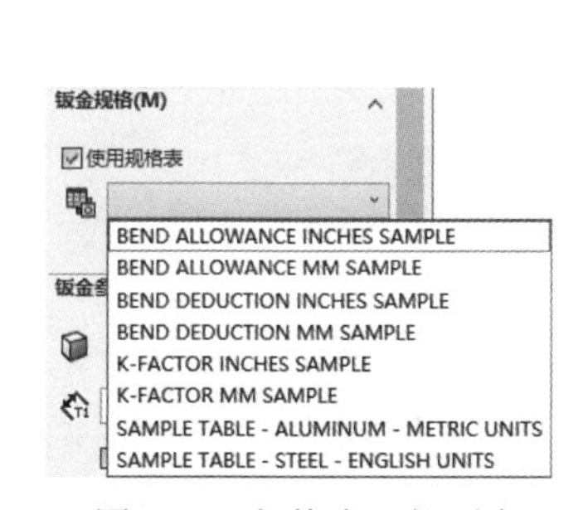

图 5-16　规格表下拉列表

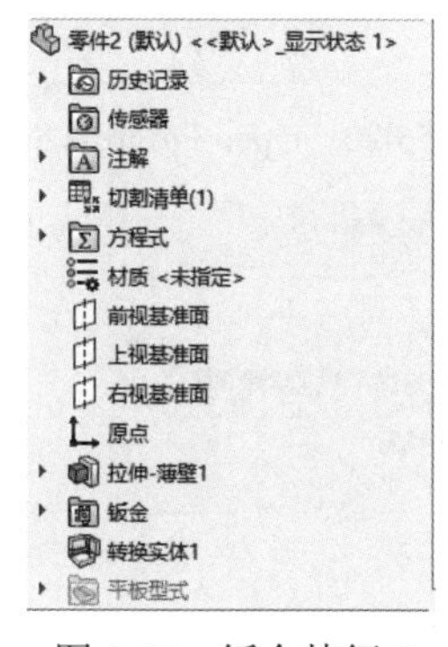

图 5-17　钣金特征 2

扫一扫，看视频

动手学——转换手机支架为钣金件

本例将 Creo 文件“手机支架”导入 SOLIDWORKS 中，并将其转换为钣金件，如图 5-18 所示。

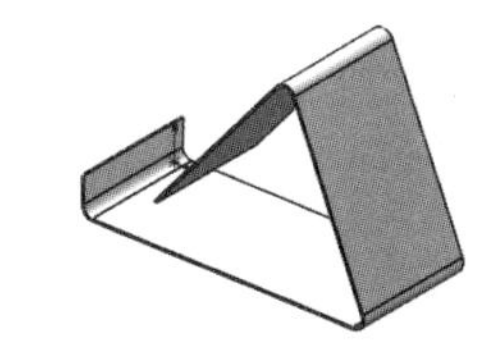

图 5-18　手机支架

【操作步骤】

（1）打开 Creo 文件。单击“快速访问”工具栏中的“打开”按钮，系统弹出“打开”对话框，选择“手机支架.prt”源文件，如图 5-19 所示。单击“打开”按钮，系统弹出 Open Progress 对话框，显示系统正在读取模型，如图 5-20 所示。读取完成，系统弹出 SOLIDWORKS 对话框，如图 5-21 所示。单击“是（Y）”按钮，系统弹出“输入诊断”属性管理器，如图 5-22 所示。从该属性管理器中可以看出，几何体中无错误或缝隙存留，单击“确定”按钮，打开“手机支架.prt”源文件，如图 5-23 所示。

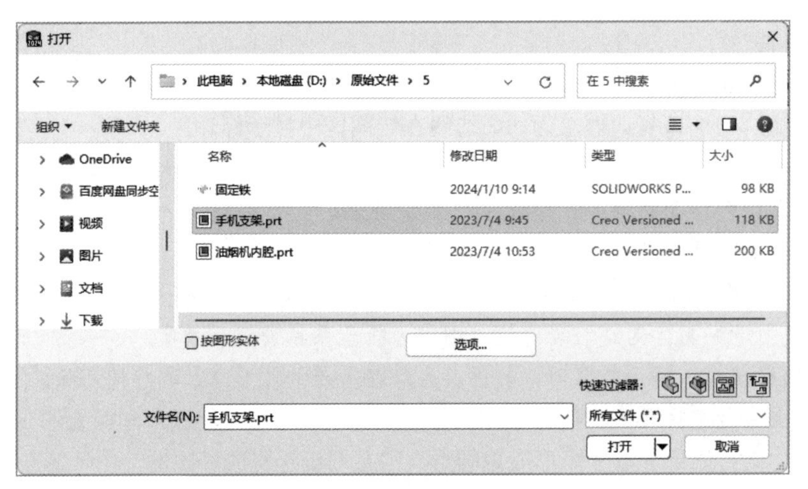

图 5-19　“打开”对话框

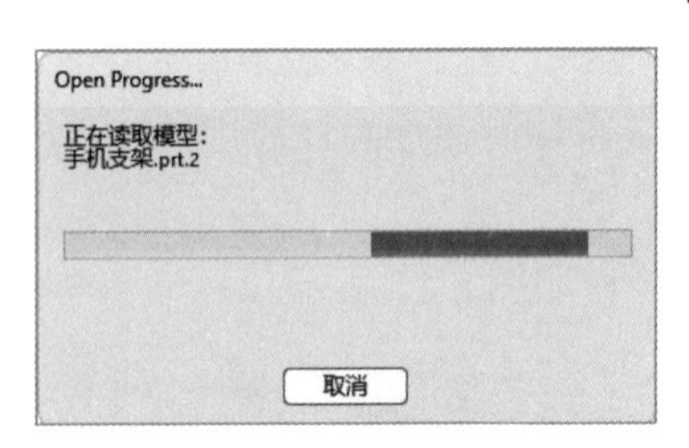

图 5-20　Open Progress 对话框　　图 5-21　SOLIDWORKS 对话框

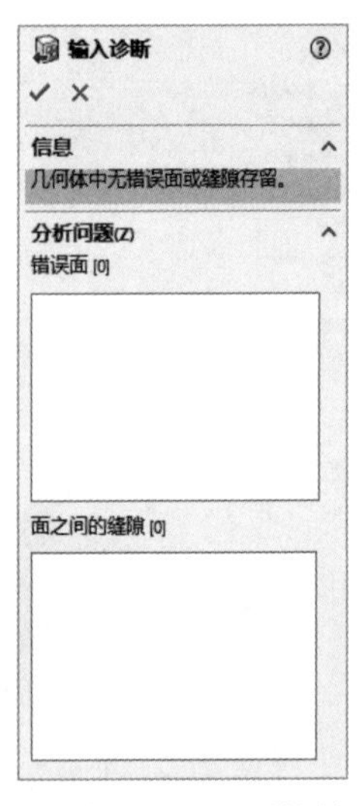

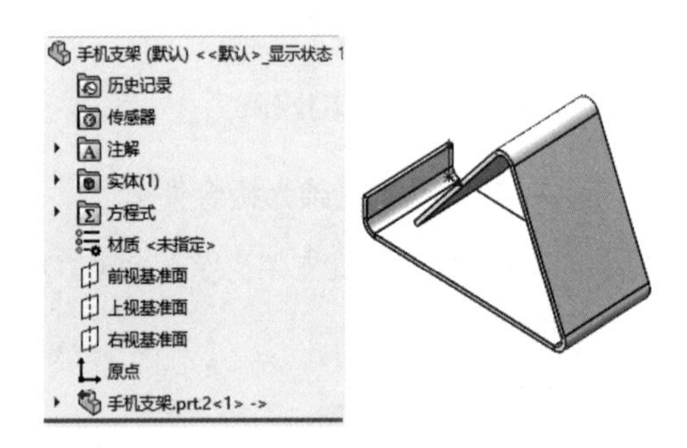

图 5-22　“输入诊断”属性管理器　　图 5-23　“手机支架.prt”源文件

（2）转换到钣金。单击“钣金”选项卡中的“转换到钣金”按钮，系统弹出“转换到钣金”属性管理器，❶选择面 1 作为固定面，❷单击“采集所有折弯”按钮，❸设置厚度值为 1.5mm，❹勾选“反转厚度”复选框，❺设置折弯半径为 8mm，如图 5-24 所示，❻单击“确定”按钮✔，结果如图 5-25 所示。

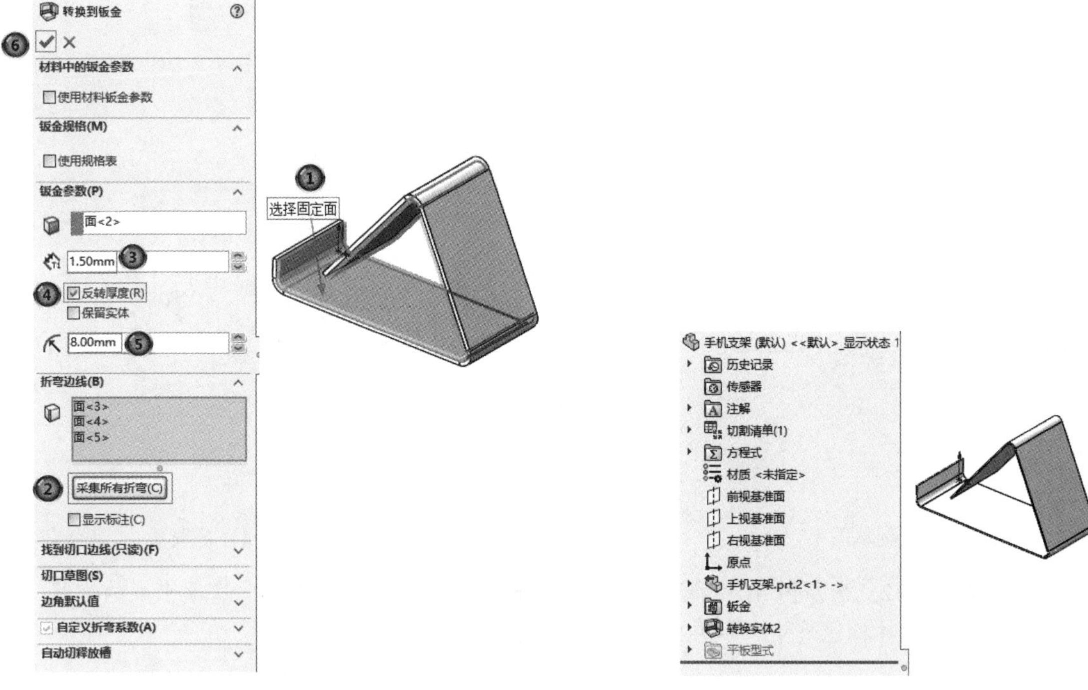

图 5-24　设置转换到钣金参数　　　　图 5-25　转换结果

动手学——转换零件为钣金件

扫一扫，看视频

本例将绘制好的固定铁零件转换为钣金件，如图 5-26 所示。

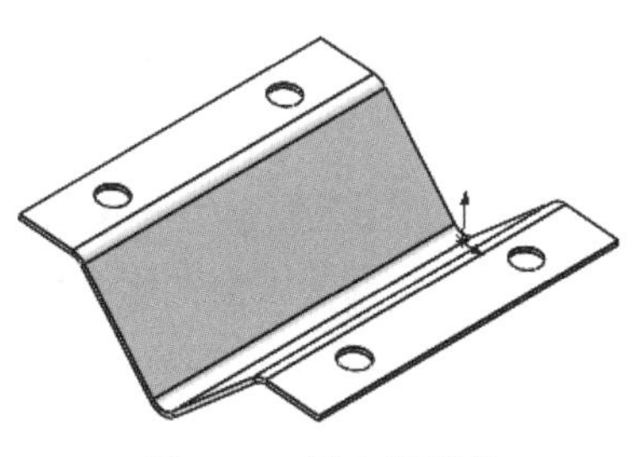

图 5-26　固定铁零件

【操作步骤】

（1）新建文件。单击“快速访问”工具栏中的“新建”按钮，或选择菜单栏中的“文件”→“新建”命令，在弹出的“新建 SOLIDWORKS 文件”对话框中单击“零件”按钮，然后单击“确定”按钮，创建一个新的零件文件。

（2）绘制草图 1。在 FeatureManager 设计树中选择“前视基准面”作为草绘平面，单击“草图”选项卡中的“直线”按钮，绘制草图，并标注智能尺寸，如图 5-27 所示。

（3）创建拉伸薄壁实体 1。单击“特征”选项卡中的“拉伸凸台/基体”按钮，选择草图 1，系统弹出“凸台-拉伸”属性管理器，设置拉伸深度为 70mm，系统自动勾选“薄壁特征”复选框，设置厚度为 1mm，如图 5-28 所示。单击“确定”按钮，结果如图 5-29 所示。

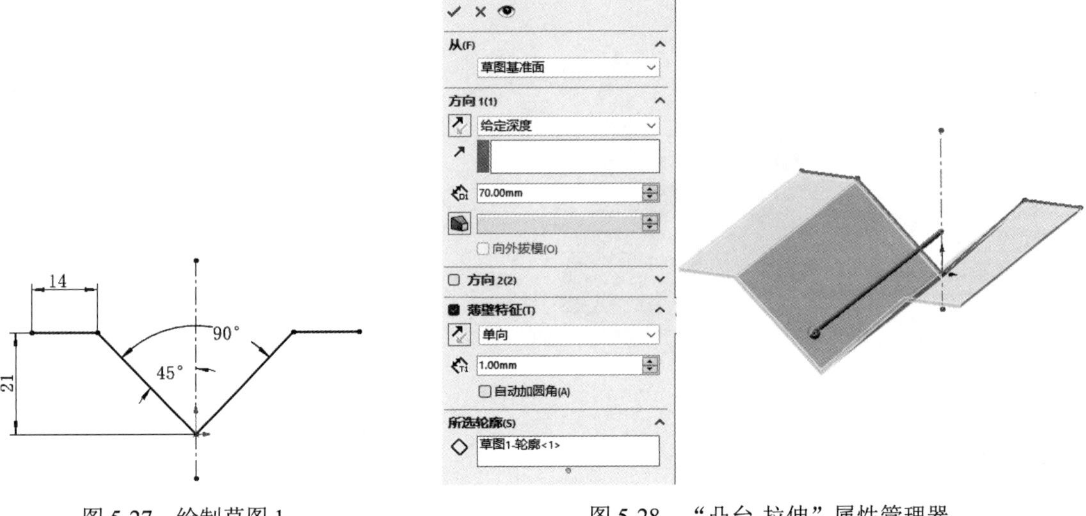

图 5-27　绘制草图 1　　　　图 5-28　“凸台-拉伸”属性管理器

（4）绘制草图 2。选择图 5-29 所示的面作为草绘基准面，单击“草图”选项卡中的“圆”按钮，绘制草图 2 并标注尺寸，如图 5-30 所示。

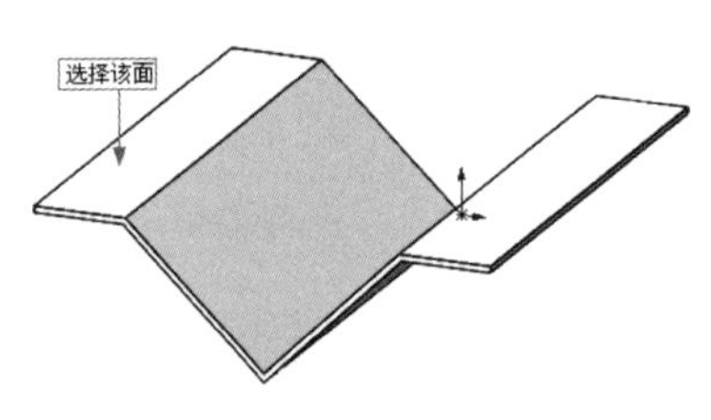

图 5-29　拉伸实体 1

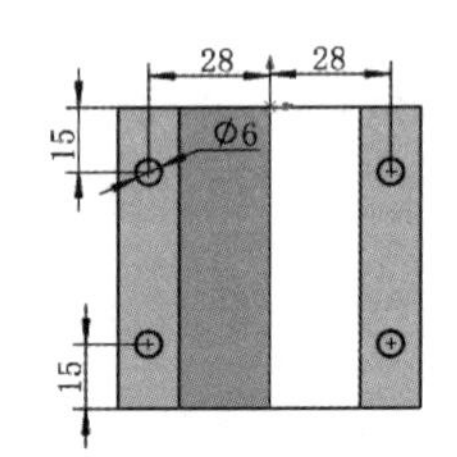

图 5-30　绘制草图 2

（5）创建拉伸切除特征。单击“特征”选项卡中的“拉伸切除”按钮，在 FeatureManager 设计树中选择草图 2，系统弹出“切除-拉伸”属性管理器，将深度设置为“完全贯穿”，如图 5-31 所示。单击“确定”按钮，结果如图 5-32 所示。

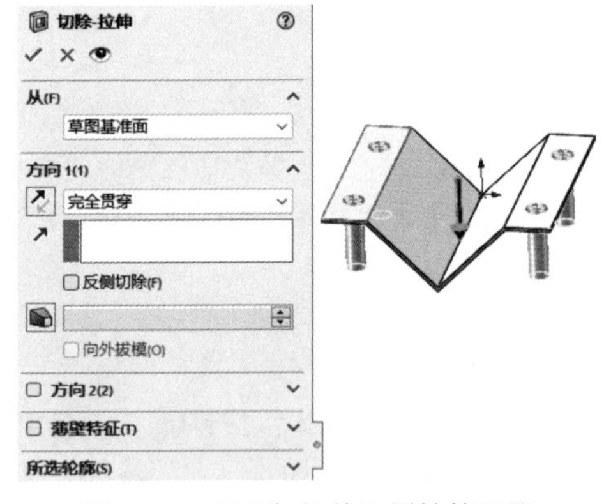

图 5-31　“切除-拉伸”属性管理器

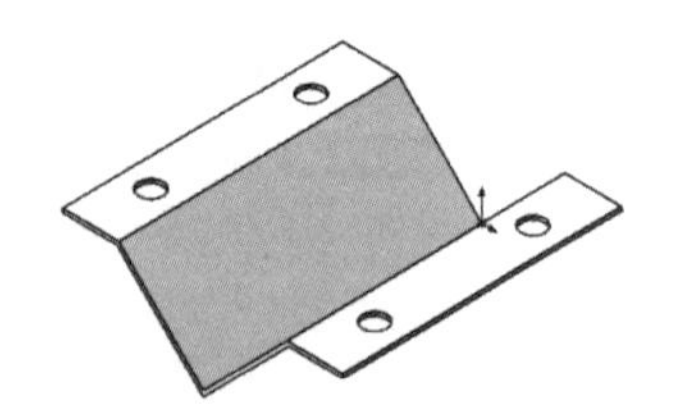

图 5-32　拉伸切除结果

（6）转换到钣金。单击“钣金”选项卡中的“转换到钣金”按钮，系统弹出“转换到钣金”属性管理器，❶选择面 1 作为固定面，❷在绘图区选择边线 1、❸边线 3 和❹边线 2 作为折弯边线，❺设置厚度值为 1mm，❻折弯半径为 3mm，如图 5-33 所示。❼单击“确定”按钮✔，结果如图 5-34 所示。

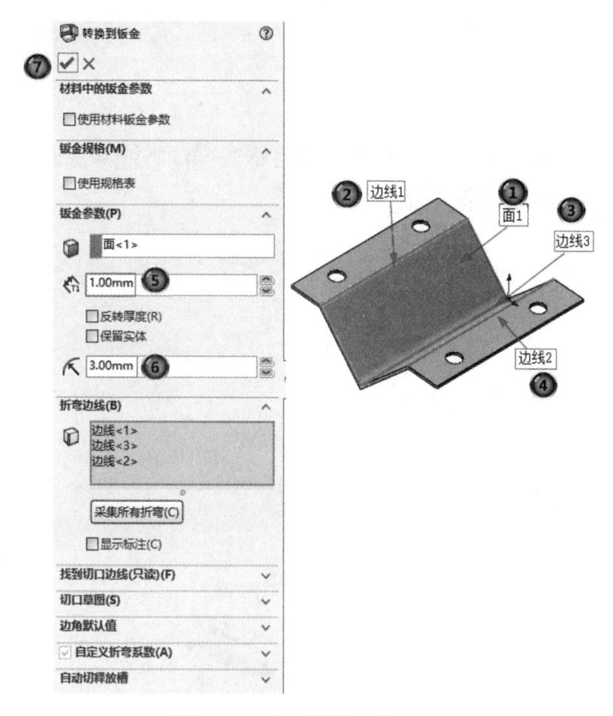

图 5-33　设置转换到钣金参数

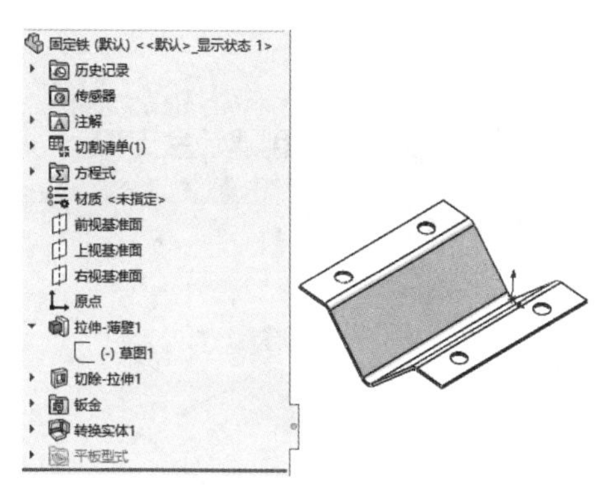

图 5-34　转换结果

第6章 钣 金 设 计

内容简介

本章简要介绍了 SOLIDWORKS 钣金设计的一些基本操作，是用户进行钣金操作必须掌握的基础知识。本章的主要目的是使读者了解钣金设计的概况，熟习钣金设计操作。

内容要点

- 钣金特征
- 展平和折叠
- 边角
- 综合实例——创建钣金支架

案例效果

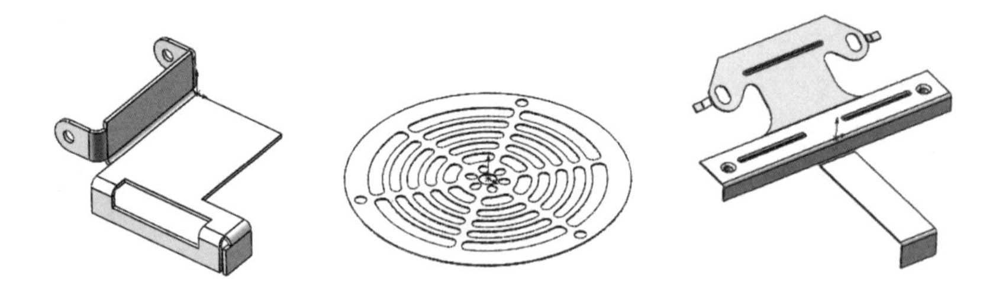

6.1 钣 金 特 征

在 SOLIDWORKS 软件系统中，钣金零件是实体模型中结构比较特殊的一种，具有带圆角的薄壁特征，整个零件的壁厚都相同，折弯半径都是选定的半径值；在设计过程中如需添加释放槽，软件能够自动添加。SOLIDWORKS 为了满足这类需求，定制了特殊的钣金工具，以用于钣金设计。

6.1.1 基体法兰特征

基体法兰是钣金零件的第一个特征，用于生成钣金零件的基体特征。它通过指定的折弯半径增加折弯，与拉伸特征相似，但提供了更多的灵活性。折弯添加到适当位置，并且特定的钣金特征被添加到 FeatureManager 设计树中。

基体法兰特征是从草图生成的。草图可以是单一开环草图轮廓、单一闭环草图轮廓或多重封闭轮廓，如图 6-1 所示。

（1）单一开环草图轮廓：单一开环草图轮廓可用于拉伸、旋转、剖面、路径、引导线以及钣金。典型的单一开环草图轮廓用直线或其草图实体绘制。

（2）单一闭环草图轮廓：单一闭环草图轮廓可用于拉伸、旋转、剖面、路径、引导线以及钣金。典型的单一闭环草图轮廓是用圆、方形、闭环样条曲线以及其他封闭的几何形状绘制的。

（3）多重封闭轮廓：多重封闭轮廓可用于拉伸、旋转以及钣金。如果有一个以上的轮廓，其中一个轮廓必须包含其他轮廓。典型的多重封闭轮廓是用圆、矩形以及其他封闭的几何形状绘制的。

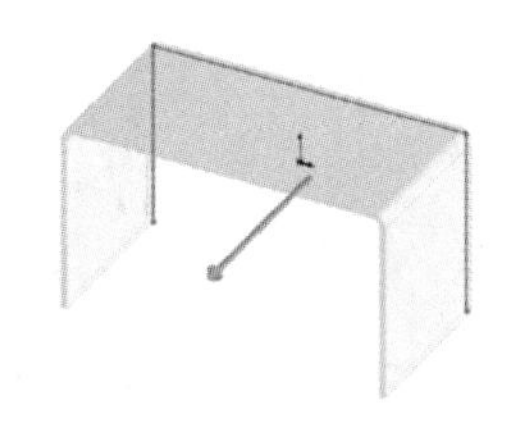

（a）基于单一开环草图轮廓生成基体法兰

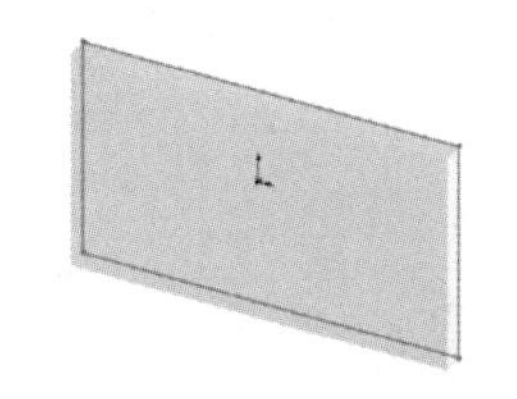

（b）基于单一闭环草图轮廓生成基体法兰

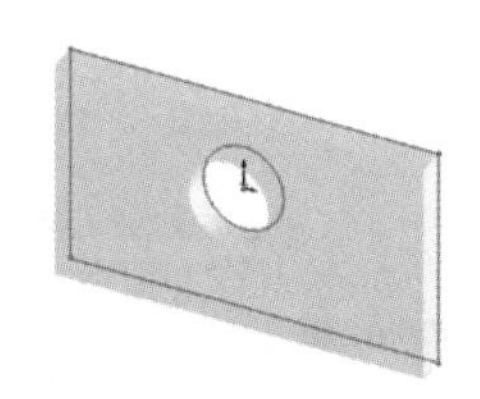

（c）基于多重封闭轮廓生成基体法兰

图 6-1　基体法兰示例

注意：

在一个 SOLIDWORKS 零件中只能有一个基体法兰特征，且样条曲线对于包含开环草图轮廓的钣金为无效的草图实体。

在进行基体法兰特征设计过程中，开环草图作为拉伸薄壁特征处理，封闭的草图则作为展开的轮廓处理。如果用户需要从钣金零件的展开状态开始设计钣金零件，可以使用封闭的草图建立基体法兰特征。

【执行方式】

- 工具栏：单击“钣金”工具栏中的“基体法兰/薄片”按钮。
- 菜单栏：选择菜单栏中的“插入”→“钣金”→“基体法兰”命令。
- 选项卡：单击“钣金”选项卡中的“基体法兰/薄片”按钮。

【选项说明】

执行上述操作，系统弹出“基体法兰”属性管理器，如图 6-2 所示。该属性管理器中部分选项的含义如下。

（1）终止条件：设置延伸的方式，有以下几种方式。

1）给定深度：选择该种方式延伸法兰，需要设置深度值。

2）成形到顶点：选择该种方式延伸法兰，需要在绘图区选择一个顶点。

3）成形到面：在绘图区选择一个要延伸到的面或基准面。

4）到离指定面指定的距离：在绘图区选择一个面或基准面，然后设置等距距离。

5）两侧对称：向两侧对称拉伸，需要设置深度值。

（2）钣金参数。

1）厚度：指定钣金厚度。

2）反向：勾选该复选框，在相对方向加厚草图。

3）对称：勾选该复选框，将相等数量的材料添加到草图的两侧。

4）折弯半径：指定折弯半径值。

（3）折弯系数：设置折弯系数类型。在“折弯系数”选项中，用户可以选择5种类型的折弯系数表。

1）折弯系数表：折弯系数表是一种指定材料（如钢和铝等）的表格，它包含基于板厚和折弯半径的折弯运算。折弯系数表是一个Excel表格文件，其扩展名为.xls。选择菜单栏中的“插入”→“钣金”→“折弯系数表”→“从文件”命令，可以在当前的钣金零件中添加折弯系数表，也可以在钣金特征PropertyManager属性管理器中的“折弯系数”下拉列表中选择“折弯系数表”，然后选择指定的折弯系数表，或单击“浏览”按钮使用其他的折弯系数表，如图6-3所示。

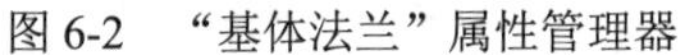

图6-2 “基体法兰”属性管理器

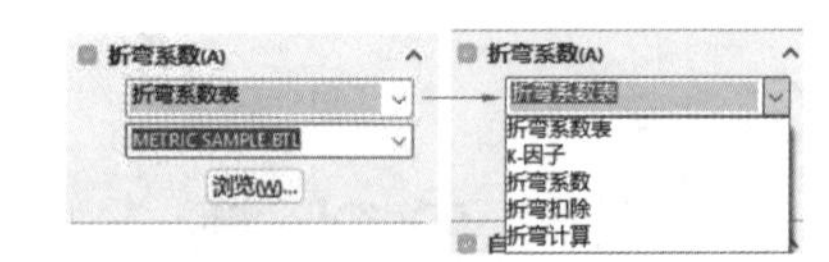

图6-3 选择“折弯系数表”

2）K-因子：K-因子在折弯计算中是一个常数，它是内表面到中性面的距离与材料厚度的比率。

3）折弯系数和折弯扣除：可以根据用户的经验和工厂的实际情况给定一个实际的数值。

如果选择了“K-因子”“折弯系数”“折弯扣除”，则需要输入一个数值。

如果选择了“折弯系数表”或“折弯计算”，则需要从列表中选择一张表，或单击“浏览”按钮浏览表格。

（4）自动切释放槽。

1）自动切释放槽类型：在“自动切释放槽”下拉列表中可以选择3种不同的释放槽类型。

➢ 矩形：在需要进行折弯释放的边上生成一个矩形切除，如图6-4（a）所示。

➢ 撕裂形：在需要撕裂的边和面之间生成一个撕裂口，而不是切除，如图6-4（b）所示。

➢ 矩圆形：在需要进行折弯释放的边上生成一个矩圆形切除，如图6-4（c）所示。

2）使用释放槽比例：勾选该复选框，则需要为比例设置一个数值；否则，需要设置“释放槽宽度”和“释放槽深度”数值，如图6-5所示。

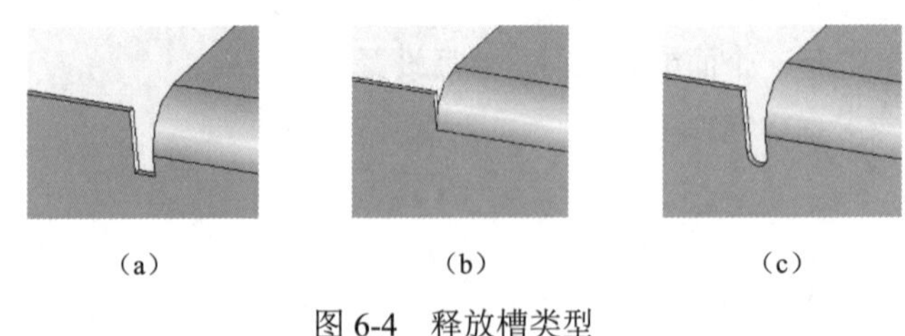

（a）　（b）　（c）

图6-4 释放槽类型

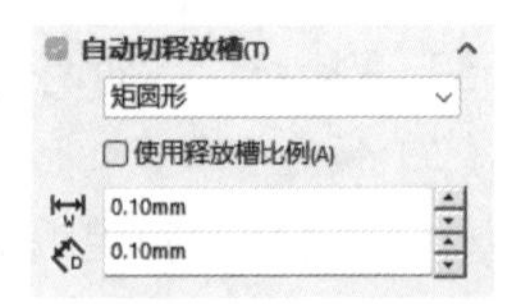

图6-5 “自动切释放槽”选项组

动手学——创建校准架基体法兰

本例创建的校准架如图 6-6 所示。

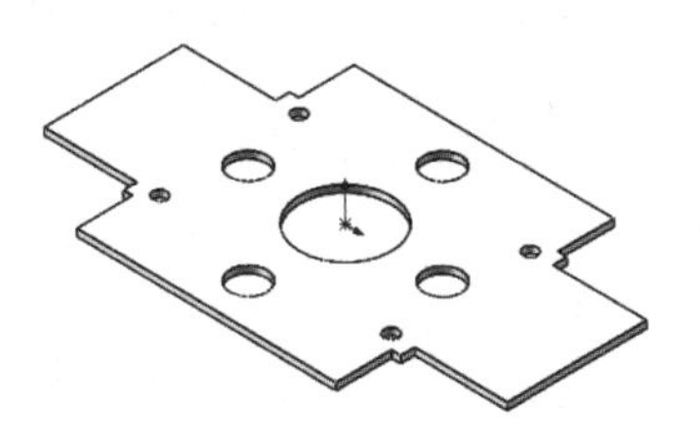

图 6-6 校准架

【操作步骤】

（1）新建文件。单击“快速访问”工具栏中的“新建”按钮，在弹出的“新建 SOLIDWORKS 文件”对话框中单击“零件”按钮，然后单击“确定”按钮，创建一个新的零件文件。

（2）绘制草图 1。在 FeatureManager 设计树中选择“上视基准面”作为草绘基准面，单击“草图”选项卡中的“直线”按钮和“圆”按钮，绘制草图，并标注尺寸，如图 6-7 所示。

（3）创建基体法兰。单击“钣金”选项卡中的“基体法兰/薄片”按钮，选择草图 1，系统弹出“基体法兰”属性管理器，❶输入厚度值为 1.50mm，其他参数采取默认值，如图 6-8 所示。❷单击“确定”按钮，创建基体法兰，如图 6-6 所示。

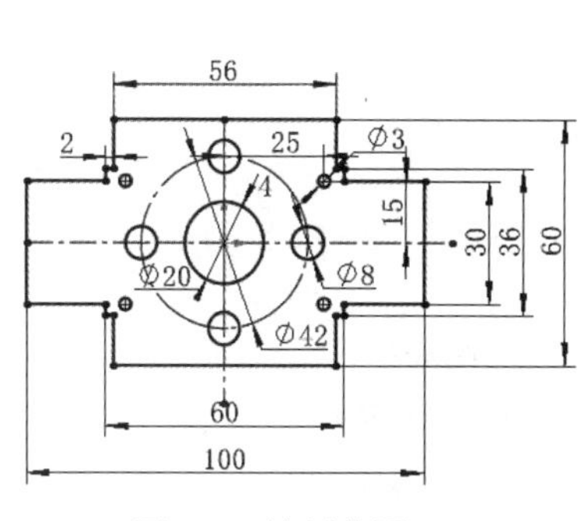

图 6-7 绘制草图 1

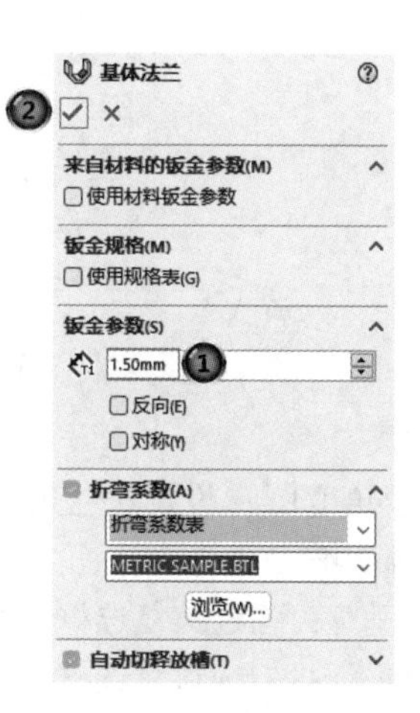

图 6-8 基体法兰参数设置

6.1.2 边线法兰

使用边线法兰特征工具可以将法兰添加到一条或多条边线。添加边线法兰时，所选边线必须为线性。系统自动将褶边厚度链接到钣金零件的厚度上。轮廓的一条草图直线必须位于所选边线上。

【执行方式】

- 工具栏：单击“钣金”工具栏中的“边线法兰”按钮。
- 菜单栏：选择菜单栏中的“插入”→“钣金”→“边线法兰”命令。

➢ 选项卡：单击“钣金”选项卡中的“边线法兰”按钮。

【选项说明】

执行上述操作，系统弹出“边线-法兰 1”属性管理器，如图 6-9 所示。该属性管理器中部分选项的含义如下。

（1）法兰参数。

1）边线：在绘图区选择边线。在多体钣金零件中要合并实体，只选取一条边线。

2）编辑法兰轮廓：单击该按钮，编辑轮廓的草图。

3）使用默认半径：勾选该复选框，则使用系统默认的半径，不能进行半径设置。

4）折弯半径：在不勾选“使用默认半径”复选框时，设置折弯半径值。

5）缝隙距离：设置缝隙值。

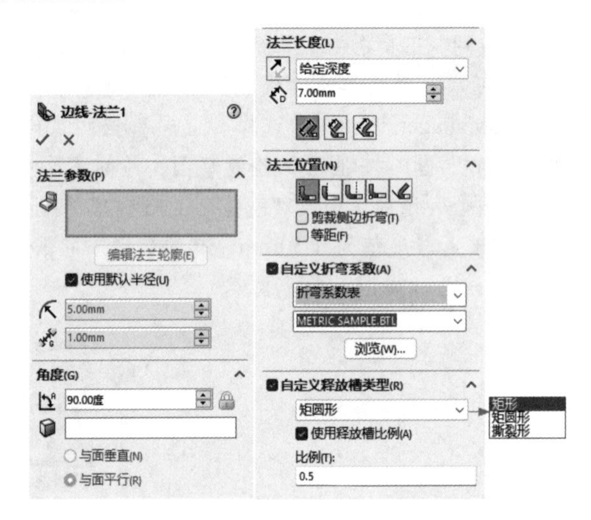

图 6-9 “边线-法兰 1”属性管理器

（2）角度。

1）法兰角度：设置法兰角度值。

2）选择面：选取一个面为法兰角度设定平行或垂直几何关系。

①与面垂直：勾选该复选框，则边线法兰设定为与选中的面垂直。

②与面平行：勾选该复选框，则边线法兰设定为与选中的面平行。

（3）法兰长度。

1）长度终止条件：设置法兰长度的定义方法。包括以下几种。

①给定深度：根据指定的长度和方向生成边线法兰。

➢ 长度：设置法兰的长度值。

➢ 设定测量原点：由外部虚拟交点、内部虚拟交点和双弯曲决定长度开始测量的位置。虚拟交点是在两个草图实体的虚拟交叉点处生成一个草图点。双弯曲选项对大于 90º 的折弯有效，用户可以使用法兰的切线长度作为长度计算的基础。

②成形到顶点：选择该选项时，“法兰长度”选项组如图 6-10 所示，生成成形到所选顶点的边线法兰，可以生成与法兰平面垂直或与基体法兰平行的边线法兰。

③成形到边线并合并：在多体零件中，将选定的边线与另一实体中的平行边线合并。在第二个实体上选择成形到参考边线，如图 6-11 所示。

➢ 设定测量原点：包括“外部虚拟交点”和“内部虚拟交点”。
➢ 选择成形到参考边线：选择一边线作为参考。该边线需要是直线，并要平行且可投影到基体边线。

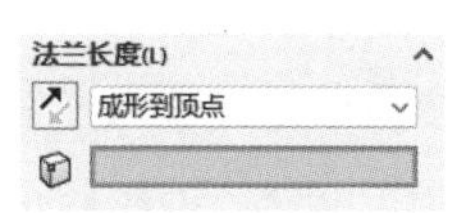

图 6-10　选择“成形到顶点”选项

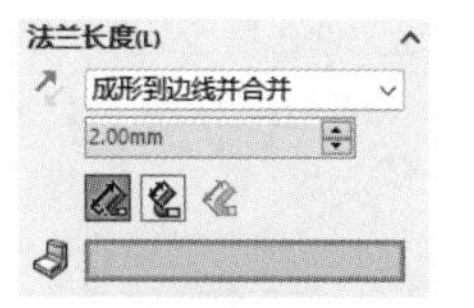

图 6-11　选择“成形到边线并合并”选项

（4）法兰位置。

1）法兰位置选项：在“法兰位置”中有 5 种选项可供选择，即“材料在内”、“材料在外”、“折弯在外”、“虚拟交点的折弯”和“与折弯相切”，不同的选项产生的法兰位置不同，如图 6-12～图 6-15 所示。

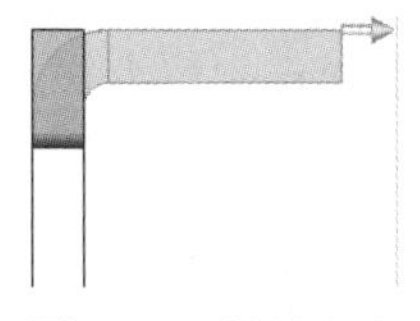
图 6-12　材料在内

图 6-13　材料在外

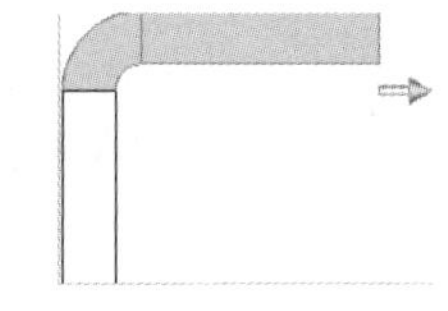
图 6-14　折弯在外

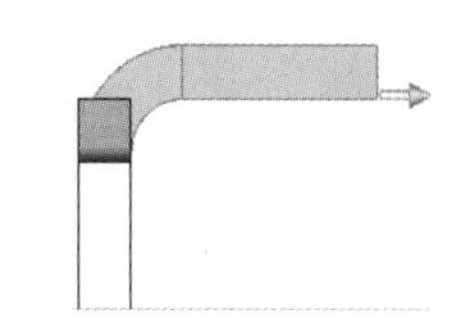
图 6-15　虚拟交点的折弯

2）剪裁侧边折弯：生成边线法兰时，如果要切除邻近折弯的多余材料，在“边线-法兰 1”属性管理器中勾选“剪裁侧边折弯”复选框，结果如图 6-16 所示。

3）等距：如果从钣金实体等距法兰，勾选“等距”复选框，然后设定等距终止条件及其相应参数，如图 6-17 所示。

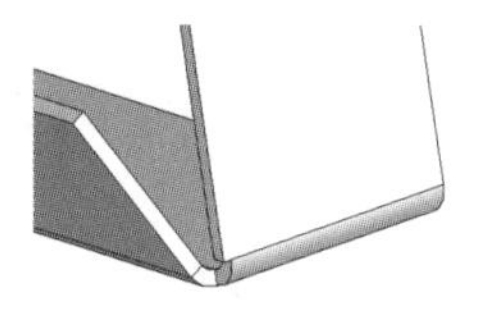
图 6-16　生成边线法兰时剪裁侧边折弯

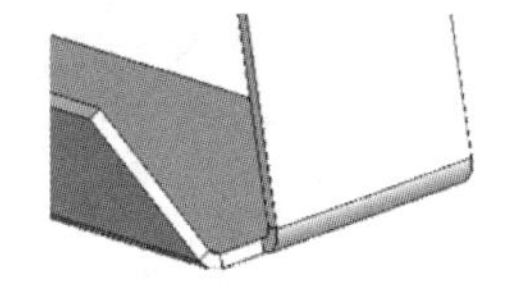
图 6-17　生成边线法兰

（5）自定义释放槽类型：系统提供的释放槽类型有矩形、矩圆形和撕裂形 3 种。

如果选择释放槽类型为“矩形”或“矩圆形”，且勾选“使用释放槽比例”复选框，则只需设置比例值；否则，需要设置“释放槽宽度”和“释放槽深度”值。如果选择释放槽类型为“撕裂形”，还需选择撕裂类型为“切口”或“延伸”。

动手学——创建支撑架的边线法兰

本例创建图 6-18 所示的支撑架的边线法兰。

扫一扫，看视频

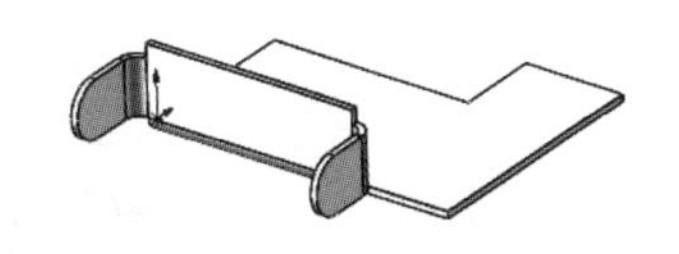
图 6-18　支撑架的边线法兰

【操作步骤】

（1）新建文件。单击“快速访问”工具栏中的“新建”按钮，在弹出的“新建 SOLIDWORKS 文件”对话框中单击“零件”按钮，然后单击“确定”按钮，创建一个新的零件文件。

（2）绘制草图 1。在 FeatureManager 设计树中选择“上视基准面”，单击“草图”选项卡中的“直线”按钮，绘制草图，并标注尺寸，如图 6-19 所示。

（3）创建基体法兰。单击“钣金”选项卡中的“基体法兰/薄片”按钮，选择草图 1，系统弹出“基体法兰”属性管理器，输入厚度值为 2mm，其他参数采取默认值，单击“确定”按钮，创建基体法兰，如图 6-20 所示。

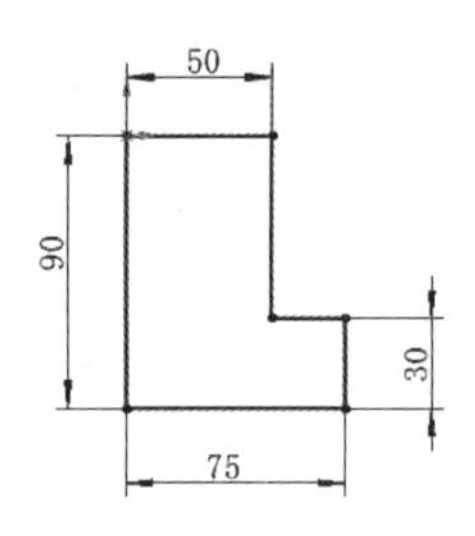

图 6-19　绘制草图 1

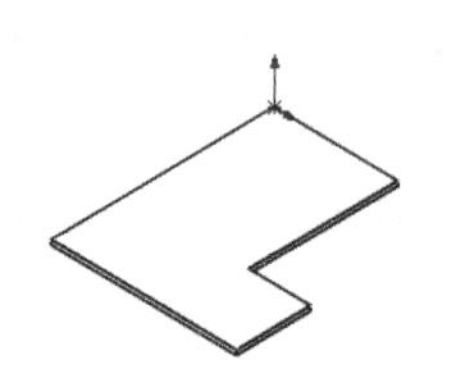

图 6-20　创建基体法兰

（4）创建边线法兰 1。单击“钣金”选项卡中的“边线法兰”按钮，系统弹出“边线-法兰”属性管理器，❶选择基体法兰的边线 1，❷单击“编辑法兰轮廓”按钮，系统弹出“轮廓草图”对话框，❸标注边线法兰的长度为 64mm，❹单击“上一步”按钮，返回“边线-法兰”属性管理器，❺取消勾选“使用默认半径”复选框，❻设置圆角半径为 2mm，❼法兰角度为 90 度，❽法兰长度设置为 24mm，❾单击“外部虚拟交点”按钮，❿法兰位置选择“折弯在外”，如图 6-21 所示。⓫单击“确定”按钮，边线法兰 1 创建完成，如图 6-22 所示。

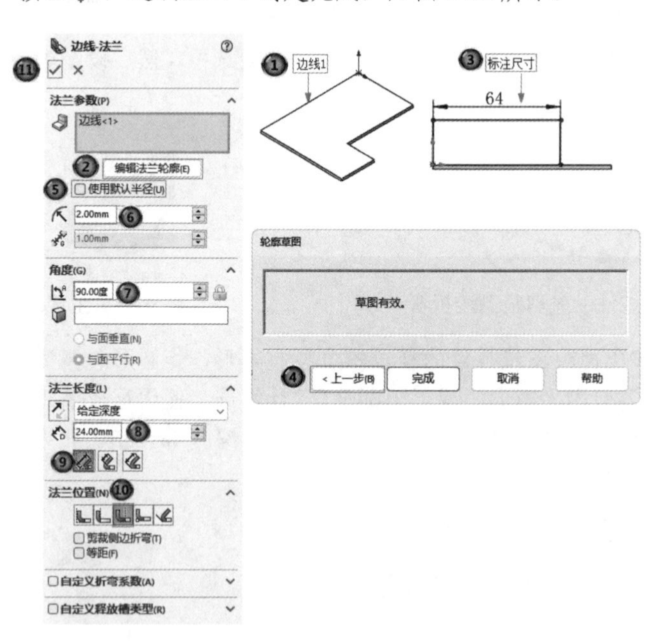

图 6-21　边线法兰 1 参数设置

（5）创建边线法兰 2。单击“钣金”选项卡中的“边线法兰”按钮，系统弹出“边线-法兰”属性管理器，选择基体法兰的边线 1 和边线 2，选中边线 1，单击“编辑法兰轮廓”按钮，系统弹出“轮廓草图”对话框，编辑草图，如图 6-23 所示。单击“上一步”按钮，返回“边线-法兰”属性管理器，再选择边线 2 进行编辑，如图 6-24 所示。单击“上一步”按钮，返回“边线-法兰”属性管理器，取消勾选“使用默认半径”复选框，设置圆角半径为 4mm，法兰角度为 90 度，法兰位置选择“折弯在外”，如图 6-25 所示。单击“确定”按钮，边线法兰 2 创建完成，如图 6-26 所示。

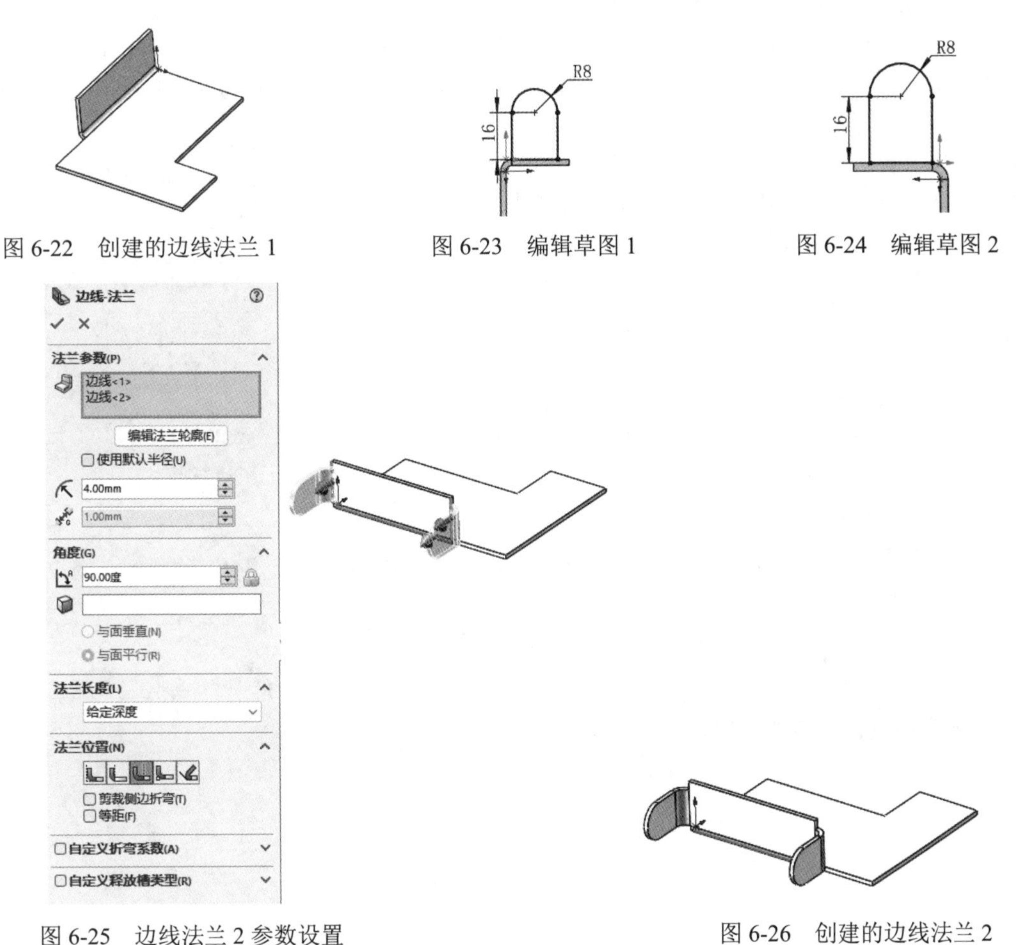

图 6-22　创建的边线法兰 1

图 6-23　编辑草图 1

图 6-24　编辑草图 2

图 6-25　边线法兰 2 参数设置

图 6-26　创建的边线法兰 2

6.1.3　斜接法兰

斜接法兰特征可将一系列法兰添加到钣金零件的一条或多条边线上。生成斜接法兰特征前，首先要绘制斜接法兰草图，斜接法兰草图可以是直线或圆弧。使用圆弧绘制草图生成斜接法兰时，圆弧不能与钣金零件厚度边线相切。如图 6-27 所示，此圆弧不能生成斜接法兰；圆弧可与长边线相切，或在圆弧和厚度边线之间放置一小段草图直线，如图 6-28 和图 6-29 所示。这样可以生成斜接法兰。

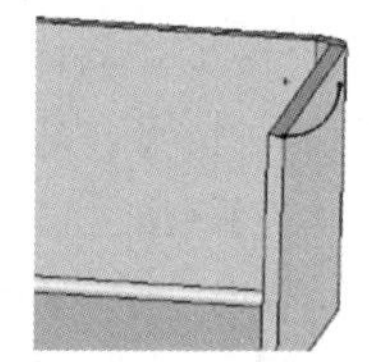

图 6-27　圆弧与厚度边线相切

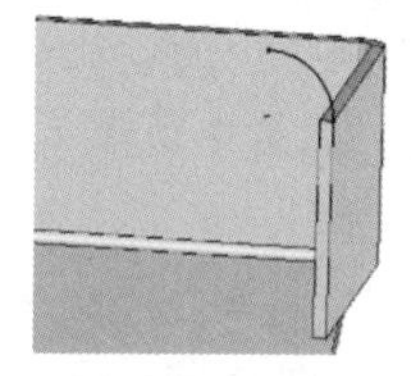

图 6-28　圆弧与长度边线相切

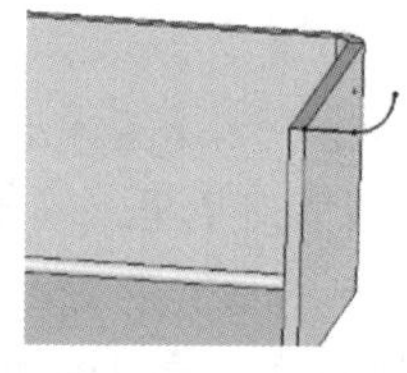

图 6-29　圆弧通过直线与厚度边线相切

斜接法兰轮廓可以包括一个以上的连续直线。例如，它可以是 L 形轮廓。草图基准面必须垂直于生成斜接法兰的第一条边线。系统自动将褶边厚度链接到钣金零件的厚度上，可以在一系列相切或非相切边线上生成斜接法兰特征，也可以指定法兰的等距，而不是在钣金零件的整条边线上生成斜接法兰。

【执行方式】

➢ 工具栏：单击“钣金”工具栏中的“斜接法兰”按钮。

➢ 菜单栏：选择菜单栏中的“插入”→“钣金”→“斜接法兰”命令。

➢ 选项卡：单击“钣金”选项卡中的“斜接法兰”按钮。

【选项说明】

执行上述操作，系统弹出“斜接法兰”属性管理器，如图 6-30 所示。该属性管理器中部分选项的含义如下。

（1）沿边线：显示绘制的边线。

（2）启始/结束处等距。

1）开始等距距离：法兰的起始位置与边线起始点的偏移距离。

2）结束等距距离：法兰的结束位置与边线终点的偏移距离。

图 6-30　“斜接法兰”属性管理器

扫一扫，看视频

动手学——创建遮罩的斜接法兰

本例创建遮罩的斜接法兰，如图 6-31 所示。

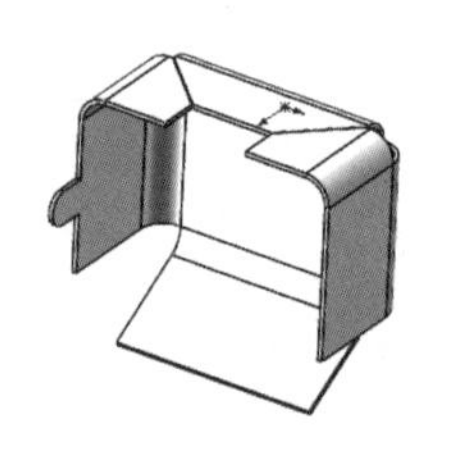

图 6-31　遮罩的斜接法兰

【操作步骤】

（1）新建文件。单击“快速访问”工具栏中的“新建”按钮，或选择菜单栏中的“文件”→“新建”命令，在弹出的“新建 SOLIDWORKS 文件”对话框中单击“零件”按钮，然后单击“确定”按钮，创建一个新的零件文件。

（2）绘制草图 1。在 FeatureManager 设计树中选择“前视基准面”作为草绘平面，单击“草图”

面板中的“直线”按钮，绘制草图，并标注智能尺寸，如图 6-32 所示。

（3）创建基体法兰。单击“钣金”选项卡中的“基体法兰/薄片”按钮，选择草图 1，系统弹出“基体法兰”属性管理器，设置深度为 35mm、厚度值为 1mm、圆角半径为 6mm，如图 6-33 所示。单击“确定”按钮，创建的基体法兰如图 6-34 所示。

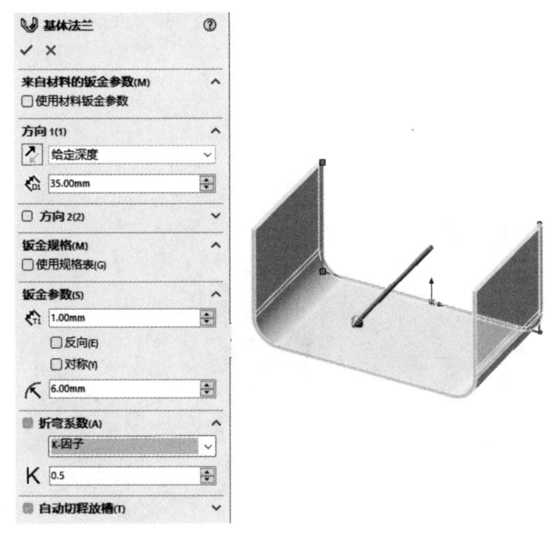

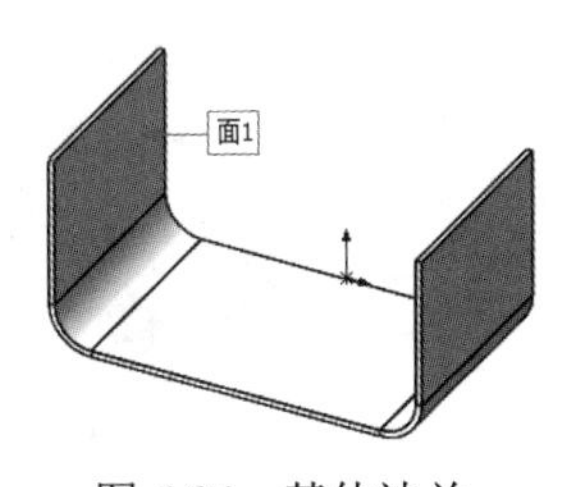

图 6-32 绘制草图 1

图 6-33 “基体法兰”属性管理器 1

（4）绘制草图 2。单击“草图”选项卡中的“直线”按钮，绘制草图并标注尺寸，如图 6-35 所示。

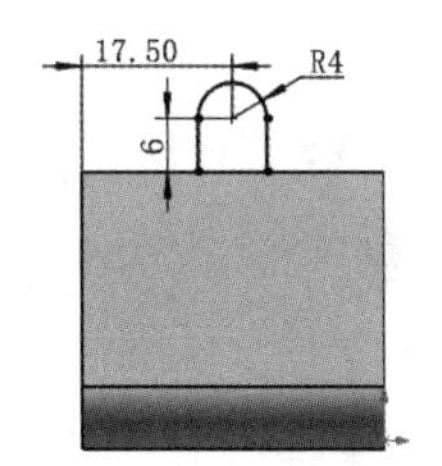

图 6-34 基体法兰

图 6-35 绘制草图 2

（5）创建薄片特征。单击“钣金”选项卡中的“基体法兰/薄片”按钮，选择草图 2，系统弹出“基体法兰”属性管理器，勾选“合并结果”复选框，如图 6-36 所示。单击“确定”按钮，创建的薄片特征如图 6-37 所示。

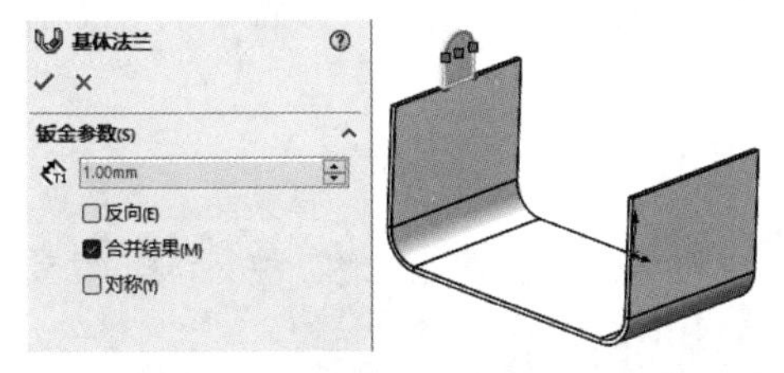

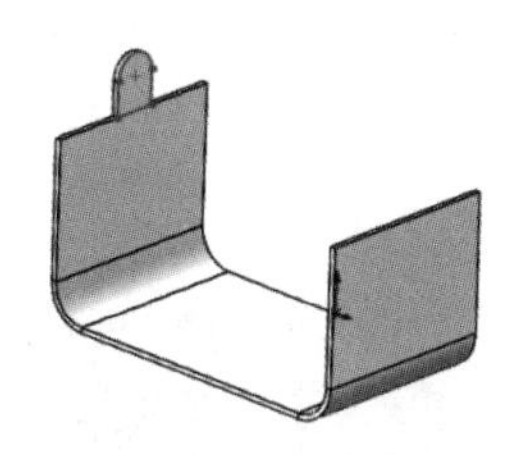

图 6-36 “基体法兰”属性管理器 2

图 6-37 薄片特征

（6）创建边线法兰。单击“钣金”选项卡中的“边线法兰”按钮，系统弹出“边线-法兰 1”属性管理器，选择基体法兰的边线 1，取消勾选“使用默认半径”复选框，设置圆角半径为 6mm，法兰角度为 30 度，法兰长度设置为 27mm，单击“外部虚拟交点”按钮，法兰位置选择“折弯在外”，如图 6-38 所示。单击“确定”按钮，边线法兰 1 创建完成，如图 6-39 所示。

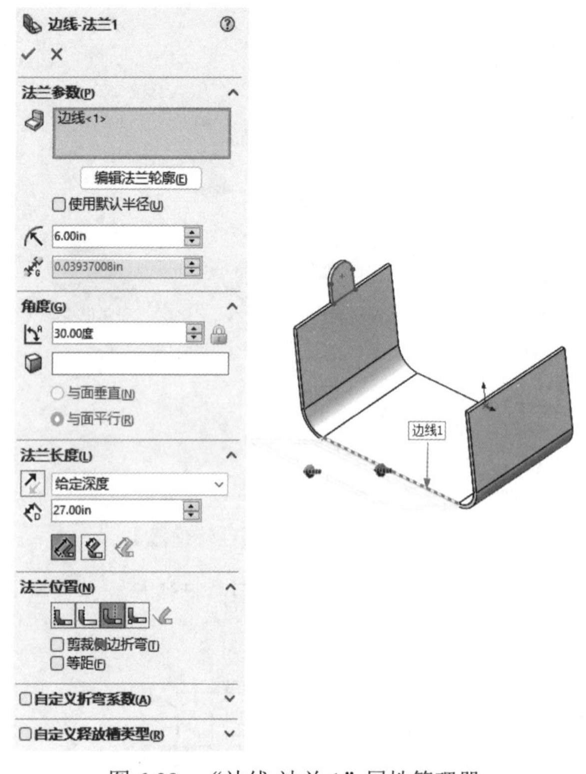

图 6-38 “边线-法兰 1”属性管理器

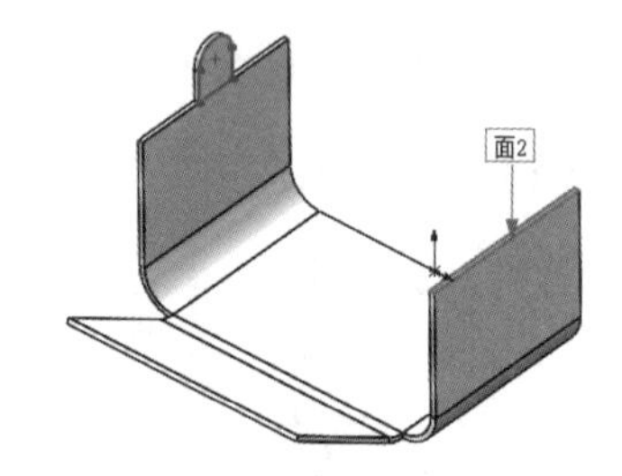

图 6-39 边线法兰 1

（7）绘制草图。选择图 6-39 中的面 2 作为草绘基准面，单击“草图”选项卡中的“直线”按钮，绘制草图，并标注尺寸，如图 6-40 所示。

（8）创建斜接法兰。单击“钣金”选项卡中的“斜接法兰”按钮，系统弹出“斜接法兰”属性管理器，❶选择步骤（7）绘制的草图，❷取消勾选“使用默认半径”复选框，❸设置半径为 5mm，❹法兰位置选择“折弯在外”，❺设置缝隙距离为 0.25mm，系统随即会选定斜接法兰特征的第一条边线，且绘图区中出现斜接法兰的预览。❻在绘图区选择钣金零件的其他边线，❼开始等距距离和结束等距距离均设置为 0mm，如图 6-41 所示。❽单击“确定”按钮，生成斜接法兰，如图 6-31 所示。

注意：

如果有必要，可为部分斜接法兰指定等距距离。在“斜接法兰”属性管理器中的“启始/结束处等距”文本框中输入“开始等距距离”和“结束等距距离”数值（如果想使斜接法兰跨越模型的整个边线，将这些数值均设置为零）。其他参数设置可以参考前文中边线法兰的讲解。

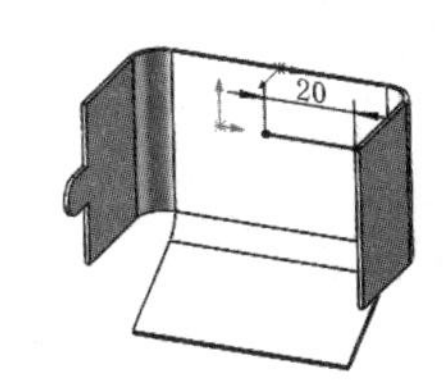

图 6-40　绘制直线草图

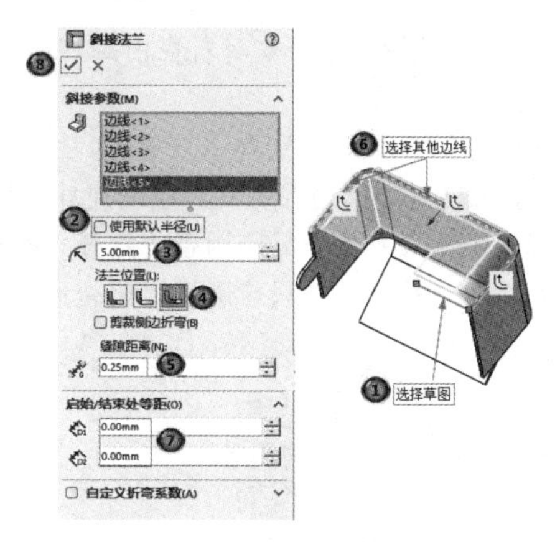

图 6-41　斜接法兰参数设置

6.1.4　褶边特征

褶边工具可将褶边添加到钣金零件的所选边线上。生成褶边特征时所选边线必须为直线，斜接边角被自动添加到交叉褶边上。如果选择多个要添加褶边的边线，则这些边线必须在同一个面上。

【执行方式】

➢ 工具栏：单击“钣金”工具栏中的“褶边”按钮。

➢ 菜单栏：选择菜单栏中的“插入”→“钣金”→“褶边”命令。

➢ 选项卡：单击“钣金”选项卡中的“褶边”按钮。

【选项说明】

执行上述操作，系统弹出“褶边”属性管理器，如图 6-42 所示。该属性管理器中部分选项的含义如下。

（1）边线：选择要添加褶边的边线。

（2）反向：调整褶边方向。

（3）编辑褶边宽度：单击该按钮，系统弹出“轮廓草图”对话框，如图 6-43 所示。使用该对话框可更改钣金零件选定边线上的褶边长度。在信息区域显示草图是否有效。

图 6-42　“褶边”属性管理器

图 6-43　“轮廓草图”对话框

（4）添加材料位置：选择“材料在内”或“折弯在外”指定添加材料的位置。

（5）类型和大小。

褶边类型共有 4 种，分别是“闭合”“打开”“撕裂形”和“滚轧”，如图 6-44～图 6-47 所示。每种类型褶边都有其对应的尺寸设置参数。“长度”参数只应用于“闭合”和“打开”类型褶边，“缝隙距离”参数只应用于“打开”类型褶边，“角度”参数只应用于“撕裂形”和“滚轧”类型褶边，“半径”参数只应用于“撕裂形”和“滚轧”类型褶边。

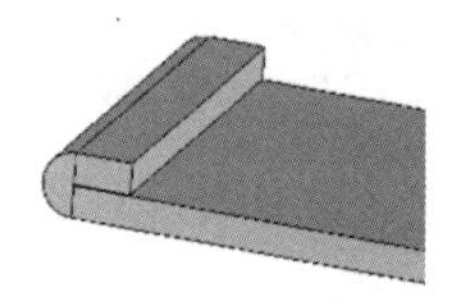

图 6-44 “闭合”类型褶边

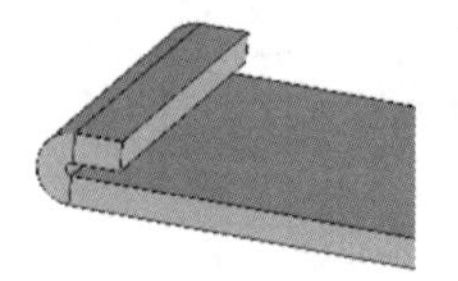

图 6-45 “打开”类型褶边

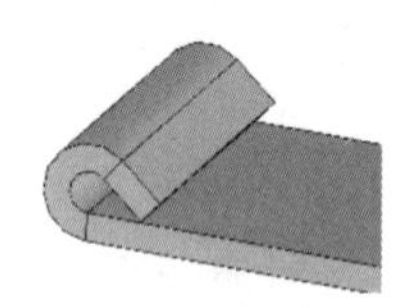

图 6-46 “撕裂形”类型褶边

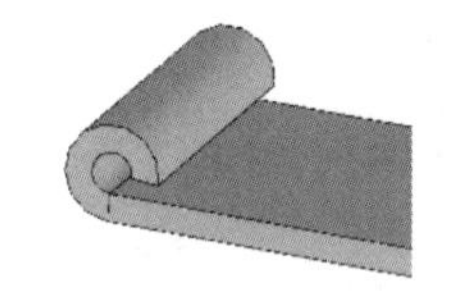

图 6-47 “滚轧”类型褶边

对于每种褶边类型均需设置参数。

1）长度：设置褶边的长度尺寸。

2）缝隙距离：设置“打开”类型褶边的两内侧边的距离。

3）角度：设置褶边弯曲角度。

4）半径：设置褶边弯曲半径。

选择多条边线添加褶边时，如图 6-48 所示，在“褶边”属性管理器中可以通过设置“斜接缝隙”数值来设定这些褶边之间的缝隙，斜接边角被自动添加到交叉褶边上。生成的“斜接缝隙”示例如图 6-49 所示。

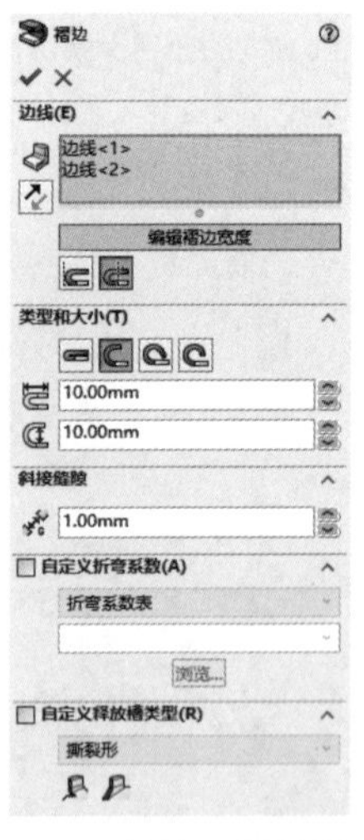

图 6-48 “褶边”属性管理器

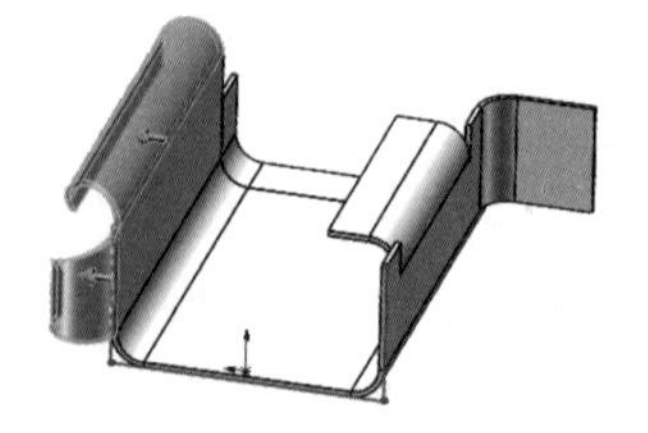

图 6-49 “斜接缝隙”示例

扫一扫，看视频

动手学——创建遮罩的褶边

本例在创建斜接法兰的基础上继续创建褶边，如图 6-50 所示。

【操作步骤】

（1）打开源文件。单击“快速访问”工具栏中的“打开”按钮，打开“遮罩的斜接法兰”源文件，如图 6-51 所示。

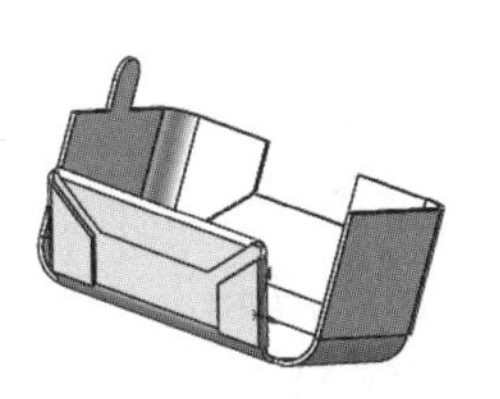
图 6-50　遮罩的褶边

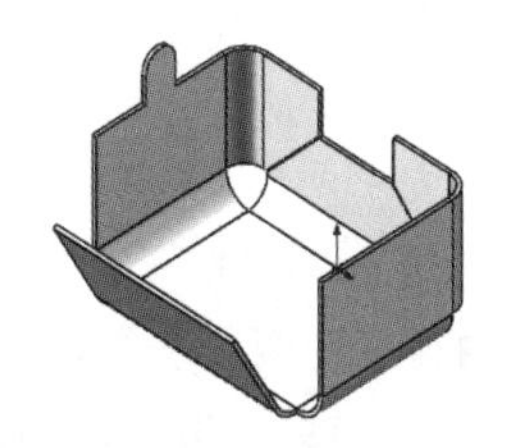
图 6-51　“遮罩”源文件

（2）创建褶边。单击“钣金”选项卡中的“褶边”按钮，系统弹出“褶边”属性管理器。❶在绘图区选择边线，❷选择“材料在内”选项，❸在“类型和大小”选项组中选择“打开”选项，❹长度设置为 10mm，❺缝隙距离设置为 0.1mm，❻斜接缝隙设置为 3mm，如图 6-52 所示。❼单击“确定”按钮生成褶边，如图 6-53 所示。

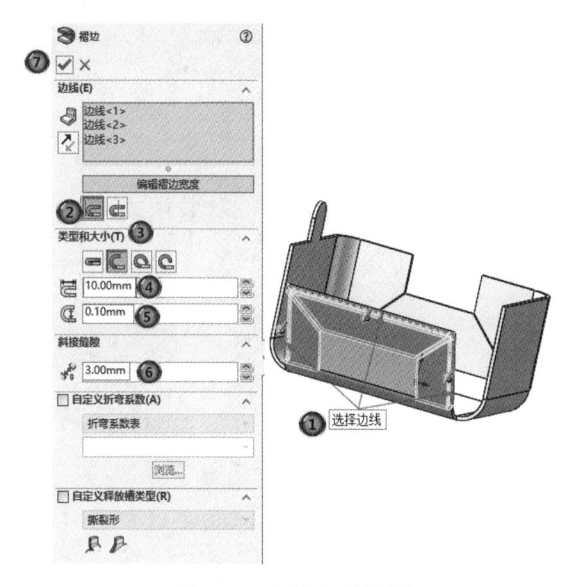

图 6-52　褶边参数设置

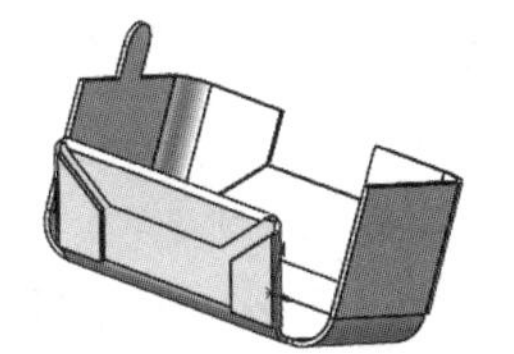
图 6-53　生成褶边

6.1.5　放样折弯特征

使用放样折弯特征工具可以在钣金零件中生成放样的折弯。放样的折弯和零件实体设计中的放样特征相似，需要两张草图才可以进行放样操作。草图必须为开环轮廓，轮廓开口应同向对齐，以使平板形式更精确。草图不能有尖锐边线。

【执行方式】

➢ 工具栏：单击“钣金”工具栏中的“放样折弯”按钮。

➢ 菜单栏：选择菜单栏中的“插入”→“钣金”→“放样折弯”命令。

➢ 选项卡：单击“钣金”选项卡中的“放样折弯”按钮。

【选项说明】

执行上述操作，系统弹出“放样折弯”属性管理器，如图 6-54 所示。该属性管理器中部分选项的含义如下。

（1）制造方法。

1）折弯：选中该单选按钮，创建真实的物理折弯，而不是成形的几何体和平板型式的近似折弯线。折弯放样的折弯在两个平行轮廓之间形成逼真的过渡，圆弧由分面线段进行近似处理。

2）成型：选中该单选按钮，创建成形几何图形，可在其中指定折弯线。

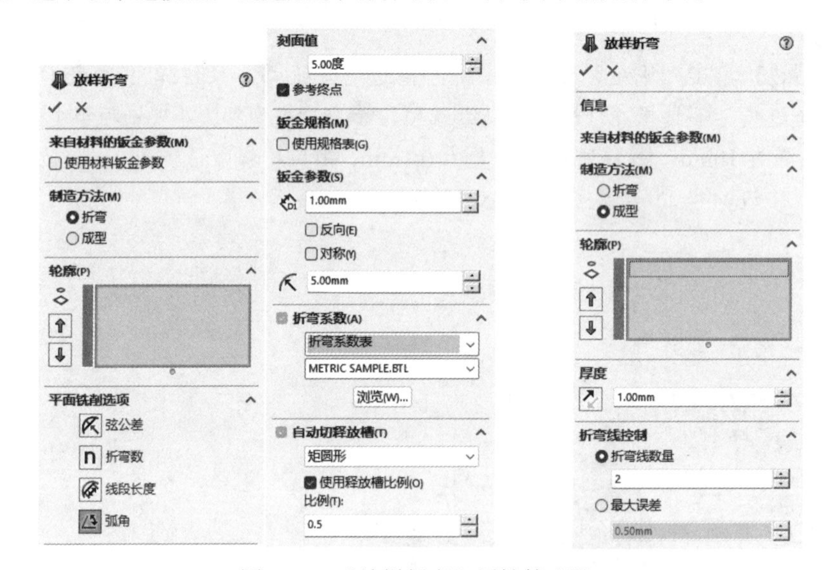

图 6-54 “放样折弯”属性管理器

（2）轮廓：显示创建放样折弯的草图，单击“上移”按钮和“下移”按钮可调整草图的位置。

（3）平面铣削选项：仅限“折弯”制造方法。

1）弦公差：设置圆弧与线性线段之间的最大距离。

2）折弯数：设置应用到每个变换的折弯数。

3）线段长度：指定线性线段的最大长度。

4）弧角：指定两个相邻线性线段之间的最大角度。

（4）刻面值：仅限折弯制造方法。

1）刻面值：指定折弯中的面数。

2）参考终点：指定创建的折弯是否参考轮廓中的锐角，以及锐角是否替换为相邻折弯以在边角中形成近似圆弧。

（5）折弯线控制：仅限成形制造方法。

1）折弯线数量：选中该单选按钮，控制平板型式折弯线的数量。

2）最大误差：指定折弯线数量。降低最大误差值可增加折弯线数量。

扫一扫，看视频

动手学——创建油烟机内腔

本例创建图6-55所示的油烟机内腔。

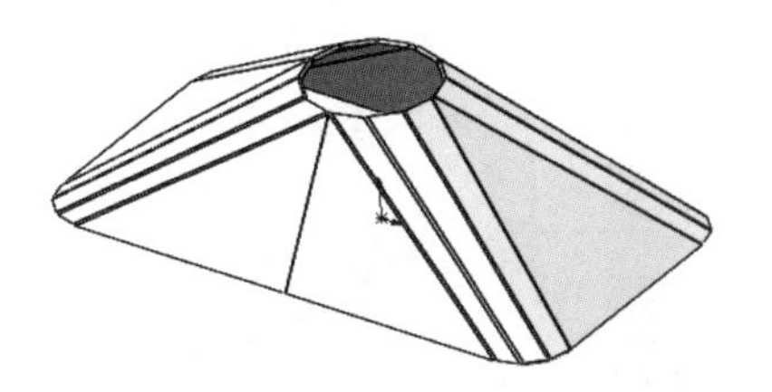

图6-55 油烟机内腔

【操作步骤】

（1）新建文件。单击“快速访问”工具栏中的“新建”按钮，在弹出的“新建SOLIDWORKS文件”对话框中单击“零件”按钮，然后单击“确定”按钮，创建一个新的零件文件。

（2）绘制草图1。在FeatureManager设计树中选择“上视基准面”作为草绘基准面，单击“草图”选项卡中的“中心矩形”按钮、“绘制圆角”按钮和“剪裁实体”按钮，绘制草图1，如图6-56所示。

（3）创建基准面1。单击“特征”选项卡中的“基准面”按钮，系统弹出“基准面”属性管理器，选择“上视基准面”作为第一参考，设置偏移距离为35mm，结果如图6-57所示。

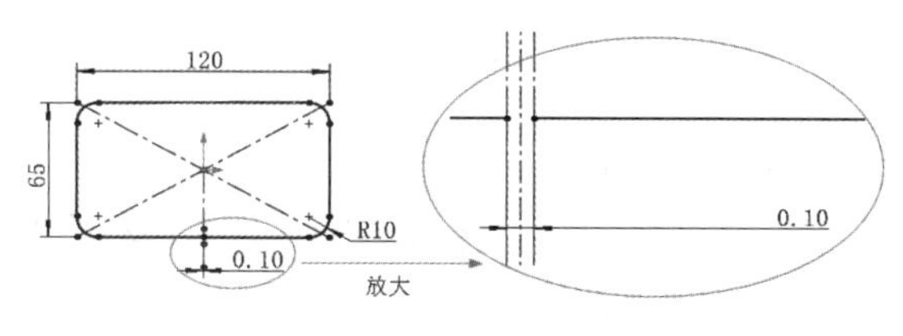

图6-56 绘制草图1

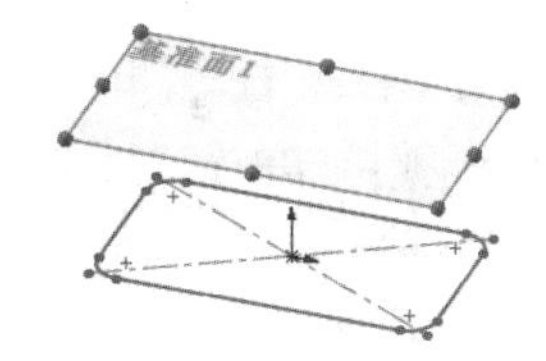

图6-57 创建基准面1

（4）绘制草图2。选择基准面1作为草绘基准面，单击“草图”选项卡中的“圆”按钮和“剪裁实体”按钮，绘制草图2，如图6-58所示。

（5）创建放样折弯。单击“钣金”选项卡中的“放样折弯”按钮，系统弹出“放样折弯”属性管理器，❶制造方法选中“折弯”单选按钮，❷在绘图区选择两张草图，起点位置要对齐。❸平面铣削选项选择“弦公差”，❹刻面值设置为0.5mm，❺取消勾选“参考终点”复选框，❻输入厚度值1mm，❼设置圆角半径为1mm，其他参数采用默认设置，如图6-59所示。❽单击“确定”按钮，生成的放样折弯特征如图6-55所示。

注意：

基体-法兰特征不与放样折弯特征一起使用。放样折弯使用K-因子和折弯系数计算折弯。放样折弯不能被镜向。选择两张草图时，起点位置要对齐，即要在草图的相同位置，否则将不能生成放样折弯。

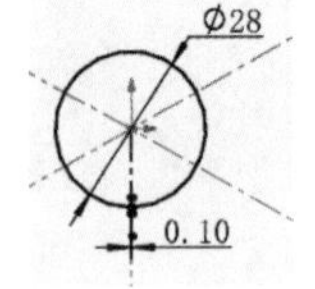

图 6-58　绘制草图 2

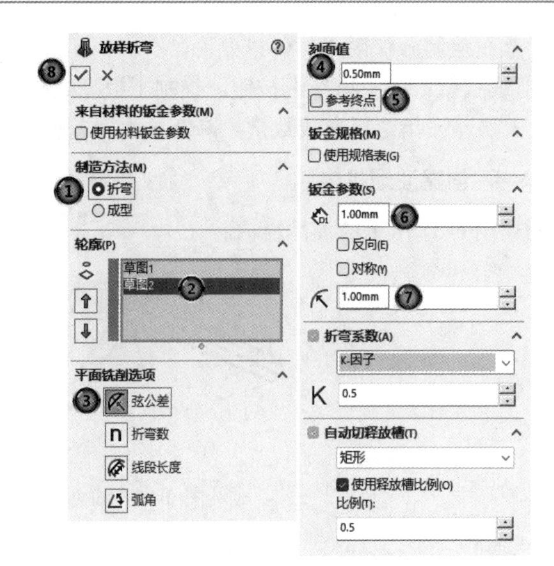

图 6-59　放样折弯参数设置

6.1.6　拉伸切除

切除是指从零件或装配体上移除材料的特征。对于多实体零件，可以选择在执行切除操作后要保留哪些实体和删除哪些实体。

【执行方式】

- 工具栏：单击“钣金”工具栏中的“拉伸切除”按钮。
- 菜单栏：选择菜单栏中的“插入”→“切除”→“拉伸切除”命令。
- 选项卡：单击“钣金”选项卡中的“拉伸切除”按钮。

【选项说明】

执行上述操作，系统弹出“切除-拉伸”属性管理器，如图 6-60 所示。该属性管理器中部分选项的含义如下。

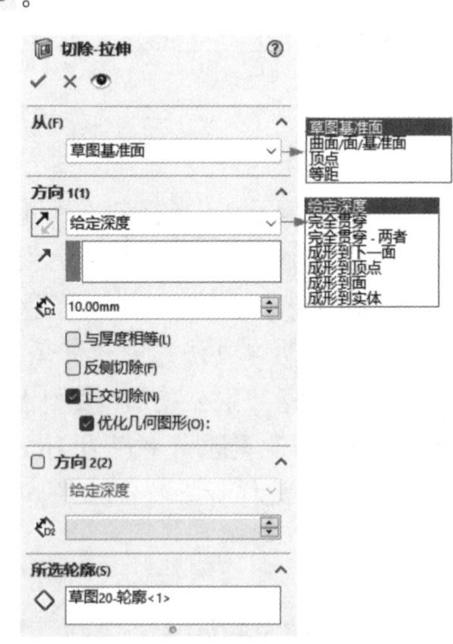

图 6-60　“切除-拉伸”属性管理器

（1）从：设定拉伸特征的开始条件。在下拉列表中选择拉伸切除的开始条件，有以下几种。

1）草图基准面：从草图所在的基准面开始拉伸。

2）曲面/面/基准面：从选择的面开始拉伸。该面可以是平面或非平面。平面不必与草图基准面平行。草图必须完全包含在非平面曲面或面的边界内。草图在开始曲面或面处依从非平面实体的形状。

3）顶点：从选择的顶点开始拉伸。

4）等距：从与当前草图基准面偏移一定距离的基准面上开始拉伸。在“输入等距值”文本框中设定偏移距离。

（2）方向 1：设定终止条件类型。单击“反向”按钮，则生成与预览中所示相反的方向拉伸特征。在下拉列表中选择拉伸切除的终止条件，有以下几种。

1）给定深度：从草图的基准面拉伸到指定的距离平移处，以生成特征。在其下方的“深度”文本框中输入拉伸距离。

2）完全贯穿：从草图的基准面拉伸直到贯穿所有现有的几何体。

3）完全贯穿-两者：从草图的基准面拉伸特征直到贯穿方向1和方向2的所有现有的几何体。

4）成形到下一面：从草图的基准面拉伸到下一面（隔断整个轮廓），以生成特征。下一面必须在同一零件上。

5）成形到顶点：从草图的基准面拉伸到一个平面，这个平面平行于草图基准面且穿越指定的顶点。

6）成形到面：从草图的基准面拉伸到所选的曲面以生成特征。

7）成形到实体：从草图的基准面拉伸草图到所选的实体。

（3）与厚度相等：仅限于钣金零件。自动将拉伸凸台的深度链接到基体特征的厚度。该选项在钣金零件中很有用，因为零件必须具有统一厚度。

（4）反侧切除：移除轮廓外的所有材质。默认情况下，材料从轮廓内部移除。

（5）正交切除：仅对钣金切除拉伸。确定切除对于折叠的钣金零件是垂直于钣金厚度而生成的。

（6）所选轮廓：允许使用部分草图从开放或闭合轮廓创建拉伸切除特征。在绘图区选择草图轮廓和模型边线。

动手学——创建支撑架的拉伸切除特征

扫一扫，看视频

本例在6.1.2小节的基础上继续绘制支撑架的拉伸切除特征，如图6-61所示。

【操作步骤】

（1）打开源文件。单击“快速访问”工具栏中的“打开”按钮，打开“支撑架边线法兰”源文件，如图6-62所示。

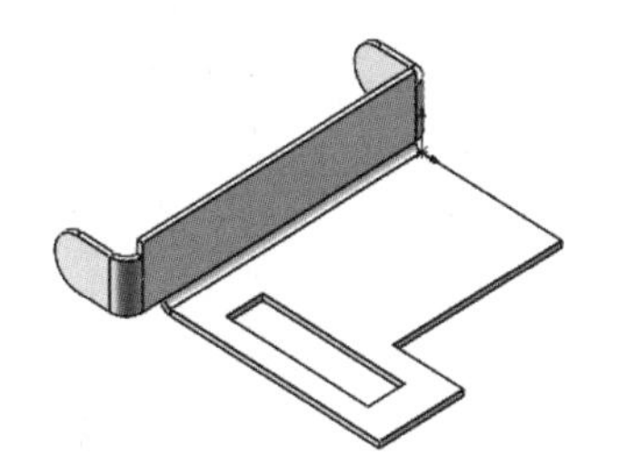
图6-61 支撑架的拉伸切除特征

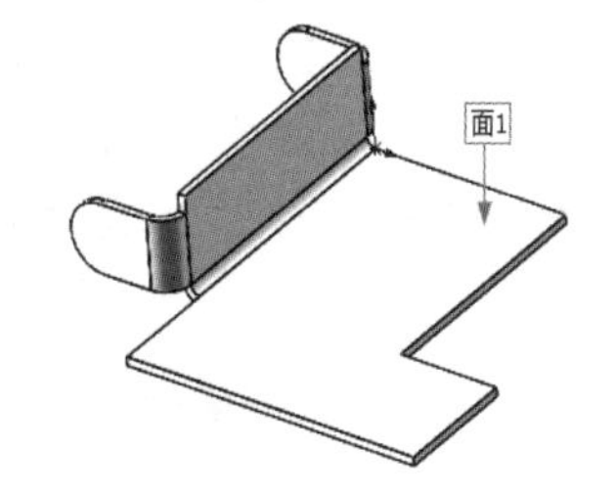

图6-62 “支撑架边线法兰”源文件

（2）绘制草图。选择图6-62中的面1作为草绘基准面，绘制草图，如图6-63所示。

（3）创建拉伸切除特征。单击“钣金”选项卡中的“拉伸切除”按钮，❶选择步骤（2）绘制的草图，系统弹出“切除-拉伸”属性管理器，❷设置终止条件为“完全贯穿”，❸勾选“正交切除”复选框，如图6-64所示。❹单击“确定”按钮，结果如图6-61所示。

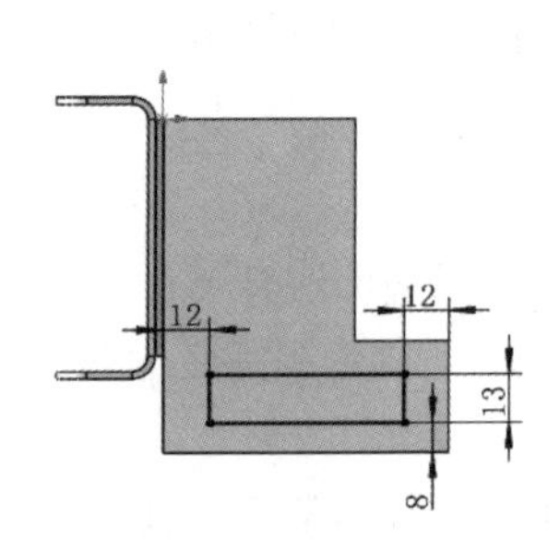

图 6-63　绘制草图

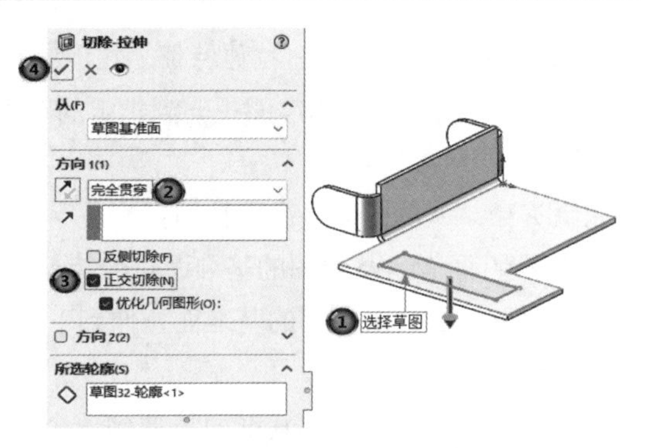

图 6-64　拉伸切除参数设置

6.1.7　绘制的折弯特征

绘制的折弯特征可以在选择“绘制的折弯特征”命令前绘制一张草图，将折弯线添加到零件；也可以先选择“绘制的折弯特征”命令，再选择基准面绘制草图。草图中只允许使用直线，可为每张草图添加多条直线。折弯线的长度不一定与被折弯的面的长度相同。

【执行方式】

- 工具栏：单击“钣金”工具栏中的“绘制的折弯”按钮。
- 菜单栏：选择菜单栏中的“插入”→“钣金”→“绘制的折弯”命令。
- 选项卡：单击“钣金”选项卡中的“绘制的折弯”按钮。

【选项说明】

执行上述操作，系统弹出“绘制的折弯”属性管理器，如图 6-65 所示。该属性管理器中部分选项的含义如下。

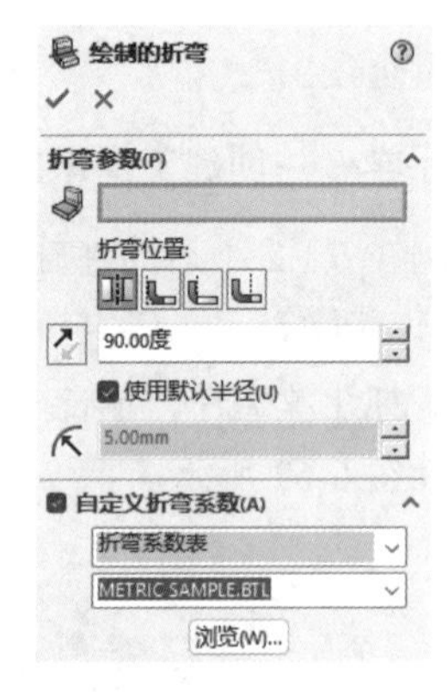

图 6-65　“绘制的折弯”属性管理器

（1）固定面：选择一个不因为折弯而移动的面。

（2）折弯位置：可选择“折弯中心线”“材料在内”“材料在外”和“折弯在外”4 种位置之一。

（3）折弯角度：设定折弯角度值。单击“反向”按钮，调整折弯方向。

扫一扫，看视频

动手学——创建支撑架折弯

本例在创建的边线法兰的基础上对支撑架进行折弯，如图 6-66 所示。

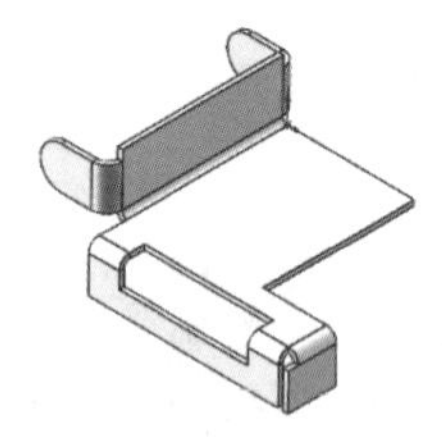

图 6-66　支撑架折弯

【操作步骤】

（1）打开源文件。单击“快速访问”工具栏中的“打开”按钮，打开“支撑架拉伸切除特征”源文件，如图 6-67 所示。

（2）绘制草图。选择图 6-67 所示的面 1 作为草绘基准面，单击“草图”选项卡中的“直线”按钮，绘制草图，并标注尺寸，如图 6-68 所示。

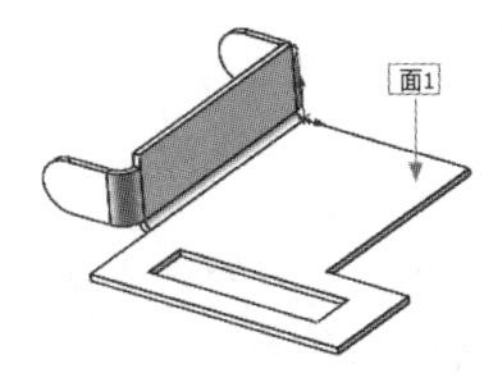

图 6-67 “支撑架拉伸切除特征”源文件

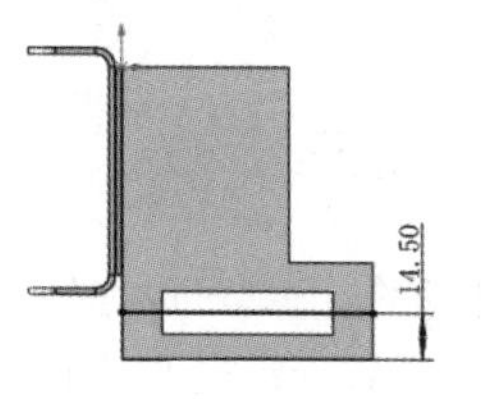

图 6-68 绘制草图

（3）创建折弯。单击“钣金”选项卡中的“绘制的折弯”按钮，系统弹出“绘制的折弯”属性管理器，如图 6-69 所示，❶选择面作为固定面，❷折弯位置选择“折弯中心线”，❸设置折弯角度为 90 度，❹单击“反向”按钮，调整折弯方向，❺取消勾选“使用默认半径”复选框，❻设置半径为 2mm，❼单击“确定” 按钮，如图 6-70 所示。

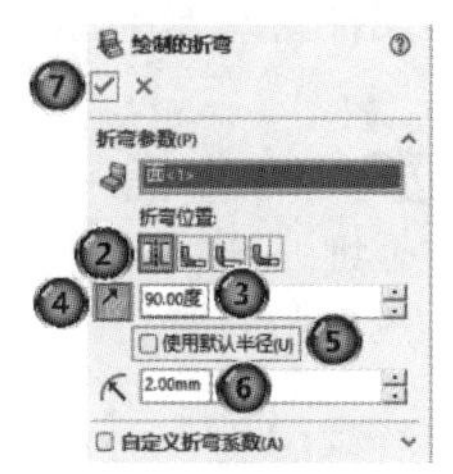

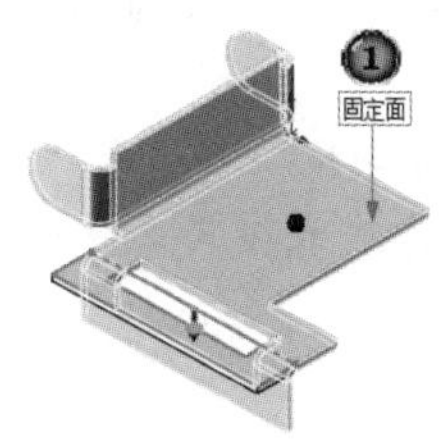

图 6-69 折弯参数设置

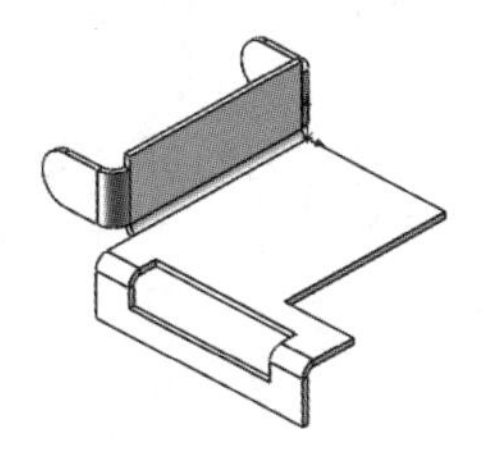

图 6-70 生成的折弯

（4）创建边线法兰 3。单击“钣金”选项卡中的“边线法兰”按钮，系统弹出“边线-法兰”属性管理器，如图 6-71 所示，选择基体法兰的边线 1，取消勾选“使用默认半径”复选框，设置圆角半径为 2mm，法兰角度为 90 度；法兰长度选择“成形到顶点”，选择点 1，选中“垂直于法兰基准面”单选按钮；法兰位置选择“折弯在外”，单击“编辑法兰轮廓”按钮，系统弹出“轮廓草图”对话框，编辑草图，如图 6-72 所示。单击“上一步”按钮，返回“边线-法兰”属性管理器，单击“确定”按钮，边线法兰 3 创建完成，如图 6-73 所示。

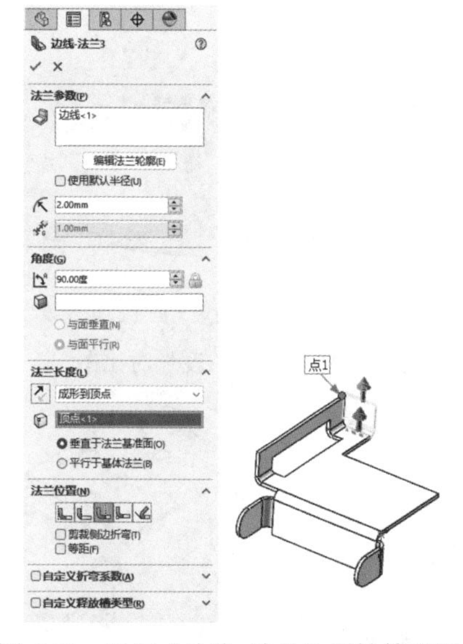

图 6-71 返回“边线-法兰”属性管理器

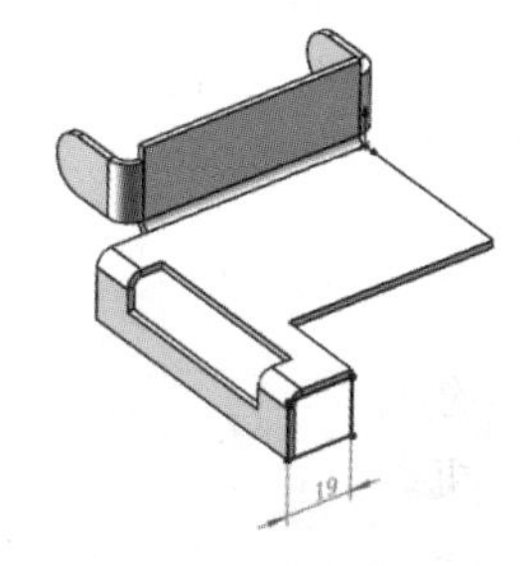

图 6-72 编辑草图

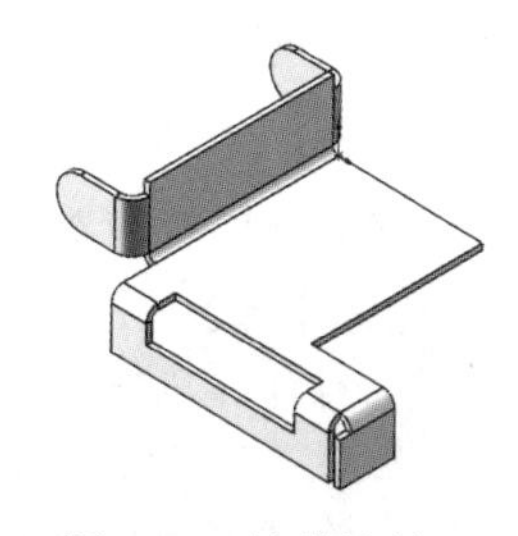

图 6-73 边线法兰 3

6.1.8 转折特征

使用转折特征工具可以在钣金零件上通过草图直线生成两个折弯。生成转折特征的草图只能包含一条直线，不必一定是水平直线和垂直直线。折弯线的长度不必与被折弯的面的长度相同。

【执行方式】

- 工具栏：单击“钣金”工具栏中的“转折”按钮。
- 菜单栏：选择菜单栏中的“插入”→“钣金”→“转折”命令。
- 选项卡：单击“钣金”选项卡中的“转折”按钮。

【选项说明】

执行上述操作，系统弹出“转折”属性管理器，如图 6-74 所示。该属性管理器中部分选项的含义如下。

（1）尺寸位置：可选择“外部等距”“内部等距”和“总尺寸”3 种位置。

（2）固定投影长度：勾选该复选框，则薄片的原有长度将被保留；否则，会按照薄片的原有长度减去折弯部分的高度计算长度，如图 6-75 所示。

（3）转折角度：设置折弯处的角度值。

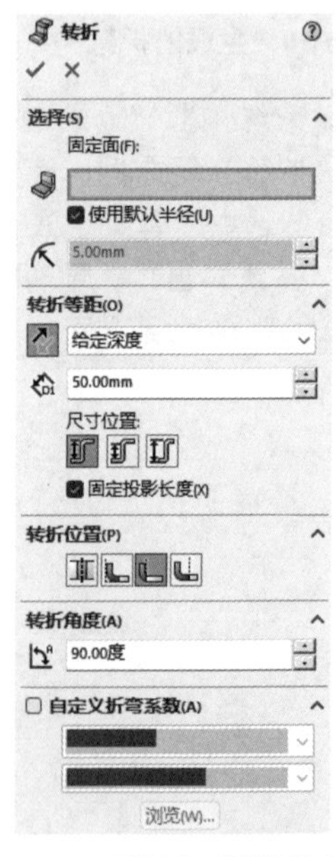

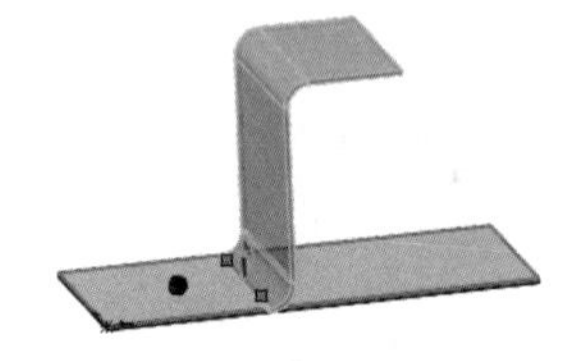

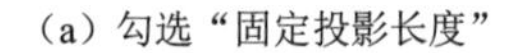
（a）勾选“固定投影长度”　（b）取消勾选“固定投影长度”

图 6-74　“转折”属性管理器

图 6-75　勾选与取消勾选“固定投影长度”对比图

扫一扫，看视频

动手学——创建校准架

本例创建的校准架如图 6-76 所示。

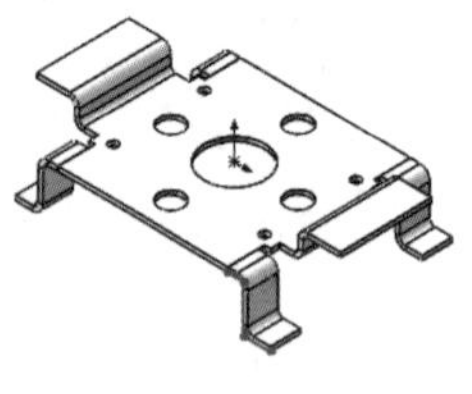
图 6-76　校准架

【操作步骤】

（1）打开源文件。单击“快速访问”工具栏中的“打开”按钮，打开“校准架基体法兰”源文件，如图 6-77 所示。

（2）绘制草图。选择图 6-77 所示的面 1 作为草绘基准面，单击“草图”选项卡中的“直线”按钮绘制草图，并标注智能尺寸，如图6-78所示。

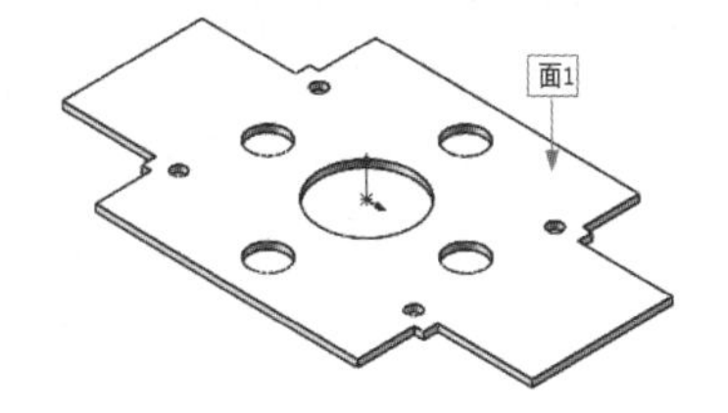

图6-77 “校准架基体法兰”源文件

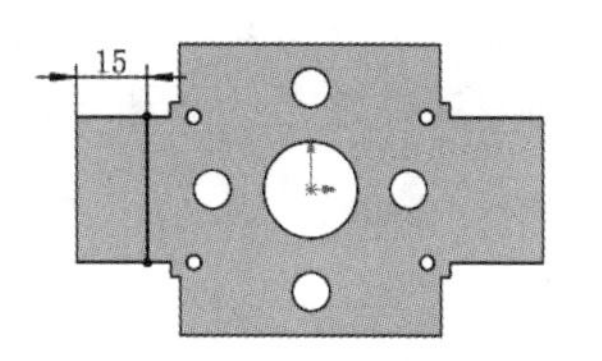

图6-78 绘制草图1

（3）创建转折特征。单击“钣金”选项卡中的“转折”按钮，系统弹出“转折”属性管理器，❶选择基体法兰的上表面作为固定面，❷取消勾选“使用默认半径”复选框，❸输入半径为1.50mm，❹高度为9.00mm，❺选择尺寸位置为“总尺寸”，❻勾选“固定投影长度”复选框；❼设置转折位置为“折弯中心线”，❽设置转折角度为90度，如图6-79所示。❾单击“确定”按钮，转折后的图形如图6-80所示。

（4）用同样的方法，在另一侧创建相同参数的转折，转折后的图形如图6-81所示。

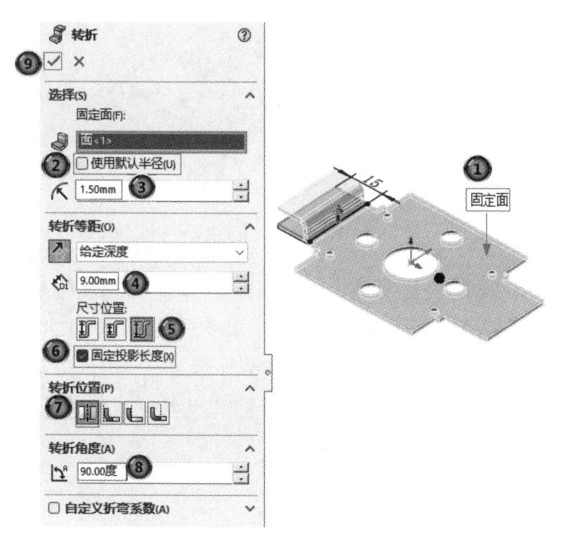

图6-79 “转折”属性管理器

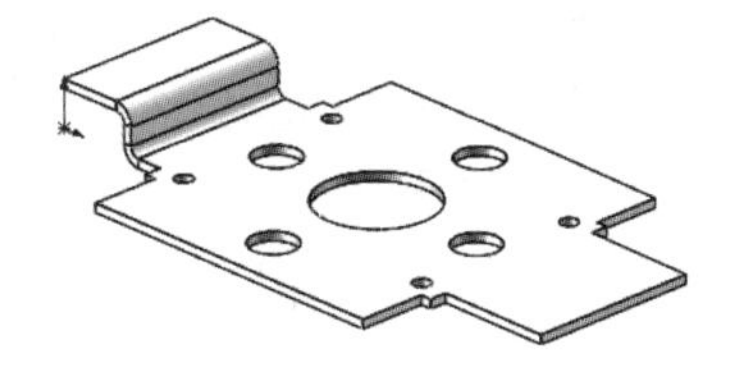

图6-80 转折后的图形1

（5）设置基准面。选择图6-81所示的面2作为草绘基准面，单击“草图”选项卡中的“直线”按钮绘制草图，并标注尺寸，如图6-82所示。

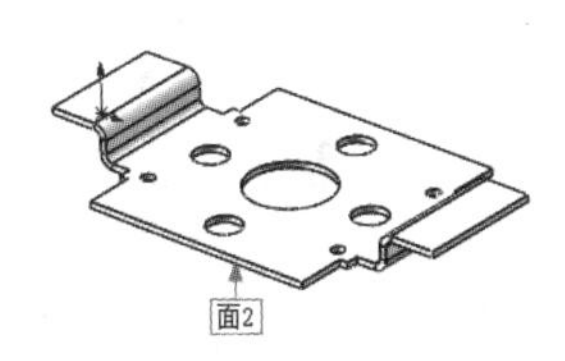

图6-81 转折后的图形2

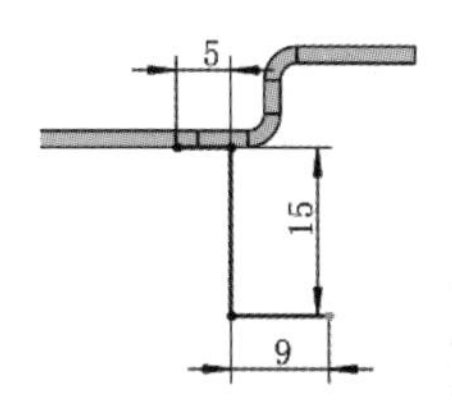

图6-82 绘制草图2

（6）创建基体法兰。单击“钣金”选项卡中的“基体法兰”按钮，系统弹出“基体法兰”属性管理器，设置深度值为 10mm，单击“反向”按钮，勾选“覆盖默认参数”复选框，设置厚度值为 1.50mm，半径为 1.8mm，勾选“反向”复选框，如图 6-83 所示。单击“确定”按钮✔，创建基体法兰，如图 6-84 所示。

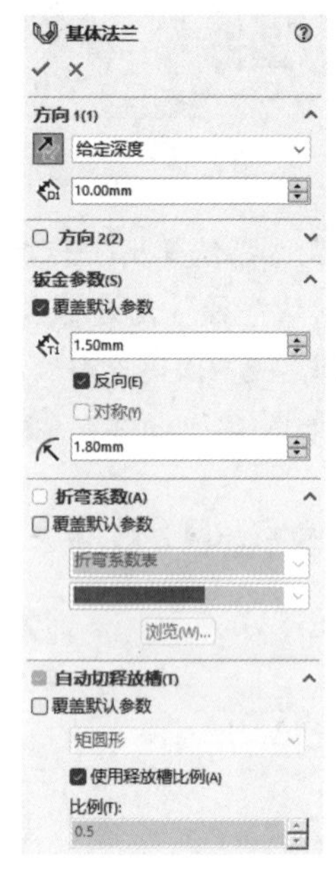

图 6-83 “基体法兰”属性管理器

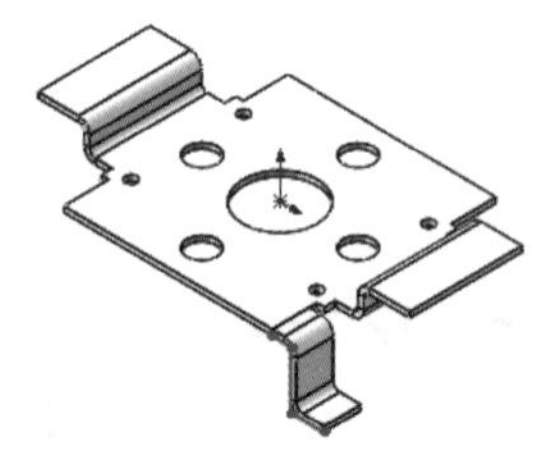

图 6-84 创建基体法兰

（7）镜向特征 1。单击“特征”选项卡中的“镜向”按钮，系统弹出“镜向”属性管理器，在 FeatureManager 设计树中选择“前视基准面”作为镜向面，在绘图区选取步骤（6）创建的基体法兰特征，如图 6-85 所示。单击“确定”按钮✔，镜向基体法兰如图 6-86 所示。

（8）镜向特征 2。重复“镜向”命令，将基体法兰和镜向后的基体法兰以“右视基准面”为镜向面进行镜向，结果如图 6-87 所示。

图 6-85 “镜向”属性管理器

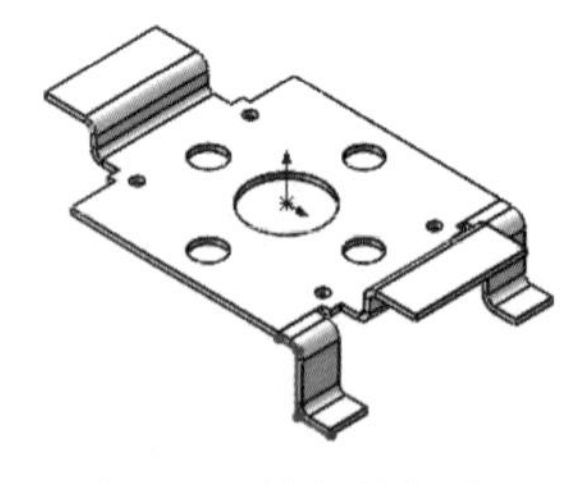

图 6-86 镜向基体法兰

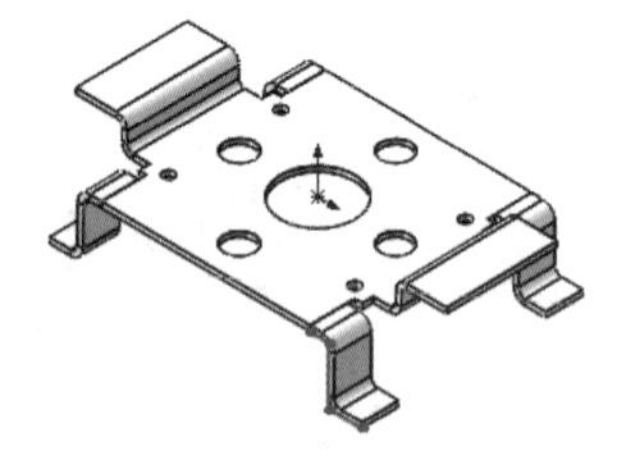

图 6-87 完成校准架的创建

6.1.9 切口特征

使用切口特征工具可以在钣金零件或其他任意的实体零件上生成切口特征。能够生成切口特征的零件应该具有一个相邻平面且厚度一致，这些相邻平面形成一条或多条线性边线或一组连续的线性边线，而且是通过平面的单一线性实体。

在零件上生成切口特征时，可以沿所选内部或外部模型边线生成，或者从线性草图实体生成，也可以通过组合模型边线和单一线性草图实体生成切口特征。

【执行方式】

- 工具栏：单击“钣金”工具栏中的“切口”按钮。
- 菜单栏：选择菜单栏中的“插入”→“钣金”→“切口”命令。
- 选项卡：单击“钣金”选项卡中的“切口”按钮。

【选项说明】

执行上述操作，系统弹出“切口”属性管理器，选择边线或草图后如图6-88所示。该属性管理器中部分选项的含义如下。

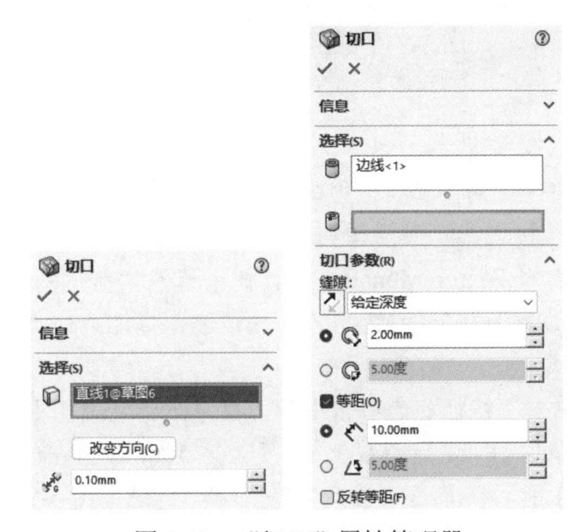

图6-88 “切口”属性管理器

（1）要切口的边线/：指定要切口的内部或外部边线，或线性草图实体。如果选择圆形或圆锥边线，要切口的边线图标将更改为。

（2）参考点：指定所选参考边线上的最近点，用作圆柱或圆锥模型上切口的起点。该点可以是草图点、模型顶点或参考几何体点。

参考点可以位于模型上或图形区域中的任何位置。如果选择的参考点不在模型上，系统会将该点投影到模型上。

（3）改变方向：单击该按钮可指定切口的方向。

（4）切口缝隙：仅限线性切口，指定缝隙距离。

（5）切口参数：仅限圆柱或圆锥切口。

1）缝隙：设定缝隙参数。

①终止条件：可选择“给定深度”和“对称”两种方法。单击“反向”按钮，可更改缝隙方向。

②切口缝隙：指定线性缝隙值。

③切口缝隙角度：指定角度缝隙值。

2）等距。

①切口缝隙偏移：指定参考点与切口切除位置之间的线性距离。

②切口缝隙偏移角度：指定参考点与切口切除位置之间的角度距离。

③反转等距：勾选该复选框，从参考点反转偏移。

扫一扫，看视频

动手学——创建六角盒切口

本例绘制六角盒并创建六角盒切口，如图 6-89 所示，为后续转换为钣金件做好准备。

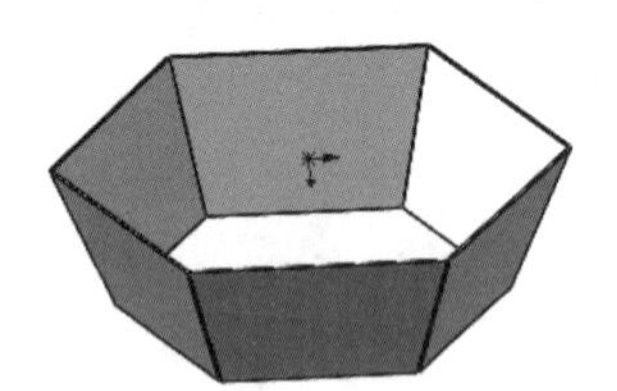

图 6-89　六角盒切口

【操作步骤】

（1）新建文件。单击“快速访问”工具栏中的“新建”按钮，在弹出的“新建 SOLIDWORKS 文件”对话框中单击“零件”按钮，然后单击“确定”按钮，创建一个新的零件文件。

（2）绘制草图 1。在左侧的 FeatureManager 设计树中选择“前视基准面”作为草绘基准面，单击“草图”选项卡中的“多边形”按钮绘制一个六边形，标注六边形的内接圆的直径智能尺寸，如图 6-90 所示。

（3）创建拉伸实体 1。单击“特征”选项卡中的“拉伸凸台/基体”按钮，系统弹出“凸台-拉伸”属性管理器，设置终止条件为“给定深度”、深度值为 50mm，单击“拔模开/关”按钮，设置拔模角度为 20 度，如图 6-91 所示。单击“确定”按钮，结果如图 6-92 所示。

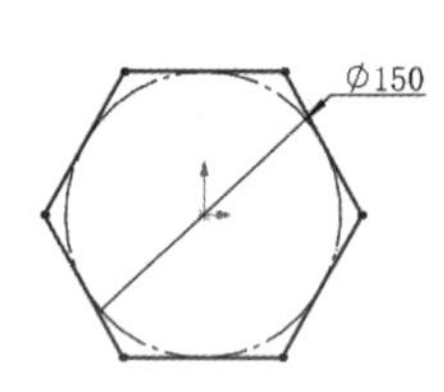

图 6-90　绘制草图 1

图 6-91　拉伸参数设置

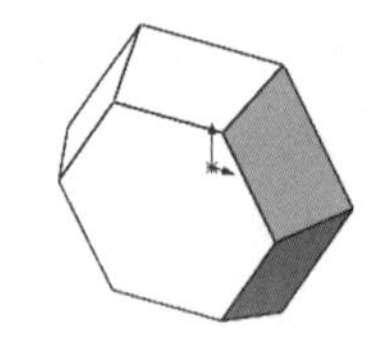

图 6-92　拉伸实体 1

（4）创建抽壳特征。单击“特征”选项卡中的“抽壳”按钮，系统弹出“抽壳 1”属性管理器，设置“厚度”为 1mm，单击实体表面作为要移除的面，如图 6-93 所示。单击“确定”按钮，结果如图 6-94 所示。

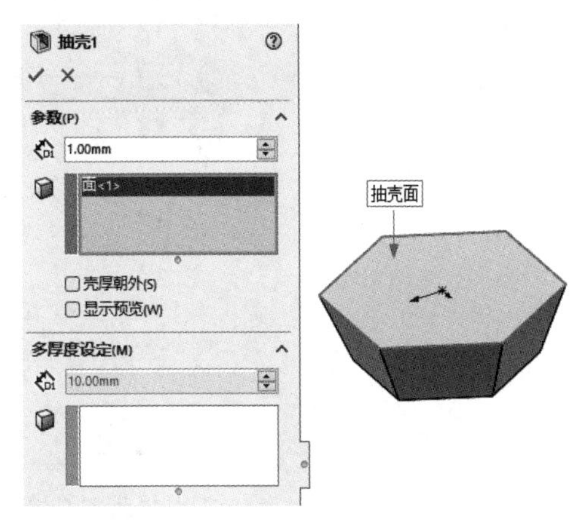

图 6-93 “抽壳 1”属性管理器

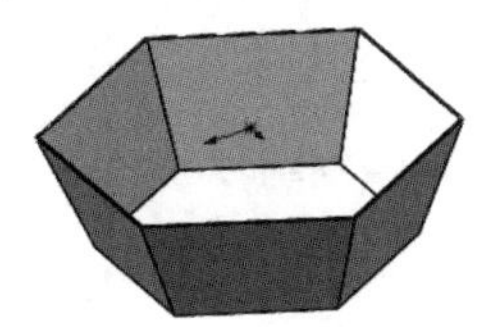

图 6-94 抽壳结果

（5）创建切口特征。单击“钣金”选项卡中的“切口”按钮，系统弹出“切口”属性管理器，如图 6-95 所示，❶选择各条棱边作为要生成切口的边线，❷设置“切口缝隙”为 0.1mm，然后❸单击“确定”按钮，结果如图 6-96 所示。

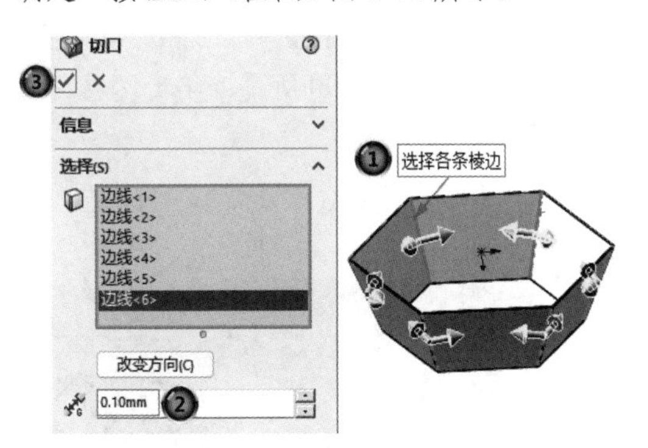

图 6-95 “切口”属性管理器

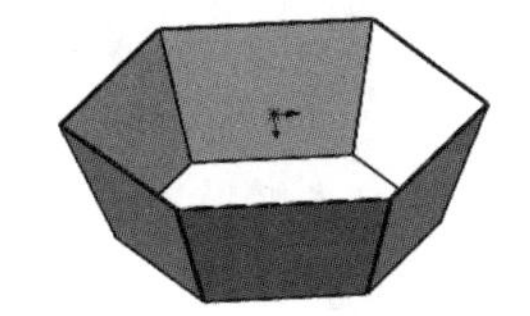

图 6-96 生成切口特征

6.1.10 插入折弯

插入折弯可以将抽壳零件转换为钣金零件。插入折弯的零部件必须是薄壁实体，且具有统一的厚度。

【执行方式】

➢ 工具栏：单击“钣金”工具栏中的“插入折弯”按钮。

➢ 菜单栏：选择菜单栏中的“插入”→“钣金”→“折弯”命令。

➢ 选项卡：单击“钣金”选项卡中的“插入折弯”按钮。

【选项说明】

执行上述操作，系统弹出“折弯”属性管理器，如图 6-97 所示。该属性管理器中部分选项的含义如下。

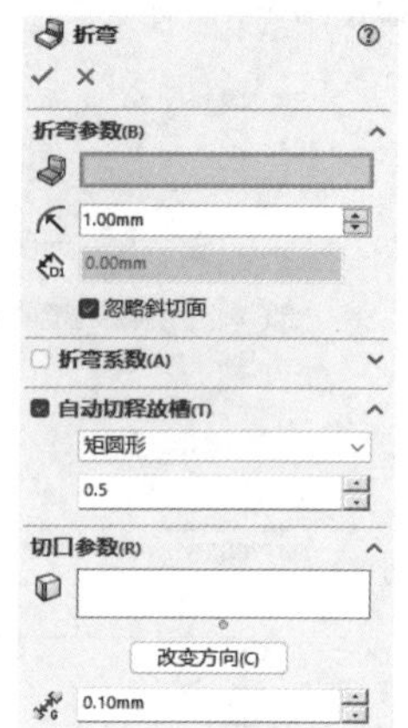

图 6-97　“折弯”属性管理器

（1）固定的面/边线：选择面或边线作为固定的面/边线。如果零件不包括平面，可选取线性边线。

（2）折弯半径：设置折弯半径值。

（3）忽略斜切面：勾选该复选框，将倒角从转换到钣金折弯中排除。

（4）要切口的边线：选择要切口的边线。

（5）改变方向：单击该按钮，反转切口方向。

（6）切口缝隙：设定缝隙距离。

扫一扫，看视频

动手学——绘制六角盒

本例在 6.1.9 小节的基础上继续绘制六角盒。

【操作步骤】

（1）打开源文件。单击“快速访问”工具栏中的“打开”按钮，打开“六角盒切口”源文件，如图 6-98 所示。

（2）插入折弯。单击“钣金”选项卡中的“插入折弯”按钮，系统弹出“折弯”属性管理器，①选择实体底面作为固定面，②输入折弯半径为 2mm，③勾选“忽略斜切面”复选框，④勾选“自动切释放槽”复选框，⑤选择释放槽形状为“矩形”，⑥设置“释放槽比例”为 0.5，如图 6-99 所示。⑦单击“确定”按钮，弹出 SOLIDWORKS 对话框，如图 6-100 所示。单击“确定”按钮，插入的折弯如图 6-101 所示。

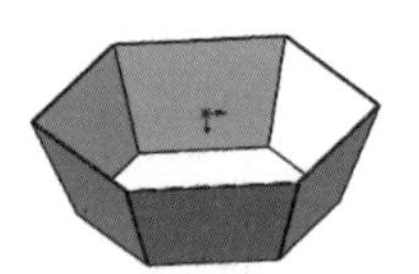

图 6-98　“六角盒切口”源文件

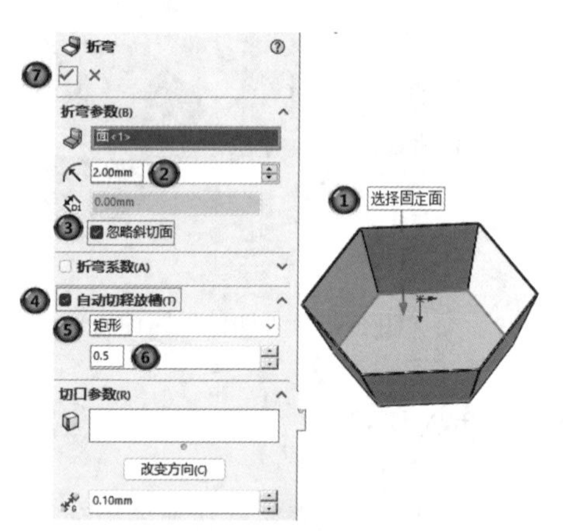

图 6-99　“折弯”属性管理器

图 6-100　SOLIDWORKS 对话框

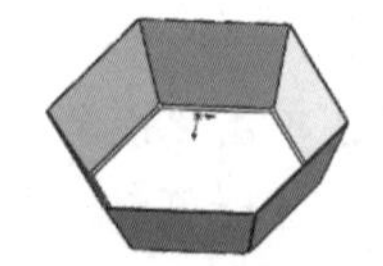

图 6-101　插入的折弯

（3）创建褶边特征。单击“钣金”选项卡中的“褶边”按钮，系统弹出“褶边”属性管理器，❶选择六角盒顶端外侧各边线作为添加褶边的边线，❷单击“材料在内”按钮，❸单击“滚轧”按钮，❹输入角度数值300度和❺半径数值5mm，如图6-102所示。❻单击“确定”按钮✔生成褶边，如图6-103所示。

（4）创建展平特征。单击“钣金”选项卡中的“展平”按钮，将钣金件展平，如图6-104所示。

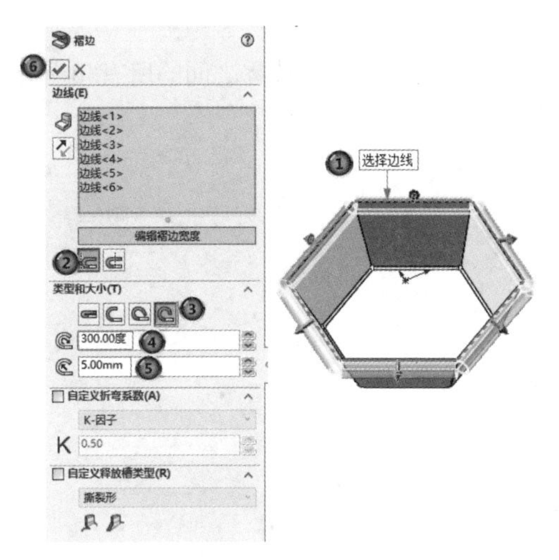

图6-102 设置褶边参数

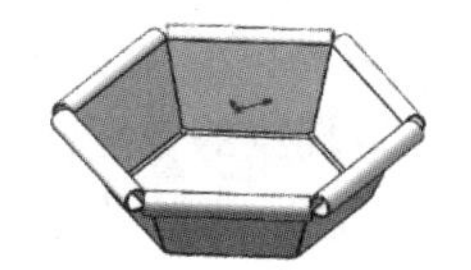

图6-103 生成的褶边

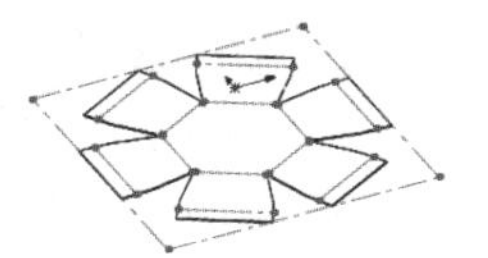

图6-104 展平结果

6.1.11 通风口

使用草图实体在半径设计中生成通风口供空气流通。如果要生成通风口，首先要绘制生成通风口的草图，然后在“通风口”属性管理器中设定各种选项，从而生成通风口。

【执行方式】

➢ 工具栏：单击“钣金”工具栏中的“通风口”按钮。

➢ 菜单栏：选择菜单栏中的“插入”→“钣金”→“通风口”命令。

➢ 选项卡：单击“钣金”选项卡中的“通风口”按钮。

【选项说明】

执行上述操作，系统弹出“通风口”属性管理器，如图6-105所示。该属性管理器中部分选项的含义如下。

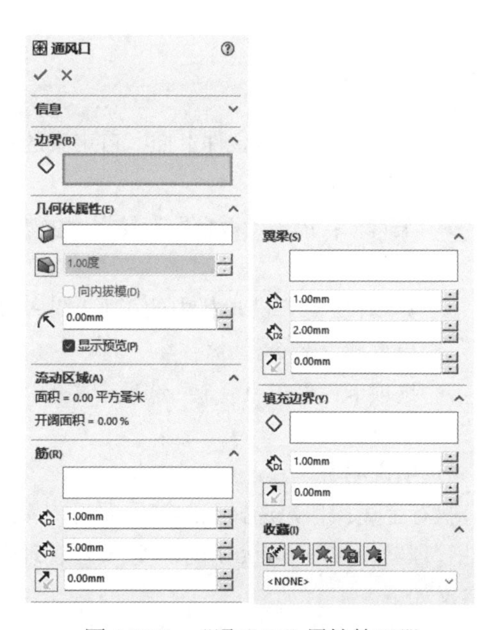

图6-105 “通风口”属性管理器

（1）边界◇：选择形成闭合轮廓的草图线段作

为外部通风口边界。如果预先选择了草图，将使用其外部实体作为边界，可以生成任何形状的通风口。

（2）几何体属性。

1）选择一个面：为通风口选择平面或空间。选定的面上必须能够容纳整个通风口草图。

2）拔模角度：单击该按钮，将拔模应用于边界、填充边界及所有筋和翼梁。对于平面上的通风口，将从草图基准面开始应用拔模。

3）向内拔模：勾选该复选框，调整拔模方向向内。

4）圆角半径：设定圆角半径，这些值将应用于边界、筋、翼梁和填充边界之间的所有相交处。

（3）筋。

1）选择代表通风口筋的2D草图段：选择草图线段作为筋。

2）输入筋的深度：设置筋的深度值。

3）输入筋的宽度：设置筋的宽度值。

4）输入筋从曲面的等距：使所有筋与曲面之间等距。

（4）翼梁：必须至少生成一个筋，才能生成翼梁。

1）选择代表通风口翼梁的2D草图段：选择草图线段作为翼梁。

2）输入翼梁的深度：设置翼梁的深度值。

3）输入翼梁的宽度：设置翼梁的宽度值。

4）输入翼梁从曲面的等距：使所有翼梁与曲面之间等距。

（5）填充边界。

1）填充边界：选择草图线段作为填充边界。

2）输入支撑区域的深度：设置填充边界的深度。

3）输入支撑区域的等距：设置到离指定面的距离。

6.1.12 简单直孔

简单直孔用于在钣金件上插入自定义的柱形孔。

【执行方式】

➢ 工具栏：单击“钣金”工具栏中的“简单直孔”按钮。

➢ 菜单栏：选择菜单栏中的“插入”→“钣金”→“简单直孔”命令。

➢ 选项卡：单击“钣金”选项卡中的“简单直孔”按钮。

【选项说明】

执行上述操作，选择孔的放置面后，系统弹出“孔”属性管理器，如图6-106所示。该属性管理器中部分选项的含义如下。

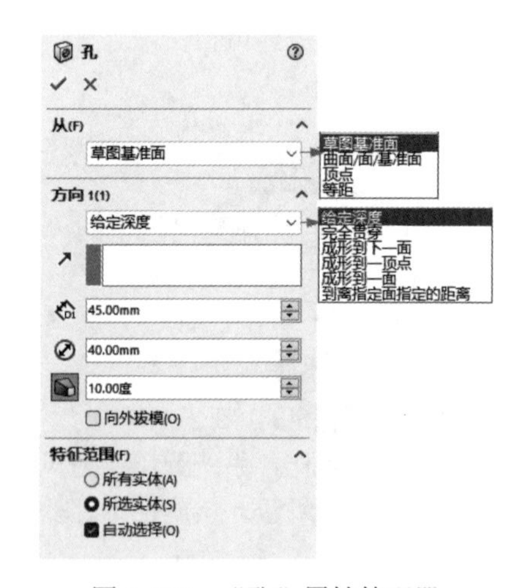

图6-106 “孔”属性管理器

（1）从：为简单直孔特征设定开始条件。

1）草图基准面：从草图所处的同一基准面开始简单直孔。

2）曲面/面/基准面：从选择的曲面/面/基准面开始简单直孔。

3）顶点：从选择的顶点开始简单直孔。

4）等距：从与当前草图基准面等距的基准面上开始简单直孔。在“输入等距值”输入框中输入等距距离。

（2）终止条件：在下拉列表中选择拉伸的终止条件，有以下几种。

1）给定深度：从草图的基准面拉伸到指定的距离平移处，以生成特征。在其下方的“深度”输入框中输入拉伸距离。

2）完全贯穿：从草图的基准面拉伸直到贯穿所有现有的几何体。

3）成形到下一面：从草图的基准面拉伸到下一面（隔断整个轮廓），以生成特征，下一面必须在同一零件上。

4）成形到一顶点：从草图的基准面拉伸到一个平面，这个平面平行于草图基准面且穿越指定的顶点。

5）成形到一面：从草图的基准面拉伸到所选的曲面以生成特征。

6）到离指定面指定的距离：从草图的基准面拉伸到离某面或某曲面的特定距离处，以生成特征。

（3）孔直径：用于设置孔的直径值。

（4）“拔模开/关”按钮：单击该按钮，添加拔模到孔，可以指定拔模角度值。勾选“向外拔模”复选框，则向外拔模。

动手学——创建地漏

本例创建图 6-107 所示的地漏。

扫一扫，看视频

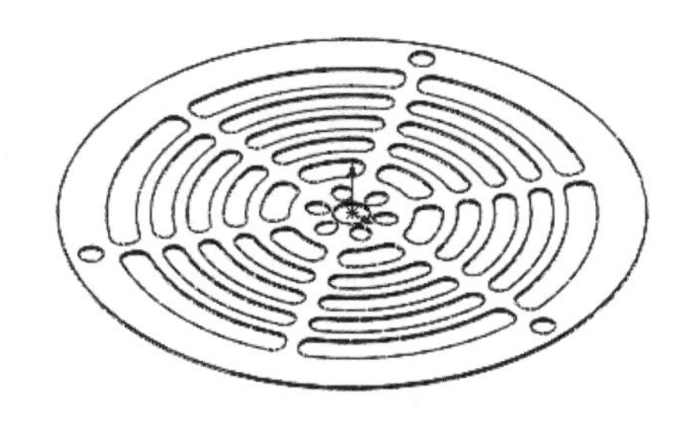

图 6-107　地漏

【操作步骤】

（1）新建文件。单击“快速访问”工具栏中的“新建”按钮，在弹出的“新建 SOLIDWORKS 文件”对话框中单击“零件”按钮，然后单击“确定”按钮，创建一个新的零件文件。

（2）绘制草图 1。在左侧的 FeatureManager 设计树中选择“上视基准面”作为草绘基准面，单击“草图”选项卡中的“圆”按钮绘制草图，如图 6-108 所示。

（3）创建基体法兰。单击“钣金”选项卡中的“基体法兰/薄片”按钮，选择草图 1，系统弹出“基体法兰”属性管理器，输入厚度值为 1mm，其他参数采取默认值，然后单击“确定”按钮创建基体法兰，如图 6-109 所示。

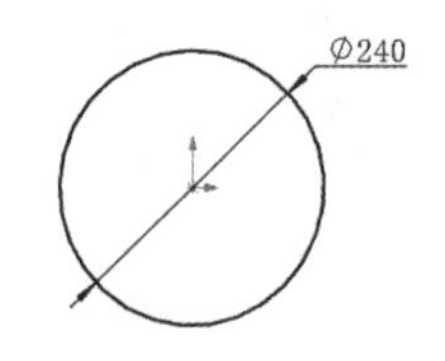

图 6-108　绘制草图 1

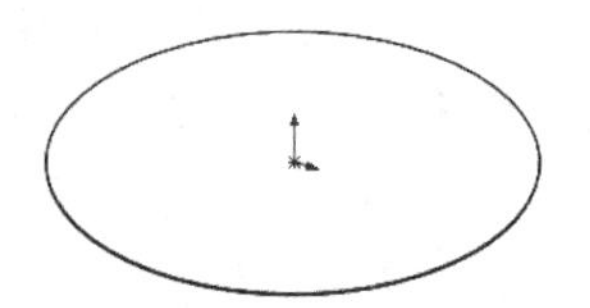

图 6-109　基体法兰

（4）绘制草图 2。选择基体法兰的上表面，绘制草图 2，如图 6-110 所示。

（5）创建通风口。

1）设置通风口边界。单击“钣金”选项卡中的“通风口”按钮，弹出“通风口”属性管理器。首先选择草图中最大直径的圆作为通风口的边界轮廓。同时，在“几何体属性”的“放置面”框中自动输入绘制草图的基准面作为放置通风口的表面。设置“圆角半径”为 5.00mm。这些值将应用于边界、筋、翼梁和填充边界之间所有相交处产生圆角，如图 6-111 所示。

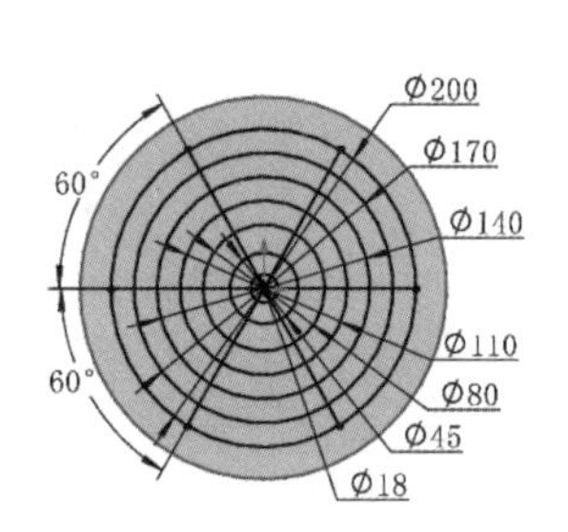

图 6-110　绘制草图 2

图 6-111　选择通风口的边界

2）设置筋参数。在“筋”下拉列表框中单击，然后选择两张草图中的直线作为筋轮廓，设置“筋宽度”为 6.00mm，如图 6-112 所示。

3）设置翼梁参数。在“翼梁”下拉列表框中单击，然后选择草图 2 中除最小圆之外的其他 5 个同心圆作为翼梁轮廓，设置“翼梁宽度”为 6.00mm，如图 6-113 所示。

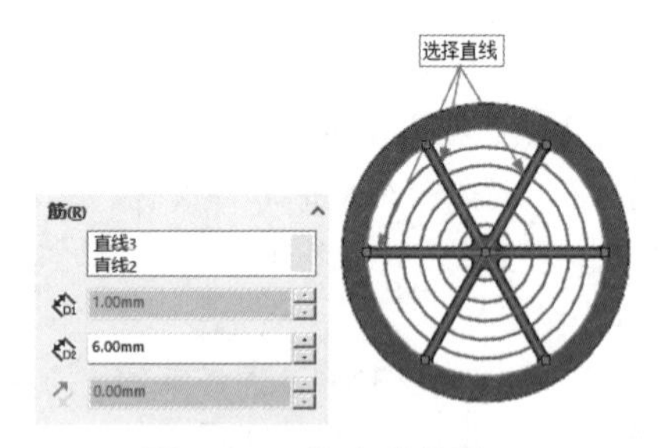

图 6-112　筋参数设置

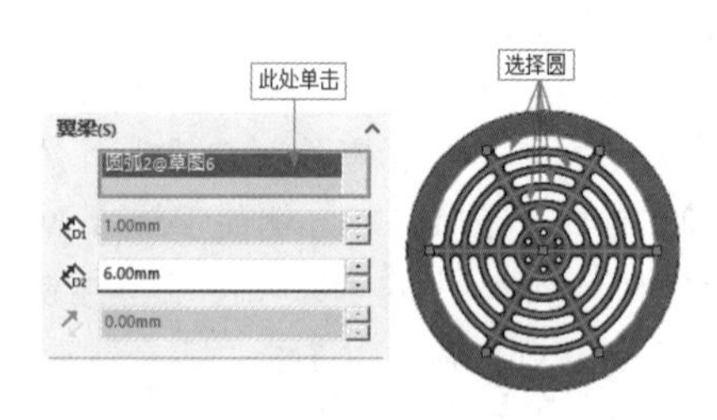

图 6-113　翼梁参数设置

4）设置填充边界。在“填充边界”下拉列表框中选择通风口草图中的最小圆作为填充边界轮廓，如图 6-114 所示。单击“确定”按钮✔生成通风口特征，如图 6-115 所示。

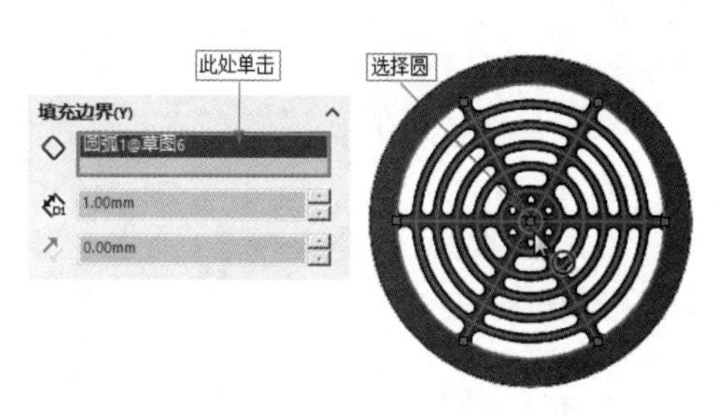

图 6-114 选择填充边界草图

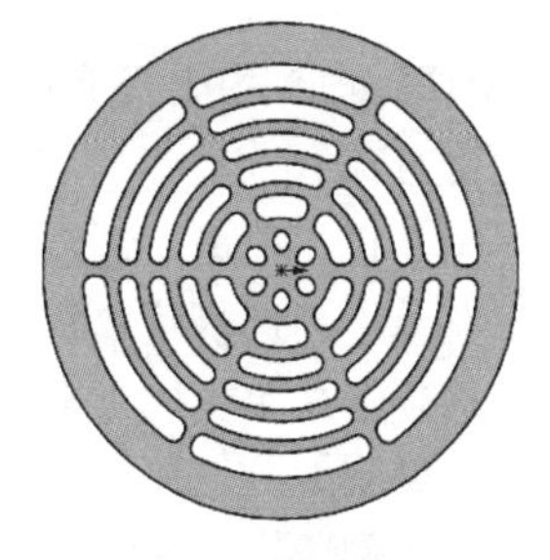

图 6-115 生成通风口特征

（6）创建简单直孔 1。单击“钣金”选项卡中的“简单直孔”按钮，根据系统提示❶选择实体的上表面作为孔的放置面，系统弹出“孔”属性管理器，❷设置终止条件为“完全贯穿”，❸设置孔的直径为 15mm，如图 6-116 所示。❹单击“确定”按钮✔生成孔 1。

（7）编辑孔 1 位置。在 FeatureManager 设计树中选择“孔 1”特征，右击，在弹出的快捷菜单中单击“编辑草图”按钮，如图 6-117 所示。进入草绘环境，对孔 1 的位置进行编辑。单击“草图”选项卡中的“添加几何关系”按钮，设置圆心与原点的重合约束，如图 6-118 所示。草图编辑完成，退出草图。

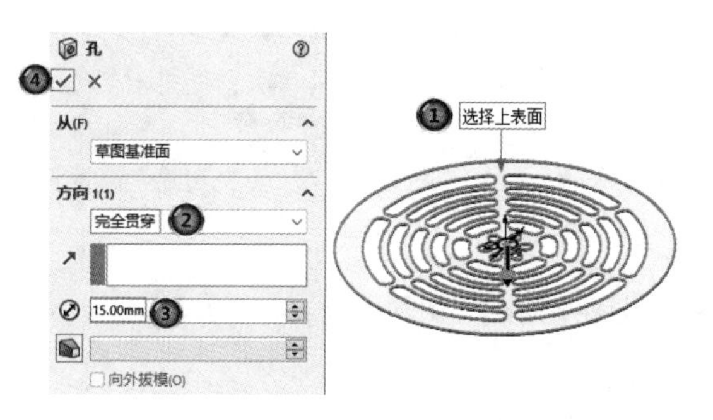

图 6-116 孔参数设置

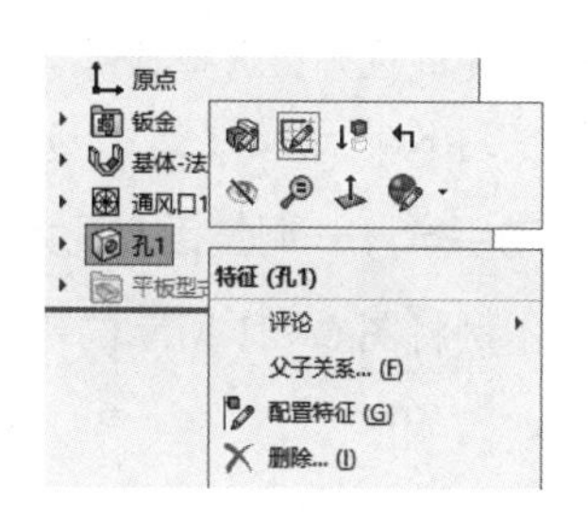

图 6-117 单击“编辑草图”按钮

（8）创建简单直孔 2。用同样的方法，创建孔 2，设置直径为 10mm，并编辑草图位置，如图 6-119 所示。最终结果如图 6-107 所示。

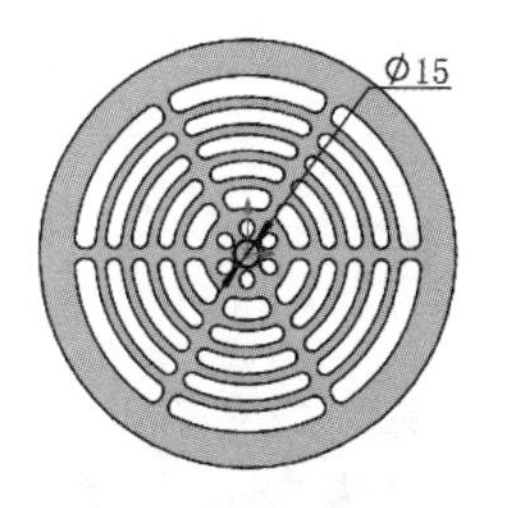

图 6-118 添加重合约束

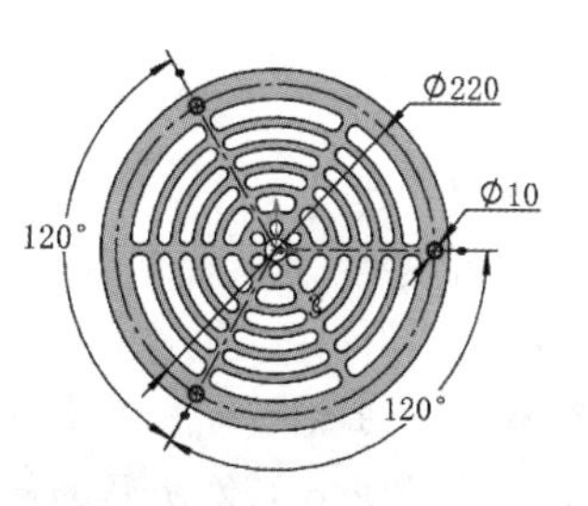

图 6-119 编辑孔 2 位置

6.1.13 正交切除

正交切除命令用于将非正交切除的面转换为正交切除。

【执行方式】

➢ 工具栏：单击“钣金”工具栏中的“正交切除”按钮。
➢ 菜单栏：选择菜单栏中的“插入”→“钣金”→“正交切除”命令。
➢ 选项卡：单击“钣金”选项卡中的“正交切除”按钮。

【选项说明】

执行上述操作，系统弹出“正交切除”属性管理器，如图 6-120 所示。该属性管理器中部分选项的含义如下。

（1）面：列出要切除的面。

（2）自动延伸：勾选该复选框，将切除应用于连接面。

（3）切除方向：定义设置切除方向的边线/曲线/面，只有切除位于折弯区域内部时，才允许有切除方向。

（4）优化几何图形：勾选该复选框，将顶部面和底部面的投影连接为优化草图以移除任何不必要的槽口。

（5）范围：勾选该单选按钮，从钣金实体的顶部和底部相交轮廓切除最大数量的几何体。

（6）等距平面：勾选该单选按钮，调整相交曲线与钣金实体相交处的位置。选择顶部面或底部面，以定义平面。可以选择链接到 K-因子或设置 0～1 之间的值，以定义等距平面。

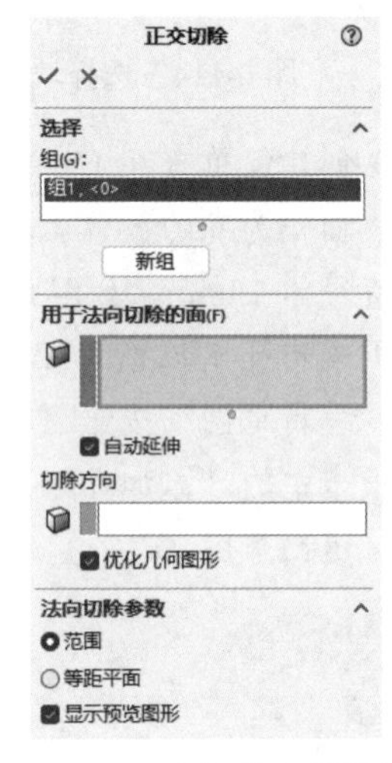

图 6-120 “正交切除”属性管理器

动手学——调整钣金孔为正交切除

本例将图 6-121 所示的弯板上的非正交切除的孔调整为正交切除。

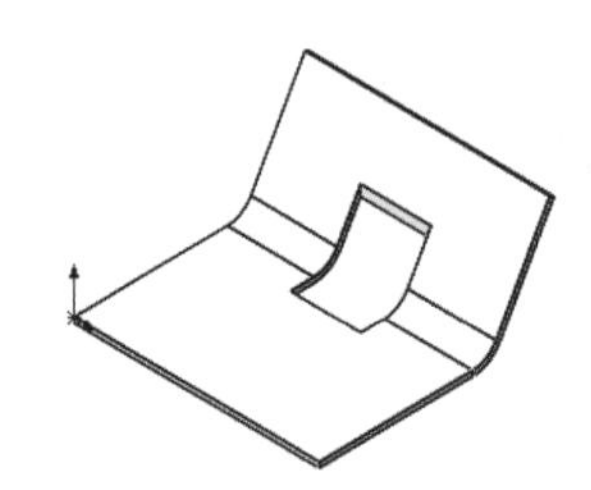

图 6-121 “弯板”源文件

【操作步骤】

（1）打开源文件。单击“快速访问”工具栏中的“打开”按钮，打开“弯板”源文件，如图 6-121 所示。

（2）创建正交切除。单击“钣金”选项卡中的“正交切除”按钮，系统弹出“正交切除”属性管理器，选择图 6-122 所示的侧面，法向切除参数选中“范围”单选按钮，单击“确定”按钮 ✓，结果如图 6-123 所示。

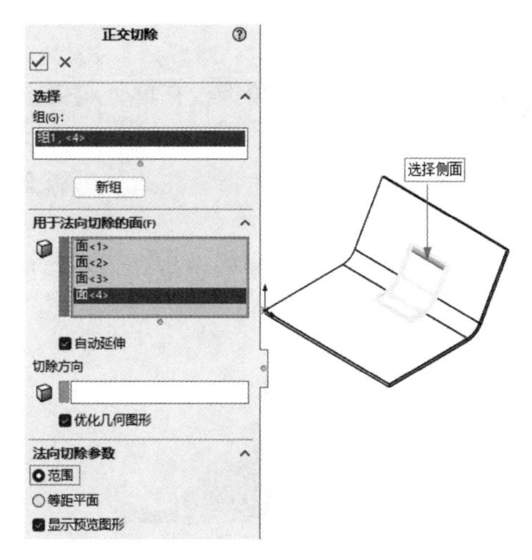

图 6-122　正交切除参数设置

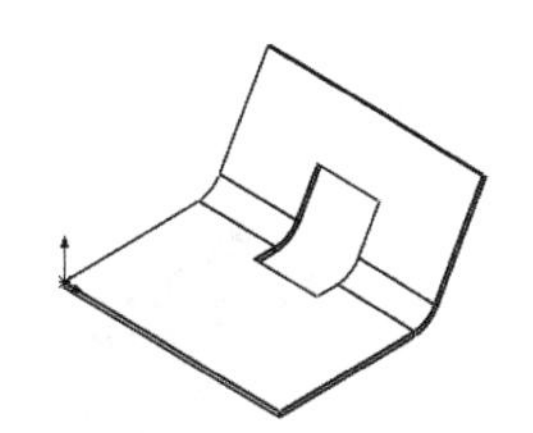

图 6-123　正交切除结果

6.1.14　钣金角撑板

在弯曲的钣金实体中添加角撑板。

【执行方式】

➢ 工具栏：单击“钣金”工具栏中的“钣金角撑板”按钮。

➢ 菜单栏：选择菜单栏中的“插入”→“钣金”→“钣金角撑板”命令。

➢ 选项卡：单击“钣金”选项卡中的“钣金角撑板”按钮。

【选项说明】

执行上述操作，系统弹出“钣金角撑板”属性管理器，如图 6-124 所示。该属性管理器中部分选项的含义如下。

（1）位置。

1）支撑面：通过选择圆柱折弯面或两个与圆柱折弯面相邻的平面，指定创建角撑板的折弯。

2）参考线：设置控制角撑板剖切面方向的线性边线或草图线段。角撑板剖切面垂直于所选边线或草图线段。

3）参考点：设置用于查找角撑板剖切面的草图点、顶点或参考点。

4）等距：指定的等距值将从此参考点进行测量。

5）反转等距方向：单击该按钮，则反转等距的方向。

（2）轮廓。

1）缩进深度：使用单一深度尺寸定义对称角撑板轮廓，如图 6-125 所示。

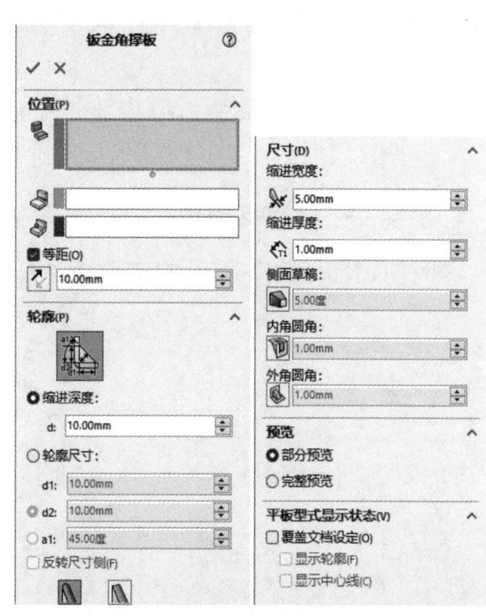

图 6-124　“钣金角撑板”属性管理器

2）轮廓尺寸，如图 6-126 所示。

➢ d1：剖面轮廓长度尺寸。指定从钣金零件内部到 x 轴上的点（角撑板在此处与钣金实体相交）的线性值。

➢ d2：剖面轮廓高度尺寸。指定从钣金零件内部到 y 轴上的点（角撑板在此处与钣金实体相交）的线性值。

➢ a1：剖面轮廓角度尺寸。根据指定的轮廓长度尺寸和角度尺寸创建角撑板的剖面轮廓。如果已指定剖面轮廓的长度和高度，则软件将自动确定剖面轮廓角度。

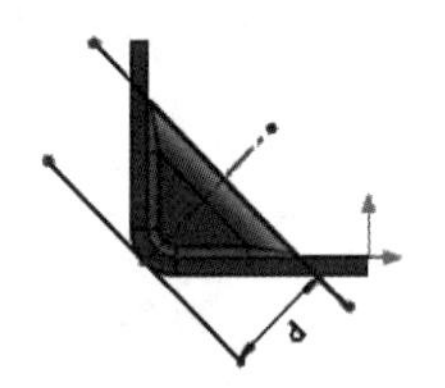

图 6-125　缩进深度

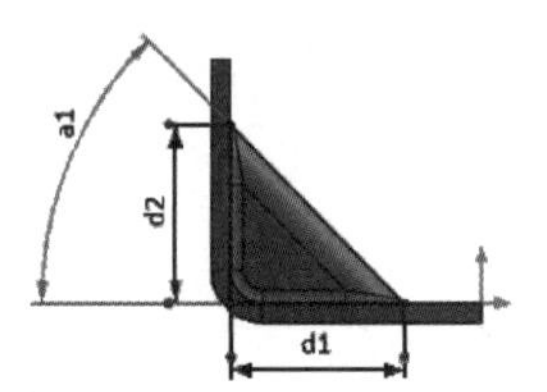

图 6-126　轮廓尺寸

3）反转尺寸侧：勾选该复选框，切换剖面轮廓长度尺寸和高度尺寸。

4）角撑板形状。

➢ 圆形角撑板：创建具有圆形边线的角撑板。

➢ 平面角撑板：创建具有平面边线的角撑板。选择该项，需要设置“边线圆角半径”值。

（3）尺寸。

1）缩进宽度：指定角撑板的宽度。

2）缩进厚度：指定角撑板的壁厚。默认值为钣金实体的厚度。可以覆盖此值，但是如果指定的厚度大于材料厚度并且角撑板壁与零件交互，则角撑板将失败。

3）侧面拔模开/关：单击该按钮，则需设置侧面草稿角度值。

4）内角圆角开/关：单击该按钮，开启和关闭角撑板内角上的圆角。开启内角圆角时，需指定其半径。

5）外角圆角开/关：单击该按钮，开启和关闭角撑板外角上的圆角。开启外角圆角时，需指定其半径。

扫一扫，看视频

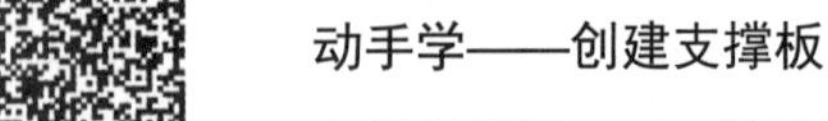

动手学——创建支撑板

本例创建图 6-127 所示的支撑板。

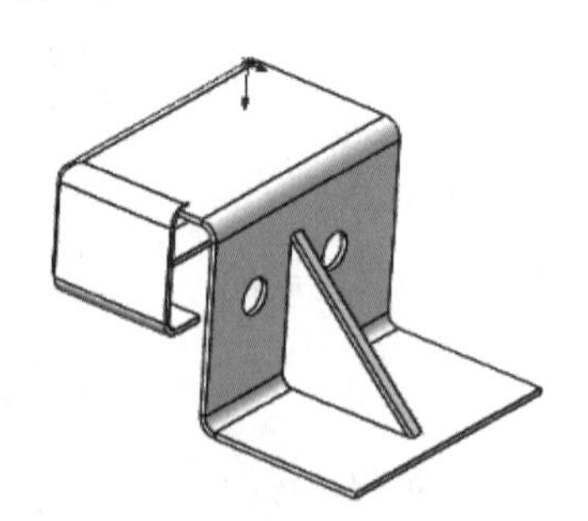

图 6-127　支撑板

【操作步骤】

（1）新建文件。单击“快速访问”工具栏中的“新建”按钮，在弹出的“新建 SOLIDWORKS 文件”对话框中单击“零件”按钮，然后单击“确定”按钮，创建一个新的零件文件。

（2）绘制草图 1。在 FeatureManager 设计树中选择“上视基准面”作为草绘基准面，单击“草图”选项卡中的“边角矩形”按钮，绘制草图 1，如图 6-128 所示。

（3）创建基体法兰。单击“钣金”选项卡中的“基体法兰/薄片”按钮，选择草图 1，系统弹出“基体法兰”属性管理器，输入厚度值为 1mm，其他参数采取默认值，如图 6-129 所示。单击“确定”按钮创建基体法兰，如图 6-130 所示。

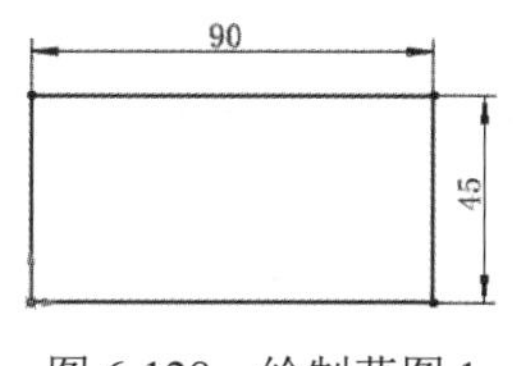

图 6-128 绘制草图 1

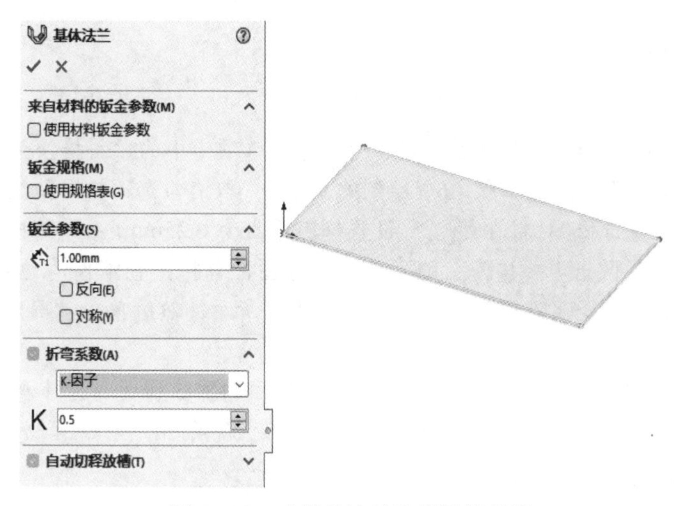

图 6-129 “基体法兰”属性管理器

（4）绘制草图 2。选择图 6-130 所示的基体法兰的面 1 作为草绘基准面，单击“草图”选项卡中的“直线”按钮绘制草图，并标注智能尺寸，如图 6-131 所示。

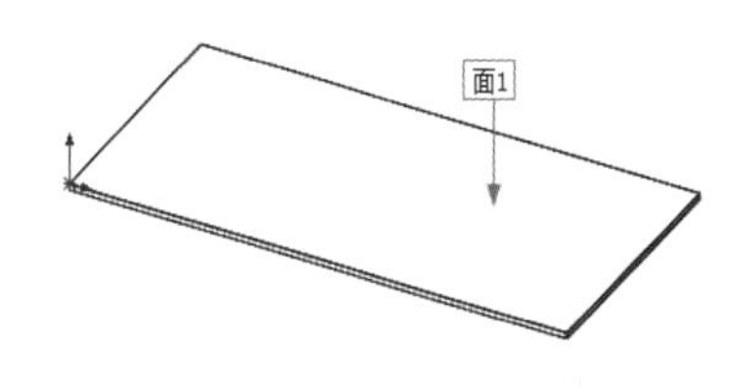

图 6-130 基体法兰

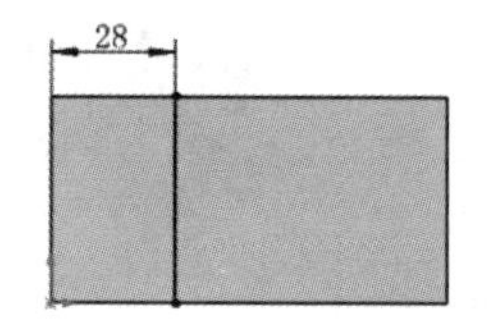

图 6-131 绘制草图 2

（5）创建转折特征。单击“钣金”选项卡中的“转折”按钮，选择草图 2，系统弹出“转折”属性管理器，选择基体法兰的上表面作为固定面，取消勾选“使用默认半径”复选框，输入半径为 2mm，高度为 35.00mm，选择尺寸位置为“总尺寸”，取消勾选“固定投影长度”复选框，转折位置设置为“折弯中心线”，转折角度设置为 90 度，如图 6-132 所示。然后单击“确定”按钮，转折后的图形如图 6-133 所示。

（6）绘制草图 3。选择图 6-133 中的面 2 作为草绘基准面，单击“草图”选项卡中的“直线”按钮绘制草图，并标注智能尺寸，如图 6-134 所示。

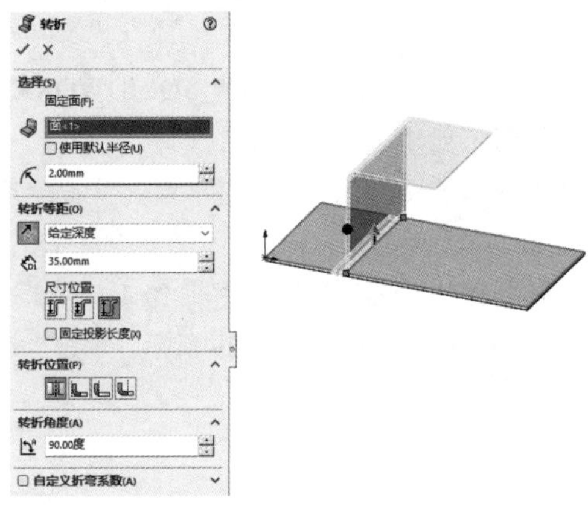

图 6-132　“转折”属性管理器

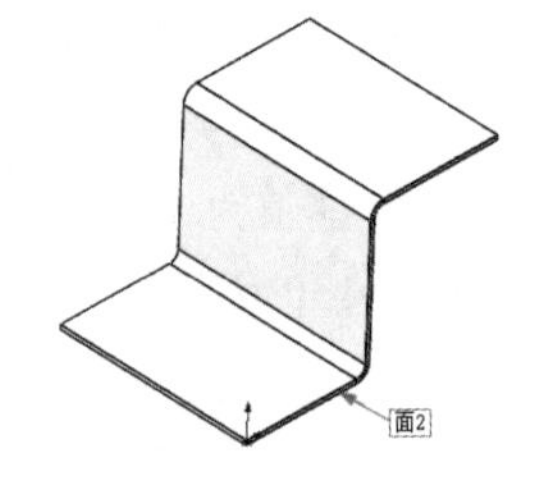

图 6-133　转折特征

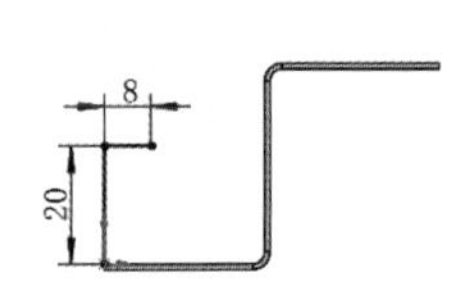

图 6-134　绘制草图 3

（7）创建斜接法兰。单击“钣金”选项卡中的“斜接法兰”按钮，系统弹出“斜接法兰”属性管理器，选择步骤（6）绘制的草图 3，取消勾选“使用默认半径”复选框，设置半径为 2mm，法兰位置选择“材料在外”，设置缝隙距离为 0.25mm，系统随即会选定斜接法兰特征的第一条边线，且绘图区出现斜接法兰的预览。在绘图区选择钣金零件的边线 2，将开始等距距离设置为 0mm，结束等距距离设置为 5mm，如图 6-135 所示。然后单击“确定”按钮生成斜接法兰，如图 6-136 所示。

（8）绘制草图 4。选择图 6-136 所示的面 3 作为草绘平面，单击“草图”选项卡中的“圆”按钮，绘制草图 4 并标注尺寸，如图 6-137 所示。

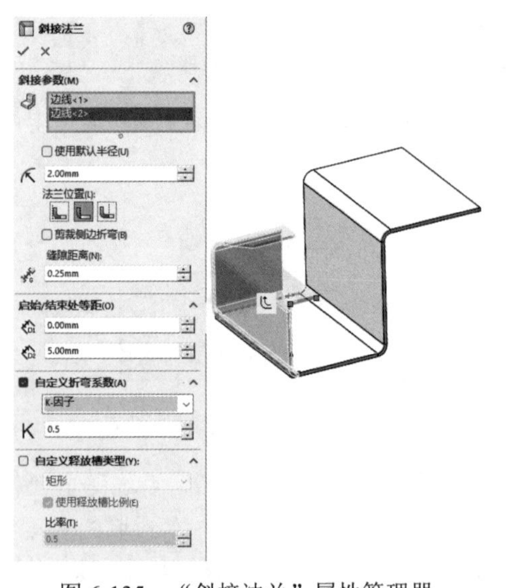

图 6-135　“斜接法兰”属性管理器

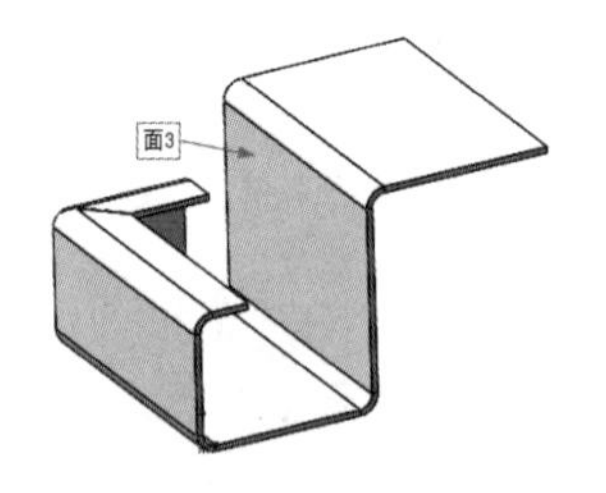

图 6-136　斜接法兰

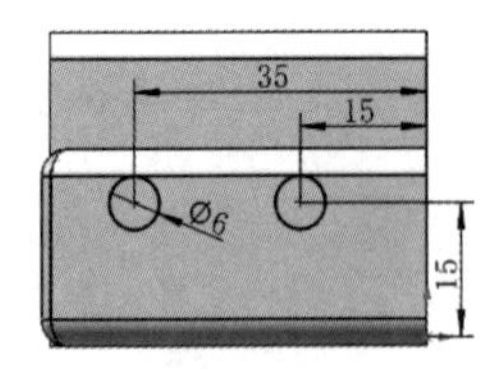

图 6-137　绘制草图 4

（9）创建拉伸切除特征。单击“钣金”选项卡中的“拉伸切除”按钮，选择步骤（8）绘制的草图 4，系统弹出“切除-拉伸”属性管理器，设置终止条件为“完全贯穿”，勾选“正交切除”复选框，如图 6-138 所示。单击“确定”按钮，结果如图 6-139 所示。

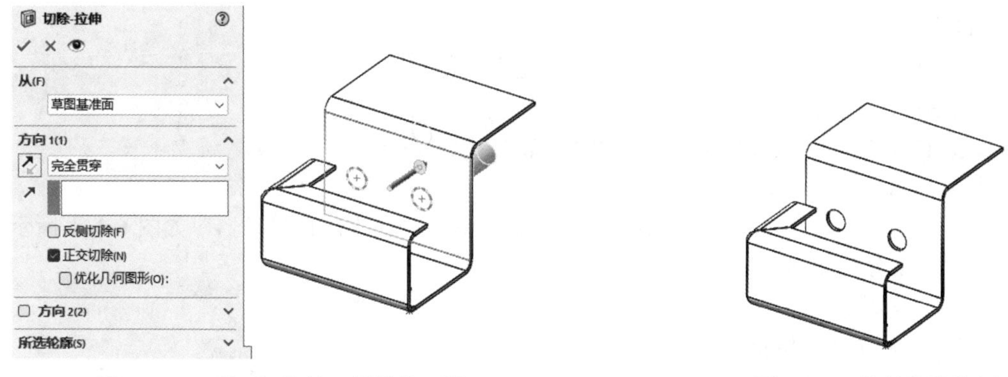

图 6-138　“切除-拉伸”属性管理器　　　　图 6-139　拉伸切除特征

（10）创建钣金角撑板。单击“钣金”选项卡中的“钣金角撑板”按钮，系统弹出“钣金角撑板”属性管理器。选择面 1 和面 2，系统自动选择边线和顶点，设置等距距离为 25mm，选中“轮廓尺寸”单选按钮，设置 d1 为 25mm、d2 为 25mm，选择角撑板形状为“平面角撑板”，设置边缘圆角半径为 0.5mm，设置缩进宽度为 3mm、缩进厚度为 1mm、外角圆角为 1mm，选中“完整预览”单选按钮，如图 6-140 所示。单击“确定”按钮，结果如图 6-127 所示。

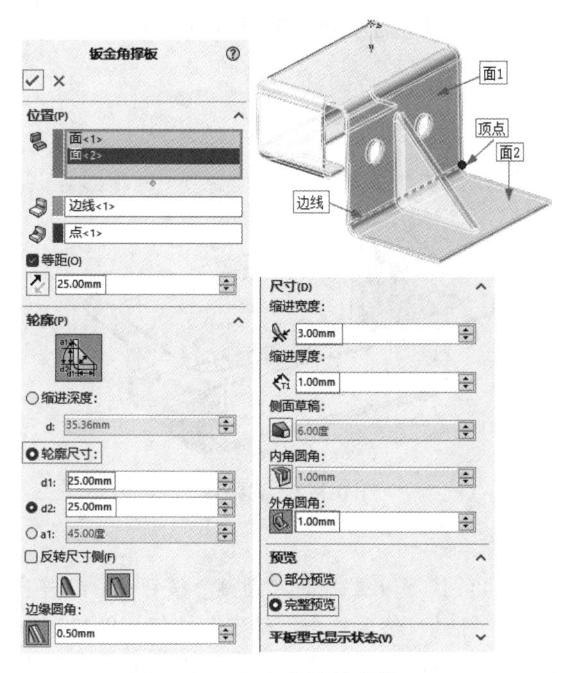

图 6-140　钣金角撑板参数设置

6.1.15　戳记

用户可以使用戳记工具生成基于草图的参数化成形工具以应用于钣金零件。借助基于草图的成形工具，可以使用一些参数创建草图，以产生钣金戳记或形成钣金。

【执行方式】

➢ 工具栏：单击“钣金”工具栏中的“戳记”按钮。
➢ 菜单栏：选择菜单栏中的“插入”→“钣金”→“戳记”命令。
➢ 选项卡：单击“钣金”选项卡中的“戳记”按钮。

【选项说明】

执行上述操作，选择绘制好的草图，系统弹出“钣金戳记”属性管理器，如图 6-141 所示。该属性管理器中部分选项的含义如下。

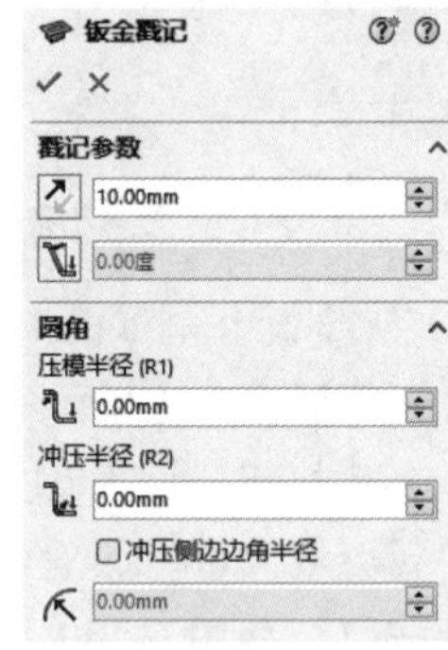

图 6-141 “钣金戳记”属性管理器

（1）戳记参数。

1）深度：从草图位置指定戳记深度。

2）反向：反转戳记的方向。

3）拔模角度：指定要应用于戳记侧面的拔模角度。

（2）圆角。

如果在生成戳记前在草图中指定半径，则在生成戳记时会优先考虑草图半径。

1）压模半径(R1)：指定压模生成的半径。

2）冲压半径(R2)：指定冲孔生成的半径。

3）冲压侧边边角半径：勾选该复选框，则需要添加圆角冲孔半径。

扫一扫，看视频

动手学——创建洗菜盆

本例创建图 6-142 所示的洗菜盆。

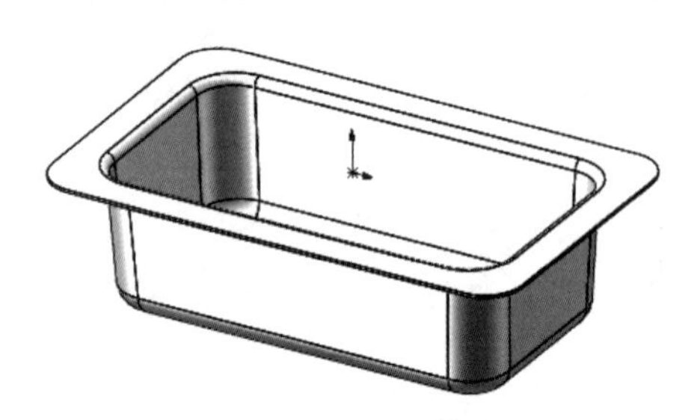

图 6-142 洗菜盆

【操作步骤】

（1）新建文件。单击“快速访问”工具栏中的“新建”按钮，在弹出的“新建 SOLIDWORKS 文件”对话框中单击“零件”按钮，然后单击“确定”按钮，创建一个新的零件文件。

（2）绘制草图 1。在 FeatureManager 设计树中选择“上视基准面”作为草绘基准面，单击“草图”选项卡中的“中心矩形”按钮、“绘制圆角”按钮和“剪裁实体”按钮，绘制草图 1，如图 6-143 所示。

（3）创建基体法兰。单击“钣金”选项卡中的“基体法兰/薄片”按钮，选择草图 1，系统弹出“基体法兰”属性管理器，输入厚度值为 1.50mm，其他参数采取默认值。然后单击“确定”按钮创建基体法兰，如图 6-144 所示。

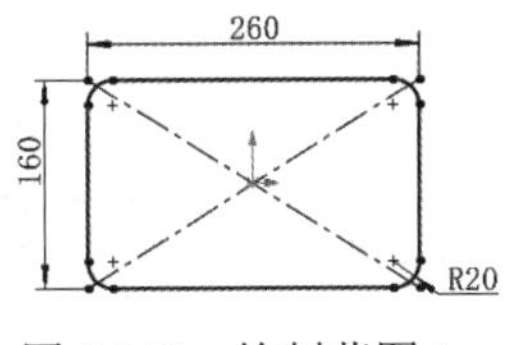

图 6-143　绘制草图 1

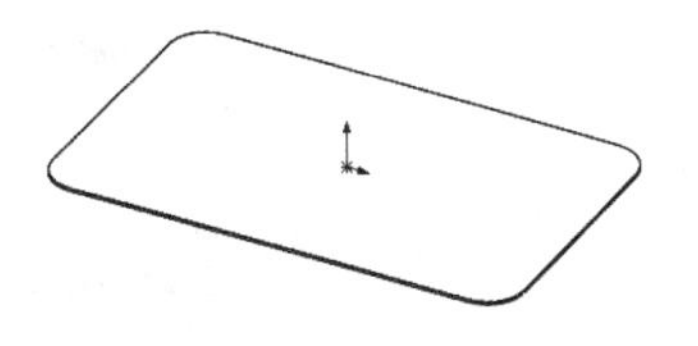

图 6-144　基体法兰

（4）绘制草图 2。选择基体法兰的上表面作为草绘基准面，单击“草图”选项卡中的“中心矩形”按钮绘制草图 2，如图 6-145 所示。

（5）创建钣金戳记。单击“钣金”选项卡中的“戳记”按钮，选择草图 2，系统弹出“钣金戳记”属性管理器，❶设置深度为 70mm，❷单击“拔模角度”按钮，打开拔模开关，❸设置拔模角度为 3 度，❹设置“压模半径”为 3mm、❺“冲压半径”为 10mm，❻勾选“冲压侧边边角半径”复选框，❼设置半径为 20mm，如图 6-146 所示。❽单击“确定”按钮，结果如图 6-142 所示。

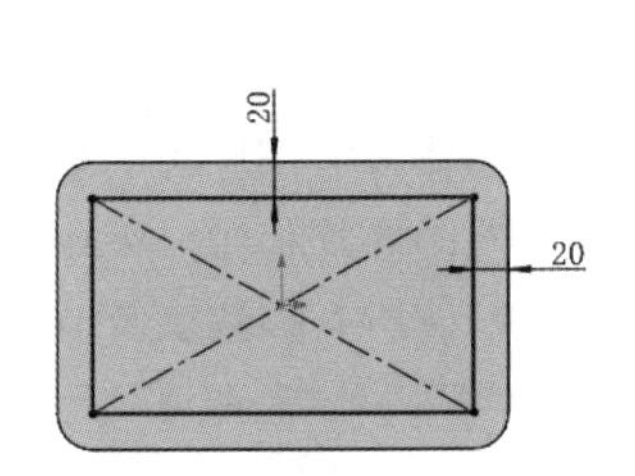

图 6-145　绘制草图 2

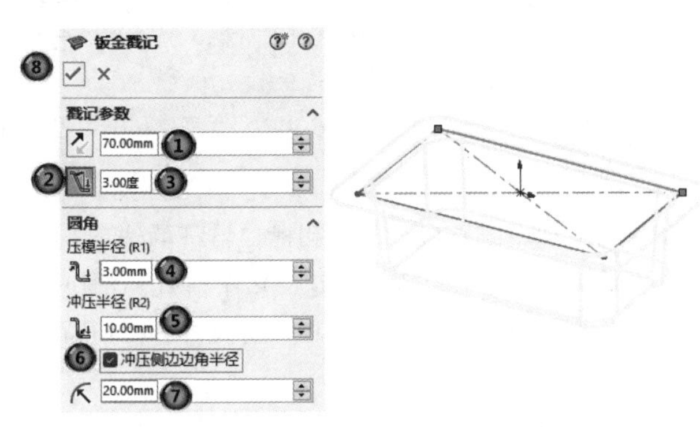

图 6-146　钣金戳记参数设置

6.1.16　薄片和槽口

薄片和槽口特征将在一个实体上创建薄片并在另一个实体上创建槽口（孔），以连锁这两个实体。可以指定薄片和槽口的外观以及它们沿选定实体分布的方式。

薄片和槽口便于将零件连接到一起并尽量降低构建复杂夹具所需满足的条件。此特征可用于所有零件，而不仅是钣金零件，还可以用于装配体上下文中的单一实体、多实体和零件。

边线和面必须相互对应，当为薄片选择边线时，也必须为槽口选择匹配的面。面可以是平面或圆柱面，但边线和面不必接触。

【执行方式】

- 工具栏：单击“钣金”工具栏中的“薄片和槽口”按钮。
- 菜单栏：选择菜单栏中的“插入”→“钣金”→“薄片和槽口”命令。
- 选项卡：单击“钣金”选项卡中的“薄片和槽口”按钮。

【选项说明】

执行上述操作，选择绘制好的草图，系统弹出“薄片和槽口”属性管理器，如图 6-147 所示。该属性管理器中部分选项的含义如下。

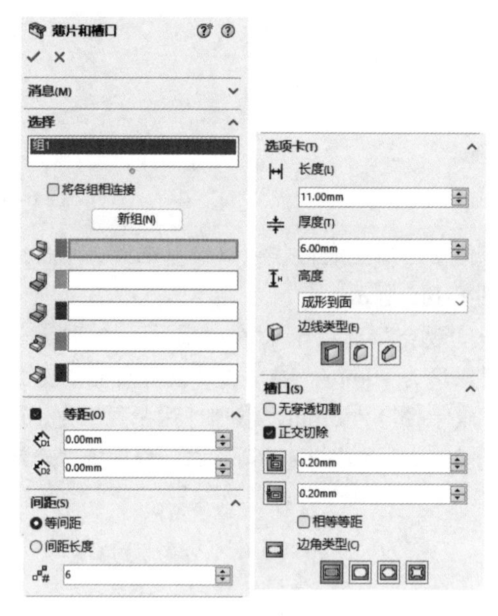

图 6-147 “薄片和槽口”属性管理器

（1）选择。

1）组列表：列出定义每个薄片和槽口特征的选项。组是属于两个相同实体或零部件的一系列边线及相应的面，用于在一个特征中定义多个薄片和槽口位置。每组都有不同的薄片和槽口参数。

2）将各组相连接：勾选该复选框，将薄片和槽口特征组连接到一起，以便所有参数统一地应用到特征。

3）新组：单击该按钮，则从选定边线和面创建其他薄片和槽口组。

4）薄片边线：为薄片定义边线。

5）槽口面：为槽口定义面。

6）薄片面：为薄片定义面。

7）启始参考点：设置薄片的起始位置。

8）结束参考点：设置薄片的结束位置。

（2）等距：勾选该复选框，可设置“与启始参考点的偏移距离”和“与结束参考点的偏移距离”。

（3）间距。

1）等间距：选中该单选按钮，设置薄片间的相等距离。需要设定实例数。

2）间距长度：选中该单选按钮，系统根据设置的间距值确定实例数。

（4）选项卡。

1）长度：定义薄片长度。

2）厚度：定义薄片厚度（在非钣金实体零件中可用）。

3）高度：设置薄片的终止条件，包括给定深度、成形到面和到离指定面指定的距离 3 种。

4）边线类型：设置薄片边线处理方式，包括“锐边边线”“圆角边线”和“倒角边线”。

（5）槽口。

1）无穿透切割：勾选该复选框，则不会贯穿所有切除。如果贯穿切除对模型而言是不切实际的

（例如，具有单一实体的模型），则该项不可用。

2）正交切除：勾选该复选框，指定槽口垂直于图纸，即使薄片与槽口成一定角度。

3）槽口长度偏移：设置槽口长度的偏移值。

4）槽口宽度偏移：设置槽口宽度的偏移值。

5）相等等距：勾选该复选框，则槽口长度偏移和槽口宽度偏移的设置值相等。

6）边角类型：设置槽口的边角类型，包括“槽口尖角”“槽口圆角边角”“槽口倒角边角”和“槽口圆形边角”4 种。

动手学——创建储物盒

本例创建图 6-148 所示的储物盒。

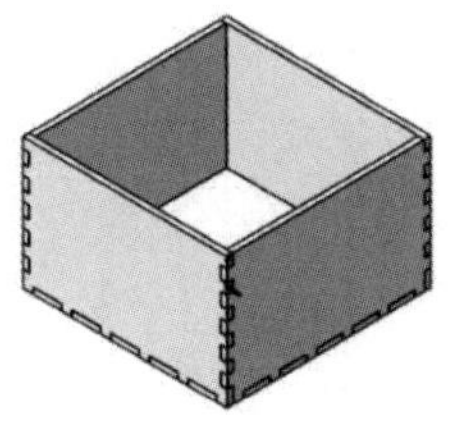

图 6-148　储物盒

【操作步骤】

（1）打开源文件。单击“快速访问”工具栏中的“打开”按钮，打开“储物盒”源文件，如图 6-149 所示。

（2）创建薄片和槽口。单击“钣金”选项卡中的“薄片和槽口”按钮，系统弹出“薄片和槽口”属性管理器，❶选择板 1 的边线 1，❷选择面 1，❸再选择板 1 的面 2；❹选中“等间距”单选按钮，❺实例数设置为 6；❻在“选项卡”选项组中设置“长度”为 10mm，❼“厚度”为 6mm，❽高度终止条件选择“成形到面”，❾边线类型选择“锐边边线”；❿在“槽口”选项组中勾选“正交切除”复选框，⓫设置槽口长度偏移为 0.2，⓬槽口宽度偏移为 0.2mm，⓭边角类型选择“槽口尖角”，如图 6-150 所示。⓮单击“确定”按钮，结果如图 6-151 所示。

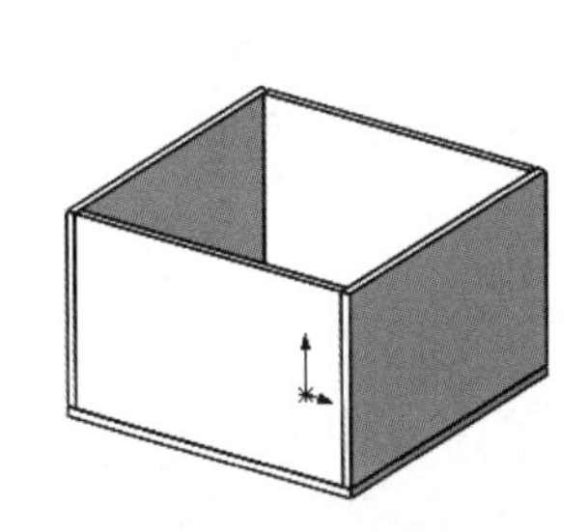

图 6-149　“储物盒”源文件

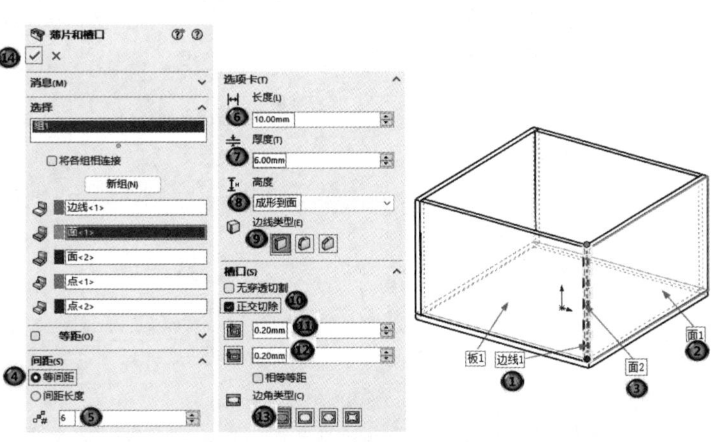

图 6-150　薄片和槽口参数设置

（3）创建其他薄片和槽口。用同样的方法，创建其他薄片和槽口，结果如图 6-152 所示。

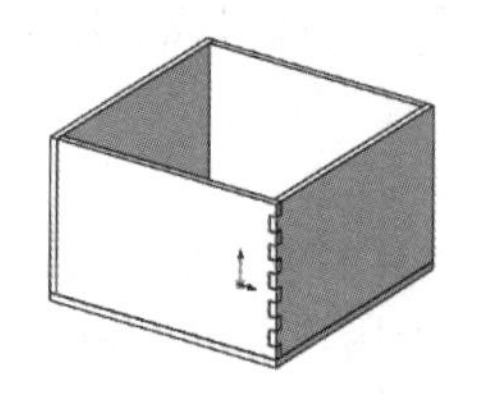

图 6-151　薄片和槽口 1

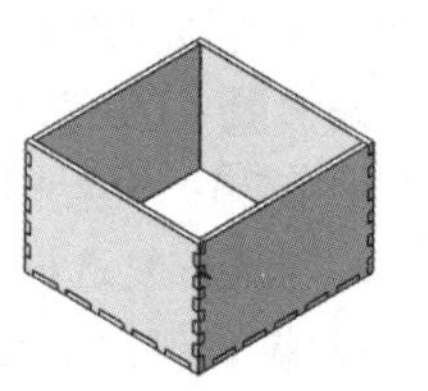

图 6-152　创建其他薄片和槽口

6.2　展平和折叠

展平是将零件全部展平，变成一个平板模式，不管有多少条折弯，都需要展平，变成一个平面。

6.2.1　展平

【执行方式】

➢ 工具栏：单击“钣金”工具栏中的“展平”按钮。
➢ 菜单栏：选择菜单栏中的“插入”→“钣金”→“展平”命令。
➢ 选项卡：单击“钣金”选项卡中的“展平”按钮。
➢ 快捷菜单：右击平板型式 1 特征，在弹出的快捷菜单中单击“解除压缩”按钮，如图 6-153 所示。

执行上述操作，展平整个钣金零件。

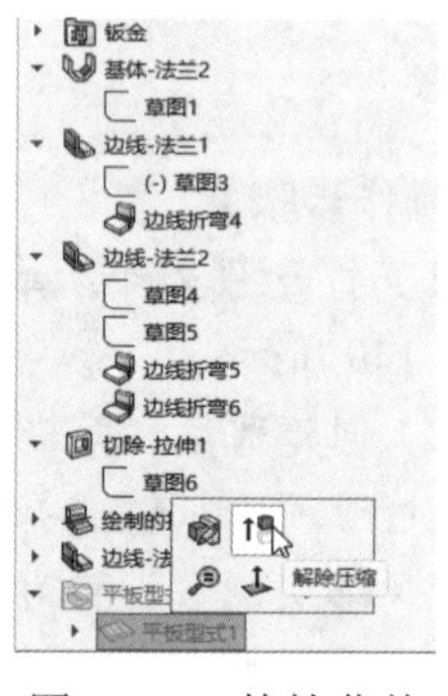

图 6-153　快捷菜单

注意：

使用该方法展开整个零件时，将应用边角处理以生成干净、展平的钣金零件，从而使制造过程不会出错。如果不想应用边角处理，可以右击平板型式，在弹出的快捷菜单中选择“编辑特征”命令，在“平板型式”属性管理器中取消勾选“边角处理”复选框，如图 6-154 所示。

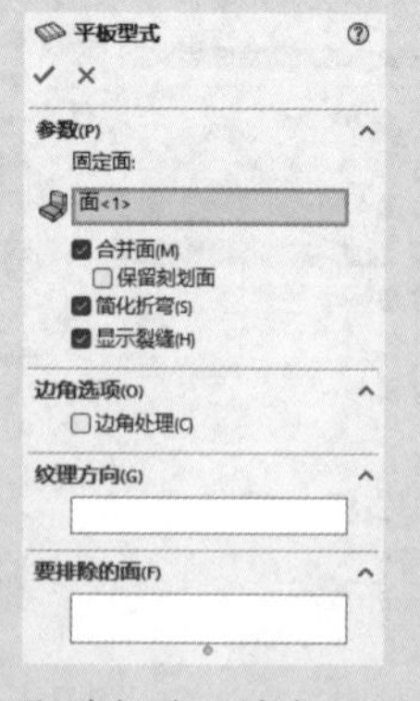

图 6-154　取消勾选“边角处理”复选框

要将整个钣金零件折叠，可以右击钣金零件 FeatureManager 设计树中的平板型式特征，在弹出的快捷菜单中选择“压缩”命令，或者单击“钣金”选项卡中的“展平”按钮，使该按钮弹起，即可将钣金零件折叠。

6.2.2　展开/折叠

要展开或折叠钣金零件的一个、多个或所有折弯，可使用展开和折叠特征工具。使用此展开特征工具可以沿折弯添加切除特征。首先，添加展开特征来展开折弯；其次，添加切除特征；最后，添加折叠特征，将折弯返回到其折叠状态。

1. 展开

【执行方式】

- 工具栏：单击“钣金”工具栏中的“展开/折叠”按钮/。
- 菜单栏：选择菜单栏中的“插入”→“钣金”→“展开/折叠”命令。
- 选项卡：单击“钣金”选项卡中的“展开/折叠”按钮/。

【选项说明】

执行上述操作，系统弹出“展开”“折叠”属性管理器，如图 6-155 和图 6-156 所示。该属性管理器中部分选项的含义如下。

（1）固定面：选择一个不因为特征而移动的面作为固定面，固定面可为平面或线性边线。

（2）要展开/折叠的折弯 / ：选择一个或多个折弯。

（3）收集所有折弯：单击该按钮，可选择零件中所有合适的折弯展开或折叠。

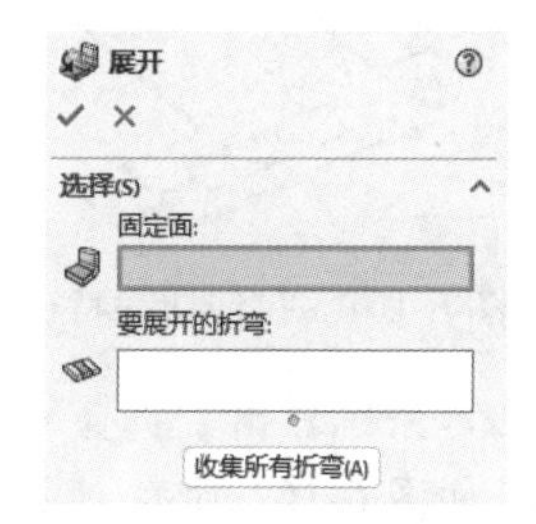

图 6-155　“展开”属性管理器

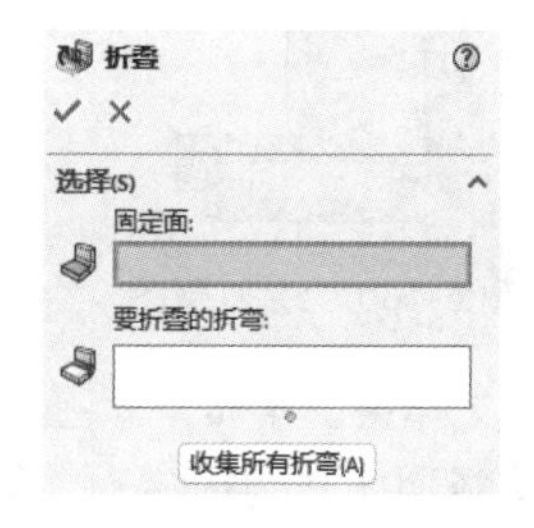

图 6-156　“折叠”属性管理器

动手学——创建支撑架开孔

本例对图 6-157 所示的支撑架进行开孔操作。

扫一扫，看视频

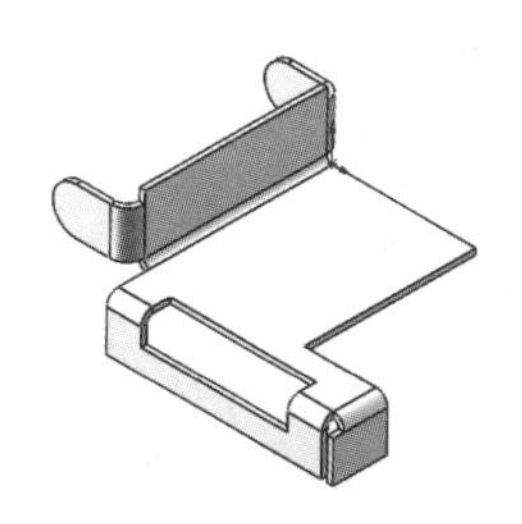

图 6-157　“支撑架折弯”源文件

【操作步骤】

（1）打开源文件。单击“快速访问”工具栏中的“打开”按钮，打开“支撑架折弯”源文件，如图 6-157 所示。

（2）展开支撑架。单击“钣金”选项卡中的“展开”按钮，系统弹出“展开”属性管理器，❶选择面 1 作为固定面，❷单击“收集所有折弯”按钮，如图 6-158 所示。❸单击“确定”按钮✓，支撑架被展开，如图 6-159 所示。

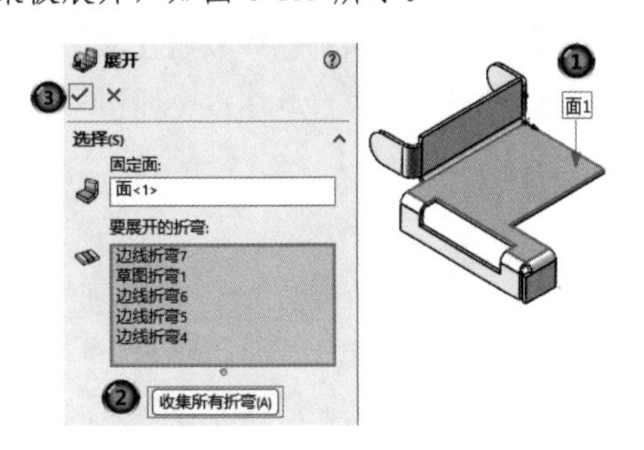

图 6-158　展开参数设置

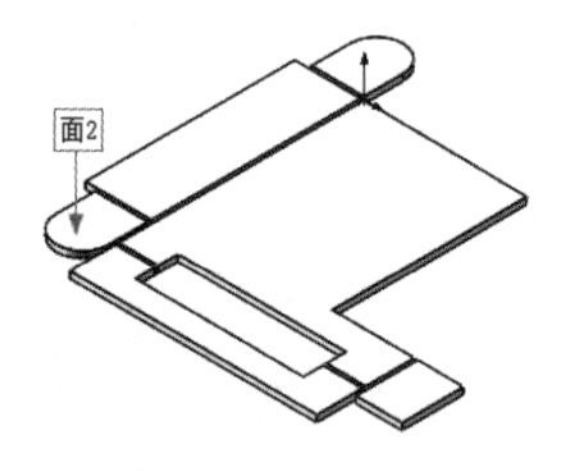

图 6-159　展开结果

（3）创建拉伸切除特征。单击“钣金”选项卡中的“拉伸切除”按钮，选择图 6-159 所示的面 2 作为草绘基准面，绘制草图，如图 6-160 所示。单击“退出草图”按钮，系统弹出“切除-拉伸”属性管理器，设置终止条件为“完全贯穿”，单击“确定”按钮✓，结果如图 6-161 所示。

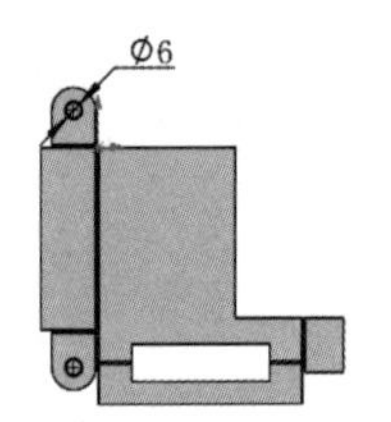

图 6-160　绘制草图

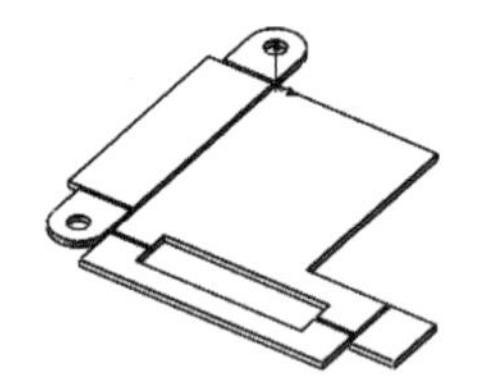

图 6-161　拉伸切除特征

（4）折叠支撑架。单击“钣金”选项卡中的“折叠”按钮，系统弹出“折叠”属性管理器，❶系统自动选择面 1 作为固定面，❷单击“收集所有折弯”按钮，如图 6-162 所示。❸单击“确定”按钮✓，支撑架被折叠，如图 6-163 所示。

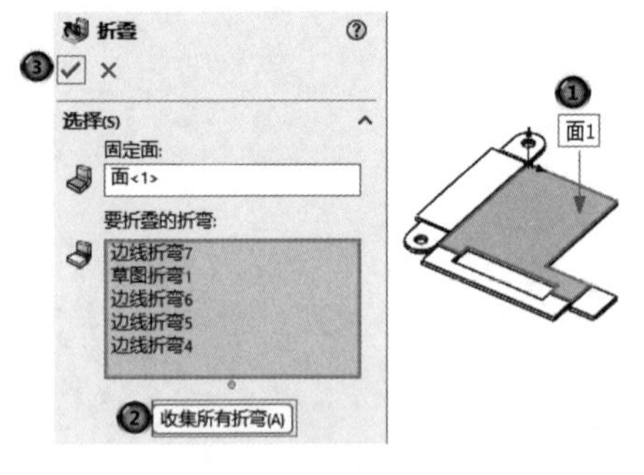

图 6-162　折叠参数设置

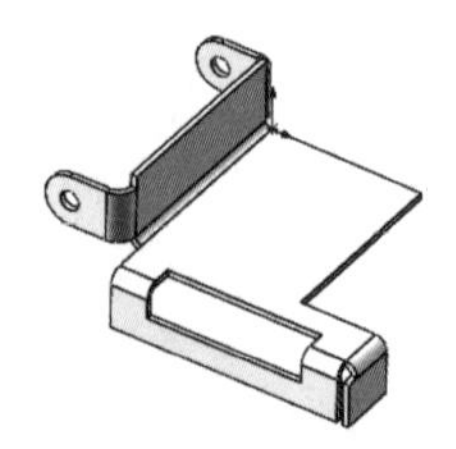

图 6-163　折叠结果

6.3　边　　角

断裂边角/边角剪裁工具是从折叠/展平的钣金零件的边线或面切除材料或向其中加入材料，包括对钣金周边进行倒角。

6.3.1　断裂边角

断裂边角只能在折叠的钣金零件中操作。

【执行方式】

➢ 工具栏：单击“钣金”工具栏中的“断裂边角/边角剪裁”按钮。

➢ 菜单栏：选择菜单栏中的“插入”→“钣金”→“断裂边角”命令。

➢ 选项卡：单击“钣金”选项卡中的“断裂边角/边角剪裁”按钮。

【选项说明】

执行上述操作，系统弹出“断裂边角”属性管理器，如图 6-164 所示。该属性管理器中部分选项的含义如下。

（1）边角边线/法兰面：选择要断开的边角边线或法兰面，可同时选择两者。

（2）折断类型。

1）倒角：选择该项，需要设置倒角距离。

2）圆角：选择该项，需要设置圆角半径。

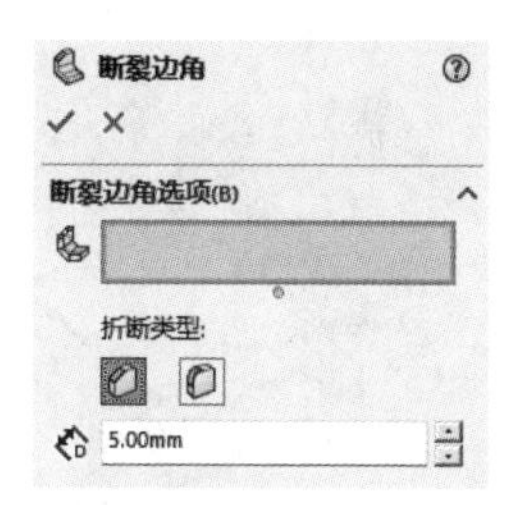

图 6-164　“断裂边角”属性管理器

6.3.2　边角剪裁

边角剪裁只能在展平的钣金零件中操作，在零件被折叠时边角剪裁特征将被压缩。

【执行方式】

➢ 工具栏：单击“钣金”工具栏中的“边角剪裁”按钮。

➢ 菜单栏：选择菜单栏中的“插入”→“钣金”→“边角剪裁”命令。

➢ 选项卡：单击“钣金”选项卡中的“边角剪裁”按钮。

【选项说明】

执行上述操作，系统弹出“边角-剪裁”属性管理器，如图 6-165 所示。该属性管理器中部分选项的含义如下。

（1）边角边线：选择要应用释放槽切割的边角边线。

（2）聚集所有边角：单击该按钮，则选择所有内边角。

（3）释放槽类型：释放槽类型包括圆形、方形和折弯腰。

（4）在折弯线上置中：勾选该复选框，则在“释放槽类型”

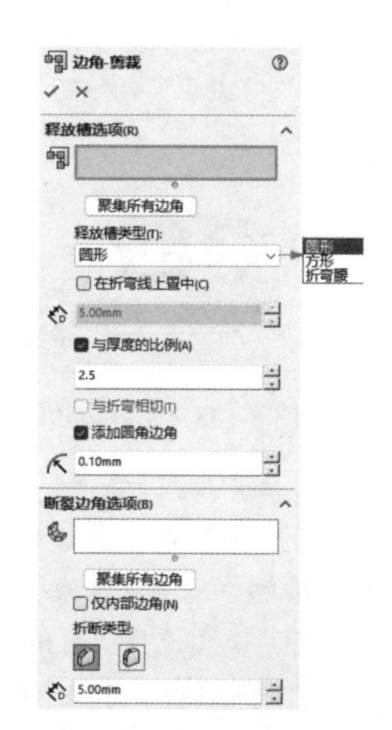

图 6-165　“边角-剪裁”属性管理器

设置为“圆形”或“方形”时添加相对于折弯线居中的边角切割。

（5）半径：设置释放槽的半径尺寸。

（6）与厚度的比例：勾选该复选框，则需设置“半径或距离至钣金厚度的比例”参数。

（7）与折弯相切：只有勾选了“在折弯线上置中”复选框，该复选框才能被激活。

（8）添加圆角边角：勾选该复选框，则需设置释放槽的圆角边线半径。

扫一扫，看视频

动手学——创建支撑架边角

本小节将对图 6-166 所示的开孔后的支撑架进行断裂边角和边角剪裁。

【操作步骤】

（1）打开源文件。单击“快速访问”工具栏中的“打开”按钮，打开“支撑架开孔”源文件，如图 6-166 所示。

（2）断裂边角。单击“钣金”选项卡中的“断裂边角/边角剪裁”按钮，弹出“断裂边角”属性管理器。❶在绘图区中选择要断裂的边角边线 1 和边线 2，❷设置“折断类型”为“倒角”，❸设置距离为 5mm，如图 6-167 所示。单击“确定”按钮✔生成断裂边角特征，如图 6-168 所示。

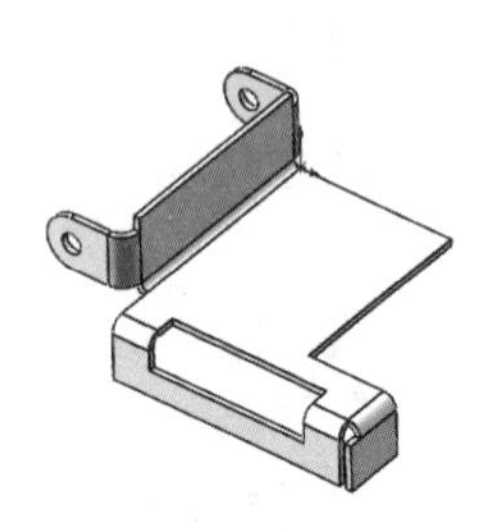

图 6-166 “支撑架开孔”源文件

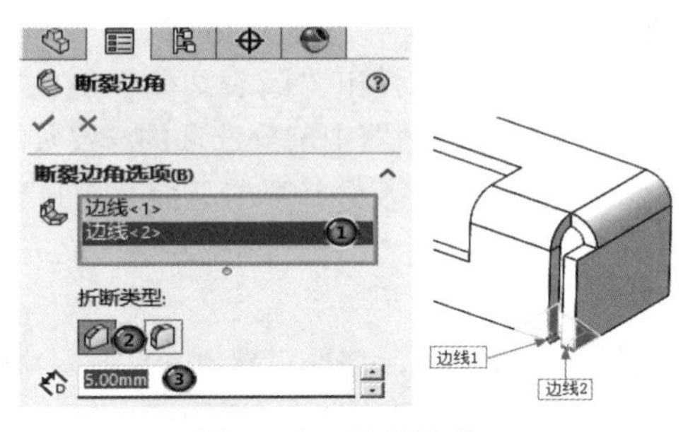

图 6-167 选择边线

（3）展平钣金件。单击“钣金”选项卡中的“展平”按钮，展平整个钣金零件，如图 6-169 所示。

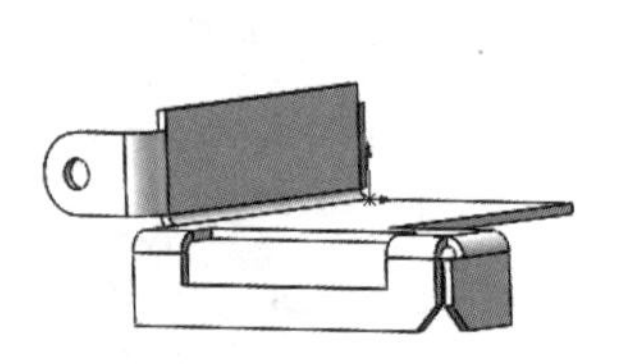

图 6-168 断裂边角结果

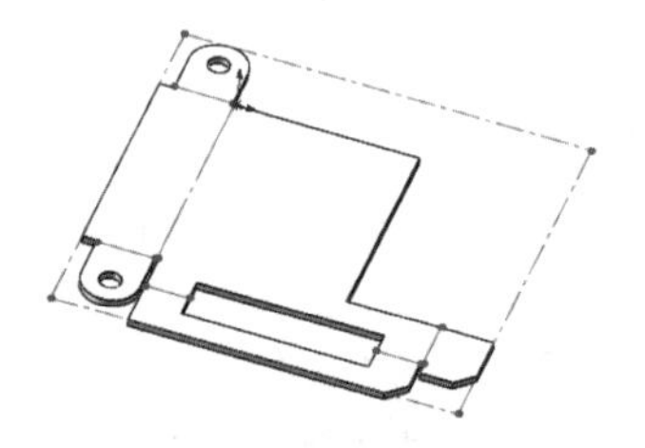

图 6-169 展平整个钣金零件

（4）边角剪裁。单击“钣金”选项卡中的“边角剪裁”按钮，弹出“边角-剪裁”属性管理器。❶在绘图区中选择要折断边角的边线，❷“释放槽类型”选择“方形”，❸勾选“在折弯线上置中”复选框，❹侧边长度设置为 5mm，❺勾选“添加圆角边角”复选框，❻设置圆角半径为 1mm，❼断裂边角折断类型选择“倒角”，如图 6-170 所示。❽单击“确定”按钮✔，结果如图 6-171 所示。

（5）单击“钣金”选项卡中的“展平”按钮，使该按钮弹起，将钣金零件折叠。折叠钣金零件如图 6-166 所示。

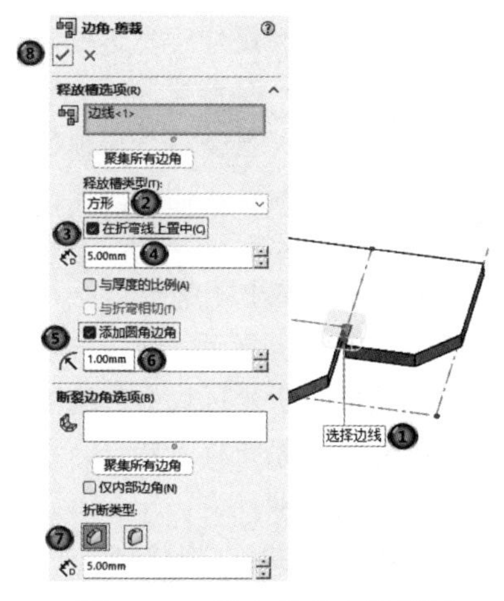

图 6-170　边角剪裁参数设置

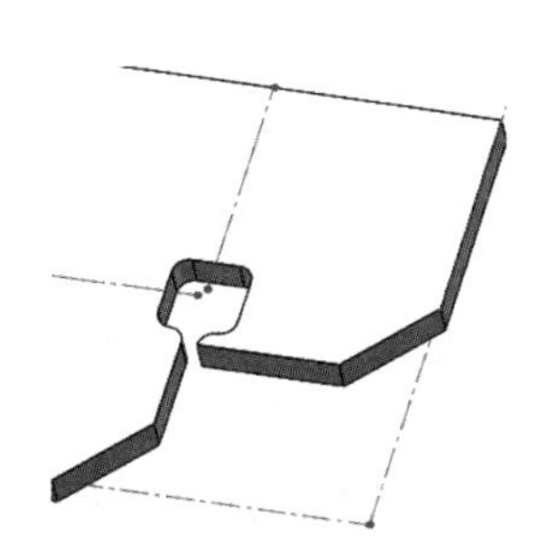

图 6-171　边角裁剪结果

6.3.3　闭合角

使用闭合角特征工具可以在钣金法兰之间添加闭合角，即在钣金特征之间添加材料。

通过闭合角特征工具可以完成以下功能：通过选择面可同时为钣金零件闭合多个边角；关闭非垂直边角；将闭合边角应用到带有 90°以外折弯的法兰；调整缝隙距离，该间距是边界角特征添加的两个材料截面之间的距离；调整重叠/欠重叠比率；设置重叠材料与欠重叠材料之间的比率：数值 1 表示重叠和欠重叠相等；闭合或打开折弯区域。

【执行方式】

- ➢ 工具栏：单击“钣金”工具栏中的“闭合角”按钮。
- ➢ 菜单栏：选择菜单栏中的“插入”→“钣金”→“闭合角”命令。
- ➢ 选项卡：单击“钣金”选项卡中的“闭合角”按钮。

【选项说明】

执行上述操作，系统弹出“闭合角”属性管理器，如图 6-172 所示。该属性管理器中部分选项的含义如下。

（1）要延伸的面：选择一个或多个平面，如图 6-173 所示。

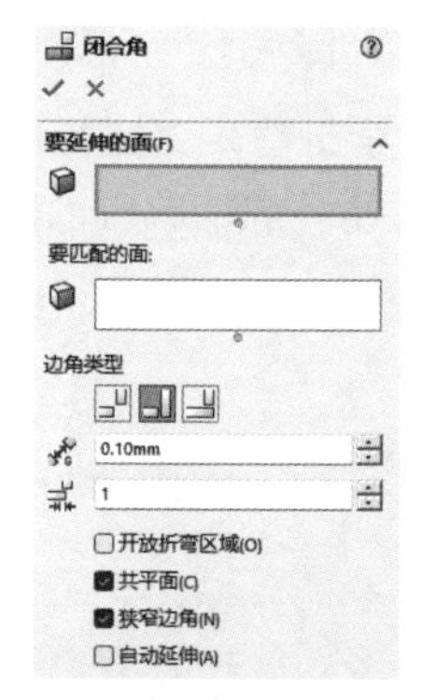

图 6-172　“闭合角”属性管理器

图 6-173　选择要延伸的面

（2）要匹配的面：选择与要延伸的面进行匹配的面。勾选“自动延伸”复选框，则系统自动选择要匹配的面。

（3）边角类型：可选择的边角类型有“对接”“重叠”和“欠重叠”3种。

（4）缝隙距离：设定闭合角两面之间的距离。

（5）重叠/欠重叠比率：设定重叠/欠重叠的比例值。

（6）开放折弯区域：勾选该复选框，折弯部分不进行闭合，如图6-174所示。

（7）共平面：勾选该复选框，将闭合角对齐到与选定面共平面的所有面。

（8）狭窄边角：勾选该复选框，则系统使用折弯半径的算法缩小折弯区域中的缝隙。

选择“边角类型”中的“重叠”选项，单击“确定”按钮，系统提示错误，不能生成闭合角，原因有可能是缝隙距离太小。单击“确定”按钮，关闭错误提示框。

在“缝隙距离”输入栏中更改缝隙距离数值为0.60mm，单击“确定”按钮，生成“重叠”类型闭合角，如图6-175所示。

图6-174　开放折弯区域

图6-175　生成“重叠”类型闭合角

使用其他边角类型选项可以生成不同形式的闭合角。图6-176所示是使用边角类型中的“对接”选项生成的闭合角；图6-177所示是使用边角类型中的“欠重叠”选项生成的闭合角。

图6-176　“对接”类型闭合角

图6-177　“欠重叠”类型闭合角

6.3.4　边角释放槽

在制作钣金件时，需要对板材进行折弯，如果对板材局部折弯或两个折弯距离比较近，为了防止板材产生撕裂现象，需要对折弯处开释放槽。SOLIDWORKS中的边角释放槽就可以满足这个需求。

【执行方式】

- 工具栏：单击“钣金”工具栏中的“边角释放槽”按钮。
- 菜单栏：选择菜单栏中的“插入”→“钣金”→“角释放”命令。
- 选项卡：单击“钣金”选项卡中的“边角释放槽”按钮。

【选项说明】

执行上述操作，系统弹出“边角释放槽”属性管理器，如图6-178所示。该属性管理器中部分选项的含义如下。

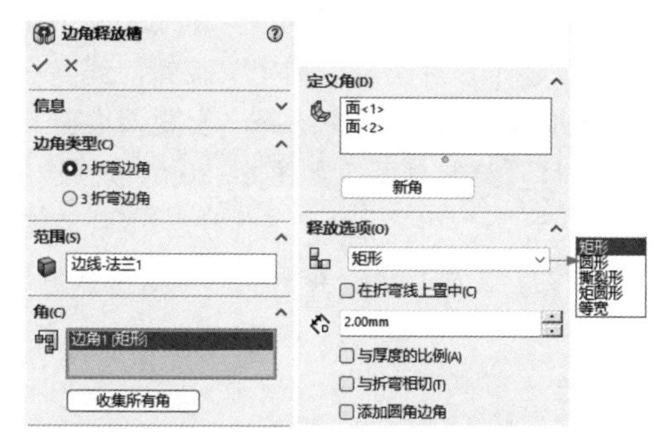

图 6-178　“边角释放槽”属性管理器

（1）边角类型。

1）2 折弯边角：选中该单选按钮，创建两个折弯交汇的边角释放槽。

2）3 折弯边角：选中该单选按钮，创建 3 个折弯在一个公共点交汇的边角释放槽。边角释放槽应用于折弯线的公共交叉点。模型必须有折弯线交汇于一点的 3 个折弯。

（2）范围 ：选择要应用边角释放槽的钣金实体。

（3）角 ：选择一个边角以设置或更改释放槽类型。当选择一个边角时，该边角将在绘图区高亮显示。当将释放槽选项应用于选定的边角时，列表框中将显示已应用的选项。单击其下方的“收集所有角”按钮，则系统自动列出所选实体的所有边角。

（4）定义角：为新边角选择两个折弯面，然后单击其下方的“新角”按钮，将其添加到“角”列表框中。

（5）释放选项。

1）释放槽类型：系统提供了矩形、圆形、撕裂形、矩圆形和等宽 5 种类型。

2）在折弯线上置中：勾选该复选框，则将相对于折弯线的边角释放槽居中。

3）与厚度的比例：勾选该复选框，则使用槽口长度计算“与厚度的比例”。默认值是切割折弯区域以便可以折叠实体的值。

4）与折弯相切：勾选该复选框，再勾选“在折弯线上置中”复选框时，边角释放槽与内折弯线相切。

5）添加圆角边角：勾选该复选框，将边角释放槽的边角切成圆角。

动手学——创建钣金箱

本例创建图 6-179 所示的钣金箱。

扫一扫，看视频

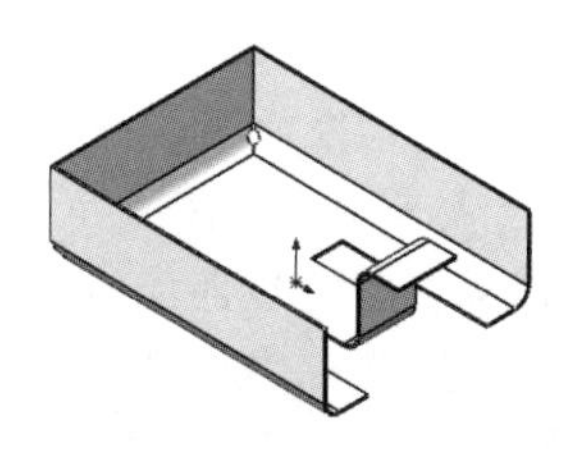

图 6-179　钣金箱

【操作步骤】

（1）新建文件。单击“快速访问”工具栏中的“新建”按钮，在弹出的“新建 SOLIDWORKS 文件”对话框中单击“零件”按钮，然后单击“确定”按钮，创建一个新的零件文件。

（2）绘制草图 1。在 FeatureManager 设计树中选择“上视基准面”作为草绘基准面，单击“草图”选项卡中的“中心矩形”按钮绘制草图，如图 6-180 所示。

（3）创建基体法兰。单击“钣金”选项卡中的“基体法兰/薄片”按钮，选择草图 1，系统弹出“基体法兰”属性管理器，输入厚度值为 1mm，其他参数采取默认值，然后单击“确定”按钮，创建基体法兰，如图 6-181 所示。

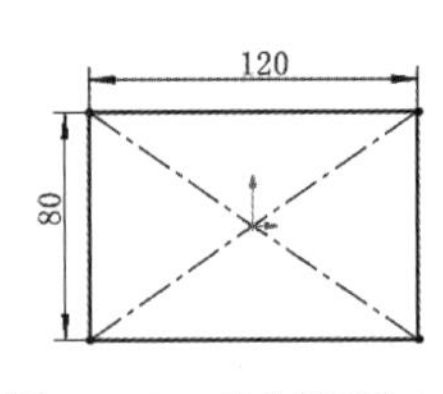

图 6-180　绘制草图 1

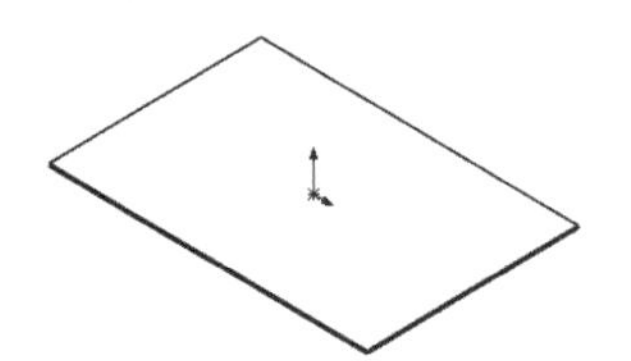

图 6-181　基体法兰

（4）创建边线法兰。单击“钣金”选项卡中的“边线法兰”按钮，系统弹出“边线-法兰 1”属性管理器，选择基体法兰的 3 条边线，取消勾选“使用默认半径”复选框，设置圆角半径为 6mm、法兰角度为 90 度，设置法兰长度为 35mm，选择“外部虚拟交点”选项，“法兰位置”选择“折弯在外”，如图 6-182 所示。单击“确定”按钮，边线法兰创建完成，如图 6-183 所示。

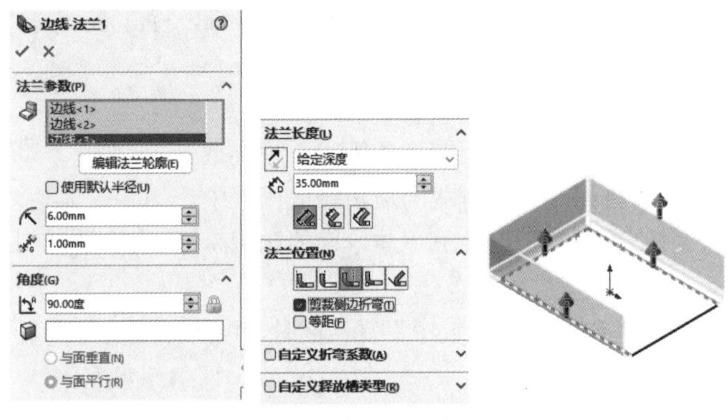

图 6-182　边线法兰参数设置

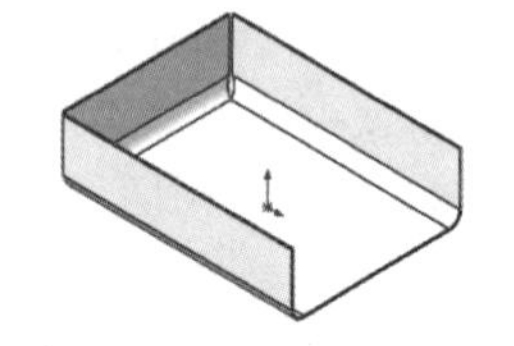

图 6-183　创建的边线法兰

（5）创建边角释放槽。单击“钣金”选项卡中的“边角释放槽”按钮，系统弹出“边角释放槽”属性管理器，❶设置“边角类型”为“2 折弯边角”，❷单击“收集所有角”按钮，❸“释放选项”选择“圆形”，❹勾选“在折弯线上置中”复选框，❺设置槽宽度为 3mm，如图 6-184 所示。❻单击“确定”按钮，释放槽创建完成，结果如图 6-185 所示。

（6）创建闭合角 1。单击“钣金”选项卡中的“闭合角”按钮，系统弹出“闭合角”属性管理器，❶选择面 1 作为要延伸的面，❷面 2 作为要匹配的面，❸设置缝隙距离为 0.1mm，❹设置重叠/欠重叠比率为 1，如图 6-186 所示。❺单击“确定”按钮，结果如图 6-187 所示。

（7）创建闭合角 2。用同样的方法，创建另一侧的闭合角。

图 6-184 边角释放槽参数设置

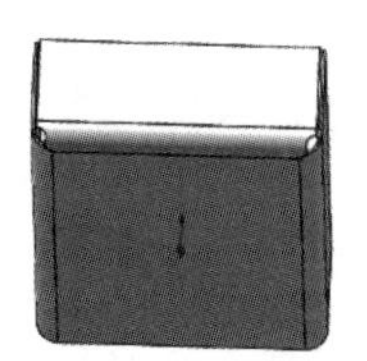

图 6-185 创建的边角释放槽

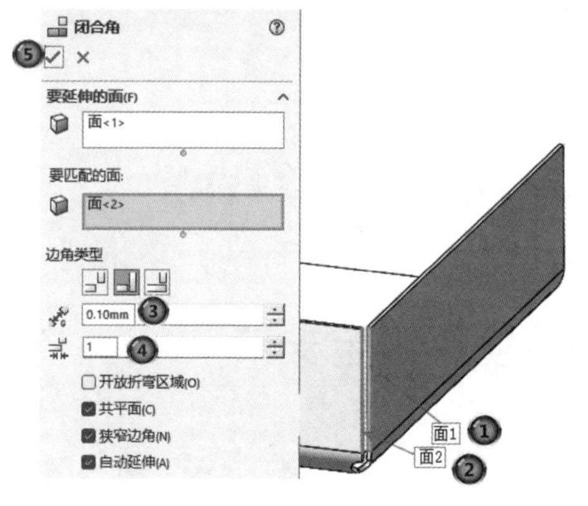

图 6-186 闭合角参数设置

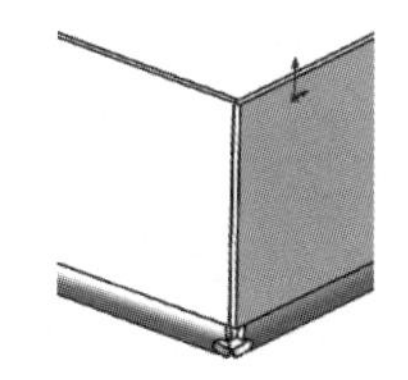

图 6-187 创建的闭合角

（8）绘制草图 2。选择图 6-188 所示的面 1 作为草绘基准面，绘制草图 2，如图 6-189 所示。

（9）创建拉伸切除特征。单击“钣金”选项卡中的“拉伸切除”按钮，选择步骤（8）绘制的草图，系统弹出“切除-拉伸”属性管理器，设置终止条件为“完全贯穿”，勾选“正交切除”复选框，单击“确定”按钮✓，结果如图 6-190 所示。

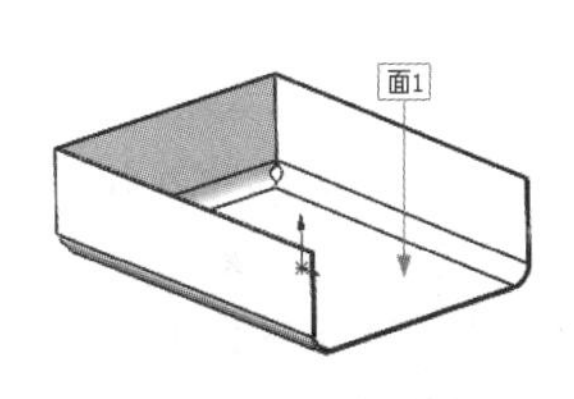

图 6-188 选择草绘基准面

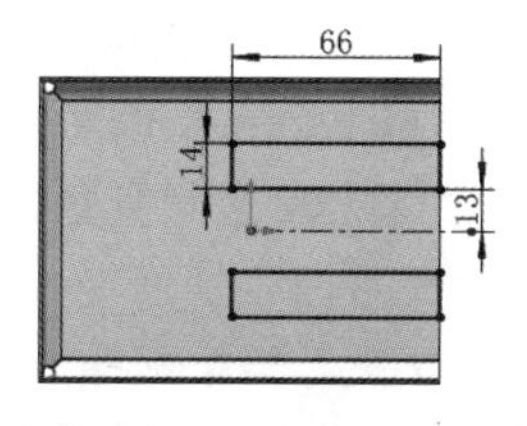

图 6-189 绘制草图 2

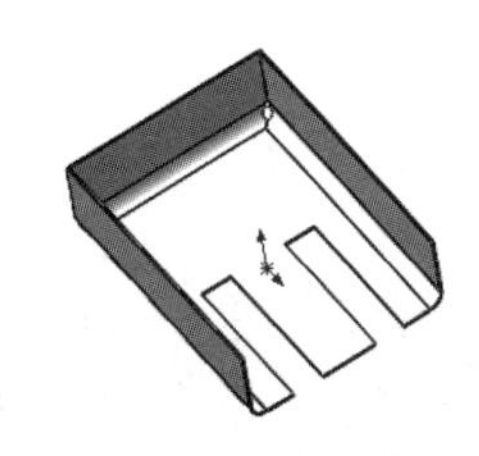

图 6-190 拉伸切除结果

（10）创建转折特征。单击“钣金”选项卡中的“转折”按钮，选择图 6-188 所示的面 1 作为草绘基准面，绘制草图 3，如图 6-191 所示。单击“退出草图”按钮，系统弹出“转折”属性管理器，选择面 1 作为固定面，取消勾选“使用默认半径”复选框，输入半径为 6mm，输入高度为 35mm，选择“尺寸位置”为“内部等距”，勾选“固定投影长度”复选框；选择“转折位置”为“折弯中心线”，“转折角度”设置为 90 度，如图 6-192 所示。然后单击“确定”按钮，转折后的图形如图 6-179 所示。

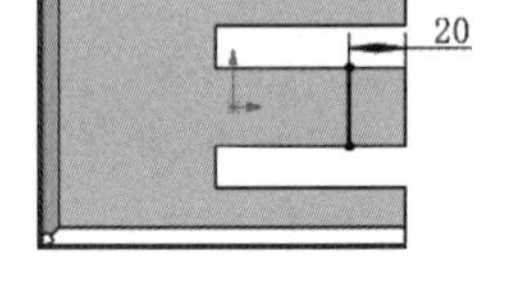

图 6-191　绘制草图 3

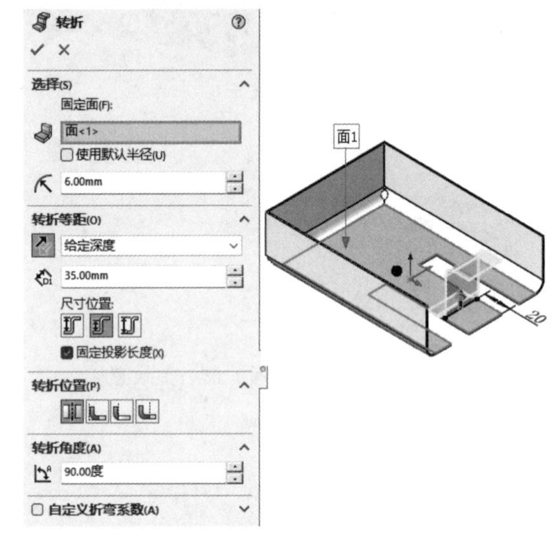

图 6-192　转折参数设置

6.4　综合实例——创建钣金支架

本例创建图 6-193 所示的钣金支架。

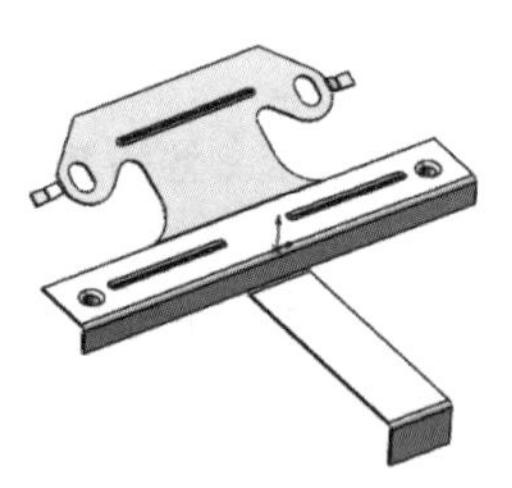

图 6-193　钣金支架

【操作步骤】

（1）新建文件。单击“快速访问”工具栏中的“新建”按钮，在弹出的“新建 SOLIDWORKS 文件”对话框中单击“零件”按钮，然后单击“确定”按钮，创建一个新的零件文件。

（2）绘制草图 1。在 FeatureManager 设计树中选择“上视基准面”作为草绘基准面，单击“草图”选项卡中的“中心矩形”按钮，绘制草图，如图 6-194 所示。

（3）创建基体法兰。单击“钣金”选项卡中的“基体法兰/薄片”按钮，选择草图 1，系统弹出“基体法兰”属性管理器，输入厚度值为 1mm，其他参数采取默认值。然后单击“确定”按钮✓，创建基体法兰，如图 6-195 所示。

（4）绘制草图 2。选择基体法兰的上表面作为草绘基准面，单击“草图”选项卡中的“直槽口”按钮，绘制草图 2，如图 6-196 所示。

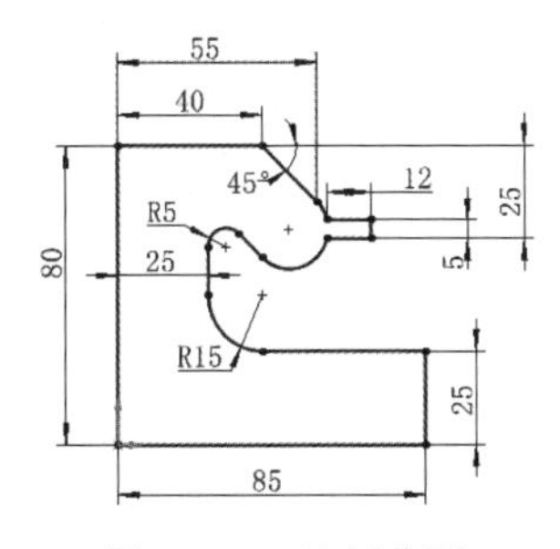

图 6-194　绘制草图 1

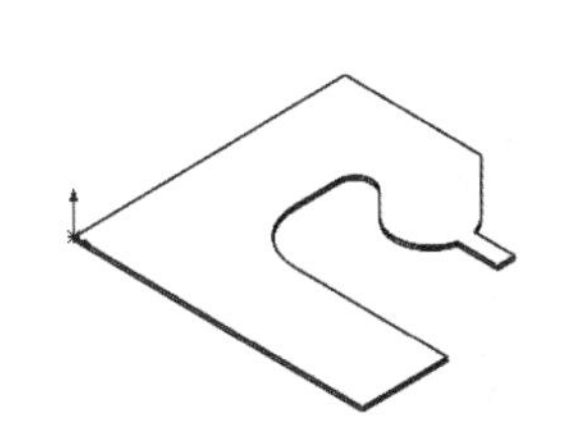

图 6-195　创建的基体法兰

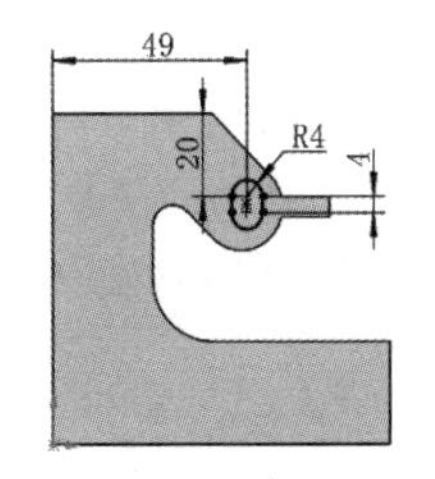

图 6-196　绘制草图 2

（5）创建拉伸切除特征。单击“钣金”选项卡中的“拉伸切除”按钮，选择草图 2，系统弹出“切除-拉伸”属性管理器，设置终止条件为“完全贯穿”，结果如图 6-197 所示。

（6）创建绘制的折弯 1。单击“钣金”选项卡中的“绘制的折弯”按钮，选择基体法兰的上表面作为草绘基准面，绘制图 6-198 所示的草图，单击“退出草图”按钮，系统弹出“绘制的折弯”属性管理器，选择基体法兰的上表面作为固定面，设置折弯角度为 30 度，单击“反向”按钮，调整折弯方向，如图 6-199 所示。单击“确定”按钮✓，结果如图 6-200 所示。

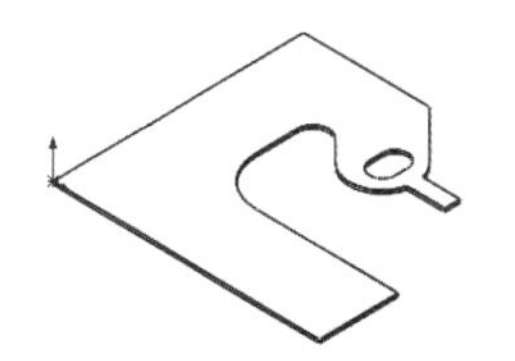

图 6-197　拉伸切除特征 1

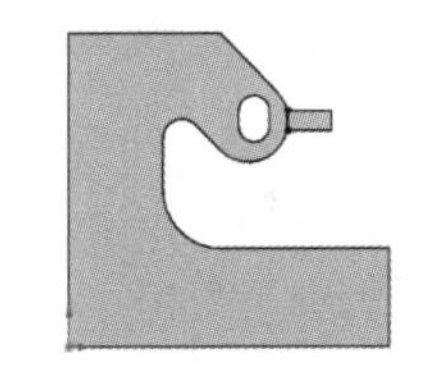

图 6-198　绘制的折弯 1 草图

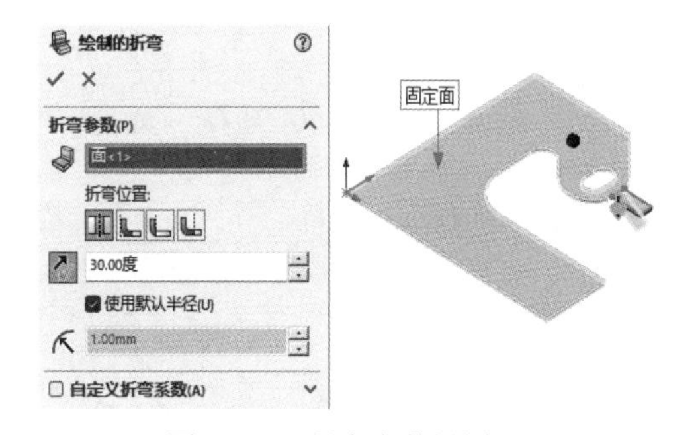

图 6-199　折弯参数设置

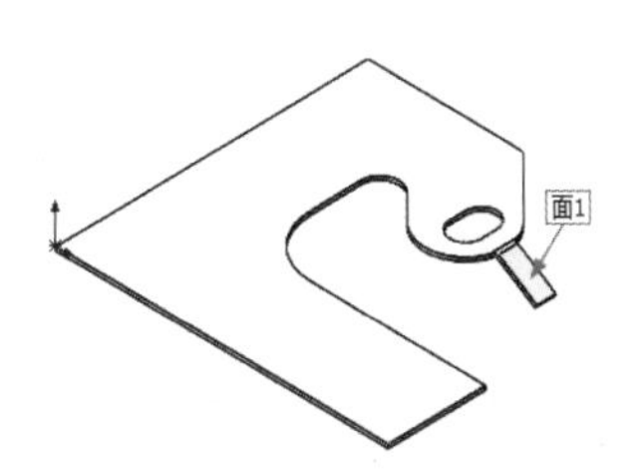

图 6-200　折弯 1 结果

（7）创建绘制的折弯 2。重复选择“绘制的折弯”命令，选择图 6-200 所示的面 1 作为草绘基准面，绘制图 6-201 所示的草图。选择图 6-202 所示的固定面，设置折弯角度为 30 度，单击“确定”按钮✓，结果如图 6-203 所示。

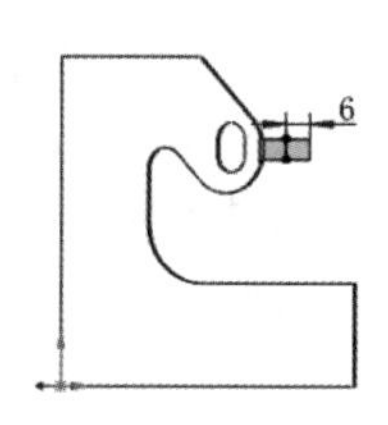

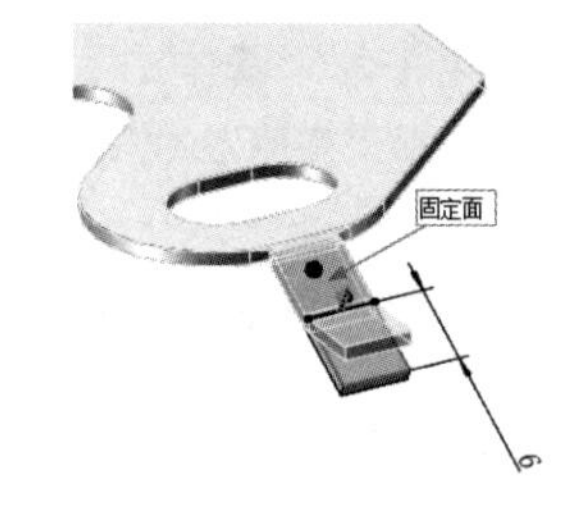

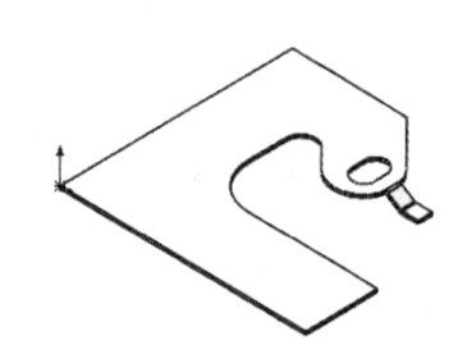

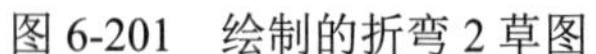
图 6-201　绘制的折弯 2 草图　　图 6-202　选择固定面　　图 6-203　折弯 2 结果

（8）创建绘制的折弯 3。重复选择“绘制的折弯”命令，选择基体法兰的上表面作为草绘基准面，绘制图 6-204 所示的草图。选择图 6-205 所示的固定面，设置折弯角度为 30 度，单击“确定”按钮✔，结果如图 6-206 所示。

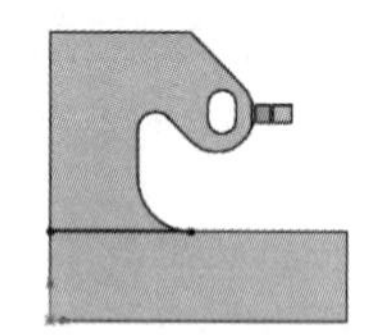

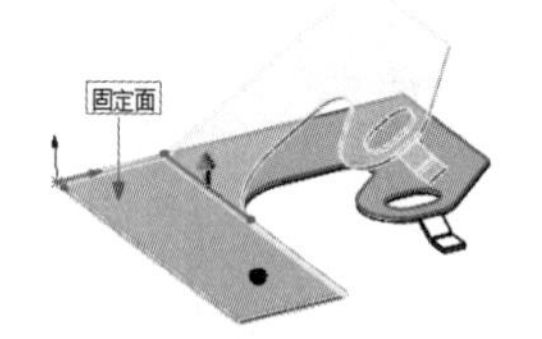

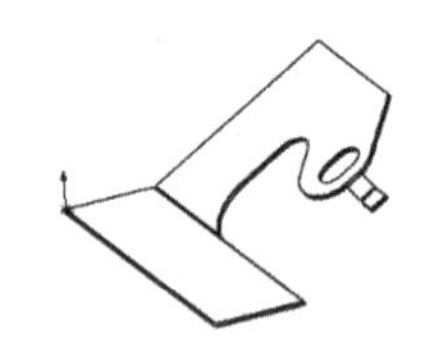

图 6-204　绘制的折弯 3 草图　　图 6-205　选择固定面　　图 6-206　折弯结果

（9）创建边线法兰 1。单击“钣金”选项卡中的“边线法兰”按钮，系统弹出“边线-法兰 1”属性管理器，选择基体法兰的边线 1，勾选“使用默认半径”复选框，设置法兰角度为 90 度、法兰长度为 12mm，选择“外部虚拟交点”选项，“法兰位置”选择“折弯在外”，如图 6-207 所示。单击“确定”按钮✔，边线法兰 1 创建完成，如图 6-208 所示。

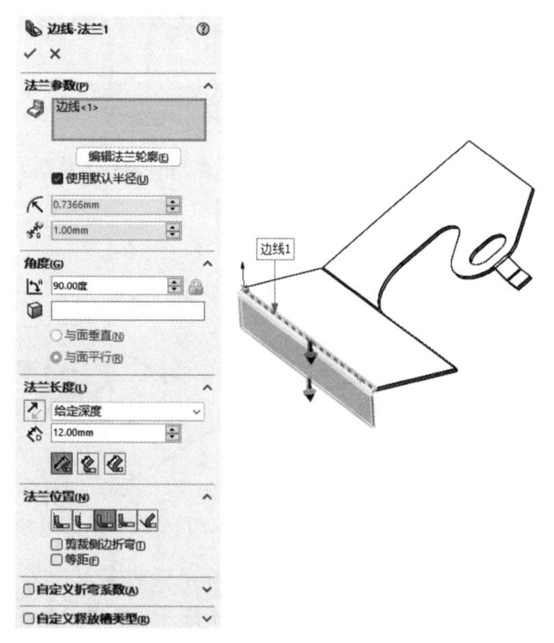

图 6-207　边线法兰 1 参数设置

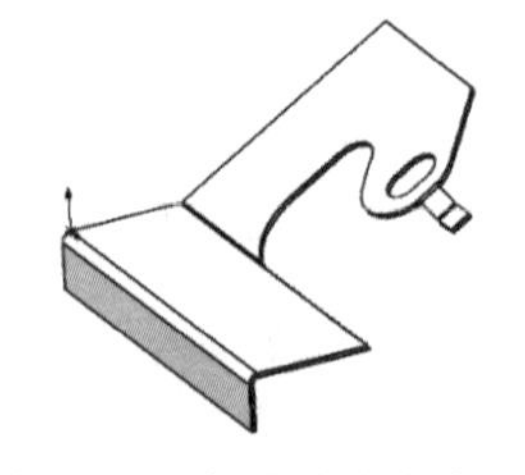

图 6-208　创建的边线法兰 1

（10）绘制斜接法兰草图。在 FeatureManager 设计树中选择“右视基准面”作为草绘基准面，单击“草图”选项卡中的“直线”按钮，绘制斜接法兰草图，如图 6-209 所示。

（11）创建斜接法兰。单击“钣金”选项卡中的“斜接法兰”按钮，系统弹出“斜接法兰”属性管理器，选择步骤（10）绘制的草图，勾选“使用默认半径”复选框，“法兰位置”选择“折弯在外”，设置“缝隙距离”为 0.25mm，设置结束等距距离为 72mm，如图 6-210 所示。然后单击“确定”按钮，生成斜接法兰，如图 6-211 所示。

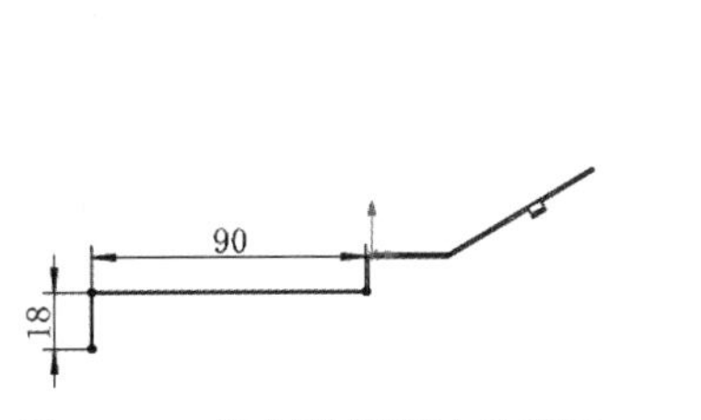

图 6-209　绘制的斜接法兰草图

图 6-210　斜接法兰参数设置

（12）绘制戳记 1 草图。选择图 6-211 所示的面 1 作为草绘基准面，单击“草图”选项卡中的“边角矩形”按钮，绘制戳记 1 草图，如图 6-212 所示。

（13）创建戳记 1。单击“钣金”选项卡中的“戳记”按钮，选择戳记 1 草图，系统弹出“钣金戳记”属性管理器，设置深度为 2mm，压模半径为 0.1mm、冲压半径为 0.2mm，勾选“冲压侧边边角半径”复选框，设置半径值为 0.5mm，单击“确定”按钮，结果如图 6-213 所示。

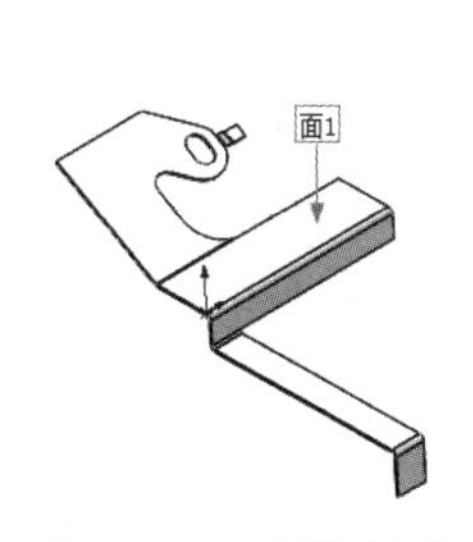

图 6-211　斜接法兰

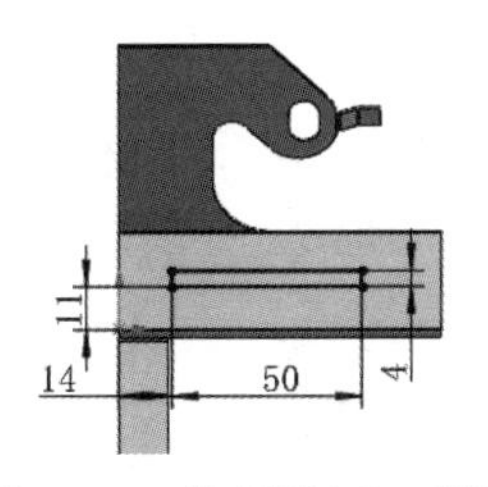

图 6-212　绘制戳记 1 草图

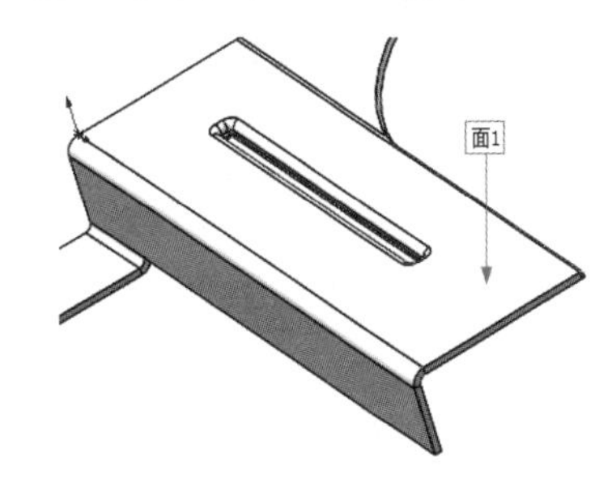

图 6-213　创建的戳记 1

（14）绘制拉伸切除草图 2。选择图 6-213 所示的面 1 作为草绘基准面，单击“草图”选项卡中的“圆”按钮，绘制拉伸切除草图 2，如图 6-214 所示。

（15）创建拉伸切除特征 2。单击“钣金”选项卡中的“拉伸切除”按钮，选择拉伸切除草图 2，系统弹出“切除-拉伸”属性管理器，设置终止条件为“完全贯穿”，结果如图 6-215 所示。

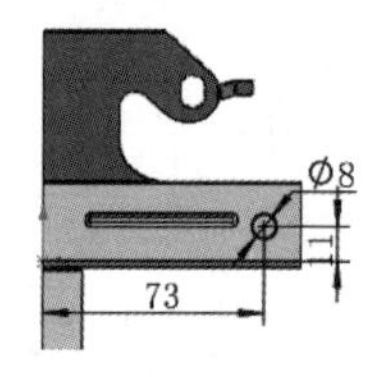

图 6-214　拉伸切除草图 2

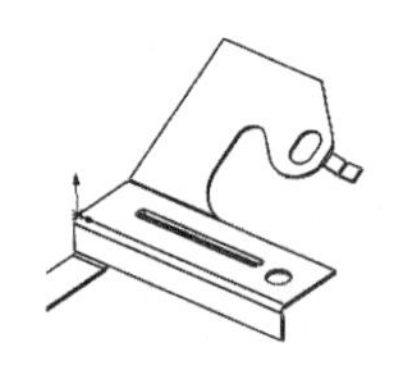
图 6-215　拉伸切除特征 2

（16）创建边线法兰 2。单击“钣金”选项卡中的“边线法兰”按钮，系统弹出“边线-法兰 1”属性管理器，选择基体法兰的边线 2，取消勾选“使用默认半径”复选框，设置半径值为 0.6mm、法兰角度为 90 度，设置法兰长度为 5mm，选择“外部虚拟交点”选项，“法兰位置”选择“虚拟交点的折弯”，如图 6-216 所示。单击“确定”按钮，边线法兰 2 创建完成，如图 6-217 所示。

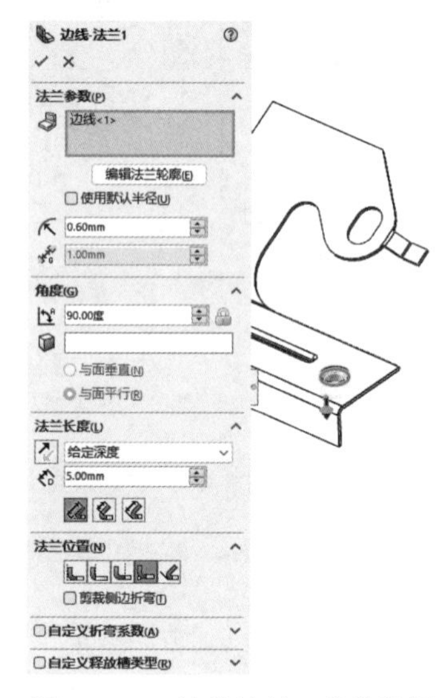

图 6-216　边线法兰 2 参数设置

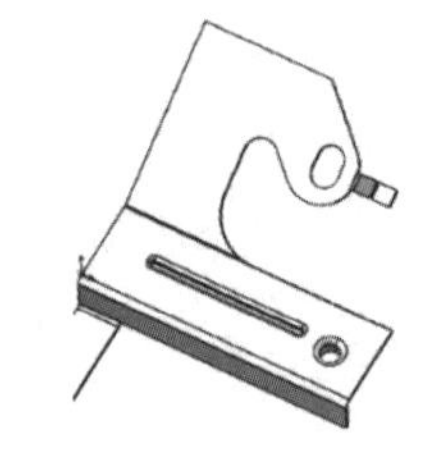
图 6-217　创建的边线法兰 2

（17）镜向实体。单击“特征”选项卡中的“镜向”按钮，系统弹出“镜向”属性管理器，选择图 6-218 所示的镜向平面，选择钣金件为镜向实体，如图 6-219 所示。单击“确定”按钮，结果如图 6-220 所示。

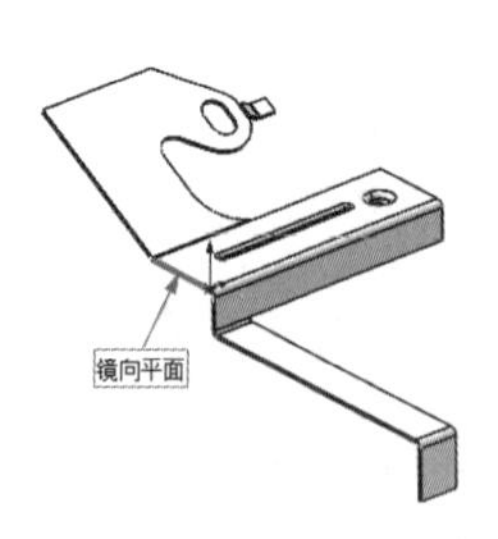

图 6-218　选择镜向平面

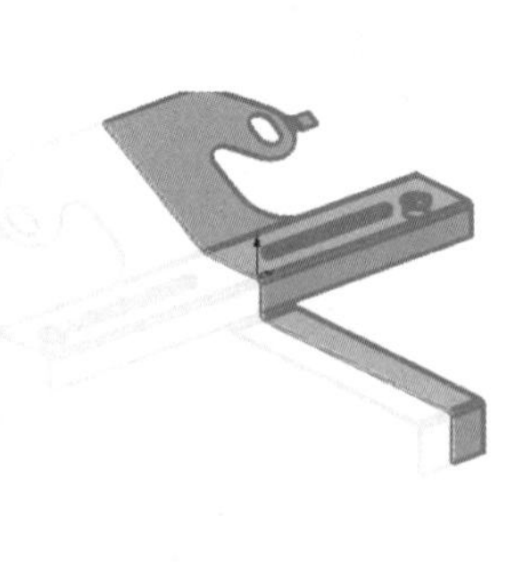
图 6-219　镜向参数设置

（18）创建戳记 2。单击“钣金”选项卡中的“戳记”按钮，选择图 6-221 所示的面 1 作为草绘基准面，单击“草图”选项卡中的“边角矩形”按钮，绘制戳记 2 草图，如图 6-222 所示。退出草图，系统弹出“钣金戳记”属性管理器，设置深度值为 1mm，压模半径为 0mm，冲压半径为 0.1mm，勾选“冲压侧边边角半径”复选框，设置半径值为 1mm，单击“确定”按钮，结果如图 6-223 所示。

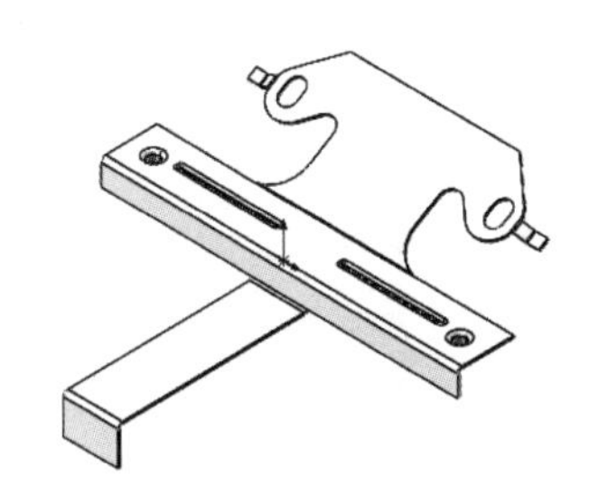

图 6-220　镜向结果

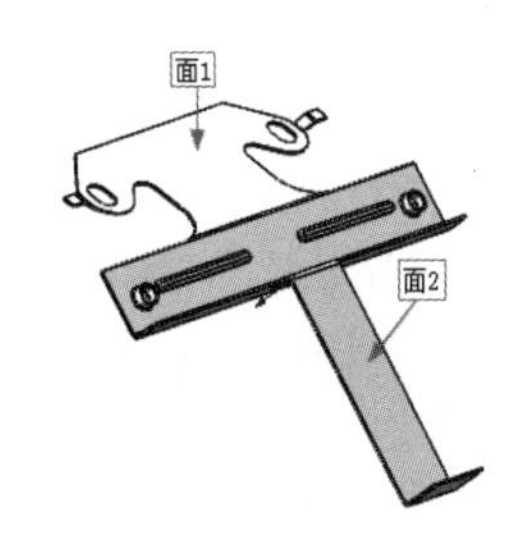

图 6-221　选择草绘平面

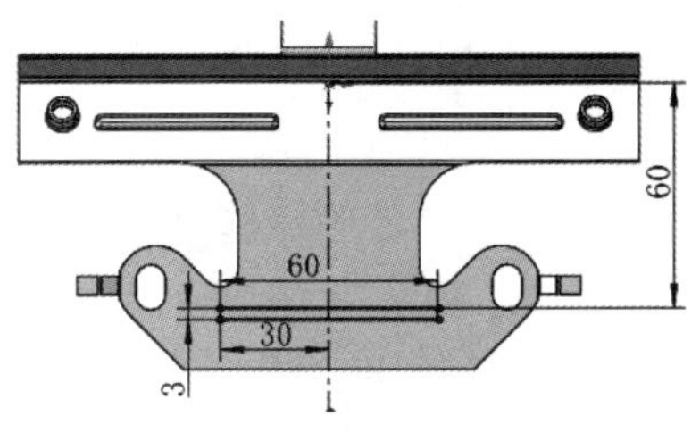

图 6-222　绘制戳记 2 草图

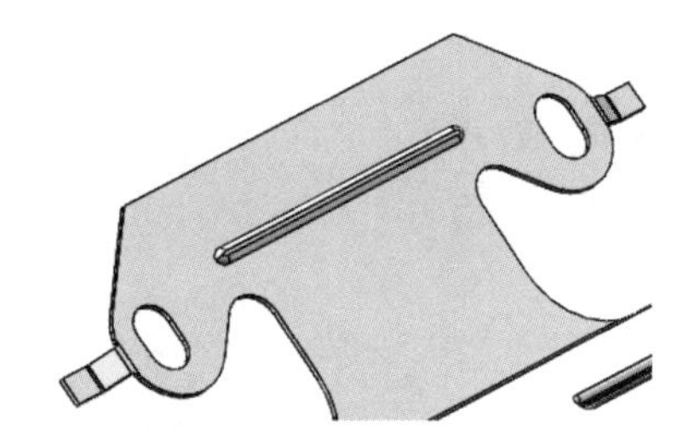

图 6-223　创建的戳记 2

第7章　钣 金 成 形

内容简介

本章将介绍 SOLIDWORKS 软件钣金设计的钣金成形工具等入门常识，为以后进行钣金零件设计的具体操作奠定基础。熟练掌握本章所讲内容，可以大大提高后续操作的工作效率。

内容要点

- 钣金成形工具
- 综合实例——设计硬盘支架

案例效果

  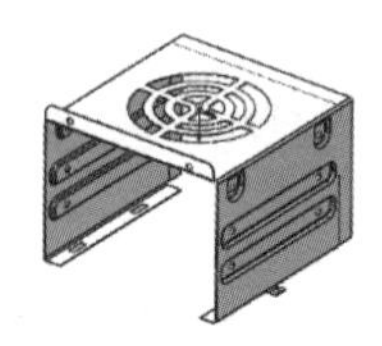

7.1　钣金成形工具

利用 SOLIDWORKS 中的钣金成形工具可以生成各种钣金成形特征，即基于钣金成形工具可以在钣金零件中制作一些特定的孔或形状，成形工具是可以用作折弯、伸展或成形钣金的冲模的零件，能够生成一些成形特征，如百叶窗、矛状器具、法兰和筋等。软件系统中已有的钣金成形工具有 5 种，分别是凸起（embosses）、冲孔（extruded flanges）、百叶窗板（louvers）、筋（ribs）和切开（lances）。

用户也可以在设计过程中创建新的成形工具，或者对已有的成形工具进行修改。

7.1.1　创建新的成形工具

用户可以创建新的成形工具，然后将其添加到“设计库”中备用。

成形工具的创建方法有两种：一种是利用成形工具命令进行创建，然后添加到库；另一种创建新的成形工具和创建其他实体零件的方法一样，再利用“添加到库”命令，将其添加到“设计库”。下面将详细介绍“成形工具”命令。

【执行方式】

- 工具栏：单击“钣金”工具栏中的“成形工具”按钮。

➢ 菜单栏：选择菜单栏中的“插入”→“钣金”→“成形工具”命令。
➢ 选项卡：单击“钣金”选项卡中的“成形工具”按钮。

【选项说明】

执行上述操作，系统弹出“成形工具”属性管理器，如图 7-1 所示。该属性管理器中部分选项的含义如下。

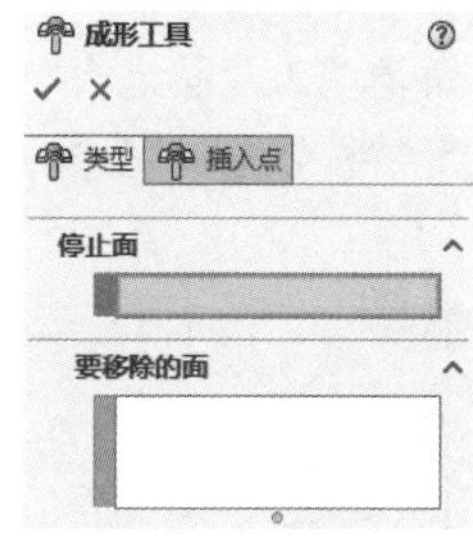

图 7-1　“成形工具”属性管理器

（1）“类型”选项卡。

1）停止面：在成形工具应用于目标零件时，设定成形工具停止到的面。该面定义工具被推入零件的深度。被选中的停止面为绿色。

2）要移除的面：设定要从目标零件移除的面。当将成形工具放置在目标零件上时，要移除的面将从零件中删除。如果不想移除任何面，就不要选取任何面。被选中要移除的面为粉色。

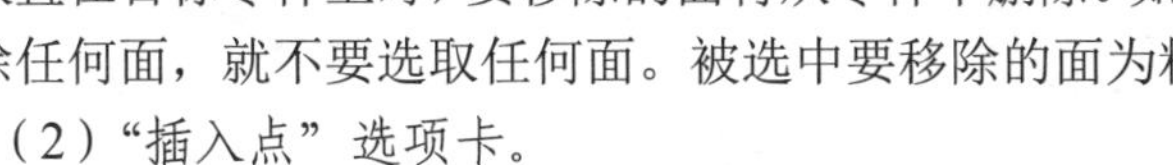

（2）“插入点”选项卡。

可以为成形工具设定插入点。插入点可帮助用户确定成形工具在目标零件上的精确位置。使用尺寸和几何关系工具定义插入点。默认的插入点为基础模型的重心，可以将插入点拖动至其他特殊点，如模型绘制的原点。设置完成之后，确认此操作。

扫一扫，看视频

动手学——创建抽屉支架成形工具 1

本例利用“成形工具”命令创建图 7-2 所示的抽屉支架成形工具 1。

图 7-2　抽屉支架成形工具 1

【操作步骤】

（1）新建文件。单击“快速访问”工具栏中的“新建”按钮，在弹出的“新建 SOLIDWORKS 文件”对话框中单击“零件”按钮，然后单击“确定”按钮，创建一个新的零件文件。

（2）绘制草图。在 FeatureManager 设计树中选择“前视基准面”作为草绘基准面，单击“草图”选项卡中的“圆”按钮，在坐标原点绘制一个直径为 10 的圆。

（3）生成拉伸特征。单击“特征”选项卡中的“拉伸凸台/基体”按钮，系统弹出“凸台-拉伸”属性管理器，在方向 1(1)的“深度”输入框中输入数值 2.5mm，单击“拔模开/关”按钮，输入拔模角度为 30 度，如图 7-3 所示，单击“确定”按钮，生成拉伸实体如图 7-4 所示。

图 7-3　“凸台-拉伸”属性管理器

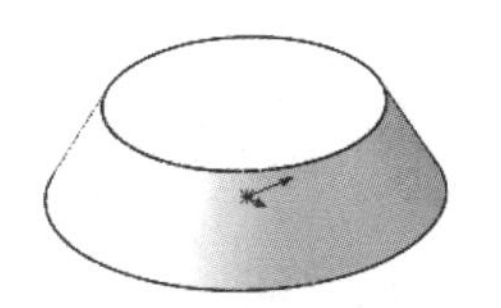

图 7-4　创建拉伸实体

（4）绘制草图。单击图 7-4 所示拉伸实体的下底面作为草绘基准面，然后单击“草图”选项卡中的“中心矩形”按钮，在坐标原点处绘制一个矩形，如图 7-5 所示。

（5）剪裁拉伸特征。单击“特征”选项卡中的“拉伸凸台/基体”按钮，系统弹出“凸台-拉伸”属性管理器，设置深度为 2mm，单击“确定”按钮，结果如图 7-6 所示。

（6）生成圆角特征。单击“特征”选项卡中的“圆角”按钮，系统弹出“圆角”属性管理器，选择圆角类型为“固定大小圆角”，设置圆角半径为 2mm，选择凸台的上下边线，如图 7-7 所示，单击“确定”按钮，生成圆角，如图 7-8 所示。

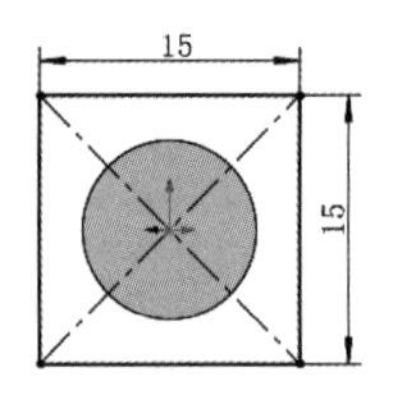

图 7-5　绘制矩形

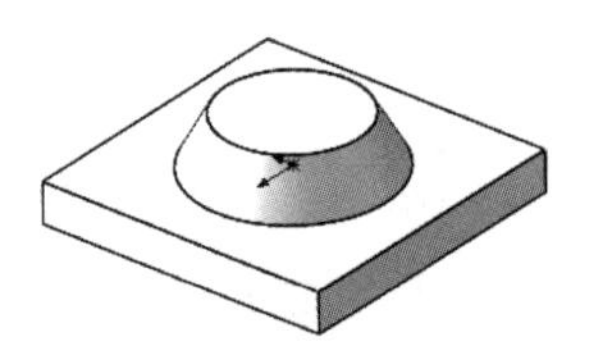

图 7-6　创建拉伸特征

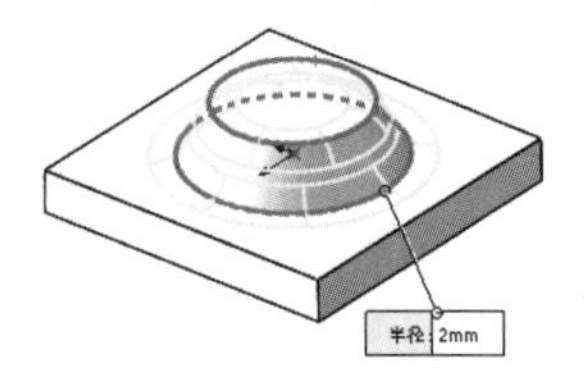

图 7-7　选择圆角边

（7）创建成形工具。单击“钣金”选项卡中的“成形工具”按钮，系统弹出“成形工具”属性管理器，❶选择拉伸实体的上表面作为停止面，❷选择凸台的顶面作为要移除的面，如图 7-9 所示。❸单击“确定”按钮，成形工具 1 创建完成，如图 7-10 所示。

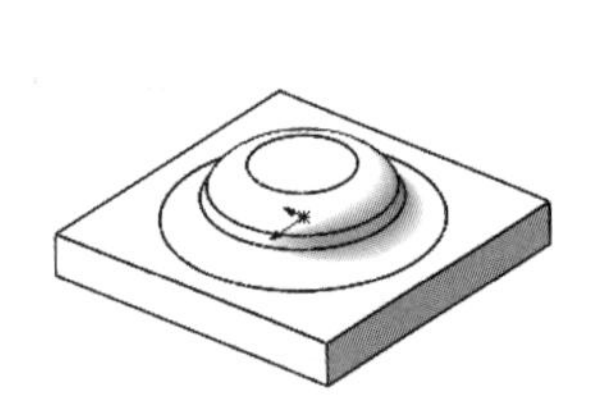

图 7-8　剪裁的圆角

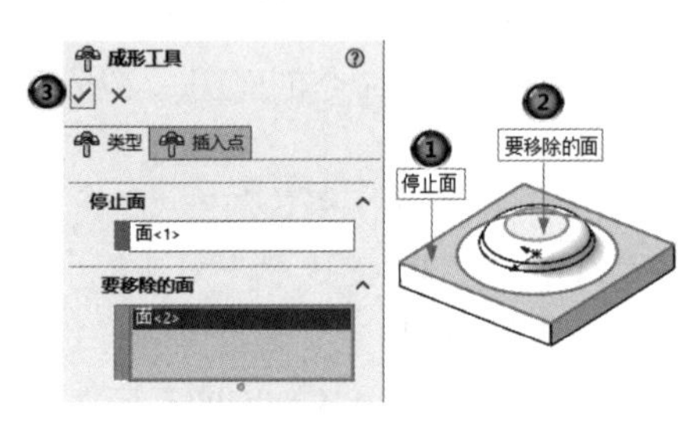

图 7-9　“成形工具”属性管理器

（8）保存成形工具 1。选择菜单栏中的“文件”→“另存为”命令，系统弹出“另存为”对话框，设置保存类型为 Form Tool（*.sldftp），输入名称为“抽屉支架成形工具 1”。保存路径为安装路径\Program Files\SOLIDWORKS Corp\SOLIDWORKS\design library\forming tools，在该文件夹下新建“自定义”文件夹，选中“自定义”文件夹进行保存。此时单击右侧的“设计库”按钮，可以看到在“自定义”文件夹下显示有“抽屉支架成形工具 1”文件，如图 7-11 所示。

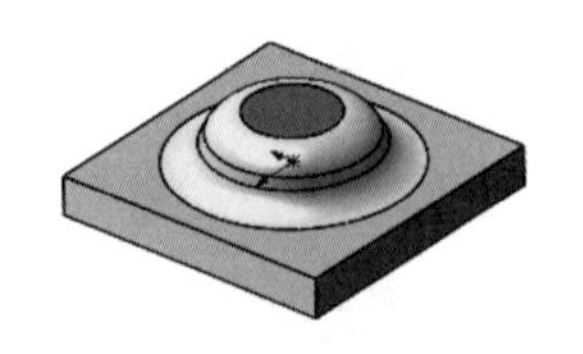

图 7-10　创建的成形工具 1

图 7-11　将成形工具添加到库

动手学——创建抽屉支架成形工具2

本例利用“成形工具”命令创建图7-12所示的抽屉支架成形工具2。

扫一扫，看视频

图7-12　抽屉支架成形工具2

【操作步骤】

（1）新建文件。单击“快速访问”工具栏中的“新建”按钮，在弹出的“新建 SOLIDWORKS 文件”对话框中单击“零件”按钮，然后单击“确定”按钮，创建一个新的零件文件。

（2）绘制草图1。在FeatureManager设计树中选择“前视基准面”作为草绘基准面，单击“草图”选项卡中的“边角矩形”按钮，绘制草图并标注草图尺寸，如图7-13所示。

（3）创建拉伸特征1。单击“特征”选项卡中的“拉伸凸台/基体”按钮，系统弹出“凸台-拉伸”属性管理器，设置深度为140mm，单击“确定”按钮，生成拉伸特征如图7-14所示。

（4）绘制草图2。在FeatureManager设计树中选择“右视基准面”作为草绘基准面，单击“草图”选项卡中的“直线”按钮和“切线弧”按钮，绘制草图并标注草图尺寸，如图7-15所示。

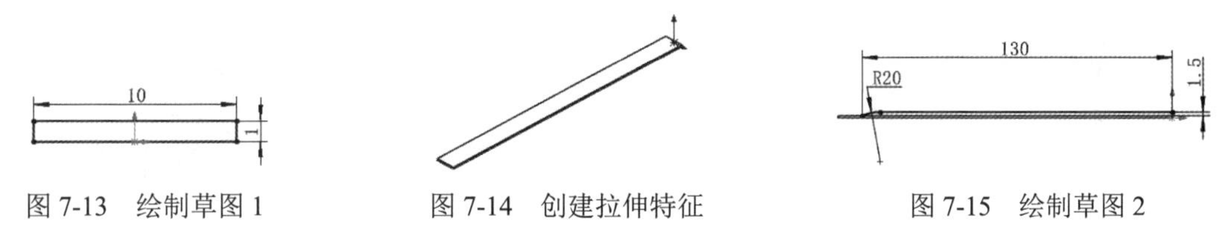

图7-13　绘制草图1　　图7-14　创建拉伸特征　　图7-15　绘制草图2

（5）绘制草图3。在FeatureManager设计树中选择“前视基准面”作为草绘基准面，然后单击“草图”选项卡中的“直线”按钮和“绘制圆角”按钮，绘制草图并标注草图尺寸，如图7-16所示。

（6）创建扫描特征。单击“特征”选项卡中的“扫描”按钮，系统弹出“扫描”属性管理器，选择草图2作为扫描路径，选择草图3作为扫描轮廓，如图7-17所示。单击“确定”按钮，生成扫描特征如图7-18所示。

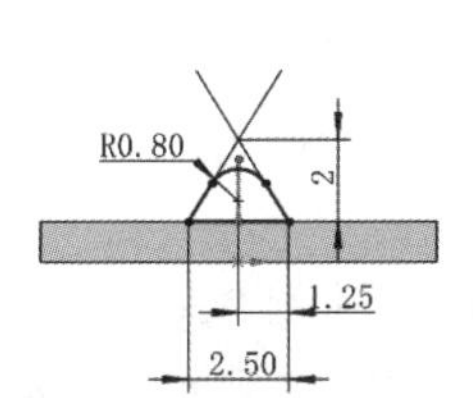

图7-16　绘制草图3

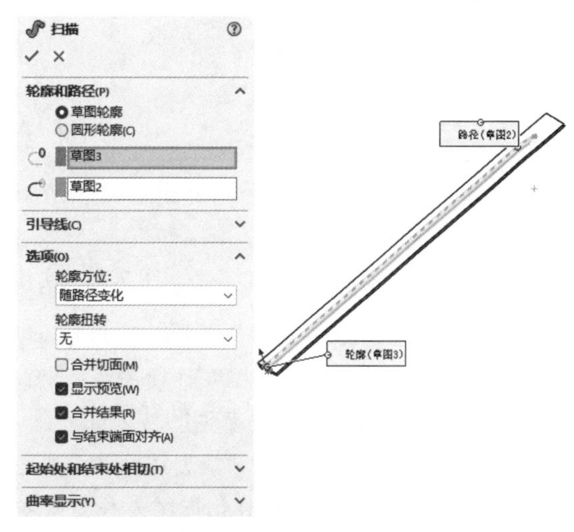

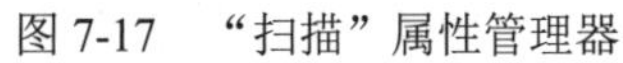
图7-17　“扫描”属性管理器

（7）创建圆角特征。单击“特征”选项卡中的“圆角”按钮，系统弹出“圆角”属性管理器，选择圆角类型为“固定大小圆角”，设置圆角半径为 0.8mm，选择实体的边线，如图 7-19 所示，单击“确定”按钮✔，生成圆角。

（8）镜向特征。单击“特征”选项卡中的“镜向”按钮，系统弹出“镜向”属性管理器，选择“前视基准面”作为镜向基准面，选择前面创建的所有特征作为要镜向的实体，如图 7-20 所示，单击“确定”按钮✔，生成实体如图 7-21 所示。

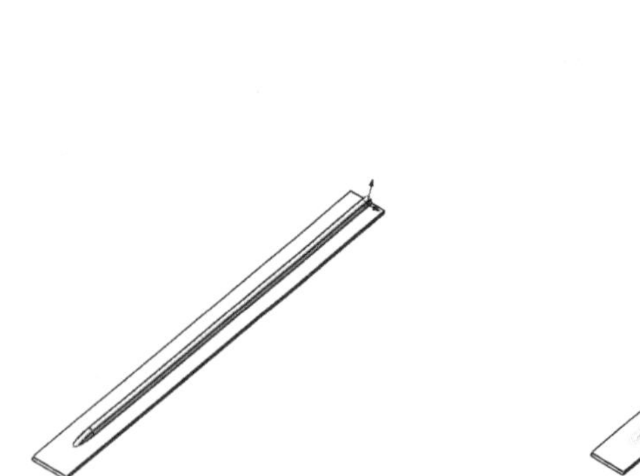

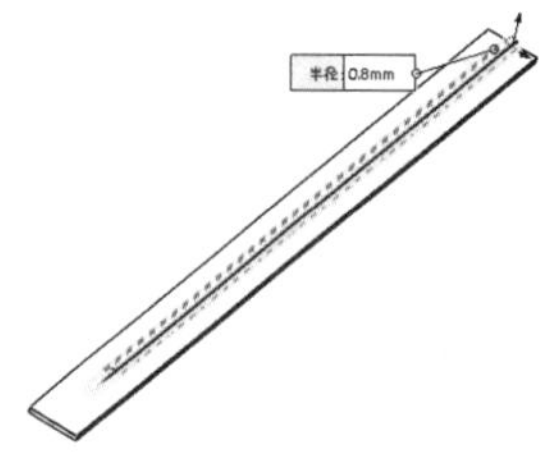

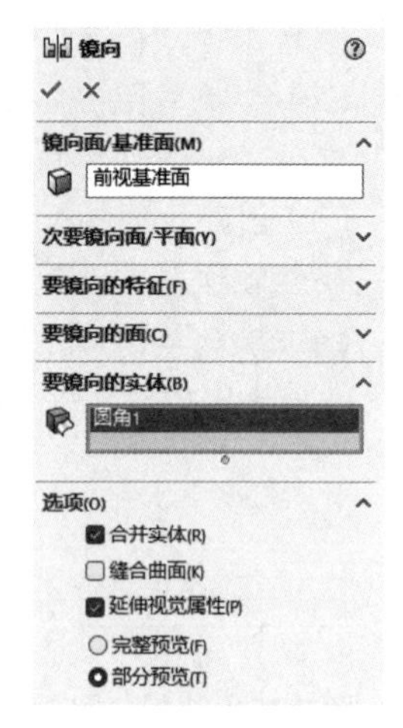

图 7-18　创建的扫描特征　　图 7-19　创建的圆角特征　　图 7-20　“镜向”属性管理器

（9）绘制草图 4。在 FeatureManager 设计树中选择“前视基准面”作为草绘基准面，单击“草图”选项卡中的“草图绘制”按钮，然后单击“草图”选项卡中的“转换实体引用”按钮，选择图 7-22 所示的端面，生成轮廓线。

（10）创建拉伸切除特征。单击“特征”选项卡中的“拉伸切除”按钮，选择草图 4，系统弹出“切除-拉伸”属性管理器，终止条件选择“完全贯穿-两者”，单击“确定”按钮✔，完成拉伸切除操作，如图 7-23 所示。

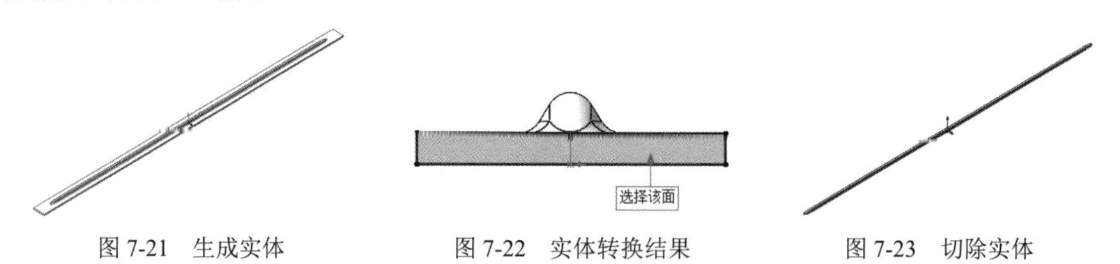

图 7-21　生成实体　　图 7-22　实体转换结果　　图 7-23　切除实体

（11）绘制成形工具定位草图。单击成形工具的下表面作为基准面，单击“草图”选项卡中的“草图绘制”按钮，然后单击“草图”选项卡中的“转换实体引用”按钮，将选择的表面转换成图素，如图 7-24 所示。单击“退出草图”按钮。

（12）保存成形工具 2。单击“快速访问”工具栏中的“保存”按钮，或者选择菜单栏中的执行“文件”→“保存”命令，在弹出的“另存为”对话框中输入名称为“抽屉支架成形工具 2”，单击“保存”按钮，完成对成形工具 2 的保存。

（13）添加文件夹位置。在屏幕右侧任务窗格中单击“设计库”按钮，在弹出的“设计库”任务窗格中单击“添加文件夹位置”按钮，系统弹出“选取文件夹”对话框，选择安装路径\Program Files\SOLIDWORKS Corp\SOLIDWORKS 下的 design library 文件夹，如图 7-25 所示。此时，在“设计库”任务窗格中增加了 design library 文件夹，如图 7-26 所示。

图 7-24　绘制定位草图

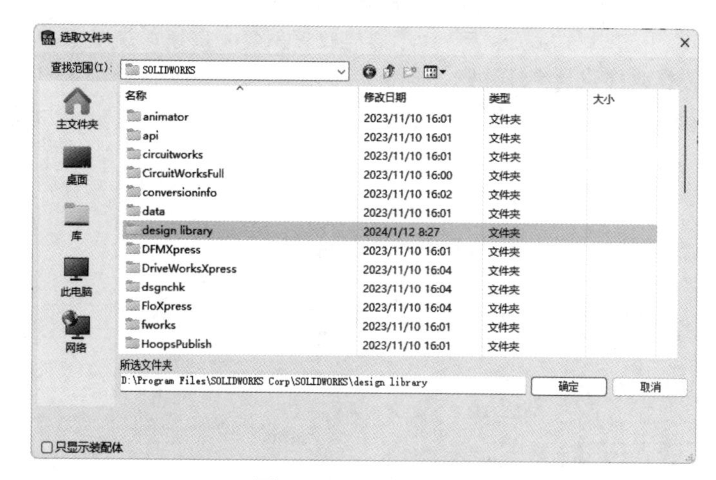

图 7-25　选取文件夹

（14）添加到库。在 FeatureManager 设计树中右击成形工具零件名称，在弹出的快捷菜单中选择“添加到库”命令，系统弹出“添加到库”属性管理器，❶在 FeatureManager 设计树中选择零件“抽屉支架成形工具 2”，❷在“设计库文件夹”列表框中选择“自定义”文件夹作为成形工具的保存位置，将此成形工具命名为“抽屉支架成形工具 2”，❸保存类型为*.sldprt，如图 7-27 所示。❹单击“确定”按钮✔，完成对成形工具 2 的保存。

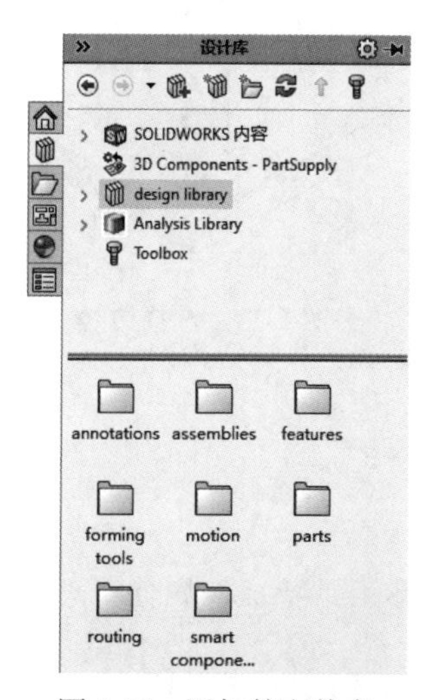

图 7-26　添加的文件夹

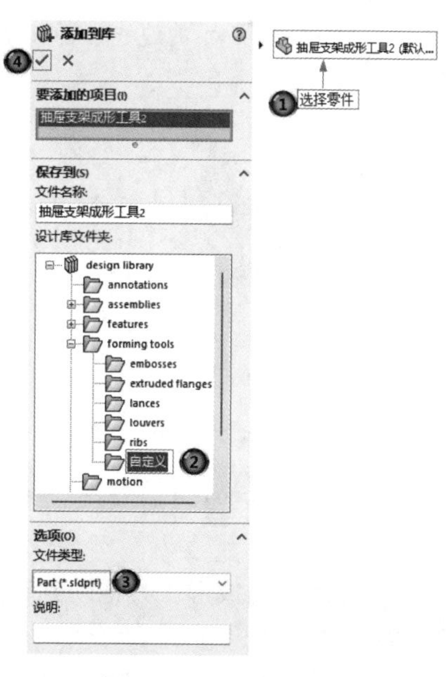

图 7-27　添加文件到库

动手练——创建电话机成形工具 1

本例创建图 7-28 所示的电话机成形工具 1。

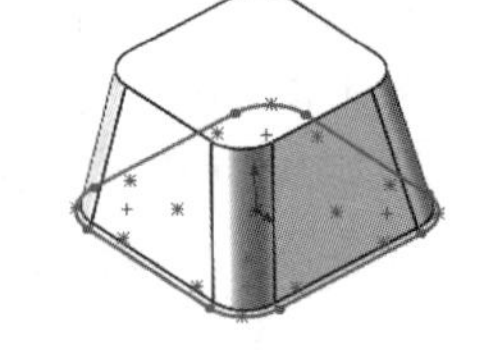

图 7-28　电话机成形工具 1

【操作提示】

（1）在“上视基准面”上绘制草图 1，如图 7-29 所示。

（2）利用“拉伸凸台/基体”命令创建拉伸实体，拉伸深度设置为 30mm，拔模角度设置为 10 度，如图 7-30 所示。

（3）创建圆角。选择图 7-31 所示的 4 条棱边创建半径为 8mm 的圆角。

50

50

图 7-29　绘制草图 1

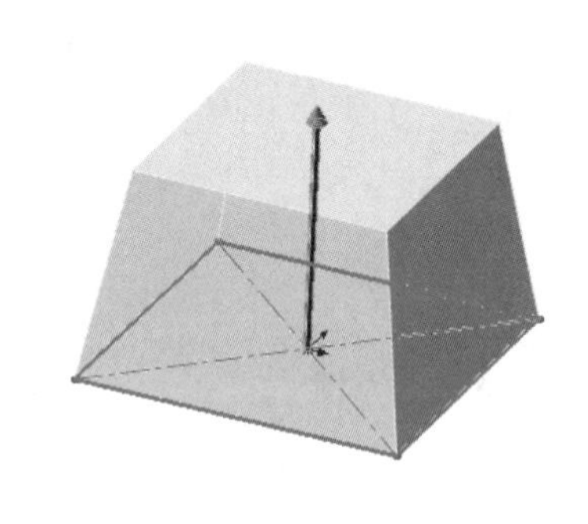

图 7-30　拉伸参数设置

（4）在“上视基准面”上绘制草图 2，草图 2 的尺寸大于草图 1 的尺寸，并进行拉伸，拉伸高度为 10mm，拉伸方向向下，如图 7-32 所示。

（5）选择图 7-33 所示的边线，创建半径为 1mm 的圆角。

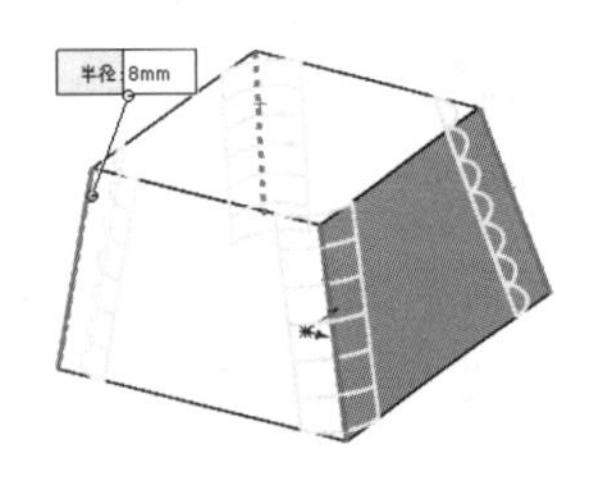

图 7-31　创建圆角

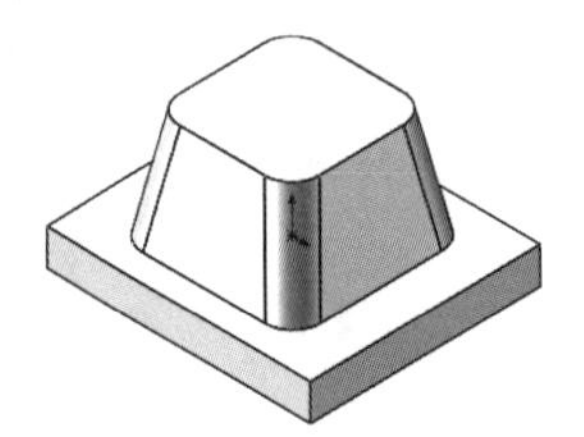

图 7-32　拉伸实体 2

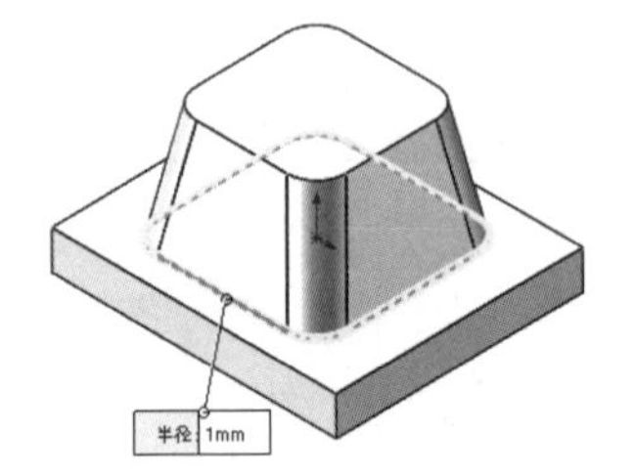

图 7-33　选择边线

本例也可利用“成形工具”命令进行创建。

7.1.2　使用成形工具

在将设计库中的成形工具拖动到钣金件上时，系统弹出“成形工具特征”属性管理器，如图 7-34 所示。

（1）方位面：显示已插入成形工具的面。可以在绘图区选择不同的面。

（2）旋转角度：调整成形工具的角度。

（3）反转工具：单击该按钮，反转切面的方向。

（4）链接。

1）链接到成形工具：勾选该复选框，保持插入目标零件的成形工具与父成形工具零件之间的链接。如果更新父成形工具，则在更新目标零件时会将更改延伸到目标零件中的成形工具。

2）成形工具：显示成形工具零件文件的位置。

3）替换工具：单击该按钮，可以浏览到另一个成形工具替换现有的成形工具。

4）冲孔 ID：显示分配给成形工具的冲孔 ID。具有冲孔表的工程图中显示冲孔 ID。

（5）平板型式显示状态：选择如何显示平板型式中的成形工具。

1）覆盖文档设定：勾选该复选框，将覆盖在菜单栏“工具”→“选项”→“文档属性”→“钣金”中设置的选项。

2）显示冲程：勾选该复选框，显示成形工具及其方位草图。

图 7-34 “成形工具特征”属性管理器

3）显示轮廓：勾选该复选框，显示成形工具方位草图。

4）显示中心线：显示在平板型式中成形工具所在的成形工具中心线。

（6）“位置”选项卡：单击该选项卡，定义成形工具的放置位置。

动手学——创建抽屉支架

扫一扫，看视频

本例创建图 7-35 所示的抽屉支架。

【操作步骤】

1. 创建主体结构

（1）新建文件。单击“快速访问”工具栏中的“新建”按钮，弹出“新建 SOLIDWORKS 文件”对话框，单击“零件”按钮，然后单击“确定”按钮，创建一个新的零件文件。

（2）绘制草图 1。在 FeatureManager 设计树中选择“前视基准面”作为草绘基准面，单击“草图”选项卡中的“直线”按钮、“切线弧”按钮和“剪裁实体”按钮，绘制草图并标注智能尺寸，如图 7-36 所示。

图 7-35 抽屉支架

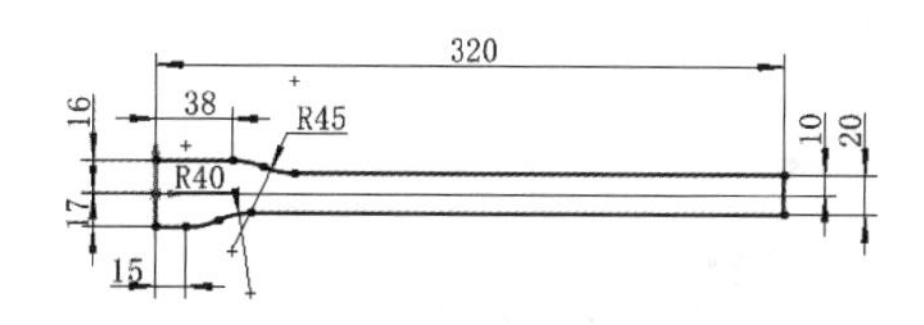

图 7-36 绘制草图 1

（3）创建基体法兰。单击“钣金”选项卡中的“基体法兰/薄片”按钮，系统弹出“基体法兰”属性管理器，输入厚度值为0.7mm，其他参数采用默认值，如图7-37所示。单击“确定”按钮，结果如图7-38所示。

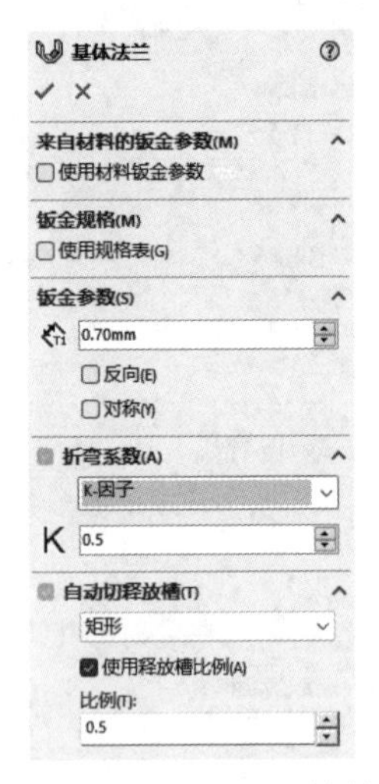

图7-37 “基体法兰”属性管理器

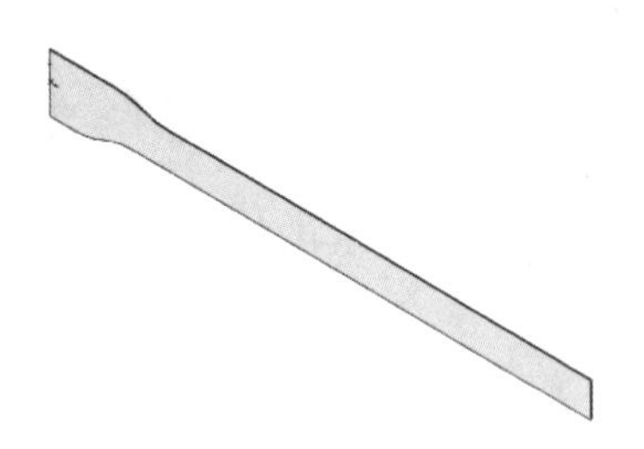

图7-38 基体法兰钣金件

（4）创建边线法兰1。单击“钣金”选项卡中的“边线法兰”按钮，系统弹出“边线-法兰1”属性管理器，选择钣金件一侧的3条边线，取消勾选“使用默认半径”复选框，输入折弯半径为1mm，输入法兰长度为6mm，在“法兰位置”选项组中选择“外部虚拟交点”和“折弯在外”选项，如图7-39所示，单击“确定”按钮。生成的边线法兰1如图7-40所示。

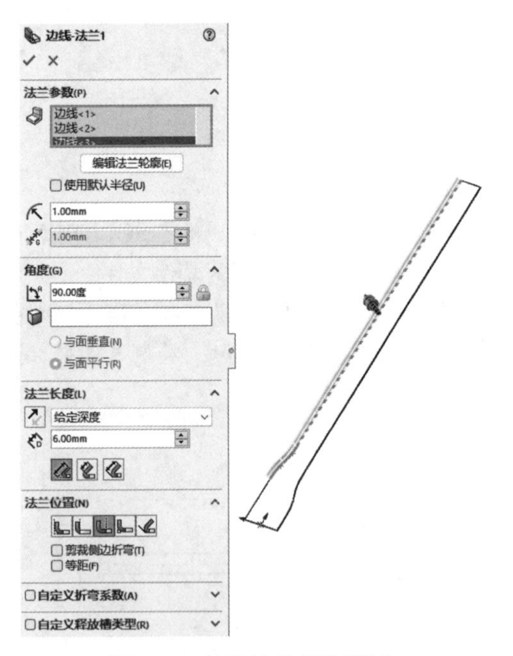

图7-39 边线法兰参数设置

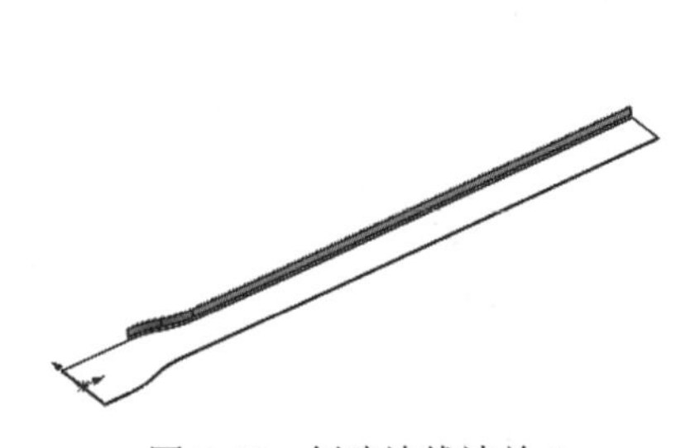

图7-40 创建边线法兰1

（5）创建边线法兰 2。重复执行“边线法兰”命令，选择另一侧的边线，如图 7-41 所示。采用与边线法兰 1 相同的设置生成边线法兰 2，如图 7-42 所示。

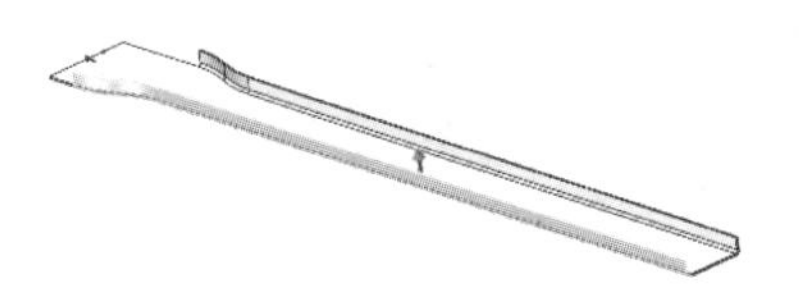

图 7-41　选择生成边线法兰的边线 1

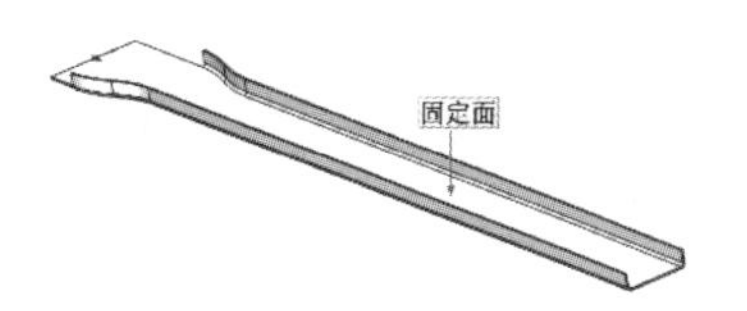

图 7-42　创建边线法兰 2

（6）展开法兰。单击“钣金”选项卡中的“展开”按钮，系统弹出“展开”属性管理器，选择图 7-42 中的平面作为固定面，单击“收集所有折弯”按钮，如图 7-43 所示。单击“确定”按钮，边线折弯将被展开，如图 7-44 所示。

（7）绘制草图 2。选择图 7-44 所示钣金件的上表面作为绘制草图基准面，绘制草图 2，如图 7-45 所示。

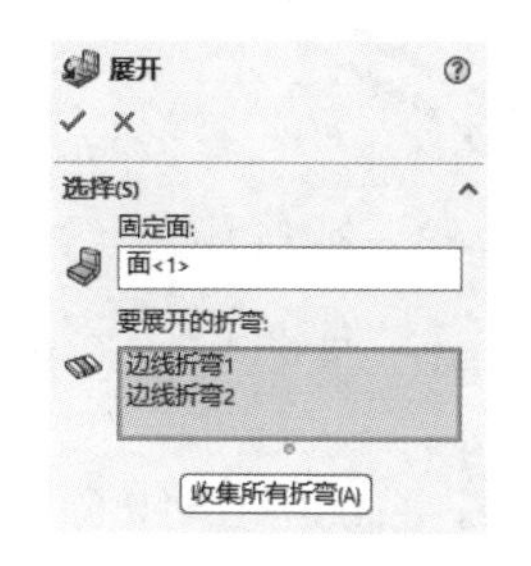

图 7-43　“展开”属性管理器

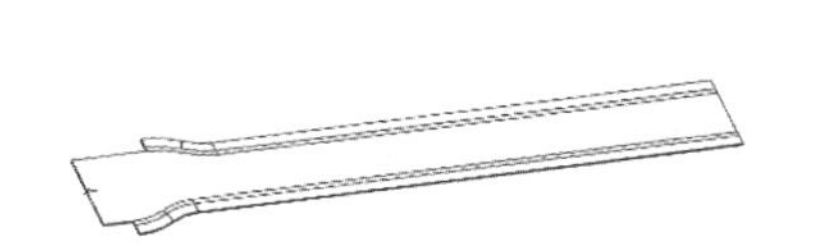

图 7-44　展开后的效果

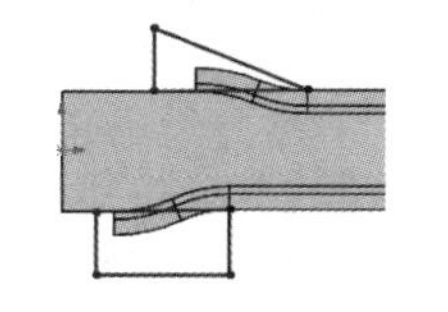

图 7-45　绘制草图 2

（8）创建切除特征。单击“特征”选项卡中的“拉伸切除”按钮，系统弹出“切除-拉伸”属性管理器，拉伸终止条件选择“完全贯穿”，单击“确定”按钮生成切除特征，如图 7-46 所示。

（9）进行“折叠”操作。单击“钣金”选项卡中的“折叠”按钮，系统弹出“折叠”属性管理器，单击“收集所有折弯”按钮，如图 7-47 所示。单击“确定”按钮，完成对折弯的折叠操作，结果如图 7-48 所示。

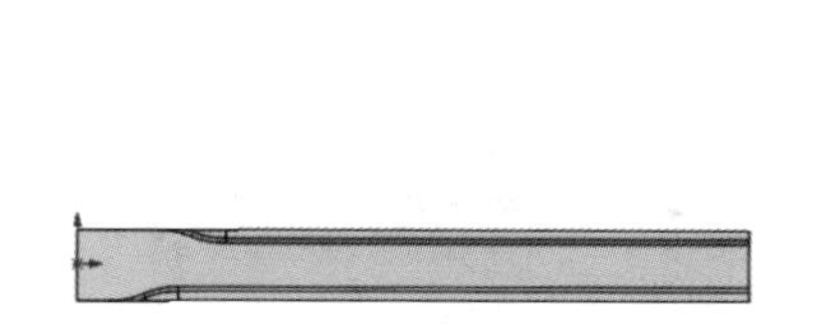

图 7-46　创建切除特征 1

图 7-47　进行折叠操作

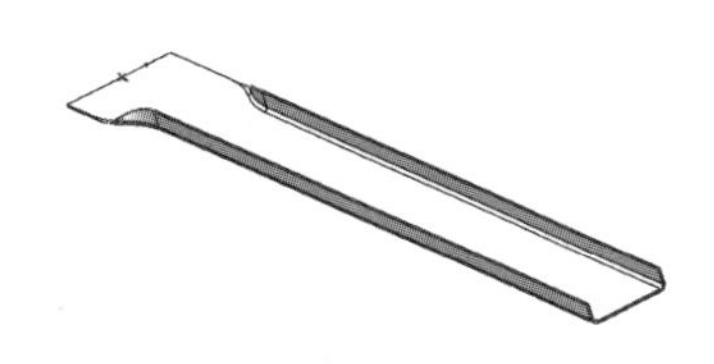

图 7-48　折叠结果

（10）创建边线法兰 3。单击“钣金”选项卡中的“边线法兰”按钮，系统弹出“边线-法兰 3”属性管理器，选择钣金件一侧的边线，如图 7-49 所示，取消勾选“使用默认半径”复选框，输入折弯半径为 1mm，输入法兰长度为 4mm，在“法兰位置”选项组中选择“外部虚拟交点”和“折弯在外”，如图 7-50 所示，单击“确定”按钮。生成的边线法兰如图 7-51 所示。

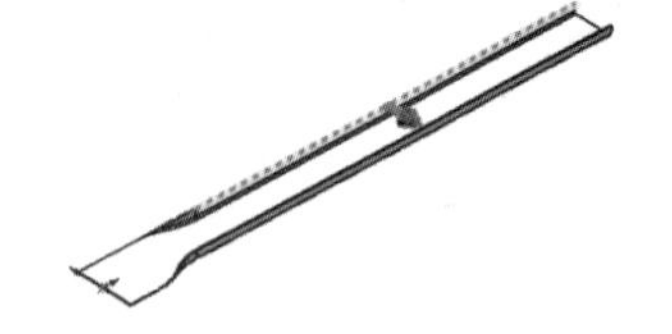

图 7-49　选择生成边线法兰的边线 2　　图 7-50　边线法兰 3 参数设置　　图 7-51　创建边线法兰 2

（11）绘制草图 3。选择图 7-51 所示钣金件的平面 1 作为绘制草图基准面，单击“草图”选项卡中的“直槽口”按钮，绘制草图。标注草图的尺寸如图 7-52 所示。

（12）创建切除特征。单击“特征”选项卡中的“拉伸切除”按钮，系统弹出“切除-拉伸”属性管理器，拉伸终止条件选择“完全贯穿”，单击“确定”按钮生成切除特征，如图 7-53 所示。

（13）阵列特征。单击“特征”选项卡中的“线性阵列”按钮，系统弹出“线性阵列”属性管理器，选择水平边线为阵列方向，输入阵列距离为 230mm，输入阵列个数为 2，选择步骤（12）创建的切除特征为要阵列的特征，如图 7-54 所示。单击“确定”按钮生成线性阵列特征，如图 7-55 所示。

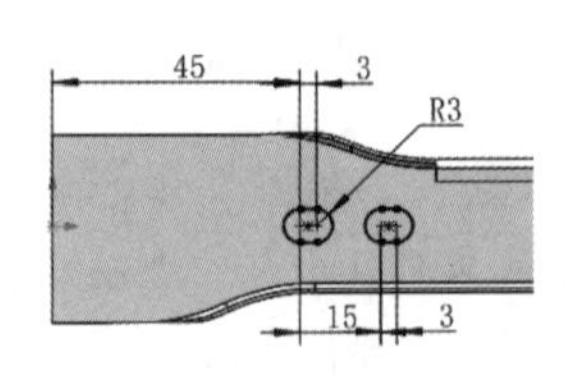

图 7-52　绘制草图 3

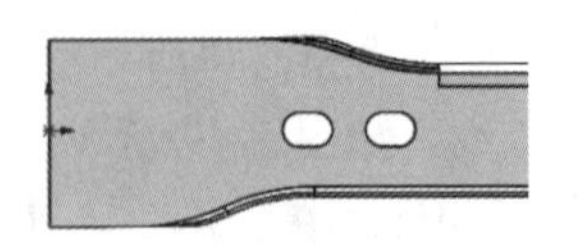

图 7-53　创建切除特征 2

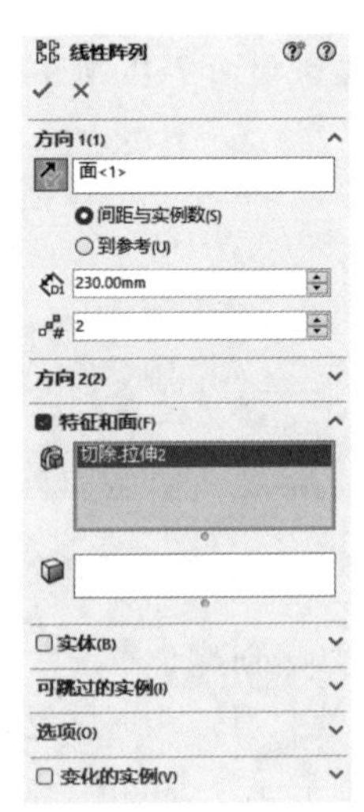

图 7-54　“线性阵列”属性管理器

（14）绘制草图4。选择图7-55所示钣金件的平面作为绘制草图基准面，单击“草图”选项卡中的“直槽口”按钮，绘制草图。标注草图的尺寸如图7-56所示。

（15）创建切除特征。单击“特征”选项卡中的“拉伸切除”按钮，系统弹出“切除-拉伸”属性管理器，拉伸终止条件选择“完全贯穿”，单击“确定”按钮生成切除特征，如图7-57所示。

图7-55 生成线性阵列特征

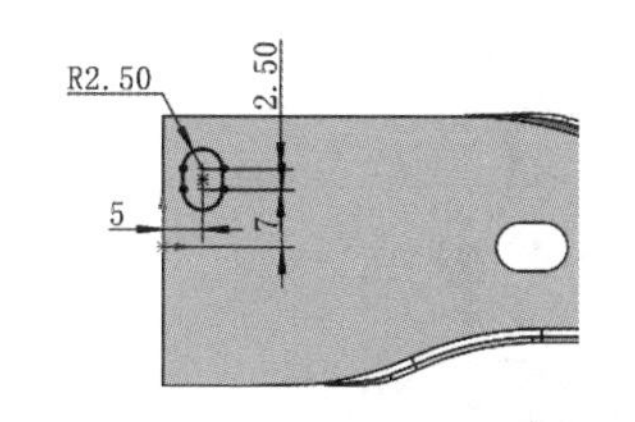

图7-56 标注草图尺寸

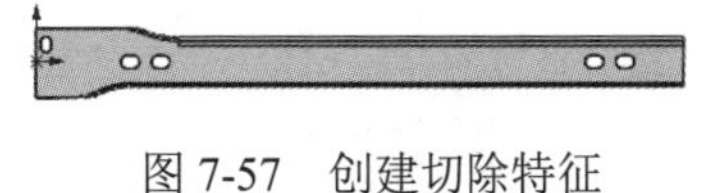

图7-57 创建切除特征

2. 将成形工具添加到钣金件

（1）修改文件夹类型。单击系统右边的“设计库”按钮，弹出“设计库”任务窗格，在任务窗格中选择design library\forming tools文件夹下的“自定义”文件夹，右击，在弹出的快捷菜单中选择“成形工具文件夹”命令，如图7-58所示。系统弹出SOLIDWORKS对话框，如图7-59所示。单击“是（Y）”按钮，文件夹类型修改完成。

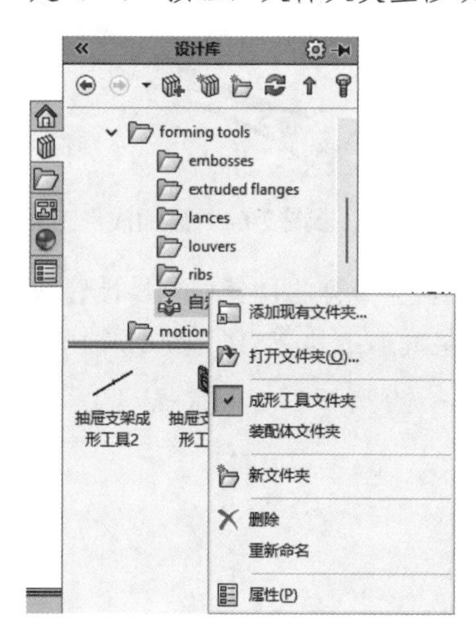

图7-58 设置成形工具存放位置

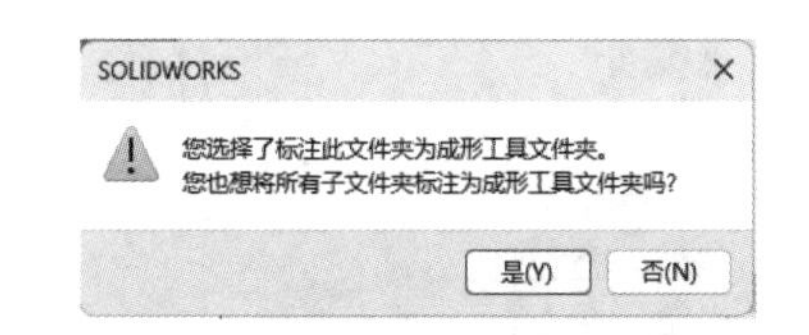

图7-59 SOLIDWORKS对话框

（2）添加成形工具1。在“自定义”文件夹下找到需要添加的成形工具“抽屉支架成形工具1”，❶将其拖放到钣金件的下表面上，❷旋转角度设置为0度，如图7-60所示。❸单击“位置”选项卡，❹标注成形工具在钣金件上的位置尺寸，❺单击“确定”按钮，完成对成形工具1的添加，如图7-61所示。

（3）添加成形工具2。单击“设计库”按钮，选择成形工具“抽屉支架成形工具2”，将其拖放到钣金件的下表面上，如图7-62所示。标注成形工具在钣金件上的位置尺寸，如图7-63所示，单击“确定”按钮，完成对成形工具2的添加，如图7-64所示。

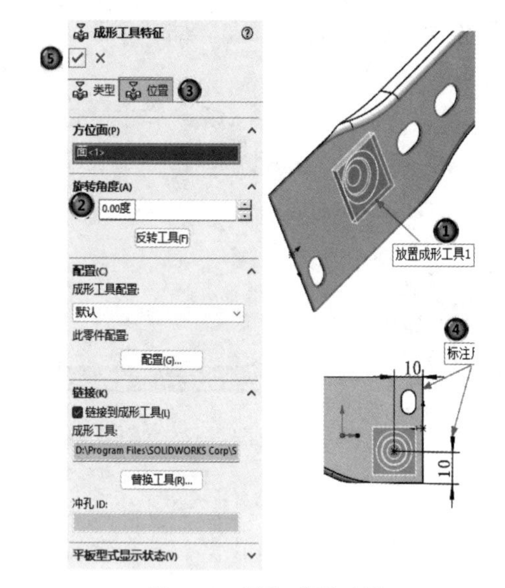

图 7-60　添加成形工具

图 7-61　添加成形工具 1

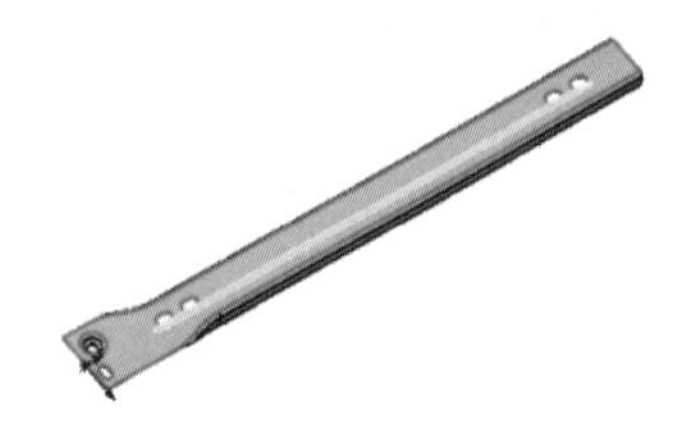

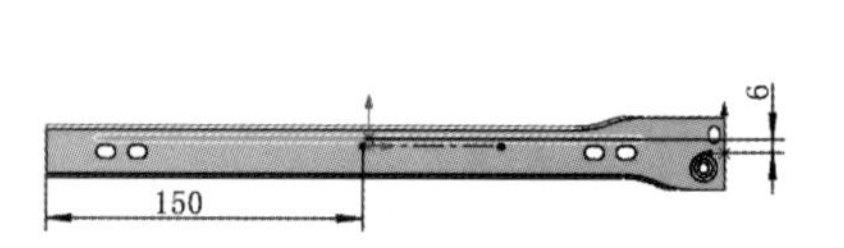

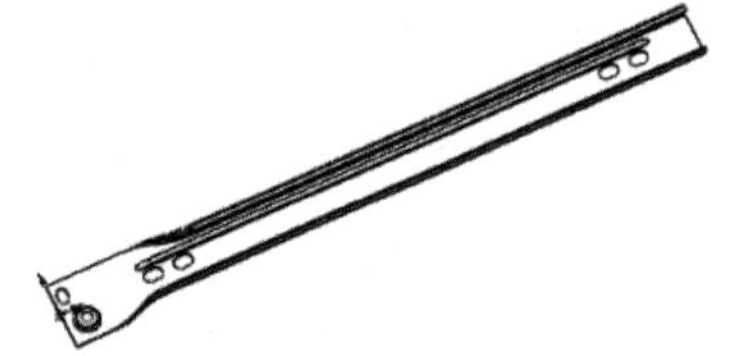

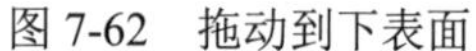

图 7-62　拖动到下表面　　图 7-63　标注成形工具定位尺寸　　图 7-64　添加成形工具 2

（4）镜向特征。单击“特征”选项卡中的“镜向”按钮，系统弹出“镜向”属性管理器，选择“上视基准面”作为镜向基准面，选择前面创建的“抽屉支架成形工具 2”作为要镜向的特征，如图 7-65 所示。单击“确定”按钮，生成的抽屉支架，如图 7-66 所示。

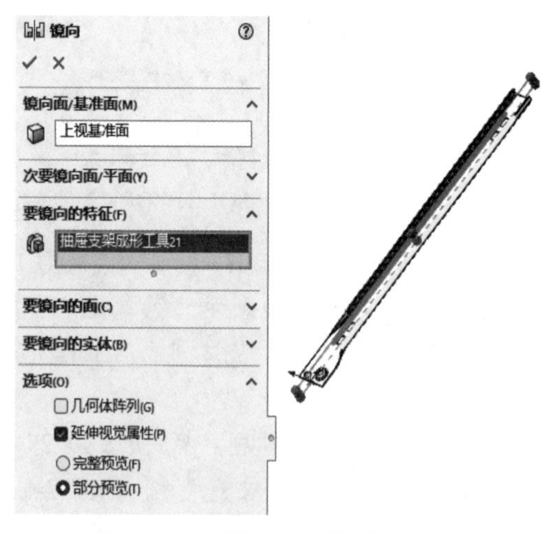

图 7-65　“镜向”属性管理器

图 7-66　抽屉支架

注意：

使用成形工具时，默认情况下成形工具向下行进，即形成的特征方向为“凹”，如果要使其方向变为“凸”，需要在拖入成形特征的同时按下 Tab 键，如图 7-67 所示。

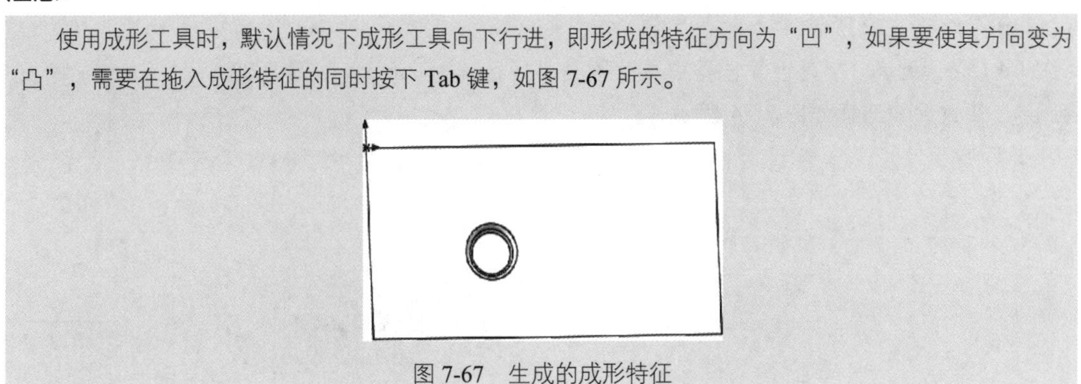

图 7-67　生成的成形特征

7.1.3　修改成形工具

若 SOLIDWORKS 软件自带的成形工具形成的特征在尺寸上不能满足用户的使用要求，用户可以自行修改。

单击“设计库”按钮，在“设计库”任务窗格中按照路径 design library\forming tools\找到需要修改的成形工具，双击该工具按钮，即可进入零件界面编辑零件。

动手学——修改凸模

扫一扫，看视频

本例对图 7-68 所示的凸模进行修改。

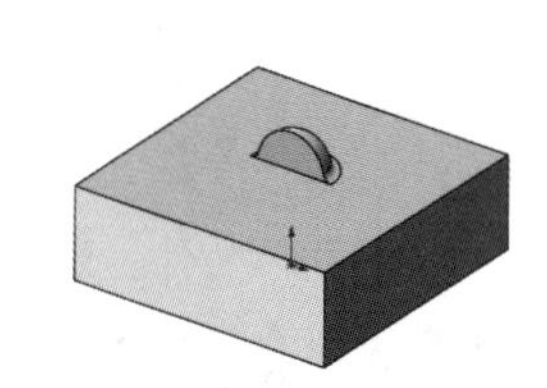

图 7-68　凸模

【操作步骤】

（1）选择成形工具。单击“设计库”按钮，在“设计库”任务窗格中按照路径 design library\ forming tools，选择“凸模”成形工具，双击成形工具按钮。系统将会进入“凸模”成形特征的设计界面。

（2）在 FeatureManager 设计树中选中“旋转 1”特征，右击，在弹出的快捷菜单中单击“编辑草图”按钮，如图 7-69 所示。进入草绘环境，用鼠标双击草图中的圆弧半径尺寸，将其数值更改为 5mm，如图 7-70 所示。单击“退出草图”按钮，返回设计界面，修改尺寸后的凸模如图 7-71 所示。

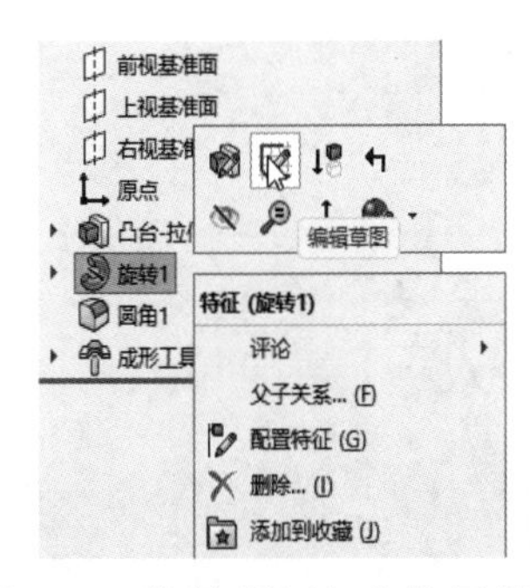

图 7-69　编辑“旋转 1”特征草图

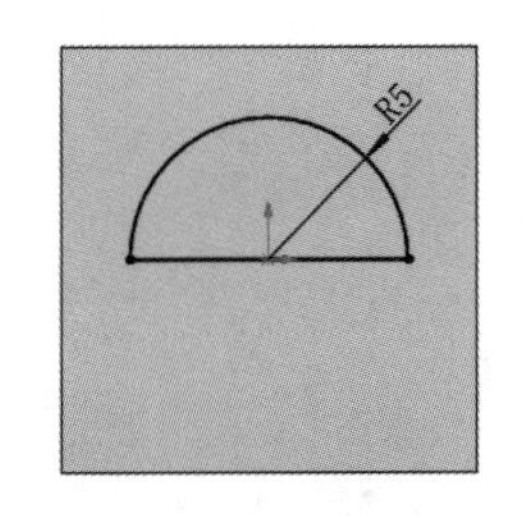

图 7-70　编辑草图尺寸

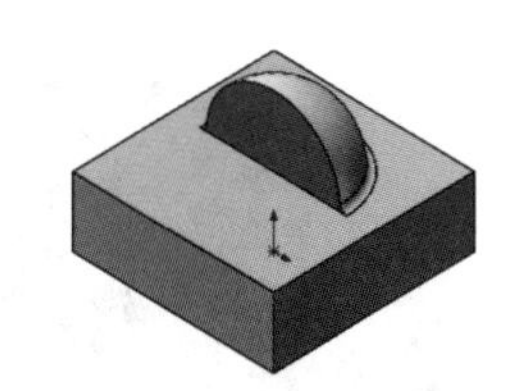

图 7-71　修改尺寸后的凸模

（3）在 FeatureManager 设计树中右击“圆角 1” 特征，在弹出的快捷菜单中单击“编辑特征”按钮，如图 7-72 所示。

（4）在“圆角 1”属性管理器中更改圆角半径数值为 2mm，如图 7-73 所示。单击“确定”按钮✓，修改后的凸模如图 7-74 所示。

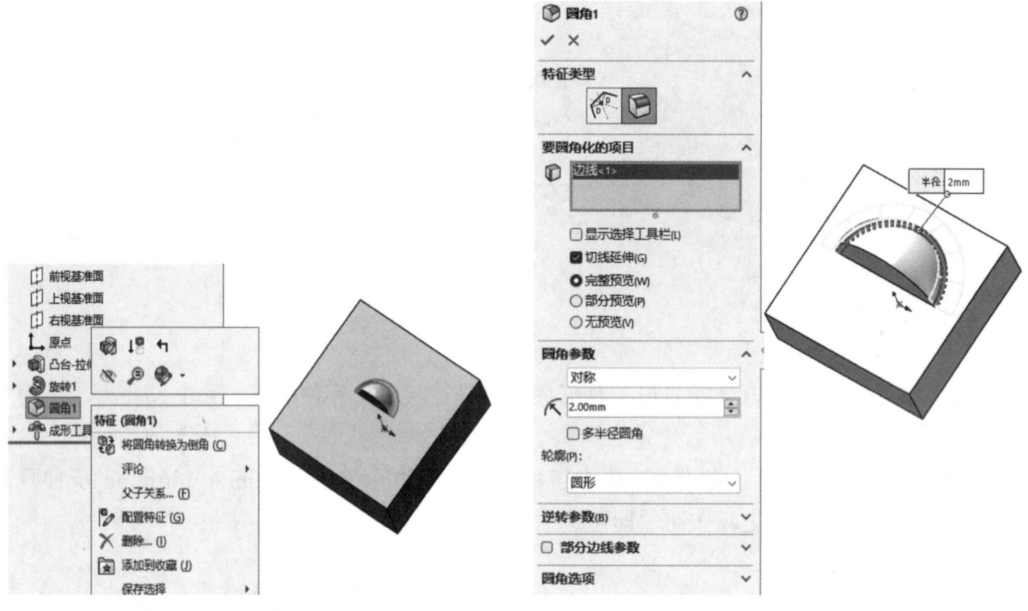

图 7-72　编辑特征　　　　图 7-73　更改“圆角 1”半径

（5）另存文件。选择菜单栏中的“文件”→“另存为”命令，系统弹出“另存为”对话框，设置保存类型为 Form Tool（*.sldftp），输入名称为“修改后凸模”。保存路径为安装路径下的\design library\forming tools\，选中“自定义”文件夹后保存。此时单击右侧的“设计库”按钮，可以看到在“自定义”文件夹下显示有“修改后凸模”成形工具，如图 7-75 所示。

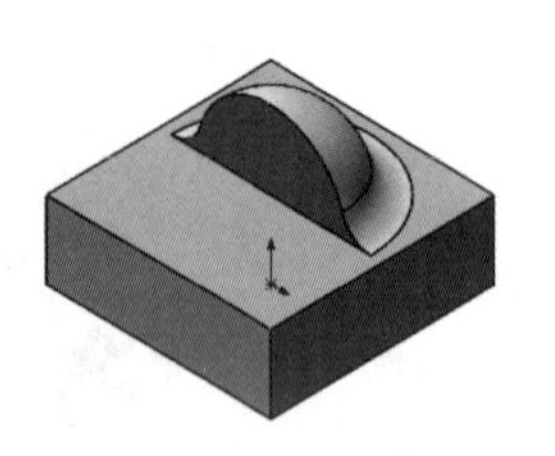

图 7-74　修改后的凸模

图 7-75　“设计库”任务窗格

7.2　综合实例——设计硬盘支架

本节将介绍图 7-76 所示的硬盘支架的设计过程，在设计过程中运用了基体法兰、边线法兰、褶边、自定义成形工具、添加成形工具及通风口等钣金设计工具。此钣金件比较复杂，在设计过程中综合运用了钣金的各项设计功能。

图 7-76　硬盘支架

7.2.1　创建主体结构

本小节创建硬盘支架的主体结构，如图 7-77 所示。

图 7-77　硬盘支架的主体结构

【操作步骤】

（1）新建文件。单击“快速访问”工具栏中的“新建”按钮，在弹出的“新建 SOLIDWORKS 文件”对话框中单击“零件”按钮，然后单击“确定”按钮，创建一个新的零件文件。

（2）绘制草图 1。在 FeatureManager 设计树中选择“前视基准面”作为草绘基准面，单击“草图”选项卡中的“直线”按钮，绘制草图，并添加约束和标注尺寸，如图 7-78 所示。

（3）创建基体法兰。单击“钣金”选项卡中的“基体法兰/薄片”按钮，系统弹出“基体法兰”属性管理器，选择草图 1，终止条件选择“两侧对称”，设置深度为 110mm，设置厚度为 0.5mm，设置圆角半径值为 1mm，其他设置如图 7-79 所示，单击“确定”按钮生成基体法兰，如图 7-80 所示。

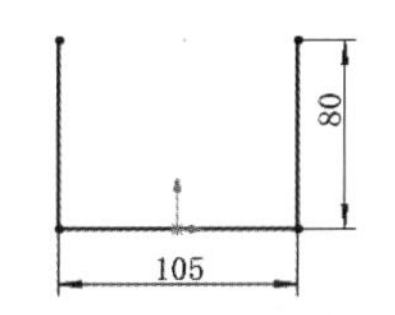

图 7-78　绘制草图 1

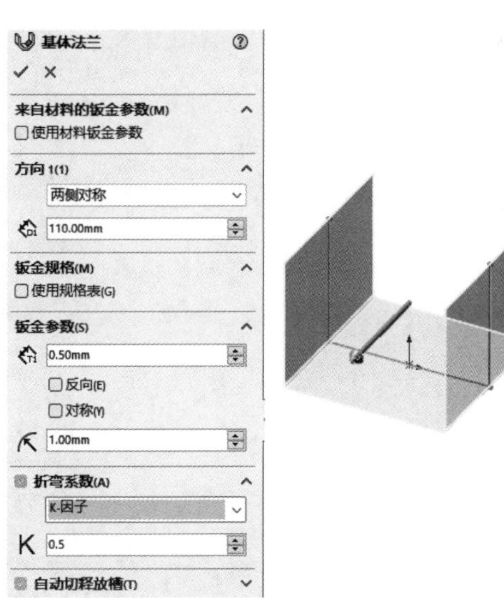

图 7-79　“基体法兰”属性管理器

（4）创建褶边。单击“钣金”选项卡中的“褶边”按钮，系统弹出“褶边”属性管理器，选择3条边线，选择“材料在内”，在“类型和大小”选项组中选择“闭合”，长度设置为10mm，斜接缝隙设置为1mm，如图7-81所示。单击“确定”按钮生成“褶边”特征，如图7-82所示。

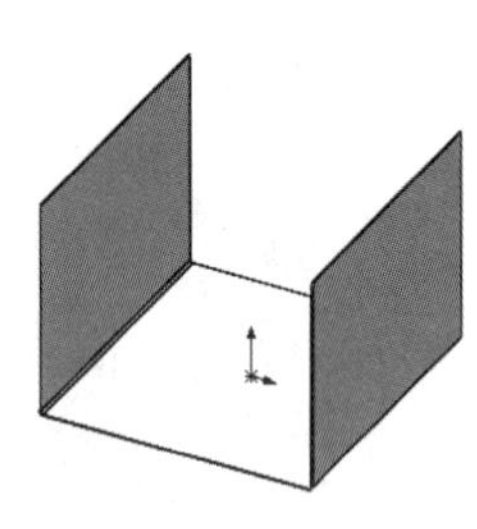

图7-80　基体法兰

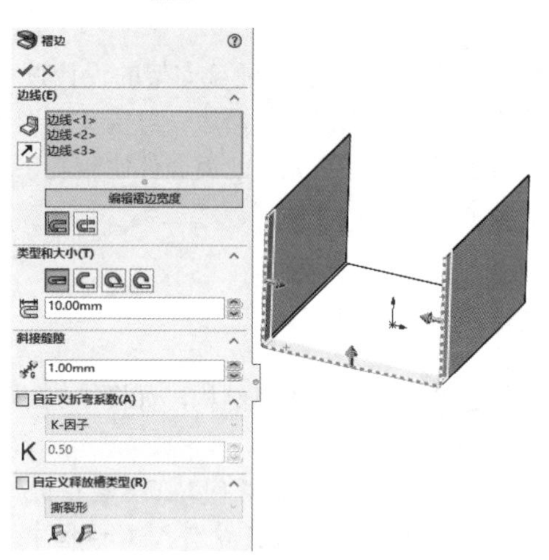

图7-81　“褶边”属性管理器

（5）创建边线法兰1。单击“钣金”选项卡中的“边线法兰”按钮，系统弹出“边线-法兰1”属性管理器，选择边线1，设置法兰长度为10mm，选择“外部虚拟交点”选项，在“法兰位置”选项组中选择“折弯在外”，如图7-83所示。单击“编辑法兰轮廓”按钮，系统弹出“轮廓草图”对话框，拖动右侧边线，标注尺寸，如图7-84所示。单击“完成”按钮，边线法兰1创建完成，如图7-85所示。

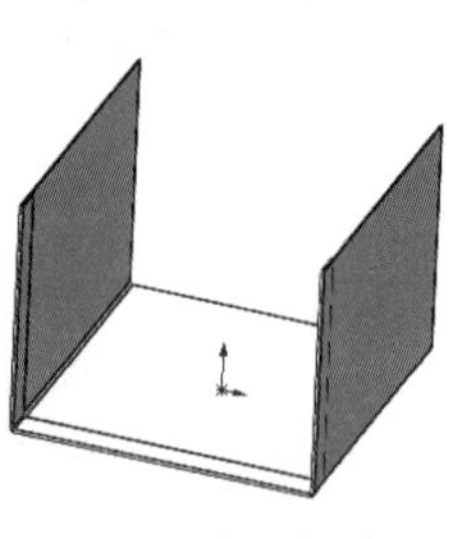

图7-82　生成褶边

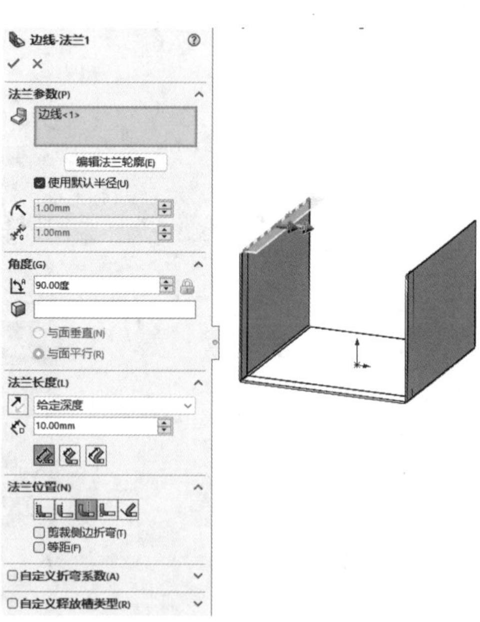

图7-83　“边线-法兰1”属性管理器

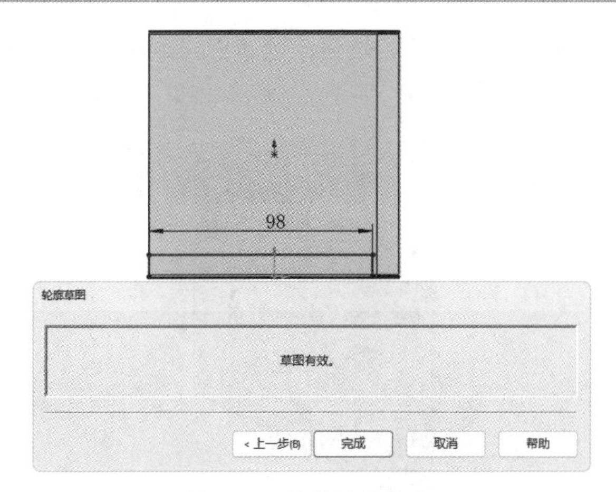

图 7-84 编辑法兰轮廓

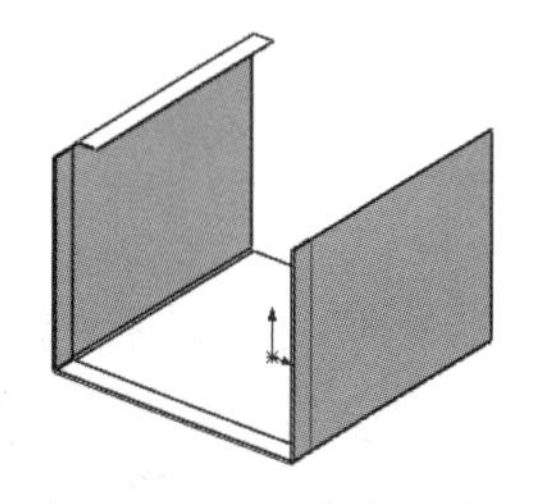

图 7-85 创建边线法兰 1

（6）创建边线法兰 2。同理，生成钣金件另一侧面上的“边线法兰”特征，如图 7-86 所示。

（7）绘制草图 2。选择图 7-86 所示的面 1 作为草绘基准面，单击“草图”选项卡中的“边角矩形”按钮，绘制草图，如图 7-87 所示。

（8）创建拉伸切除特征。单击“特征”选项卡中的“拉伸切除”按钮，选择步骤（7）绘制的草图，系统弹出“切除-拉伸”属性管理器，设置深度值为 1.5mm，单击“确定”按钮，结果如图 7-88 所示。

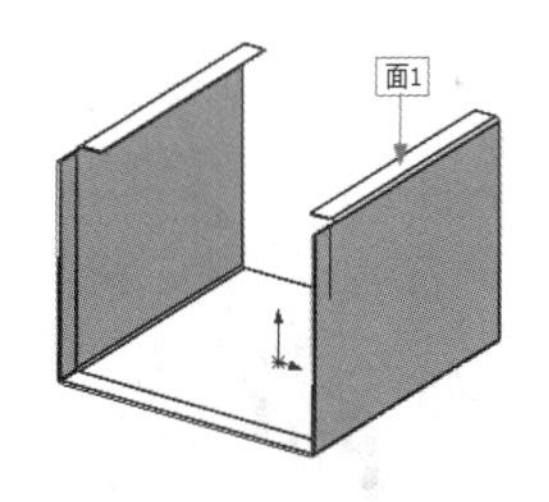

图 7-86 创建边线法兰 2

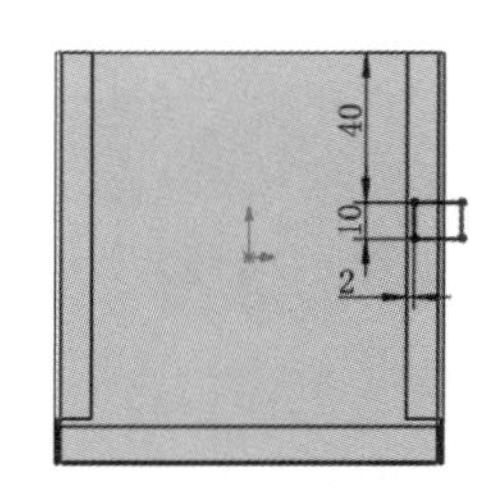

图 7-87 绘制草图 2

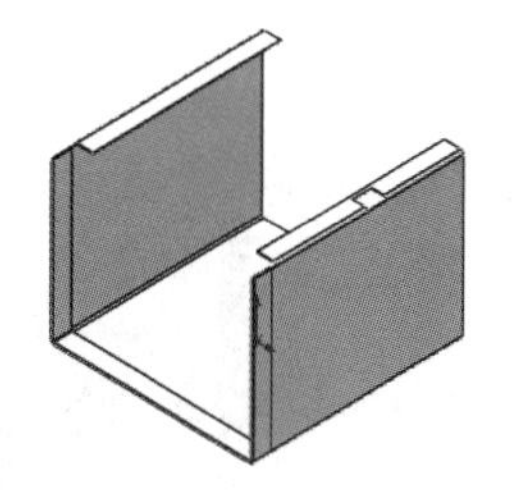

图 7-88 创建拉伸切除特征

（9）创建边线法兰 3。单击“钣金”选项卡中的“边线法兰”按钮，系统弹出“边线-法兰 3”属性管理器，选择图 7-89 所示的边线，设置法兰角度为 90 度，设置法兰长度为 6mm，选择“外部虚拟交点”，在“法兰位置”选项组中选择“折弯在外”，单击“编辑法兰轮廓”按钮，进入编辑法兰轮廓状态，通过标注智能尺寸编辑法兰轮廓，如图 7-90 所示。单击“完成”按钮结束对法兰轮廓的编辑，结果如图 7-91 所示。

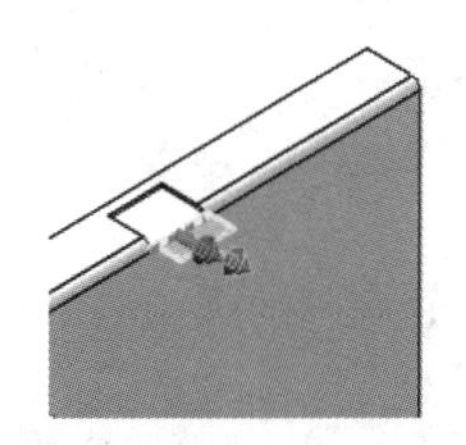

图 7-89 选择边线

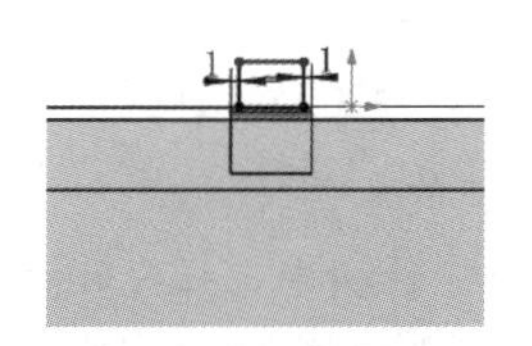

图 7-90 标注尺寸

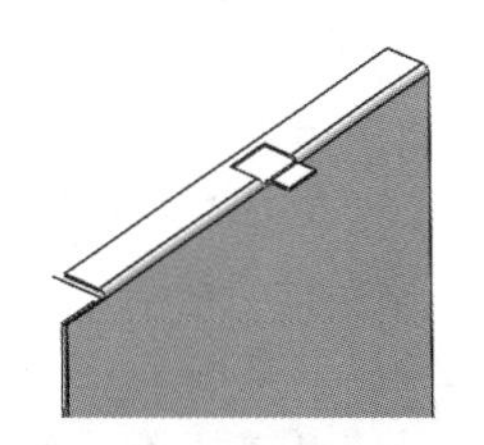

图 7-91 创建边线法兰 3

（10）创建孔。在图 7-91 所示的边线法兰 3 的上表面绘制图 7-92 所示的草图，进行拉伸切除操作，生成一个通孔，单击“确定”按钮✓，如图 7-93 所示。

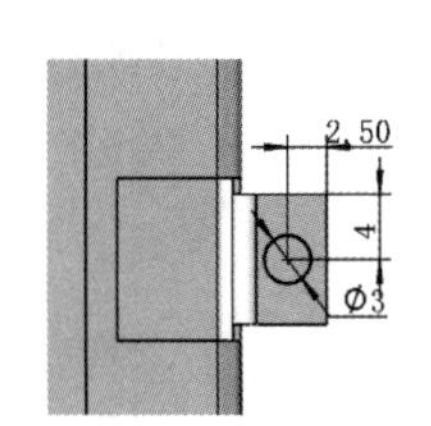

图 7-92 绘制草图 3

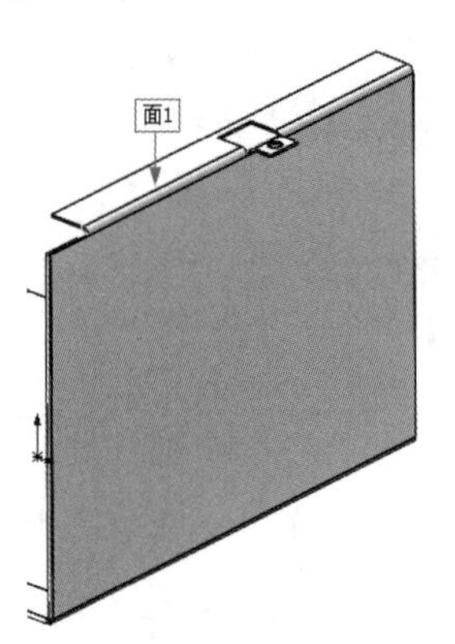

图 7-93 创建的孔

（11）绘制草图 4。选择图 7-93 所示的面 1 作为草绘基准面，单击“草图”选项卡中的“边角矩形”按钮，绘制 4 个矩形，标注其智能尺寸，如图 7-94 所示。

（12）创建拉伸切除特征。单击“特征”选项卡中的“拉伸切除”按钮，选择步骤（11）绘制的草图，系统弹出“切除-拉伸”属性管理器，设置深度值为 0.5mm，单击“确定”按钮✓，生成拉伸切除特征，如图 7-95 所示。

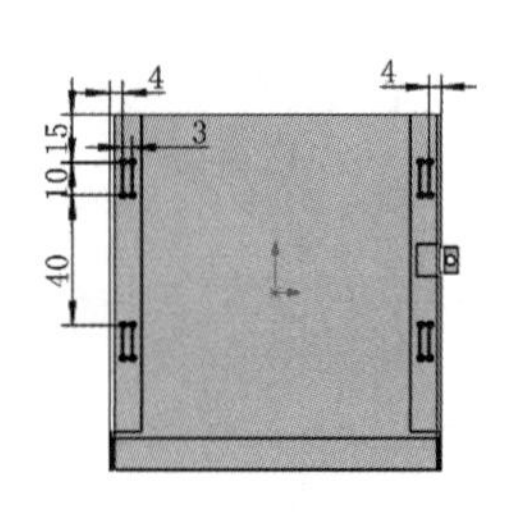

图 7-94 绘制草图 4

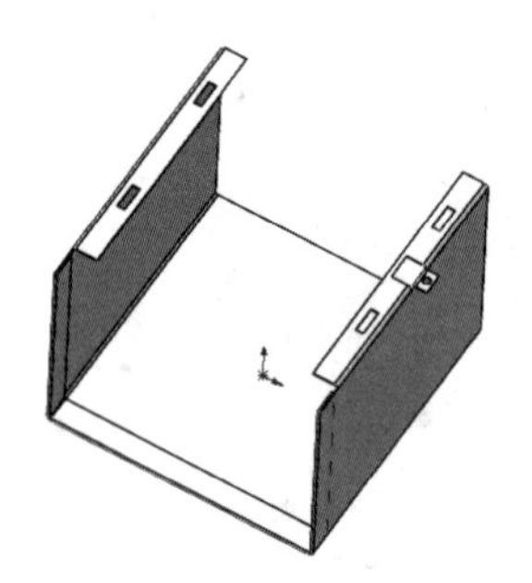

图 7-95 拉伸切除结果

扫一扫，看视频

7.2.2 创建硬盘支架成形工具 1

本小节创建硬盘支架的成形工具 1，如图 7-96 所示。

图 7-96 硬盘支架成形工具 1

【操作步骤】

（1）新建文件。单击“快速访问”工具栏中的“新建”按钮，在弹出的“新建 SOLIDWORKS 文件”对话框中单击“零件”按钮，然后单击“确定”按钮，创建一个新的零件文件。

（2）绘制草图 1。在 FeatureManager 设计树中选择“前视基准面”作为草绘基准面，单击“草图”选项卡中的“圆”按钮、“直线”按钮和“剪裁实体”按钮，绘制草图并标注尺寸，如图 7-97 所示。

（3）创建拉伸特征1。单击“特征”选项卡中的“拉伸凸台/基体”按钮，系统弹出“凸台-拉伸”属性管理器，设置深度值为2mm，单击“确定”按钮，结果如图7-98所示。

（4）绘制草图2。在FeatureManager设计树中选择“前视基准面”作为草绘基准面，单击“草图”选项卡中的“中心矩形”按钮，以原点为中心绘制一个矩形，如图7-99所示。

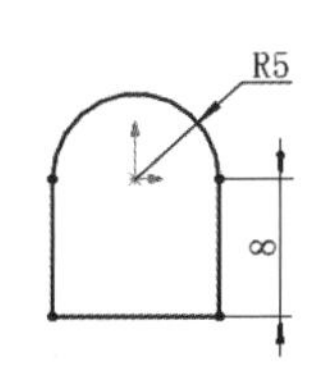

图7-97 绘制草图1

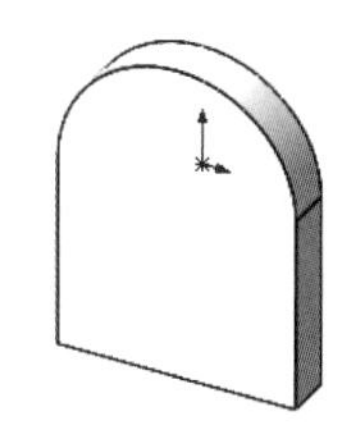
图7-98 拉伸特征1

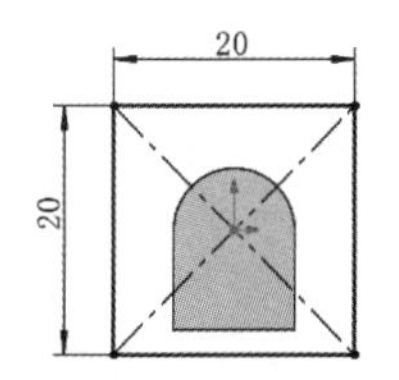

图7-99 绘制草图2

（5）创建拉伸特征2。单击“特征”选项卡中的“拉伸凸台/基体”按钮，选择草图2，系统弹出“凸台-拉伸”属性管理器，设置深度值为5mm，单击“反向”按钮，调整拉伸方向向下，单击“确定”按钮，结果如图7-100所示。

（6）创建圆角特征1。单击“特征”选项卡中的“圆角”按钮，系统弹出“圆角”属性管理器，选择圆角类型为“固定大小圆角”，设置圆角半径为1.5mm，选择图7-101所示的圆角边线1，单击“确定”按钮生成圆角。

（7）创建圆角特征2。用同样的方法，选择图7-102所示的圆角边线2，设置圆角半径为0.5mm，单击“确定”按钮生成圆角，如图7-103所示。

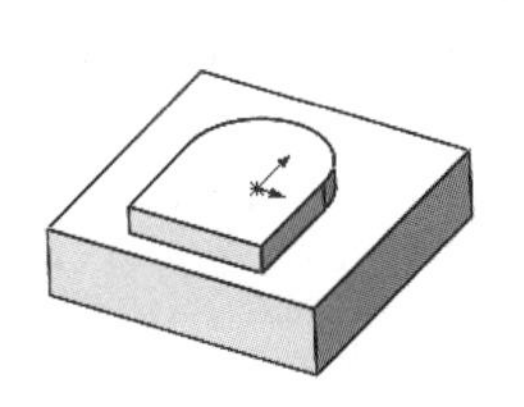
图7-100 拉伸特征2

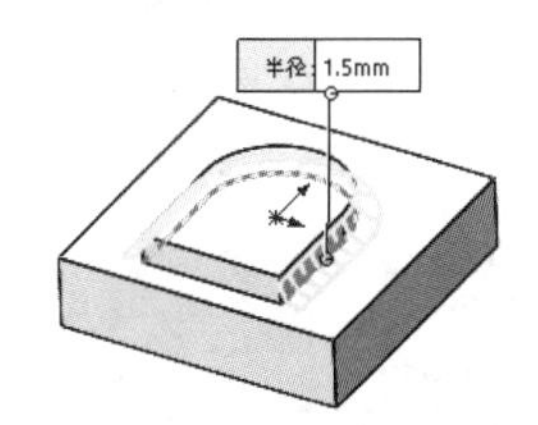

图7-101 选择圆角边线1

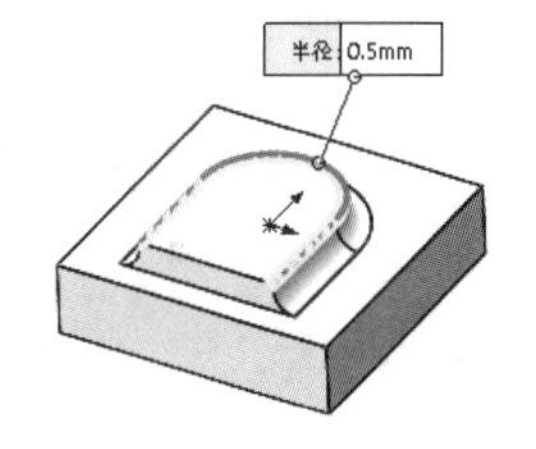

图7-102 选择圆角边线2

（8）绘制草图3。在实体上选择图7-103所示的面1作为草绘基准面，单击“草图”选项卡中的“圆”按钮，以原点为圆心绘制圆，并标注尺寸，如图7-104所示，单击“退出草图”按钮。

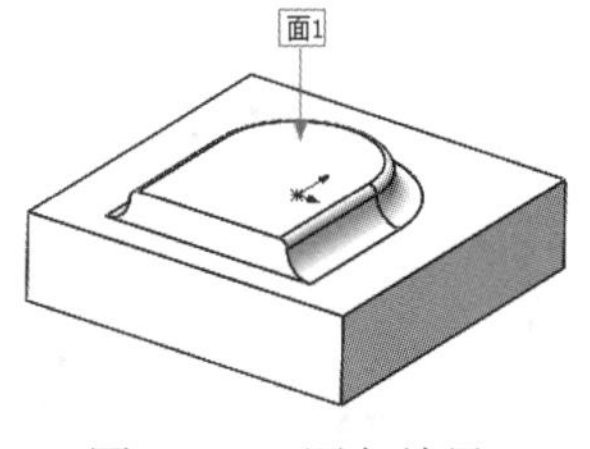

图7-103 圆角结果

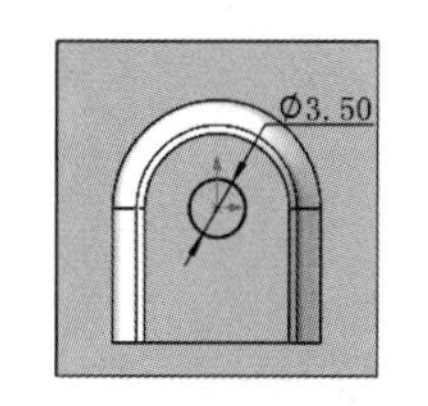

图7-104 绘制草图3

（9）创建分割线。单击“特征”选项卡中的“分割线”按钮，系统弹出“分割线”属性管理器，在“分割类型”中选中“投影”单选按钮，在“要投影的草图”列表框中选择草图3，在“要分割的面”列表框中选择实体的上表面，如图 7-105 所示，单击“确定”按钮，分割线创建完成。

（10）创建成形工具。单击“钣金”选项卡中的“成形工具”按钮，系统弹出“成形工具”属性管理器，选择拉伸实体 2 的上表面作为停止面，选择圆分割面作为要移除的面，如图 7-106 所示。单击“确定”按钮，硬盘支架成形工具 1 创建完成，如图 7-107 所示。

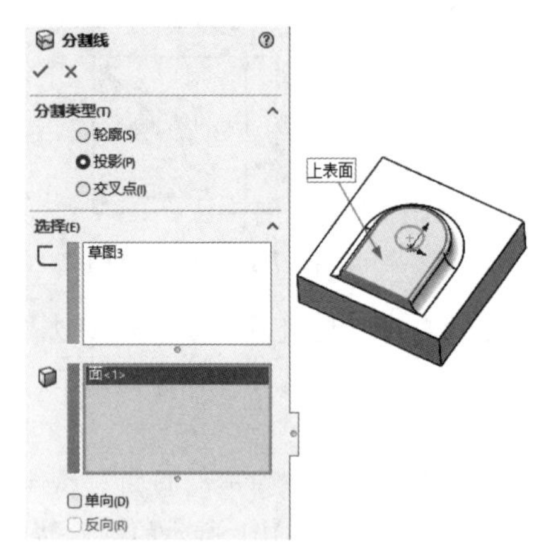

图 7-105　“分割线”属性管理器

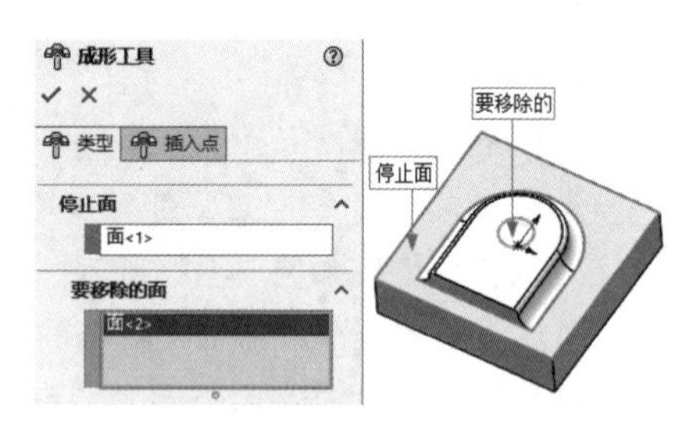

图 7-106　“成形工具”属性管理器

（11）添加到库。单击右侧的“设计库”按钮，系统弹出“设计库”任务窗格，单击“添加到库”按钮，系统弹出“添加到库”属性管理器，在 FeatureManager 设计树中选择零件“硬盘支架成形工具 1”，在“设计库文件夹”列表框中选择“design library\ forming tools\自定义”文件夹作为成形工具的保存位置，将该成形工具命名为“硬盘支架成形工具 1”，保存类型为*.sldprt，如图 7-108 所示。单击“确定”按钮，完成对成形工具 1 的保存，如图 7-109 所示。

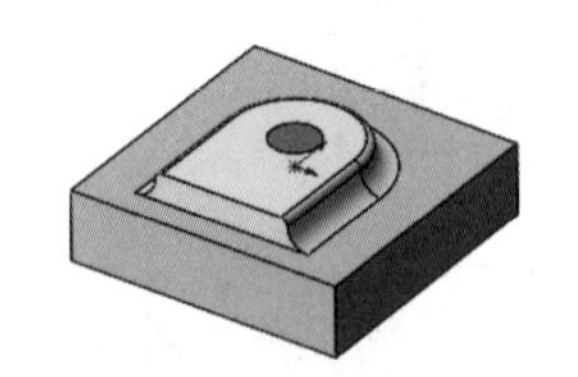

图 7-107　硬盘支架成形工具 1

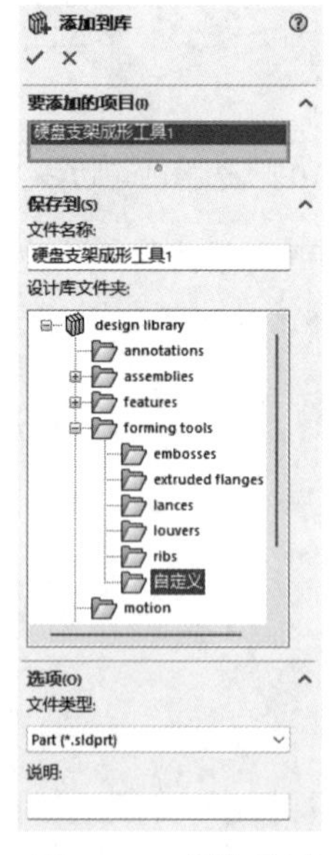

图 7-108　添加到库

图 7-109　保存的硬盘支架成形工具 1

7.2.3　创建硬盘支架成形工具 2

本小节创建硬盘支架成形工具 2，如图 7-110 所示。

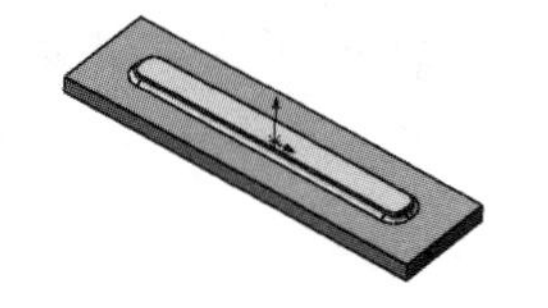
图 7-110　硬盘支架成形工具 2

【操作步骤】

（1）新建文件。单击“快速访问”工具栏中的“新建”按钮，在弹出的“新建 SOLIDWORKS 文件”对话框中单击“零件”按钮，然后单击“确定”按钮，创建一个新的零件文件。

（2）绘制草图 1。在 FeatureManager 设计树中选择“上视基准面”作为草绘基准面，单击“草图”选项卡中的“中心矩形”按钮，以原点为中心绘制矩形，并标注尺寸，如图 7-111 所示。

（3）创建拉伸特征 1。单击“特征”选项卡中的“拉伸凸台/基体”按钮，系统弹出“凸台-拉伸”属性管理器，设置深度值为 2mm，单击“确定”按钮，结果如图 7-112 所示。

（4）绘制草图 2。在 FeatureManager 设计树中选择“上视基准面”作为草绘基准面，单击“草图”选项卡中的“中心矩形”按钮，以原点为中心绘制矩形，并标注尺寸，如图 7-113 所示。

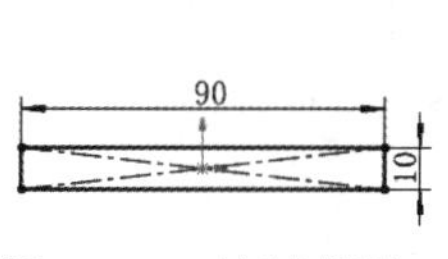

图 7-111　绘制草图 1

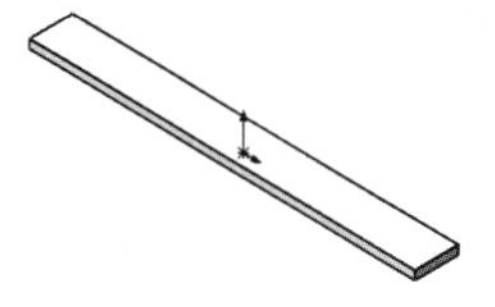
图 7-112　拉伸特征 1

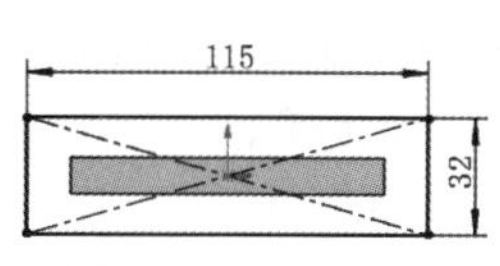

图 7-113　绘制草图 2

（5）创建拉伸特征 2。单击“特征”选项卡中的“拉伸凸台/基体”按钮，系统弹出“凸台-拉伸”属性管理器，设置深度值为 5mm，单击“反向”按钮，调整拉伸方向向下，单击“确定”按钮，如图 7-114 所示。

（6）创建圆角特征 1。单击“特征”选项卡中的“圆角”按钮，系统弹出“圆角”属性管理器，选择圆角类型为“固定大小圆角”，设置圆角半径为 4mm，选择实体的圆角边线 1，如图 7-115 所示，单击“确定”按钮生成圆角。

（7）创建圆角 2。用同样的方法，选择图 7-116 所示的圆角边线 2，设置圆角半径为 1.5mm，创建圆角 2。

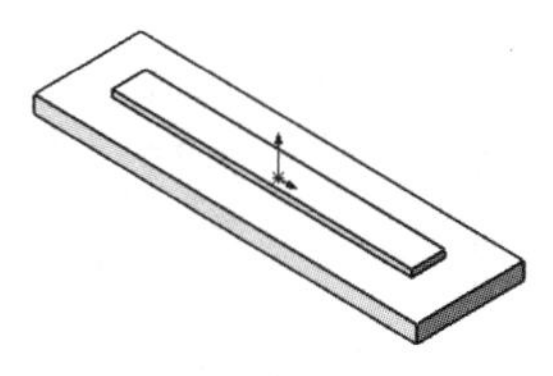
图 7-114　拉伸特征 2

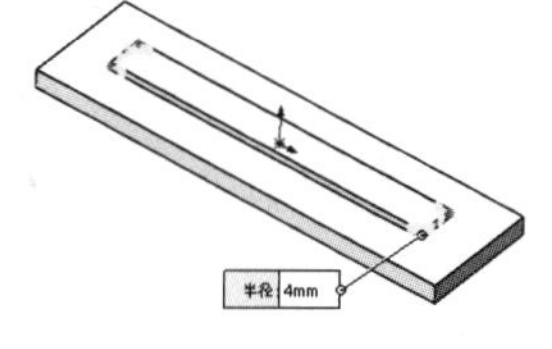

图 7-115　选择圆角边线 1

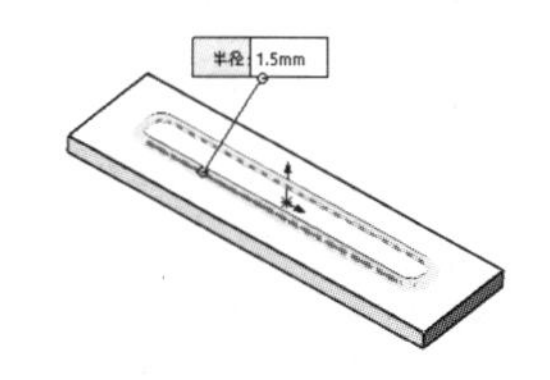

图 7-116　选择圆角边线 2

（8）创建圆角特征 3。用同样的方法，选择图 7-117 所示的面 1，设置圆角半径为 0.5mm，创建圆角特征 3。

（9）创建成形工具。单击“钣金”选项卡中的“成形工具”按钮，系统弹出“成形工具”属性管理器，选择拉伸特征 2 的上表面作为停止面，如图 7-118 所示。单击“确定”按钮，硬盘支架成形工具 2 创建完成，如图 7-119 所示。

（10）添加到库。单击右侧的“设计库”按钮，系统弹出“设计库”任务窗格，单击“添加到库”按钮，系统弹出“添加到库”属性管理器。在FeatureManager设计树中选择零件“硬盘支架成形工具2”，在“设计库文件夹”列表框中选择“design library\ forming tools\自定义”文件夹作为成形工具的保存位置，将该成形工具命名为“硬盘支架成形工具2”，保存类型为*.sldprt，单击“确定”按钮，完成对成形工具2的保存。

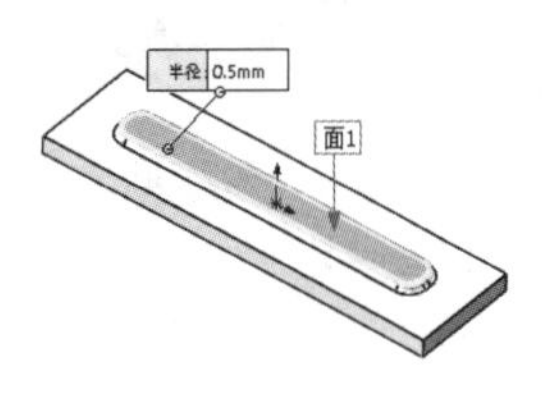

图7-117　选择圆角边线3

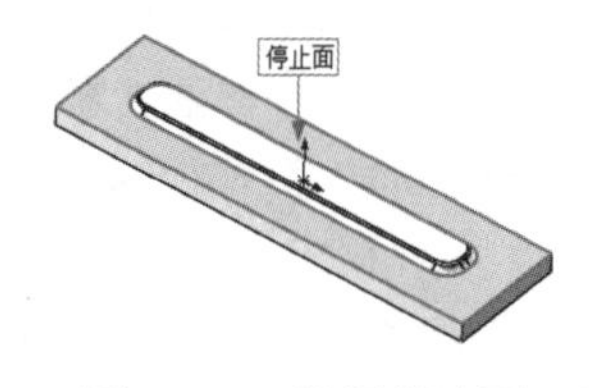

图7-118　选择停止面

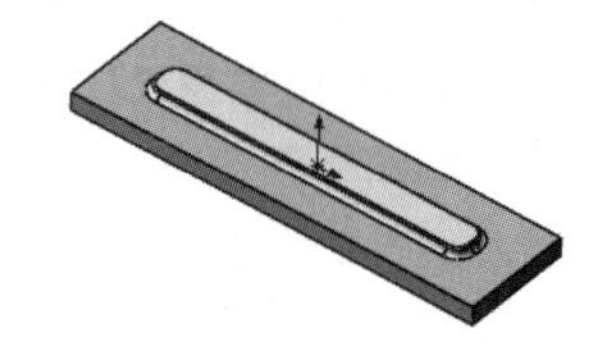

图7-119　保存硬盘支架成形工具2

扫一扫，看视频

7.2.4　添加成形工具

本小节将前面创建好的“硬盘支架成形工具1”和“硬盘支架成形工具2”添加到主体结构中，如图7-120所示。

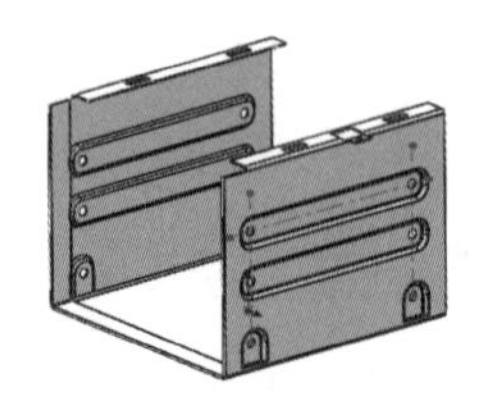

图7-120　添加成形工具后的硬盘支架

【操作步骤】

（1）添加成形工具1。单击右侧的“设计库”按钮，根据图7-121所示的路径可以选择需要添加的成形工具“硬盘支架成形工具1”，将其拖放到钣金件的侧面，系统弹出“成形工具特征”属性管理器，设置旋转角度为180度，如图7-122所示。单击“位置”选项卡，标注“硬盘支架成形工具1”的位置尺寸，如图7-123所示。单击“确定”按钮，硬盘支架成形工具1添加完成，如图7-124所示。

图7-121　选择硬盘支架成形工具1

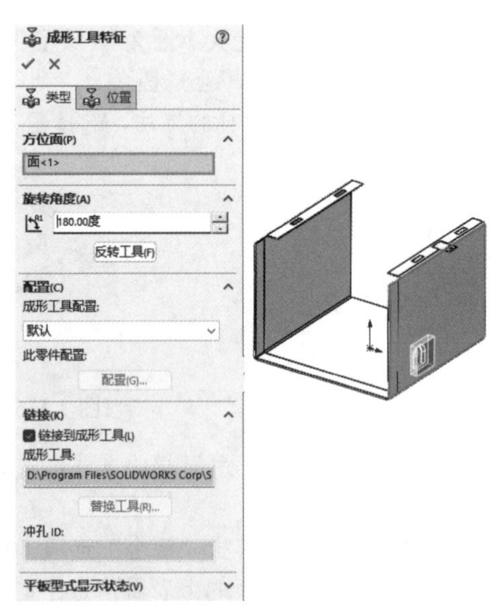

图7-122　添加硬盘支架成形工具1

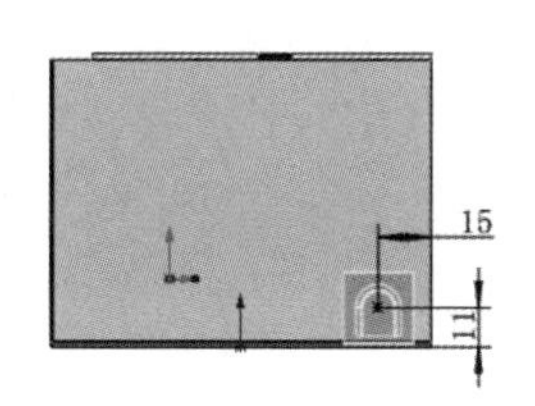

图 7-123 标注位置尺寸 1

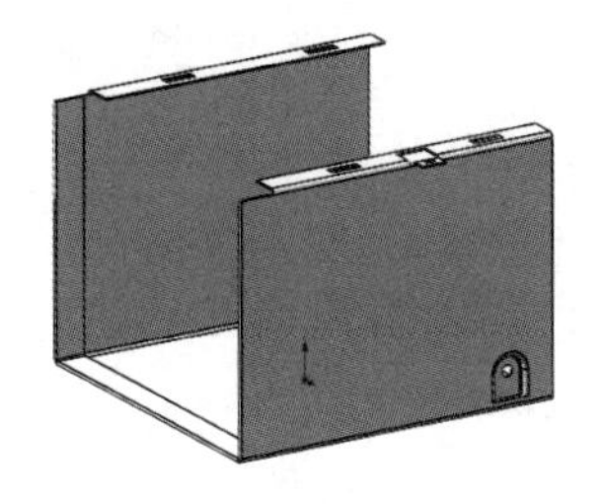

图 7-124 添加硬盘支架成形工具 1 结果

（2）线性阵列成形工具 1。单击“特征”选项卡中的“线性阵列”按钮，系统弹出“线性阵列”属性管理器，旋转钣金件的边线 1 作为方向 1 的参考，如图 7-125 所示，设置间距为 70mm，设置实例数为 2，单击“特征和面”列表框，然后在 FeatureManager 设计树中选择“硬盘支架成形工具 11”特征，单击“确定”按钮，完成对成形工具的线性阵列，结果如图 7-126 所示。

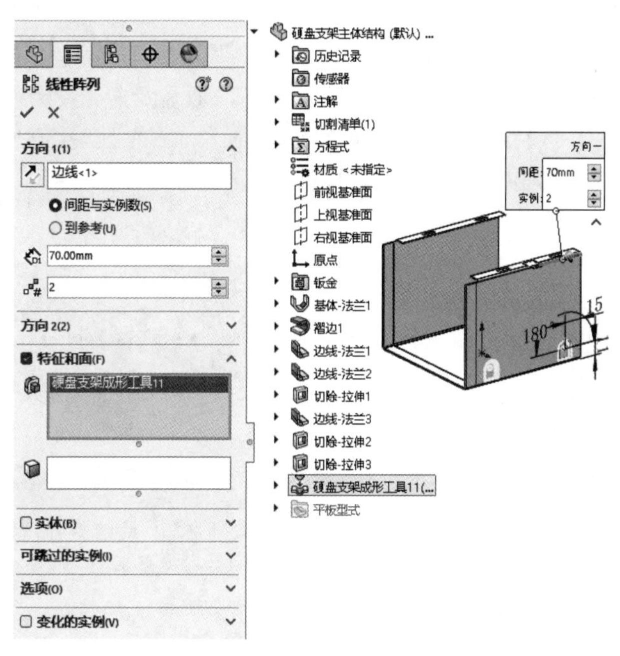

图 7-125 阵列参数设置

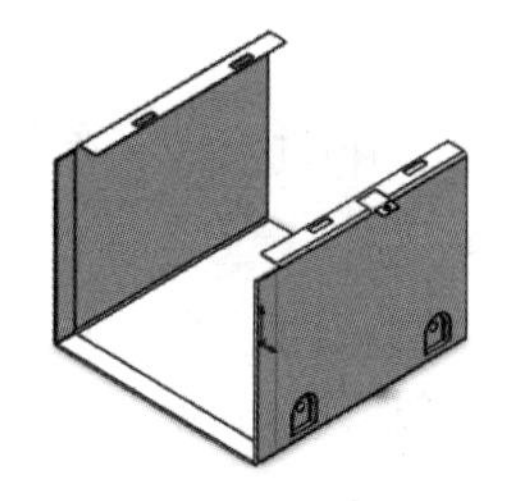

图 7-126 线性阵列结果 1

ⓘ 注意：

在添加成形工具时，系统默认成形工具放置的面是凹面，拖放成形工具的过程中，如果按下 Tab 键，系统将会在凹面和凸面之间进行切换，从而更改成形工具在钣金件上放置的面。

（3）镜向硬盘支架成形工具 1。单击“特征”选项卡中的“镜向”按钮，系统弹出“镜向”属性管理器，在 FeatureManager 设计树中单击“右视基准面”作为镜向面，单击“要镜向的特征”列表框，在 FeatureManager 设计树中单击“硬盘支架成形工具 11”和“阵列（线性）1”作为要镜向的特征，其他设置默认，如图 7-127 所示。单击“确定”按钮完成对成形工具的镜向，结果如图 7-128 所示。

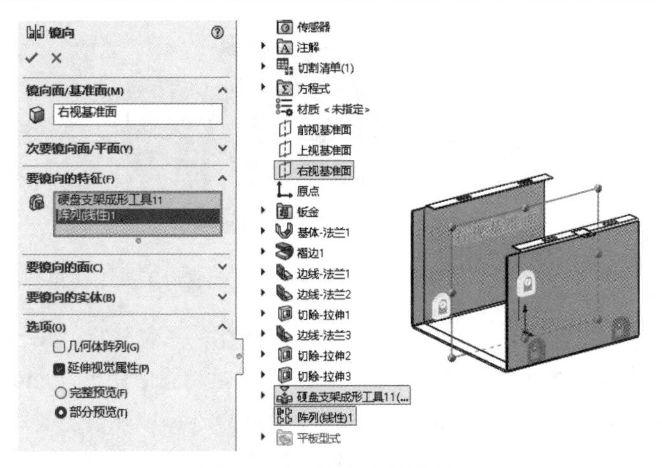

图 7-127　镜向参数设置

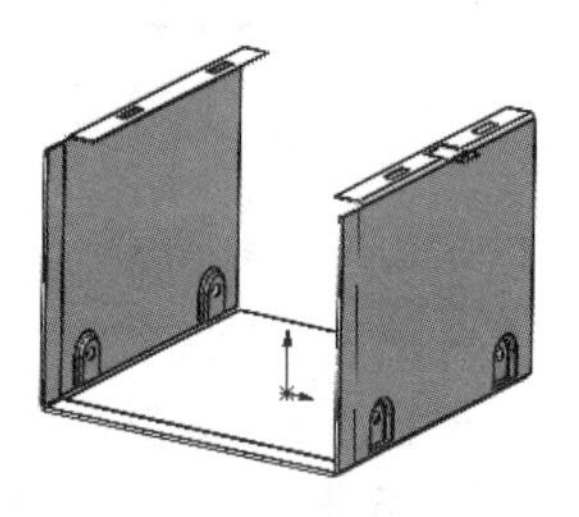

图 7-128　镜向结果 1

（4）添加成形工具 2。单击右侧的“设计库”按钮，找到需要添加的成形工具“硬盘支架成形工具 2”，将其拖放到钣金件的侧面，系统弹出“成形工具特征”属性管理器，设置旋转角度为 0 度，如图 7-129 所示。单击“位置”选项卡，标注“硬盘支架成形工具 2”的位置尺寸，如图 7-130 所示。单击“确定”按钮，硬盘支架成形工具 2 添加完成，如图 7-131 所示。

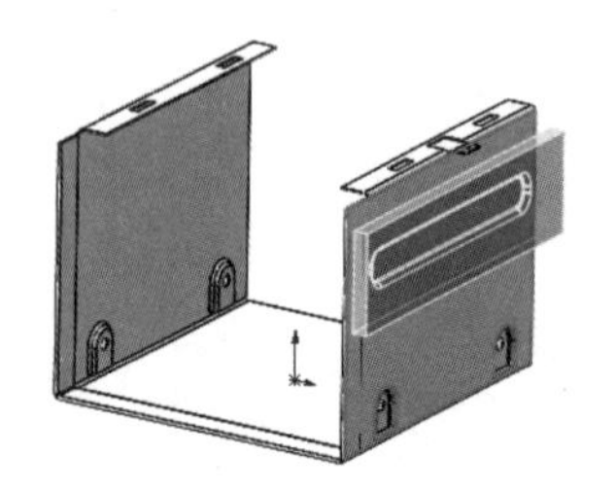

图 7-129　添加硬盘支架成形工具 2

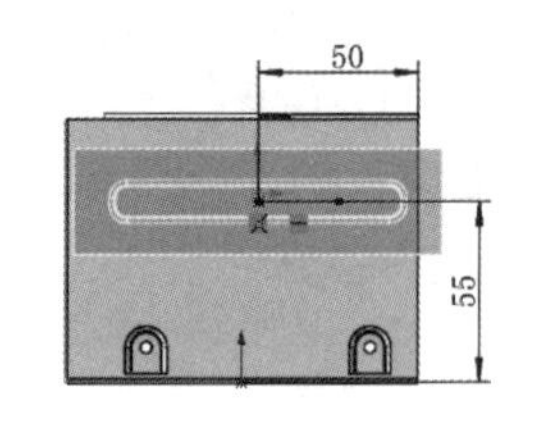

图 7-130　标注位置尺寸 2

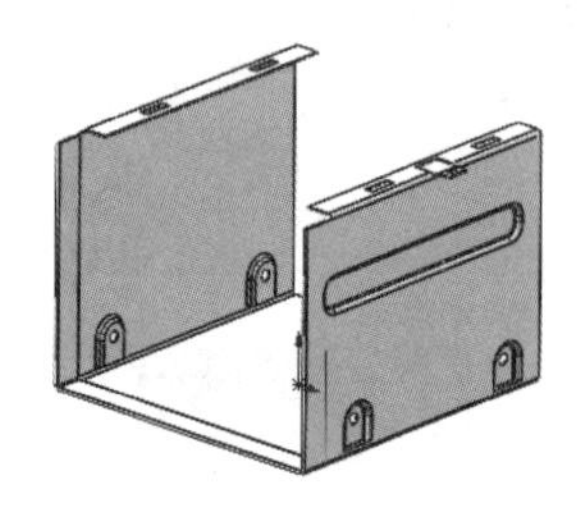

图 7-131　添加硬盘支架成形工具 2 结果

（5）镜向硬盘支架成形工具 2。单击“特征”选项卡中的“镜向”按钮，系统弹出“镜向”属性管理器，在 FeatureManager 设计树中单击“右视基准面”作为镜向面，单击“要镜向的特征”列表框，在 FeatureManager 设计树中单击“硬盘支架成形工具 21”作为要镜向的特征，结果如图 7-132 所示。

（6）绘制草图。选择图 7-132 所示的面 1 作为草绘基准面，单击“草图”选项卡中的“中心线”按钮，绘制中心线，如图 7-133 所示。

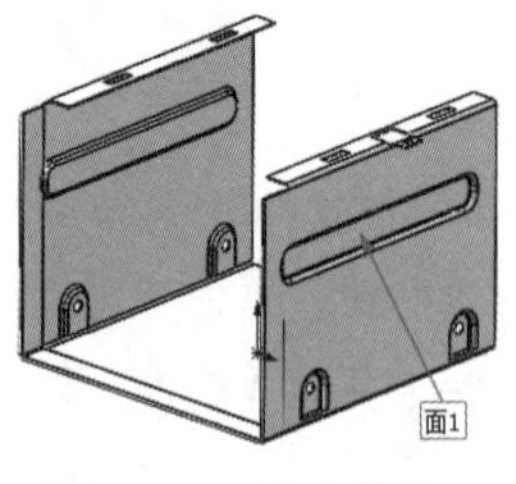

图 7-132　镜向结果 2

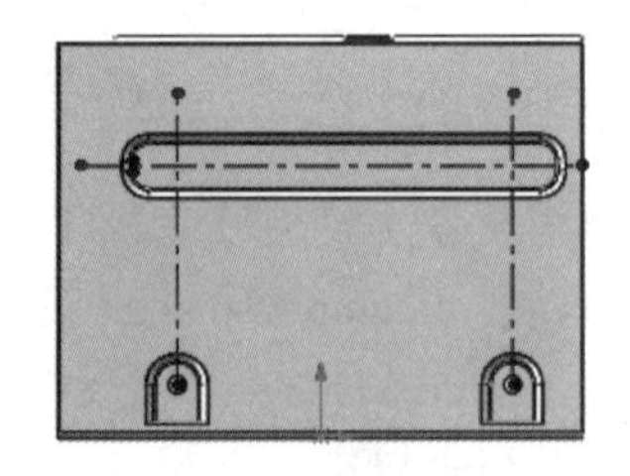

图 7-133　绘制草图

（7）创建孔。单击“特征”选项卡中的“异型孔向导”按钮，系统弹出“孔规格”属性管理器，在“孔类型”选项组中单击“孔”按钮，选择 GB 标准，选择孔“大小”为 ϕ3.5，“给定深度”为 120mm，如图 7-134 所示。单击“位置”选项卡，再单击图 7-132 所示的面 1，选择图 7-133 中的两竖直中心线与水平中心线的交点，如图 7-135 所示，确定孔的位置，单击“确定”按钮生成孔特征，如图 7-136 所示。

图 7-134　“孔规格”属性管理器

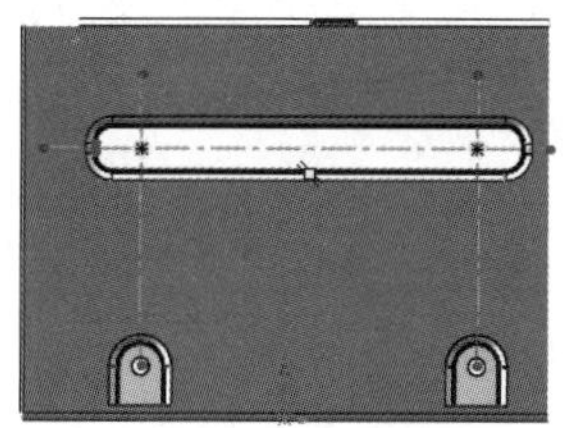

图 7-135　放置孔

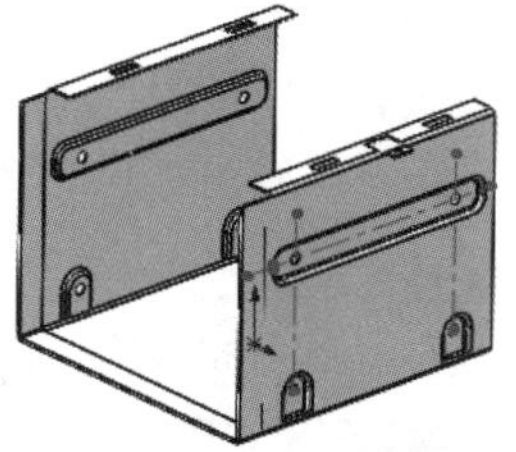

图 7-136　创建的孔

（8）线性阵列成形工具 2。单击“特征”选项卡中的“线性阵列”按钮，系统弹出“线性阵列”属性管理器，选择图 7-137 所示的边线作为阵列方向，设置间距为 20mm，设置实例数为 2，单击“特征和面”列表框，然后在 FeatureManager 设计树中选择“硬盘支架成形工具 21”“镜向”和“ϕ3.5（3.5）直径孔 1”特征，单击“确定”按钮，完成对成形工具的线性阵列，结果如图 7-138 所示。

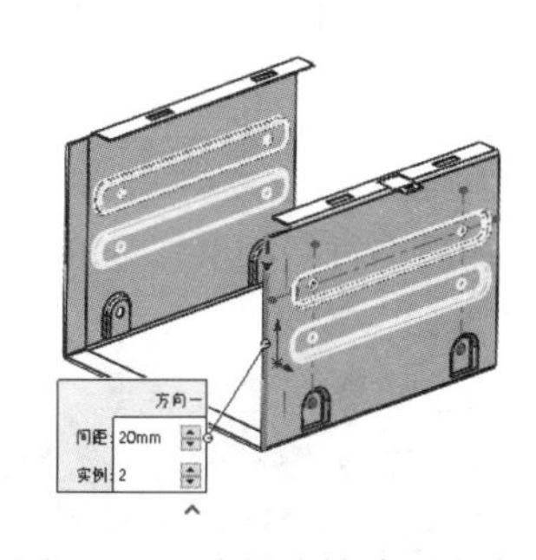

图 7-137　选择线性阵列方向

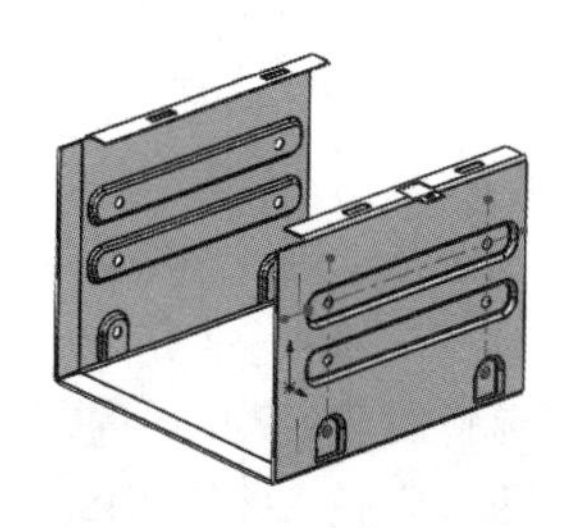

图 7-138　线性阵列结果 2

扫一扫，看视频

7.2.5 创建硬盘支架的其他结构

本小节在 7.2.4 小节的基础上继续创建通风口和边线法兰等结构，如图 7-139 所示。

【操作步骤】

（1）选择基准面。选择图 7-140 所示的面 1 作为草绘基准面，单击“草图”选项卡中的“圆”按钮和“直线”按钮，绘制草图并标注尺寸，如图 7-141 所示。

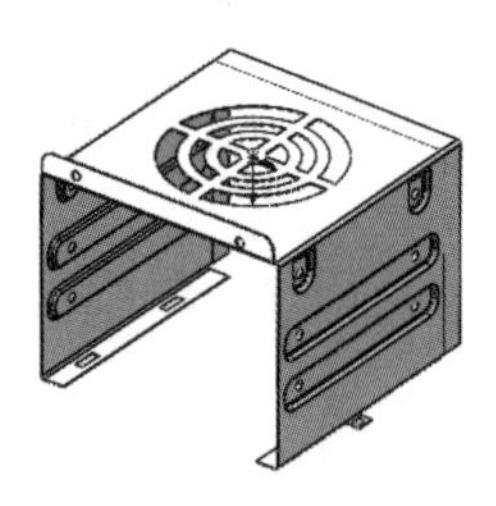
图 7-139 硬盘支架

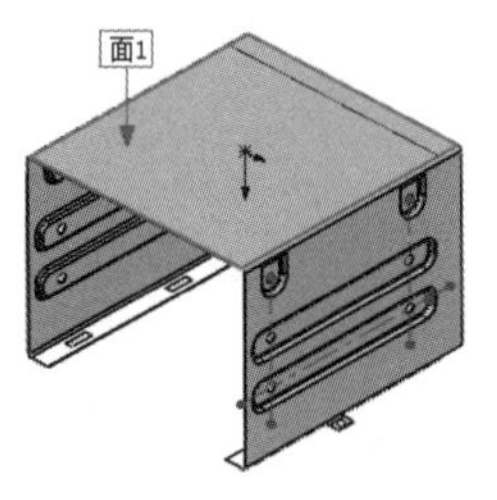

图 7-140 选择基准面

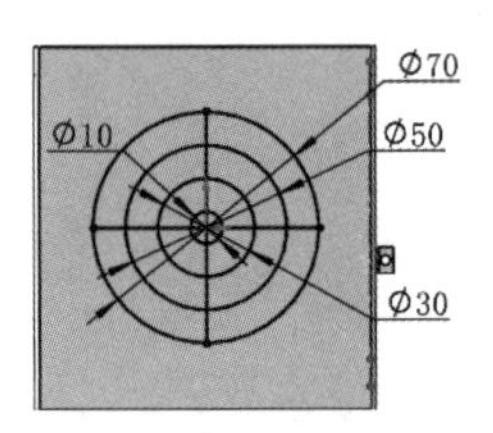

图 7-141 绘制草图

（2）创建通风口特征。

1）设置边界和半径。单击“钣金”选项卡中的“通风口”按钮，系统弹出“通风口”属性管理器，选择草图中直径 70 的圆作为边界，输入圆角半径为 2mm，如图 7-142 所示。

2）设置筋。单击“筋”列表框，在草图中选择两条互相垂直的直线作为通风口的筋，输入筋的宽度为 5mm，如图 7-143 所示。

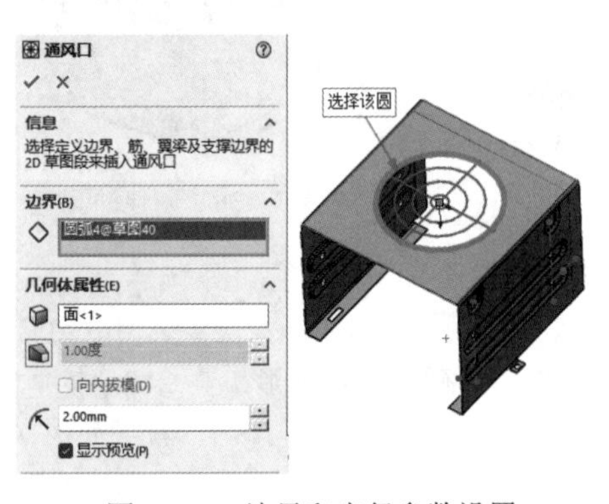

图 7-142 边界和半径参数设置

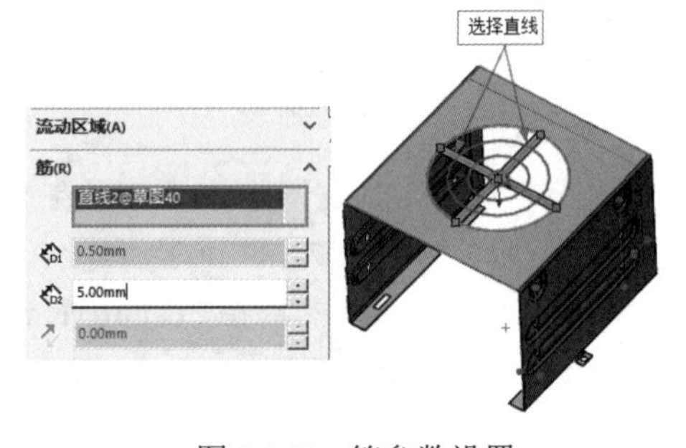

图 7-143 筋参数设置

3）设置翼梁。单击“翼梁”列表框，在草图中选择中间的两个圆作为通风口的翼梁，输入翼梁的宽度为 5mm，如图 7-144 所示。

4）设置填充边界。单击“填充边界”列表框，在草图中选择最小直径的圆作为通风口的填充边界，如图 7-145 所示。设置结束后单击“确定”按钮生成通风口，如图 7-146 所示。

（3）创建边线法兰 4。单击“钣金”选项卡中的“边线法兰”按钮，系统弹出“边线-法兰 4”属性管理器，选择图 7-147 所示的边线 1，设置法兰长度为 10mm，选择“外部虚拟交点”，在“法兰位置”选项组中选择“材料在内”，勾选“剪裁侧边折弯”复选框，其他设置如图 7-147 所示。

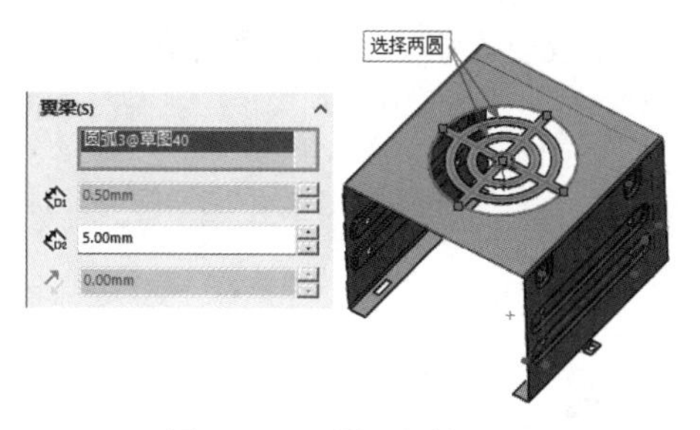

图 7-144　翼梁参数设置

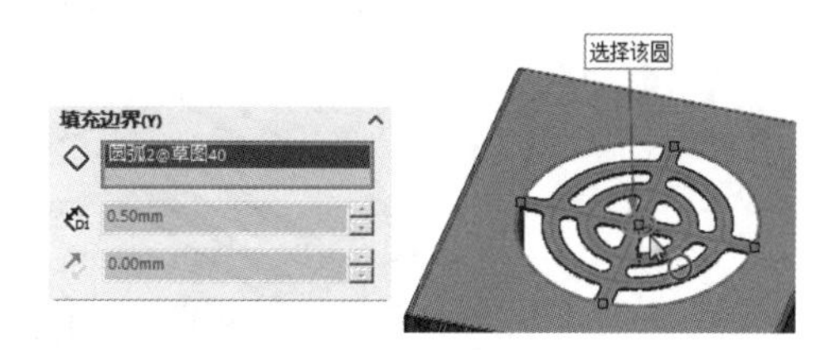

图 7-145　填充边界设置参数

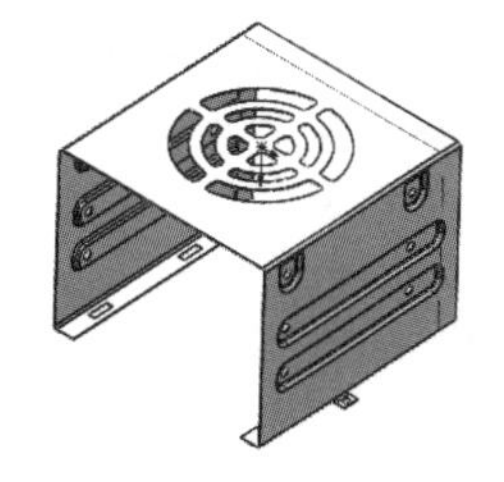

图 7-146　生成的通风口

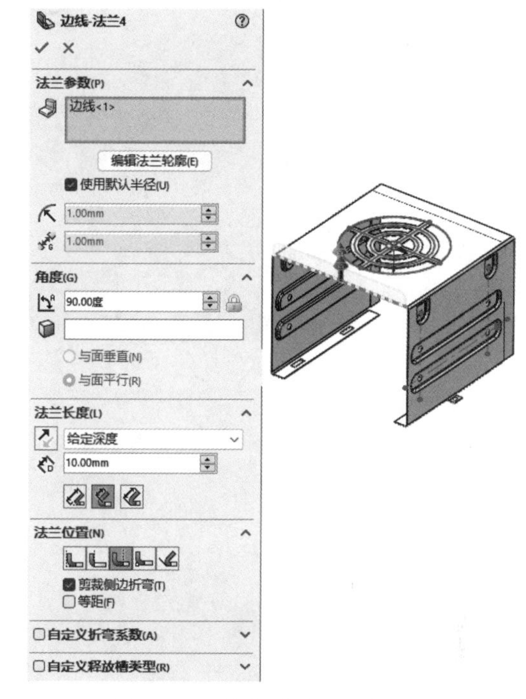

图 7-147　边线法兰 4 参数设置

（4）编辑边线法兰草图。单击“编辑法兰轮廓”按钮，系统弹出“轮廓草图”对话框，编辑边线法兰草图如图 7-148 所示。单击“完成”按钮，边线法兰 4 创建完成，如图 7-149 所示。

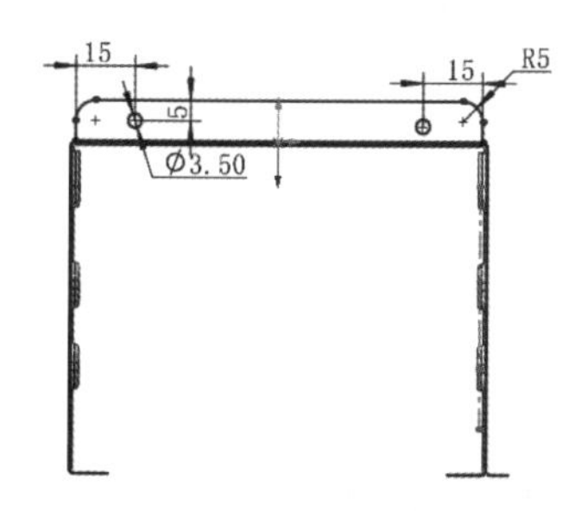

图 7-148　编辑边线法兰草图

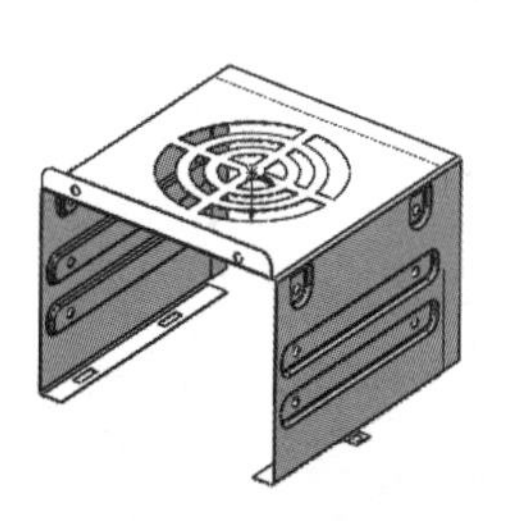

图 7-149　创建的边线法兰 4

（5）展开硬盘支架。右击 FeatureManager 设计树中的“平板型式 6”，在弹出的快捷菜单中选择“解除压缩”命令将钣金件展开，如图 7-150 所示。

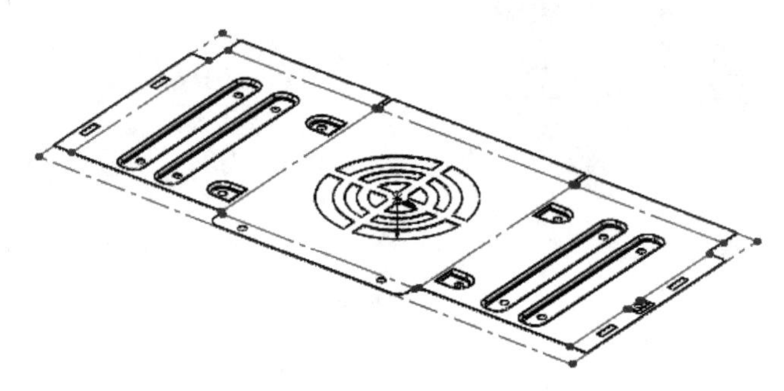

图 7-150　展开的钣金件

第 8 章　钣金零件设计与关联装配

内容简介

通过对钣金零件的设计，可以综合运用钣金设计工具的各项功能，进一步熟练设计技巧。

在 SOLIDWORKS 中，钣金零件设计是一种专门针对金属板材进行建模的技术，它允许设计师创建从简单到复杂的各种钣金结构。钣金设计过程包括草图绘制、特征工具的使用、折弯与展开等。关联装配则是指在设计过程中将多个零件或组件按照一定关系组合在一起，以验证其功能和配合。关联装配的过程包括零件准备、装配体建立、约束条件等。

本章通过实例介绍自上而下的装配体建模方法，即关联设计的设计过程。

内容要点

- 电器支架
- 计算机机箱侧板
- 多功能开瓶器
- 合页
- 电气箱

案例效果

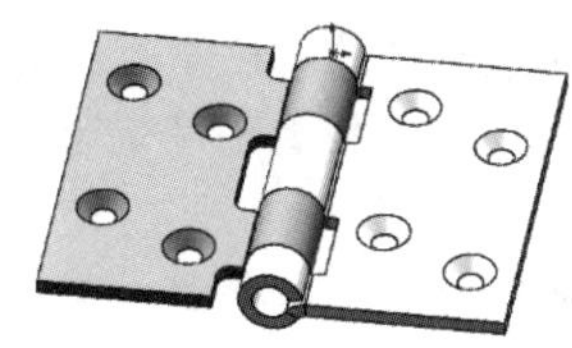
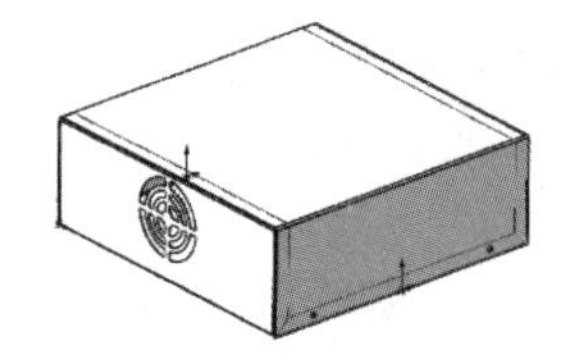

8.1　电 器 支 架

本例介绍图 8-1 所示的电器支架的设计。

8.1.1　创建拉伸实体

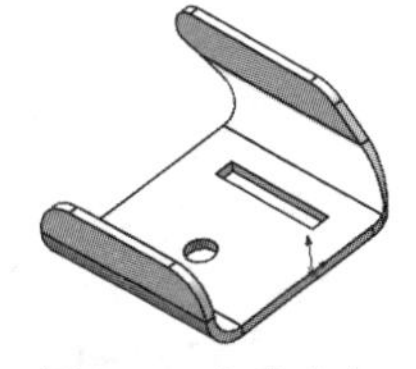

图 8-1　电器支架

扫一扫，看视频

【操作步骤】

（1）新建文件。选择菜单栏中的“文件”→“新建”命令，或者单击“快速访问”工具栏中的“新建”按钮，在弹出的“新建 SOLIDWORKS

文件”对话框中单击“零件”按钮，然后单击“确定”按钮，创建一个新的零件文件。

（2）绘制草图1。在FeatureManager设计树中选择“上视基准面”作为草绘基准面，单击“草图”选项卡中的“边角矩形”按钮和“圆”按钮，绘制草图1，如图8-2所示。

（3）创建拉伸特征1。单击“特征”选项卡中的“拉伸凸台/基体”按钮，系统弹出“凸台-拉伸”属性管理器，设置终止条件为“给定深度”，设置深度值为5mm，如图8-3所示，然后单击“确定”按钮，结果如图8-4所示。

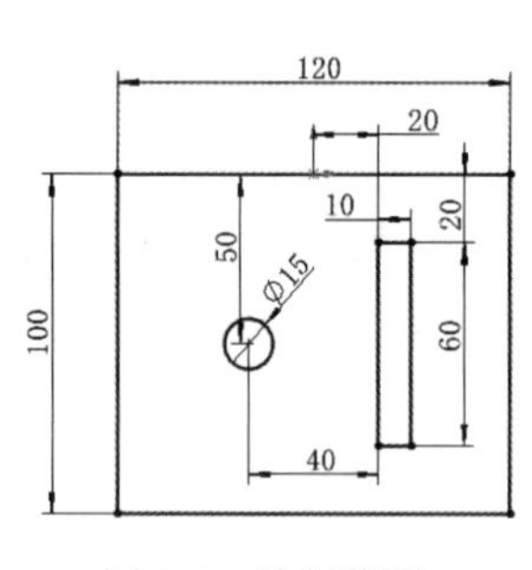

图8-2　绘制草图1

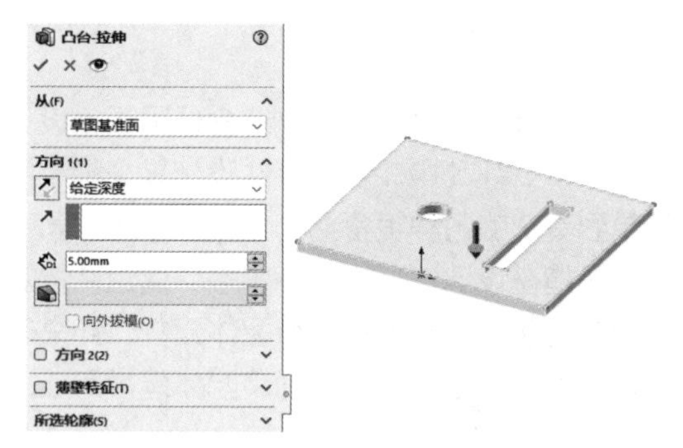

图8-3　“凸台-拉伸”属性管理器

（4）绘制草图2。选择图8-4所示的面作为草绘基准面，单击“草图”选项卡中的“直线”按钮，绘制草图，如图8-5所示。

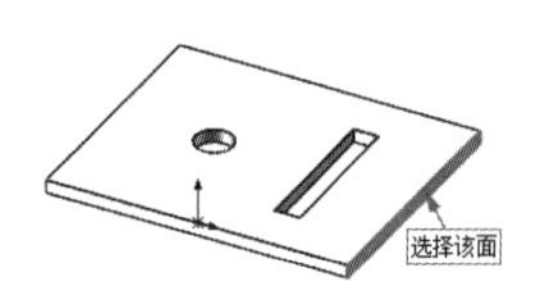

图8-4　拉伸特征1

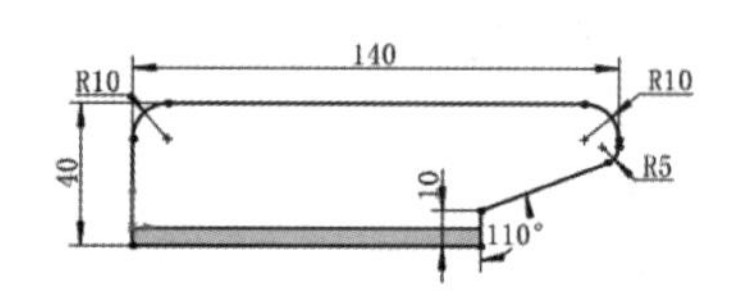

图8-5　绘制草图2

（5）创建拉伸特征2。单击“特征”选项卡中的“拉伸凸台/基体”按钮，系统弹出“凸台-拉伸”属性管理器，设置终止条件为“给定深度”，设置深度值为5mm，然后单击“确定”按钮，结果如图8-6所示。

（6）绘制草图3。选择图8-6所示的面作为草绘基准面。单击“草图”选项卡中的“边角矩形”按钮，绘制一个矩形，标注矩形的智能尺寸，如图8-7所示。

（7）创建拉伸特征3。单击“特征”选项卡中的“拉伸凸台/基体”按钮，系统弹出“凸台-拉伸”属性管理器，设置终止条件为“给定深度”，设置深度值为5mm，然后单击“确定”按钮，结果如图8-8所示。

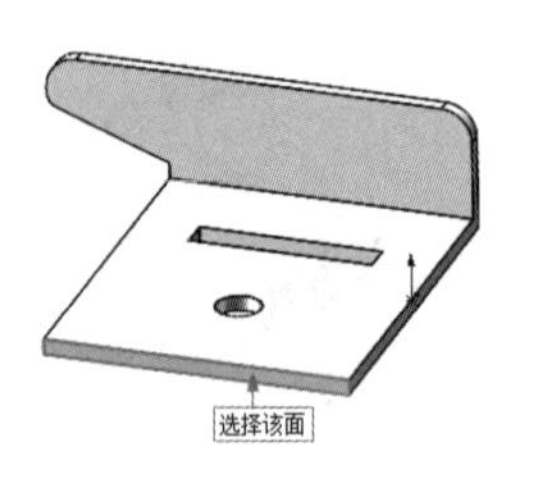

图8-6　拉伸特征2

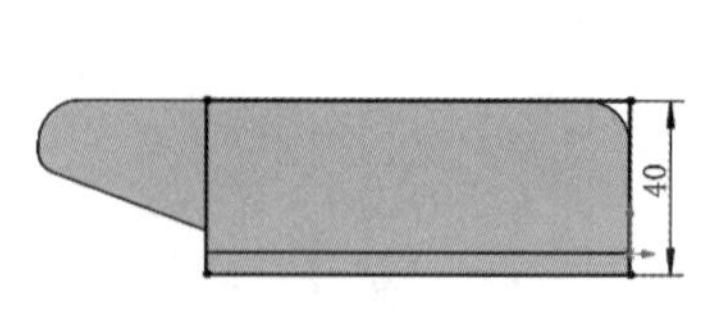

图8-7　绘制草图3

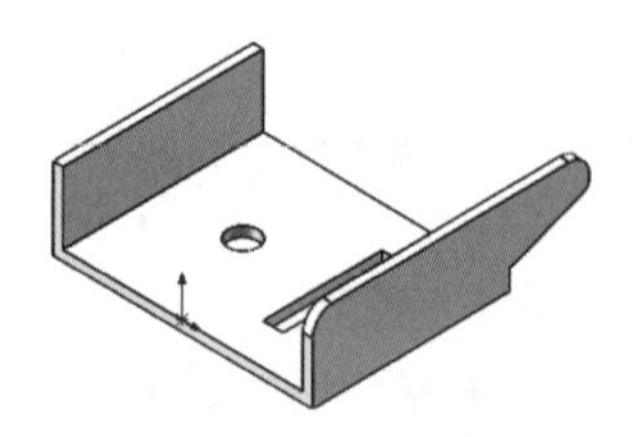

图8-8　拉伸特征3

8.1.2 创建钣金特征

扫一扫，看视频

【操作步骤】

（1）插入折弯。单击“钣金”选项卡中的“插入折弯”按钮，系统弹出“折弯”属性管理器，选择图8-9所示的面作为固定面，输入折弯半径为15mm，其他设置如图8-9所示。单击“确定”按钮✓，生成折弯如图8-10所示。

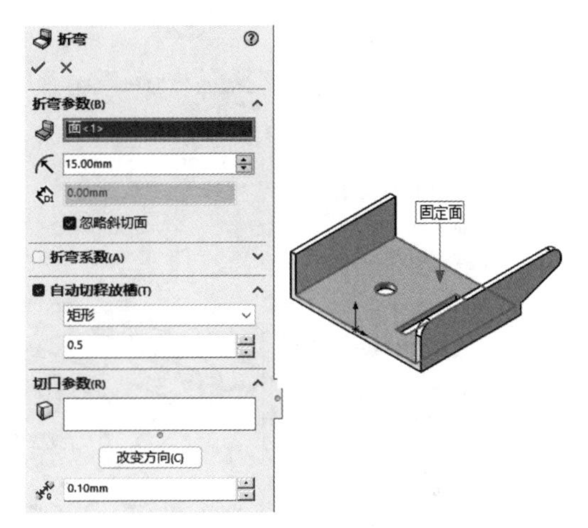

图8-9 “折弯”属性管理器

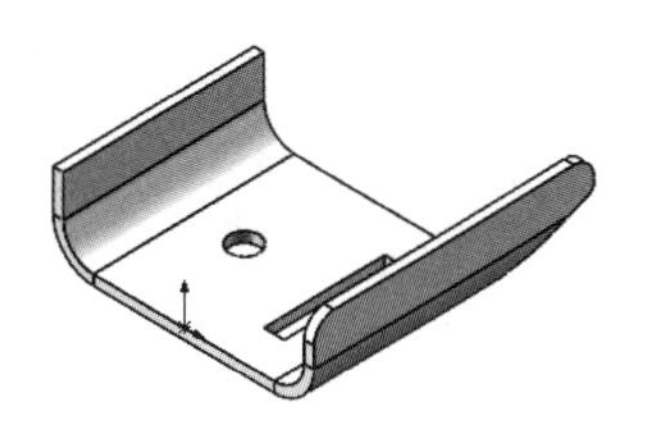

图8-10 生成折弯

（2）展开折弯。单击“钣金”选项卡中的“展开”按钮，系统弹出“展开”属性管理器，选择图8-11所示的面作为固定面，单击“收集所有折弯”按钮，则在“要展开的折弯”列表框中显示所有折弯，单击“确定”按钮✓，将折弯展开，如图8-12所示。

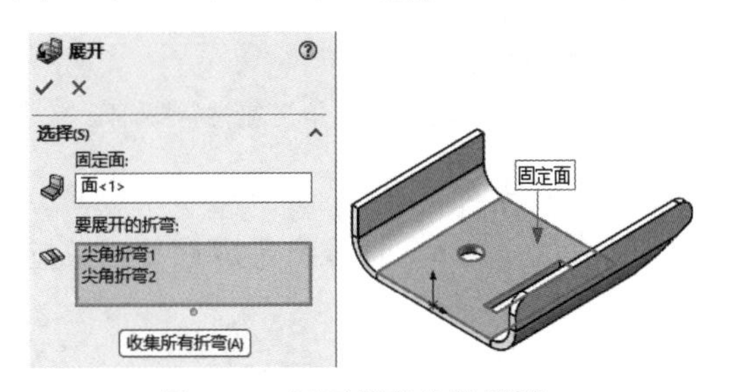

图8-11 展开折弯参数设置

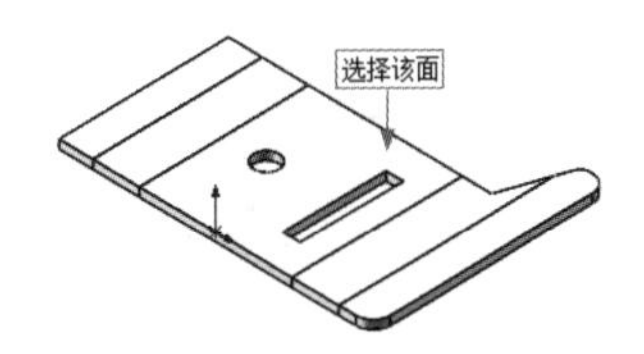

图8-12 展开结果

（3）绘制草图4。单击“草图”选项卡中的“直线”按钮、“转换实体引用”按钮和“剪裁实体”按钮，绘制草图4并标注智能尺寸，如图8-13所示。

（4）创建拉伸切除特征。单击“钣金”选项卡中的“拉伸切除”按钮，选择草图4，系统弹出“切除-拉伸”属性管理器，终止条件选择“完全贯穿”，勾选“正交切除”复选框，如图8-14所示，单击“确定”按钮✓，结果如图8-15所示。

（5）创建圆角特征。单击“特征”选项卡中的“圆角”按钮，在“圆角”属性管理器中输入圆角半径为20mm，选择图8-16所示的位置添加圆角，单击“确定”按钮✓。

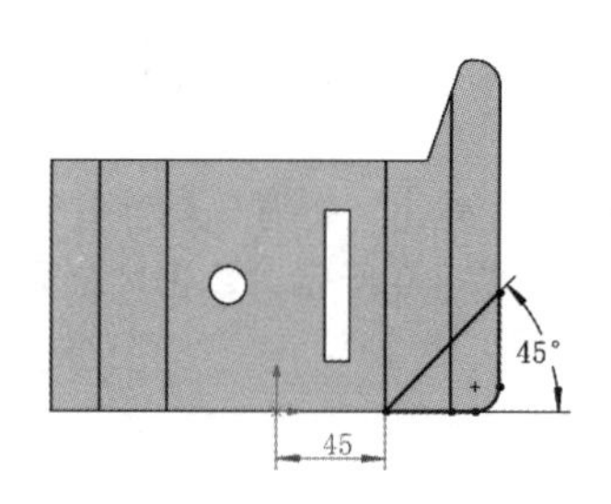

图 8-13 绘制草图 4

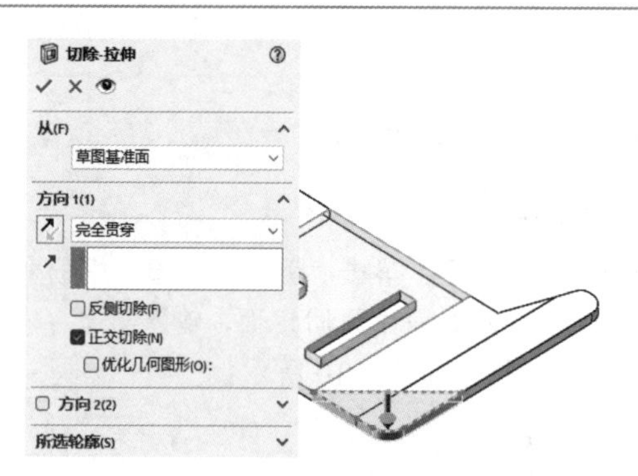

图 8-14 “切除-拉伸”属性管理器

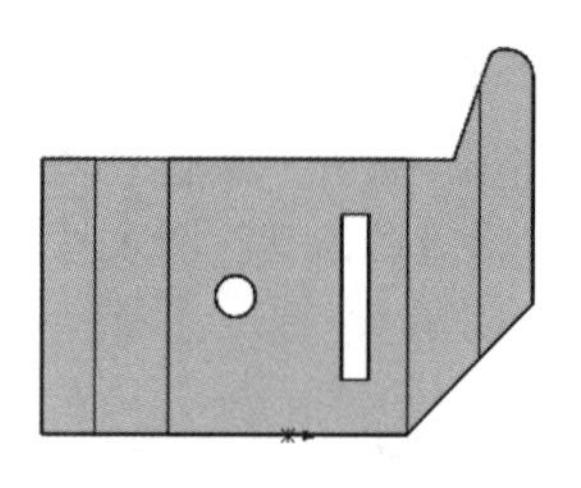

图 8-15 拉伸切除的实体

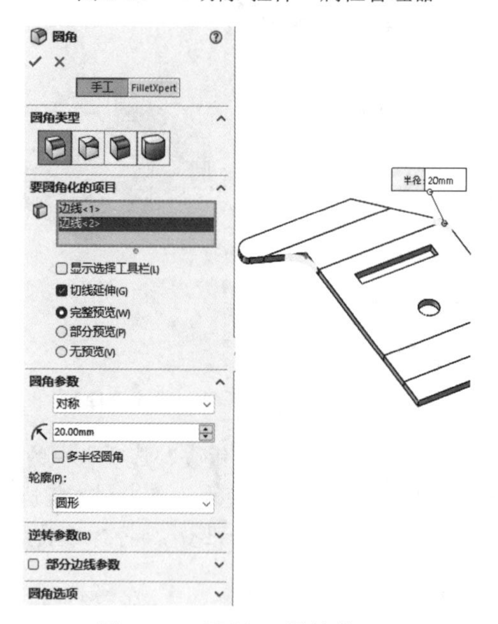

图 8-16 “圆角”属性管理器

（6）创建断裂边角。单击“钣金”选项卡中的“断裂边角/剪裁边角”按钮，系统弹出“断裂边角”属性管理器，折断类型选择“圆角”，设置圆角半径为 20mm，选择图 8-17 所示的位置，单击“确定”按钮✓，结果如图 8-18 所示。

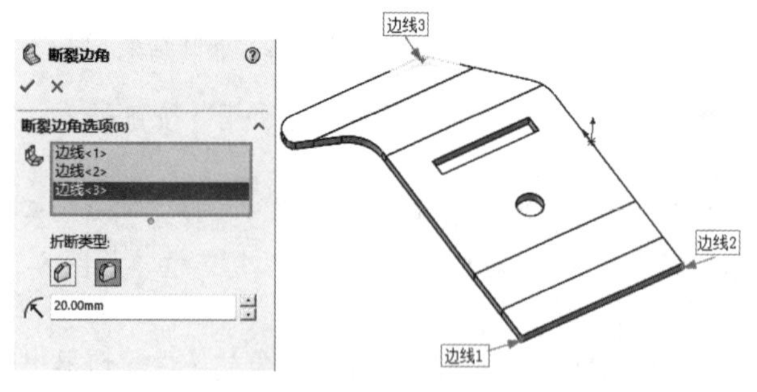

图 8-17 创建断裂边角

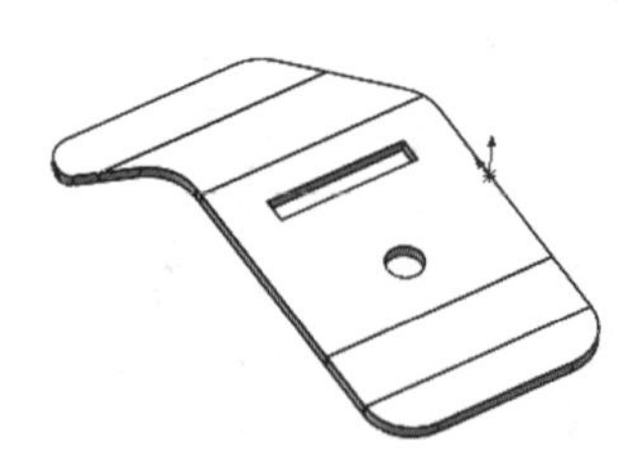

图 8-18 创建断裂边角

（7）折叠展开的折弯。单击“钣金”选项卡中的“折叠”按钮，系统弹出“折叠”属性管理器，单击图 8-19 所示的面作为固定面，单击“收集所有折弯”按钮，然后单击“确定”按钮✓，将折弯折叠，结果如图 8-20 所示。

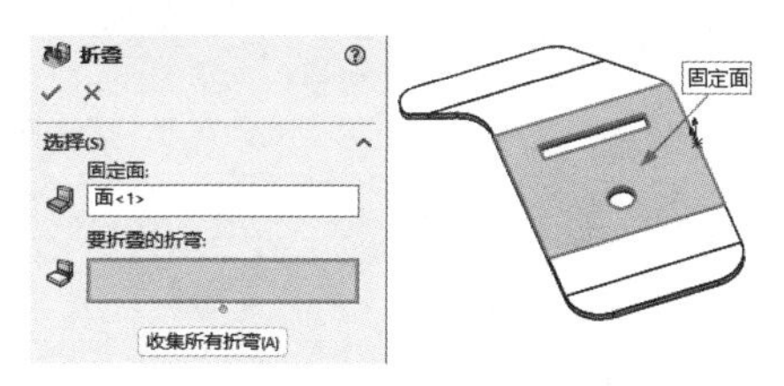

图 8-19　折叠参数设置

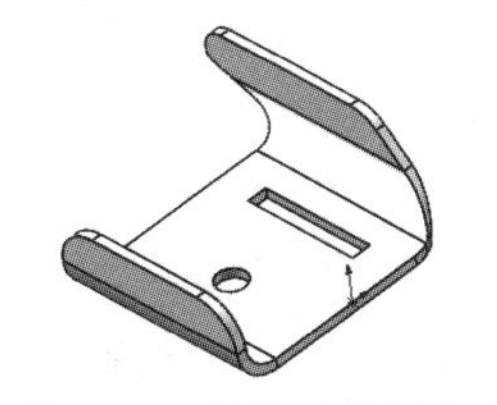
图 8-20　折叠后的钣金件

8.2　计算机机箱侧板

8.2.1　创建钣金特征

扫一扫，看视频

本小节将介绍图 8-21 所示的计算机机箱侧板钣金件的设计。

【操作步骤】

（1）新建文件。单击“快速访问”工具栏中的“新建”按钮，或选择菜单栏中的“文件”→“新建”命令，在弹出的“新建 SOLIDWORKS 文件”对话框中单击“零件”按钮，然后单击“确定”按钮，创建一个新的零件文件。

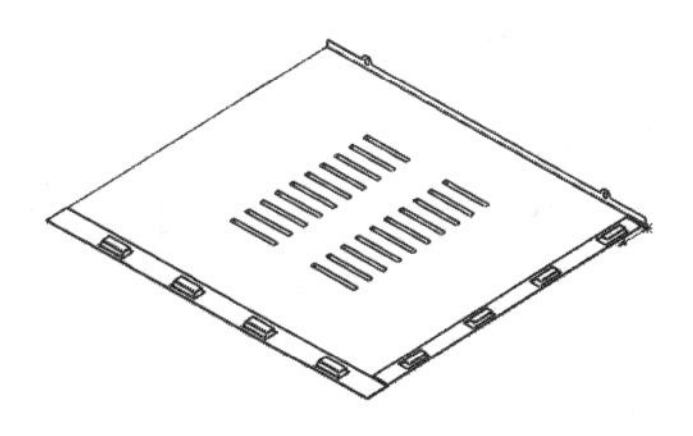
图 8-21　计算机机箱侧板

（2）绘制草图 1。在 FeatureManager 设计树中选择“前视基准面”作为草绘基准面，单击“草图”选项卡中的“边角矩形”按钮，绘制一个矩形并标注智能尺寸，如图 8-22 所示。

（3）创建基体法兰。单击“钣金”选项卡中的“基体法兰/薄片”按钮，系统弹出“基体法兰”属性管理器，输入厚度值为 0.6mm，其他参数取默认值，如图 8-23 所示。单击“确定”按钮✓，结果如图 8-24 所示。

基体法兰在 FeatureManager 设计树中显示为基体-法兰，同时添加了其他两种特征：钣金和平板型式，如图 8-24 所示。

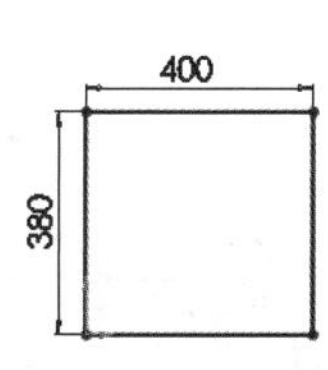

图 8-22　绘制矩形

图 8-23　“基体法兰”属性管理器

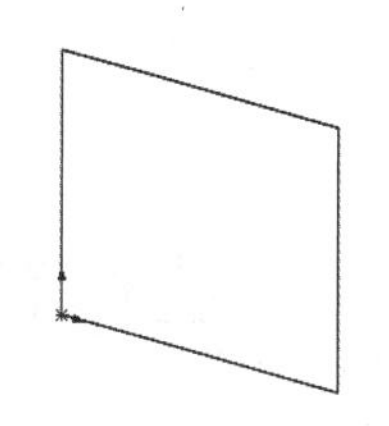
图 8-24　基体法兰

（4）创建边线法兰。单击“钣金”选项卡中的“边线法兰”按钮，系统弹出“边线-法兰 1”属性管理器，选择钣金件的一条边，输入折弯半径为 0.5mm，输入法兰长度为 8mm，选择“外部虚拟交点”和“材料在外”，如图 8-25 所示，单击“确定”按钮✔，生成的边线法兰如图 8-26 所示。

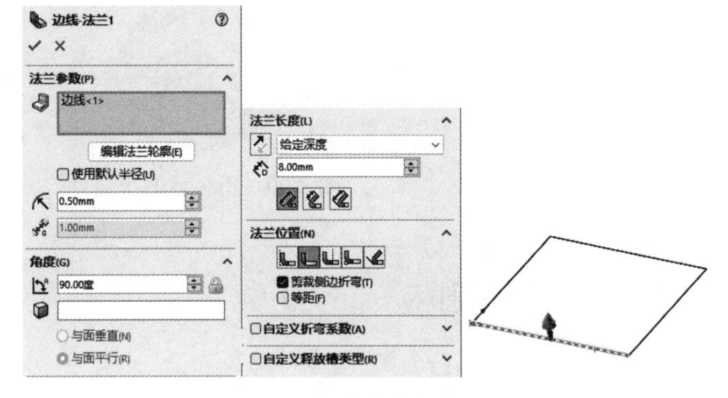

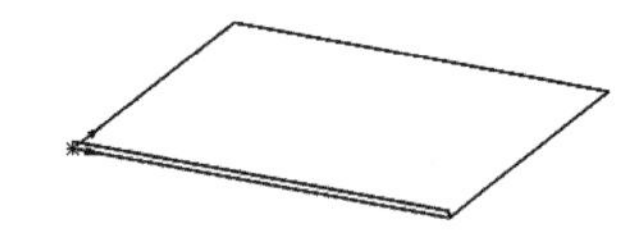

图 8-25　边线法兰参数设置　　　　图 8-26　生成边线法兰

（5）绘制草图 3。选择图 8-27 所示的平面，然后单击“标准视图”工具栏中的“垂直于”按钮，将该表面作为绘制草图的基准面。单击“草图”选项卡中的“圆”按钮和“直线”按钮，然后单击“剪裁实体”按钮，绘制半圆草图，圆心在边线上，并且标注智能尺寸，如图 8-28 所示。

（6）创建薄片。单击“钣金”选项卡中的“基体法兰/薄片”按钮，选择草图 3，系统弹出“基体法兰”属性管理器，勾选“合并结果”复选框，单击“确定”按钮✔，生成薄片特征，如图 8-29 所示。

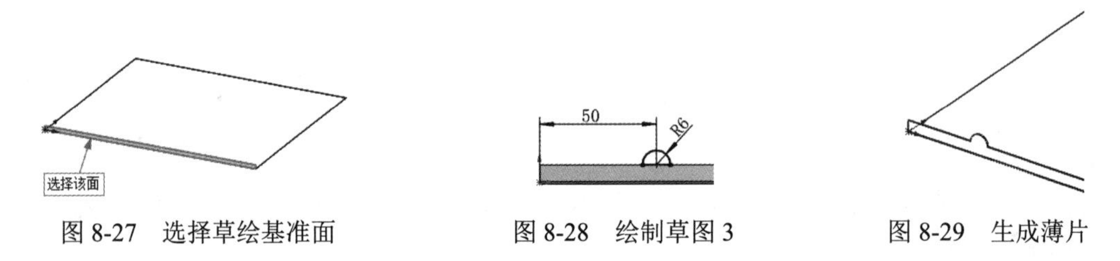

图 8-27　选择草绘基准面　　　　图 8-28　绘制草图 3　　　　图 8-29　生成薄片

（7）绘制草图 4。选择“上视基准面”作为草绘平面，单击“草图”选项卡中的“圆”按钮，绘制草图 4，如图 8-30 所示。

（8）创建切除特征。单击“钣金”选项卡中的“拉伸切除”按钮，选择草图 4，系统弹出“切除-拉伸”属性管理器，终止条件选择“完全贯穿”，然后单击“确定”按钮✔，生成切除特征如图 8-31 所示。

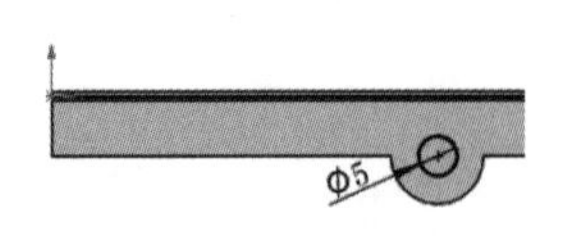

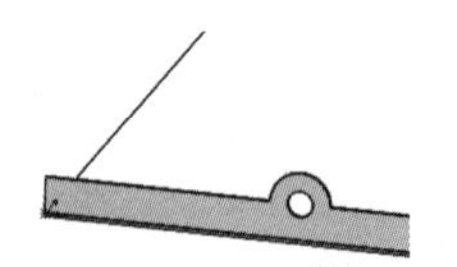

图 8-30　绘制草图 4　　　　图 8-31　创建切除特征

（9）阵列特征 1。单击“特征”选项卡中的“线性阵列”按钮，系统弹出“线性阵列”属性管理器，在 FeatureManager 设计树中选择“薄片 1”和“切除-拉伸 1”特征作为要阵列的特征，选择边线法兰的边线确定阵列的方向，输入阵列距离为 300mm，设置实例数为 2，如图 8-32 所示，单击“确定”按钮✔，结果如图 8-33 所示。

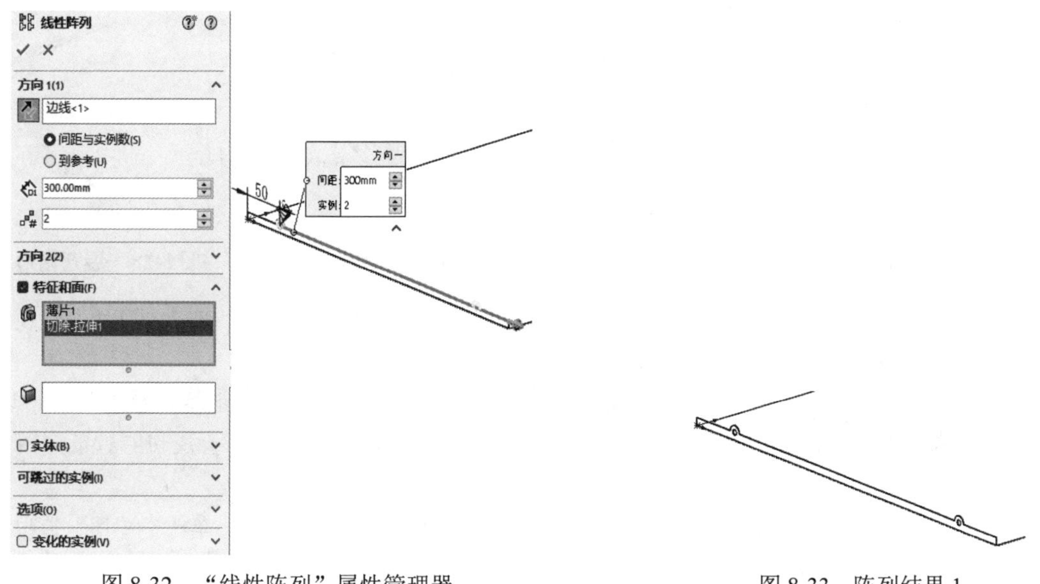

图 8-32　“线性阵列”属性管理器　　图 8-33　阵列结果 1

（10）创建褶边 1。单击“钣金”选项卡中的“褶边”按钮，系统弹出“褶边”属性管理器，选择图 8-34 所示实体的边线，“类型和大小”选择“闭合”，输入长度为 20mm，单击“编辑褶边宽度”按钮，系统弹出“轮廓草图”对话框，编辑轮廓草图，如图 8-35 所示。单击“确定”按钮✔，结果如图 8-36 所示。

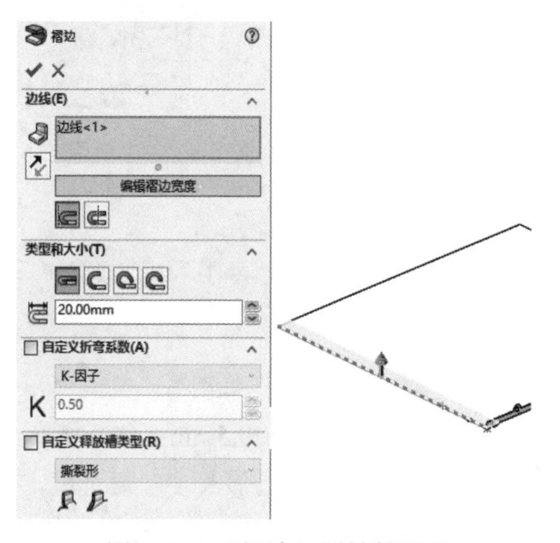

图 8-34　“褶边”属性管理器

图 8-35　编辑轮廓草图

（11）展开褶边 1。单击“钣金”选项卡中的“展开”按钮，系统弹出“展开”属性管理器，选择图 8-37 所示的平面作为固定面，然后将零件局部放大，选择图中的褶边折弯作为要展开的折弯，单击“确定”按钮✔，褶边将被展开，如图 8-38 所示。

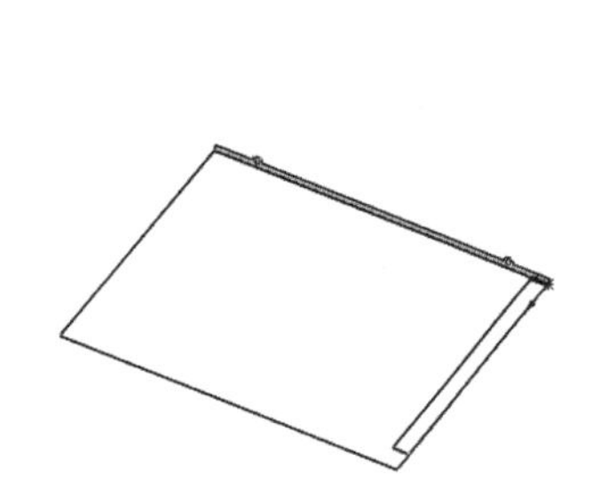

图 8-36　创建的褶边 1

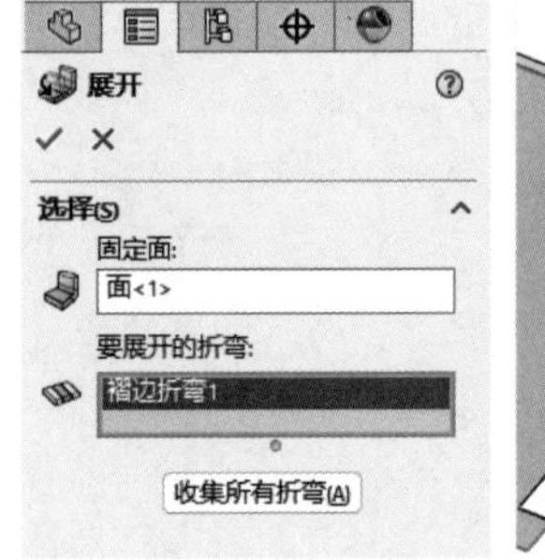

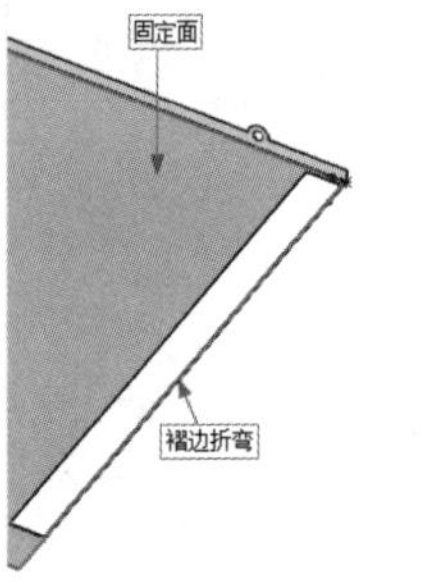

图 8-37　“展开”属性管理器

图 8-38　展开褶边 1

（12）绘制草图 5。选择图 8-38 所示钣金件的平面作为绘制草图基准面，单击“草图”选项卡中的“直线”按钮，绘制草图并标注草图的尺寸，如图 8-39 所示。

（13）创建拉伸切除特征 2。单击“钣金”选项卡中的“拉伸切除”按钮，系统弹出“切除-拉伸”属性管理器，终止条件选择“完全贯穿”，然后单击“确定”按钮✔，生成切除特征如图 8-40 所示。

（14）绘制草图 6。选择图 8-38 所示钣金件的平面作为绘制草图基准面，单击“草图”选项卡中的“直线”按钮，绘制草图 6 并标注草图的尺寸，如图 8-41 所示。

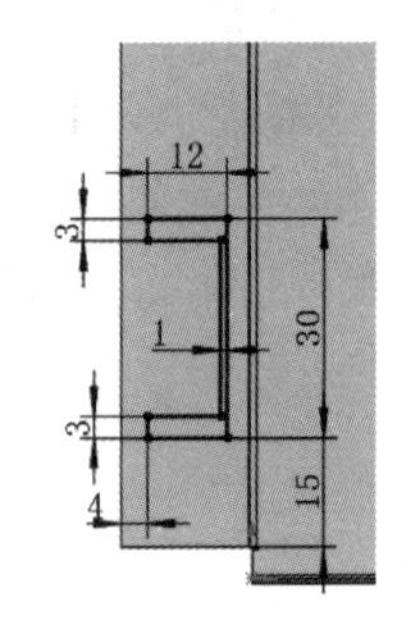

图 8-39　绘制草图 5

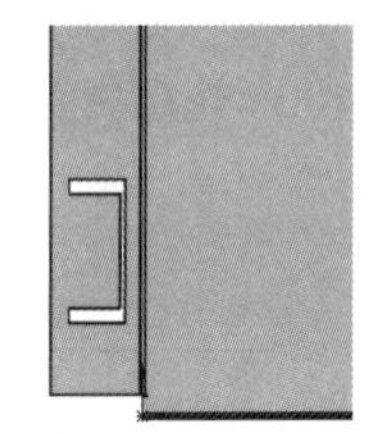

图 8-40　切除拉伸

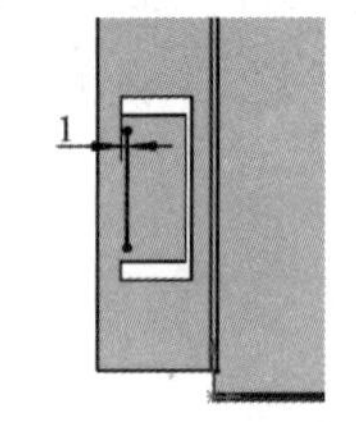

图 8-41　绘制草图 6

注意：

在绘制图 8-41 所示的转折草图时，直线应该与箭头所指边线保留一定的距离才可以生成“转折”特征，否则不能生成转折特征。在此例中，标注尺寸数值为 1。

（15）创建转折特征 1。单击“钣金”选项卡中的“转折”按钮，选择草图 6，系统弹出“转折”属性管理器，选择图 8-42 中所指的平面作为固定面，然后输入半径为 0.5mm。终止条件选择“给定深度”选项，输入等距距离为 5mm。选择“总尺寸”，勾选“固定投影长度”复选框，选择“材料在内”，输入转折角度为 60 度，如图 8-42 所示。单击“确定”按钮✔，生成转折特征 1，如图 8-43 所示。

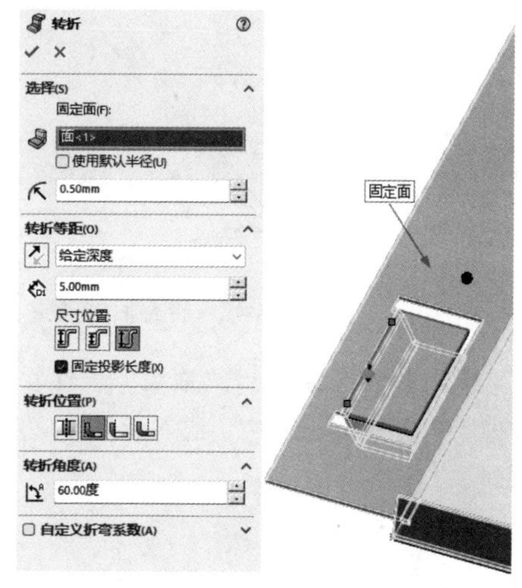

图 8-42　“转折”属性管理器

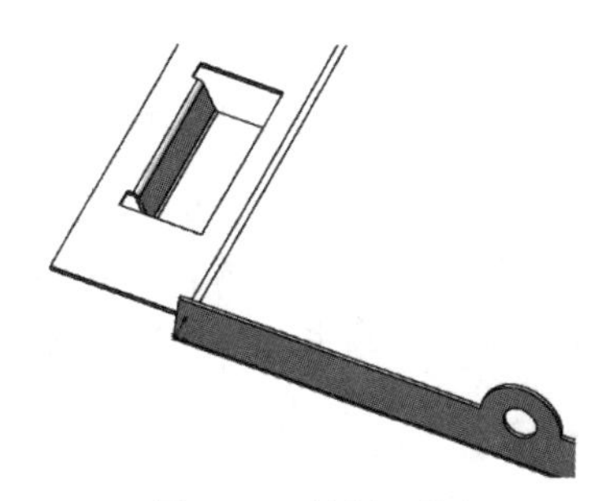

图 8-43　转折 1 特征

（16）阵列特征 2。单击“特征”选项卡中的“线性阵列”按钮，系统弹出“阵列(线性)”属性管理器，选择“切除-拉伸 2”特征，阵列方向和阵列间距如图 8-44 所示。

注意：

进行线性阵列操作时，无法阵列“转折”特征。

（17）创建其他转折特征。重复步骤（14）（15）的操作，生成其他 3 个转折特征，如图 8-45 所示。

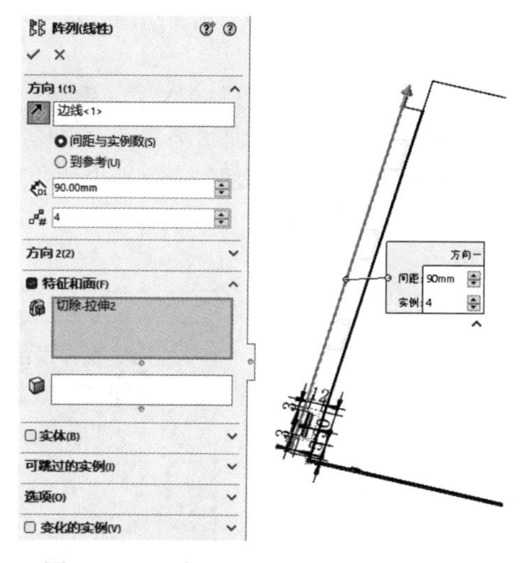

图 8-44　“阵列（线性）”属性管理器

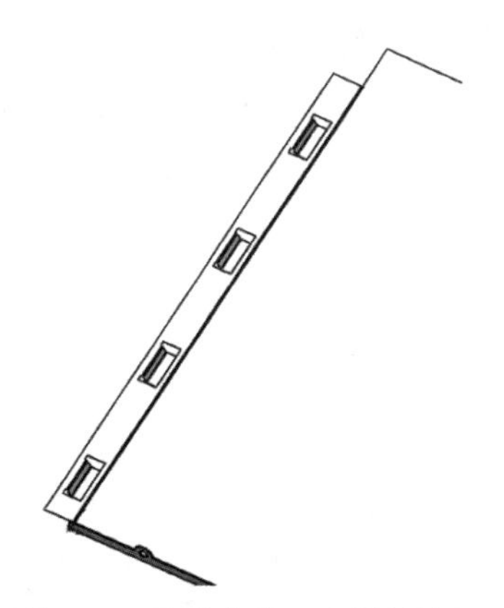

图 8-45　生成其他 3 个转折特征

（18）创建折叠操作。单击“钣金”选项卡中的“折叠”按钮，系统弹出“折叠”属性管理器，选择图 8-46 所示的平面作为固定面，单击“收集所有折弯”按钮，然后单击“确定”按钮，完成对折弯的折叠操作，结果如图 8-47 所示。

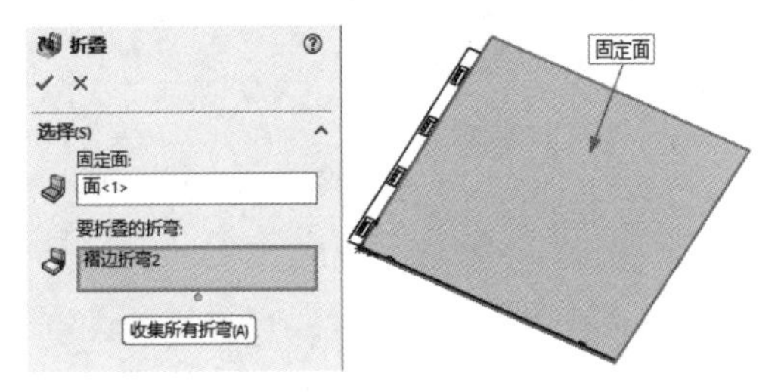

图 8-46　进行折叠操作

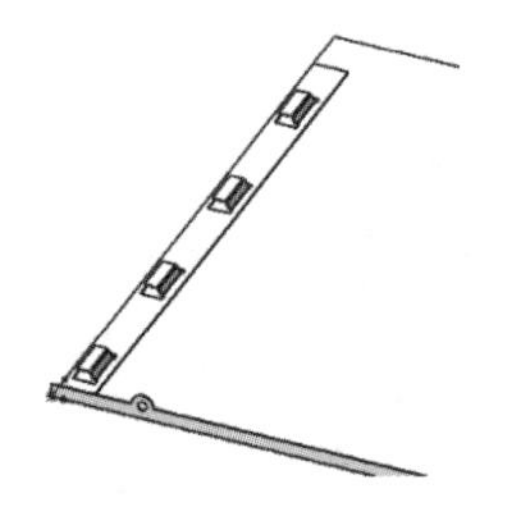

图 8-47　折叠后的效果

（19）创建褶边 2。单击“钣金”选项卡中的“褶边”按钮，系统弹出“褶边”属性管理器，选择基体法兰的边线，选择“材料在内”，在“类型和大小”中选择“闭合”，输入长度为 28mm，如图 8-48 所示。单击“确定”按钮，结果如图 8-49 所示。

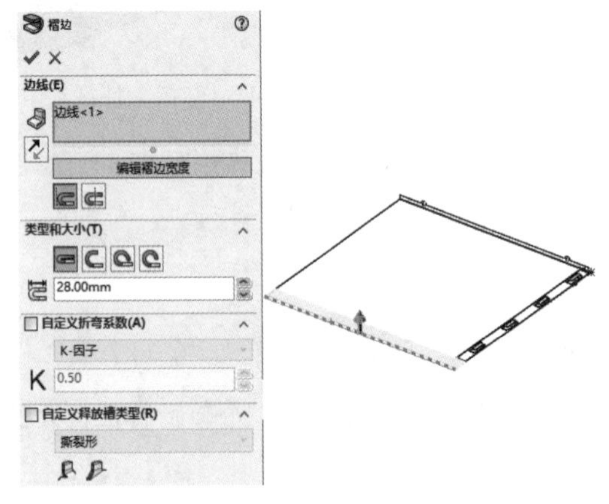

图 8-48　“褶边”属性管理器

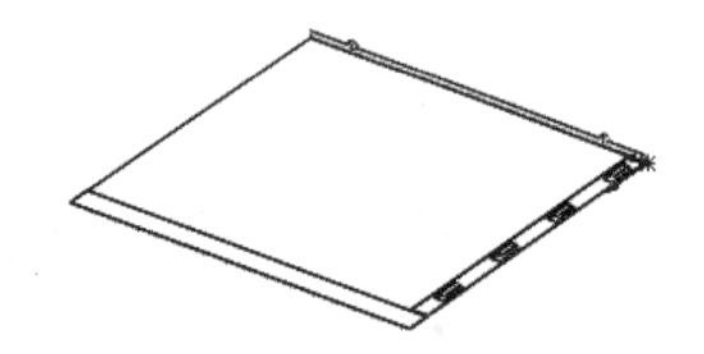

图 8-49　创建的褶边 2

（20）展开褶边 2。单击“钣金”选项卡中的“展开”按钮，系统弹出“展开”属性管理器，选择图 8-50 所示的固定面和褶边折弯 3，单击“确定”按钮，褶边将被展开，如图 8-51 所示。

（21）绘制草图 12。选择图 8-51 所示的平面作为草绘基准面，单击“草图”选项卡中的“直线”按钮，绘制草图 12，如图 8-52 所示。

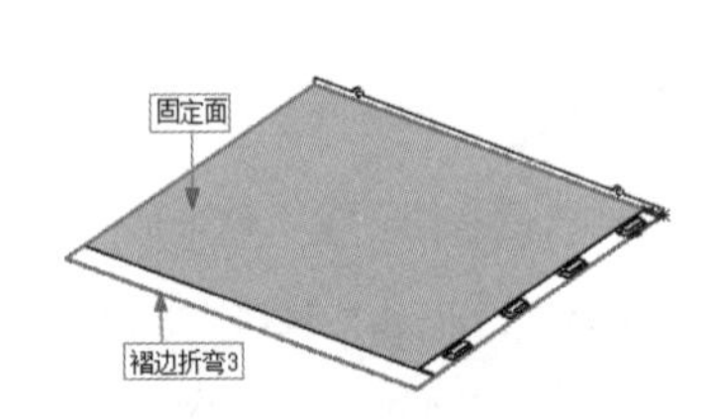

图 8-50　选择固定面和褶边折弯 3

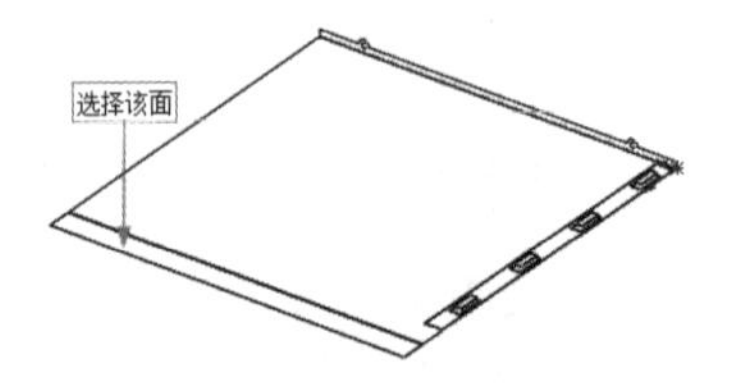

图 8-51　展开褶边 2

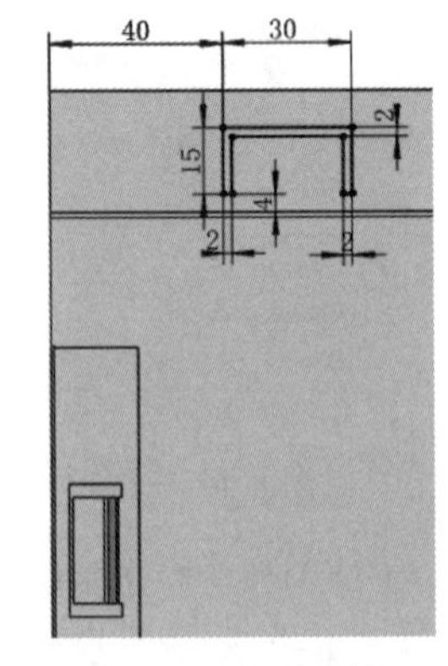

图 8-52　绘制草图 12

（22）创建拉伸切除特征 3。单击“特征”选项卡中的“拉伸切除”按钮，选择草图 12，系统弹出“切除-拉伸”属性管理器，终止条件选择“完全贯穿”，单击“确定”按钮✔，生成拉伸切除特征 3，如图 8-53 所示。

（23）阵列特征 3。单击“特征”选项卡中的“线性阵列”按钮，系统弹出“线性陈列”属性管理器，选择褶边 2 的边线作为方向参考，单击“反向”按钮，调整方向，在 FeatureManager 设计树中选择 “切除-拉伸 3”特征，输入阵列间距为 90mm、阵列个数为 4，如图 8-54 所示。单击“确定”按钮✔，结果如图 8-55 所示。

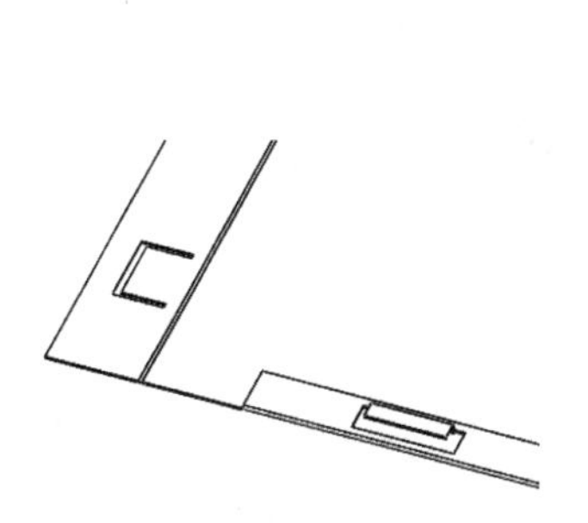

图 8-53　生成拉伸切除特征 3

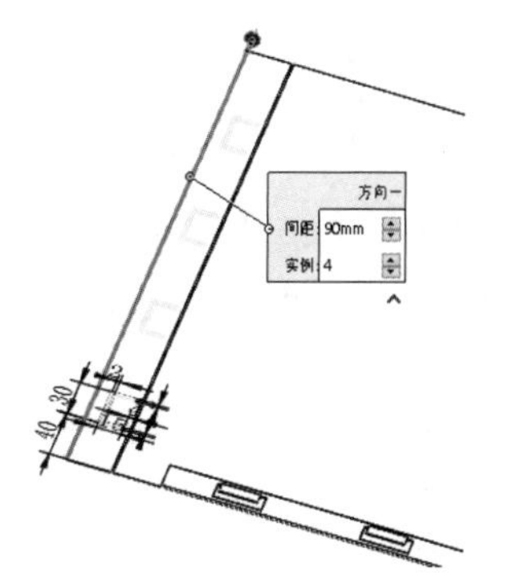

图 8-54　线性阵列切除特征

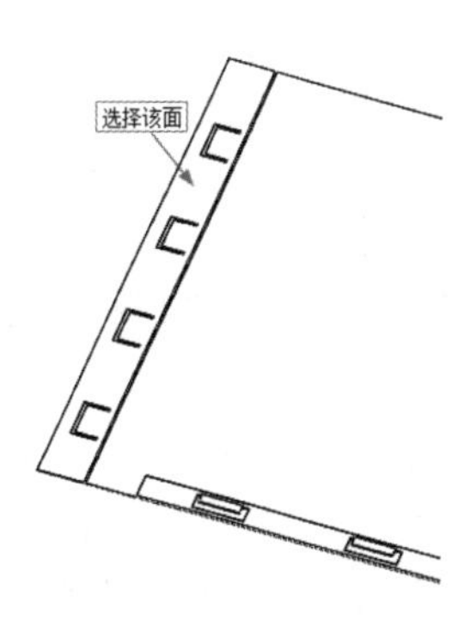

图 8-55　阵列结果 2

（24）绘制草图 13。选择图 8-55 所示的面作为草绘基准面，单击“草图”选项卡中的“直线”按钮，绘制一条折弯直线，如图 8-56 所示。

（25）创建转折特征 5。单击“钣金”选项卡中的“转折”按钮，选择草图 13，系统弹出“转折”属性管理器，选择图 8-57 所示的平面作为固定面，然后输入半径为 0.5mm。终止条件选择“给定深度”选项，输入等距距离为 5mm，选择“总尺寸”，勾选“固定投影长度”复选框，选择“材料在内”，输入转折角度为 60 度。然后，单击“确定”按钮✔，生成转折特征，如图 8-58 所示。

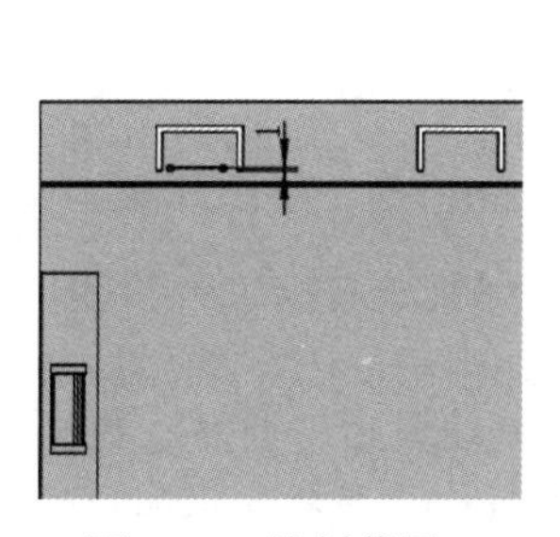

图 8-56　绘制草图 13

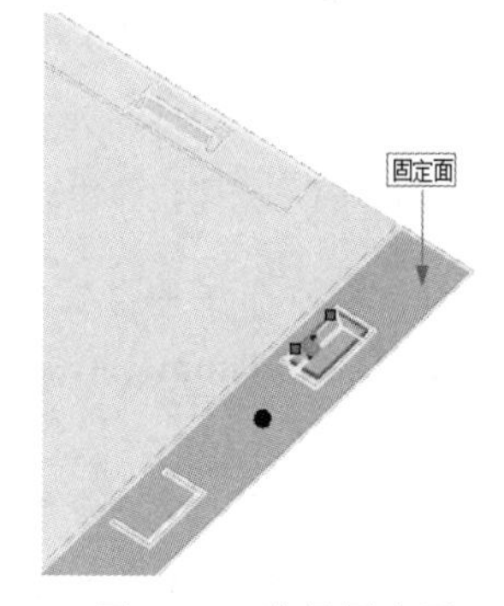

图 8-57　选择固定面

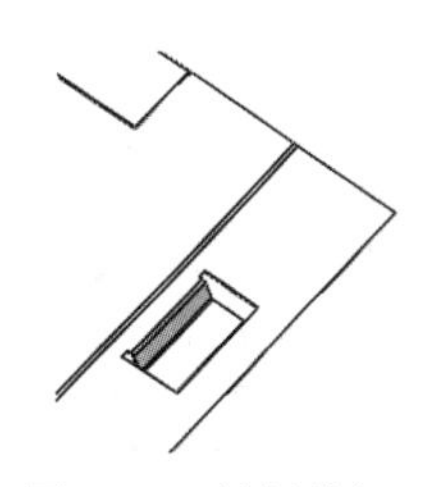

图 8-58　转折特征 5

（26）创建其他转折特征。用同样的方法，生成其他 3 个转折特征，并将展开的褶边折弯重新折叠，如图 8-59 所示。

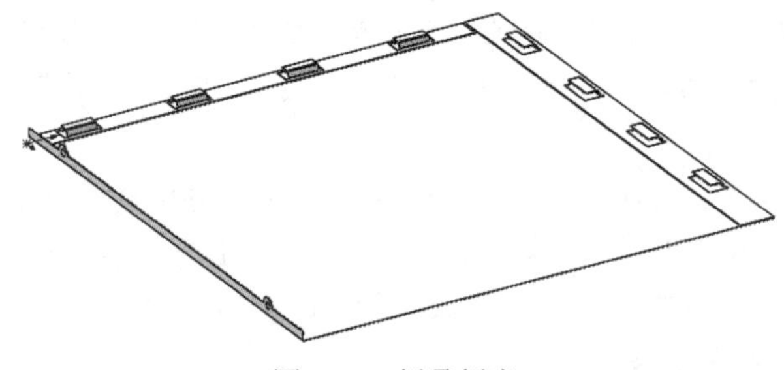

图 8-59 折叠折弯

扫一扫，看视频

8.2.2 自定义成形工具

建立自定义的成形工具。在钣金设计过程中，设计库中没有需要的成形特征，这就要求用户自己创建。下面介绍在设计计算机机箱侧板过程中创建成形工具的步骤。

【操作步骤】

（1）新建文件。单击“快速访问”工具栏中的“新建”按钮，或选择菜单栏中的“文件”→“新建”命令，在弹出的“新建 SOLIDWORKS 文件”对话框中单击“零件”按钮，然后单击“确定”按钮，创建一个新的零件文件。

（2）绘制草图 1。在 FeatureManager 设计树中选择“上视基准面”作为草绘基准面，单击“草图”选项卡中的“中心矩形”按钮，绘制草图 1，如图 8-60 所示。

（3）创建拉伸特征 1。单击“特征”选项卡中的“拉伸凸台/基体”按钮，系统弹出“凸台-拉伸”属性管理器，设置深度值为 5mm，单击“确定”按钮生成实体，如图 8-61 所示。

（4）绘制草图 2。在 FeatureManager 设计树中选择“上视基准面”作为草绘基准面，单击“草图”选项卡中的“边角矩形”按钮，绘制一个矩形，如图 8-62 所示。

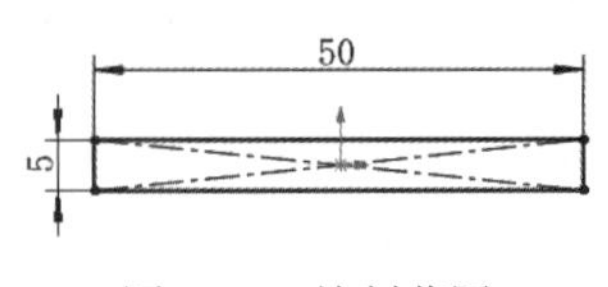

图 8-60 绘制草图 1

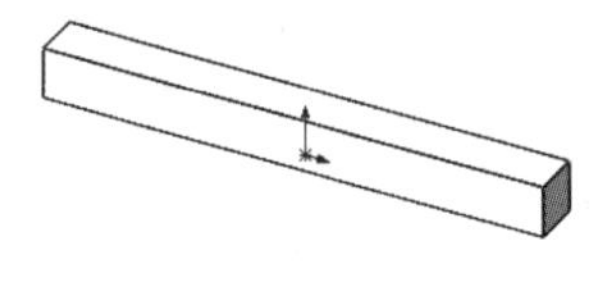

图 8-61 创建拉伸特征 1

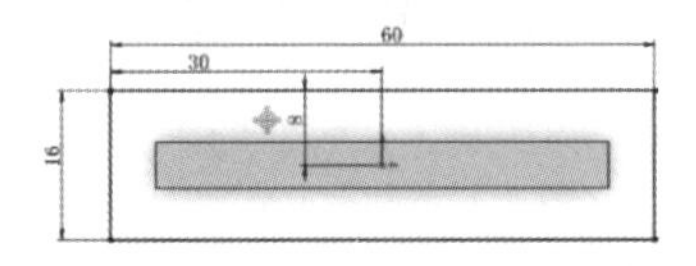

图 8-62 绘制草图 2

（5）创建拉伸特征 2。单击“特征”选项卡中的“拉伸凸台/基体”按钮，选择草图 2，系统弹出“凸台-拉伸”属性管理器，设置深度值为 5mm，单击“反向”按钮，调整拉伸方向向下，单击“确定”按钮生成实体，如图 8-63 所示。

（6）创建圆角特征。单击“特征”选项卡中的“圆角”按钮，系统弹出“圆角”属性管理器，选择圆角类型为“固定大小圆角”，在圆角半径输入栏中输入数值 2mm，选择实体的边线，如图 8-64 所示，单击“确定”按钮生成圆角。

（7）创建成形工具。单击“钣金”选项卡中的“成形工具”按钮，系统弹出“成形工具”属性管理器，选择面 1 作为停止面，面 2 及与其相对的面 3 作为要移除的面，如图 8-65 所示。单击“确定”按钮，成形工具 1 创建完成，如图 8-66 所示。

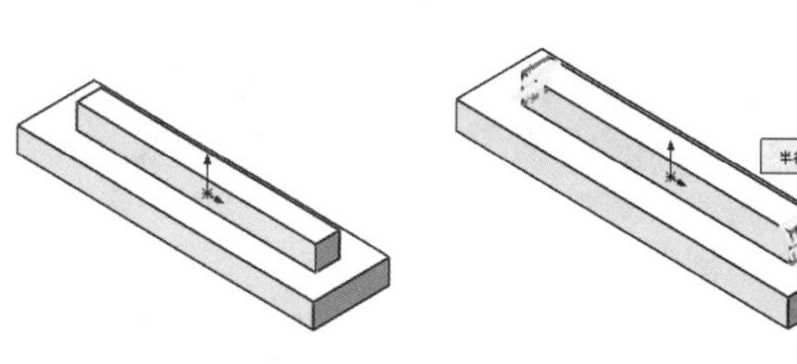
图 8-63　创建拉伸特征 2

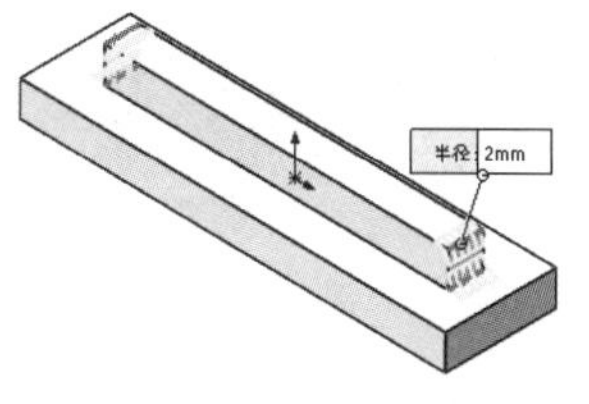

图 8-64　选择圆角边

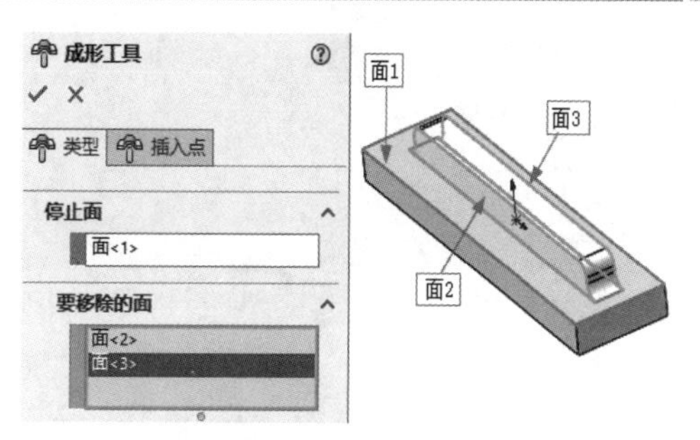

图 8-65　成形工具参数设置

（8）保存成形工具。选择菜单栏中的“文件”→“另存为”命令，系统弹出“另存为”对话框，设置保存类型为 Form Tool（*.sldftp），输入名称为“计算机机箱侧板成形工具”。保存路径为\Program Files\SOLIDWORKS Corp\SOLIDWORKS\design library\forming tools，在该文件夹下新建“自定义”文件夹，选择“自定义”文件夹进行保存。此时单击右侧的“设计库”按钮，可以看到在“自定义”文件夹下显示“计算机机箱侧板成形工具”文件，如图 8-67 所示。

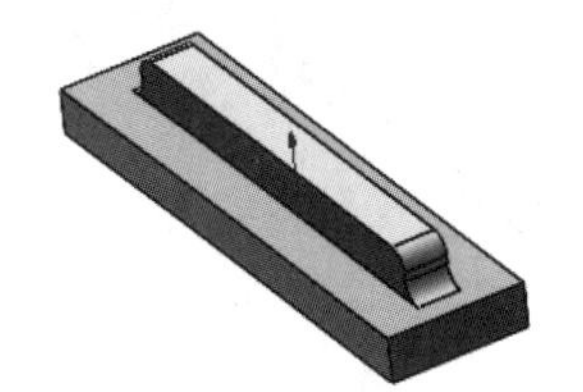
图 8-66　创建的成形工具

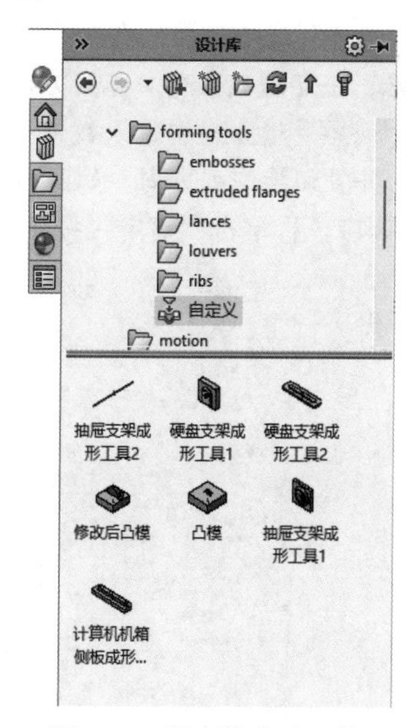

图 8-67　保存的成形工具

8.2.3　创建成形特征

本小节将“计算机机箱侧板成形工具”添加到机箱侧板中。

【操作步骤】

（1）创建成形特征。单击“设计库”按钮，将“计算机机箱侧板成形工具”拖放到钣金件的侧面，系统弹出“成形工具特征”属性管理器，将“旋转角度”设置为 0 度，如图 8-68 所示。

（2）标注位置尺寸。单击“位置”选项卡，然后单击“草图”选项卡中的“智能尺寸”按钮，标注成形工具在钣金件上的位置尺寸，如图 8-69 所示。单击“确定”按钮，结果如图 8-70 所示。

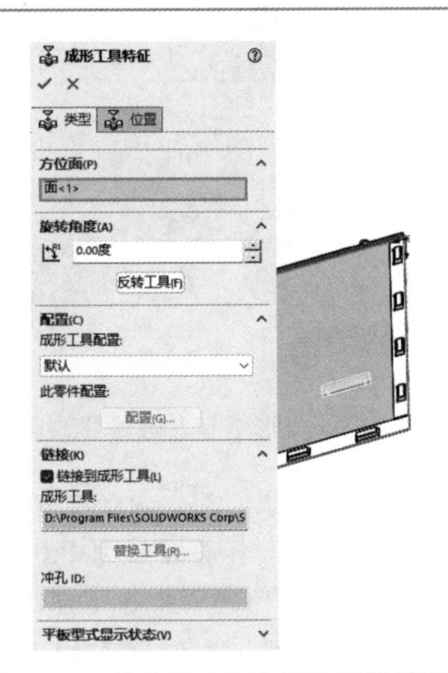

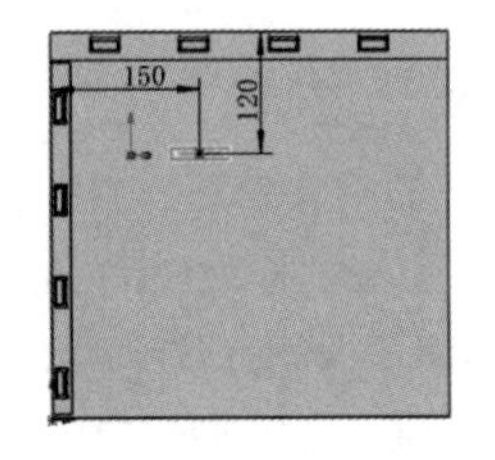

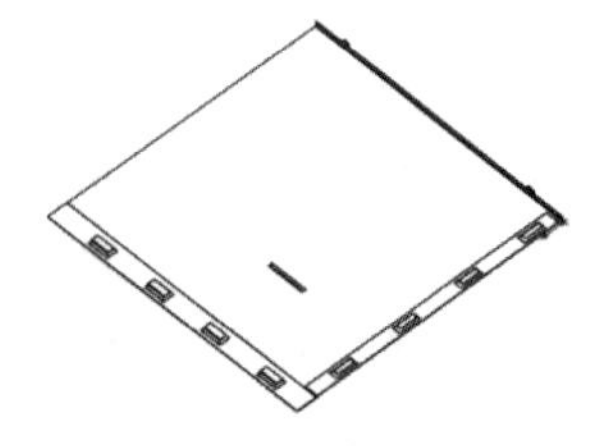

图 8-68 “成形工具特征”属性管理器　　图 8-69 标注位置尺寸　　图 8-70 创建的成形特征

（3）线性阵列成形工具。单击“特征”选项卡中的“线性阵列”按钮，系统弹出“线性阵列”属性管理器，在方向 1(1) 的“阵列方向”栏中单击，拾取钣金件的一条边线，单击按钮切换阵列方向，在“间距”输入框中输入数值 20mm；在方向 2(2) 的“阵列方向”栏中单击，拾取钣金件的一条边线，并且切换阵列方向，如图 8-71 所示。然后在 FeatureManager 设计树中单击“计算机机箱侧板成形工具”，再单击“确定”按钮，完成对成形工具的线性阵列，结果如图 8-72 所示。

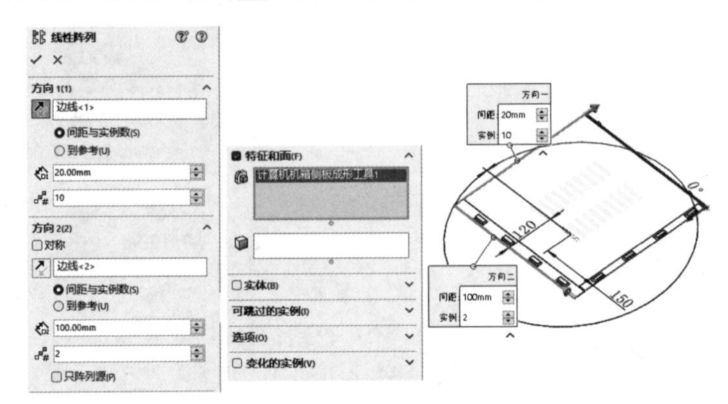

图 8-71 “线性阵列”属性管理器

（4）展开钣金件。右击 FeatureManager 设计树中的“平板型式 9”，在弹出的快捷菜单中选择“解除压缩”命令将钣金件展开，如图 8-73 所示。

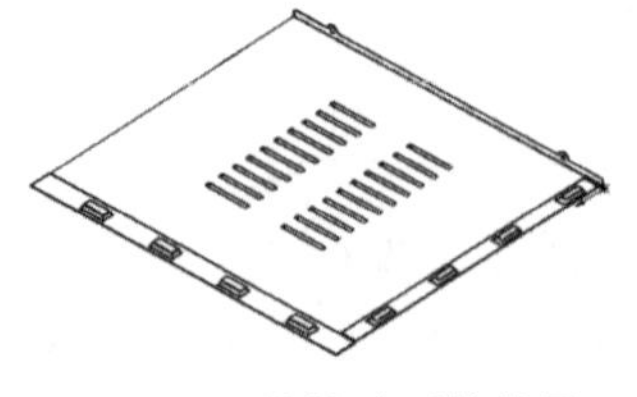

图 8-72 线性阵列的结果

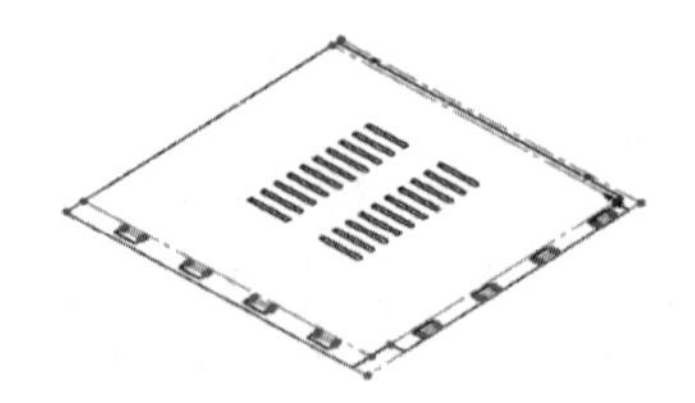

图 8-73 展开后的钣金件

8.3　多功能开瓶器

本例创建的多功能开瓶器如图 8-74 所示。

8.3.1　绘制开瓶器主体

扫一扫，看视频

【操作步骤】

（1）新建文件。单击“快速访问”工具栏中的“新建”按钮，或选择菜单栏中的“文件”→“新建”命令，在弹出的“新建 SOLIDWORKS 文件”对话框中单击“零件”按钮，然后单击“确定”按钮，创建一个新的零件文件。

（2）设置基准面 1。在 FeatureManager 设计树中选择“前视基准面”，然后单击“视图（前导）”工具栏“视图定向”下拉列表中的“正视于”按钮，将该基准面作为绘制图形的基准面。单击“草图”选项卡中的“草图绘制”按钮，进入草图绘制状态。

（3）绘制草图 1。单击“草图”选项卡中的“直线”按钮，绘制草图并标注智能尺寸，如图 8-75 所示。

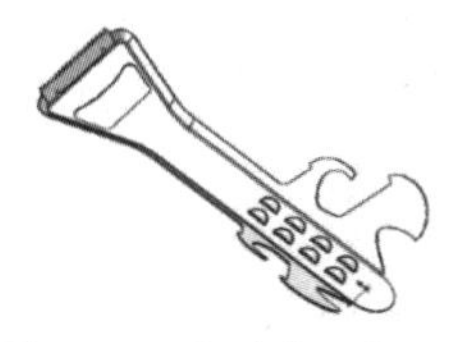

图 8-74　多功能开瓶器

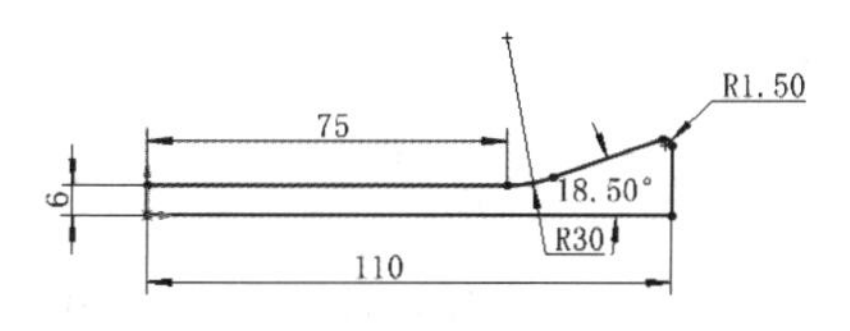

图 8-75　绘制草图 1

（4）创建基体法兰 1。单击“钣金”选项卡中的“基体法兰”按钮，系统弹出“基体法兰”属性管理器，设置厚度值为 0.50mm，其他参数取默认值，如图 8-76 所示。然后单击“确定”按钮✔，创建基体法兰 1，如图 8-77 所示。

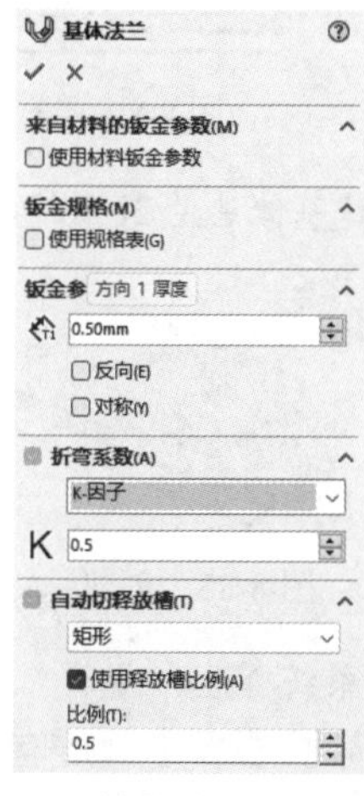

图 8-76　“基体法兰”属性管理器 1

图 8-77　创建基体法兰 1

（5）创建边线法兰1。单击“钣金”选项卡中的“边线法兰”按钮，系统弹出“边线-法兰1”属性管理器，在绘图区选择图8-78所示的边线，选择“内部虚拟交点”、“折弯在外”类型，输入角度为50度，输入长度为3.50mm，其他参数取默认值，如图8-78所示。然后单击“确定”按钮，创建边线法兰1，如图8-79所示。

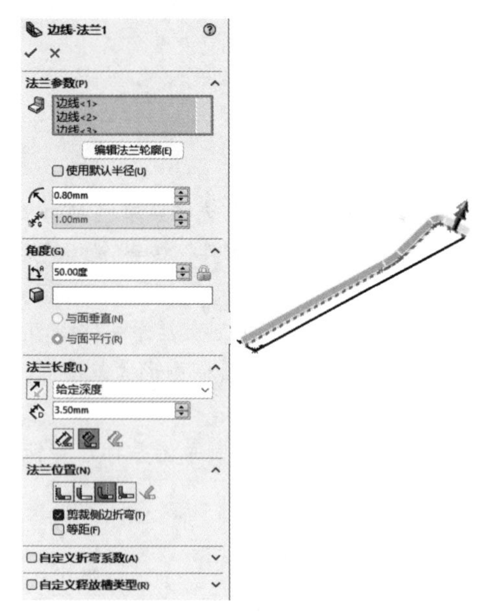

图8-78 “边线-法兰1”属性管理器

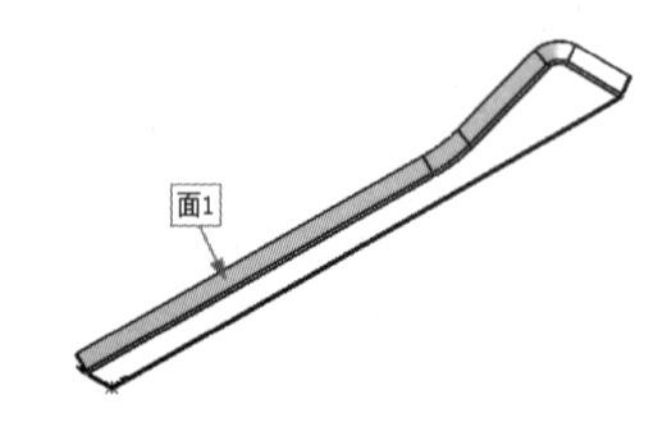

图8-79 创建边线法兰1

（6）设置基准面2。在绘图区选择图8-79所示的面1，然后单击“视图（前导）”工具栏“视图定向”下拉列表中的“正视于”按钮，将该基准面作为绘制图形的基准面。单击“草图”选项卡中的“草图绘制”按钮，进入草图绘制状态。

（7）绘制草图2。单击“草图”选项卡中的“边角矩形”按钮，绘制草图并标注智能尺寸，如图8-80所示。

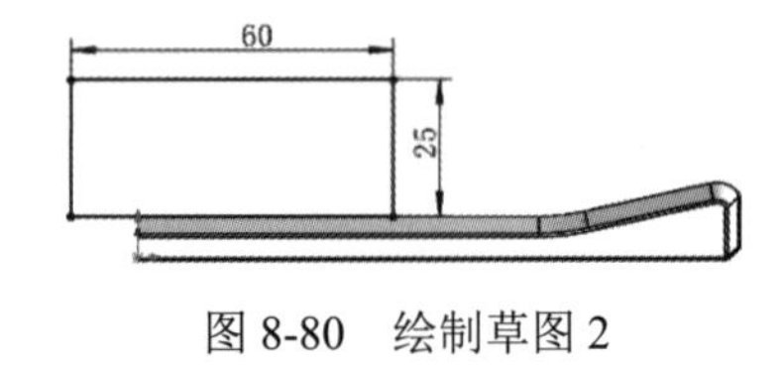

图8-80 绘制草图2

（8）创建基体法兰2。单击“钣金”选项卡中的“基体法兰”按钮，或选择菜单栏中的“插入”→“钣金”→“基体法兰”命令，在弹出的“基体法兰”属性管理器中输入厚度值为0.50mm，其他参数取默认值，如图8-81所示。然后单击“确定”按钮，创建基体法兰2，如图8-82所示。

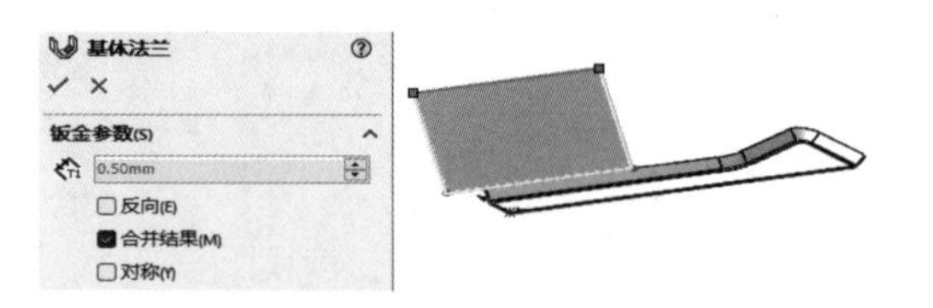

图8-81 “基体法兰”属性管理器2

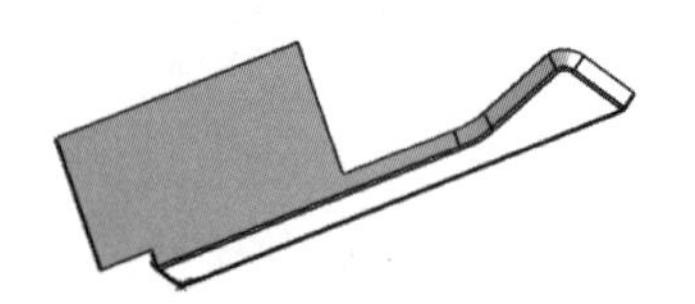

图8-82 创建基体法兰2

（9）展开折弯。单击“钣金”选项卡中的“展开”按钮，系统弹出“展开”属性管理器，在绘图区选择图8-83所示的固定面，单击“收集所有折弯”按钮，将视图中的所有折弯展开，如图8-83所示。单击“确定”按钮，展开折弯如图8-84所示。

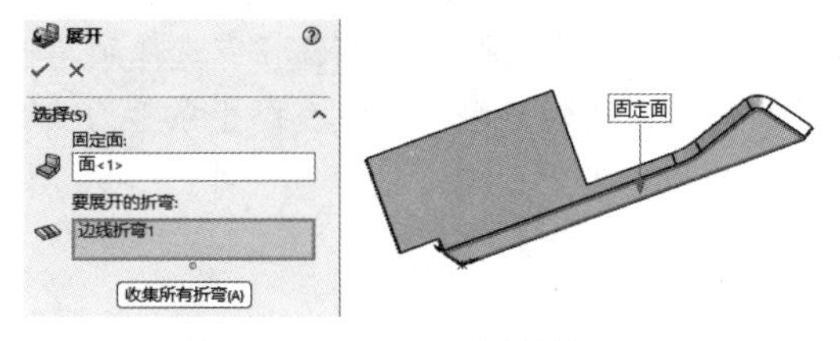

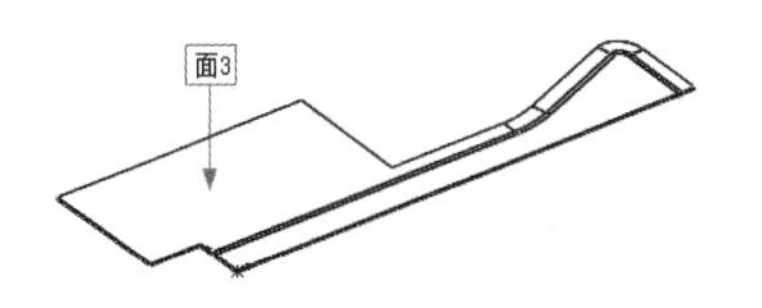

图 8-83　“展开”属性管理器　　图 8-84　展开折弯

（10）设置基准面 3。在绘图区中选择图 8-84 所示的面 3，然后单击“视图（前导）”工具栏中的“正视于”按钮，将该基准面作为绘制图形的基准面。单击“草图”选项卡中的“草图绘制”按钮，进入草图绘制状态。

（11）绘制草图 3。单击“草图”选项卡中的“中心线”按钮、“样条曲线”按钮、“切线弧”按钮、“直线”按钮和“绘制圆角”按钮，绘制草图并标注智能尺寸，如图 8-85 所示。

（12）创建拉伸切除特征 1。单击“特征”选项卡中的“拉伸切除”按钮，系统弹出“切除-拉伸”属性管理器，设置终止条件为“完全贯穿”，其他参数取默认值，如图 8-86 所示。然后单击“确定”按钮，拉伸切除实体如图 8-87 所示。

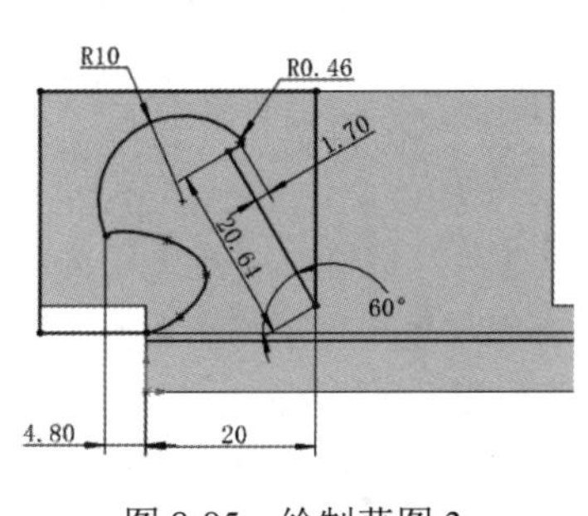

图 8-85　绘制草图 3

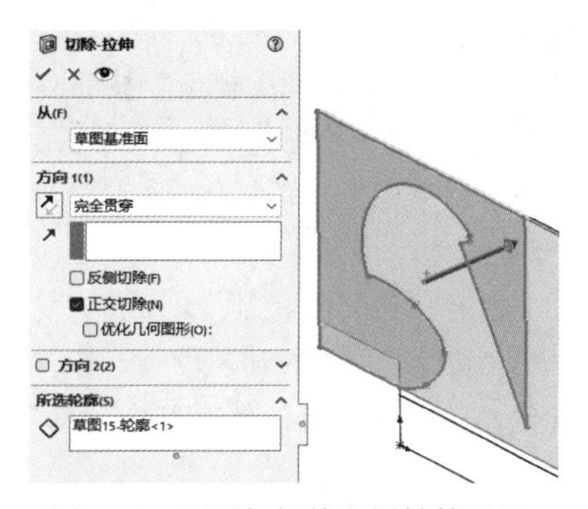

图 8-86　“切除-拉伸”属性管理器 1

（13）设置基准面 4。在绘图区选择图 8-84 所示的面 3，然后单击“视图（前导）”工具栏中的“正视于”按钮，将该基准面作为绘制图形的基准面。单击“草图”选项卡中的“草图绘制”按钮，进入草图绘制状态。

（14）绘制草图 4。单击“草图”选项卡中的“样条曲线”按钮、“3 点圆弧”按钮和“直线”按钮，绘制草图，并标注智能尺寸，如图 8-88 所示。

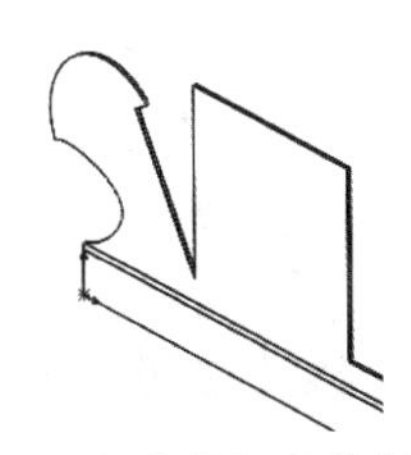

图 8-87　拉伸切除特征 1

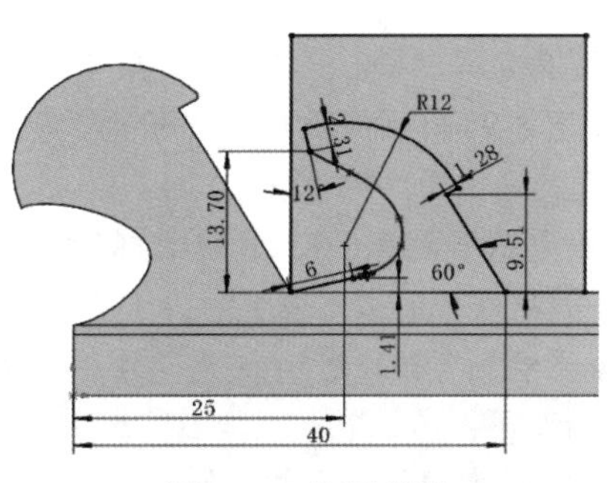

图 8-88　绘制草图 4

（15）创建拉伸切除特征 2。单击“特征”选项卡中的“拉伸切除”按钮，或选择菜单栏中的“插入”→“切除”→“拉伸”命令，系统弹出“切除-拉伸”属性管理器，设置终止条件为“完全贯穿”，其他参数取默认值，如图 8-89 所示。然后单击“确定”按钮✓，切除零件如图 8-90 所示。

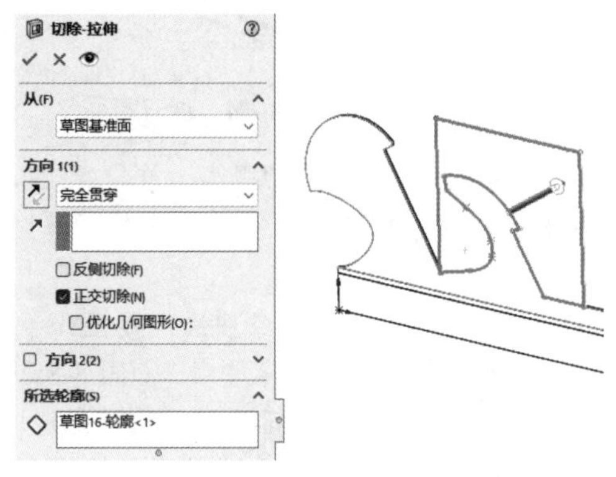

图 8-89 “切除-拉伸”属性管理器 2

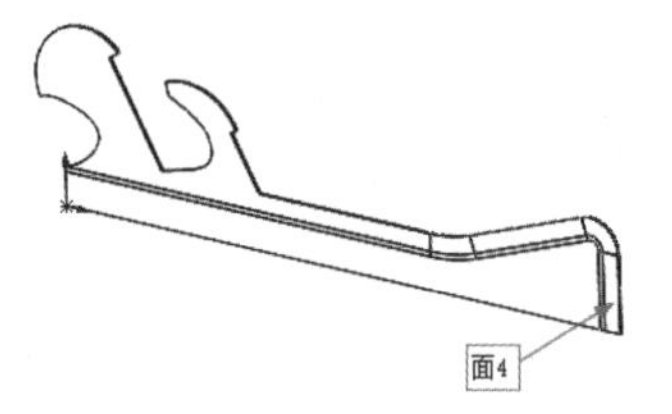

图 8-90 拉伸切除特征 2

（16）设置基准面 5。在绘图区选择图 8-90 所示的面 4，然后单击“视图（前导）”工具栏“视图定向”下拉列表中的“正视于”按钮，将该基准面作为绘制图形的基准面。单击“草图”选项卡中的“草图绘制”按钮，进入草图绘制状态。

（17）绘制草图 5。单击“草图”选项卡中的“直线”按钮和“3 点圆弧”按钮，绘制草图并标注智能尺寸，如图 8-91 所示。

（18）创建拉伸切除特征 3。单击“特征”选项卡中的“拉伸切除”按钮，或选择菜单栏中的“插入”→“切除”→“拉伸”命令，在弹出的“切除-拉伸”属性管理器中设置终止条件为“完全贯穿”，其他参数取默认值，然后单击“确定”按钮✓，切除零件如图 8-92 所示。

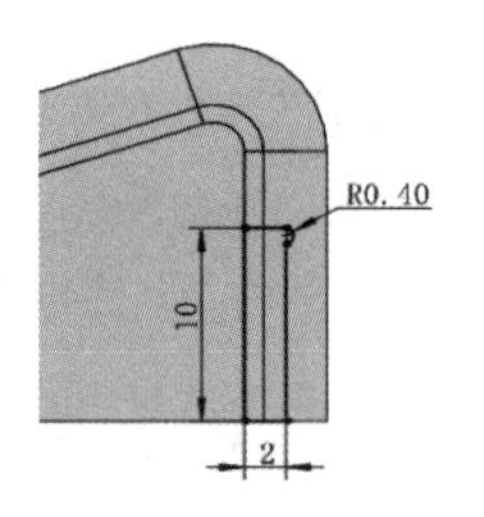

图 8-91 绘制草图 5

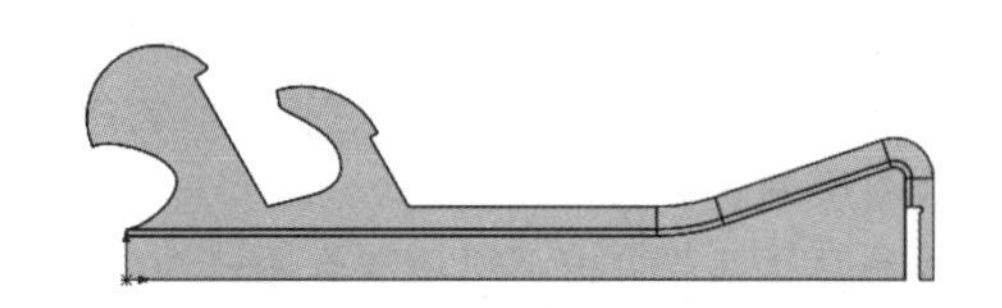

图 8-92 拉伸切除特征 3

（19）圆角处理。单击“特征”选项卡中的“圆角”按钮，系统弹出“圆角”属性管理器，在绘图区选择图 8-93 所示的两条边，输入圆角半径为 4.00mm，如图 8-93 所示。然后单击“确定”按钮✓，圆角处理如图 8-94 所示。

（20）设置基准面 6。在绘图区选择图 8-95 所示的面 5，然后单击“视图（前导）”工具栏“视图定向”下拉列表中的“正视于”按钮，将该基准面作为绘制图形的基准面。单击“草图”选项卡中的“草图绘制”按钮，进入草图绘制状态。

（21）绘制草图 6。单击“草图”选项卡中的“直线”按钮、“切线弧”按钮和“绘制圆角”按钮，绘制草图并标注智能尺寸，如图 8-96 所示。

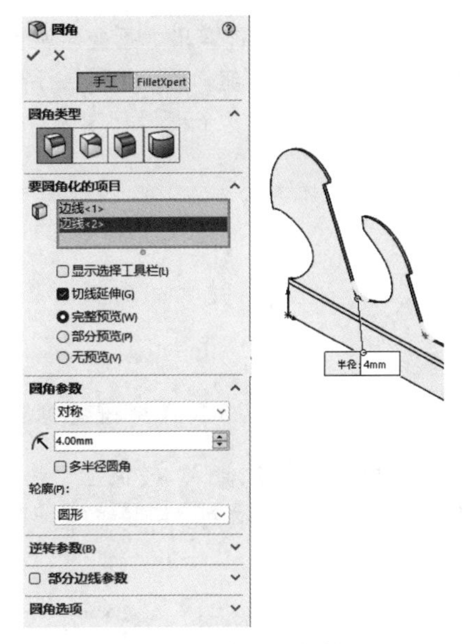

图 8-93 “圆角”属性管理器

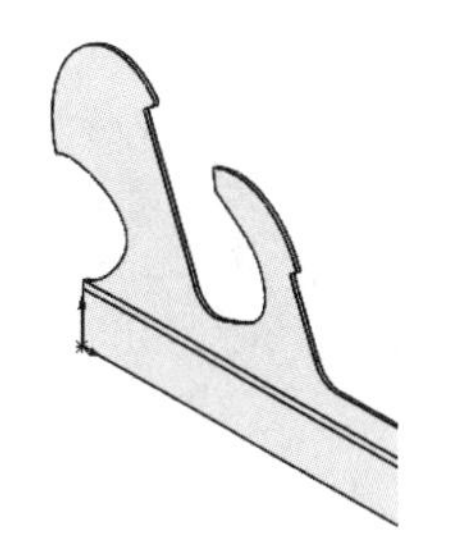

图 8-94 圆角处理

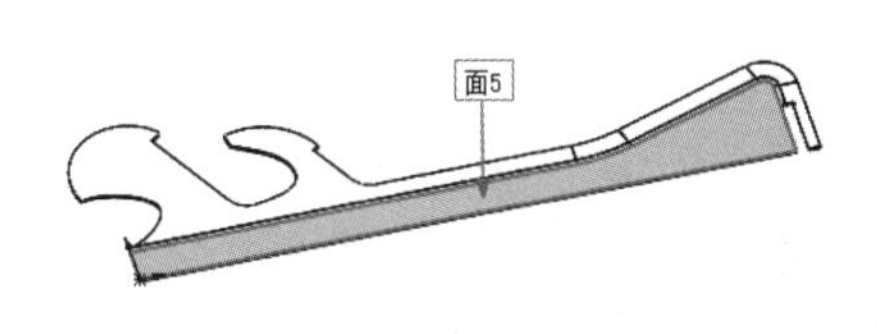

图 8-95 选择绘图基准面

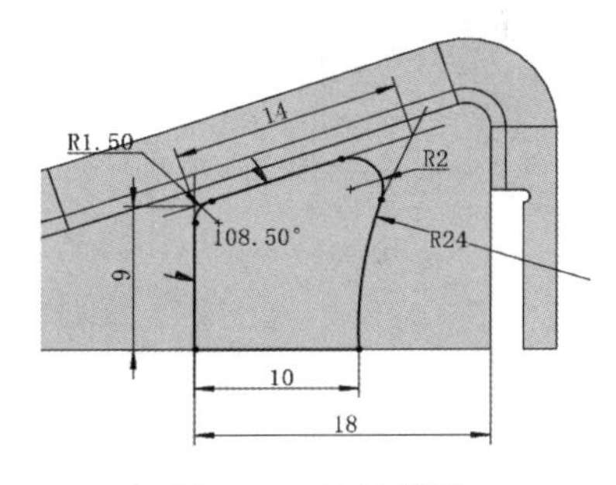

图 8-96 绘制草图 6

（22）创建拉伸切除特征 4。单击“特征”选项卡中的“拉伸切除”按钮，系统弹出“切除-拉伸”属性管理器，设置终止条件为“完全贯穿”，其他参数取默认值，如图 8-97 所示。然后单击“确定”按钮，切除零件如图 8-98 所示。

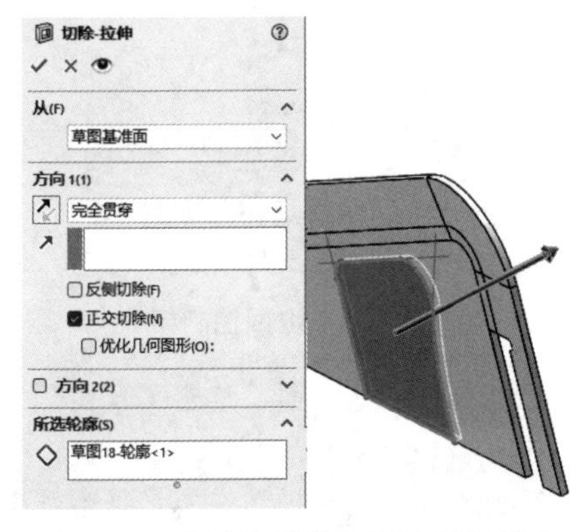

图 8-97 “切除-拉伸”属性管理器 3

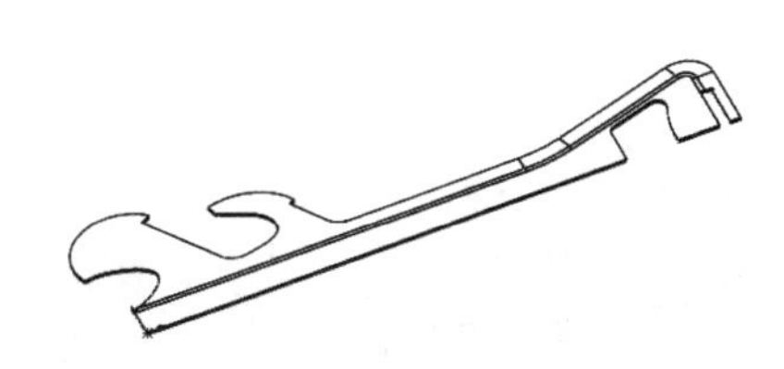

图 8-98 拉伸切除特征 4

（23）折叠折弯。单击“钣金”选项卡中的“折叠”按钮，系统弹出“折叠”属性管理器，在绘图区选择图 8-99 所示的面作为固定面，单击“收集所有折弯”按钮，将视图中的所有折弯折叠，单击“确定”按钮✓，系统弹出“重建模型错误”提示框，关闭该提示框，如图 8-100 所示。

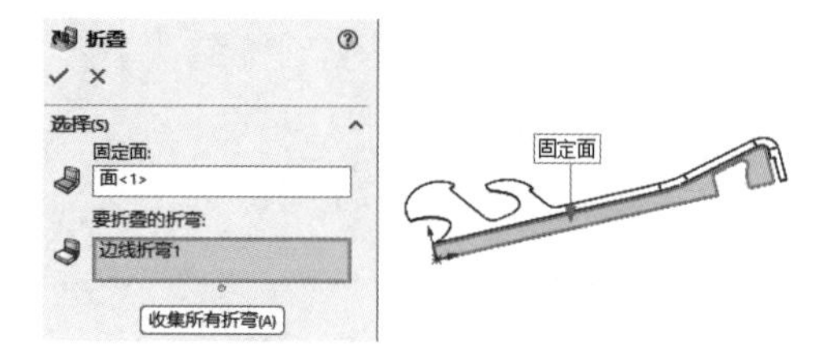

图 8-99 “折叠”属性管理器

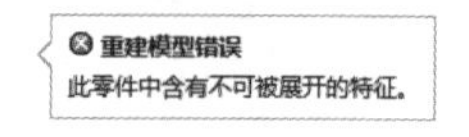

图 8-100 “重建模型错误”提示框

（24）修改特征顺序。在 FeatureManager 设计树中拖动“切除-拉伸 3”特征至“展开 1”特征下方，如图 8-101 所示。松开鼠标，结果如图 8-102 所示。将控制棒移动到“切除-拉伸 3”特征下方，如图 8-103 所示。

图 8-101 拖动特征

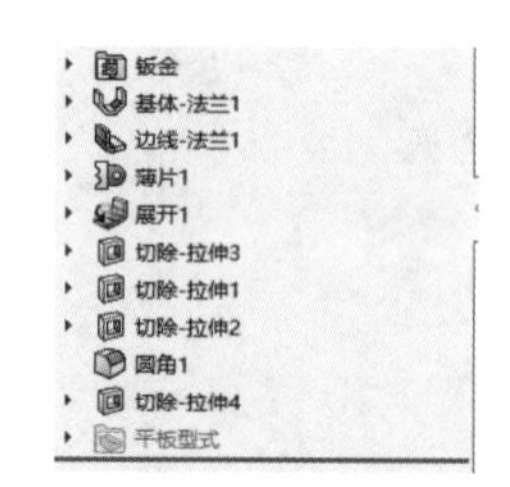

图 8-102 修改特征顺序

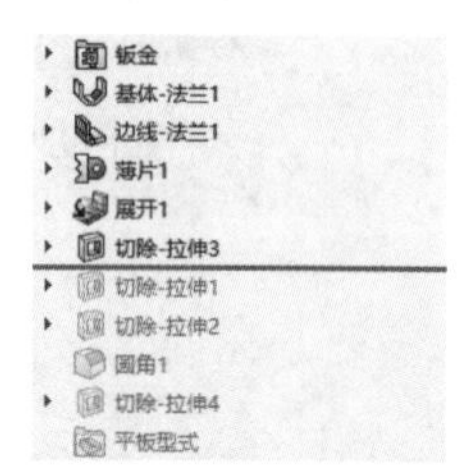

图 8-103 移动控制棒

（25）创建折叠折弯。单击“钣金”选项卡中的“折叠”按钮，系统弹出“折叠”属性管理器，在绘图区选择图 8-99 所示的面作为固定面，单击“收集所有折弯”按钮，将视图中的所有折弯折叠，如图 8-99 所示。单击“确定”按钮✓，结果如图 8-104 所示。

（26）退回控制棒。选中控制棒，右击，在弹出的快捷菜单中选择“退回到尾”命令，结果如图 8-105 所示，则控制棒退回到最下方。

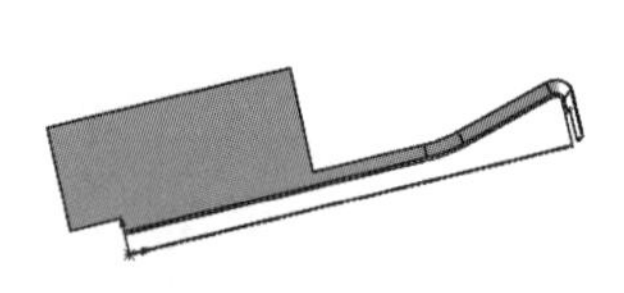

图 8-104 折叠折弯

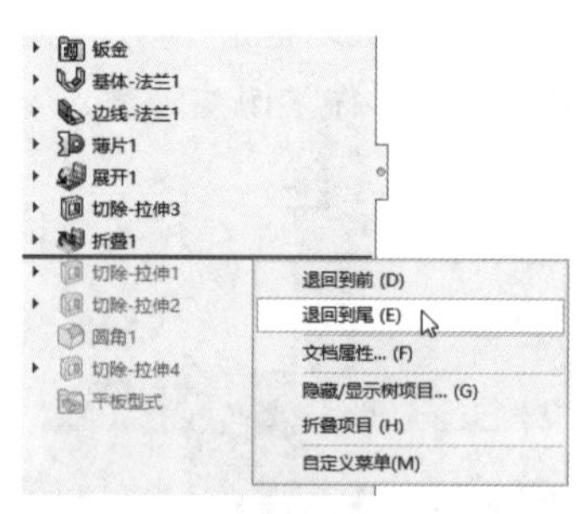

图 8-105 退回控制棒

（27）设置基准面 7。在绘图区选择图 8-106 所示的面 6 作为草绘基准面，单击“草图”选项卡中的“草图绘制”按钮，进入草图绘制状态。

（28）绘制草图 7。单击“草图”选项卡中的“直线”按钮，绘制草图（注意，锯齿线是相等的）并标注智能尺寸，如图 8-107 所示。

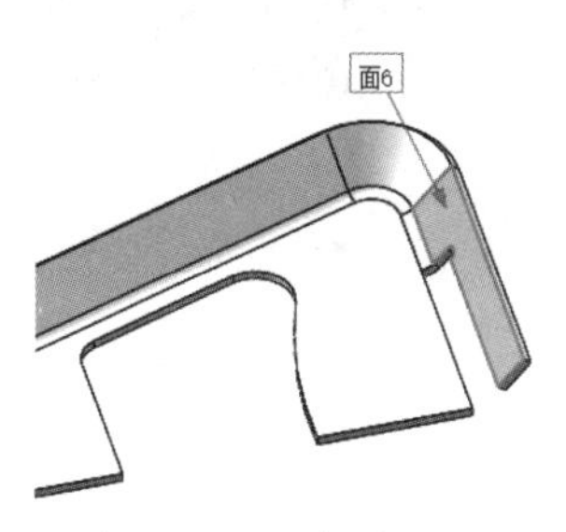

图 8-106　选择基准面

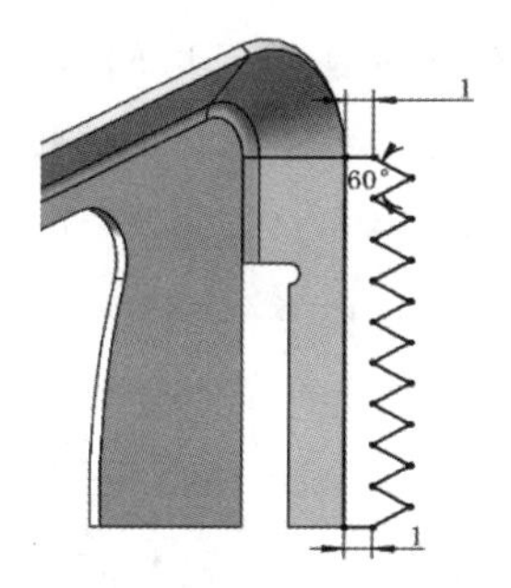

图 8-107　绘制草图 7

（29）创建基体法兰 3。单击“钣金”选项卡中的“基体法兰”按钮，系统弹出“基体法兰”属性管理器，设置厚度值为 0.50mm，其他参数取默认值，如图 8-108 所示。然后单击“确定”按钮，创建基体法兰 3，如图 8-109 所示。

（30）设置基准面 8。在绘图区选择图 8-109 所示的面 6 作为草绘基准面，然后单击“视图（前导）”工具栏“视图定向”下拉列表中的“正视于”按钮，将该基准面作为绘制图形的基准面。单击“草图”选项卡中的“草图绘制”按钮，进入草图绘制状态。

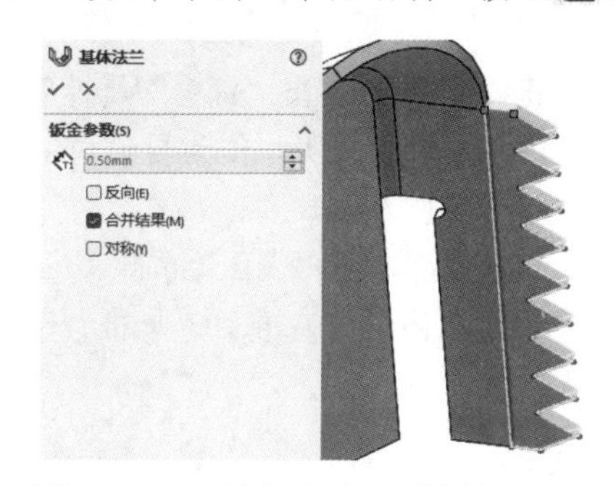

图 8-108　“基体法兰”属性管理器 4

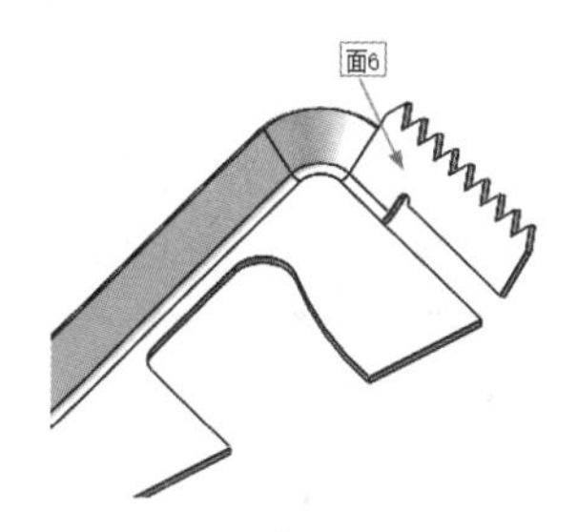

图 8-109　创建基体法兰 3

（31）绘制草图 8。单击“草图”选项卡中的“边角矩形”按钮，绘制草图，并标注智能尺寸，如图 8-110 所示。

（32）创建基体法兰 4。单击“钣金”选项卡中的“基体法兰”按钮，系统弹出“基体法兰”属性管理器，设置厚度值为 0.50mm，其他参数取默认值。然后单击“确定”按钮，创建基体法兰 4，如图 8-111 所示。

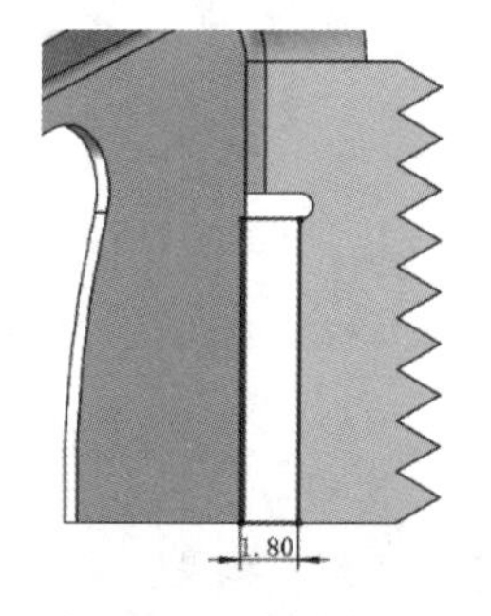

图 8-110　绘制草图 8

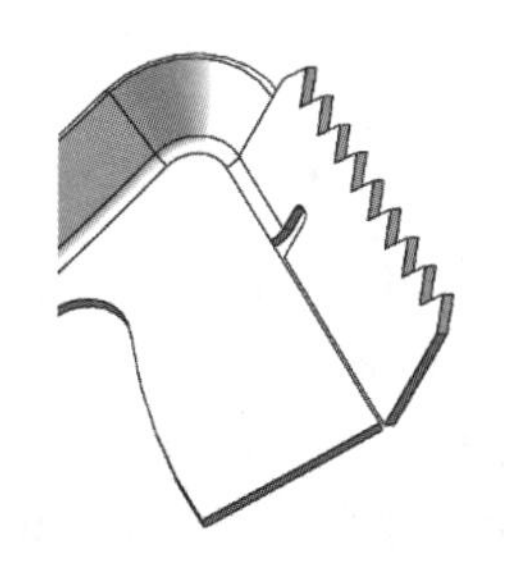

图 8-111　创建基体法兰 4

（33）倒角处理。单击“特征”选项卡中的“倒角”按钮，系统弹出“倒角”属性管理器，在绘图区选择图 8-112 所示的边线，输入倒角距离为 0.40mm、角度为 60 度，如图 8-112 所示。单击“确定”按钮，倒角处理如图 8-113 所示。

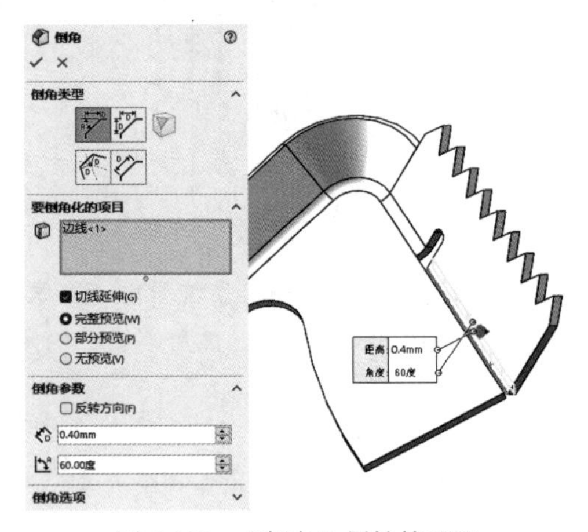

图 8-112 “倒角”属性管理器

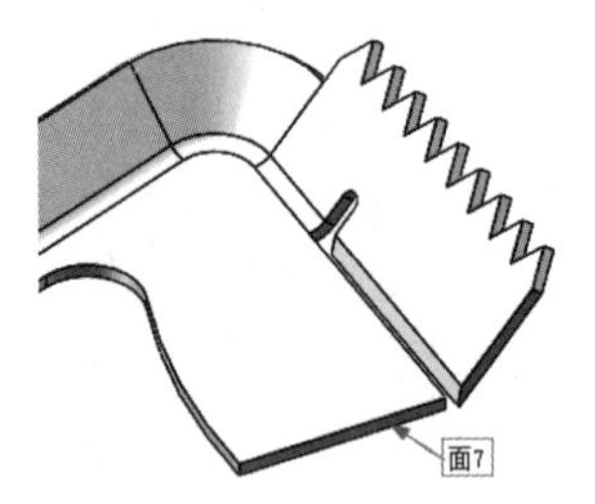

图 8-113 倒角处理

（34）镜向实体。单击“特征”选项卡中的“镜向”按钮，系统弹出“镜向”属性管理器，在绘图区选择图 8-113 所示的面 7 作为镜向面，选取图 8-114 中的所有实体作为要镜向的实体，如图 8-114 所示。然后单击“确定”按钮，镜向实体如图 8-115 所示。

（35）设置基准面 9。在绘图区选择图 8-115 所示的面 11，然后单击“视图（前导）”工具栏“视图定向”下拉列表中的“正视于”按钮，将该基准面作为绘制图形的基准面。单击“草图”选项卡中的“草图绘制”按钮，进入草图绘制状态。

图 8-114 “镜向”属性管理器

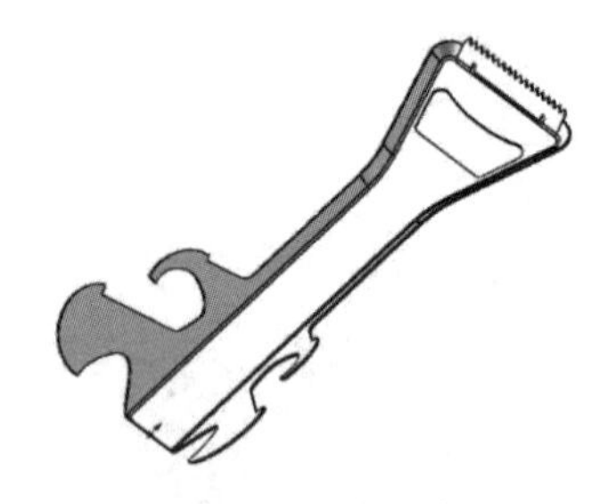

图 8-115 镜向实体

（36）绘制草图 9。单击“草图”选项卡中的“直线”按钮、“椭圆”按钮和“剪裁实例”按钮，绘制草图并标注智能尺寸，如图 8-116 所示。

（37）创建基体法兰 4。单击“钣金”选项卡中的“基体法兰”按钮，选择步骤（36）绘制的草图，系统弹出“基体法兰”属性管理器，厚度采用默认值，勾选“合并结果”复选框，如图 8-117 所示。然后单击“确定”按钮，创建基体法兰 4，如图 8-118 所示。

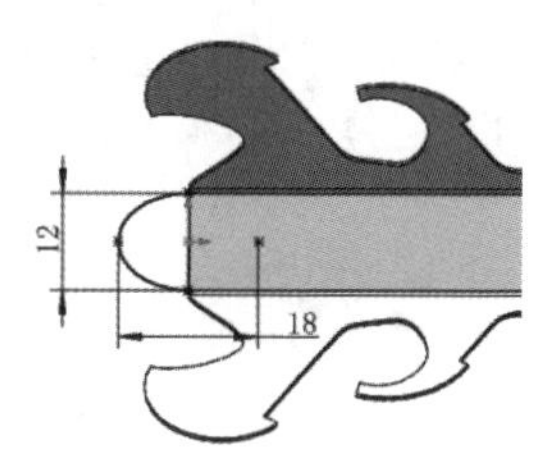

图 8-116　绘制草图 9

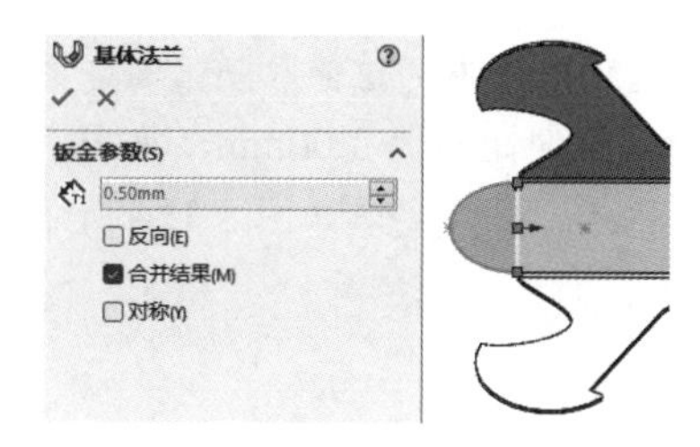

图 8-117　“基体法兰”属性管理器 5

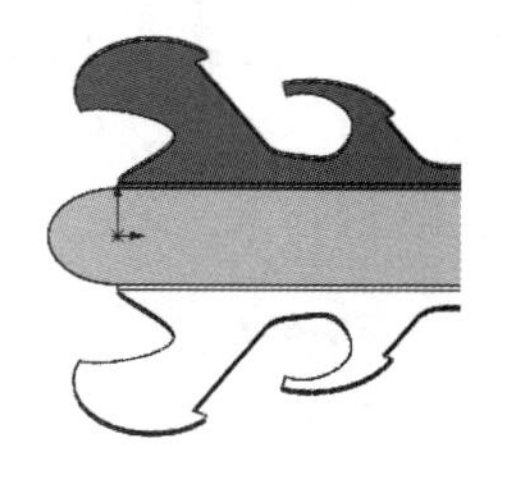

图 8-118　创建基体法兰 5

8.3.2　创建成形工具

【操作步骤】

（1）新建文件。单击“快速访问”工具栏中的“新建”按钮，或选择菜单栏中的“文件”→“新建”命令，在弹出的“新建 SOLIDWORKS 文件”对话框中单击“零件”按钮，然后单击“确定”按钮，创建一个新的零件文件。

（2）设置基准面 1。在 FeatureManager 设计树中选择“前视基准面”，单击“草图”选项卡中的“草图绘制”按钮，进入草图绘制状态。

（3）绘制草图 1。单击“草图”选项卡中的“直线”按钮和“3 点圆弧”按钮，绘制草图并标注智能尺寸，如图 8-119 所示。

（4）创建旋转特征。单击“特征”选项卡中的“旋转”按钮，系统弹出“旋转”属性管理器，设置旋转角度为 180 度，选择竖直线作为旋转轴，如图 8-120 所示。然后单击“确定”按钮，旋转实体如图 8-121 所示。

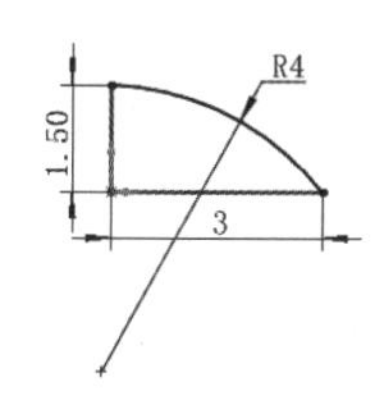

图 8-119　绘制草图 1

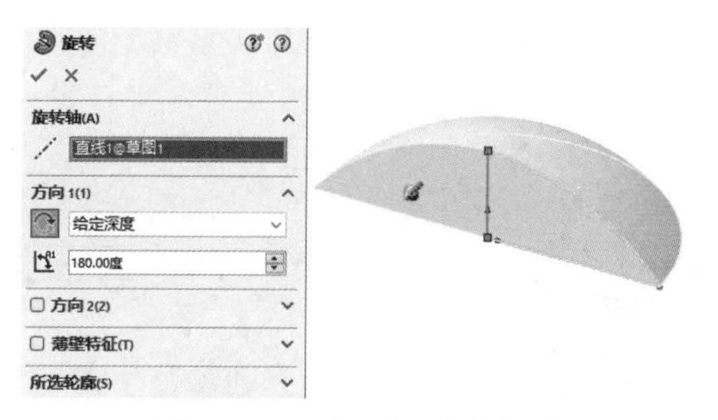

图 8-120　“旋转”属性管理器

（5）设置基准面 2。在 FeatureManager 设计树中选择“上视基准面”，单击“草图”选项卡中的“草图绘制”按钮，进入草图绘制状态。

（6）绘制草图 2。单击“草图”选项卡中的“边角矩形”按钮，绘制草图，如图 8-122 所示。

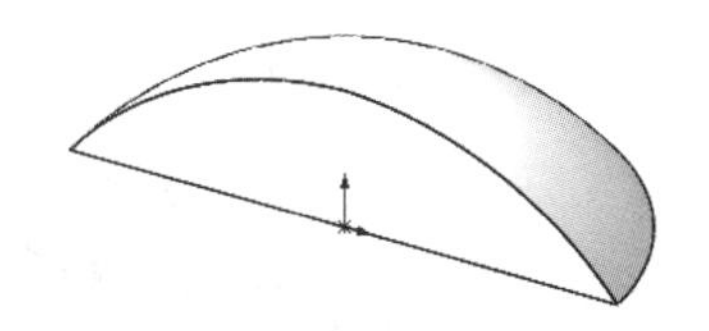

图 8-121　旋转实体

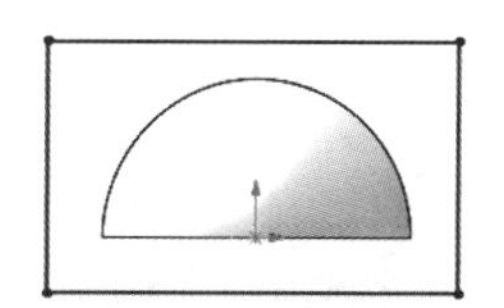

图 8-122　绘制草图 2

（7）拉伸特征。单击“特征”选项卡中的“拉伸”按钮，系统弹出“凸台-拉伸”属性管理器，设置终止条件为“给定深度”，输入拉伸距离为1.00mm，单击“反向”按钮，更改拉伸方向，如图8-123所示。单击“确定”按钮✔，拉伸实体如图8-124所示。

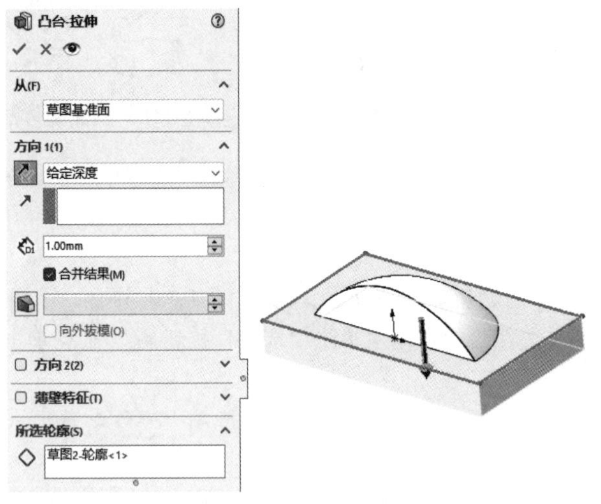

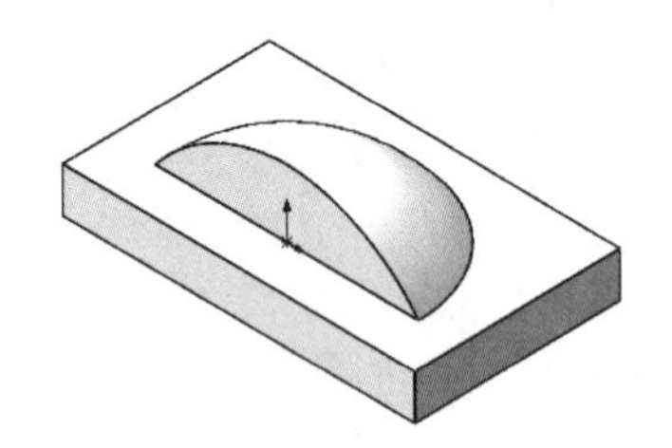

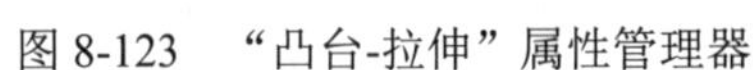
图 8-123 “凸台-拉伸”属性管理器

图 8-124 拉伸实体

（8）圆角处理。单击“特征”选项卡中的“圆角”按钮，系统弹出“圆角”属性管理器，在绘图区选择图8-125所示的边线1，输入圆角半径为0.80mm。单击“确定”按钮✔，圆角处理如图8-126所示。

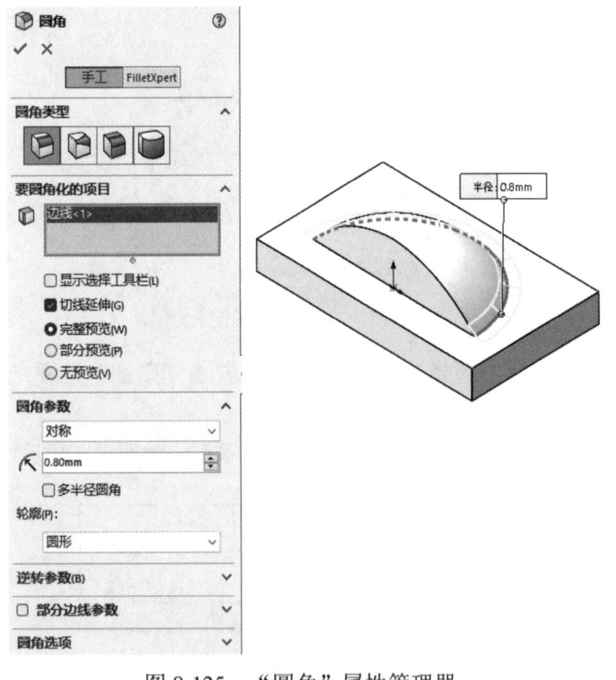

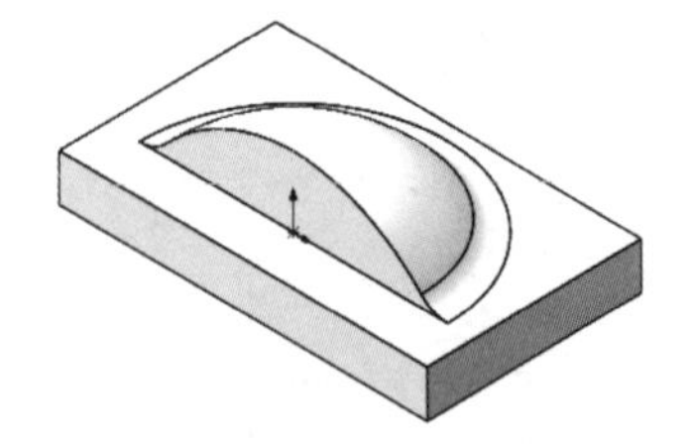

图 8-125 “圆角”属性管理器

图 8-126 圆角处理

（9）创建成形工具。单击“钣金”选项卡中的“成形工具”按钮，系统弹出“成形工具”属性管理器，如图 8-127 所示。选择面 1 作为停止面、选择面 2 作为要移除的面。单击“确定”按钮，结果如图 8-128 所示。

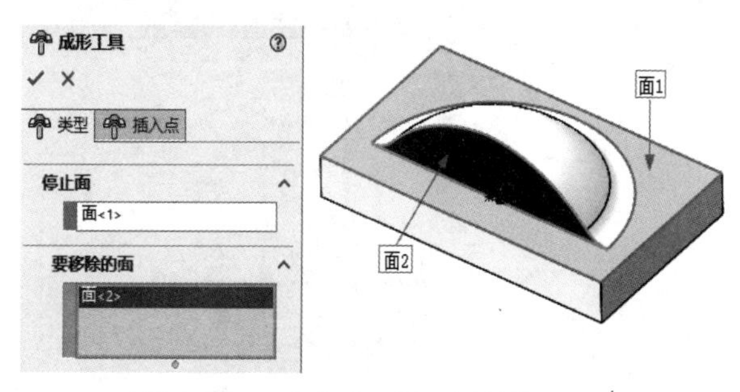

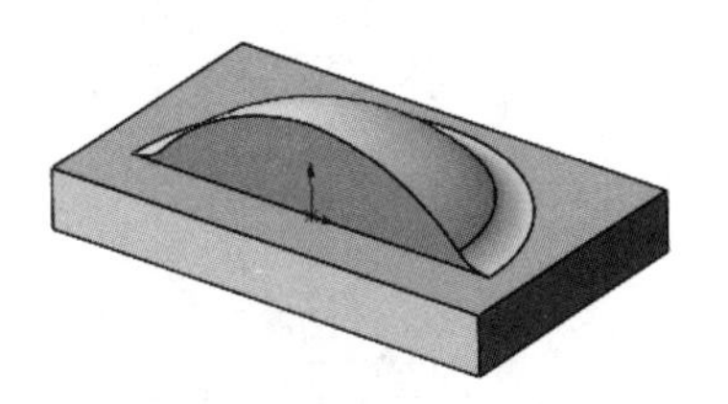

图 8-127 “成形工具”属性管理器

图 8-128 成形工具

（10）保存成形工具。单击“快速访问”工具栏中的“保存”按钮，或选择菜单栏中的“文件”→“保存”命令，在弹出的“另存为”对话框中输入文件名为“多功能开瓶器成形工具”，然后单击“保存”按钮，如图 8-129 所示。

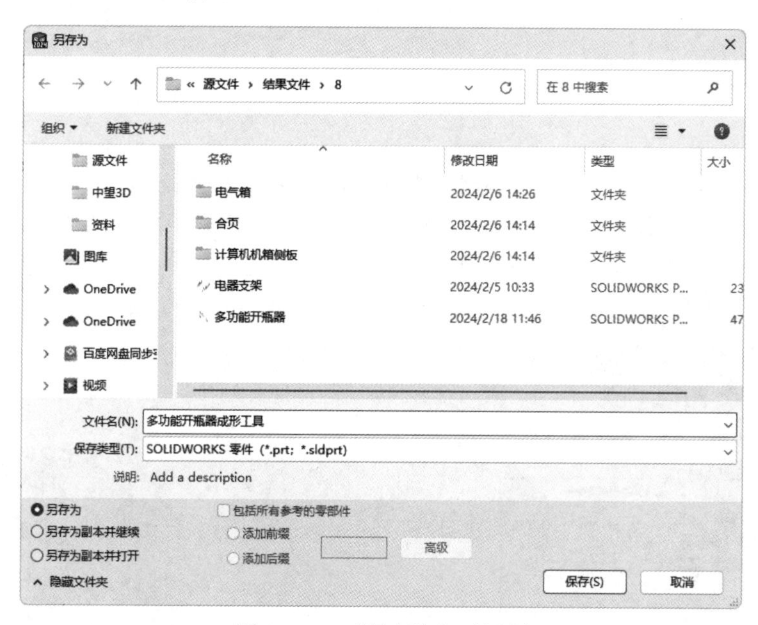

图 8-129 “另存为”对话框

（11）保存成形工具。在右侧任务窗格中单击“设计库”按钮，在弹出的“设计库”任务窗格中单击“添加到库”按钮，系统弹出“添加到库”属性管理器，如图 8-130 所示。在“设计库文件夹”列表框中选择“自定义”文件夹作为成形工具的保存位置，如图 8-131 所示。将该成形工具命名为“多功能开瓶器成形工具”，保存类型为*.sldprt，单击“确定”按钮，完成对成形工具的保存。

这时，单击右侧的“设计库”按钮，根据图 8-131 所示的路径可以找到保存的成形工具。

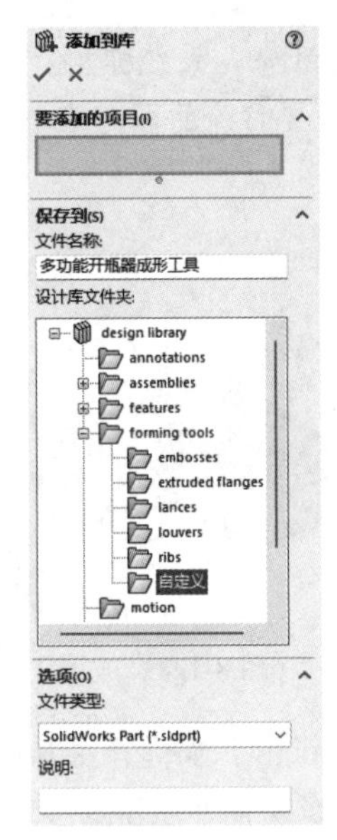

图 8-130　“添加到库”属性管理器

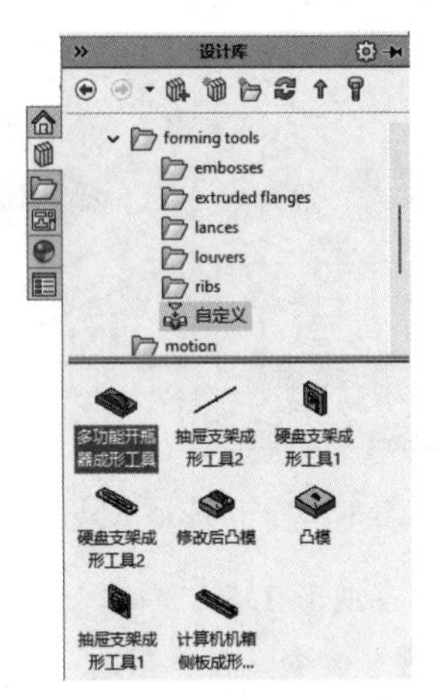

图 8-131　查看成形工具

扫一扫，看视频

8.3.3　添加成形工具

【操作步骤】

（1）拖放成形工具。单击右侧的“设计库”按钮，系统弹出“设计库”任务窗格，在任务窗格中选择 design library 文件夹下的 forming tools 文件夹，然后右击将其设置成“成形工具文件夹”，如图 8-132 所示。双击打开 forming tools 文件夹下的“自定义”文件夹，找到需要添加的成形工具“多功能开瓶器成形工具”，将其拖放到钣金零件的背面，如图 8-133 所示。

图 8-132　“设计库”任务窗格

图 8-133　拖放成形工具

（2）编辑位置。系统弹出“成形工具特征”属性管理器，设置旋转角度为 0 度，如图 8-134 所示。单击“位置”选项卡，单击“草图”选项卡中的“智能尺寸”按钮，标注成形工具在钣金零件上的位置尺寸，如图 8-135 所示，最后单击“成形工具特征”属性管理器中的“确定”按钮，完成对成形工具的添加，如图 8-136 所示。

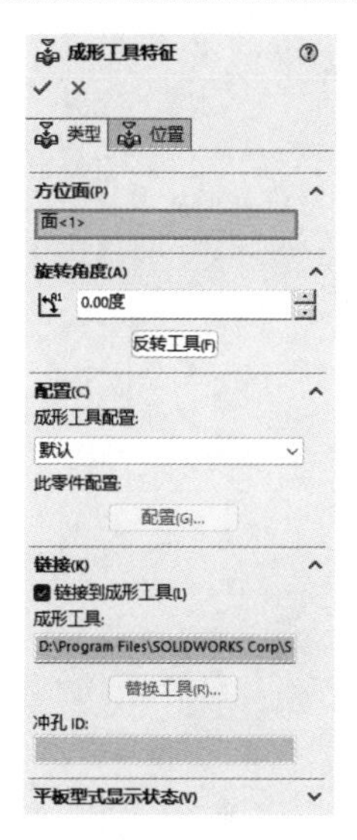

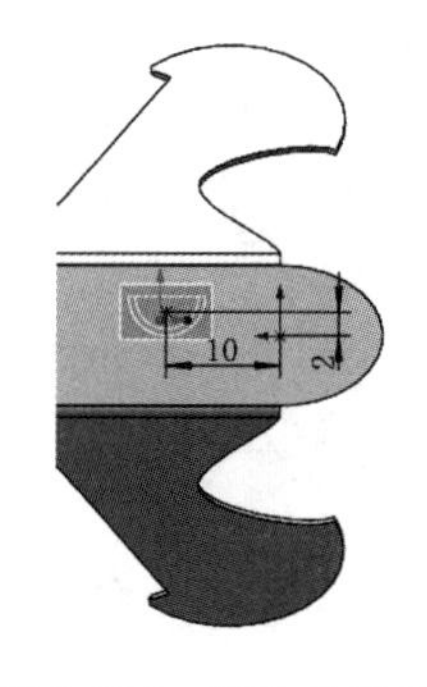

图 8-134　“成形工具特征”属性管理器　　图 8-135　标注位置尺寸　　图 8-136　添加的成形工具

（3）阵列成形特征。单击“特征”选项卡中的“线性阵列”按钮，系统弹出“线性阵列”属性管理器，在绘图区选取长边边线 1 作为阵列方向 1，单击“反向”按钮，更改阵列方向，输入阵列距离为 10.00mm，实例数为 4、选取边线 2 作为阵列方向 2，输入阵列距离为 5.00mm、实例数为 2，选择步骤（2）创建的成形工具作为要阵列的特征，如图 8-137 所示。单击“确定”按钮，结果如图 8-138 所示。

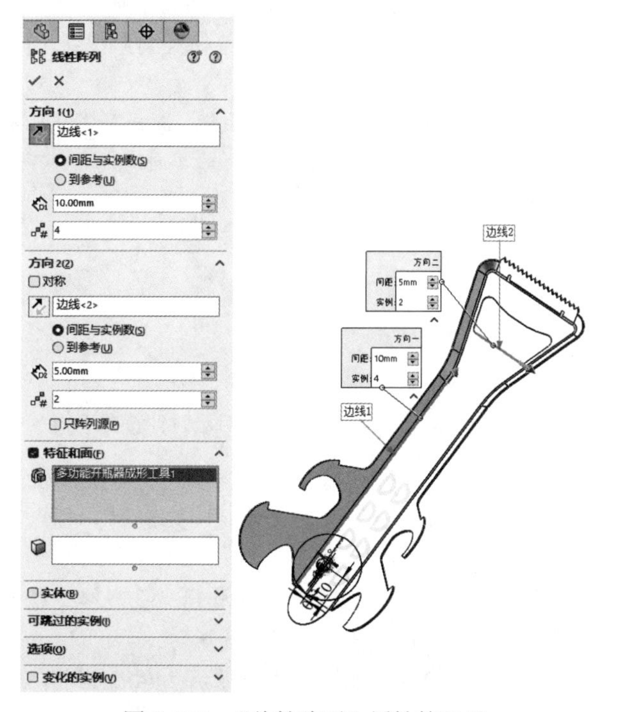

图 8-137　“线性阵列”属性管理器

图 8-138　阵列成形特征

8.4 合　页

本节采用钣金设计方法中的关联设计生成合页装配体，如图 8-139 所示。

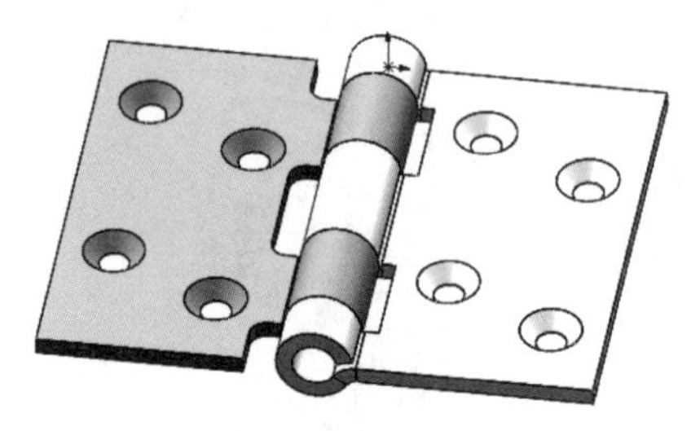

图 8-139　合页

扫一扫，看视频

8.4.1 创建合页 1

【操作步骤】

（1）新建文件。单击“快速访问”工具栏中的“新建”按钮，或选择菜单栏中的“文件”→“新建”命令，在弹出的“新建 SOLIDWORKS 文件”对话框中单击“零件”按钮，然后单击“确定”按钮，创建一个新的零件文件。

（2）绘制草图 1。在 FeatureManager 设计树中选择“前视基准面”作为草绘基准面，单击“草图”选项卡中的“圆”按钮、“直线”按钮、“剪裁实体”按钮和“绘制圆角”按钮，绘制草图 1，如图 8-140 所示。

（3）创建拉伸特征 1。单击“特征”选项卡中的“拉伸凸台/基体”按钮，选择草图 1，系统弹出“凸台-拉伸”属性管理器，设置深度为 80mm，单击“确定”按钮，结果如图 8-141 所示。

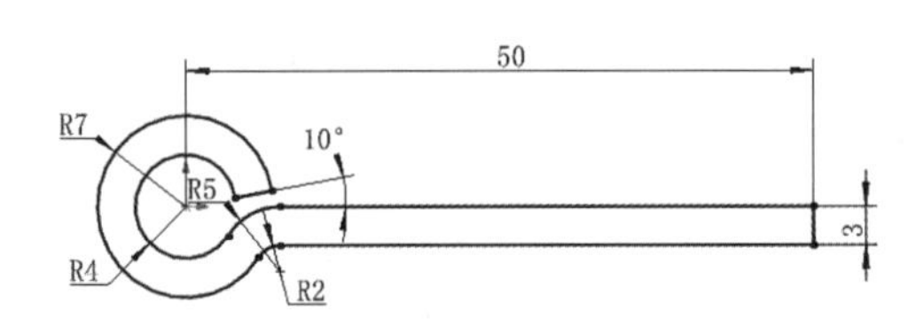

图 8-140　绘制草图 1

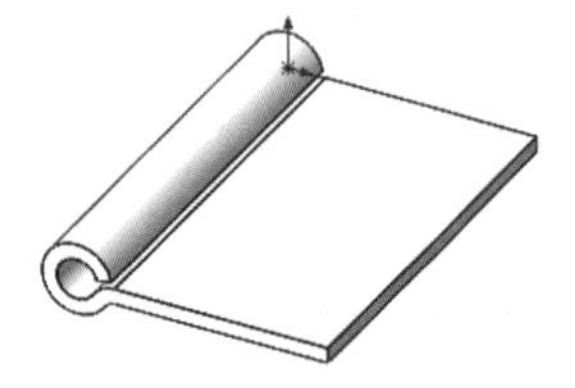

图 8-141　拉伸特征 1

（4）插入折弯。单击“钣金”选项卡中的“插入折弯”按钮，系统弹出“折弯”属性管理器，单击图 8-142 所示的面作为固定面，设置折弯半径为 0.5mm，单击“确定”按钮，插入折弯完成。

（5）创建锥孔。单击“特征”选项卡中的“异型孔向导”按钮，系统弹出“孔规格”属性管理器，在“孔类型”选项组中，选择“锥形沉头孔”，其他设置如图 8-143 所示。

（6）标注孔位置。单击“位置”选项卡，在钣金件的表面选择适当的位置添加 4 个锥孔，标注锥孔的位置尺寸，如图 8-144 所示。单击“确定”按钮，结果如图 8-145 所示。

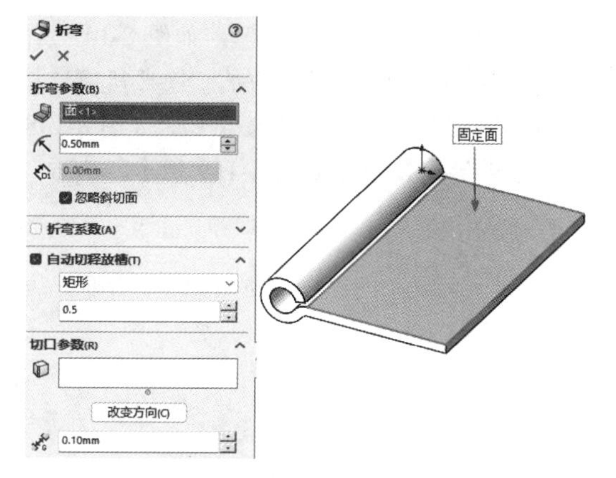

图 8-142　“折弯”属性管理器

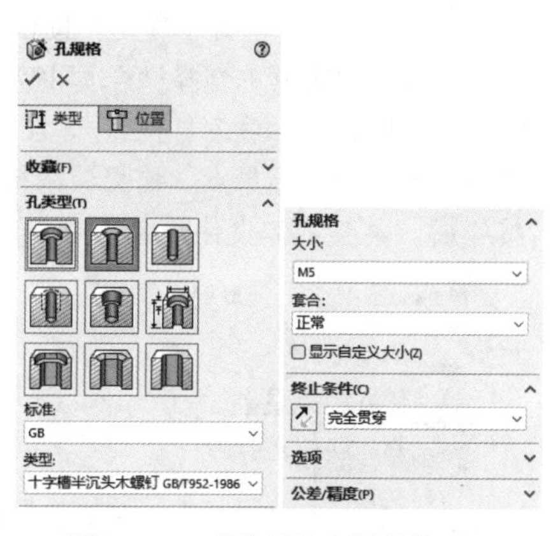

图 8-143　“孔规格”属性管理器

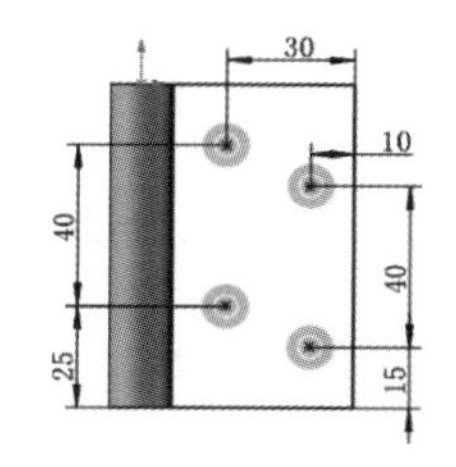

图 8-144　标注锥孔的位置尺寸

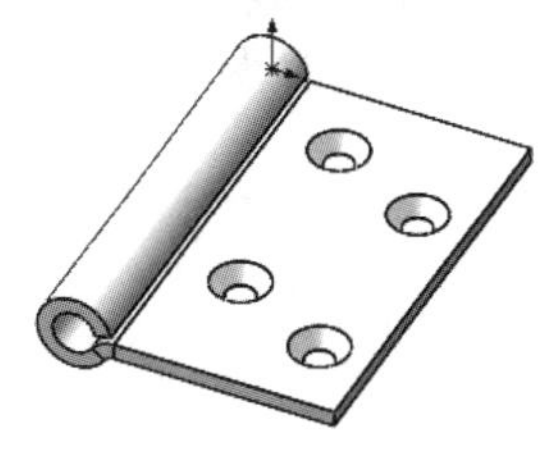

图 8-145　创建的锥孔

（7）保存文件。单击“保存”按钮将文件保存，保存文件名为“合页 1”。

8.4.2　关联设计合页 2

扫一扫，看视频

【操作步骤】

（1）新建装配体文件。选择菜单栏中的“文件”→“新建”命令，系统弹出“新建 SOLIDWORKS 文件”对话框，单击“高级”按钮，在打开的“模板”选项卡中选择 gb_assembly 文件，如图 8-146 所示。

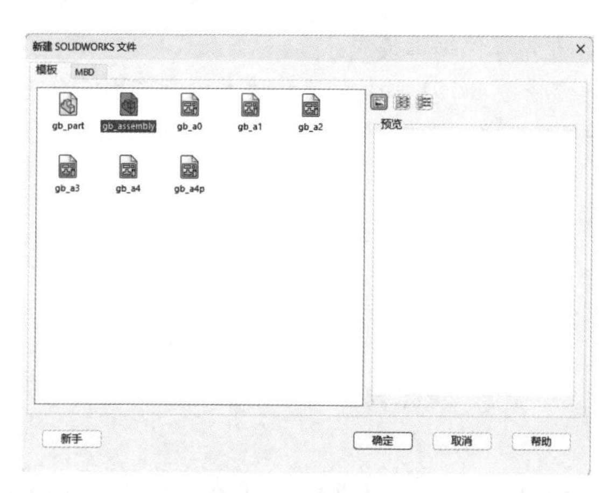

图 8-146　“新建 SOLIDWORKS 文件”对话框

（2）插入合页 1。单击“确定”按钮，系统弹出“开始装配体”属性管理器，如图 8-147 所示，在“打开文档”列表框中选择“合页 1”零件，单击“视图（前导）”工具栏中的“隐藏所有”按钮右侧的“隐藏/显示项目”按钮，在展开的下拉列表中单击“观阅原点”按钮，如图 8-148 所示，显示绘图区的坐标原点。捕捉该坐标原点将合页 1 插入装配体中，如图 8-149 所示。单击“保存”按钮，将装配体文件命名为“合页”保存。

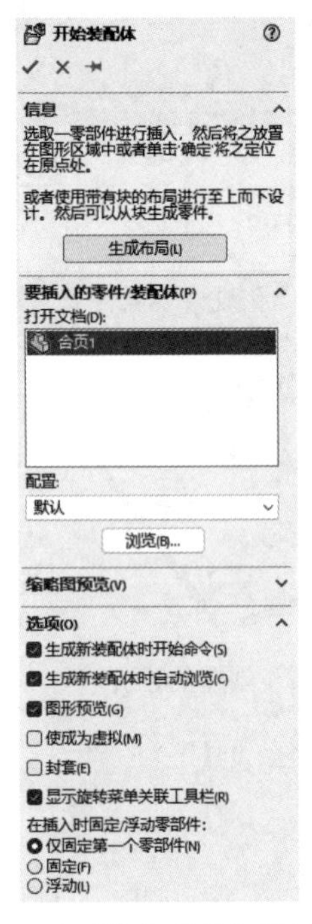

图 8-147 “开始装配体”属性管理器

图 8-148 单击按钮

图 8-149 捕捉原点

（3）插入新零件。选择菜单栏中的“插入”→“零部件”→“新零件”命令，将文件名保存为“合页 2”，系统将在 FeatureManager 设计树中添加一个新零件，如图 8-150 所示。

（4）编辑新零件。在 FeatureManager 设计树中选取新插入的零件后右击，在弹出的快捷菜单中单击“编辑零件”按钮，进入零件编辑模式。

（5）绘制新零件草图。选择图 8-151 所示的面作为草绘基准面，单击“草图”选项卡中的“绘制草图”按钮，进入草绘环境。单击“草图”选项卡中的“转换实体引用”按钮，系统弹出“转换实体引用”属性管理器，将图 8-152 所示的各条边线转换为草图图素。

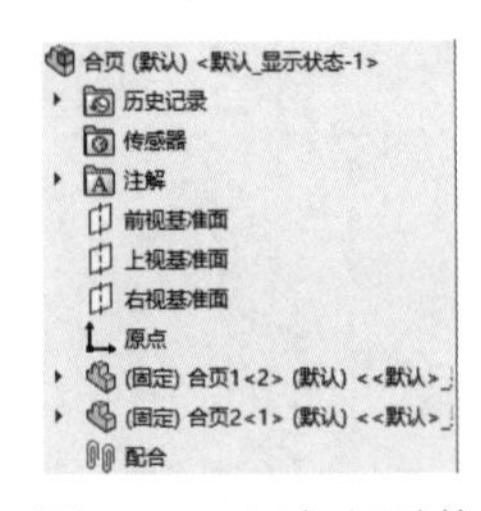

图 8-150 添加新零件

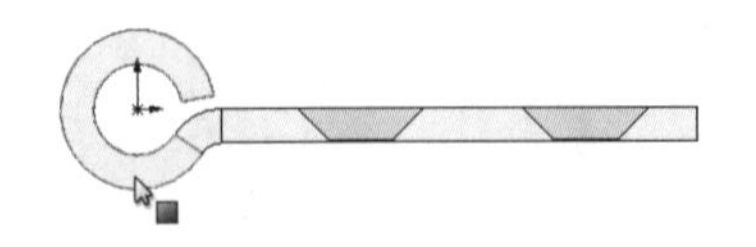

图 8-151 选择放置新零件的基准面

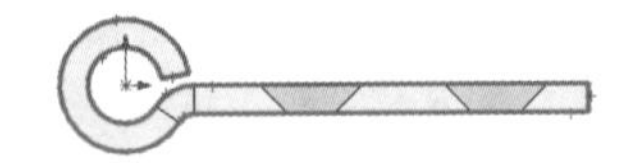

图 8-152 转换实体引用

（6）绘制中心线。单击“草图”选项卡中的“中心线”按钮，过原点绘制一条竖直的中心线，如图 8-153 所示。

（7）镜向草图实体。单击“草图”选项卡中的“镜向实体”按钮，框选所有草图的线条作为要镜向的实体，选择竖直中心线作为镜向线，并且取消勾选“复制”复选框，如图 8-154 所示，单击“确定”按钮，镜向完成。

图 8-153　绘制中心线　　　　图 8-154　镜向草图实体

（8）创建拉伸特征。单击“特征”选项卡中的“拉伸凸台/基体”按钮，系统弹出“凸台-拉伸”属性管理器，设置深度为 80mm，单击“反向”按钮，调整拉伸方向，如图 8-155 所示，单击“确定”按钮生成拉伸实体特征，如图 8-156 所示。

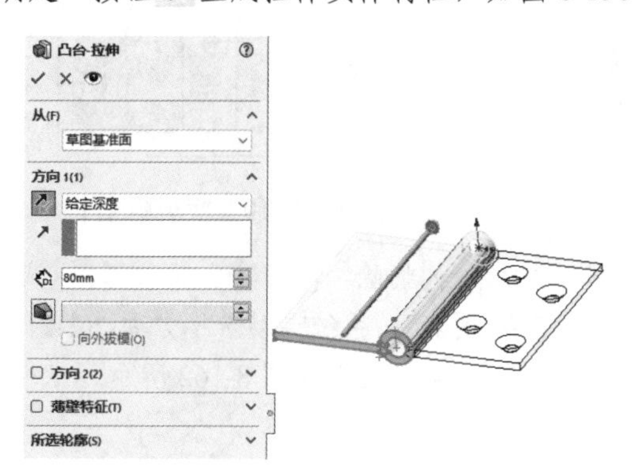

图 8-155　“凸台-拉伸”属性管理器

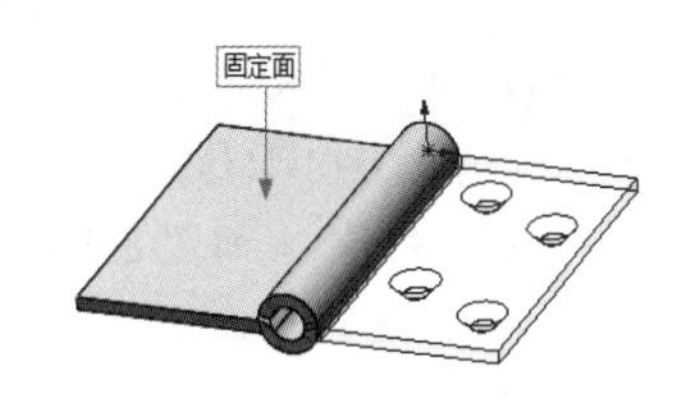

图 8-156　生成的拉伸实体

（9）插入折弯。单击“钣金”选项卡中的“插入折弯”按钮，系统弹出“折弯”属性管理器，选择图 8-156 所示“合页 2”的面作为固定面，其他设置默认，单击“确定”按钮，插入折弯。

（10）创建锥孔特征。单击“特征”选项卡中的“异型孔向导”按钮，系统弹出“孔规格”属性管理器，在“孔类型”选项组中选择“锥形沉头孔”，其他设置如图 8-157 所示。单击“位置”选项卡，在钣金件的表面选择适当的位置添加 4 个锥孔，标注锥孔的位置智能尺寸，如图 8-158 所示。

（11）编辑“合页 1”。单击“草图”选项卡中的“编辑零部件”按钮，退出“合页 2”零件的编辑状态。然后在 FeatureManager 设计树中单击选择“合页 1”零件，单击“编辑零件”按钮，切换到“合页 1”零件的编辑状态。

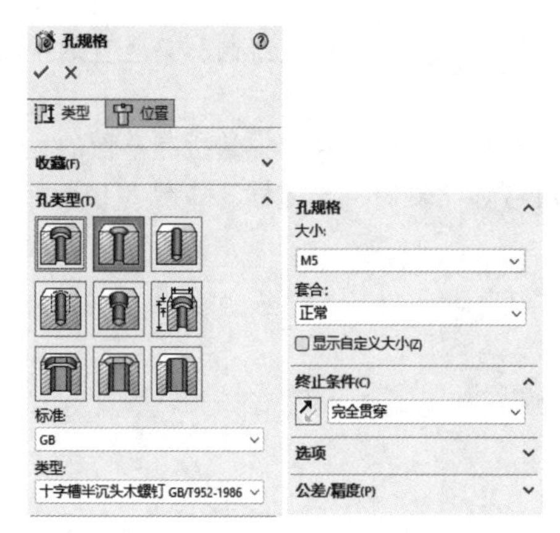

图 8-157 “孔规格”属性管理器

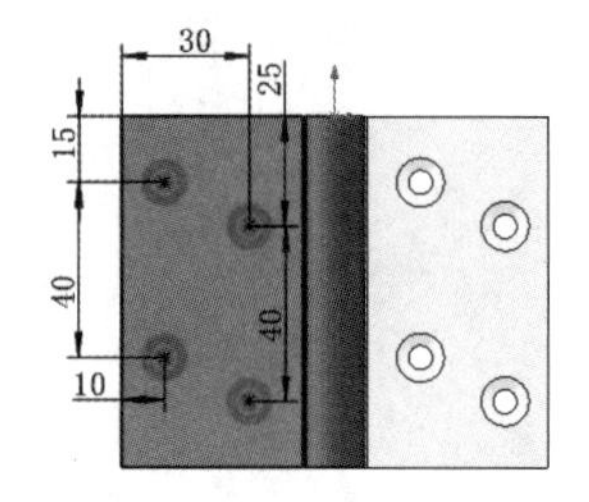

图 8-158 标注锥孔的位置智能尺寸

（12）绘制草图 1。在“合页 1”零件实体上选择图 8-159 所示的面作为草绘基准面，单击“草图”选项卡中的“绘制草图”按钮，进入草绘环境。单击“草图”选项卡中的“边角矩形”按钮和“绘制圆角”按钮，绘制草图并标注其智能尺寸，如图 8-160 所示。

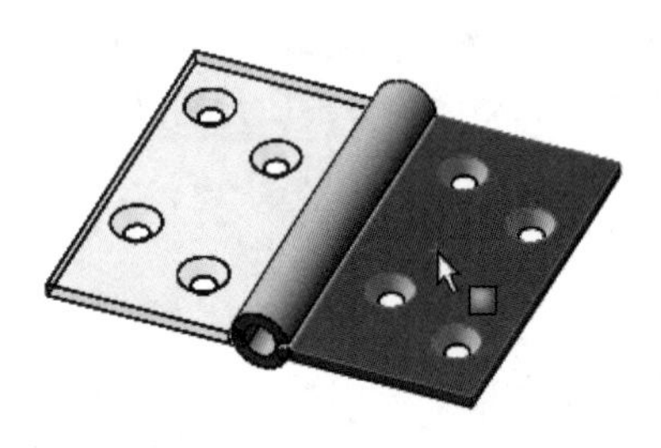

图 8-159 选择草绘基准面

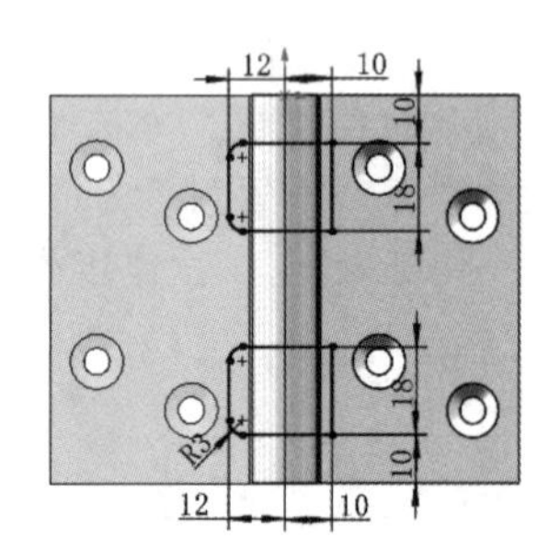

图 8-160 绘制草图 1

（13）创建拉伸切除特征 1。单击“特征”选项卡中的“拉伸切除”按钮，系统弹出“切除-拉伸”属性管理器，方向 1(1)的“终止条件”选择“完全贯穿-两者”，系统自动选择方向 2(2)的“终止条件”为“完全贯穿”，如图 8-161 所示。单击“确定”按钮，结果如图 8-162 所示。

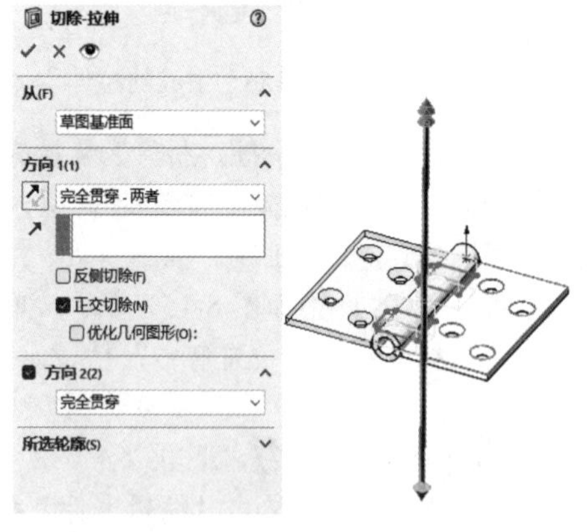

图 8-161 “切除-拉伸”属性管理器

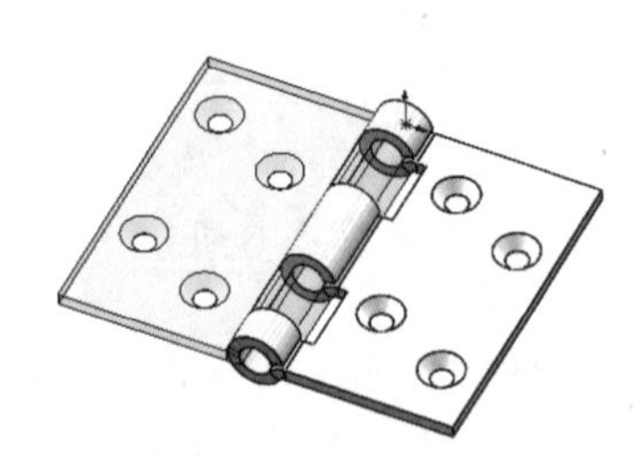

图 8-162 拉伸切除特征 1

（14）编辑“合页2”。单击“编辑零部件”按钮，退出“合页1”的编辑状态。在FeatureManager设计树中单击选择“合页2”零件，单击“草图”选项卡中的“编辑零部件”按钮，切换到“合页2”零件的编辑状态。

（15）绘制草图2。在“合页2”零件实体上选择图8-163所示的面作为草绘基准面，单击“草图”选项卡中的“绘制草图”按钮，进入草绘环境。单击“草图”选项卡中的“直线”按钮，绘制草图并标注其智能尺寸，如图8-164所示。

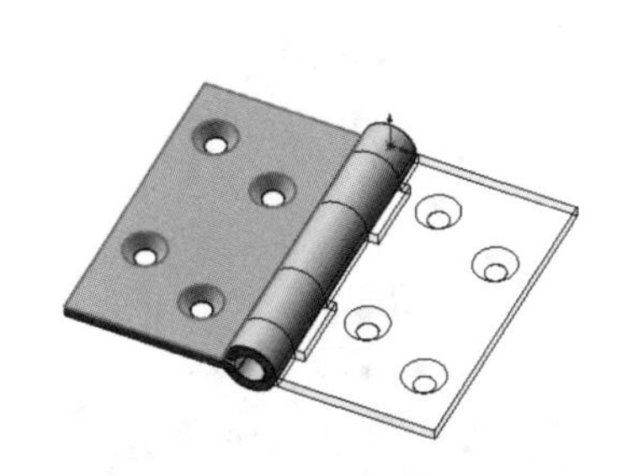

图8-163 选择草绘基准面

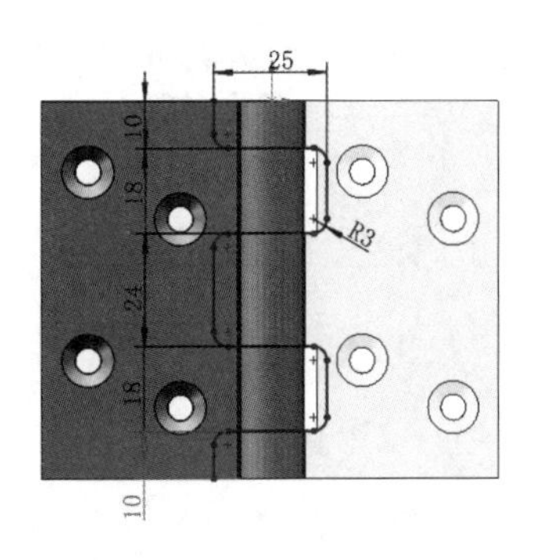

图8-164 绘制草图2

（16）创建拉伸切除特征2。单击“特征”选项卡中的“拉伸切除”按钮，系统弹出“切除-拉伸”属性管理器，方向1(1)的“终止条件”选择“完全贯穿-两者”，系统自动选择方向2(2)的“终止条件”为“完全贯穿”，单击“确定”按钮，结果如图8-165所示。

（17）退出零件编辑状态并保存文件。单击“编辑零部件”按钮，退出“合页2”的编辑状态，进入装配体设计环境。单击“快速访问”工具栏中的“保存”按钮将文件保存，弹出“保存修改的文档”对话框，如图8-166所示。单击“保存所有”按钮，零部件将保存在与装配体相同的路径下。

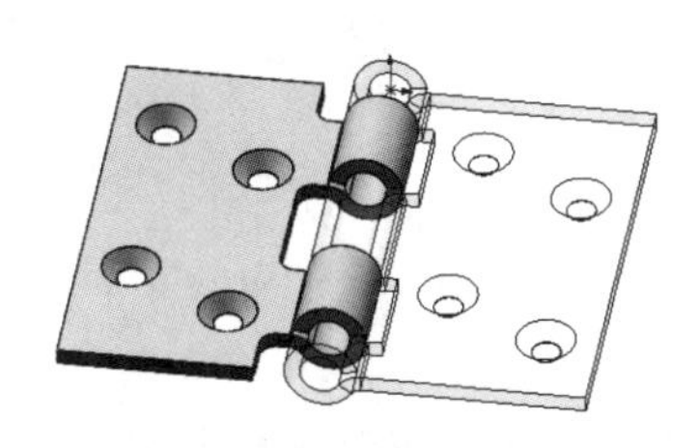

图8-165 拉伸切除特征2

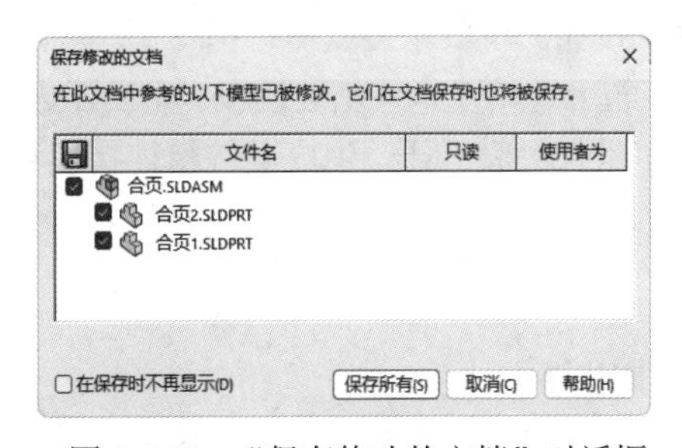

图8-166 “保存修改的文档”对话框

（18）修改“合页2”的装配状态。在装配体的FeatureManager设计树中右击“合页2”零件，在弹出的快捷菜单中选择“浮动”命令，如图8-167所示。将合页2的状态改为浮动。

（19）展平钣金件。在装配体的FeatureManager设计树中右击“合页1”零件，在弹出的快捷菜单中单击“打开零件”按钮，如图8-168所示，进入零件界面。单击“钣金”选项卡中的“展平”按钮，将“合页1”钣金件展平，如图8-169所示。用同样的方法，展平“合页2”钣金件，如图8-170所示。

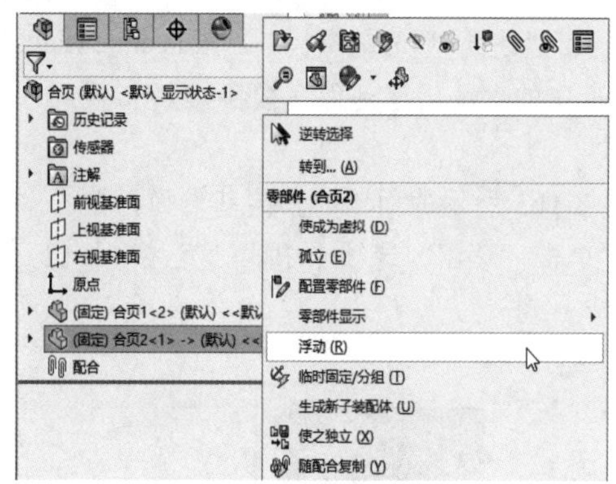

图 8-167　修改零件状态

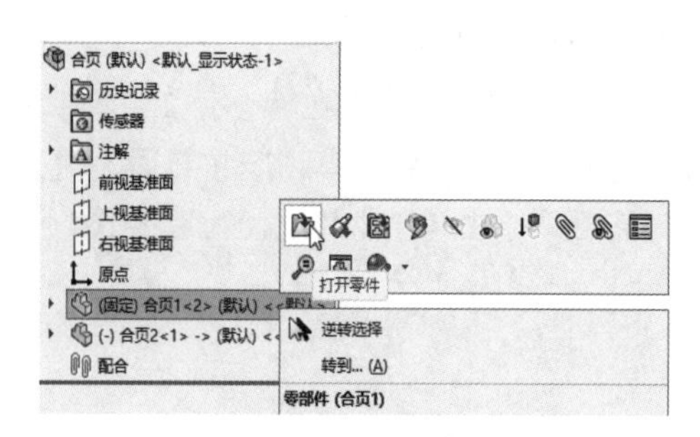

图 8-168　打开零件

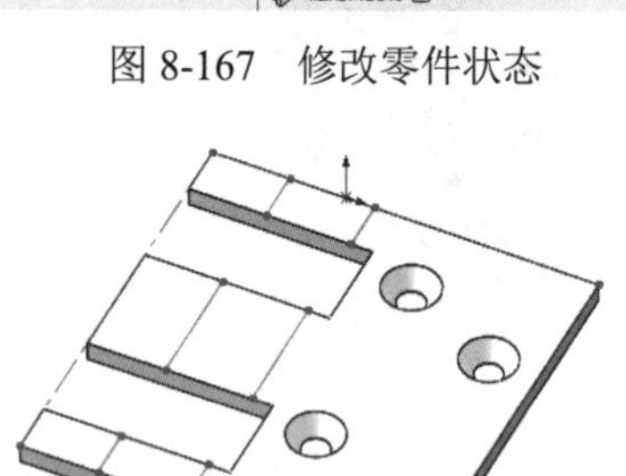

图 8-169　展平的“合页 1”零件

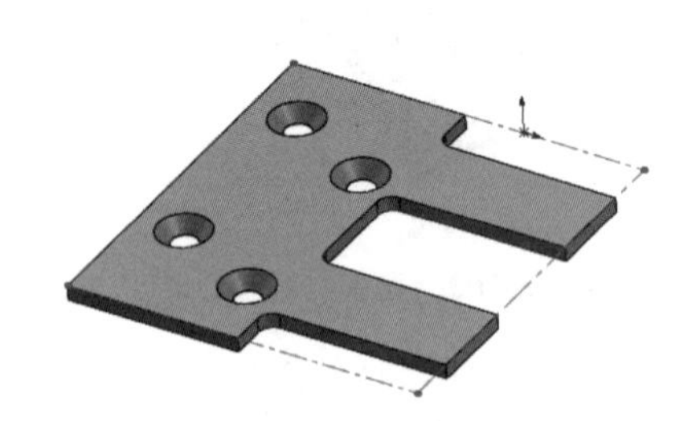

图 8-170　展平的“合页 2”零件

8.5　电　气　箱

本节将以图 8-171 所示的电气箱装配体为例，再次练习钣金件的关联设计。电气箱装配体包括 3 个零件，分别是电气箱下箱体、电气箱上箱体及电气箱连接板。先设计电气箱下箱体，在装配体环境中进行关联设计，生成电气箱连接板和电气箱上箱体。

图 8-171　电气箱

扫一扫，看视频

8.5.1　创建电气箱下箱体

【操作步骤】

（1）新建文件。单击“快速访问”工具栏中的“新建”按钮，或选择菜单栏中的“文件”→“新建”命令，在弹出的“新建 SOLIDWORKS 文件”对话框中单击“零件”按钮，然后单击“确定”按钮，创建一个新的零件文件。

（2）绘制草图 1。在 FeatureManager 设计树中选择“前视基准面”作为草绘基准面，单击“草图”选项卡中的“直线”按钮，绘制草图 1，如图 8-172 所示。

（3）创建基体法兰特征。单击“钣金”选项卡中的“基体法兰/薄片”按钮，系统弹出“基体法兰”属性管理器，输入厚度值为 0.5mm、折弯半径数值为 1mm，其他参数取默认值，如图 8-173 所示，单击“确定”按钮。

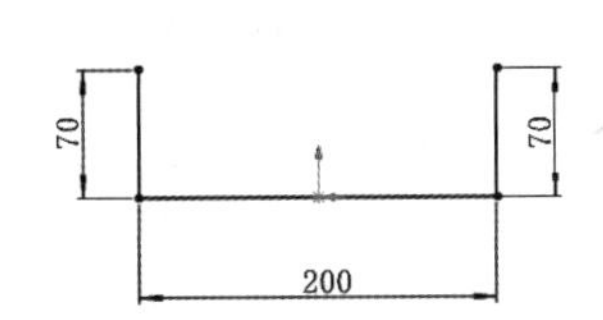

图 8-172 绘制草图 1

图 8-173 “基体法兰”属性管理器

（4）创建斜接法兰 1。单击“钣金”选项卡中的“斜接法兰”按钮，选择图 8-174 所示的基准面作为草绘平面，绘制图 8-175 所示的草图 2，单击“退出草图”按钮，系统弹出“斜接法兰”属性管理器，“法兰位置”选择“材料在内”，如图 8-176 所示。在钣金件上选择边线，然后单击“确定”按钮，生成斜接法兰。

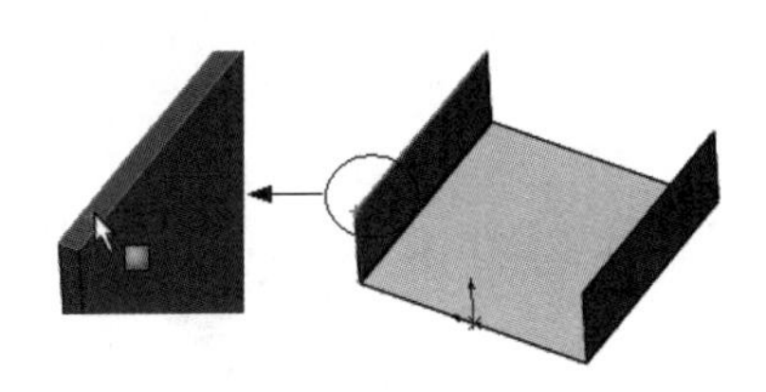

图 8-174 选择基准面

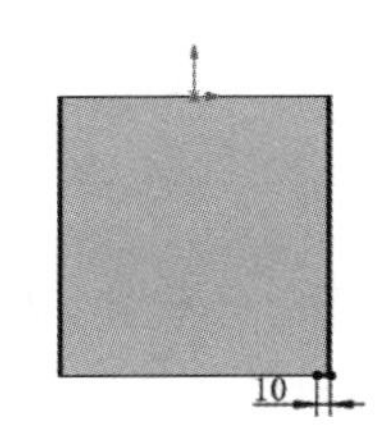

图 8-175 绘制斜接法兰草图

（5）创建斜接法兰 2。用同样的方法，在钣金件的另一侧生成斜接法兰，如图 8-177 所示。

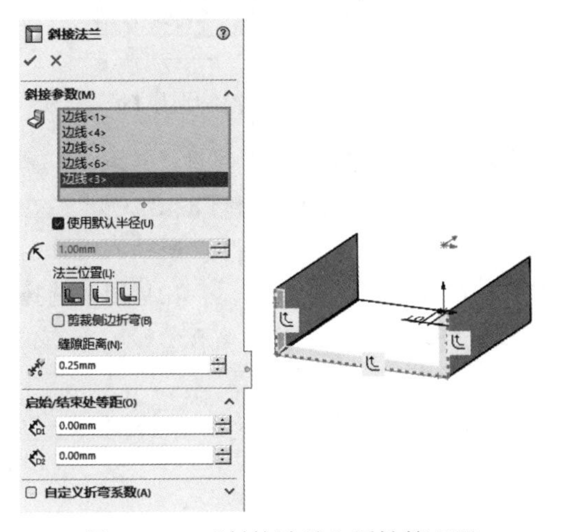

图 8-176 “斜接法兰”属性管理器

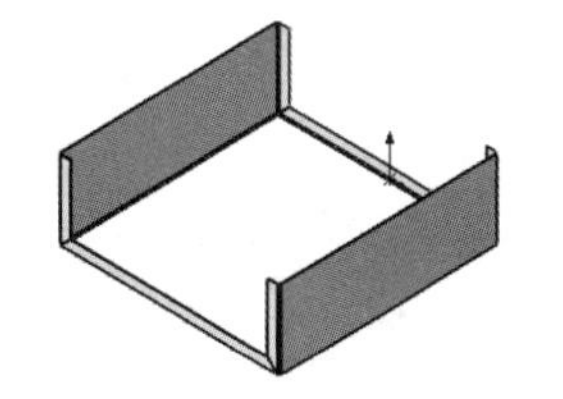

图 8-177 生成两端斜接法兰

（6）创建边线法兰 1。单击“钣金”选项卡中的“边线法兰”按钮，系统弹出“边线-法兰 1”属性管理器，选择边线 1 和边线 2，输入长度为 10mm，选择“内部虚拟交点”，选择“材料在内”，勾选“剪裁侧边折弯”复选框，其他设置如图 8-178 所示。单击“确定”按钮，生成边线法兰 1，如图 8-179 所示。

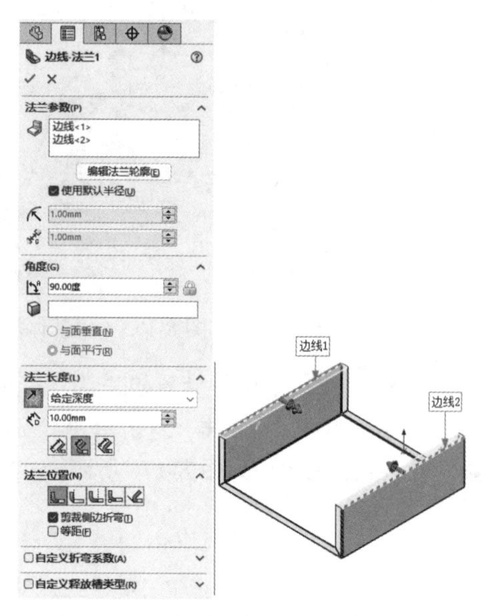

图 8-178 “边线-法兰 1”属性管理器

（7）绘制通风口草图。选择图 8-179 所示的面作为草绘基准面，单击“草图”选项卡中的“圆”按钮，绘制通风口草图，如图 8-180 所示。

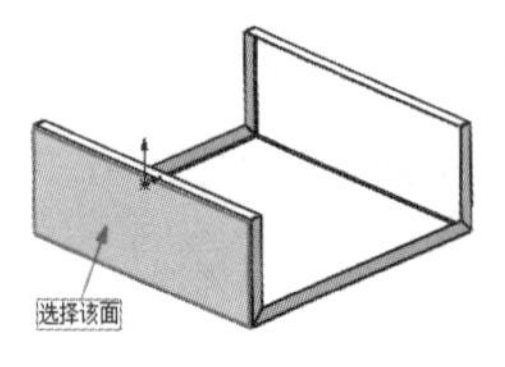

图 8-179 边线法兰 1

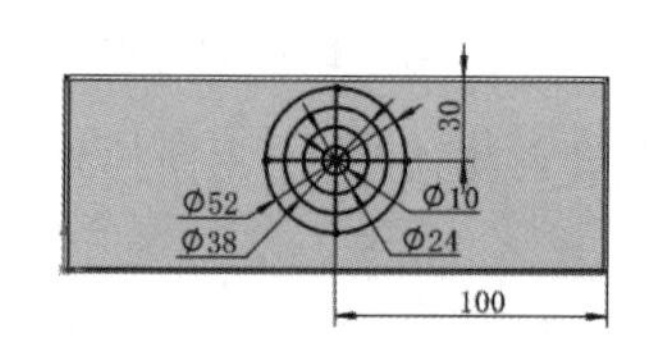

图 8-180 绘制通风口草图

（8）创建通风口。单击“钣金”选项卡中的“通风口”按钮，系统弹出“通风口”属性管理器，选择通风口草图中的最大直径圆作为边界，输入圆角半径为 1mm，如图 8-181 所示。在草图中选择两条互相垂直的直线作为通风口的筋，输入筋的宽度为 4mm，如图 8-182 所示。在草图中选择中间的两个圆作为通风口的翼梁，输入翼梁的宽度为 3mm，如图 8-183 所示。在草图中选择最小直径的圆作为通风口的填充边界，如图 8-184 所示。设置结束后单击“确定”按钮，生成通风口，如图 8-185 所示。

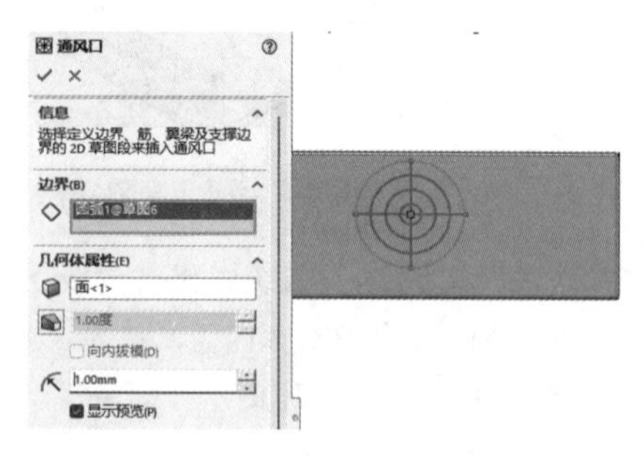

图 8-181 “通风口”属性管理器

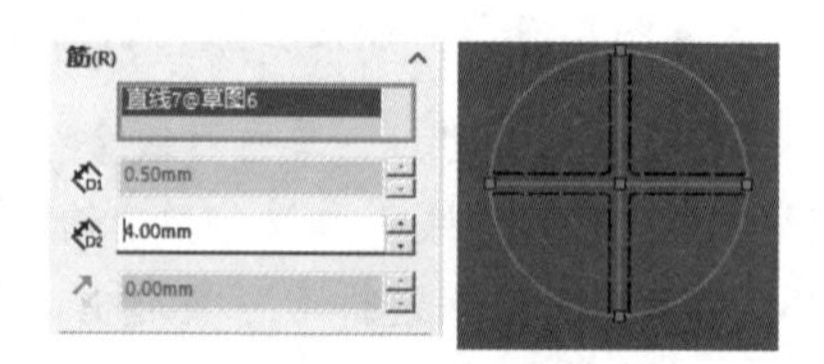

图 8-182 选择通风口的筋

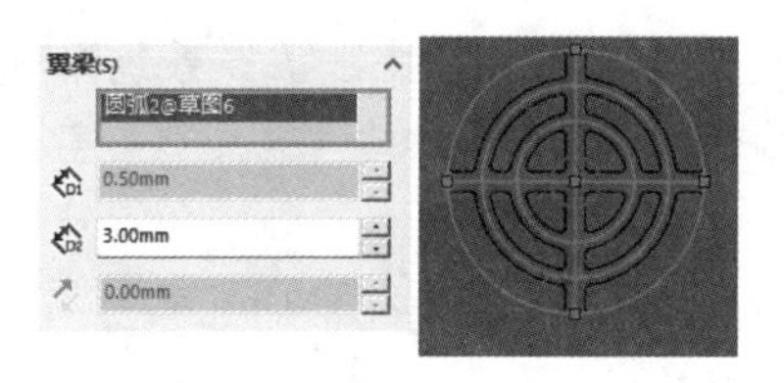

图 8-183　选择通风口翼梁

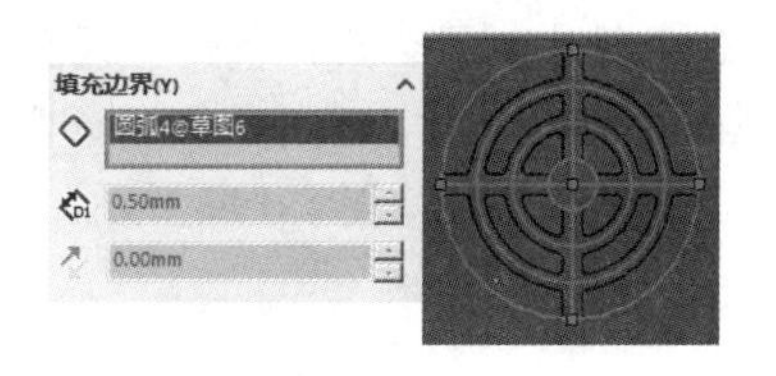

图 8-184　选择填充边界

（9）绘制草图 7。选择图 8-186 所示的面作为草绘基准面，单击“草图”选项卡中的“边角矩形”按钮，绘制草图 7，如图 8-187 所示。

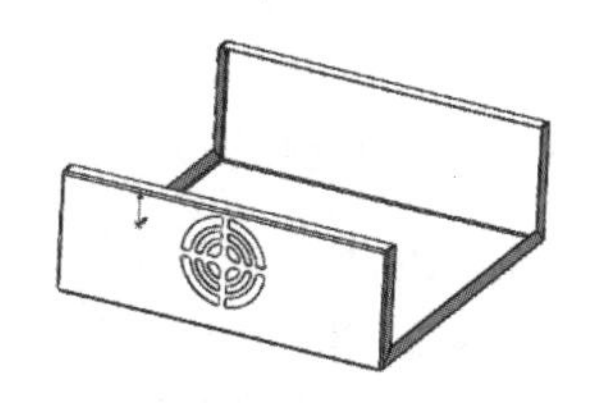

图 8-185　生成的通风口

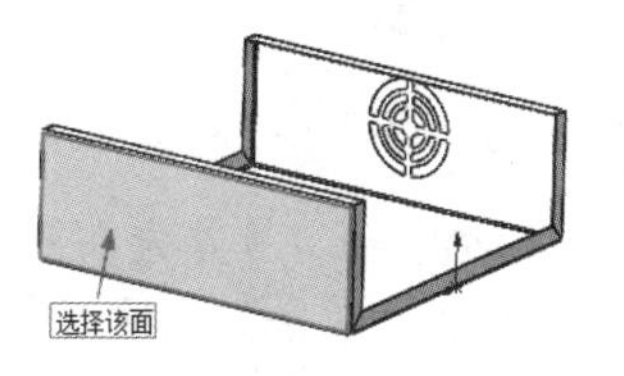

图 8-186　选择草绘基准面

（10）创建拉伸切除特征。单击“钣金”选项卡中的“拉伸切除”按钮，系统弹出“切除-拉伸”属性管理器，输入拉伸深度为 10mm，单击“确定”按钮✔生成拉伸切除特征，如图 8-188 所示。

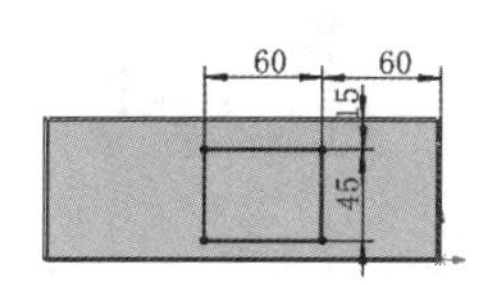

图 8-187　绘图草图 7

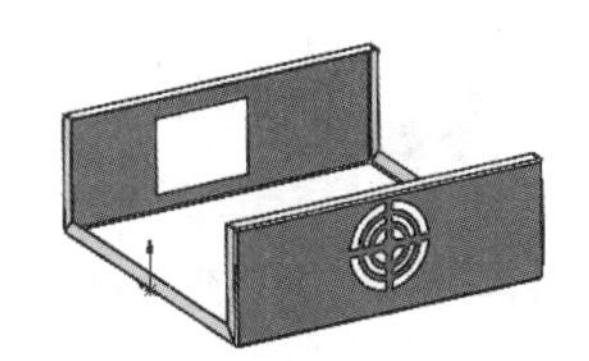

图 8-188　生成拉伸切除特征

（11）创建边线法兰 2。单击“钣金”选项卡中的“边线法兰”按钮，系统弹出“边线-法兰 2”属性管理器，输入长度为 15mm，选择“内部虚拟交点”，选择“材料在内”，其他设置如图 8-189 所示。在钣金件上选择两条竖直边线，单击“确定”按钮✔生成边线法兰，如图 8-190 所示。

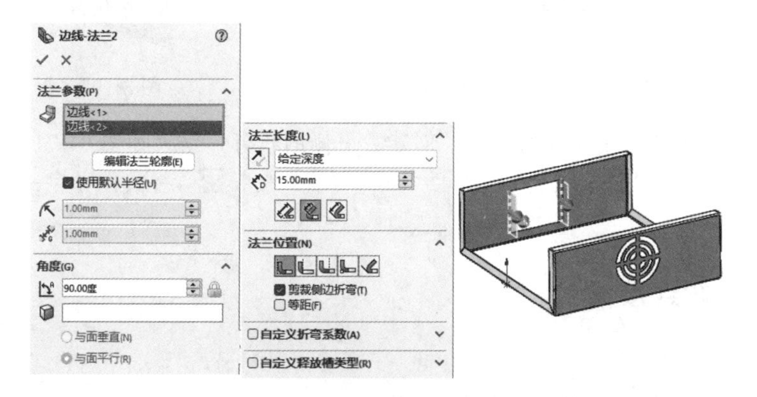

图 8-189　“边线-法兰 2”属性管理器

（12）创建断裂边角。单击“钣金”选项卡中的“断裂边角/边角剪裁”按钮，系统弹出“断裂边角”属性管理器，选择“倒角”，输入距离为5mm，选择图8-191所示的4条边线，单击“确定”按钮，结果如图8-192所示。

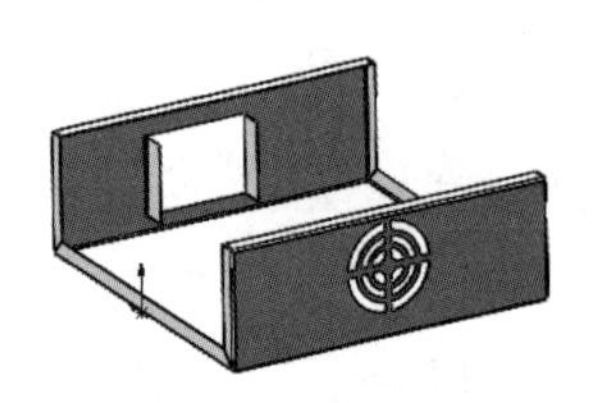
图8-190　边线法兰2

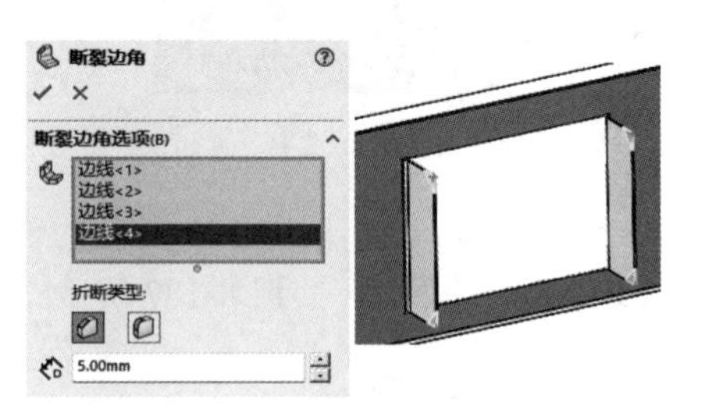

图8-191　“断裂边角”属性管理器

（13）创建折弯特征1。首先在图8-192所示的面上绘制一条直线，标注直线的位置尺寸，如图8-193所示。单击“钣金”选项卡中的“绘制的折弯”按钮，系统弹出“绘制的折弯”属性管理器，选择“折弯中心线”，单击图8-192所示的面作为固定面，单击“反向”按钮，调整折弯方向，其他设置如图8-194所示，单击“确定”按钮生成折弯特征，如图8-195所示。

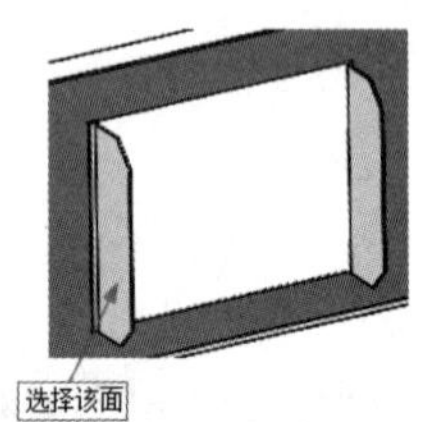

图8-192　创建断裂边角

图8-193　绘制折弯的直线

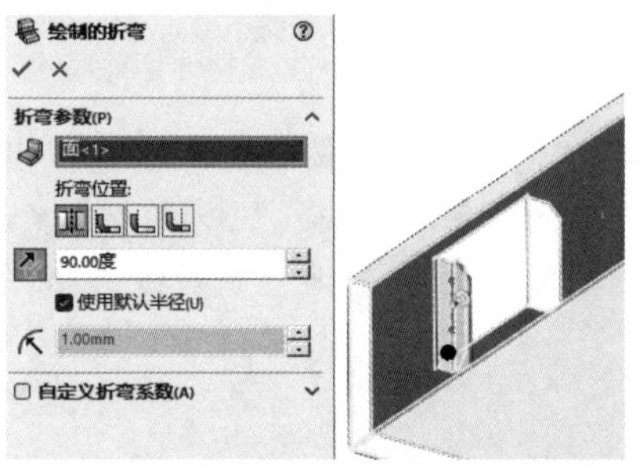

图8-194　“绘制的折弯”属性管理器

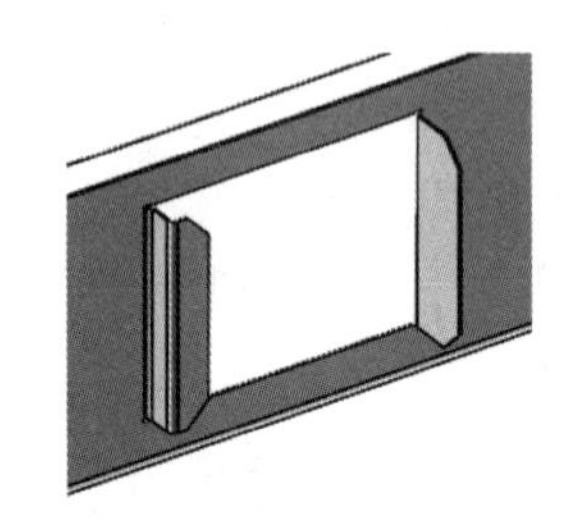
图8-195　折弯特征1

（14）创建折弯特征2。用同样的方法，创建另一侧的折弯，结果如图8-171所示。

（15）保存文件。单击“快速访问”工具栏中的“保存”按钮，将文件保存。保存文件名为“电气箱下箱体”。

扫一扫，看视频

8.5.2　创建电气箱连接板

【操作步骤】

（1）新建装配体文件。选择菜单栏中的“文件”→“新建”命令，系统弹出“新建SOLIDWORKS

文件”对话框，单击“高级”按钮，在打开的“模板”选项卡中选择 gb-assembly 文件，单击“确定”按钮，弹出“开始装配体”属性管理器，单击选择“电气箱下箱体”零件，将其插入装配体原点位置，如图 8-196 所示。单击“保存”属性管理器按钮，将装配体文件命名为“电气箱”保存。

（2）插入新零件。选择菜单栏中的“插入”→“零部件”→“新零件”命令，系统弹出“另存为”对话框，输入文件名“电气箱连接板”进行保存。系统将“电气箱连接板”零件添加在 FeatureManager 设计树中，如图 8-197 所示。

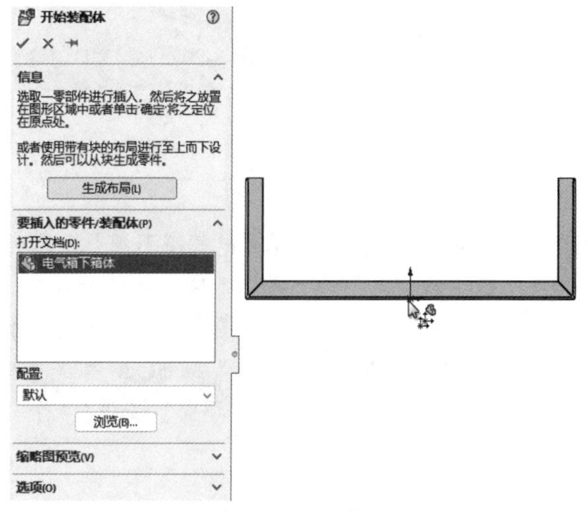

图 8-196　“开始装配体”属性管理器

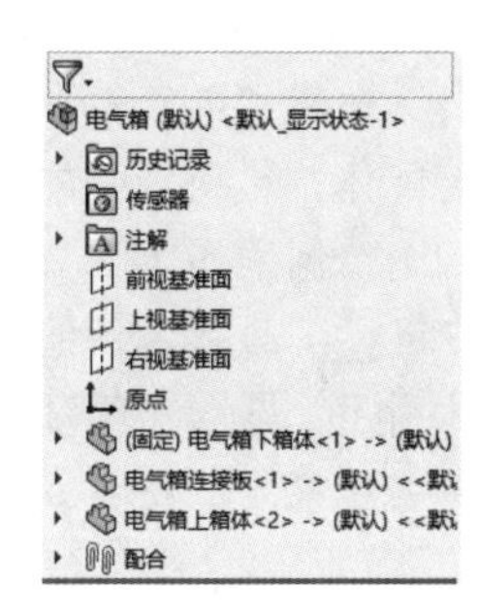

图 8-197　添加新零件

（3）绘制草图。选择图 8-198 所示的面作为草绘基准面，单击“草图”选项卡中的“边角矩形”按钮，绘制草图，如图 8-199 所示。

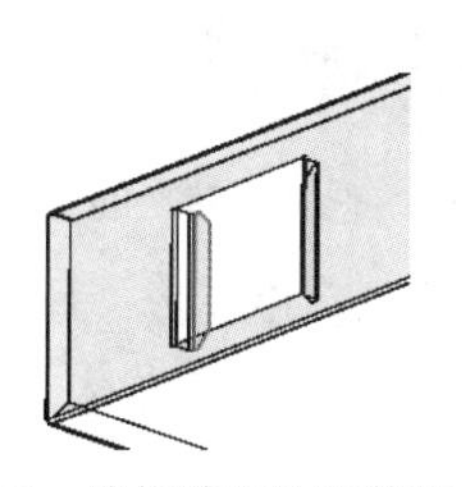

图 8-198　选择放置新零件的基准面

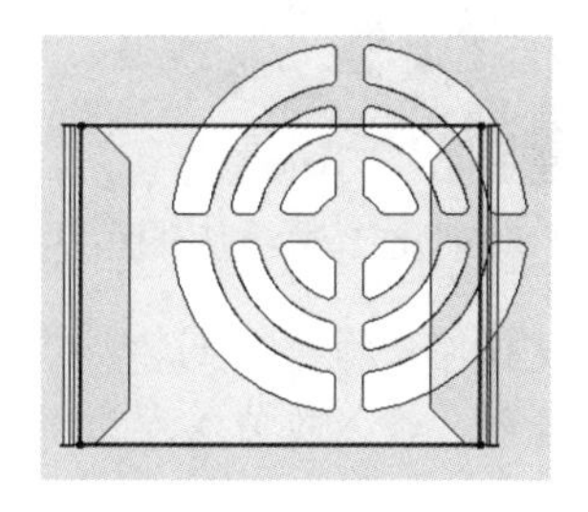

图 8-199　绘制的矩形

（4）创建基体法兰。单击“钣金”选项卡中的“基体法兰/薄片”按钮，系统弹出“基体法兰”属性管理器，输入厚度为 0.5mm，其他参数取默认值，单击“确定”按钮，结果如图 8-200 所示。

（5）绘制拉伸切除草图。选择图 8-200 所示的面作为草绘基准面，绘制图 8-201 所示的草图。

（6）创建拉伸切除特征。单击“特征”选项卡中的“拉伸切除”按钮，系统弹出“切除-拉伸”属性管理器，输入拉伸深度为 10mm，单击“确定”按钮生成切除特征，如图 8-202 所示。

（7）退出编辑。单击“装配体”选项卡中的“编辑零部件”按钮，退出电气箱连接板的编辑状态。

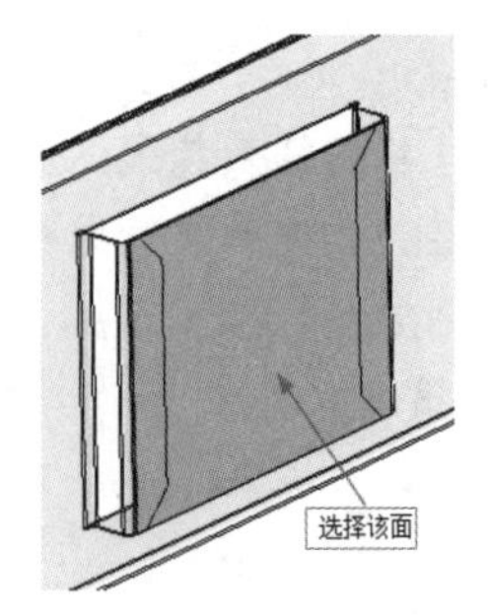

图 8-200　创建基体法兰

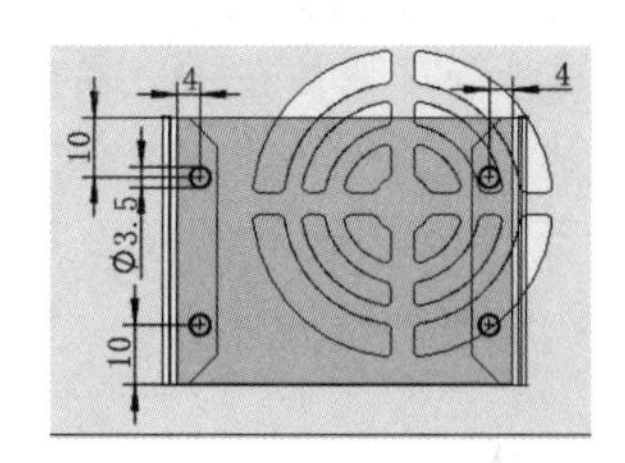

图 8-201　绘制拉伸切除草图

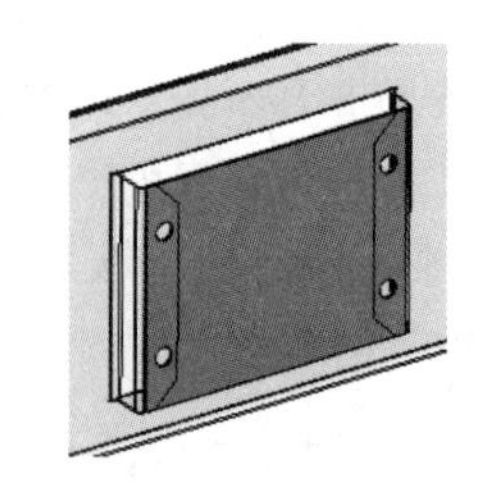
图 8-202　生成的切除特征

扫一扫，看视频

8.5.3　编辑“电气箱下箱体”零件

【操作步骤】

（1）编辑“电气箱下箱体”零件。在 FeatureManager 设计树中选择“电气箱下箱体”零件，单击“装配体”选项卡中的“编辑零部件”按钮，切换到“电气箱下箱体”零件的编辑状态。

（2）绘制草图 12。单击图 8-203 所示的面作为草绘基准面，单击“草图”选项卡中的“草图绘制”按钮，进入草图绘制状态。单击“草图”选项卡中的“转换实体引用”按钮，系统弹出“转换实体引用”属性管理器，选择图 8-204 所示的连接板，单击“选择所有内环面”按钮，4 个孔被选中，单击“确定”按钮，转换完成。

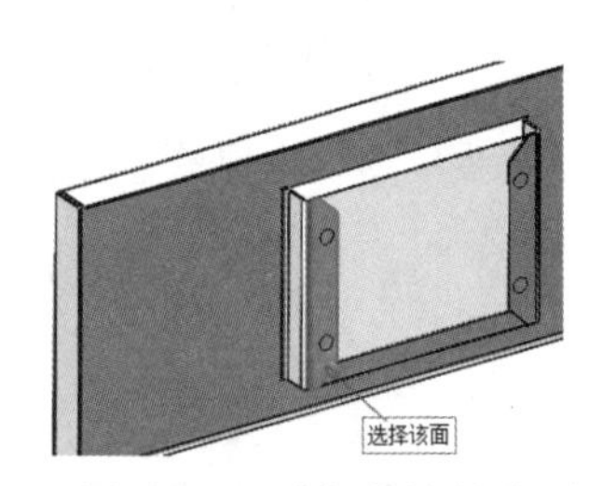

图 8-203　选择草绘基准面

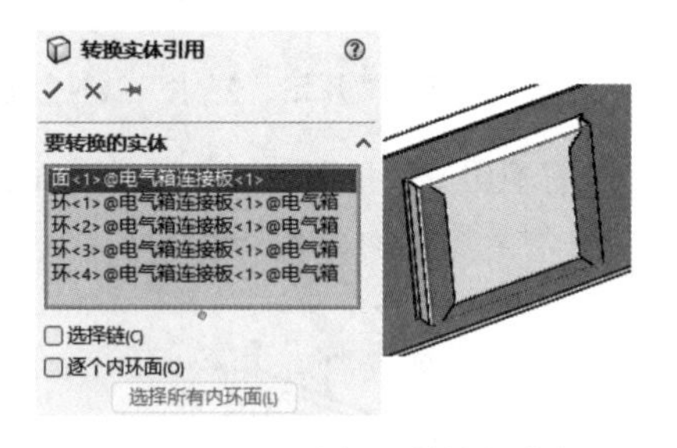

图 8-204　选择要转换的实体

（3）创建拉伸切除特征 1。单击“特征”选项卡中的“拉伸切除”按钮，系统弹出“切除-拉伸”属性管理器，输入拉伸深度为 10mm，单击“确定”按钮，在“电气箱下箱体”零件上生成 4 个孔，如图 8-205 所示。

（4）绘制草图 13。选择图 8-205 所示的面作为草绘基准面，单击“草图”选项卡中的“直线”按钮，绘制一条直线，如图 8-206 所示。

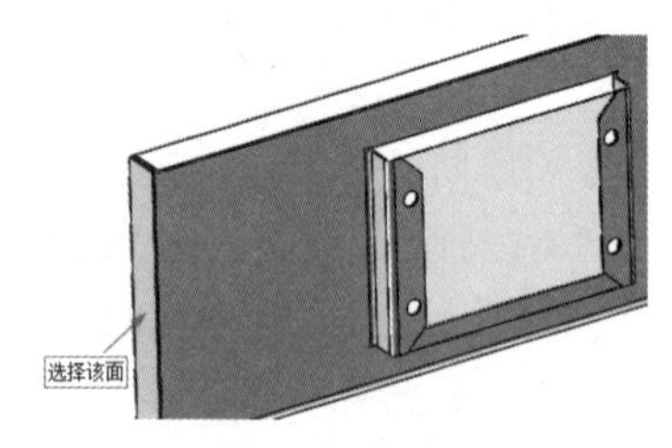

图 8-205　切除特征

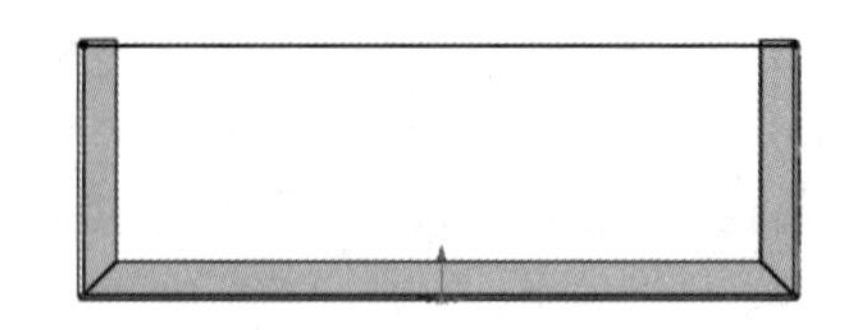
图 8-206　绘制草图 13

（5）创建拉伸切除特征 2。单击“特征”选项卡中的“拉伸切除”按钮，系统弹出“切除-拉伸”属性管理器，方向 1(1) 的“终止条件”选择“完全贯穿”，勾选“正交切除”复选框，方向 2(2) 的“终止条件”选择“完全贯穿”，单击“确定”按钮✓，切除斜接法兰的多余部分，结果如图 8-207 所示。

（6）退出“电气箱下箱体”零件的编辑状态。单击“编辑零部件”按钮，退出该零件的编辑状态。

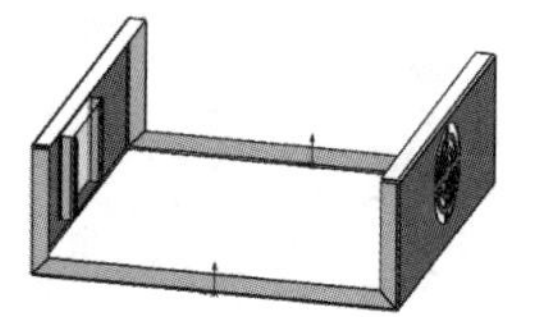

图 8-207　切除多余部分

扫一扫，看视频

8.5.4　创建电气箱上箱体

【操作步骤】

（1）插入新零件。选择菜单栏中的“插入”→“零部件”→“新零件”命令，系统弹出“另存为”对话框，输入文件名称“电气箱上箱体”，进行保存。

（2）绘制草图 1。选择图 8-208 所示的面作为草绘基准面，单击“草图”选项卡中的“直线”按钮，沿电气箱下箱体的外轮廓绘制 3 条直线：一条水平线和两条竖直直线，如图 8-209 所示。

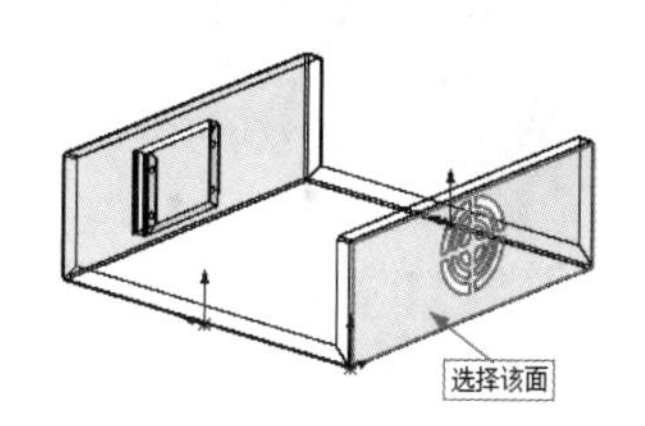

图 8-208　选择放置新零件的基准面

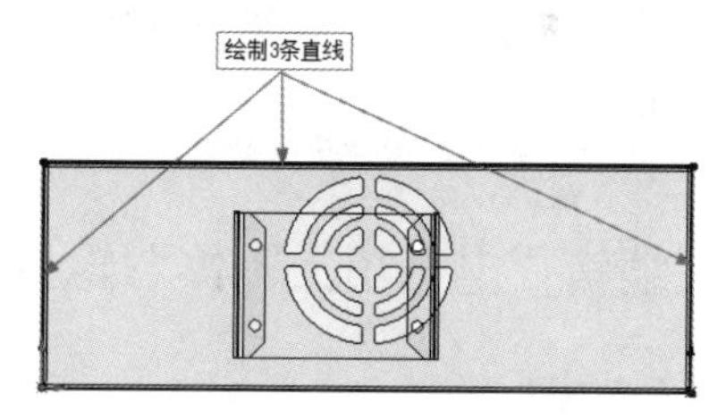

图 8-209　绘制草图

（3）创建基体法兰特征。单击“钣金”选项卡中的“基体法兰/薄片”按钮，系统弹出“基体法兰”属性管理器，选择“方向 1(1)”的“终止条件”为“成形到面”，选择钣金件的前侧面，输入厚度为 0.5mm，折弯半径为 1mm，勾选“反向”复选框，使材料在直线外侧，如图 8-210 所示，单击“确定”按钮✓，结果如图 8-211 所示。

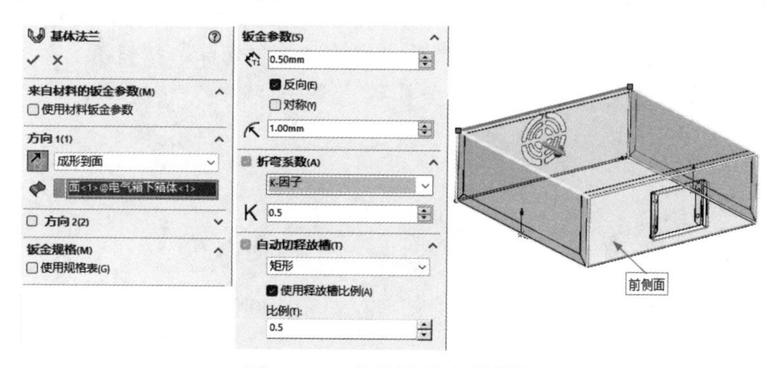

图 8-210　基体法兰参数设置

（4）创建简单直孔。单击“钣金”选项卡中的“简单直孔”按钮，选择图 8-212 所示的面放置孔，系统弹出“孔”属性管理器，选择“终止条件”为“完全贯穿”，设置直径为 3.5mm，单击“确定”按钮✓，完成孔的创建。

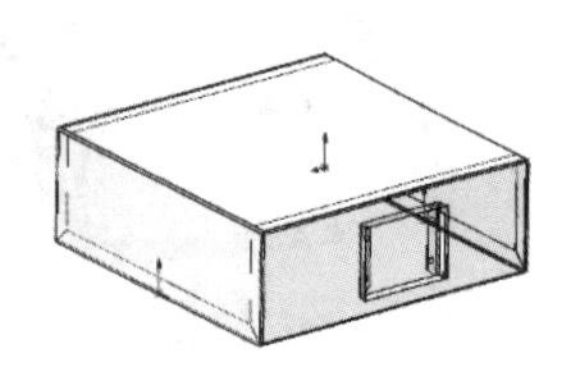

图 8-211　基体法兰

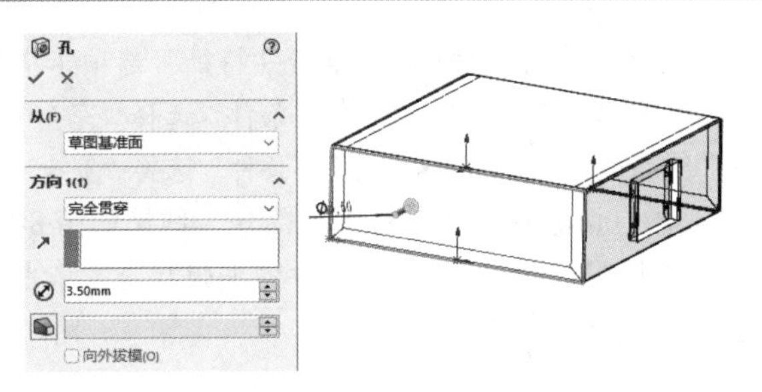

图 8-212　孔参数设置

（5）编辑孔的草图。在 FeatureManager 设计树中右击选择“孔 1”，在弹出的快捷菜单中单击“编辑草图”按钮，添加草图的位置尺寸，并进行镜向，如图 8-213 所示，单击“退出草图”按钮，生成的孔如图 8-214 所示。

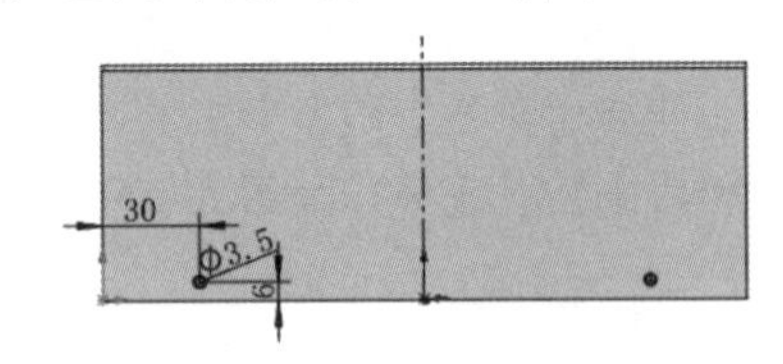

图 8-213　编辑孔位置

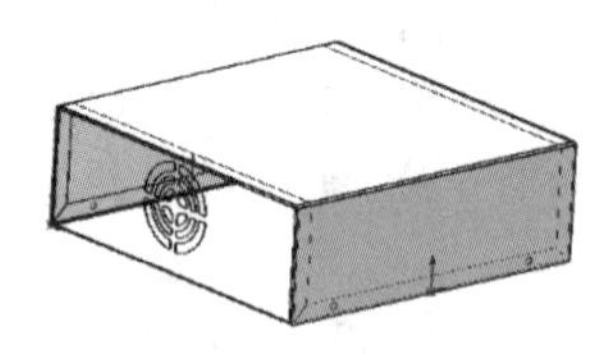

图 8-214　创建的孔

扫一扫，看视频

8.5.5　编辑“电气箱上箱体”零件

【操作步骤】

（1）编辑“电气箱上箱体”零件。在 FeatureManager 设计树中选择“电气箱上箱体”零件，单击“装配体”选项卡中的“编辑零部件”按钮，切换到“电气箱上箱体”零件的编辑状态。

（2）绘制草图。选择图 8-215 所示的面作为草绘基准面，单击“草图”选项卡中的“草图绘制”按钮，进入草图绘制状态。单击“草图”选项卡中的“转换实体引用”按钮，系统弹出“转换实体引用”属性管理器，选择图 8-216 所示的面，单击“选择所有内环面”按钮（选择所有内环面(L)），两个孔被选中，单击“确定”按钮，转换完成。

（3）创建拉伸切除特征。单击“特征”选项卡中的“拉伸切除”按钮，系统弹出“切除-拉伸”属性管理器；在“终止条件”中选择“完全贯穿”，单击“确定”按钮，在“电气箱上箱体”零件上生成 4 个孔，如图 8-217 所示。

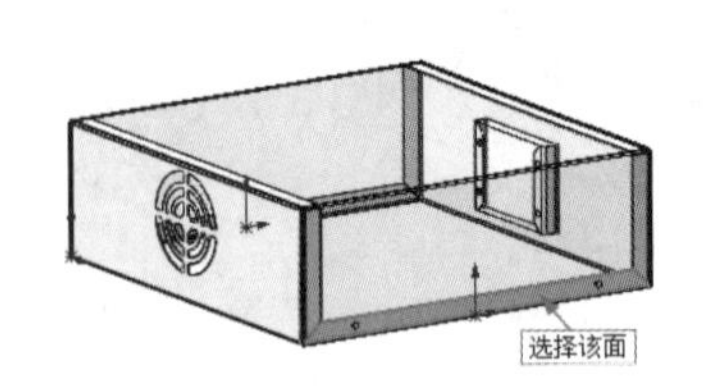

图 8-215　选择基准面

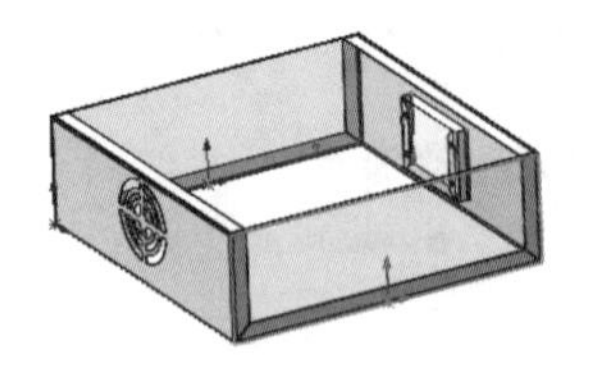

图 8-216　选择面

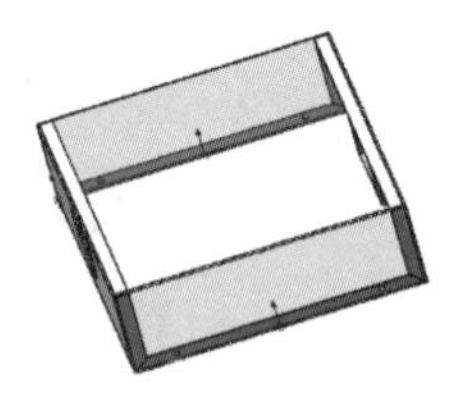

图 8-217　生成的孔

（4）保存文件。单击“编辑零部件”按钮，退出“电气箱上箱体”零件的编辑状态。单击“快速访问”工具栏中的“保存”按钮，系统弹出“保存修改的文档”对话框，单击“保存所有”按钮，保存装配体。

第 9 章　焊 件 特 征

内容简介

在工程和制造领域，焊接技术是实现材料连接和产品组装中不可或缺的一环。它不仅关乎结构的安全性和可靠性，也直接影响到产品的生产效率和成本控制。随着技术的不断进步，焊接设计已经发展成为一种高度专业化的工程活动，涉及材料科学、机械工程、热力学以及自动化技术等多个领域。本章介绍焊件的基本功能及操作，为以后的实例设计打下基础。

内容要点

- 焊接基础知识
- 焊件工具
- 焊件特征工具
- 焊缝
- 综合实例——创建焊接支架

案例效果

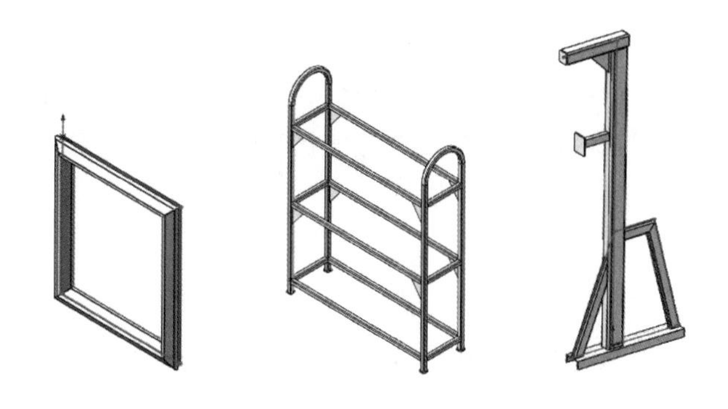

9.1　焊接基础知识

在 SOLIDWORKS 2024 中使用焊件功能可以进行焊件设计。焊件工具可用于单一的多体零件文件中，使用具有各种端部条件的多个型材的部件创建 3D 结构。执行焊件功能中的焊接结构构件可以设计出各种焊件框架结构件，如图 9-1 所示，也可以使用焊件工具栏中的剪裁和延伸特征功能设计各种焊接箱体、支架类零件，如图 9-2 所示。焊件工具在实体焊件设计过程中都能够设计出相应的焊缝，真实地体现焊件的焊接方式。

设计好实体焊件后，还可以生成焊件工程图，在焊件工程图中可以生成焊件的切割清单，如图 9-3 所示。

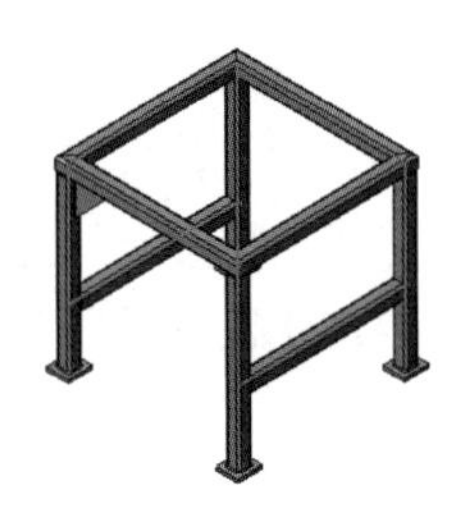

图 9-1　焊件框架

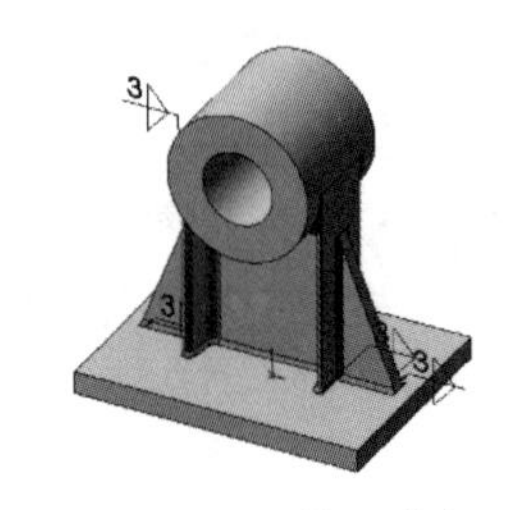

图 9-2　H 形轴承支架

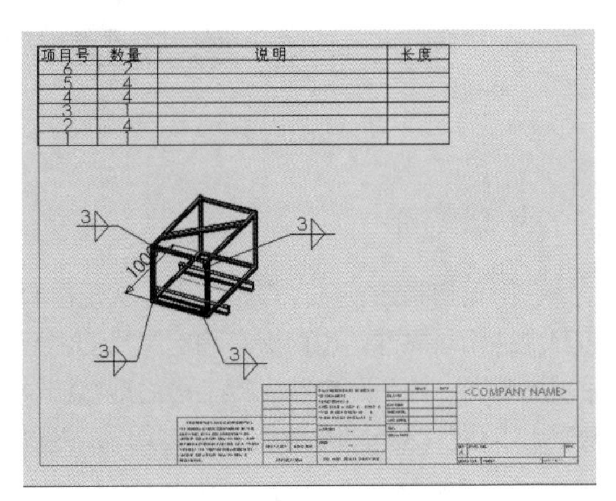

图 9-3　焊件工程图

9.1.1　焊接概述

工业生产中的焊接方法有很多，按焊接过程可归纳为三大类。

（1）熔焊：利用局部加热的方法将焊接连接处加热到熔化状态，互相熔合，冷凝后结合在一起，常见的有电弧焊、气焊等。

（2）压焊：在焊接时无论对焊接处加热与否，都要施加一定的压力，使两个结合面紧密接触，促进原子间产生结合作用，以获得两个焊件的牢固连接，如电阻焊、摩擦焊等。

（3）钎焊：与熔焊有相似之处，也可获得牢固的连接，但两者之间有本质的区别。这种方法是利用比焊件熔点低的钎料和焊件一同加热，钎料熔化，而焊件本身不熔化，利用液态钎料湿润焊件，填充接头间隙，并与焊件相互扩散，实现与固态被焊金属的结合，冷凝后彼此连接起来，如锡焊和铜焊等。

9.1.2　焊缝形式

焊缝是构成焊接接头的主体部分，对接焊缝和角焊缝是焊缝的基本形式。根据是否承受载荷又可分为工作焊缝和联系焊缝，如图 9-4 所示。按焊缝所在的空间位置又可分为平焊缝、立焊缝、横焊缝及仰焊缝等，如图 9-5 所示。按焊缝的断续情况又可分为连续焊缝和间断焊缝，如图 9-6 所示。间断焊缝仅起联系作用，适合对密封没有要求的场合。

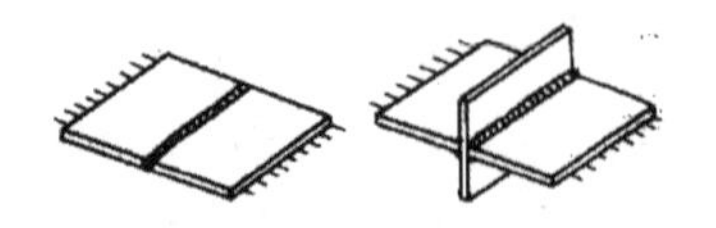

（a）外力与焊缝垂直的工作焊缝

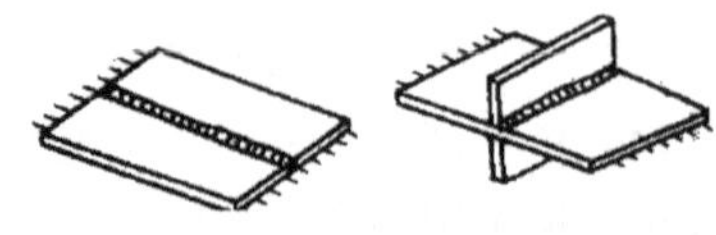

（b）外力与焊缝平行的联系焊缝

图 9-4　工作焊缝和联系焊缝

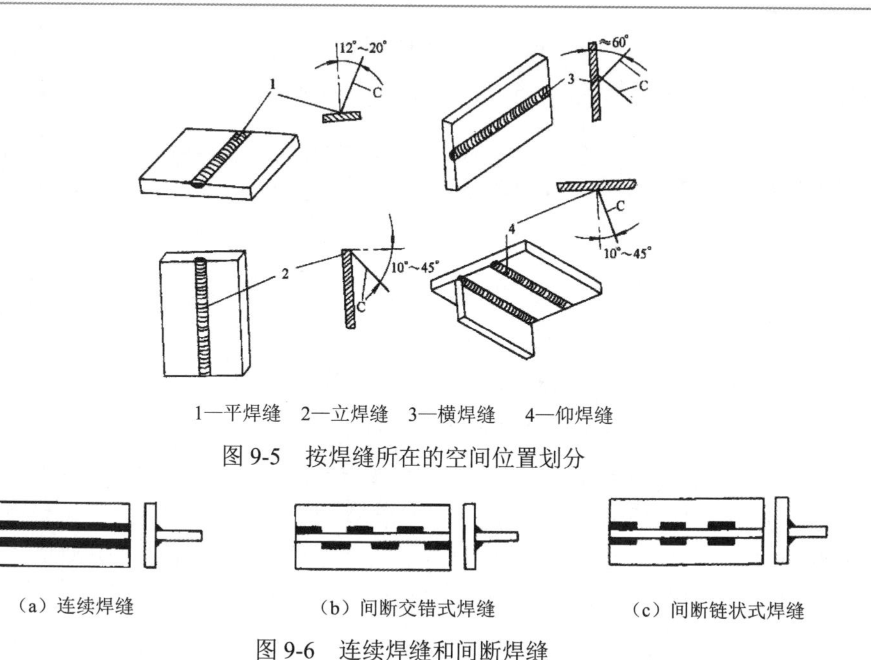

1—平焊缝 2—立焊缝 3—横焊缝 4—仰焊缝

图 9-5 按焊缝所在的空间位置划分

（a）连续焊缝 （b）间断交错式焊缝 （c）间断链状式焊缝

图 9-6 连续焊缝和间断焊缝

9.1.3 焊接接头

焊接接头的种类和形式有很多，可以从不同的角度将它们分类。例如，可按采用的焊接方法、接头构造形式以及坡口形状、焊缝类型等分类。但焊接接头的基本类型实际上共有 5 种，如图 9-7 所示。

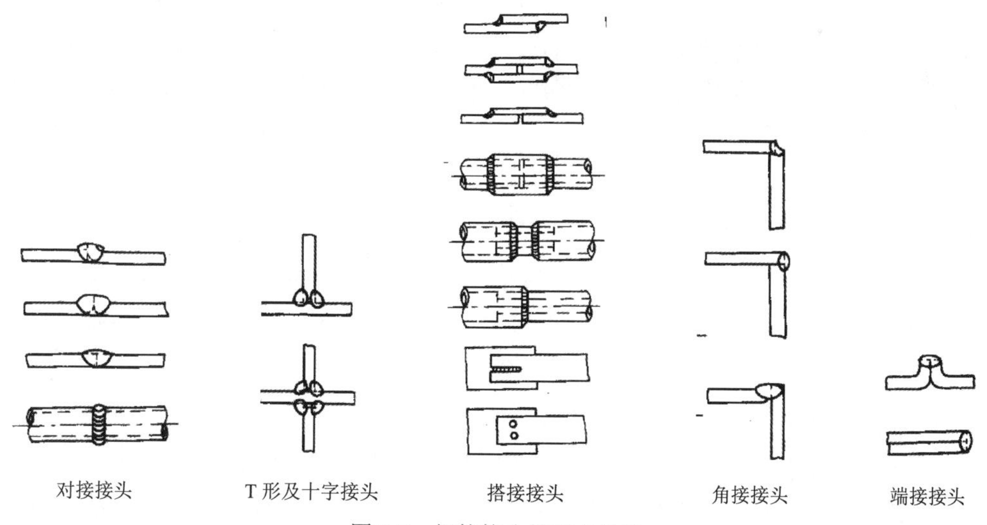

对接接头 T 形及十字接头 搭接接头 角接接头 端接接头

图 9-7 焊接接头的基本类型

（1）对接接头是把同一平面上的两种被焊工件相对焊接起来而形成的接头。从受力的角度看，对接接头是比较理想的接头形式，与其他类型的接头相比，它的受力状况较好，应力集中程度较小。

为了保证焊接质量、减少焊接变形和焊接材料消耗，根据板厚或壁厚的不同，往往需要把被焊工件的对接边缘加工成各种形式的坡口，进行坡口焊接。坡口对接接头举例如图 9-8 所示。

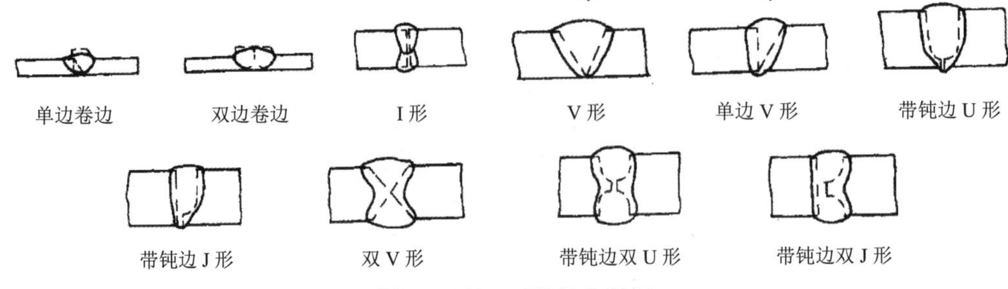

图 9-8　坡口对接接头举例

（2）T 形及十字接头是把相互垂直的或呈一定角度的被焊工件用角焊缝连接起来的接头，是一种典型的电弧焊接头，能承受各种方向的力和力矩。这种接头也有多种类型，有焊透和不焊透的，有不开坡口和开坡口的。不开坡口的 T 形及十字接头通常都是不焊透的，开坡口的 T 形及十字接头是否焊透要看坡口的形状和尺寸。T 形及十字接头举例如图 9-9 所示。

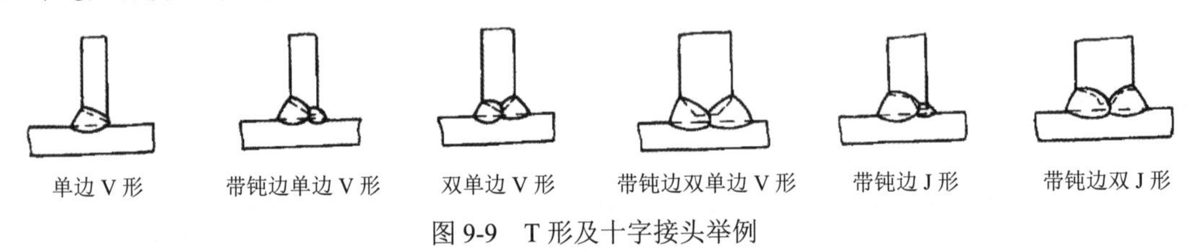

图 9-9　T 形及十字接头举例

（3）搭接接头是把两种被焊工件部分重叠在一起或加上专门的搭接件用角焊缝或塞焊缝、槽焊缝连接起来的接头。搭接接头的应力分布不均匀，疲劳强度较低，不是理想的接头类型。但由于其焊前准备和装配工作简单，在结构中仍然得到广泛应用。搭接接头有多种连接形式。不带搭接件的搭接接头，一般采用正面角焊缝连接、侧面角焊缝连接或正面、侧面联合角焊缝连接，有时也用塞焊缝连接、槽焊缝连接，如图 9-10 所示。

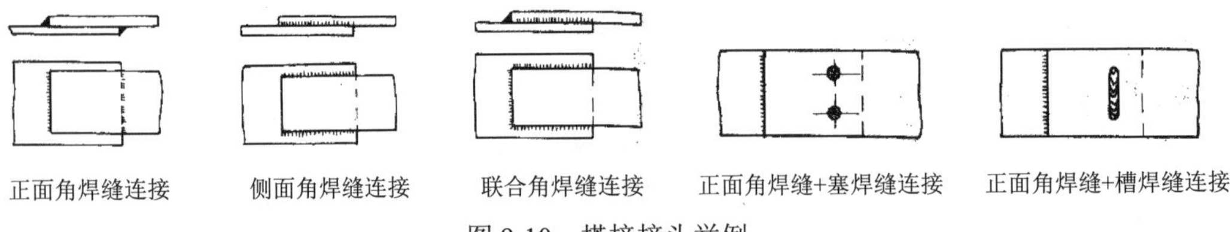

图 9-10　搭接接头举例

（4）角接接头是两种被焊工件端面间构成大于 30°、小于 135° 夹角的接头。角接接头多用于箱形构件，常见的连接形式如图 9-11 所示。它的承载能力视其连接形式不同而各异。图 9-11（a）最为简单，但承载能力最差，特别是当接头处承受弯曲力矩时，焊根处会产生严重的应力集中，焊缝容易自根部撕裂。图 9-11（b）采用双面角焊缝连接，其承载能力可大大提高。图 9-11（c）为开坡口焊透的角接接头，有较高的强度，而且具有很好的棱角，但厚板可能出现层状撕裂问题。图 9-11（d）是最易装配的角接接头，不过其棱角并不理想。

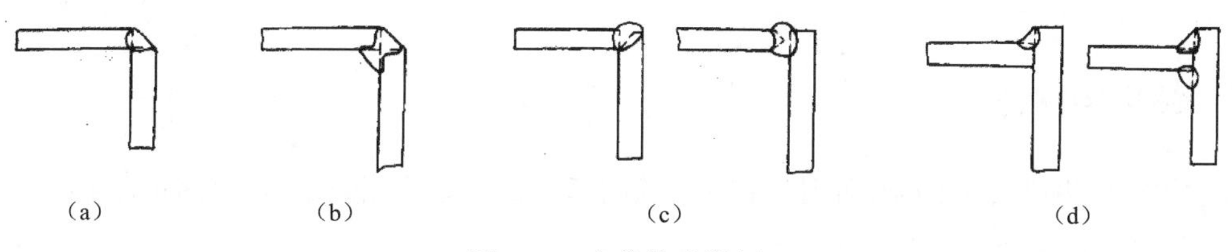

（a）　（b）　（c）　（d）

图 9-11　角接接头举例

（5）端接接头是两种被焊工件重叠放置或两种被焊工件之间的夹角不大于 30°，在端部进行连接的接头。

9.2　焊 件 工 具

在 SOLIDWORKS 2024 中，焊件功能主要提供了焊件特征工具、结构构件特征工具、角撑板特征工具、顶端盖特征工具、圆角焊缝特征工具、剪裁/延伸特征工具。焊件的工具栏、选项卡和菜单如图 9-12 所示。本节主要介绍焊件特有的特征工具的使用方法。

（a）工具栏

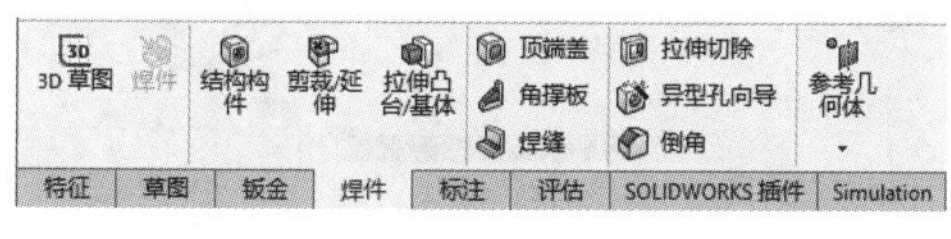

（b）选项卡

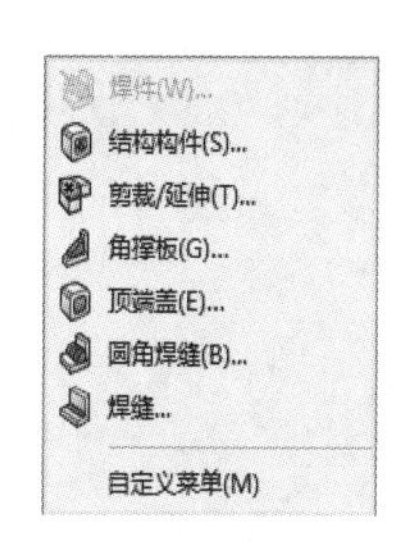

（c）菜单

图 9-12　焊件的工具栏、选项卡和菜单

在进行焊件设计时，单击“焊件”选项卡中的“焊件”按钮，或单击“焊件”工具栏中的“焊件”按钮，或选择菜单栏中的“插入”→“焊件”命令，可以将实体零件标记为焊件，同时焊件特征将被添加到 FeatureManager 设计树中，如图 9-13 所示。

如果使用焊件功能的结构构件特征工具生成焊件，系统自动将零件标记为焊件，自动将“焊件”按钮添加到 FeatureManager 设计树中。

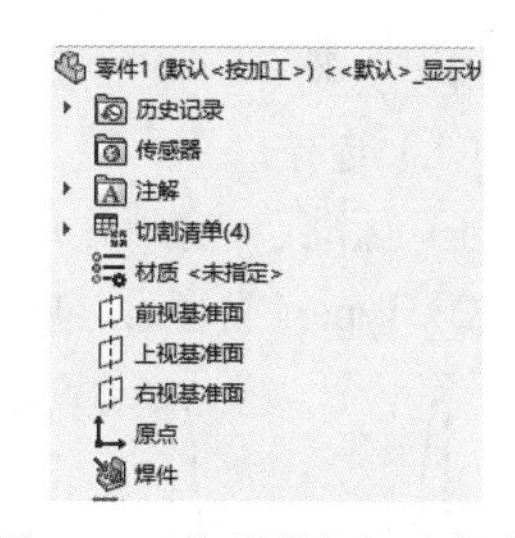

图 9-13　将零件标记为焊件

9.3　焊件特征工具

SOLIDWORKS 2024 中包含多种焊接结构件（如角铁、方形管、矩形管等）的特征库，可供设计者选择使用。这些焊接结构件在形状及尺寸上具有多种标准，每种类型的结构件都有多种尺寸可供使用。

9.3.1 结构构件特征

在使用结构构件工具生成焊件时，首先要绘制草图，即使用线性或弯曲草图实体生成多个带基准面的 2D 草图、3D 草图，或 2D 和 3D 相组合的草图。

【执行方式】

- 工具栏：单击“焊件”工具栏中的“结构构件”按钮。
- 菜单栏：选择菜单栏中的“插入”→“焊件”→“结构构件”命令。
- 选项卡：单击“焊件”选项卡中的“结构构件”按钮。

【选项说明】

执行上述操作，选择草图或绘制草图后，“结构构件”属性管理器如图 9-14 所示。该属性管理器中部分选项的含义如下。

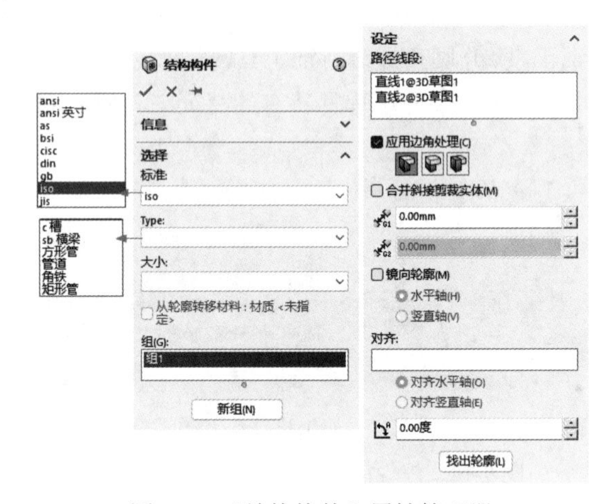

图 9-14 “结构构件”属性管理器

（1）选择。

1）标准：包括 ansi、ansi 英寸、as、bsi、cisc、din、gb、iso 和 jis 多种标准。

2）Type（类型）：包括 c 槽、sb 横梁、方形管、管道、角铁和矩形管 6 种类型，如图 9-15 所示。

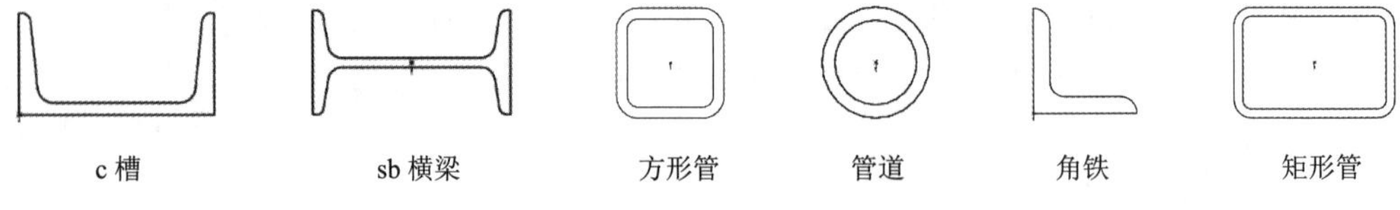

图 9-15 结构构件类型示意图

3）大小：选择轮廓类型后，在下拉列表中选择轮廓的尺寸；每种类型对应的轮廓的尺寸不一样。

4）组：选择要配置的组。单击“新组”按钮，在该构件中生成一个新组。

（2）设定。

1）路径线段：列出选择的创建结构构件的线段。

2）应用边角处理：当结构构件在边角处交叉时，定义如何剪裁组的线段。取消勾选“应用边角处理”复选框，结构构件如图 9-16 所示。勾选“应用边角处理”复选框，包括“终端斜接”“终端对接 1”和“终端对接 2”，示意图如图 9-17 所示。

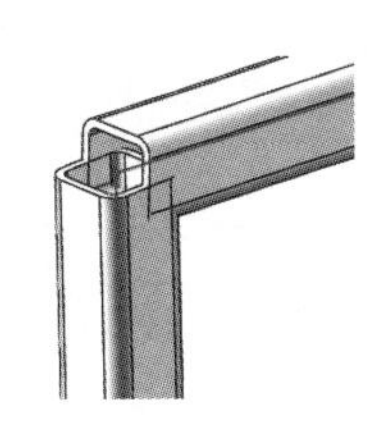

图 9-16　取消勾选“应用边角处理”复选框

终端斜接

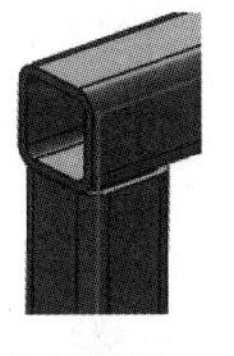

终端对接 1

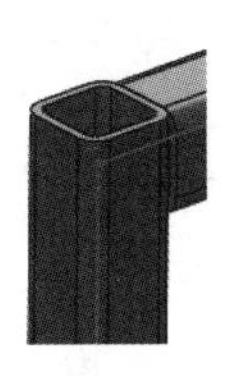

终端对接 2

图 9-17　勾选“应用边角处理”复选框

3）合并斜接剪裁实体：在选择“应用边角处理”的“终端斜接”时可用。将焊件构件实体组合，这样焊件切割清单中产生的焊件构件实体的长度，与未切割焊件构件实体的最大长度之和相等。

4）同一组中连接的线段之间的缝隙：指定相同组中的线段边角处的焊接缝隙，仅适用于相邻组。

5）不同组线段之间的缝隙：指定焊接缝隙，在此处该组的线段端点与另一个组中的线段邻接。

6）镜向轮廓：勾选该复选框，沿组的水平轴或竖直轴镜向轮廓。

7）对齐：将组的水平轴或竖直轴与任何选定的矢量对齐。

8）旋转角度：设置结构构件的旋转角度。

焊件中的结构构件是由草图拉伸生成的实体，所谓穿透点，就是在将结构构件应用到焊件草图中时，结构构件的截面轮廓草图中用于与焊件草图线段重合的关键点，系统默认的穿透点是结构构件的截面轮廓草图的原点。图 9-18 所示的方形管的默认穿透点是中心点（即草图原点）。

要更改穿透点，可以按照以下步骤进行。

（1）在 FeatureManager 设计树中右击结构构件，在弹出的快捷菜单中单击“编辑特征”按钮，进行特征编辑。

（2）在“结构构件”属性管理器的“设定”选项组中单击“找出轮廓”按钮，系统将自动放大显示结构构件的截面轮廓草图，并且显示出多个可能使用的穿透点，如图 9-19 中箭头所指的点，可以用鼠标指针选择更改不同的穿透点。如图 9-20 所示，将穿透点更改为截面轮廓草图的上边线中点。

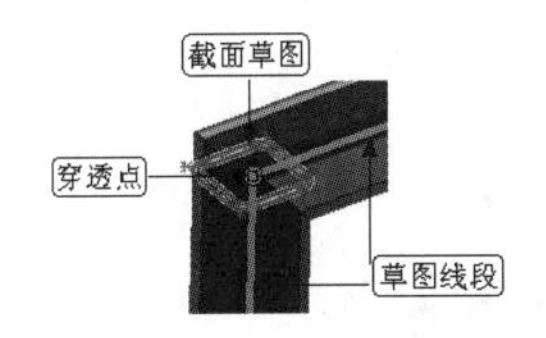

图 9-18　默认穿透点

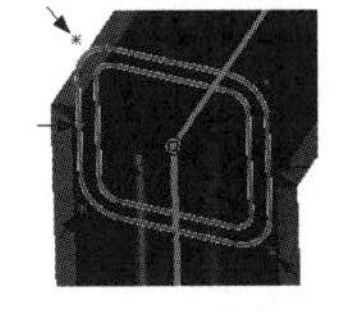

图 9-19　可能选用的穿透点

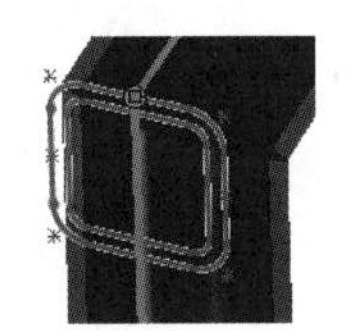

图 9-20　更改穿透点

动手学——创建方形管轮廓

扫一扫，看视频

本例创建图 9-21 所示的方形管轮廓。

【操作步骤】

（1）新建文件。选择菜单栏中的“文件”→“新建”命令，或者单击“快速访问”工具栏中的“新建”按钮，在弹出的“新建 SOLIDWORKS 文件”对话框中单击“零件”按钮，然后单击

“确定”按钮，创建一个新的零件文件。

（2）绘制草图。在 FeatureManager 设计树中选择“前视基准面”作为草绘基准面，单击“草图”选项卡中的“边角矩形”按钮，绘制一个矩形草图，如图 9-22 所示，然后单击“退出草图”按钮。

（3）添加结构构件。单击“焊件”选项卡中的“结构构件”按钮，系统弹出“结构构件”属性管理器。❶在“标准”下拉列表中选择 iso，❷在 Type 下拉列表中选择“方形管”，❸在“大小”下拉列表中选择 40×40×4，然后❹在草图中依次拾取需要插入结构构件的路径线段，结构构件将被插入绘图区，如图 9-23 所示。

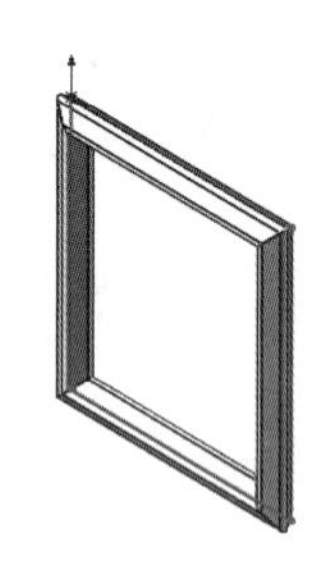

图 9-21　方形管轮廓

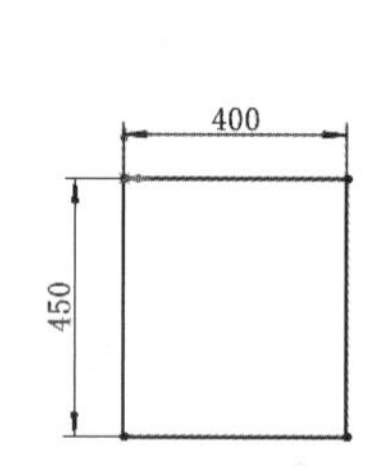

图 9-22　绘制矩形草图

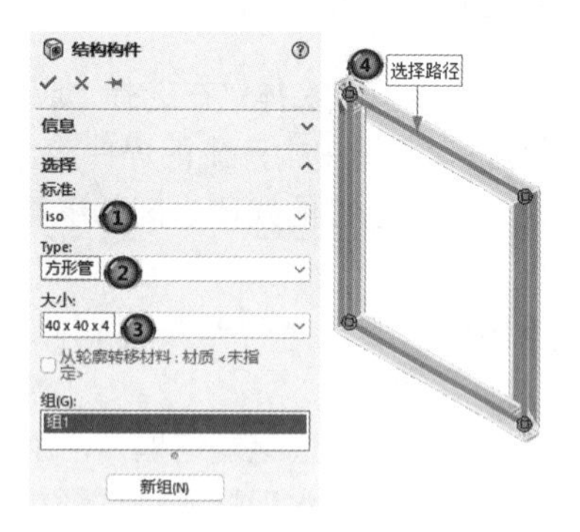

图 9-23　方形管参数设置

（4）应用边角处理。❺勾选“应用边角处理”复选框，❻选择“终端斜接”，可以对结构构件进行边角处理，如图 9-24 所示。

（5）更改旋转角度。❼在“旋转角度”输入框中输入角度值 60 度，结构构件将旋转 60 度。

（6）单击“找出轮廓”按钮，系统自动放大结构构件的截面轮廓草图，选择图 9-25 所示的穿透点，单击“确定”按钮，结果如图 9-21 所示。

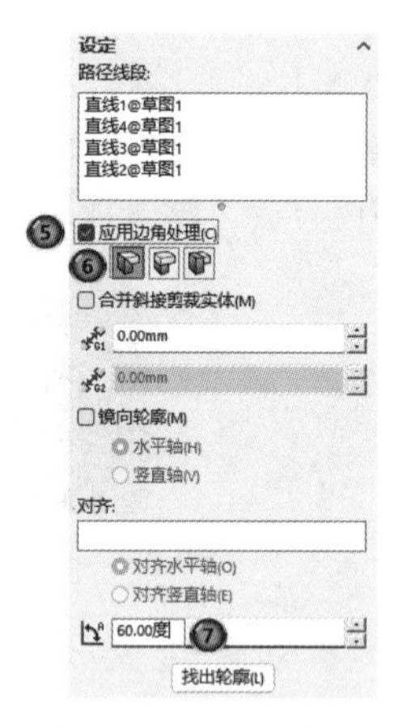

图 9-24　应用边角处理

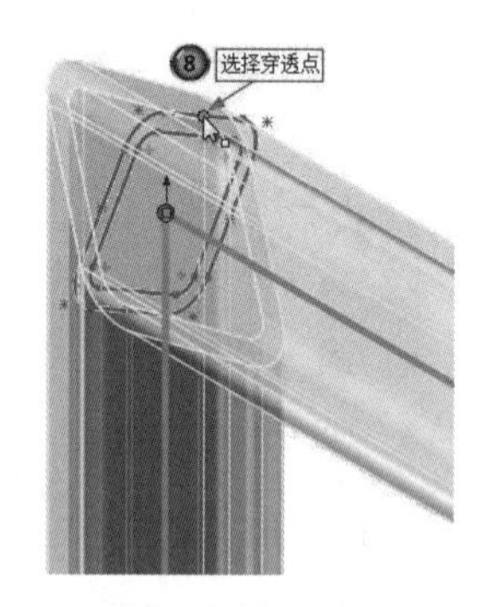

图 9-25　选择穿透点

扫一扫，看视频

动手学——创建四叶草形管道

SOLIDWORKS 软件的结构构件特征库中可供选用的结构构件的种类、大小是有限的。设计者可以将自己设计的结构构件的截面轮廓保存到特征库中，以供以后选择使用。

本例将自定义结构构件轮廓，并创建图 9-26 所示的四叶草形管道。

【操作步骤】

（1）新建文件。选择菜单栏中的“文件”→“新建”命令，或者单击“快速访问”工具栏中的“新建”按钮，在弹出的“新建 SOLIDWORKS 文件”对话框中单击“零件”按钮，然后单击“确定”按钮，创建一个新的零件文件。

（2）绘制草图 1。在 FeatureManager 设计树中选择“前视基准面”作为草绘基准面，单击“草图”选项卡中的“圆”按钮和“等距实体”按钮，绘制一个结构构件截面轮廓，如图 9-27 所示。

（3）等距实体。单击“草图”选项卡中的“等距实体”按钮，输入等距距离为 2mm，生成等距实体草图，单击“退出草图”按钮，结构如图 9-28 所示。

图 9-26　四叶草形管道

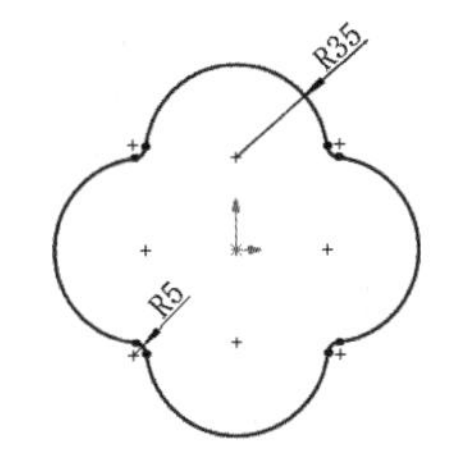

图 9-27　绘制草图 1

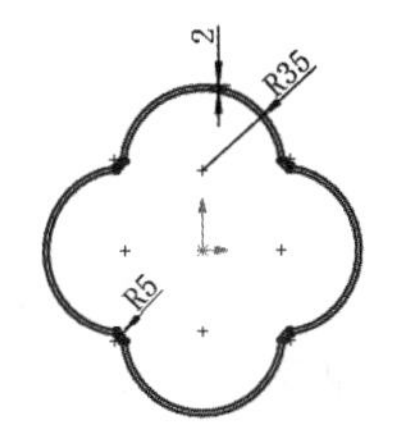

图 9-28　生成等距实体

（4）保存自定义结构构件轮廓。在 FeatureManager 设计树中选择草图 1，选择菜单栏中的“文件”→“另存为”命令，将自定义结构构件轮廓保存。

注意：

一定要先选中当前的草图，否则会出现特征库为空的错误。

（5）设置保存类型和保存路径。设置文件类型为*.sldlfp。选择保存路径为安装目录\Program Files\SOLIDWORKS Corp\SOLIDWORKS\data\weldment profiles(焊件轮廓)，在 gb 文件夹中新建子文件夹“自定义”，然后将绘制的草图命名为 35×2，如图 9-29 所示。单击“保存”按钮，进行保存。

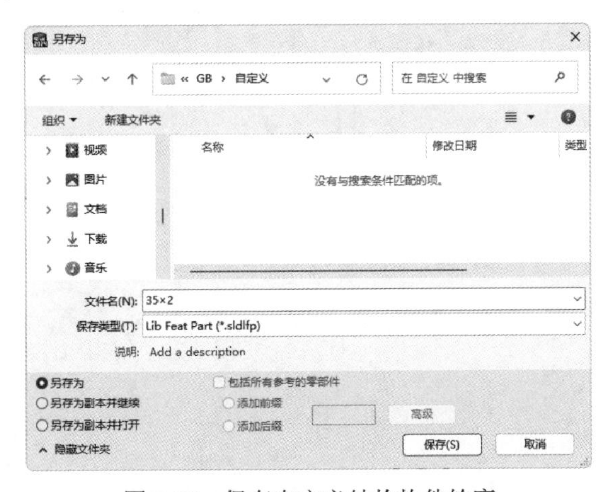

图 9-29　保存自定义结构构件轮廓

ⓘ 注意：

设置保存路径时，在 weldment profiles（焊件轮廓）文件夹下，需要有两级文件夹和一级文件名，分别对应图 9-30 所示的“结构构件”属性管理器中的“标准”、Type 和“大小”3 个下拉列表；否则无法调用。

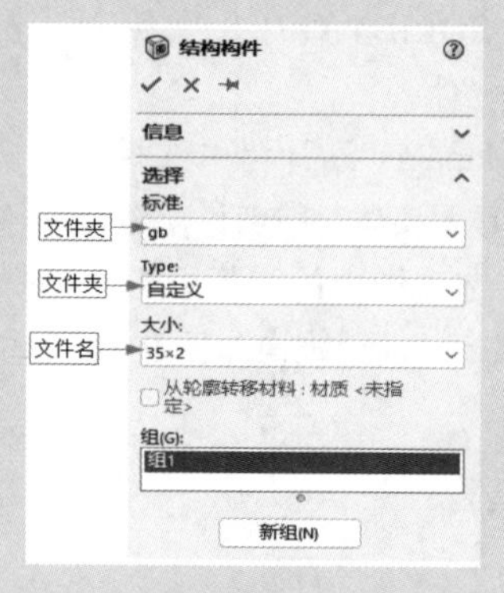

图 9-30　“结构构件”属性管理器

（6）新建文件并绘制草图 2。在 FeatureManager 设计树中选择“前视基准面”作为草绘基准面，绘制草图 2，如图 9-31 所示。

（7）创建结构构件。单击“焊件”选项卡中的“结构构件”按钮，系统弹出“结构构件”属性管理器。在“标准”下拉列表中选择 gb，在 Type 下拉列表中选择“自定义”，在“大小”下拉列表中选择 35×2，然后在草图中依次拾取需要插入结构构件的路径线段，结构构件将被插入绘图区，勾选“应用边角处理”复选框，选择“终端斜接”，可以对结构构件进行边角处理，如图 9-32 所示。单击“确定”按钮，结果如图 9-26 所示。

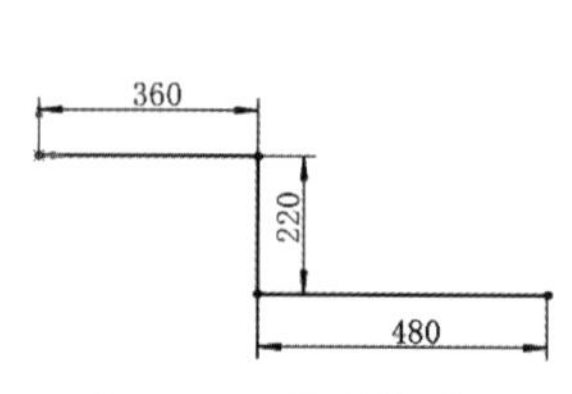

图 9-31　绘制草图 2

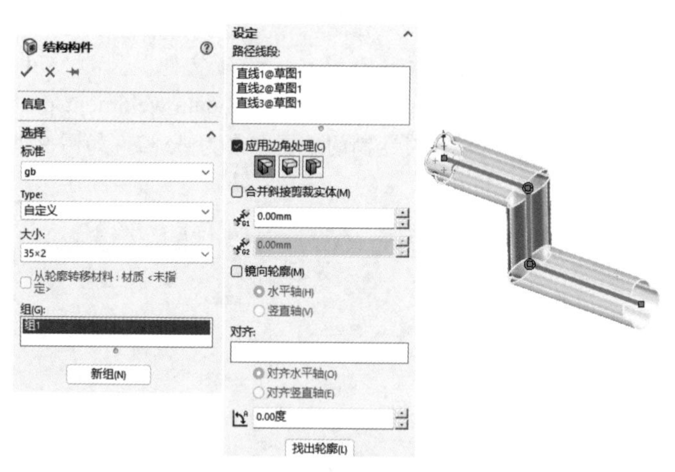

图 9-32　结构构件参数设置

9.3.2　剪裁/延伸特征

在生成焊件时，可以使用剪裁/延伸特征工具剪裁或延伸结构构件，使之在焊件零件中正确对接。该特征工具适用于两个在拐角处汇合的结构构件，一个实体或多个实体相对于结构构件与另一个实体相汇合或结构构件的两端。

【执行方式】

➢ 工具栏：单击“焊件”工具栏中的“剪裁/延伸”按钮。
➢ 菜单栏：选择菜单栏中的“插入”→“焊件”→“剪裁/延伸”命令。
➢ 选项卡：单击“焊件”选项卡中的“剪裁/延伸”按钮。

【选项说明】

执行上述操作，弹出“剪裁/延伸”属性管理器，如图 9-33 所示。该属性管理器中部分选项的含义如下。

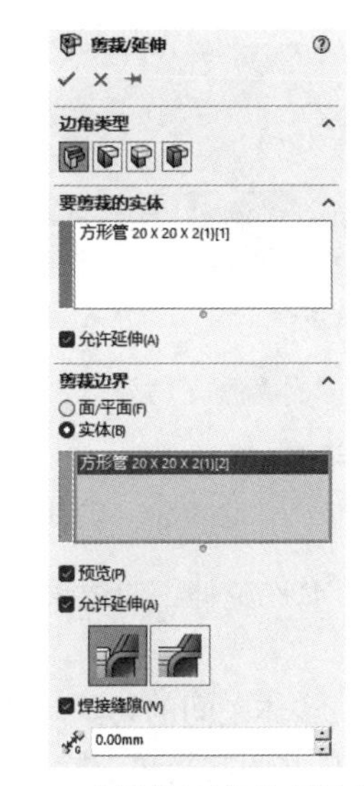

图 9-33　“剪裁/延伸”属性管理器

（1）边角类型。设置剪裁时采用的边角类型，包括“终端剪裁”“终端斜接”“终端对接 1”和“终端对接 2”4 种，如图 9-34 所示。

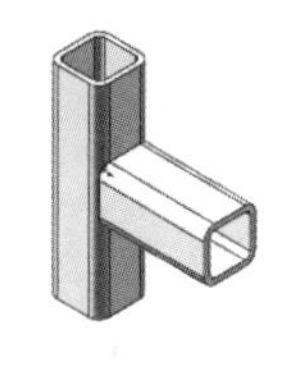

（a）终端剪裁

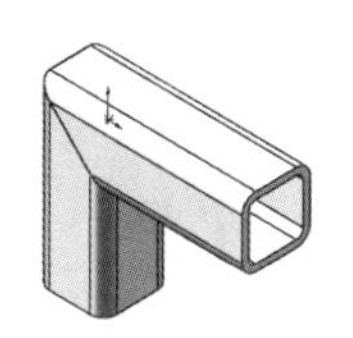

（b）终端斜接

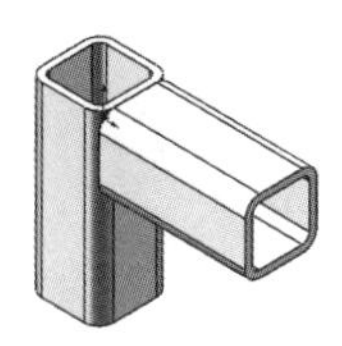

（c）终端对接 1

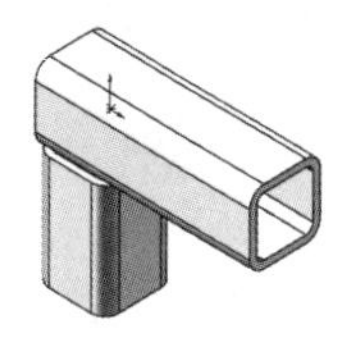

（d）终端对接 2

图 9-34　边角类型示意图

（2）要剪裁的实体。

1）要剪裁的实体：如果选择“终端斜接”“终端对接 1”“终端对接 2”中的一种边角类型，则只能选择一个要剪裁的实体；如果选择“终端剪裁”边角类型，可以选择一个或多个要剪裁的实体。

2）允许延伸：勾选该复选框，如果线段未到达剪裁边界，则将线段延长至其边界，如图 9-35 所示。

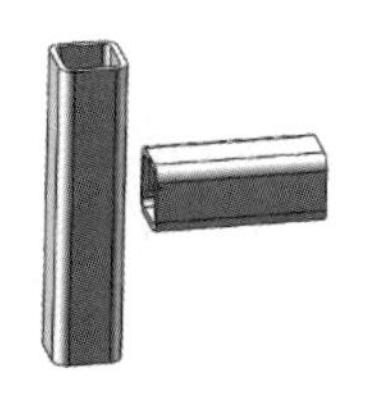

（a）未延伸前

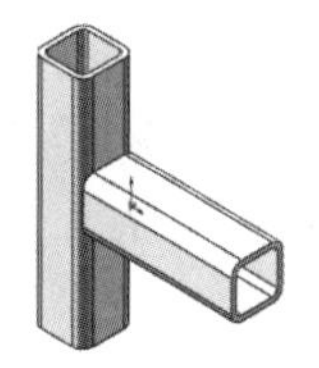

（b）勾选“允许延伸”复选框

图 9-35　延伸示意图

（3）剪裁边界。

1）面/平面和实体：选择面或实体作为剪裁边界。只有“终端剪裁”边角类型有该选项，如图 9-36 所示。如果选择面/基准面作为剪裁边界，可在保留和丢弃之间切换以选择要保留的线段，如图 9-37 所示。

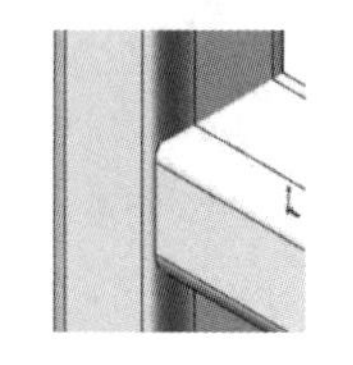

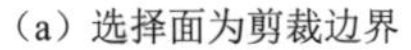

（a）选择面为剪裁边界

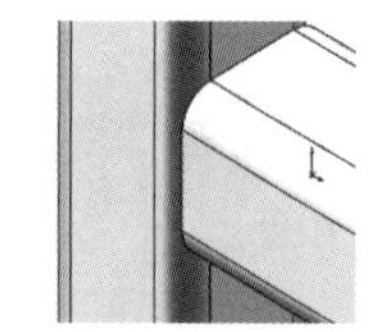

（b）选择实体为剪裁边界

图 9-36　剪裁边界示意图

图 9-37　保留和放弃示意图

2）允许延伸：勾选该复选框，允许结构构件进行延伸或剪裁；取消勾选该复选框，则只可进行剪裁。

3）实体之间的切除：如果选择“终端剪裁”“终端对接 1”“终端对接 2”中的一种边角类型，有“实体之间的简单切除”和“实体之间的封顶切除”两种方式，如图 9-38 所示。选择“实体之间的简单切除”，使结构构件与平面接触面相平齐（有助于制造）；选择“实体之间的封顶切除”，将结构构件剪裁到接触实体。

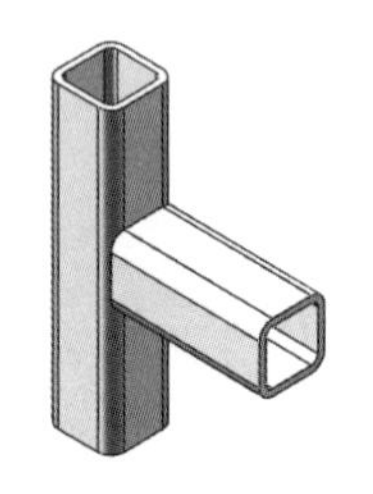

（a）实体之间的简单切除

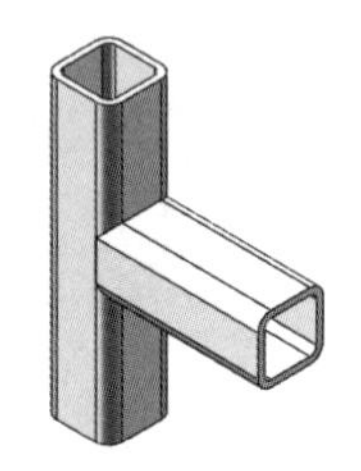

（b）实体之间的封顶切除

图 9-38　实体之间的切除示意图

（4）焊接缝隙：勾选该复选框，在“剪裁焊接缝隙”中输入焊接缝隙。缝隙会减少剪裁项目的长度，但保持结构构件的总长度。

注意：

如果通过基准面或面进行剪裁并保留所有部分，则这些部分会被切除。如果放弃任何部分，则剩下的相邻部分将组合在一起。

扫一扫，看视频

动手学——创建鞋架

本例创建图 9-39 所示的鞋架。

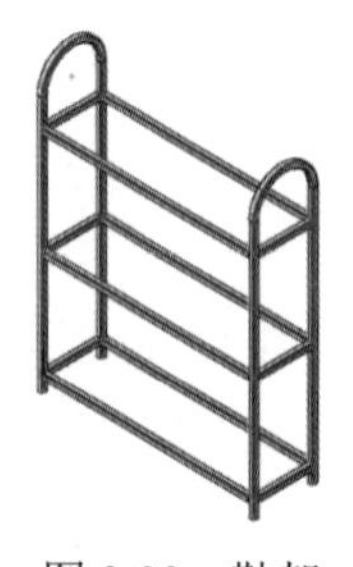

图 9-39　鞋架

【操作步骤】

（1）新建文件。选择菜单栏中的“文件”→“新建”命令，或者单击“快速访问”工具栏中的“新建”按钮，在弹出的“新建 SOLIDWORKS 文件”对话框中单击“零件”按钮，然后单击“确定”按钮，创建一个新的零件文件。

（2）绘制 YZ 平面草图。单击“草图”选项卡中的“3D 草图”按钮，进入草绘环境。要绘制图 9-40 所示的 3D 草图，首先绘制 YZ 平面草图。单击“草图”选项卡中的“直线”按钮，通过 Tab 键将绘图平面切换为 YZ 平面，如图 9-41 所示。绘制草图，如图 9-42 所示。

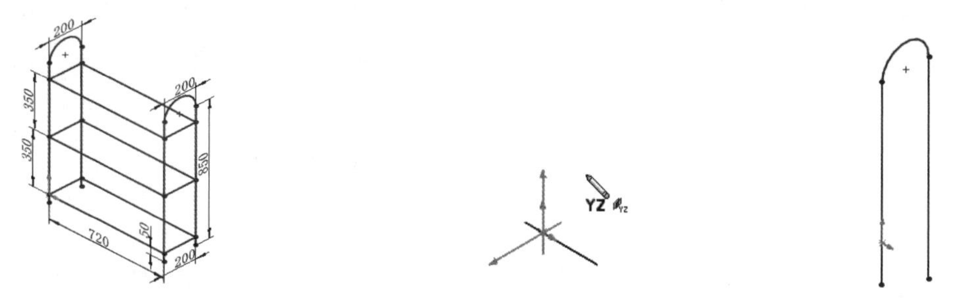

图 9-40 3D 草图 图 9-41 切换绘图平面 图 9-42 绘制 YZ 平面草图

（3）添加相切约束。单击“草图”选项卡中的“添加几何关系”按钮，系统弹出“添加几何关系”属性管理器，选择一条直线与圆弧添加相切约束，如图 9-43 所示。用同样的方法，添加另一条直线与圆弧的相切约束。

（4）添加相等约束。选择图 9-42 中的两条直线，添加相等约束，如图 9-44 所示。

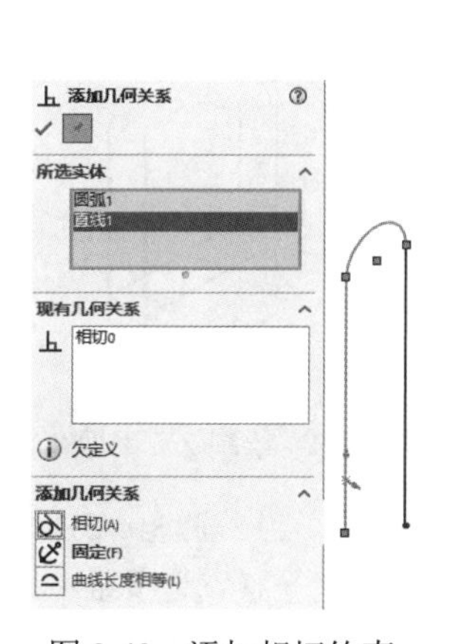

图 9-43 添加相切约束

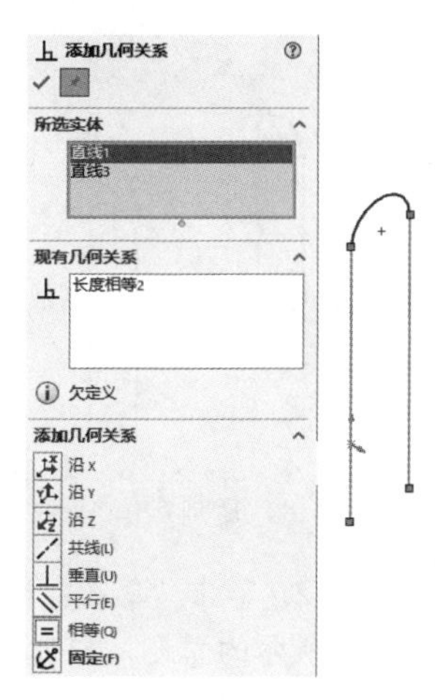

图 9-44 添加相等约束

（5）添加重合约束。选择图 9-45 所示的直线和原点的重合约束，添加重合约束。

（6）标注样式设置。

1）选择菜单栏中的“工具”→“选项”命令，系统弹出“系统选项(S)-普通”对话框，勾选“输入尺寸值”复选框。

2）单击“文档属性”选项卡，单击“尺寸”选项，单击“字体”按钮，系统弹出“选择字体”对话框，设置字体为“仿宋”，高度选择“单位”选项，大小设置为 5mm。在“主要精度”选项组中设置标注尺寸精度为“无”。

3）单击“半径”选项，修改文本位置为“折断引线，水平文字”。设置完成后，单击“确定”按钮，关闭“系统选项(S)-普通”对话框。

（7）标注尺寸。单击“草图”选项卡中的“智能尺寸”按钮，标注草图尺寸，如图 9-46 所示。

（8）复制实体 1。单击“草图”选项卡中的“复制实体”按钮，系统弹出“3D 复制”属性管理器，选择图 9-46 中的所有实体作为要复制的实体，勾选“保留几何关系”复选框，在“平移”选项组的 ΔX 输入框中输入 720mm，如图 9-47 所示。单击“确定”按钮，结果如图 9-48 所示。

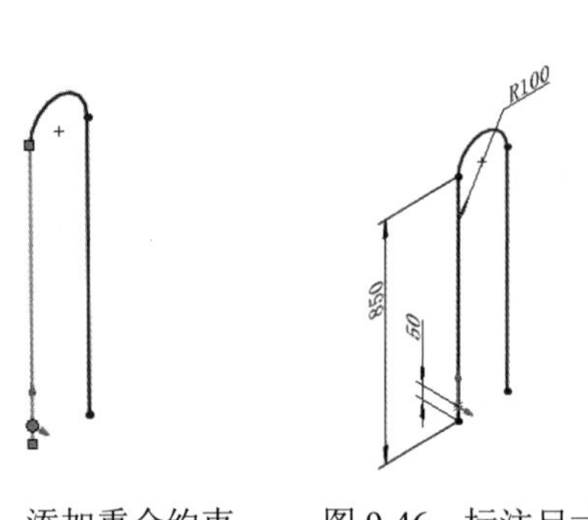

图 9-45 添加重合约束　　图 9-46 标注尺寸

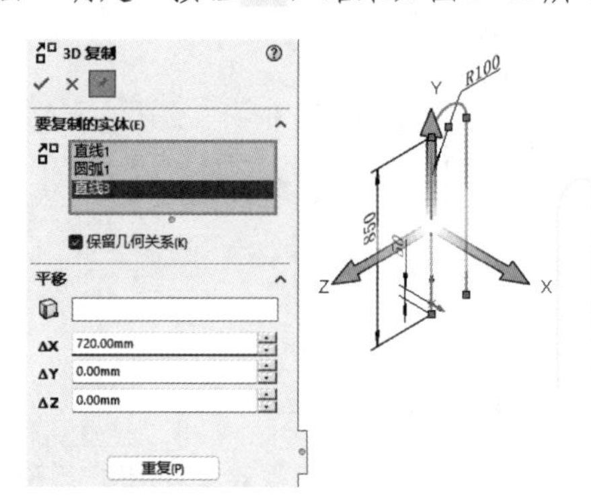

图 9-47 “3D 复制”属性管理器 1

（9）绘制 ZX 平面草图。单击“草图”选项卡中的“直线”按钮和“剪裁实体”按钮，通过 Tab 键将绘图平面切换为 ZX 平面，绘制图 9-49 所示的草图。

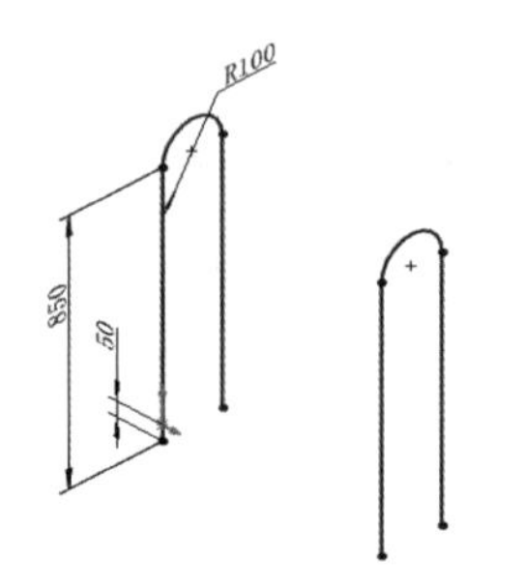

图 9-48 复制实体 1

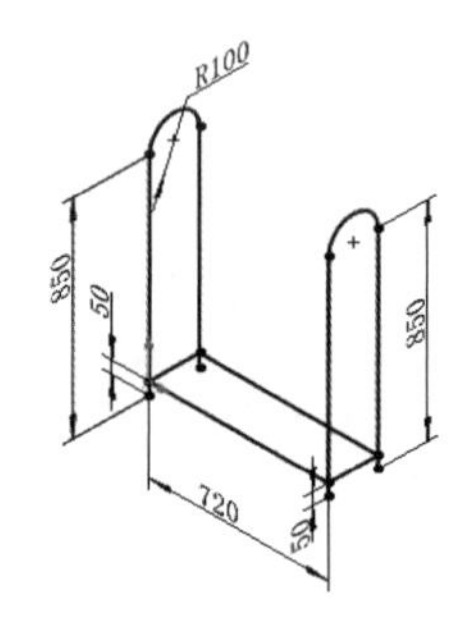

图 9-49 绘制 ZX 平面草图

（10）复制实体 2。单击“草图”选项卡中的“复制实体”按钮，系统弹出“3D 复制”属性管理器，选择图 9-49 所示的草图，勾选“保留几何关系”复选框，在“平移”选项组中的 ΔY 输入框中输入 350mm，如图 9-50 所示。单击“确定”按钮，结果如图 9-51 所示。

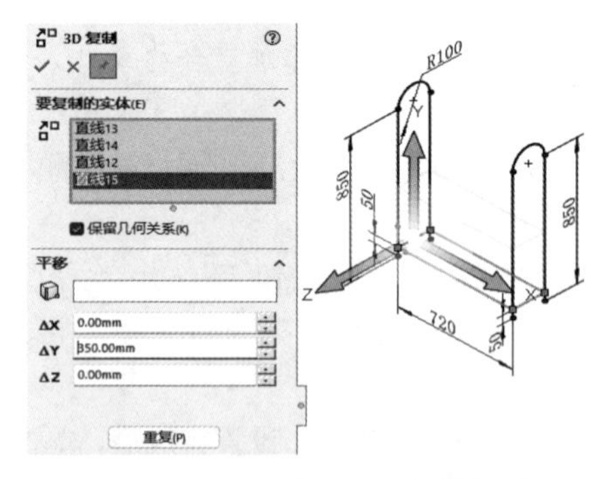

图 9-50 “3D 复制”属性管理器 1

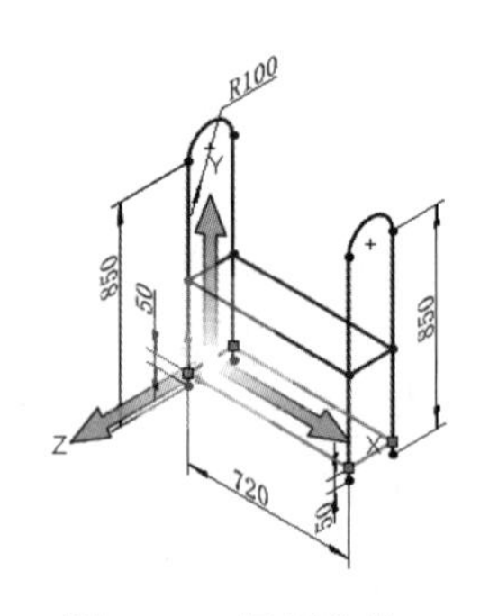

图 9-51 复制实体 2

（11）复制实体3。用同样的方法，在“3D复制”属性管理器中的ΔY输入框中输入700mm，再次将图9-49所示的草图进行复制，结果如图9-52所示。

（12）创建结构构件。单击“焊件”选项卡中的“结构构件”按钮，系统弹出“结构构件”属性管理器。在“标准”下拉列表中选择iso，在Type下拉列表中选择“方形管”，在“大小”下拉列表中选择20×20×2，然后拾取图9-53所示的第1层的4条线段作为组1的路径，取消勾选“应用边角处理”复选框；单击“新组”按钮，拾取第2层的4条线段作为组2的路径，取消勾选“应用边角处理”复选框；单击“新组”按钮，拾取第3层的4条线段作为组3的路径，取消勾选“应用边角处理”复选框；单击“新组”按钮，拾取左侧U形架的3条线段作为组4的路径，勾选“合并圆弧段实体”复选框；单击“新组”按钮，拾取右侧U形架的3条线段作为组5的路径，勾选“合并圆弧段实体”复选框；单击“确定”按钮，结果如图9-54所示。

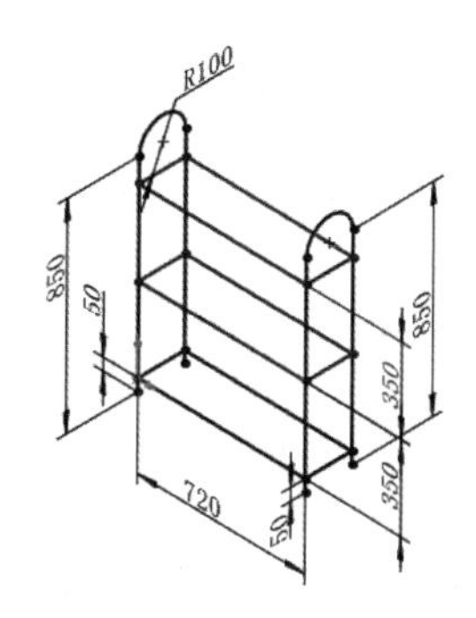

图9-52 复制实体3

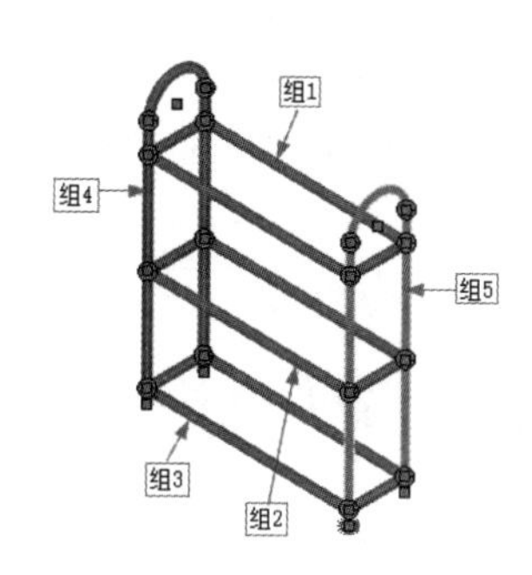

图9-53 拾取路径

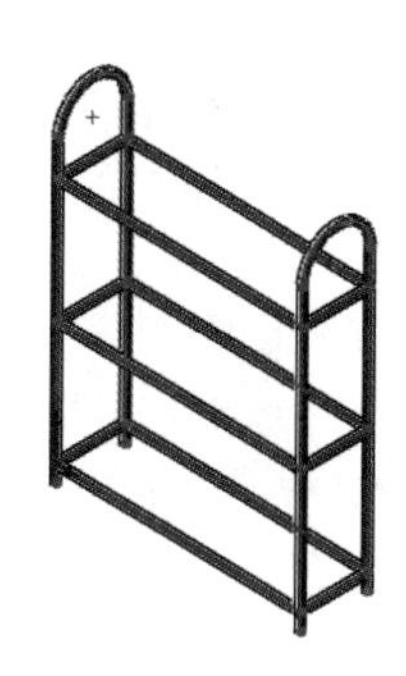
图9-54 鞋架

（13）剪裁延伸构件1。单击“焊件”选项卡中的“剪裁/延伸”按钮，系统弹出“剪裁/延伸”属性管理器。选择“终端剪裁”类型，选择方形管作为要剪裁的实体，并勾选“允许延伸”复选框，剪裁边界选中“面/平面”单选按钮，选择竖直管件右侧面作为剪裁边界，如图9-55所示。单击“确定”按钮，结果如图9-56所示。

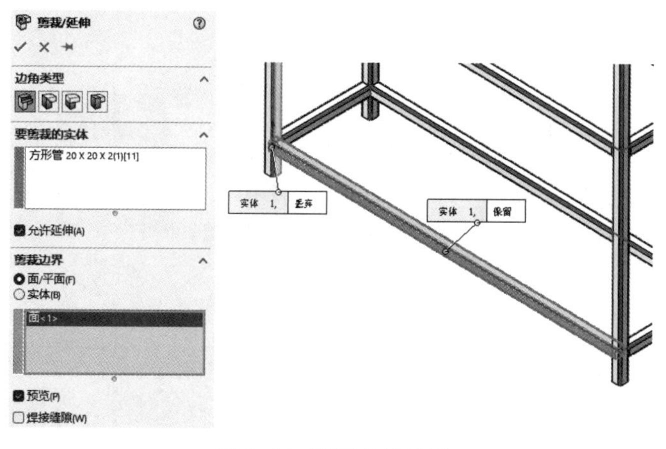

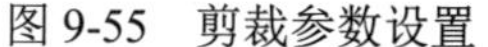
图9-55 剪裁参数设置

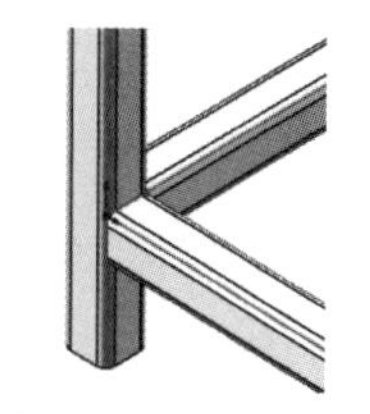
图9-56 剪裁结果

（14）剪裁延伸构件2。用同样的方法，剪裁方形管的另一端，结果如图9-39所示。

注意：

通常选择平面作为剪裁边界更有效且性能更好。只有在诸如圆形管道或阶梯式曲面之类的非平面实体剪裁时选择实体。

9.3.3 顶端盖特征

要闭合敞开的结构构件，可以添加顶端盖，包括内部顶端盖。

【执行方式】

- 工具栏：单击“焊件”工具栏中的“顶端盖”按钮。
- 菜单栏：选择菜单栏中的“插入”→“焊件”→“顶端盖”命令。
- 选项卡：单击“焊件”选项卡中的“顶端盖”按钮。

【选项说明】

执行上述操作，系统弹出图 9-57 所示的“顶端盖”属性管理器。该属性管理器中部分选项的含义如下。

（1）参数。

1）面：选择一个或多个轮廓面。

2）厚度方向：设置顶端盖的厚度方向，包括“向外”“向内”和“内部”3 种，如图 9-58 所示。在输入框中输入厚度值。

- 向外：从结构向外延伸，结构的总长度增加。
- 向内：向结构内延伸，结构的总长度不变。
- 内部：将顶端盖以指定的等距距离放在结构构件内部。

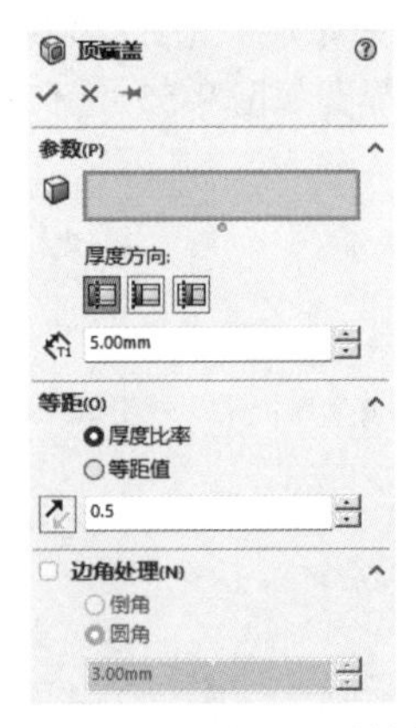

图 9-57 “顶端盖”属性管理器

向外

向内

内部

图 9-58 厚度方向示意图

（2）等距。等距是指结构构件边线到顶端盖边线之间的距离，如图 9-59 所示。在进行等距设置时，可以选中或不选中“厚度比率”单选按钮。如果选中“厚度比率”单选按钮，则指定厚度比率值应介于 0～1 之间。等距则等于结构构件的壁厚乘以指定的厚度比率。

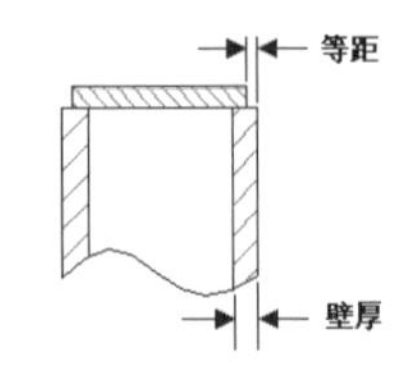

图 9-59 顶端盖等距示意图

（3）边角处理。

1）倒角：选中该单选按钮，给顶盖的边角添加倒角。选择该项时，需要设置倒角距离。

2）圆角：选中该单选按钮，给顶盖的边角添加圆角。选择该项时，需要设置圆角半径。

动手学——创建鞋架顶端盖

本例为 9.3.2 小节创建的鞋架的 4 根竖管下端面创建顶端盖。

【操作步骤】

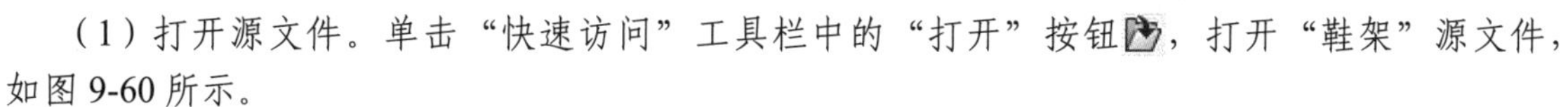

（1）打开源文件。单击“快速访问”工具栏中的“打开”按钮，打开“鞋架”源文件，如图 9-60 所示。

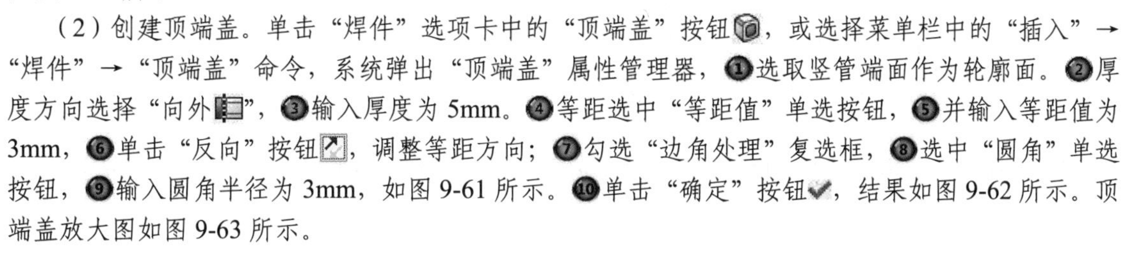

（2）创建顶端盖。单击“焊件”选项卡中的“顶端盖”按钮，或选择菜单栏中的“插入”→“焊件”→“顶端盖”命令，系统弹出“顶端盖”属性管理器，❶选取竖管端面作为轮廓面。❷厚度方向选择“向外”，❸输入厚度为 5mm。❹等距选中“等距值”单选按钮，❺并输入等距值为 3mm，❻单击“反向”按钮，调整等距方向；❼勾选“边角处理”复选框，❽选中“圆角”单选按钮，❾输入圆角半径为 3mm，如图 9-61 所示。❿单击“确定”按钮，结果如图 9-62 所示。顶端盖放大图如图 9-63 所示。

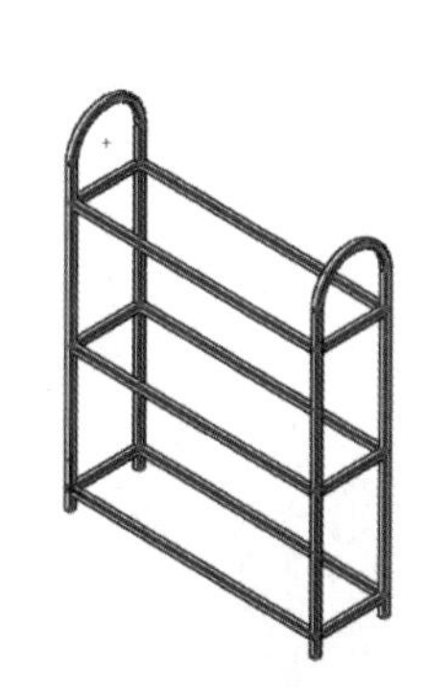

图 9-60　“鞋架”源文件

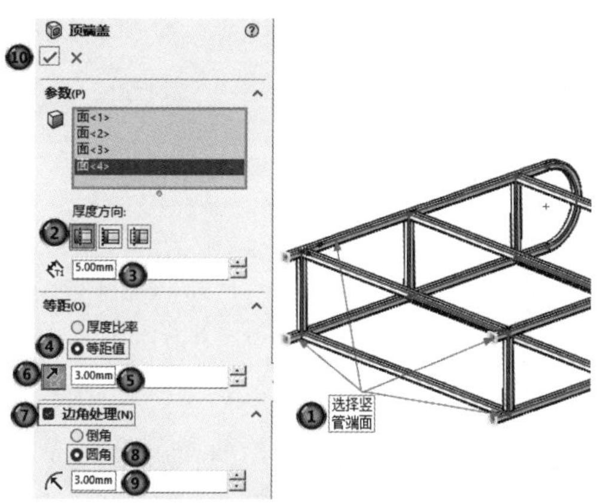

图 9-61　顶端盖参数设置

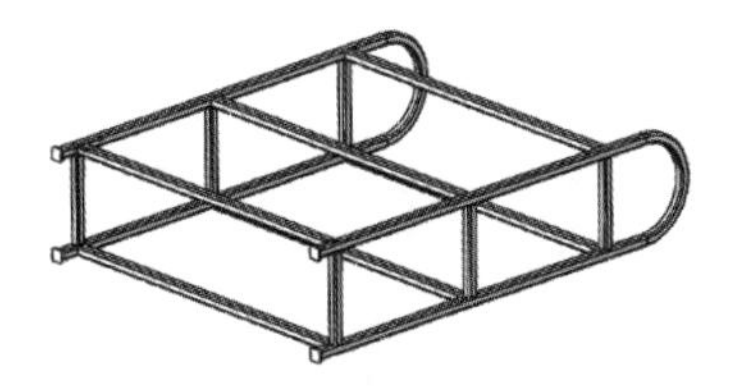

图 9-62　生成的顶端盖

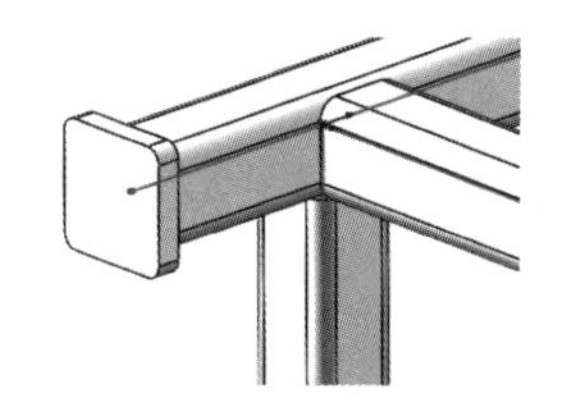

图 9-63　顶端盖放大图

注意：

顶端盖只能在有线性边线的轮廓上生成。

9.3.4　角撑板特征

使用角撑板特征工具可以加固两个交叉结构构件之间的区域。

【执行方式】

➢ 工具栏：单击“焊件”工具栏中的“角撑板”按钮。

➢ 菜单栏：选择菜单栏中的“插入”→“焊件”→“角撑板”命令。

➢ 选项卡：单击“焊件”选项卡中的“角撑板”按钮。

【选项说明】

执行上述操作，系统弹出“角撑板”属性管理器，如图9-64所示。该属性管理器中部分选项的含义如下。

（1）支撑面。

1）选择平面或圆柱面：从两个交叉结构构件中选择相邻平面。

2）反转轮廓d1和d2参数：反转轮廓距离1和轮廓距离2的数值。

（2）轮廓。

1）系统提供了两种类型的角撑板，包括多边形角撑板和三角形角撑板，如图9-65所示。

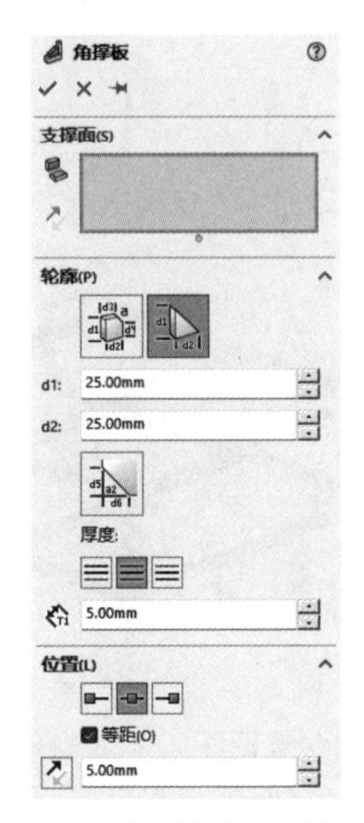

图9-64 “角撑板”属性管理器

图9-65 角撑板类型

2）厚度：角撑板的厚度有3种设置方式，分别为“内边”“两边”和“外边”，如图9-66所示。

3）位置：角撑板的位置也有3种设置方式，分别为“轮廓定位于起点”“轮廓定位于中点”和“轮廓定位于端点”，如图9-67所示。

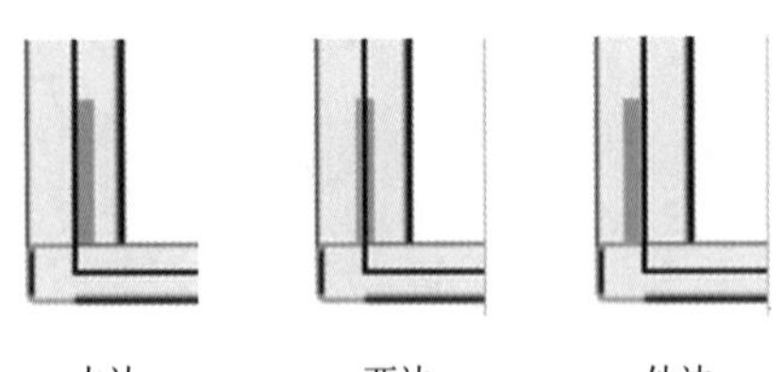

图9-66 厚度设置方式

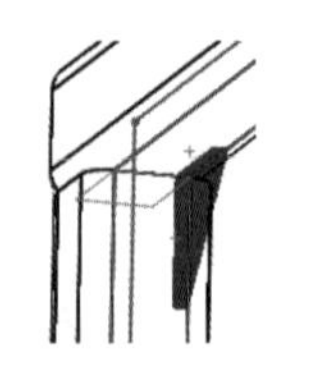
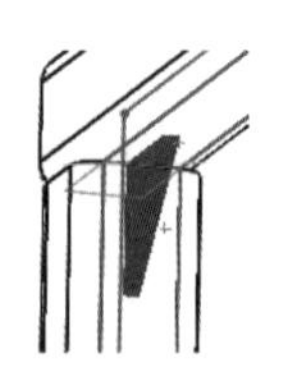
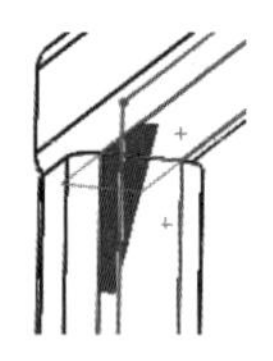

图9-67 位置设置方式

动手学——创建鞋架角撑板

扫一扫，看视频

9.3.3 小节创建了鞋架的顶端盖，本例将继续创建鞋架的角撑板，如图 9-68 所示。

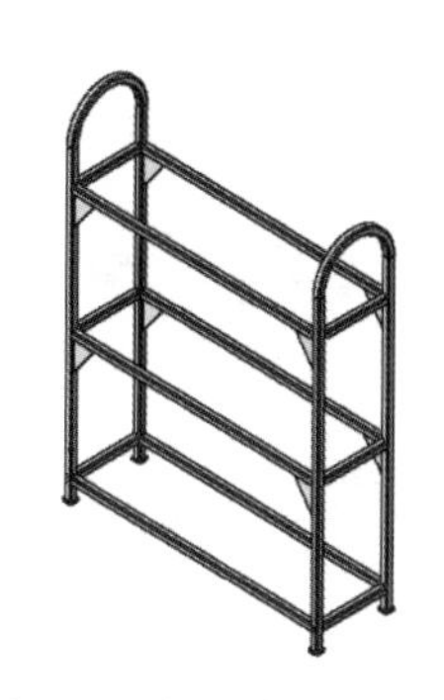

图 9-68　创建鞋架角撑板

【操作步骤】

（1）打开源文件。单击“快速访问”工具栏中的“打开”按钮，打开“创建鞋架顶端盖”源文件，如图 9-69 所示。

（2）创建角撑板 1。单击“焊件”选项卡中的“角撑板”按钮，系统弹出“角撑板”属性管理器。❶选择生成角撑板的支撑面 1 和❷面 2。❸选择轮廓为“三角形轮廓”，❹设置 d1 长度为 80mm，❺d2 长度为 60mm，❻厚度选择“两边”，❼设置角撑板厚度为 5mm。❽设置位置为“轮廓定位于中点”，如图 9-70 所示。❾单击“确定”按钮。

（3）创建其他角撑板。用同样的方法，创建其他位置的角撑板，结果如图 9-68 所示。

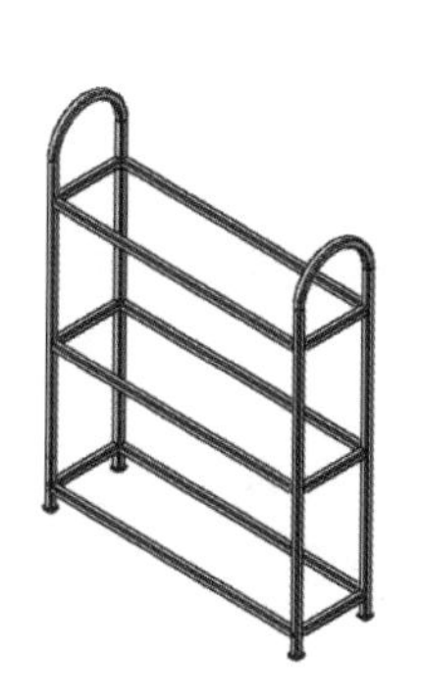

图 9-69　“创建鞋架顶端盖”源文件

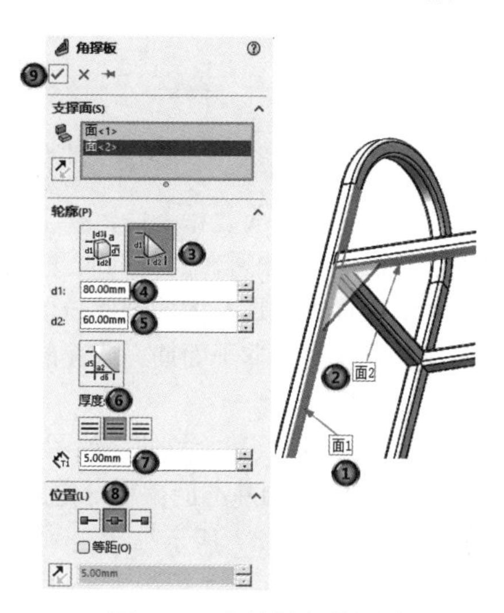

图 9-70　角撑板参数设置

9.3.5　拉伸凸台/基体

拉伸特征是将一个二维平面草图，按照给定的数值沿与平面垂直的方向拉伸一段距离形成的特征。

【执行方式】

- 工具栏：单击“焊件”工具栏中的“拉伸凸台/基体”按钮。
- 菜单栏：选择菜单栏中的“插入”→“凸台/基体”→“拉伸凸台/基体”命令。
- 选项卡：单击“焊件”选项卡中的“拉伸凸台/基体”按钮。

【选项说明】

执行上述操作，选择草图，系统弹出“凸台-拉伸”属性管理器，如图 9-71 所示。该属性管理器中的部分选项说明如下。

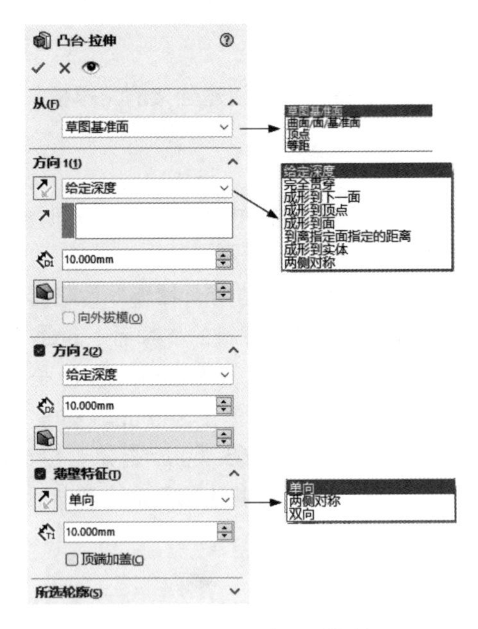

图 9-71 “凸台-拉伸”属性管理器

（1）从：设定拉伸特征的开始条件。在下拉列表中选择拉伸开始条件，有以下几种。

1）草图基准面：从草图所在的基准面开始拉伸，如图 9-72（a）所示。

2）曲面/面/基准面：从选择的面开始拉伸。该面可以是平面或非平面。平面不必与草图基准面平行。草图必须完全包含在非平面曲面或面的边界内。草图在开始曲面或面处依从非平面实体的形状，如图 9-72（b）所示。

3）顶点：从选择的顶点开始拉伸，如图 9-72（c）所示。

4）等距：从与当前草图基准面偏移一定距离的基准面上开始拉伸。在“输入等距值”输入框中设定偏移距离，如图 9-72（d）所示。

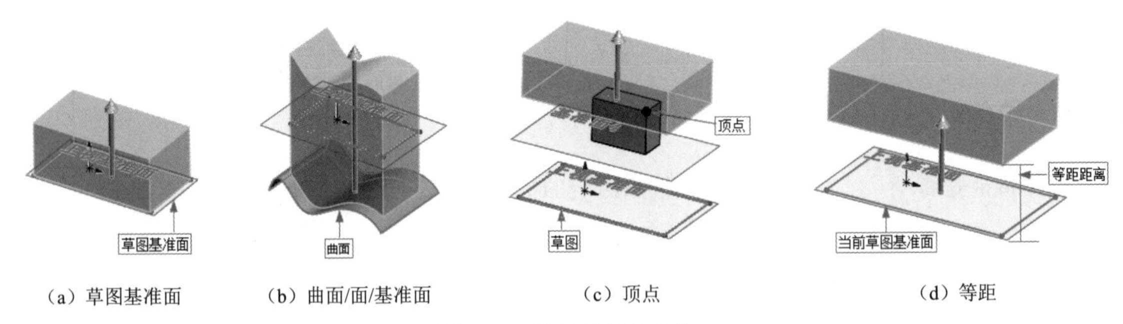

（a）草图基准面 （b）曲面/面/基准面 （c）顶点 （d）等距

图 9-72 拉伸的起始条件

（2）方向 1(1)：设定终止条件类型。单击“反向”按钮，生成与预览中所示相反的方向拉伸特征。在下拉列表中选择拉伸的终止条件，有以下几种。

1）给定深度：从草图的基准面拉伸到指定的距离平移处，以生成特征，如图 9-73（a）所示。在其下方的“深度”输入框中输入拉伸距离。

2）完全贯穿：从草图的基准面拉伸直到贯穿所有现有的几何体，如图 9-73（b）所示。

3）成形到下一面：从草图的基准面拉伸到下一面（隔断整个轮廓），以生成特征，如图 9-73（c）所示。下一面必须在同一零件上。

4）成形到顶点：从草图的基准面拉伸到一个平面，这个平面平行于草图基准面且穿越指定的顶点，如图 9-73（d）所示。

5）成形到面：从草图的基准面拉伸到所选的曲面以生成特征，如图 9-73（e）所示。

6）到离指定面指定的距离：从草图的基准面拉伸到离某面或某曲面的特定距离处，以生成特征，如图 9-73（f）所示。

7）成形到实体：从草图的基准面拉伸草图到所选的实体，如图 9-73（g）所示。

8）两侧对称：从草图的基准面向两个方向对称拉伸，如图 9-73（h）所示。

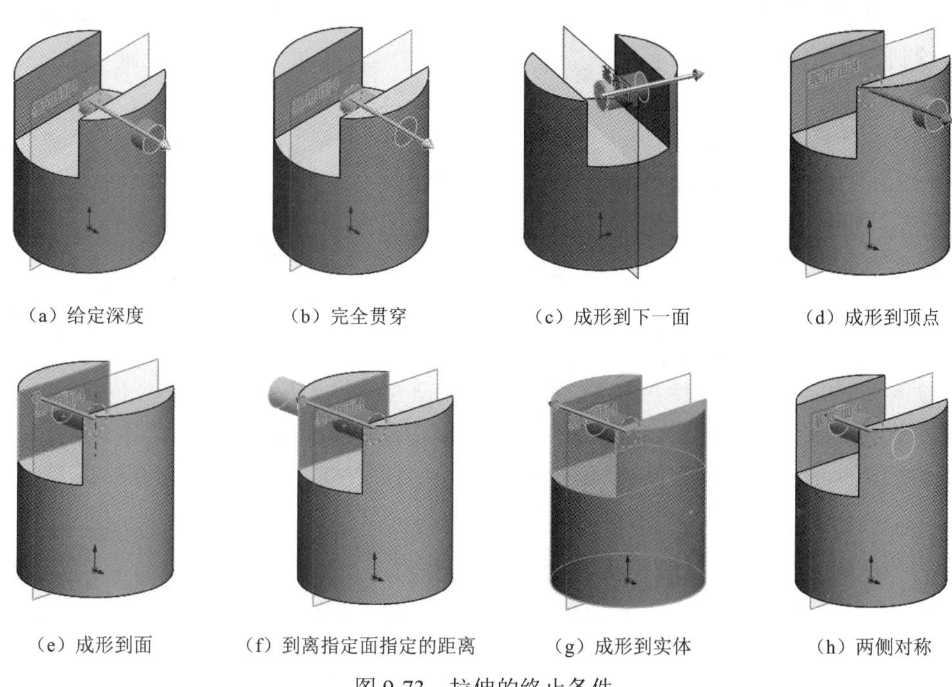

（a）给定深度　（b）完全贯穿　（c）成形到下一面　（d）成形到顶点

（e）成形到面　（f）到离指定面指定的距离　（g）成形到实体　（h）两侧对称

图 9-73　拉伸的终止条件

（3）“拔模开/关”按钮：单击该按钮，新增拔模到拉伸特征。勾选“向外拔模”复选框，则向外拔模。图 9-74 说明了拔模特征。

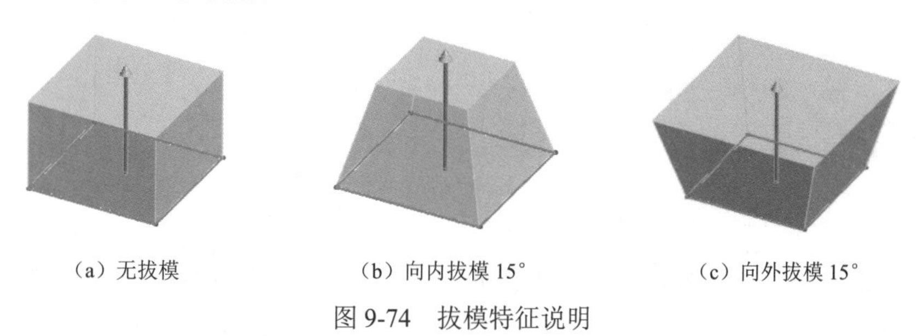

（a）无拔模　（b）向内拔模 15°　（c）向外拔模 15°

图 9-74　拔模特征说明

（4）方向 2(2)：勾选该复选框，将拉伸应用到第 2 个方向。

（5）合并结果：在创建非基体的拉伸实体时，在“凸台-拉伸”属性管理器中会显示“合并结果”复选框，如图 9-75 所示。勾选该复选框，将生成的实体合并到现有实体，如果不勾选该复选框，将生成单独的实体。

（6）所选轮廓：允许用户使用部分草图从开放或闭合轮廓创建拉伸特征。在绘图区中选择草图轮廓和模型边线。

图 9-75　“凸台-拉伸”属性管理器

扫一扫，看视频

动手学——绘制大臂

本例绘制的大臂如图 9-76 所示。

【操作步骤】

（1）新建文件。选择菜单栏中的“文件”→“新建”命令，或者单击“快速访问”工具栏中的“新建”按钮，在弹出的“新建 SOLIDWORKS 文件”对话框中单击“零件”按钮，然后单击“确定”按钮，创建一个新的零件文件。

（2）绘制草图 1。在 FeatureManager 设计树中选择“前视基准面”作为草绘基准面。单击“草图”选项卡中的“中心矩形”按钮，以坐标原点为中心绘制正方形，单击“草图”选项卡中的“智能尺寸”按钮。标注尺寸后结果如图 9-77 所示。

（3）拉伸实体 1。单击“焊件”选项卡中的“拉伸凸台/基体”按钮，❶在 FeatureManager 设计树中选择草图 1，此时系统弹出“凸台-拉伸”属性管理器，❷设置拉伸终止条件为“给定深度”，❸输入拉伸距离为 5mm，如图 9-78 所示。❹单击“确定”按钮，结果如图 9-79 所示。

图 9-76　大臂

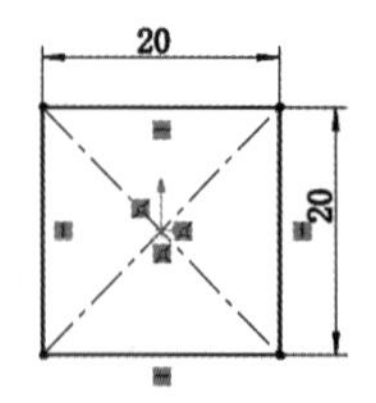

图 9-77　绘制草图 1

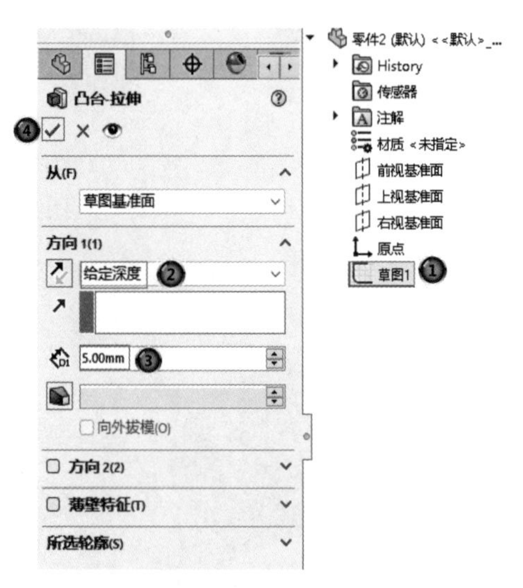

图 9-78　拉伸参数设置

（4）绘制草图 2。在 FeatureManager 设计树中选择“上视基准面”作为草绘基准面。单击“草图”选项卡中的“边角矩形”按钮、“圆”按钮和“剪裁实体”按钮，绘制图 9-80 所示的草图并标注尺寸。

（5）拉伸实体 2。单击“焊件”选项卡中的“拉伸凸台/基体”按钮，系统弹出“凸台-拉伸”属性管理器。设置拉伸终止条件为“两侧对称”，输入拉伸距离为 5mm，然后单击“确定”按钮，结果如图 9-81 所示。

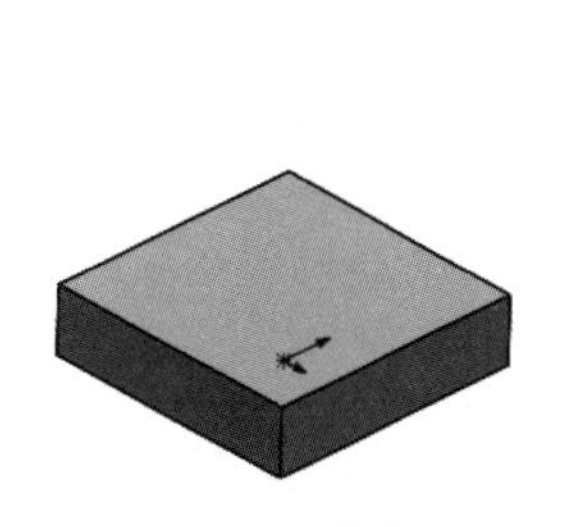

图 9-79　拉伸实体 1

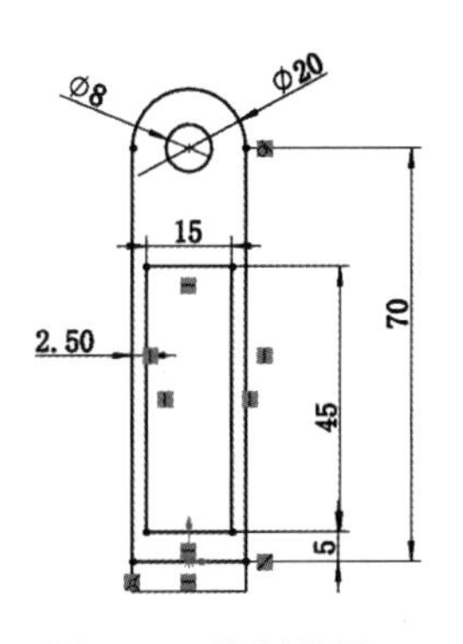

图 9-80　绘制草图 2

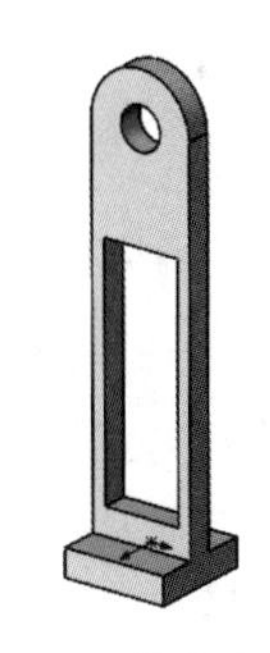

图 9-81　拉伸实体 2

（6）绘制草图 3。在 FeatureManager 设计树中选择“上视基准面”作为草绘基准面。单击“草图”选项卡中的“直线”按钮、“圆”按钮和“剪裁实体”按钮，绘制图 9-82 所示的草图并标注尺寸。

（7）拉伸实体 3。单击“焊件”选项卡中的“拉伸凸台/基体”按钮，系统弹出“凸台-拉伸”属性管理器。设置拉伸终止条件为“两侧对称”，输入拉伸距离为 12mm，如图 9-83 所示。单击“确定”按钮，最终结果如图 9-76 所示。

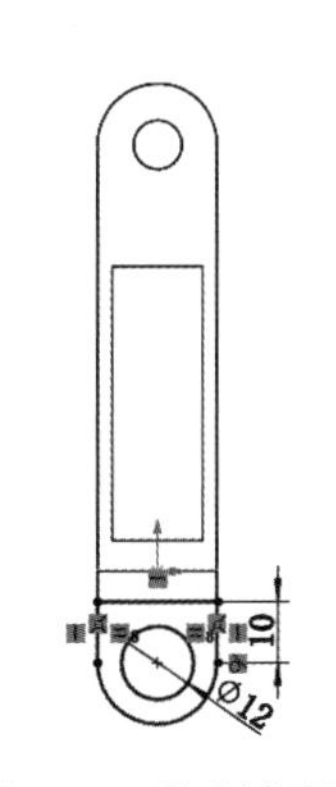

图 9-82　绘制草图 3

图 9-83　拉伸参数设置

9.3.6　拉伸切除特征

切除是从零件或装配体上移除材料的特征。对于多实体零件，可以选择在执行切除操作后要保留哪些实体和要删除哪些实体。

拉伸切除特征与拉伸凸台/基体特征既有相同之处也有不同之处：相同之处是，二者都是由截面轮廓草图经过拉伸而成；不同之处是，拉伸切除特征是在已有实体的基础上减量生成新特征，与拉伸凸台/基体特征相反。

图 9-84 展示了利用拉伸切除特征生成的几种零件效果。

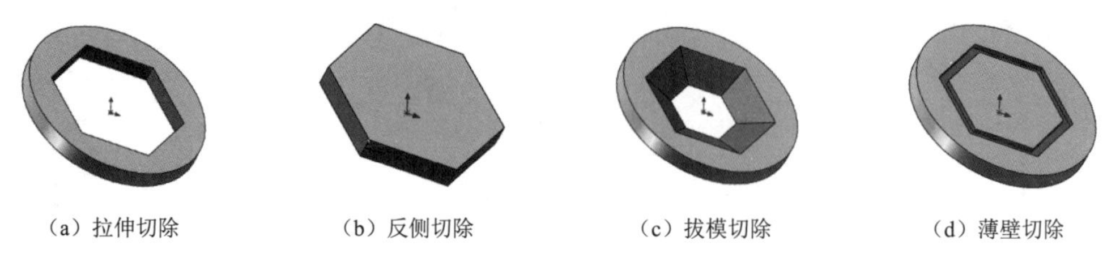

（a）拉伸切除　（b）反侧切除　（c）拔模切除　（d）薄壁切除

图 9-84　利用拉伸切除特征生成的几种零件效果

【执行方式】

➢ 工具栏：单击“焊件”工具栏中的“拉伸切除”按钮。

➢ 菜单栏：选择菜单栏中的“插入”→“切除”→“拉伸”命令。

➢ 选项卡：单击“焊件”选项卡中的“拉伸切除”按钮。

【选项说明】

执行上述操作，系统弹出“切除-拉伸”属性管理器，如图 9-85 所示。该属性管理器中的大部分选项在 9.3.5 小节中介绍“拉伸凸台/基体”时已做过详细介绍，这里只对部分选项进行说明。

（1）完全贯穿-两者：从草图的基准面拉伸特征直到贯穿方向 1(1) 和方向 2(2) 的所有现有几何体。

（2）反侧切除：勾选该复选框，移除轮廓外的所有材料。默认情况下，材料从轮廓内部移除。

（3）拔模开/关：单击该按钮，可以给特征添加拔模效果。

（4）特征范围：指定需要特征影响的实体或零部件。

1）所有实体：选中该单选按钮，保留在每次特征重建时切除生成的所有实体，如图 9-86（a）所示。

2）所选实体：选中该单选按钮，取消勾选“自动选择”复选框，则需要用户在绘图区选择要切除的实体，如图 9-86（b）所示。

3）自动选择：勾选该复选框，系统自动选择要切除的实体。当切除多实体零件生成模型时，系统将自动处理所有相关的交叉零件，如图 9-86（c）所示。

（5）薄壁特征：同拉伸薄壁特征相比，拉伸薄壁切除是将薄壁特征切除。图 9-87 展示了拉伸薄壁切除特征效果。

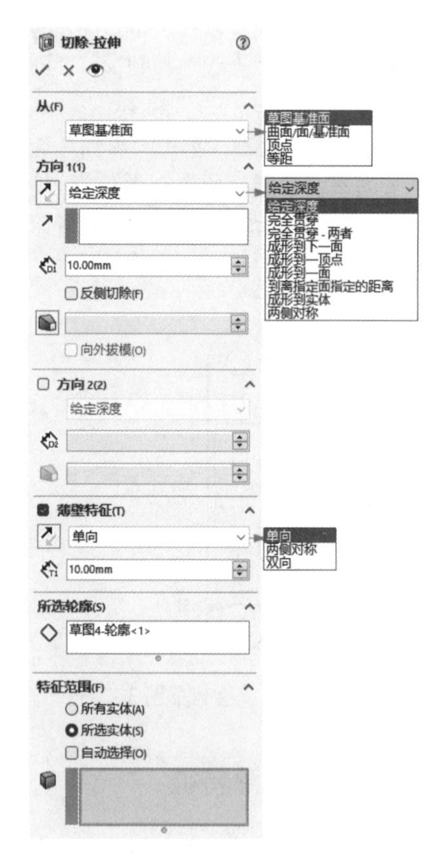

图 9-85　“切除-拉伸”属性管理器

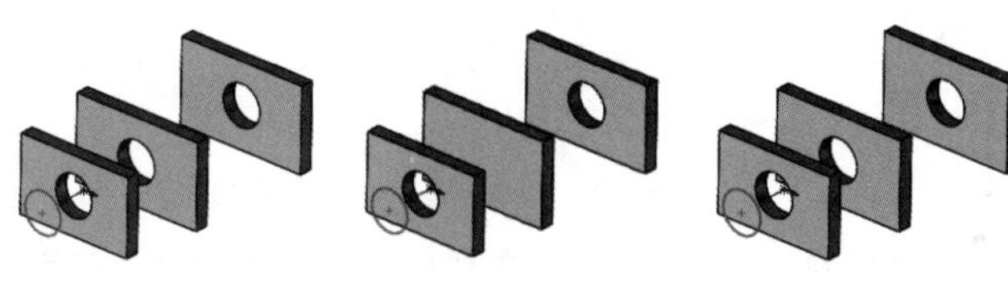

（a）所有实体　　（b）所选实体　　（c）自动选择

图 9-86　特征范围示例

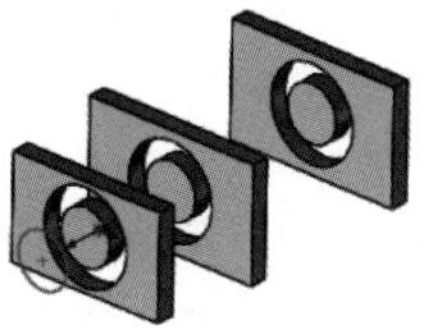

图 9-87　拉伸薄壁切除

如果要生成薄壁切除特征，则勾选“薄壁特征”复选框，然后执行以下操作。

（1）在右侧的下拉列表中选择切除类型：单向、两侧对称或双向。

（2）单击“反向”按钮，可以以相反的方向生成薄壁切除特征。

（3）在“厚度”文本框中输入切除的厚度。

动手学——绘制小臂

扫一扫，看视频

本例绘制的小臂如图 9-88 所示。

【操作步骤】

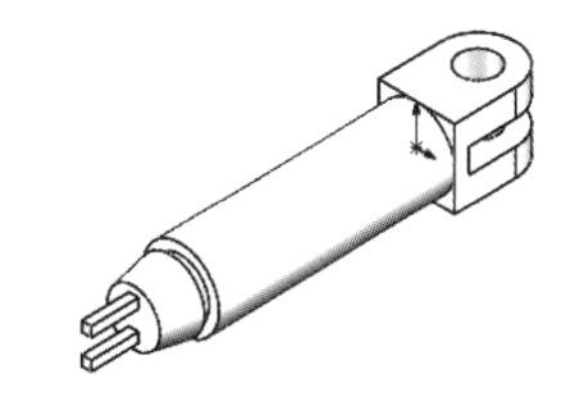

图 9-88　小臂

（1）新建文件。选择菜单栏中的“文件”→“新建”命令，或者单击“快速访问”工具栏中的“新建”按钮，在弹出的“新建 SOLIDWORKS 文件”对话框中单击“零件”按钮，然后单击“确定”按钮，创建一个新的零件文件。

（2）绘制草图 1。在 FeatureManager 设计树中选择“前视基准面”作为草绘基准面。单击“草图”选项卡中的“圆”按钮，在坐标原点绘制一个直径为 16mm 的圆。标注尺寸后结果如图 9-89 所示。

（3）拉伸实体 1。单击“焊件”选项卡中的“拉伸凸台/基体”按钮，此时系统弹出图 9-90 所示的“凸台-拉伸”属性管理器。设置拉伸终止条件为“给定深度”，输入拉伸距离为 50.00mm，然后单击“确定”按钮，结果如图 9-91 所示。

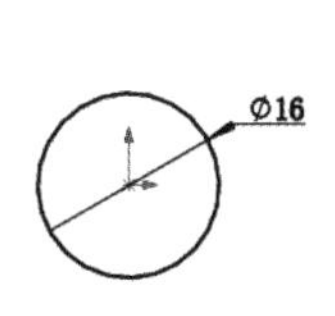

图 9-89　绘制草图 1

图 9-90　“凸台-拉伸”属性管理器 1

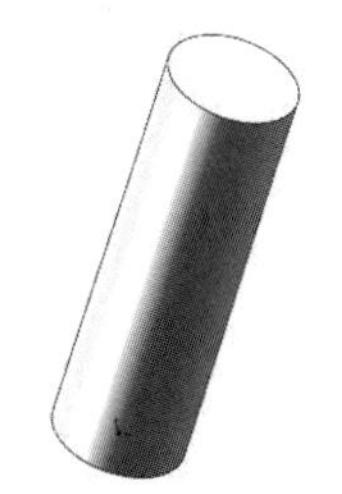

图 9-91　拉伸结果 1

（4）绘制草图 2。在 FeatureManager 设计树中选择“上视基准面”作为草绘基准面。单击“草图”选项卡中的“直线”按钮和“3 点圆弧”按钮，绘制草图并标注尺寸，结果如图 9-92 所示。

（5）拉伸实体 2。单击“焊件”选项卡中的“拉伸凸台/基体”按钮，系统弹出图 9-93 所示的“凸台-拉伸”属性管理器。设置拉伸终止条件为“两侧对称”，输入拉伸距离为 16.00mm，然后单击“确定”按钮。结果如图 9-94 所示。

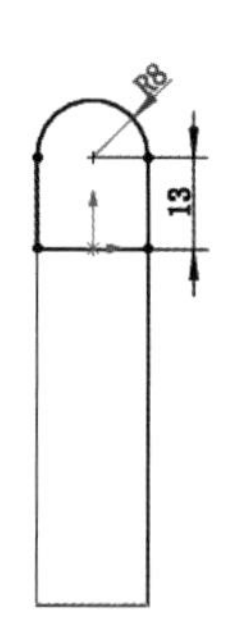

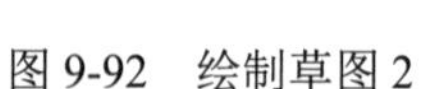

图 9-92　绘制草图 2

图 9-93　“凸台-拉伸”属性管理器

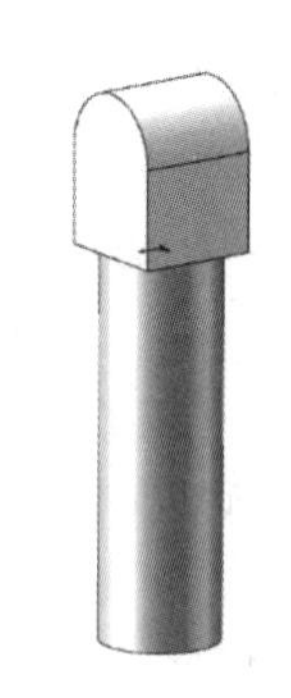

图 9-94　拉伸结果 2

（6）绘制草图 3。在 FeatureManager 设计树中选择“上视基准面”作为草绘基准面。单击“草图”选项卡中的“边角矩形”按钮，绘制草图并标注尺寸。结果如图 9-95 所示。

（7）拉伸切除实体 1。单击“焊件”选项卡中的“拉伸切除”按钮，此时系统弹出图 9-96 所示的“切除-拉伸”属性管理器。❶选择草图 3，❷设置拉伸终止条件为“两侧对称”，❸输入拉伸距离为 5.00mm，然后❹单击“确定”按钮，结果如图 9-97 所示。

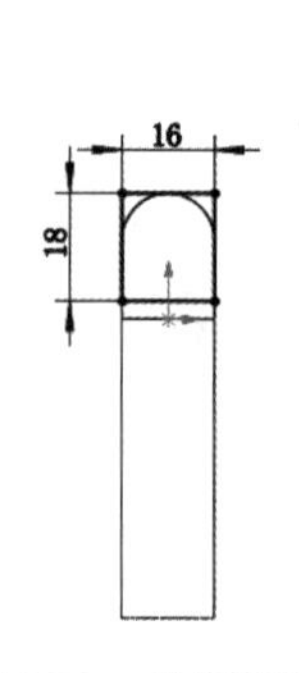

图 9-95　绘制草图 3

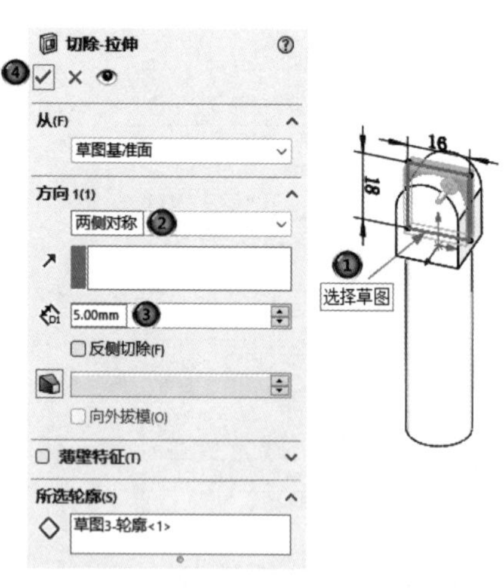

图 9-96　“切除-拉伸”属性管理器 1

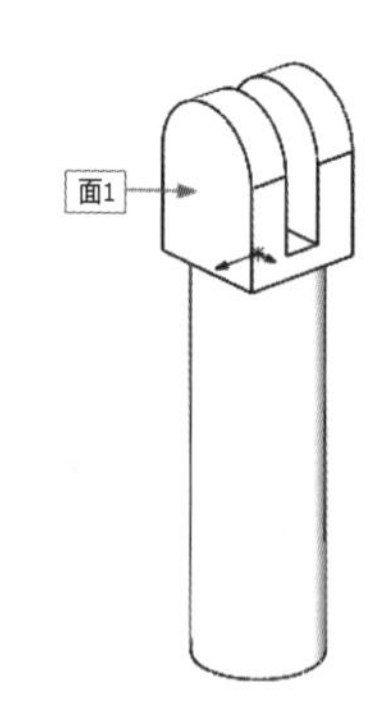

图 9-97　拉伸切除实体 1

（8）绘制草图 4。在视图中选择图 9-97 所示的面 1 作为草绘基准面。单击“草图”选项卡中的

“圆”按钮⊙，绘制图 9-98 所示的草图并标注尺寸。

（9）拉伸切除实体 2。单击“焊件”选项卡中的“拉伸切除”按钮，此时系统弹出图 9-99 所示的“切除-拉伸”属性管理器。设置拉伸终止条件为“完全贯穿”，然后单击“确定”按钮✓，结果如图 9-100 所示。

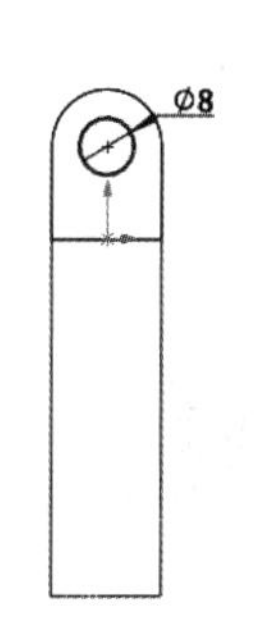

图 9-98　绘制草图 4

图 9-99　“切除-拉伸”属性管理器

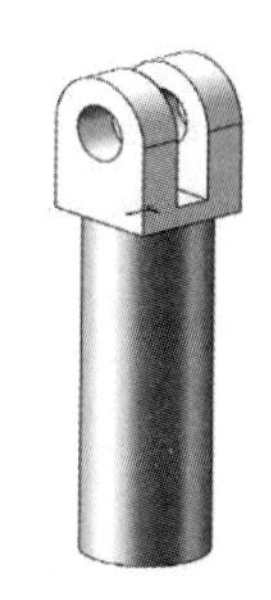

图 9-100　拉伸切除实体 2

（10）绘制草图 5。在 FeatureManager 设计树中选择“上视基准面”作为草绘基准面。单击“草图”选项卡中的“直线”按钮╱，绘制草图并标注尺寸，结果如图 9-101 所示。

（11）旋转实体。单击“焊件”选项卡中的“旋转凸台/基体”按钮，系统弹出图 9-102 所示的“旋转”属性管理器。采用默认设置，单击“确定”按钮✓，结果如图 9-103 所示。

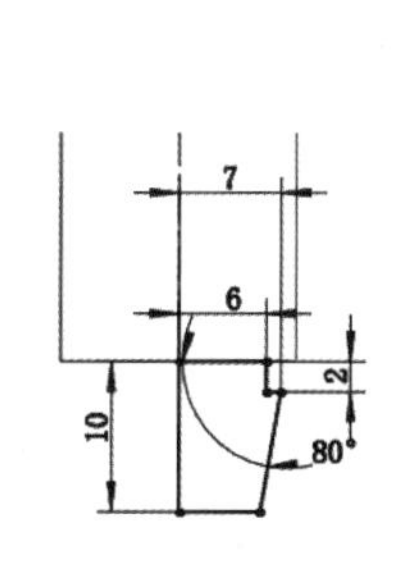

图 9-101　草图标注尺寸

图 9-102　“旋转”属性管理器

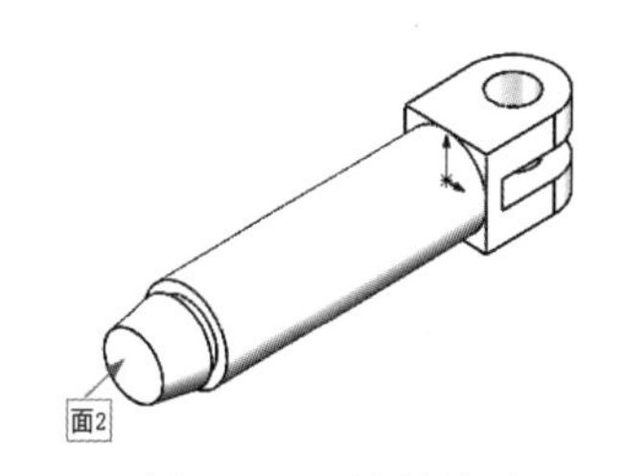

图 9-103　旋转结果

（12）绘制草图 6。在视图中选择图 9-103 所示的面 2 作为草绘基准面。单击“草图”选项卡中的“中心线”按钮、“边角矩形”按钮和“镜向实体”按钮，绘制图 9-104 所示的草图并标注尺寸。

（13）拉伸实体 3。单击“焊件”选项卡中的“拉伸凸台/基体”按钮，系统弹出图 9-105 所示的“凸台-拉伸”属性管理器。设置拉伸终止条件为“给定深度”，输入拉伸距离为 10.00mm，然后单击“确定”按钮✓，结果如图 9-106 所示。

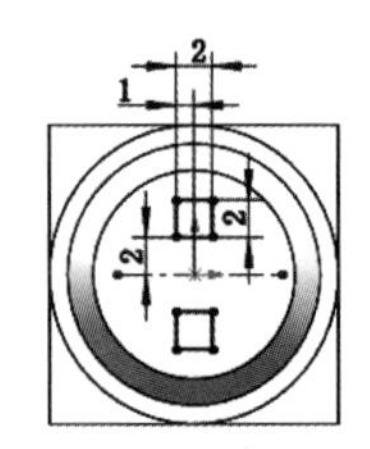

图 9-104　绘制草图 6

图 9-105　“凸台-拉伸”属性管理器 2

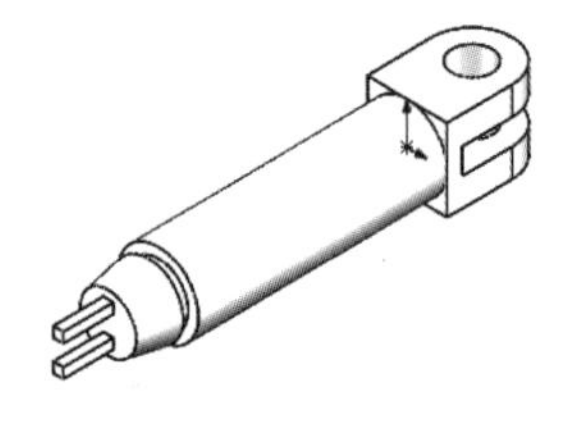

图 9-106　拉伸结果 3

动手练——绘制摇臂

本例绘制图 9-107 所示的摇臂。

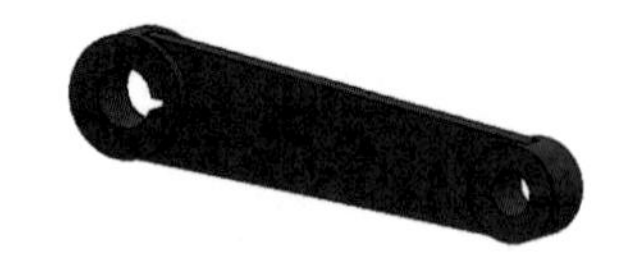

图 9-107　摇臂

【操作提示】

（1）在“前视基准面”上绘制图 9-108 所示的草图 1，利用“拉伸”命令，进行两侧对称拉伸，深度为 6mm，创建拉伸实体。

（2）在“前视基准面”上绘制图 9-109 所示的草图 2，利用“拉伸”命令，进行两侧对称拉伸，深度为 14。

（3）在“前视基准面”上绘制图 9-110 所示的草图 3，利用“拉伸切除”命令，进行拉伸切除操作，结果如图 9-108 所示。

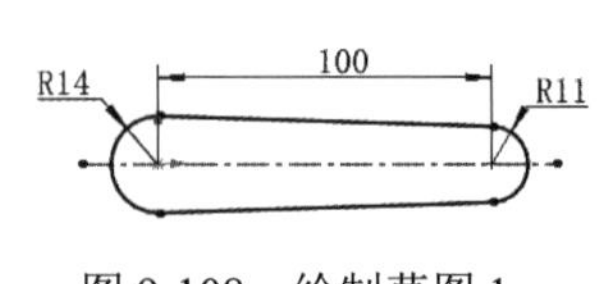

图 9-108　绘制草图 1

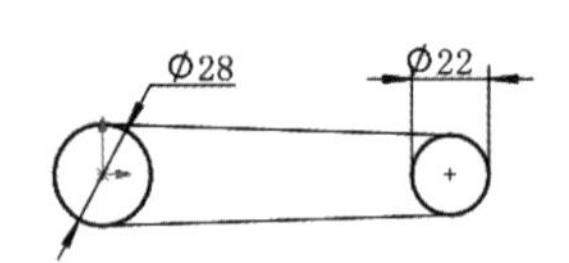

图 9-109　绘制草图 2

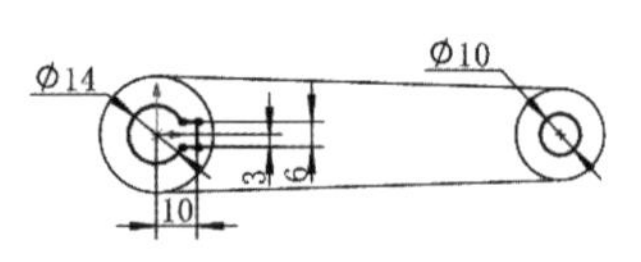

图 9-110　绘制草图 3

9.3.7　异型孔向导

异型孔向导用于在实体上插入各种类型的自定义孔，如沉头孔、锥形沉头孔或螺纹孔。孔类型和尺寸会出现在 FeatureManager 设计树中。图 9-111 所示为根据六角头螺栓 C 级绘制的 M12 螺纹的柱形沉头孔。

【执行方式】

➢ 工具栏：单击“特征”工具栏中的“异型孔向导”按钮。

➢ 菜单栏：选择菜单栏中的“插入”→“特征”→“异型孔向导”命令。

➢ 选项卡：单击“焊件”选项卡中的“异型孔向导”按钮。

【选项说明】

执行上述操作，系统弹出“孔规格”属性管理器，如图 9-112 所示。该属性管理器中部分选项的含义如下。

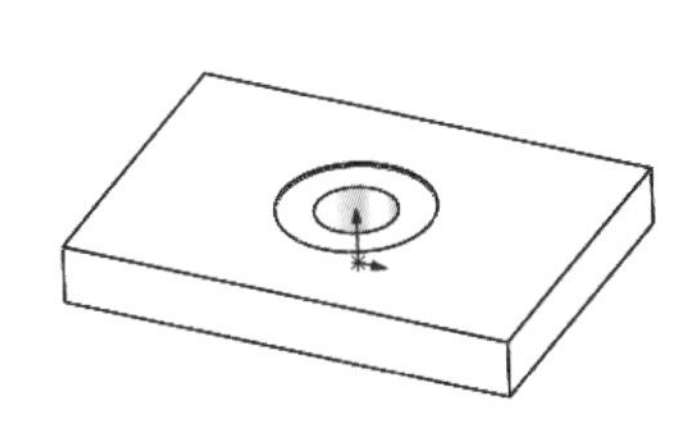

图 9-111　柱形沉头孔

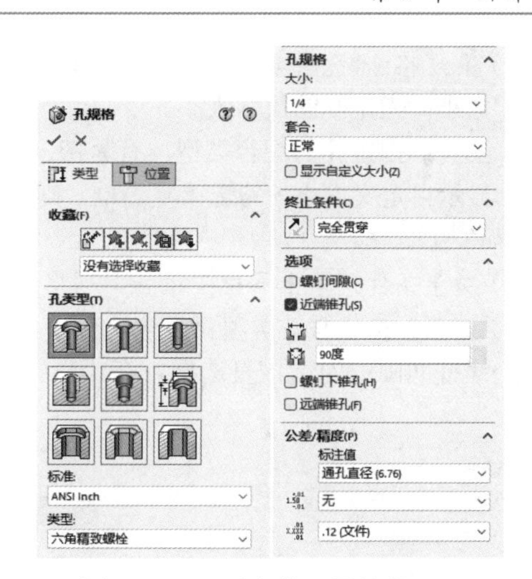

图 9-112　“孔规格”属性管理器

1. “类型”选项卡

“类型”选项卡用于设置孔的类型参数。

（1）收藏。

收藏用于管理可在模型中重新使用的异型孔向导的样式清单。异型孔向导收藏将保存常用孔的所有异型孔向导 PropertyManager 参数。

1）“应用默认/无收藏”按钮 ：重设到没有选择收藏及默认设置。

2）“添加或更新收藏”按钮 ：将所选“异型孔向导”添加到收藏夹列表中。

要添加样式，单击“添加或更新收藏”按钮 ，输入一个名称，然后单击“确定”按钮。

要更新样式，在“类型”中编辑属性，在“收藏”中选择孔，然后单击“添加或更新收藏”按钮 ，最后输入新名称或现有名称。

3）“删除收藏”按钮 ：删除所选的样式。

4）“保存收藏”按钮 ：保存所选的样式。单击该按钮，然后浏览到文件夹。

5）“装入收藏”按钮 ：装载样式。单击该按钮，浏览到文件夹，然后选择样式。

（2）孔类型。

1）孔类型：在“孔规格”属性管理器中列出了 9 种类型的孔，如图 9-113 所示。

2）标准：指定孔标准，如图 9-114 所示。

3）类型：根据选定的孔类型和标准，指定钻孔所选类型。柱形沉头孔的类型如图 9-115 所示。

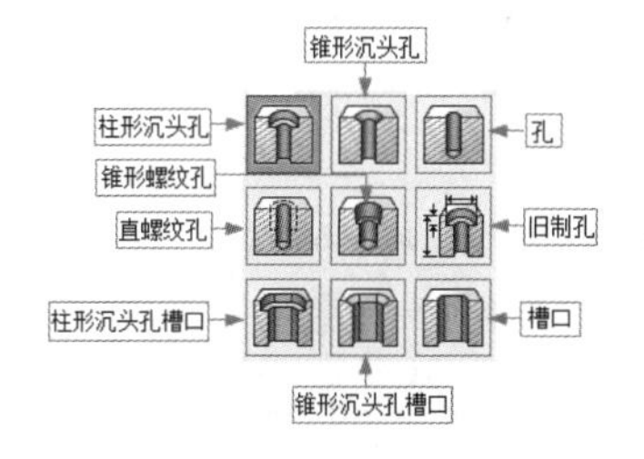

图 9-113　孔类型

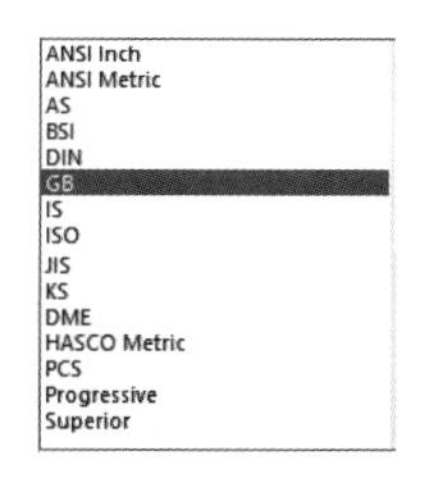

图 9-114　标准

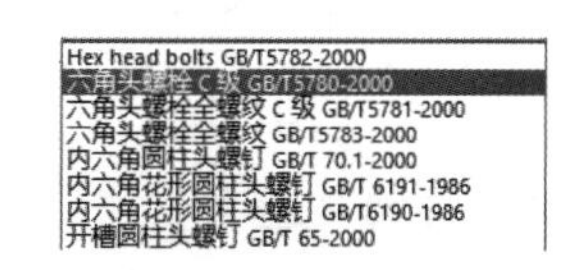

图 9-115　柱形沉头孔的类型

（3）孔规格：“孔规格”选项会根据孔类型而有所不同，下面以柱形沉头孔为例进行介绍。

1）大小：指定孔的尺寸大小。

2）套合：指定孔的配合类型，有紧密、正常和松弛 3 种。

3）显示自定义大小：勾选该复选框，则显示孔参数输入框，如图 9-116 所示。该输入框会根据孔类型而发生变化。

（4）终止条件：单击下拉按钮，列出终止条件，如图 9-117 所示。

（5）选项：会根据孔类型而发生变化。

1）螺钉间隙：勾选该复选框，在“螺钉间隙”输入框中输入除 0 以外的间隙值，如图 9-118 所示。

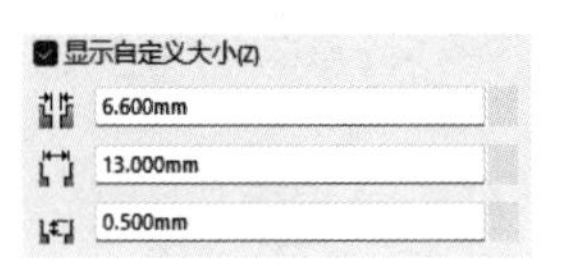

图 9-116　自定义大小

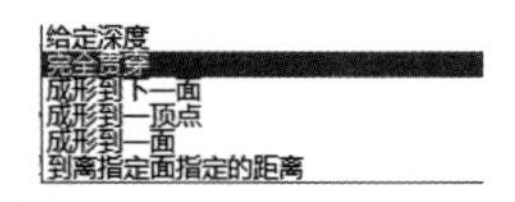

图 9-117　终止条件

图 9-118　设置螺钉间隙

2）近端锥孔：勾选该复选框，需要设置“近端锥形沉头孔直径”和“近端锥形沉头孔角度”，如图 9-119 所示。

3）螺钉下锥孔：勾选该复选框，需要设置“下头锥形沉头孔直径”和“下头锥形沉头孔角度”，如图 9-120 所示。

4）远端锥孔：勾选该复选框，需要设置“远端锥形沉头孔直径”和“远端锥形沉头孔角度”，如图 9-121 所示。

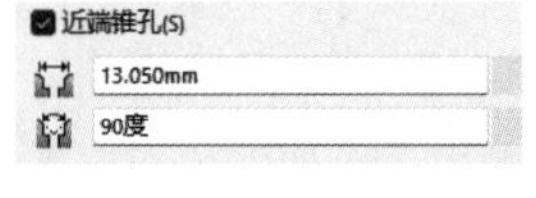

图 9-119　近端锥孔参数

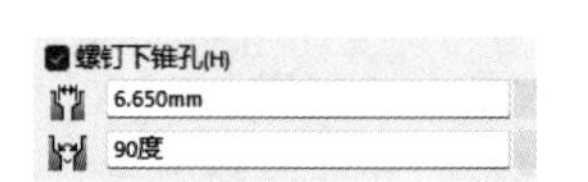

图 9-120　螺钉下锥孔参数

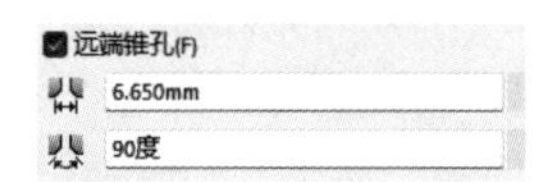

图 9-121　远端锥孔参数

（6）公差/精度。

指定公差和精度的值。此部分还可用于装配体中的异型孔向导特征。公差值将自动拓展至工程图中的孔标注。如果更改孔标注中的值，则将在零件中更新相应值。也可为各配置设置不同的公差值。

1）标注值：选择孔类型的描述，如通孔直径、近端锥形沉头孔直径等。

2）公差类型：从下拉列表中选择无、基本、双边、限制、对称等，如图 9-122 所示。

3）单位精度：从下拉列表中选择小数点后的位数，如图 9-123 所示。

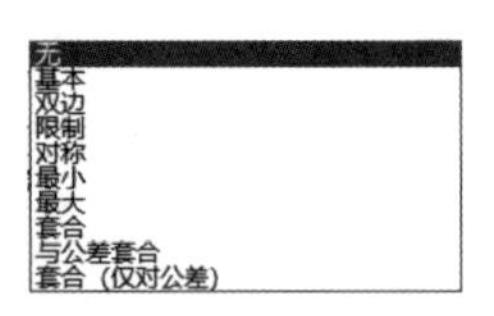

图 9-122　公差类型

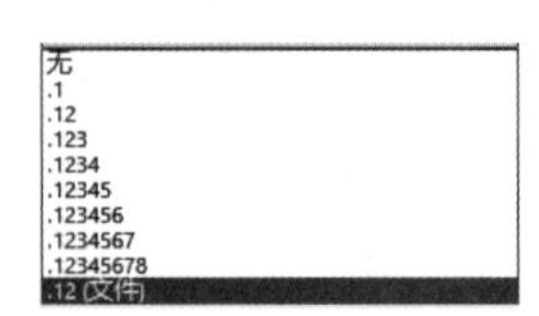

图 9-123　单位精度

2.“位置”选项卡

在平面或非平面上找出异型孔向导，使用尺寸、草图工具、草图捕捉和推理线定位孔中心。

扫一扫，看视频

动手学——绘制溢流阀上盖

本例绘制图 9-124 所示的溢流阀上盖。

【操作步骤】

（1）新建文件。单击“快速访问”工具栏中的“新建”按钮，在弹出的“新建 SOLIDWORKS 文件”对话框中单击“零件”按钮，然后单击“确定”按钮，创建一个新的零件文件。

（2）绘制草图。在 FeatureManager 设计树中选择“前视基准面”作为草绘基准面。单击“草图”选项卡中的“直线”按钮、“绘制圆角”按钮、“绘制倒角”按钮、“三点圆弧”按钮和“剪裁实体”按钮等，绘制草图轮廓并标注尺寸，结果如图 9-125 所示。

（3）创建旋转实体。单击“特征”选项卡中的“旋转凸台/基体”按钮，选择图 9-125 所示的直线作为旋转轴，其他参数采用默认设置，单击“确定”按钮，结果如图 9-126 所示。

图 9-124　溢流阀上盖

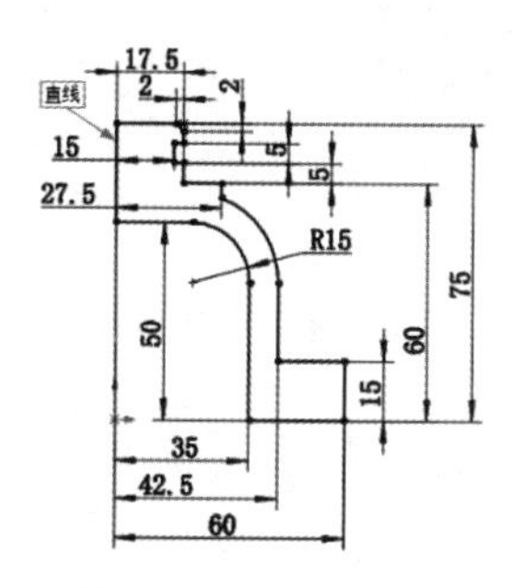

图 9-125　绘制草图

图 9-126　旋转实体

（4）创建螺纹孔。单击“焊件”选项卡中的“异型孔向导”按钮，系统弹出“孔规格”属性管理器，❶“孔类型”选择“直螺纹孔”，❷“标准”选择 GB，❸“类型”选择“螺纹孔”，❹“大小”选择 M16，❺“终止条件”选择“成形到下一面”，❻“螺纹线”选择“成形到下一面”，在“选项”选项组中❼选择“装饰螺纹线”按钮，❽勾选“螺纹线等级”复选框，❾等级选择 1B，其他参数采用默认设置，❿单击“位置”选项卡，⓫选择顶面作为孔的放置面，⓬选择原点作为孔的放置位置，如图 9-127 所示。⓭单击“确定”按钮，结果如图 9-128 所示。

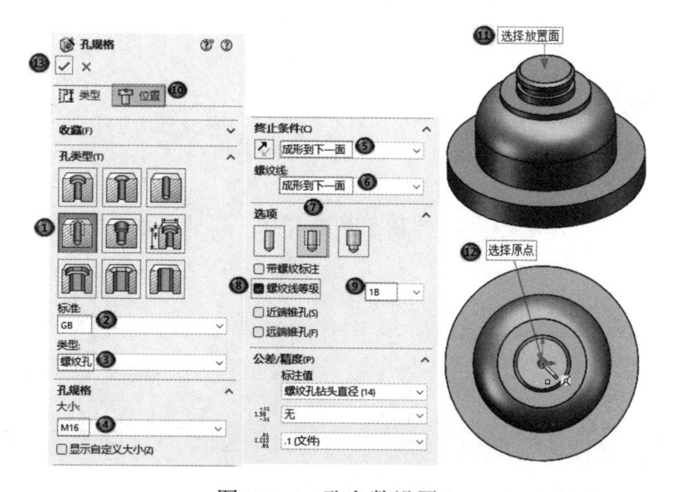

图 9-127　孔参数设置 1

（5）创建孔。单击“焊件”选项卡中的“异型孔向导”按钮，系统弹出“孔规格”属性管理器，“孔类型”选择“孔”，“标准”选择GB，“类型”选择“钻孔大小”，“大小”选择ϕ9，“终止条件”选择“成形到下一面”，其他参数采用默认设置，如图9-129所示。

（6）放置孔。单击“位置”选项卡，选择台阶面作为孔的放置面，如图9-130所示。分别放置孔1、孔2、孔3和孔4，如图9-131所示。

图9-128 螺纹孔

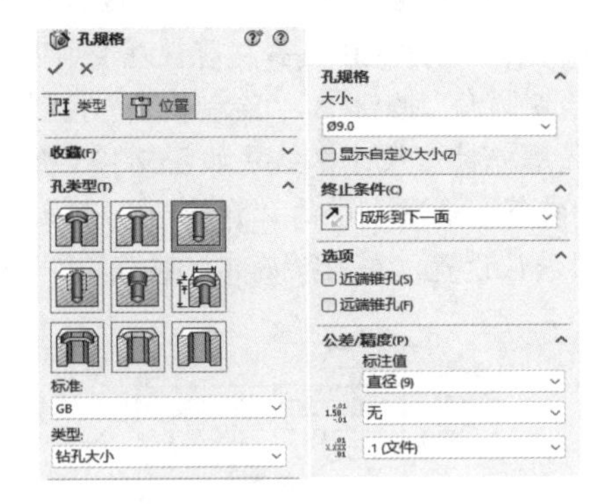

图9-129 孔参数设置2

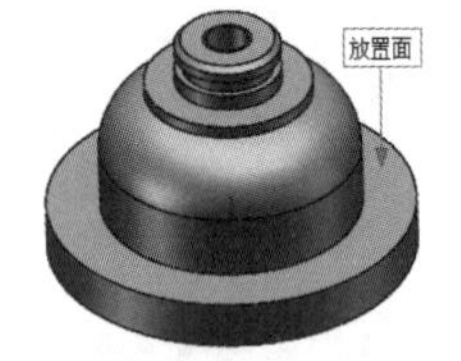

图9-130 选择放置面

（7）绘制辅助圆。单击“草图”选项卡中的“圆”按钮，以原点为中心绘制半径为53的圆，选中圆，在弹出的快捷菜单中单击“构造几何线”按钮，如图9-132所示，将圆转换为构造线。

（8）添加约束。单击“草图”选项卡中的“添加几何关系”按钮，将4个孔分别添加重合约束，单击“确定”按钮，结果如图9-133所示。

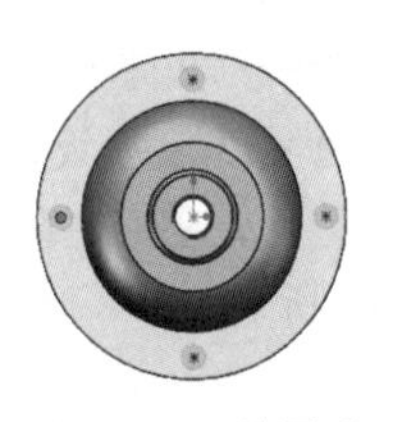

图9-131 放置孔

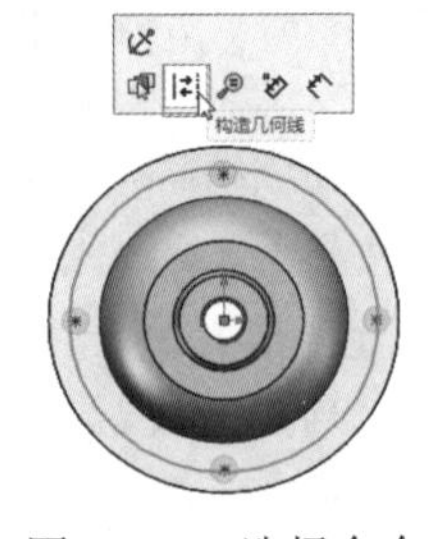

图9-132 选择命令

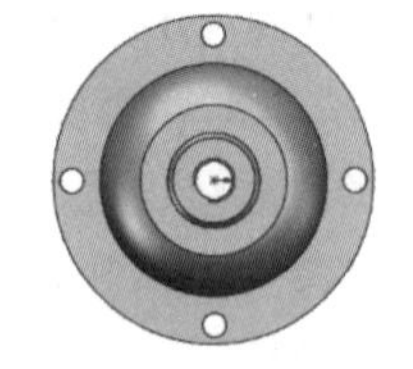

图9-133 创建的孔

动手练——绘制轴盖

本例绘制图9-134所示的轴盖。

【操作提示】

（1）在“前视基准面”上绘制图9-135所示的草图1，利用“旋转”命令，创建旋转实体。

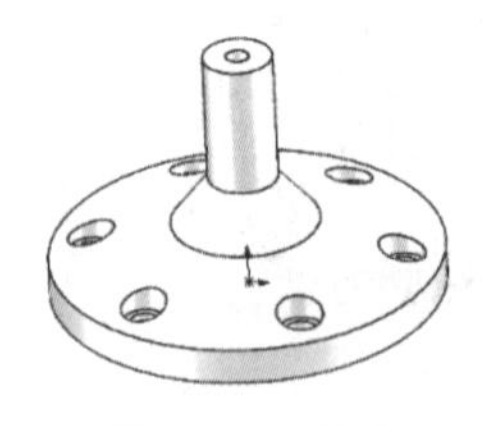

图9-134 轴盖

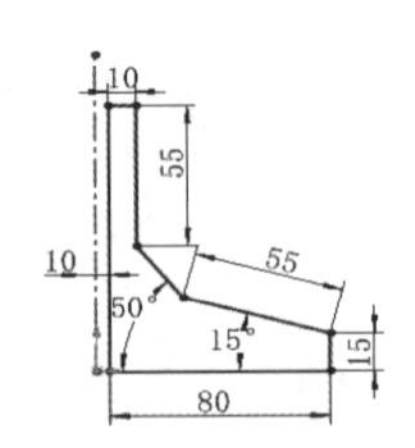

图9-135 绘制草图1

（2）利用“基准面”命令，将“上视基准面”作为第一参考，偏移 25mm，创建基准面 1。

（3）利用“异型孔向导”命令，创建 M12 的沉头孔，孔的中心位于直径为 135mm 的圆上。

9.3.8　倒角特征

本小节将介绍倒角特征。在零件设计过程中，通常会对锐利的零件边角进行倒角处理，以防止伤人，避免应力集中，便于搬运、装配等。此外，有些倒角特征也是机械加工过程中不可缺少的工艺。

与圆角特征类似，倒角特征是对边或角进行倒角。图 9-136 所示为应用倒角特征后的零件实例。

【执行方式】

- 工具栏：单击“焊件”工具栏中的“倒角”按钮。
- 菜单栏：选择菜单栏中的“插入”→“特征”→“倒角”命令。
- 选项卡：单击“焊件”选项卡中的“倒角”按钮。

【选项说明】

执行上述操作，系统弹出“倒角”属性管理器，如图 9-137 所示。该属性管理器中部分选项的含义如下。

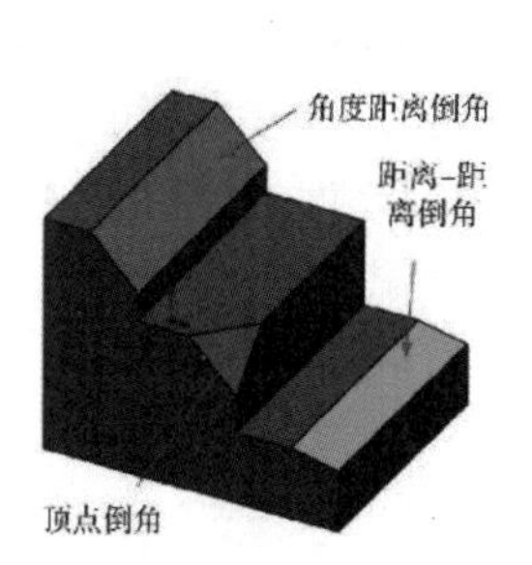

图 9-136　应用倒角特征后的零件实例

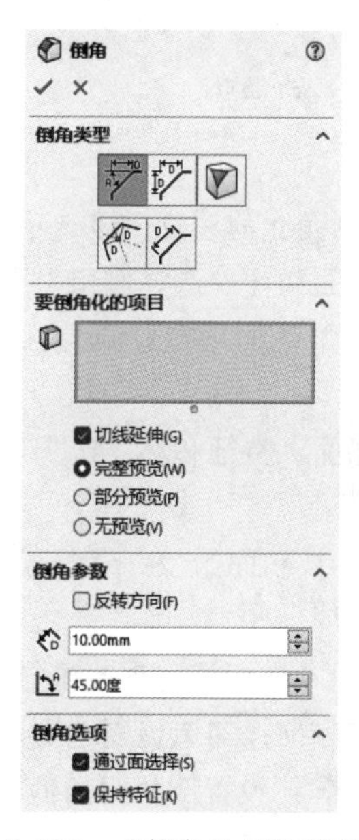

图 9-137　“倒角”属性管理器

（1）倒角类型。

1）角度距离：在所选边线上指定距离和倒角角度生成倒角特征，如图 9-138（a）所示。

2）距离-距离：在所选边线的两侧分别指定两个距离值生成倒角特征，如图 9-138（b）所示。

3）顶点：在与顶点相交的 3 条边线上分别指定距顶点的距离生成倒角特征，如图 9-138（c）所示。

4）等距面：通过偏移选定边线旁边的面求解等距面倒角特征，如图 9-138（d）所示。

5）面-面：混合非相邻、非连续的面，如图 9-138（e）所示。

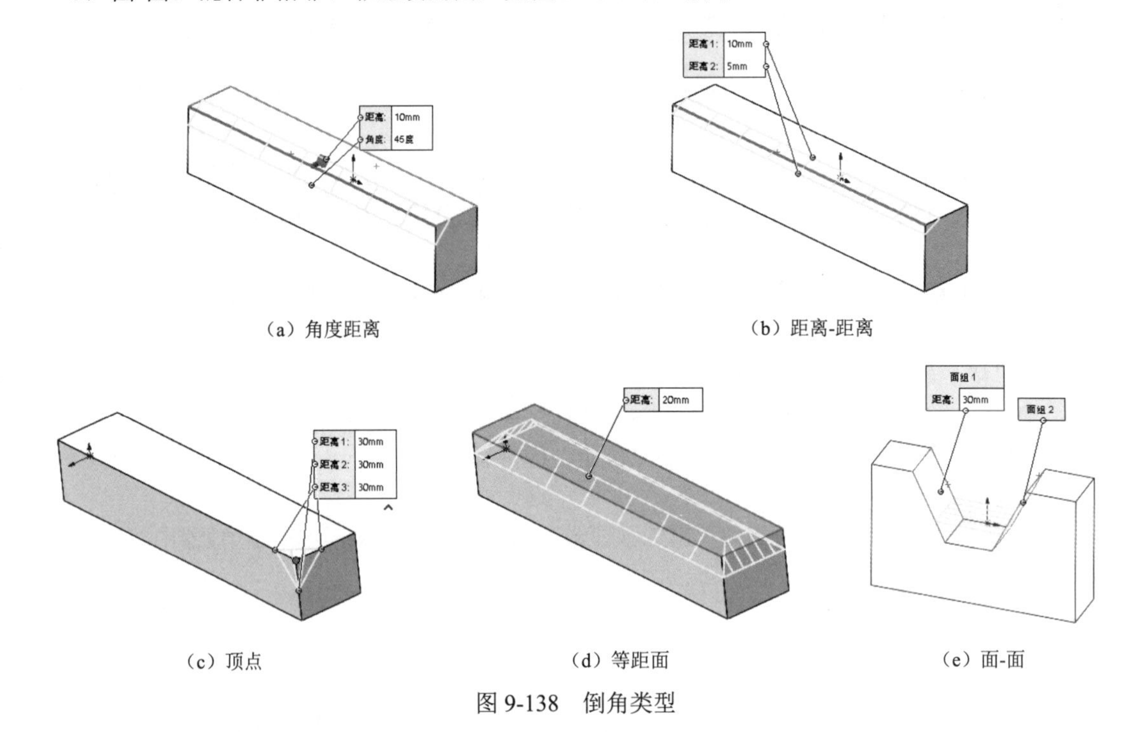

（a）角度距离

（b）距离-距离

（c）顶点

（d）等距面

（e）面-面

图 9-138 倒角类型

（2）要倒角化的项目：该选项会根据倒角类型而发生变化。可选择适当的项目来添加倒角。

1）线、面和环：选择倒角类型为“角度距离”和“距离-距离”时，显示该列表框。

2）要倒角化的顶点：选择倒角类型为“顶点”时，显示该列表框，“倒角”属性管理器如图 9-139 所示。

3）线、面、特征和环：选择倒角类型为“等距面”时，显示该列表框。“倒角”属性管理器如图 9-140 所示。

4）面组 1 和面组 2：选择倒角类型为“面-面”时，显示该列表框。“倒角”属性管理器如图 9-141 所示。

（3）倒角参数：该选项会根据倒角类型而发生变化。

1）反转方向：勾选该复选框，可调整距离与角度的方向。

2）距离：设置倒角距离值。

3）角度：设置倒角角度值。

4）相等距离：勾选该复选框，则为从顶点的距离应用单一值。倒角类型为“顶点”时，适用。

5）偏移距离：为非对称的“等距面”倒角和“面-面”倒角设置距离值。

（4）部分边线参数：用户可以通过指定沿模型边线的长度，为等距面倒角创建部分倒角，如图 9-142 所示。

（5）保持特征：勾选该复选框，则当应用倒角特征时，会保持零件的其他特征，如图 9-143 所示。

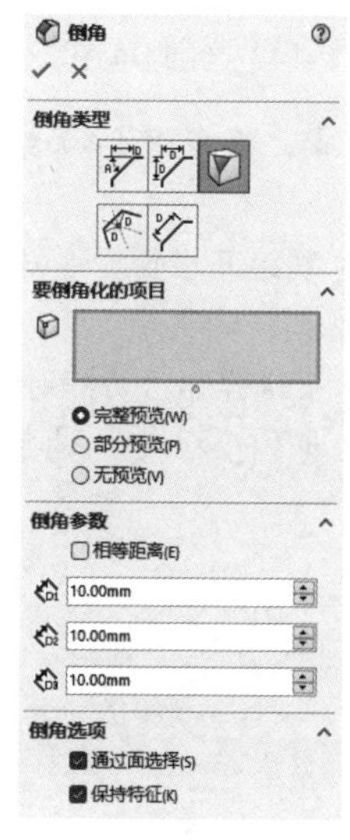

图 9-139 倒角类型为“顶点”

图 9-140 倒角类型为“等距面”

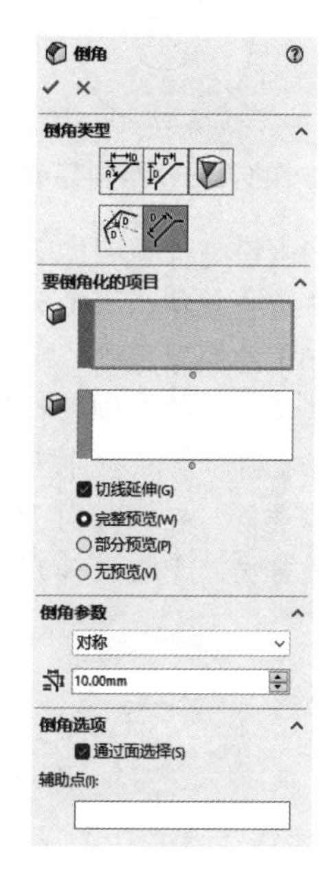

图 9-141 倒角类型为“面-面”

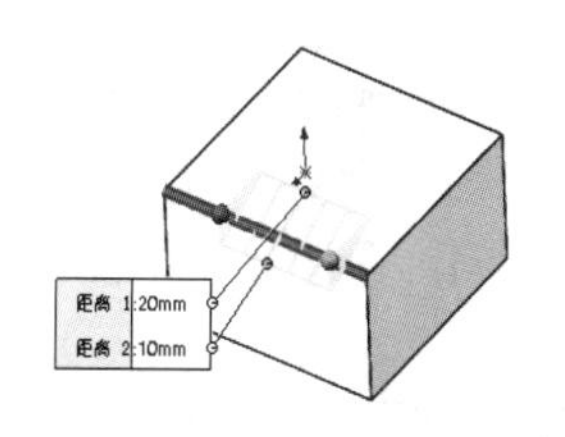

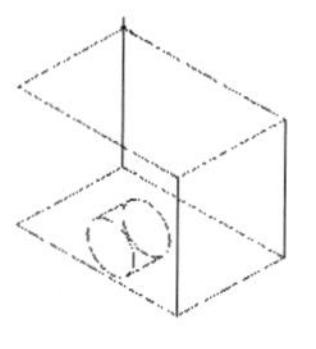

（a）原始零件

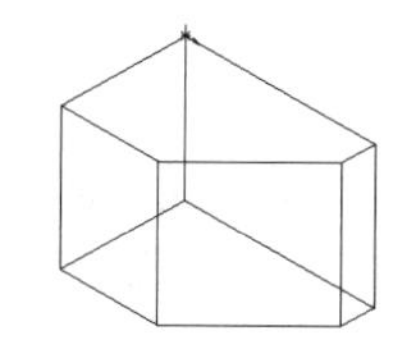

（b）取消勾选“保持特征”复选框

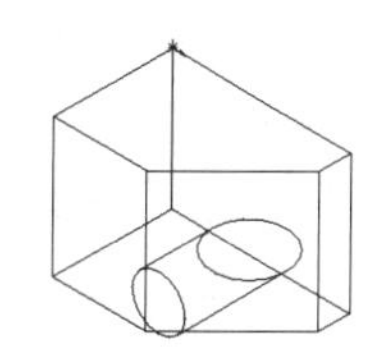

（c）勾选“保持特征”复选框

图 9-142 部分倒角

图 9-143 倒角特征

动手学——绘制法兰盘

本例绘制图 9-144 所示的法兰盘。

图 9-144 法兰盘

扫一扫，看视频

【操作步骤】

（1）新建文件。选择菜单栏中的“文件”→“新建”命令，或者单击“快速访问”工具栏中的“新建”按钮，在弹出的“新建 SOLIDWORKS 文件”对话框中单击“零件”按钮，然后单击“确定”按钮，创建一个新的零件文件。

（2）绘制草图 1。在 FeatureManager 设计树中选择“前视基准面”作为草绘基准面。单击“草图”选项卡中的“圆”按钮，以原点为圆心绘制两个直径分别为 80mm 和 30mm 的同心圆，如图 9-145 所示。

（3）创建拉伸实体 1。单击“焊件”选项卡中的“拉伸凸台/基体”按钮，将步骤（2）绘制的草图 1 进行拉伸，深度为 10mm，结果如图 9-146 所示。

（4）绘制草图 2。选择图 9-146 所示的面 1，单击“草图”选项卡中的“圆”按钮，以原点为圆心绘制两个直径分别为 30mm 和 40mm 的同心圆，如图 9-147 所示。

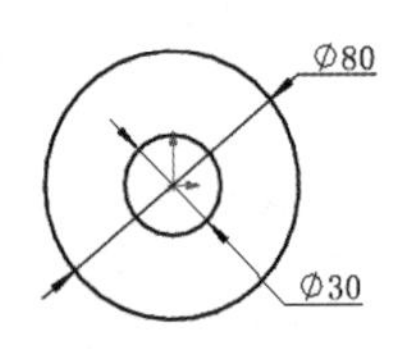

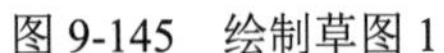
图 9-145　绘制草图 1

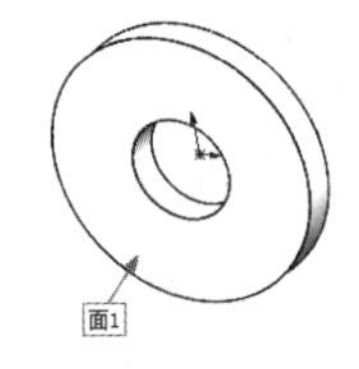

图 9-146　拉伸实体 1

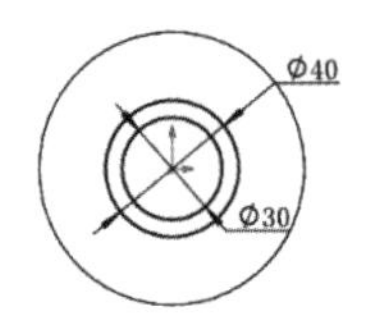

图 9-147　绘制草图 2

（5）创建拉伸实体 2。单击“焊件”选项卡中的“拉伸凸台/基体”按钮，将步骤（4）绘制的草图 2 进行拉伸，深度为 5mm，如图 9-148 所示。

（6）绘制草图 3。在 FeatureManager 设计树中选择“前视基准面”作为草绘基准面。单击“草图”选项卡中的“圆”按钮和“圆周草图阵列”按钮，如图 9-149 所示。

（7）创建切除拉伸实体。单击“特征”选项卡中的“拉伸切除”按钮，系统弹出“切除-拉伸”属性管理器，在“方向 1(1)”下拉列表中选择“完全贯穿”选项，单击“反向”按钮，调整切除拉伸的方向，单击“确定”按钮，如图 9-150 所示。

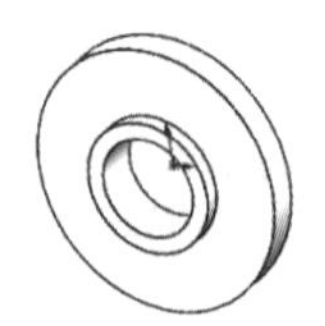

图 9-148　拉伸实体 2

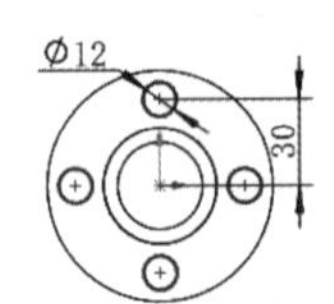

图 9-149　绘制草图 3

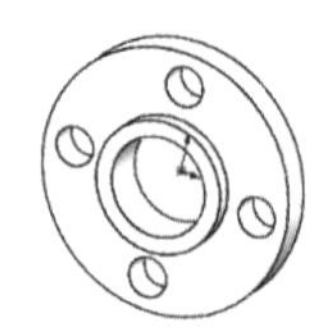

图 9-150　拉伸切除结果

（8）创建倒角。单击“焊件”选项卡中的“倒角”按钮，系统弹出图 9-151 所示的“倒角”属性管理器，❶选择“倒角类型”为“角度距离”，❷勾选“切线延伸”复选框，❸选中“完整预览”单选按钮，❹设置“距离”为 1mm，❺设置“角度”为 45 度，❻取消勾选“通过面选择”复选框，❼勾选“保持特征”复选框，❽选择边线 1、边线 2、边线 3 和边线 4，❾单击“确定”按钮，结果如图 9-152 所示。

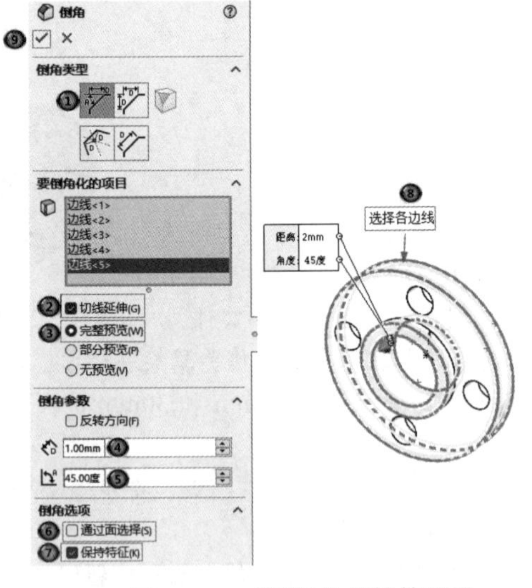

图 9-151　“倒角”属性管理器

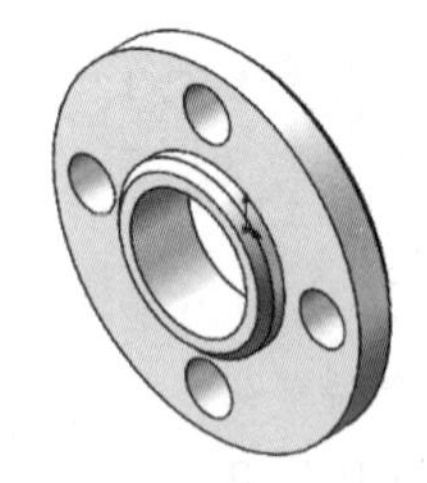

图 9-152　倒角后的图形

动手练——绘制端盖

本例绘制图 9-153 所示的端盖。

【操作提示】

（1）在“前视基准面”上绘制草图 1，如图 9-154 所示。

（2）利用“旋转凸台/基体”命令，创建旋转实体，如图 9-155 所示。

（3）利用“倒角”命令，选择图 9-156 所示的边线进行倒角，倒角距离设置为 0.5mm。

图 9-153 端盖

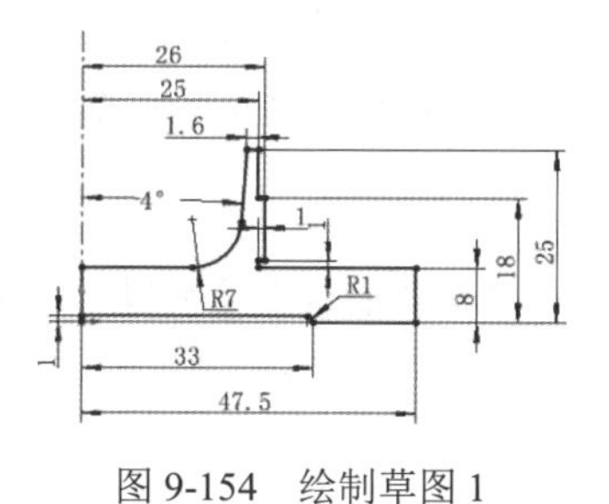

图 9-154 绘制草图 1

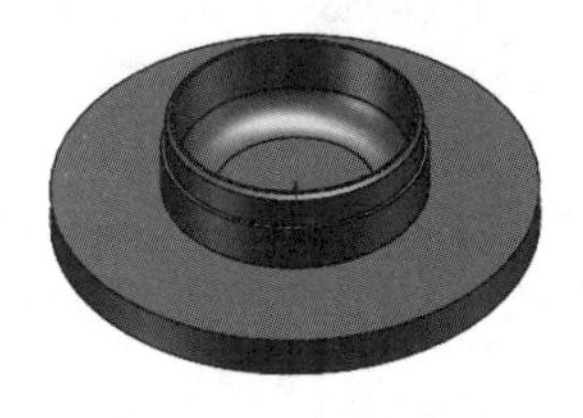

图 9-155 旋转实体

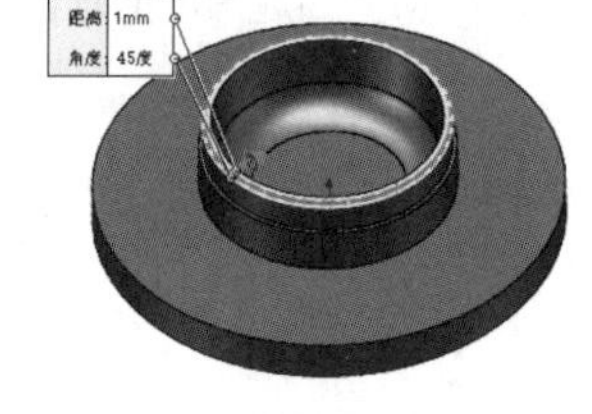

图 9-156 选择倒角边线

9.4 焊　　缝

9.4.1 焊缝概述

1. 焊缝基本符号

在 SOLIDWORKS 中利用“焊缝”命令可以将多种焊缝类型的焊缝零部件添加到零件、装配体或多实体零件中，可以在零部件之间添加 ANSI、ISO 标准支持的焊接类型，常用的焊缝类型见表 9-1。

表 9-1 常用的焊缝类型

ANSI			ISO		
焊缝类型	符　号	图　示	焊缝类型	符　号	图　示
两凸缘对接			U 形对接		
无坡口 I 形对接			J 形对接		
单面 V 形对接			背后焊接		
单面斜面 K 形对接			填角焊接		
单面 V 形根部对接			沿缝焊接		
单面根部斜面/K 形根部对接					

2. 焊缝的顶面高度和半径

当焊缝的表面形状为凸起或凹陷时，必须指定顶面焊接高度。对于背后焊接，还要指定底面焊接高度。如果表面形状是平面，则没有表面高度。

对于凸起的焊接，顶面高度是指焊缝最高点与接触面之间的距离 H，如图 9-157 所示。

对于凹陷的焊接，顶面高度是指由顶面向下测量的距离 h，如图 9-158 所示。

焊缝可以想象为一个沿着焊缝滚动的球，如图 9-159 所示，此球的半径即为测量的焊缝的半径。在填角焊接中，指定的半径是 10mm，顶面焊接高度是 2mm，焊缝的边线位于球与接触面的相切点。

图 9-157　凸起焊缝的顶面高度

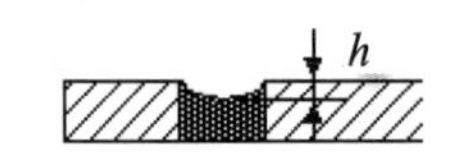

图 9-158　凹陷焊缝的顶面高度

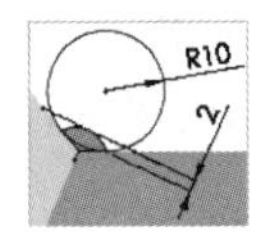

图 9-159　填角焊接焊缝的半径

3．焊缝结合面

在 SOLIDWORKS 装配体中，焊缝的结合面分为顶面、结合面和接触面。所有焊接类型都必须选择接触面，除此以外，某些焊接类型还需要选择结束面和顶面。

9.4.2　圆角焊缝

使用圆角焊缝特征工具可以在任何交叉的焊件实体（如结构构件、平板焊件或角撑板）之间添加全长、间歇或交错圆角焊缝。

【执行方式】

➢ 工具栏：单击“焊件”工具栏中的“圆角焊缝”按钮。

➢ 菜单栏：选择菜单栏中的“插入”→“焊件”→“圆角焊缝”命令。

➢ 选项卡：单击“焊件”选项卡中的“圆角焊缝”按钮。

【选项说明】

执行上述操作，系统弹出“圆角焊缝”属性管理器，如图 9-160 所示。该属性管理器中部分选项的含义如下。

（1）焊缝类型：包括全长、间歇和交错 3 种，如图 9-161 所示。

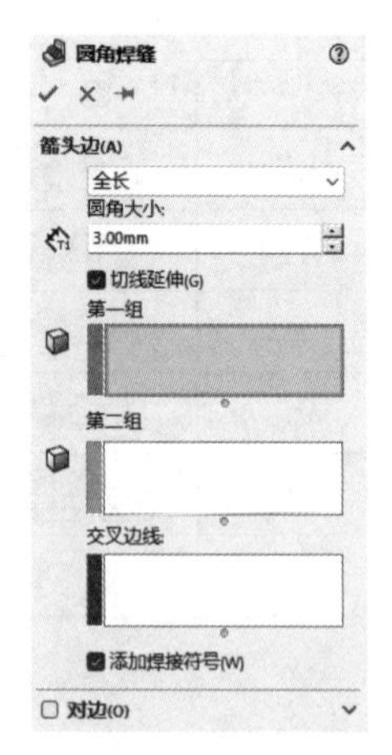

图 9-160　“圆角焊缝”属性管理器

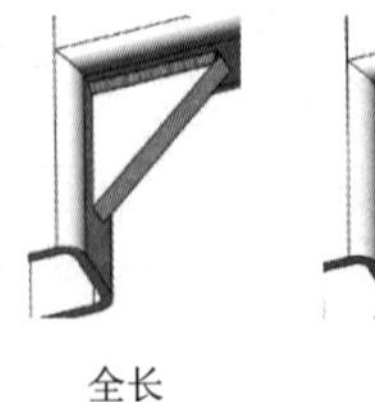
全长

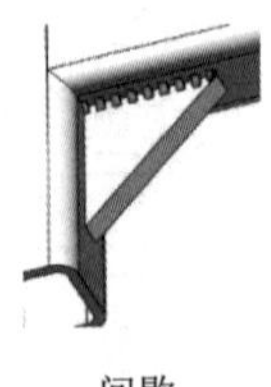
间歇

交错

图 9-161　焊缝类型示意图

（2）圆角大小：是指圆角焊缝的支柱长度。在输入框中输入圆角大小。

（3）焊缝长度：是指每个焊缝段的长度，仅限间歇和交错类型。

（4）节距：是指每个焊缝起点之间的距离，仅限间歇和交错类型。

（5）切线延伸：勾选该复选框，焊缝将沿着交叉边线延伸，如图 9-162 所示。

勾选“切线延伸”复选框

取消“切线延伸”复选框

图 9-162　切线延伸示意图

动手学——创建鞋架圆角焊缝

扫一扫，看视频

前面 9.3.4 小节中创建了鞋架角撑板，本例将继续创建鞋架角撑板与各构件之间的圆角焊缝，如图 9-163 所示。

【操作步骤】

（1）打开源文件。单击“快速访问”工具栏中的“打开”按钮，打开“鞋架角撑板”源文件，如图 9-164 所示。

图 9-163　鞋架圆角焊缝

图 9-164　“鞋架角撑板”源文件

（2）创建圆角焊缝。单击“焊件”选项卡中的“圆角焊缝”按钮（若在“焊件”选项卡中没有“圆角焊缝”按钮，可以利用“自定义”对话框将该命令添加到选项卡中），系统弹出“圆角焊缝”属性管理器。❶选择焊缝类型为“全长”，❷输入“圆角大小”为 3mm，❸勾选“切线延伸”复选框。❹选择面 1 作为第一组面组，❺单击第二组列表框，❻然后选择面 2 和❼面 3 作为第二组面组，如图 9-165 所示。

（3）设置对边圆角焊缝。❽勾选“对边”复选框，❾取消勾选“添加焊接符号”复选框，❿选择焊缝类型为“全长”，⓫输入“圆角大小”为 3mm，⓬选择面 4 作为第一组面组，⓭单击第二组列表框，⓮然后选择面 2 和⓯面 3 作为第二组面组，如图 9-166 所示。单击“确定”按钮，结果如图 9-167 所示。

（4）创建其他圆角焊缝。用同样的方法，创建其他角撑板的圆角焊缝，结果如图 9-168 所示。

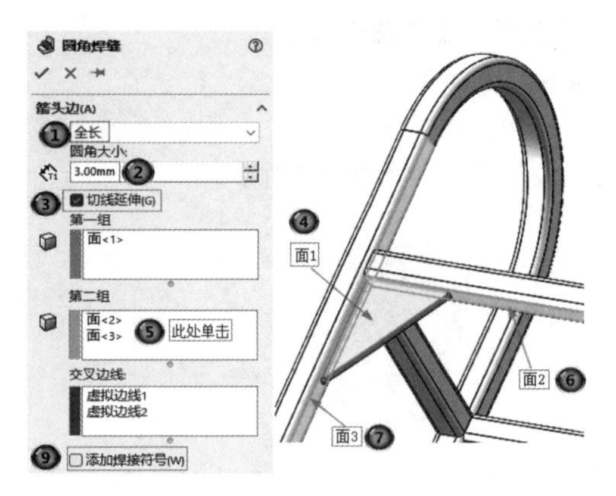

图 9-165　箭头边圆角焊缝参数设置

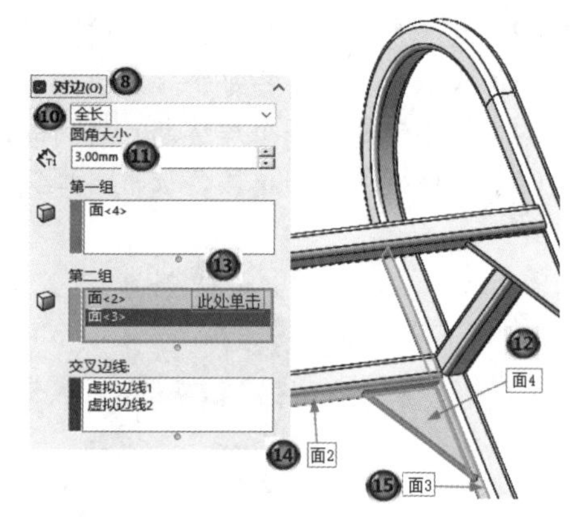

图 9-166　对边圆角焊缝参数设置

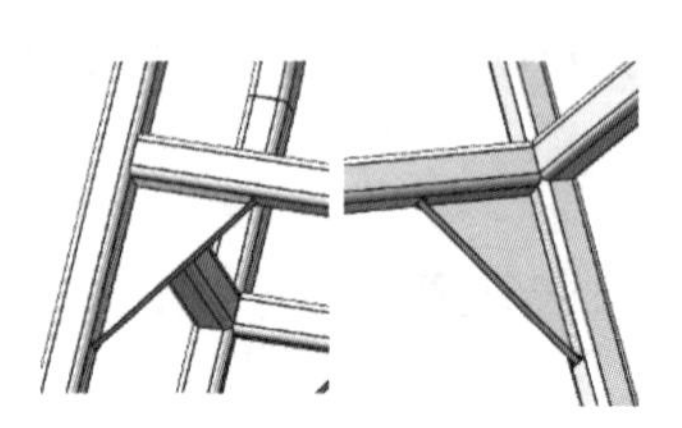

图 9-167　圆角焊缝

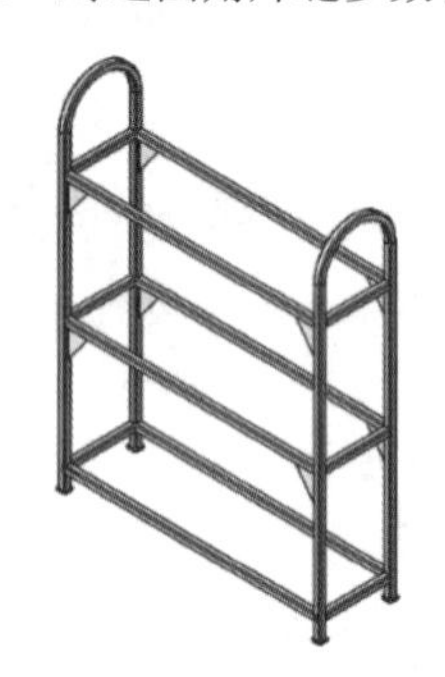

图 9-168　创建其他圆角焊缝

动手练——创建轴承座

创建图 9-169 所示的轴承座并创建圆角焊缝。

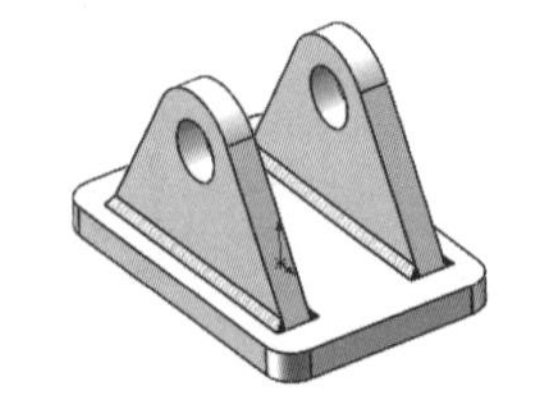

图 9-169　轴承座

【操作提示】

（1）在“上视基准面”上绘制图 9-170 所示的草图 1，利用“拉伸凸台/基体”命令，创建拉伸实体，拉伸深度为 10。

（2）以“前视基准面”为参考面，设置偏移距离为 20mm，创建基准面 1。

（3）在基准面 1 上绘制图 9-171 所示的草图 2，并进行拉伸，拉伸深度设置为 10。

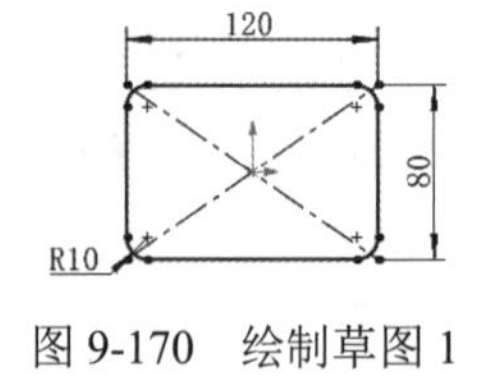

图 9-170　绘制草图 1

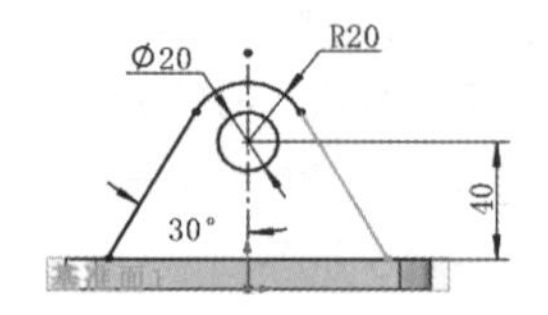

图 9-171　绘制草图 2

（4）单击“特征”选项卡中的“线性阵列”按钮，系统弹出“线性阵列”属性管理器，对步骤（3）创建的拉伸实体进行阵列，阵列距离设置为 50mm，如图 9-172 所示。单击“确定”按钮✓，结果如图 9-173 所示。

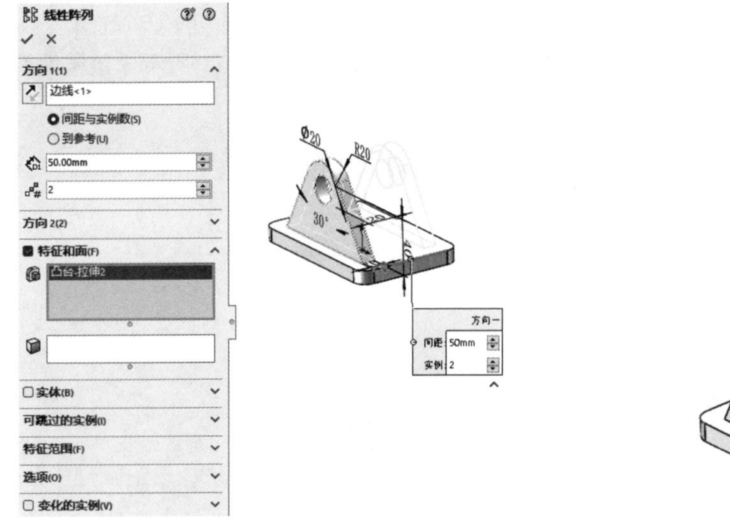

图 9-172　阵列参数设置

图 9-173　阵列结果

（5）选择图 9-174 所示的第一组的两个面和第二组面创建圆角焊缝。用同样的方法，创建另一个支撑板的圆角焊缝。

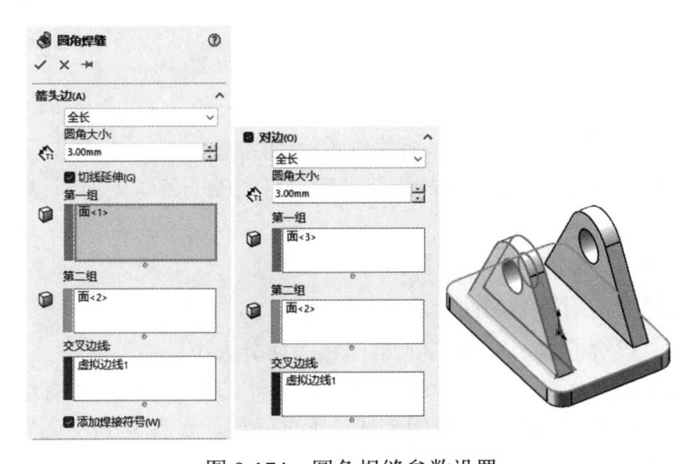

图 9-174　圆角焊缝参数设置

9.4.3　焊缝

焊缝可以应用于焊件零件和多实体零件中，也可以应用于装配体中。本小节将介绍创建焊缝零部件和编辑焊缝零部件的方法，以及相关的焊缝形状、参数、标注等方面的知识。

【执行方式】

➢ 工具栏：单击“焊件”工具栏中的“焊缝”按钮。
➢ 菜单栏：选择菜单栏中的“插入”→“焊件”→“焊缝”命令。
➢ 选项卡：单击“焊件”选项卡中的“焊缝”按钮/单击“装配体”选项卡中“装配体特征”下拉列表中的“焊缝”按钮。

【选项说明】

执行上述操作，选择面后，系统弹出“焊缝”属性管理器，如图 9-175 所示。该属性管理器中部分选项的含义如下。

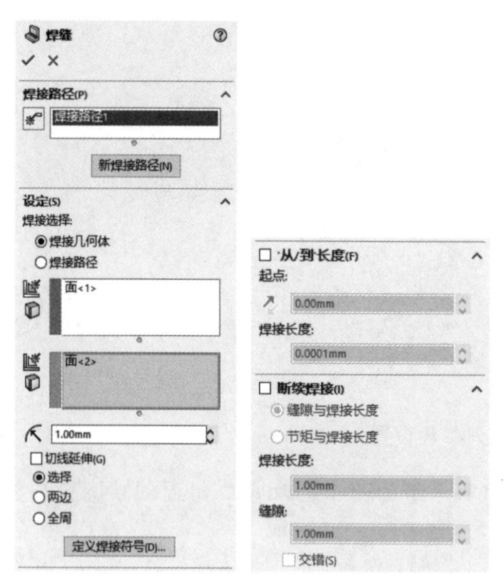

图 9-175　“焊缝”属性管理器

（1）焊接路径。

1）智能焊接选择工具：在要应用焊缝的位置绘制路径。

2）新焊接路径：单击该按钮，定义新的焊接路径。将生成一条与先前创建的焊接路径不同的新路径。

（2）设定。

1）焊接选择：选择要应用焊缝的面或边线。

2）焊缝大小：设置焊缝厚度，在输入框中输入焊缝大小。

3）切线延伸：勾选该复选框，将焊缝应用到与所选面或边线相切的所有边线。

4）选择：选中该单选按钮，将焊缝应用到所选面或边线，如图 9-176（a）所示。

5）两边：选中该单选按钮，将焊缝应用到所选面或边线以及相对的面或边线，如图 9-176（b）所示。

6）全周：选中该单选按钮，将焊缝应用到所选面或边线以及所有相邻的面或边线，如图 9-176（c）所示。

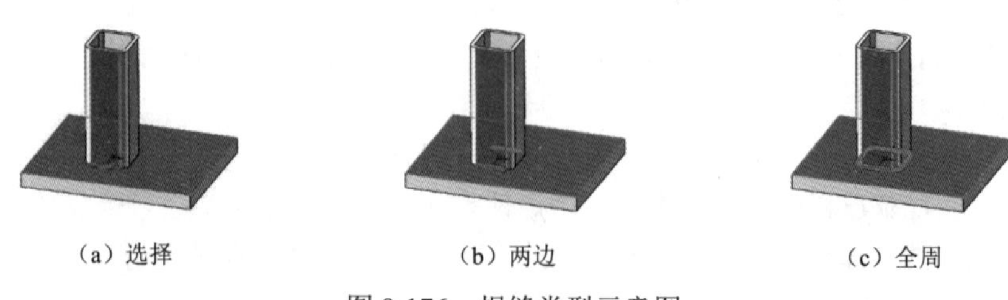

（a）选择　　（b）两边　　（c）全周

图 9-176　焊缝类型示意图

7）定义焊接符号：单击该按钮，系统弹出图 9-177 所示的“ISO 焊接符号”对话框，在该对话框中设置焊接符号。

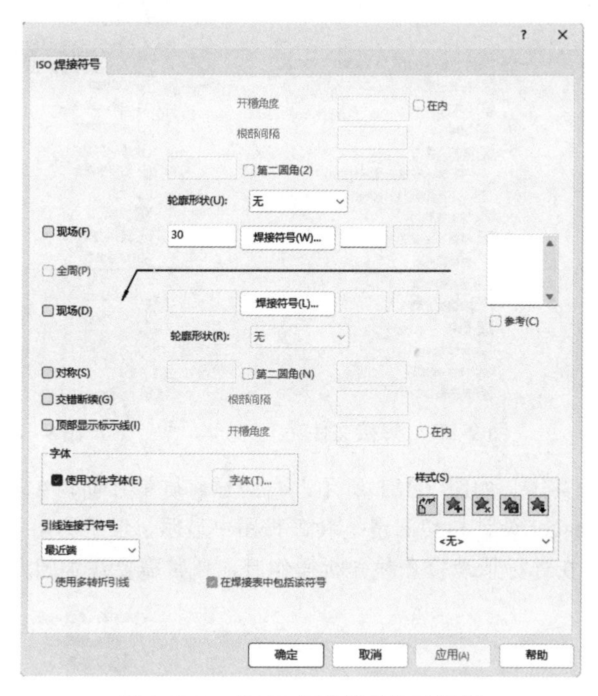

图 9-177　“ISO 焊接符号”对话框

（3）从/到长度。

1）起点：焊缝从第一端的起始位置。单击“反向”按钮，焊缝从对侧端开始，在文本框中输入起点距离。

2）焊接长度：在文本框中输入焊接长度。

（4）断续焊接。

1）缝隙与焊接长度：选中该单选按钮，通过缝隙和焊接长度设定断续焊接。

2）节距与焊接长度：选中该单选按钮，通过节距和焊接长度设定断续焊接。节距是指焊接长度加上缝隙，它是通过计算一条焊缝的中心到下一条焊缝的中心之间的距离而得出的。

9.4.4　焊缝和圆角焊缝的区别

在 SOLIDWORKS 中，焊缝形式有焊缝和圆角焊缝两种，它们的区别如下。

（1）焊缝可以在焊接零件、装配体和多实体中添加。焊缝形状为一个圆柱形，如图 9-178 所示。它们在模型中以图示表示法进行显示，而不会创建真实的几何体。焊缝采用轻化模式，并不会影响性能。焊缝有质量但不会被包含在焊件质量特性中，可以在焊缝属性中查看焊缝的质量。

焊缝创建完成后，会在 FeatureManager 设计树中形成一个“焊接文件夹”，如图 9-179 所示。右击“焊缝 1”特征，在弹出的快捷菜单中选择“编辑特征”命令可以对其进行编辑，如图 9-180 所示。

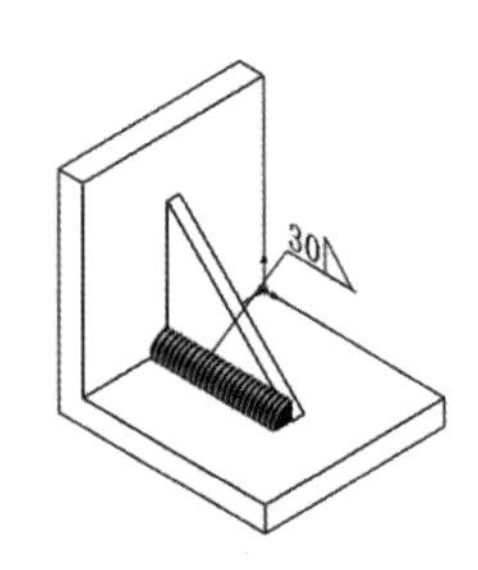

图 9-178　焊缝

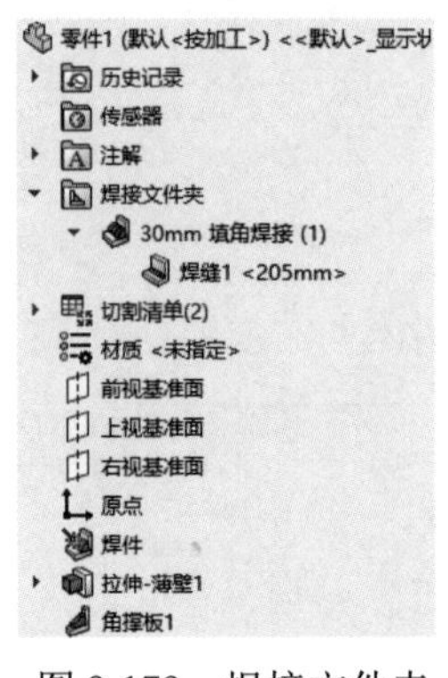

图 9-179　焊接文件夹

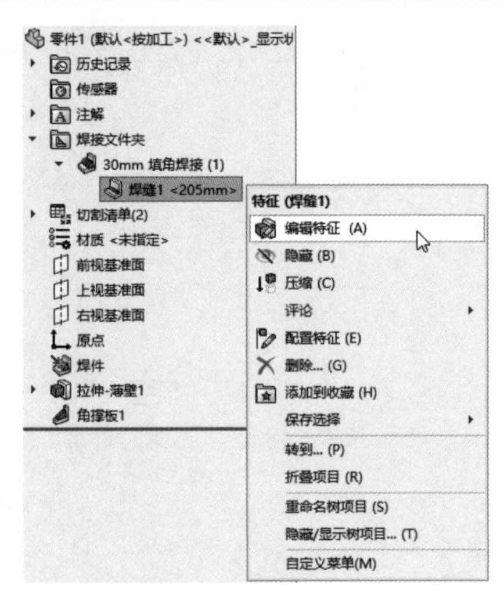

图 9-180　快捷菜单

（2）圆角焊缝是一个实体，如图 9-181 所示，它同样有质量且包含在质量特性计算等操作中，圆角焊缝会在 FeatureManager 设计树切割清单和工程图中显示，但不会出现在工程图的焊件切割清单中，如图 9-182 所示。在进行干涉检查和分析操作时，通常需要添加圆角焊缝。

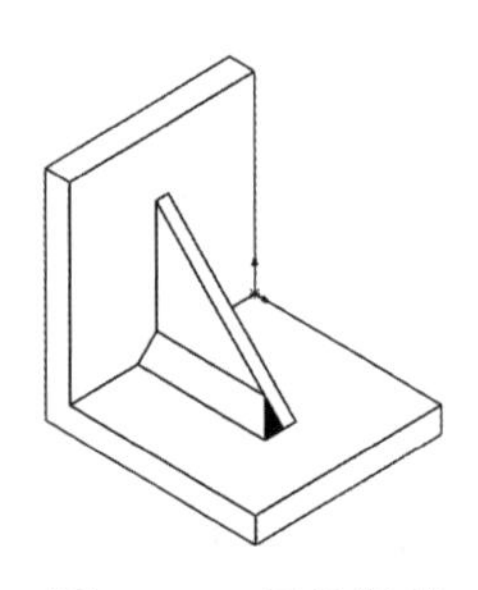
图 9-181　圆角焊缝

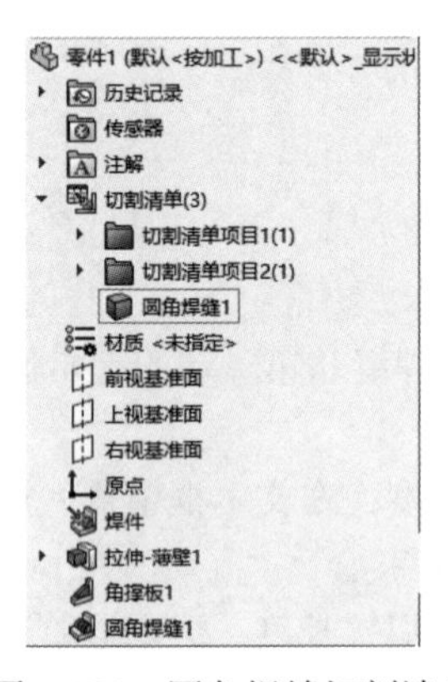

图 9-182　圆角焊缝切割清单

注意：

焊缝和圆角焊缝各有自己的适用范围，只要两个实体之间有交线，基本上都可以添加焊缝，但在进行分析时，焊缝是不会被考虑在内的。对于两个不接触的实体是无法添加焊缝的。而对于圆角焊缝，要求添加圆角焊缝的面是平面或圆柱面，这就限制了它的使用。在遇到坡口、间隙和不适合添加焊缝的地方最好用圆角焊缝。

扫一扫，看视频

动手学——创建焊缝

在 SOLIDWORKS 的装配体中，可以将多种焊接类型添加到装配体中，焊缝成为关联装配体中生成的新装配体零部件，属于装配体特征。下面以关联装配体——连接板为例，介绍创建焊缝的步骤。

【操作步骤】

（1）打开装配体文件“连接板.sldasm”，装配体如图 9-183 所示。

（2）单击“焊件”选项卡中的“焊缝”按钮，或选择菜单栏中的“插入”→“焊件”→“焊缝”命令，系统弹出“焊缝”属性管理器，如图 9-184 所示。

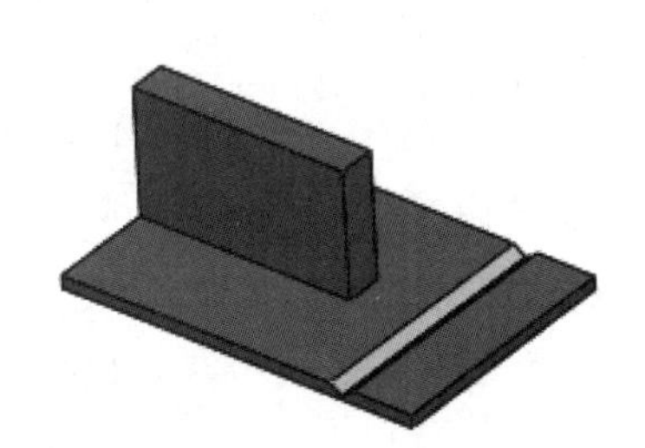

图 9-183　要添加焊缝的装配体

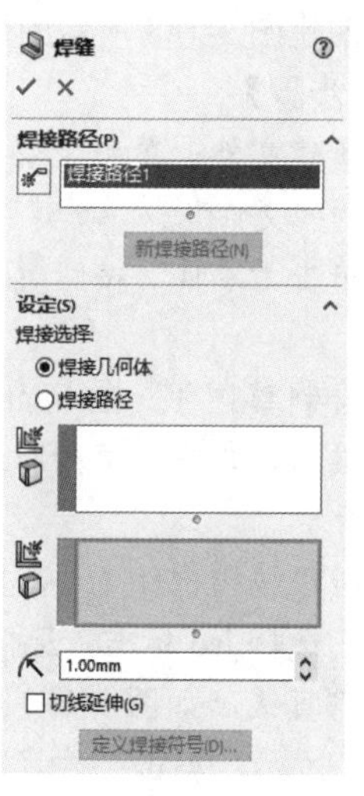

图 9-184　“焊缝”属性管理器

（3）选择图 9-185 所示装配体的两个零件的上表面。

（4）在“焊缝”属性管理器中输入焊缝厚度为 2.5，选中“选择”单选按钮，如图 9-186 所示。单击“确定”按钮，创建的焊缝如图 9-187 所示。

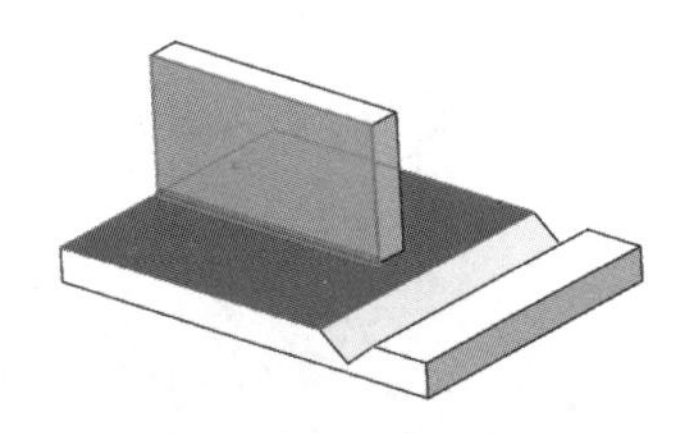

图 9-185　选择顶面

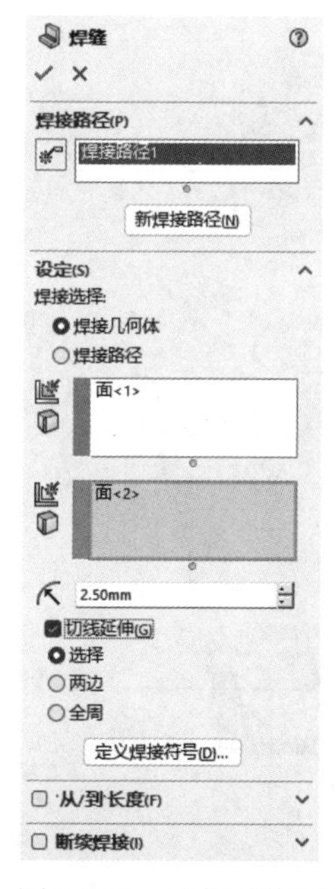

图 9-186　选择结束面

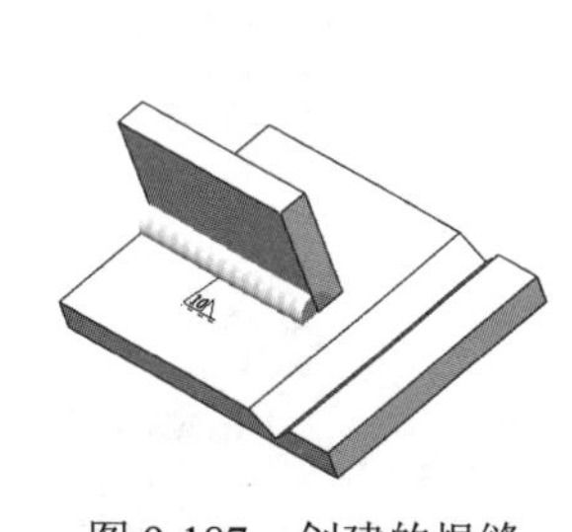

图 9-187　创建的焊缝

扫一扫，看视频

9.5 综合实例——创建焊接支架

本例创建图 9-188 所示的焊接支架。

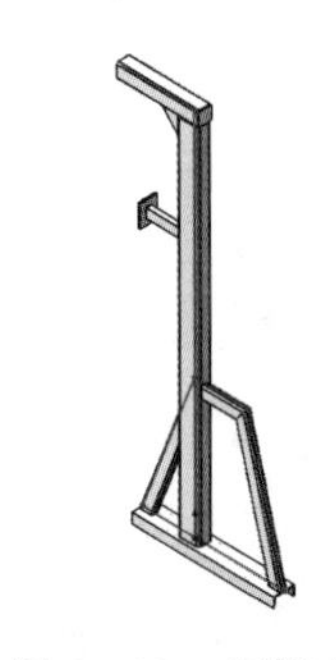
图 9-188 焊接支架

【操作步骤】

（1）新建文件。单击“快速访问”工具栏中的“新建”按钮，或选择菜单栏中的“文件”→“新建”命令，在弹出的“新建 SOLIDWORKS 文件”对话框中单击“零件”按钮，然后单击“确定”按钮，创建一个新的零件文件。

（2）绘制草图 1。在 FeatureManager 设计树中选择“前视基准面”作为草绘基准面，单击“草图”选项卡中的“直线”按钮，绘制草图 1，如图 9-189 所示。

（3）创建结构构件 1。单击“焊件”选项卡中的“结构构件”按钮，系统弹出“结构构件”属性管理器，选择 iso 标准，选择“矩形管”类型，选择 120×80×8 大小，然后在草图中选择需要添加结构构件的直线，如图 9-190 所示。在“设定”选项组中，输入旋转角度为 90 度，旋转结构构件，如图 9-191 所示。单击“确定”按钮，结果如图 9-192 所示。

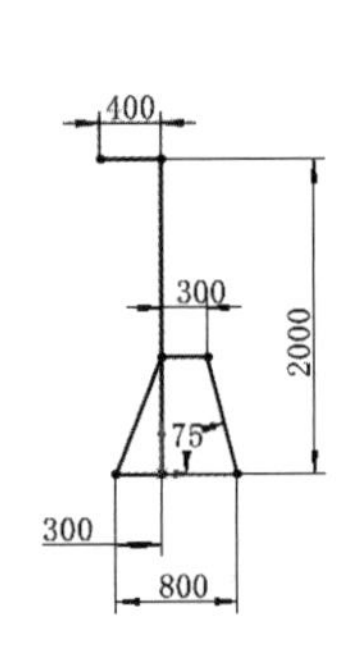

图 9-189 绘制草图 1

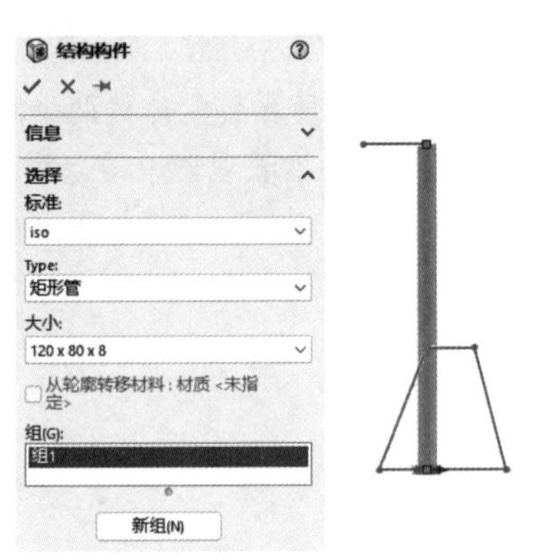

图 9-190 “结构构件”属性管理器 1

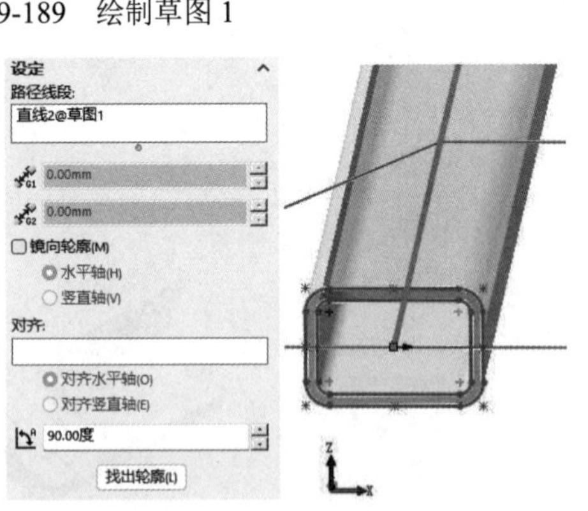

图 9-191 旋转结构构件

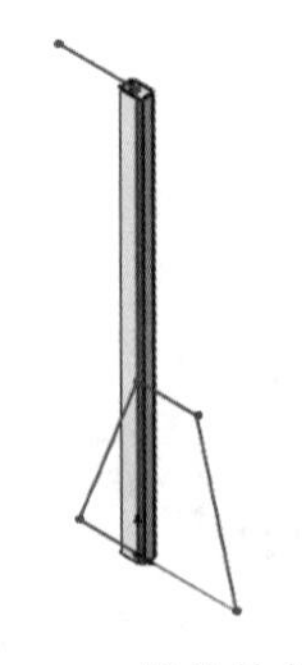
图 9-192 结构构件 1

（4）创建结构构件 2。单击“焊件”选项卡中的“结构构件”按钮，系统弹出“结构构件”属性管理器，选择 iso 标准，选择“矩形管”类型，选择 70×40×5 大小，然后在草图中选择需要添加结构构件的直线。在“设定”选项组中，勾选“应用边角处理”复选框，单击“终端斜接”按钮，输入旋转角度为 90 度，旋转结构构件，如图 9-193 所示。

（5）更改穿透点。单击“找出轮廓”按钮，更改结构构件的定位点，如图 9-194 所示，单击“确定”按钮✓。

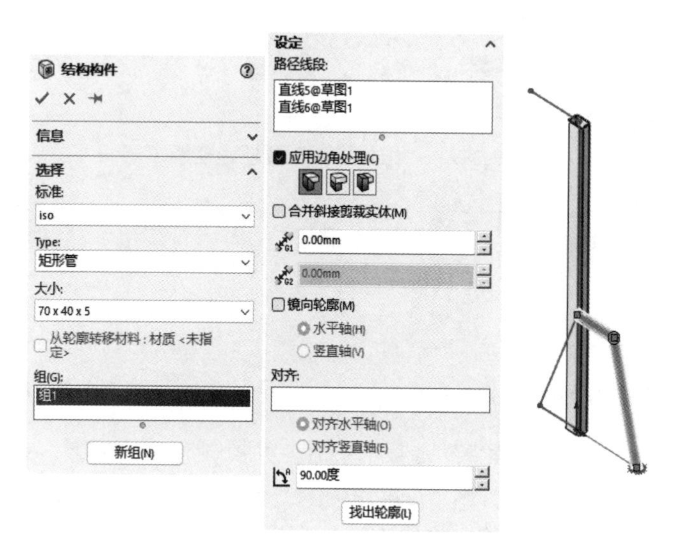

图 9-193 “结构构件”属性管理器 2

（6）创建结构构件 3。采用与结构构件 2 相同的参数，选择图 9-195 所示的直线，更改穿透点，结果如图 9-196 所示。

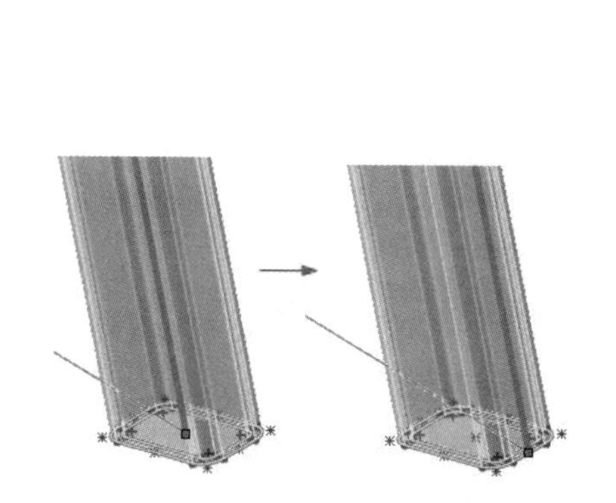
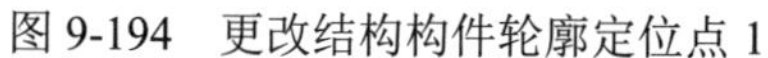
图 9-194 更改结构构件轮廓定位点 1

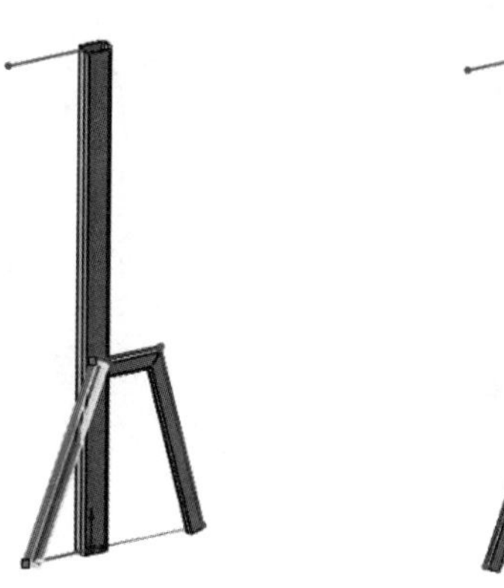
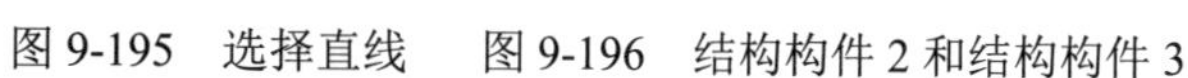
图 9-195 选择直线　图 9-196 结构构件 2 和结构构件 3

（7）创建结构构件 4。重复“结构构件”命令，构件的类型选择“c 槽”，选择 120×12 大小，然后在草图中选择需要添加结构构件的直线，如图 9-197 所示。单击“找出轮廓”按钮，更改结构构件的定位点，输入旋转角度数值 180 度，旋转结构构件 180 度，图 9-198 所示。单击“确定”按钮✓，最后的结果如图 9-199 所示。

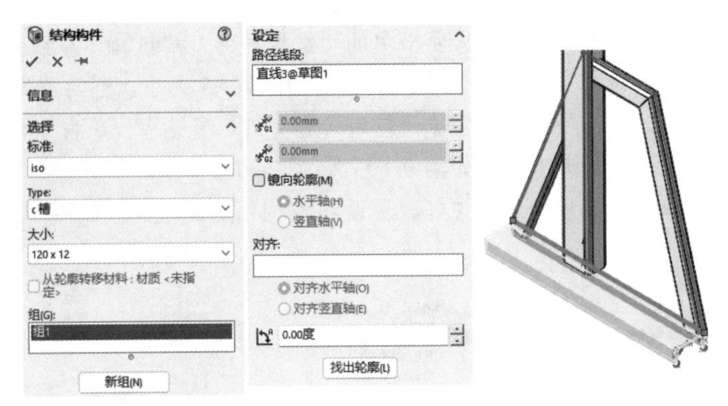

图 9-197 “结构构件”属性管理器 3

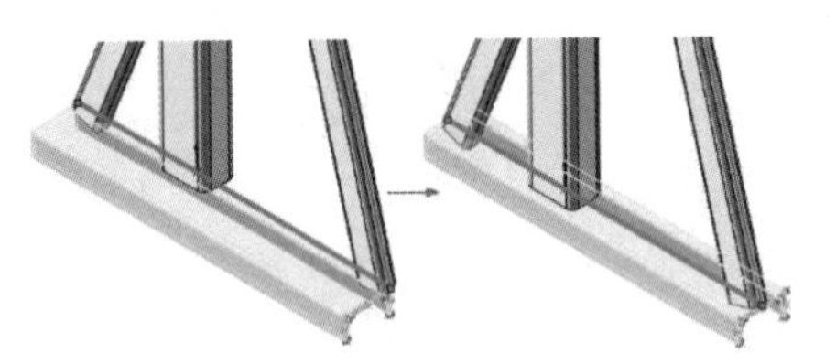

图 9-198 更改结构构件轮廓定位点 2

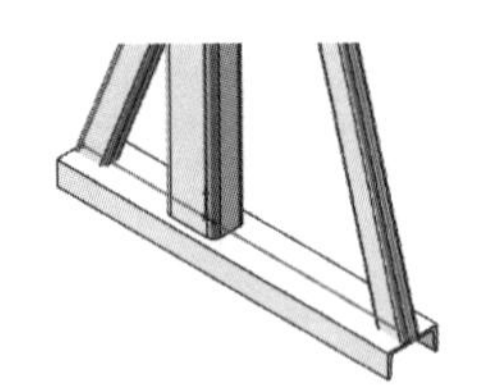

图 9-199 结构构件 4

（8）创建剪裁操作 1。单击“焊件”选项卡中的“剪裁/延伸”按钮，系统弹出“剪裁/延伸”属性管理器，单击“终端剪裁”按钮，在焊件实体上选择结构构件 3 作为要剪裁的实体，剪裁边界选中“面/平面”单选按钮，选择结构构件 4 的上表面作为剪裁边界，如图 9-200 所示。单击“确定”按钮✓，结果如图 9-201 所示。

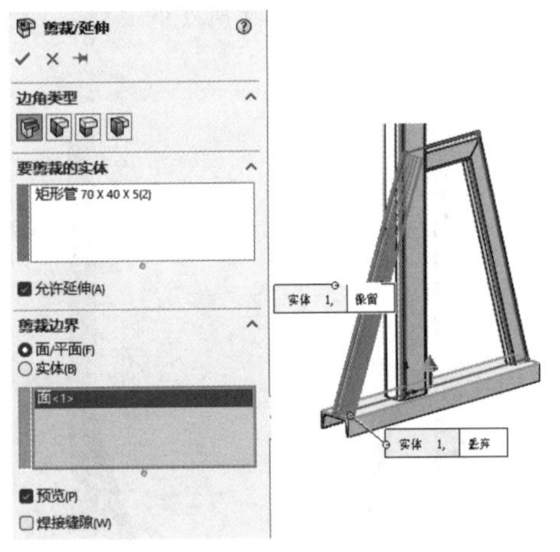

图 9-200 剪裁参数设置

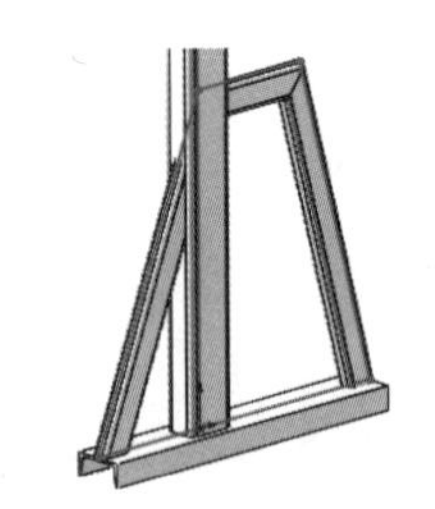

图 9-201 剪裁结果 1

（9）创建剪裁操作 2。重复“剪裁/延伸”命令，选择图 9-202 所示的结构构件 2 作为要剪裁的实体，选择结构构件 4 的上表面作为剪裁边界。

（10）创建剪裁操作 3。重复“剪裁/延伸”命令，选择图 9-203 所示的结构构件 3 作为要剪裁的实体，选择结构构件 1 的左侧面作为剪裁边界。

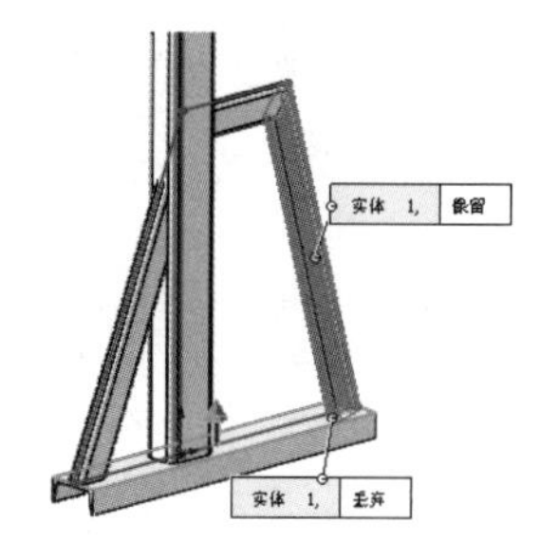

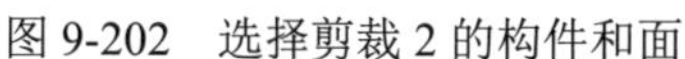

图 9-202　选择剪裁 2 的构件和面

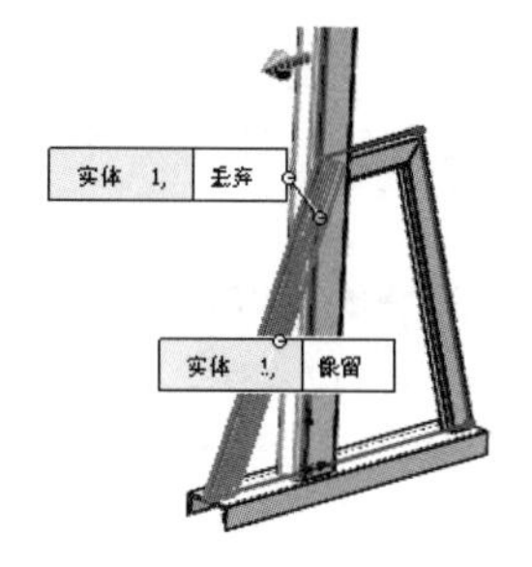

图 9-203　选择剪裁 3 的构件和面

（11）创建剪裁操作 4。重复“剪裁/延伸”命令，选择图 9-204 所示的结构构件 2 的水平构件作为要剪裁的实体，选择结构构件 1 的右侧面作为剪裁边界。

（12）绘制草图 2。选择图 9-205 所示的面作为草绘基准面，单击“草图”选项卡中的“边角矩形”按钮，绘制一个矩形，标注其智能尺寸，如图 9-206 所示。

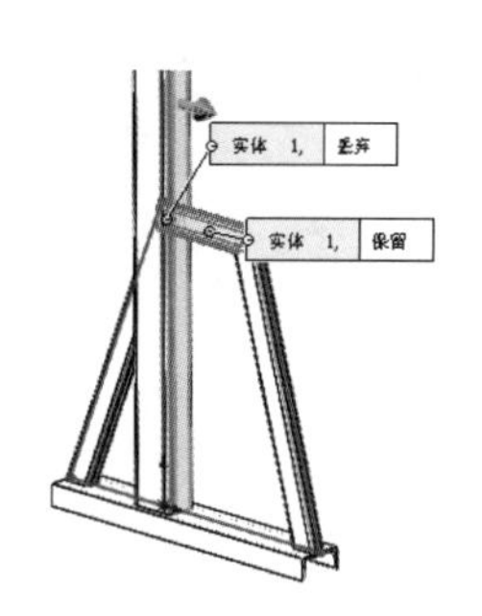

图 9-204　选择剪裁 4 的构件和面

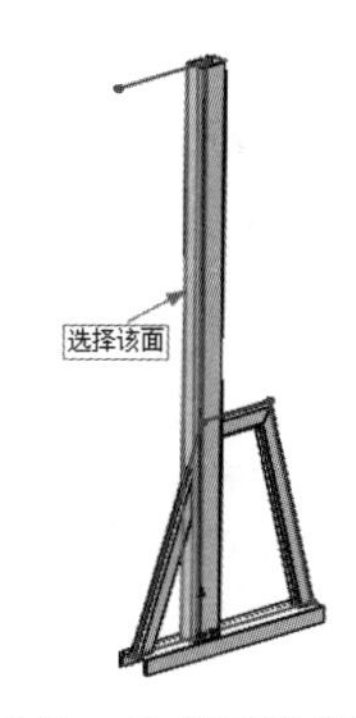

图 9-205　选择草绘基准面

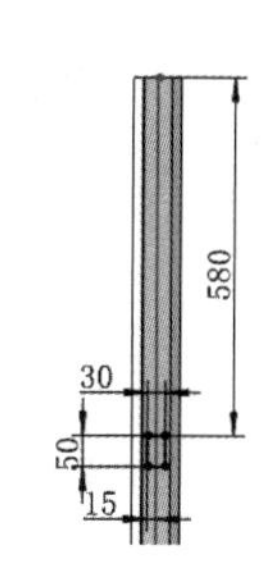

图 9-206　绘制草图 2

（13）创建拉伸实体 1。单击“焊件”选项卡中的“拉伸凸台/基体”按钮，选择草图 2，系统弹出“凸台-拉伸”属性管理器，设置深度值为 200mm，其他设置如图 9-207 所示，单击“确定”按钮生成拉伸实体 1，如图 9-208 所示。

（14）绘制草图 3。选择拉伸实体 1 的端面作为草绘基准面，绘制草图并标注其智能尺寸，如图 9-209 所示。

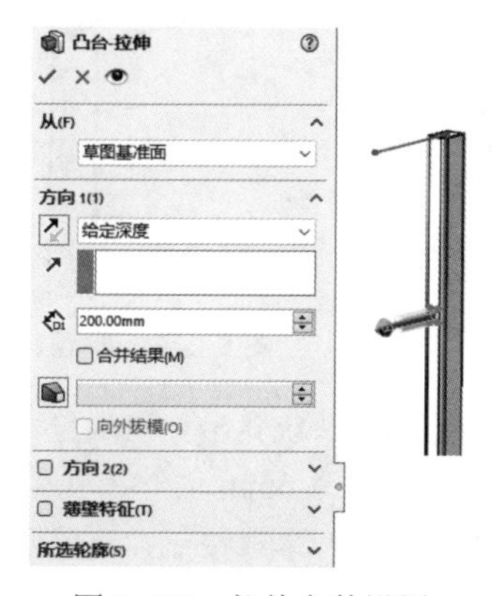

图 9-207　拉伸参数设置

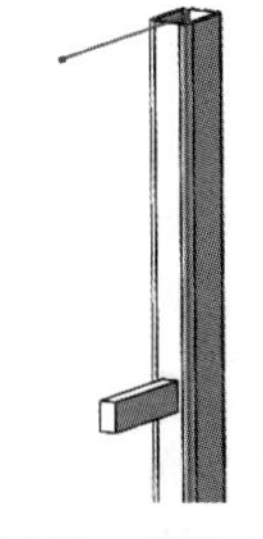

图 9-208　拉伸实体 1

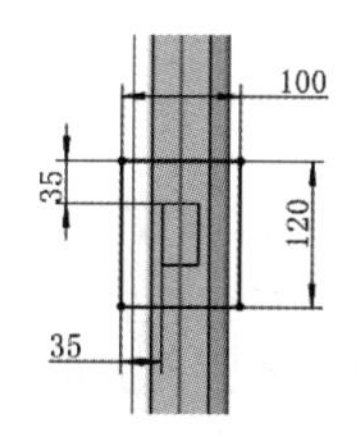

图 9-209　绘制草图 3

（15）创建拉伸实体 2。单击“焊件”选项卡中的“拉伸凸台/基体”按钮，选择草图 3，系统弹出“凸台-拉伸”属性管理器，设置深度值为 10mm，单击“确定”按钮✔生成拉伸实体 2，如图 9-210 所示。

（16）创建结构构件 5。单击“焊件”选项卡中的“结构构件”按钮，系统弹出“结构构件”属性管理器，选择 iso 标准，选择“方形管”类型，选择 80×80×5 大小，选择焊件上端的一条直线，如图 9-211 所示。单击“确定”按钮✔，结果如图 9-212 所示。

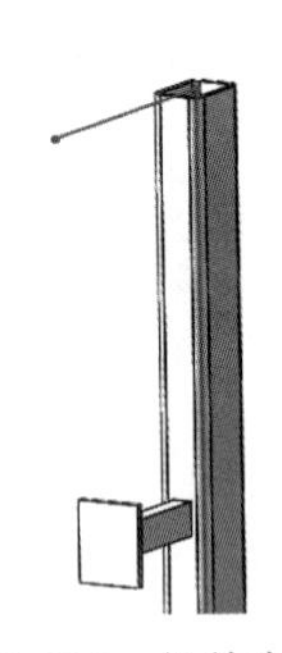

图 9-210　拉伸实体 2

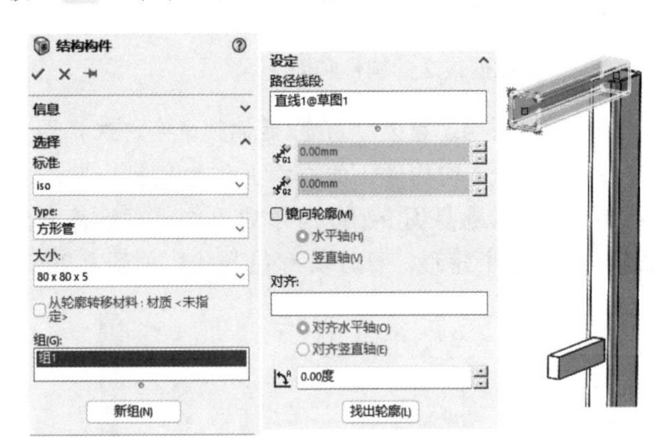

图 9-211　结构构件 5 参数设置

（17）创建剪裁操作 5。单击“焊件”选项卡中的“剪裁/延伸”按钮，系统弹出“剪裁/延伸”属性管理器，单击“终端对接 2”按钮，选择结构构件 5 作为要剪裁的实体，选择结构构件 1 作为剪裁边界，如图 9-213 所示，单击“确定”按钮✔，结果如图 9-214 所示。

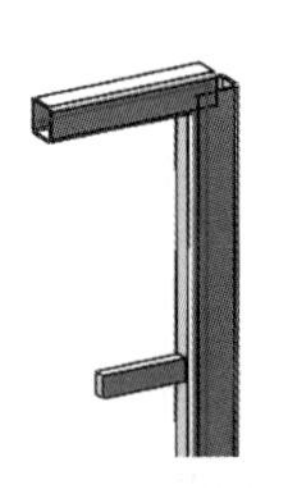

图 9-212　结构构件 5

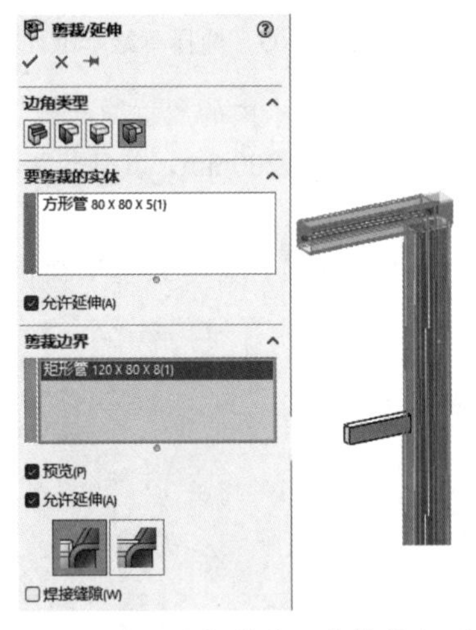

图 9-213　选择剪裁 5 的构件和面

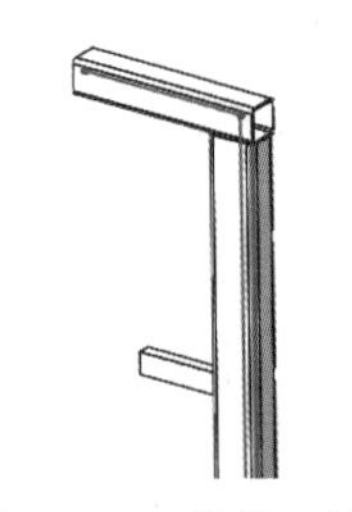

图 9-214　剪裁 5 结果

（18）创建顶端盖 1。单击“焊件”选项卡中的“顶端盖”按钮，系统弹出“顶端盖”属性管理器，选择结构构件 5 的端面，“厚度方向”选择“向外”，输入厚度为 5mm，选中“厚度比率”单选按钮，设置厚度比率为 0.5，勾选“边角处理”复选框，选中“圆角”单选按钮，设置圆角半径为 8mm，如图 9-215 所示。单击“确定”按钮✔，创建顶端盖 1。

（19）创建顶端盖 2。重复上述的操作，在图 9-216 所示的结构构件 5 的另一端面添加顶端盖，参数设置与上述相同。

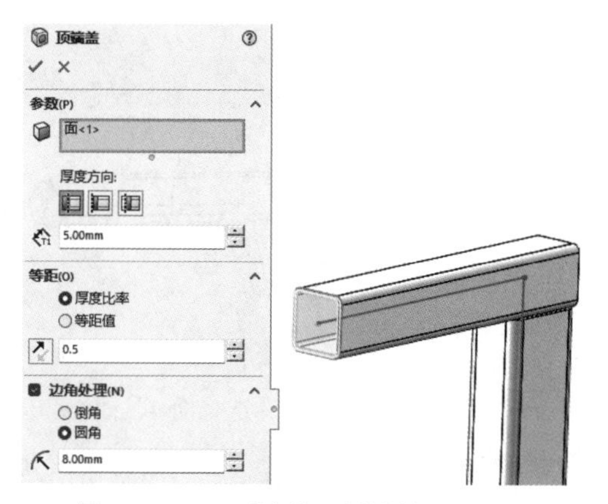

图 9-215 “顶端盖”属性管理器

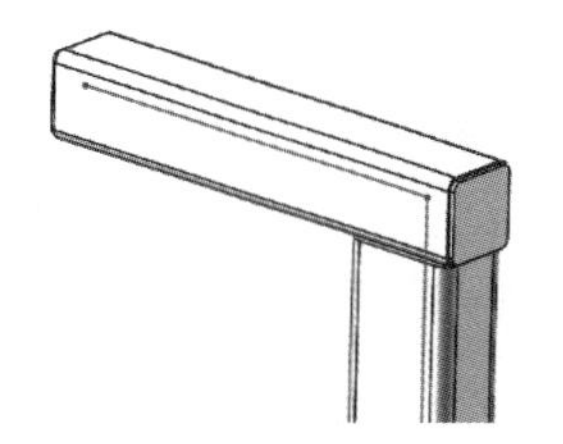

图 9-216 添加顶端盖 2

（20）创建角撑板。单击“焊件”选项卡中的“角撑板”按钮，系统弹出“角撑板”属性管理器，选择轮廓为“三角形轮廓”，设置 d1 值为 150mm、d2 值为 150mm，厚度选择“两边”选项，角撑板厚度设置为 5mm，位置选择“轮廓定位于中点”选项，输入图 9-217 所示的数值，在焊件实体上选择两个支撑面，单击“确定”按钮，结果如图 9-218 所示。

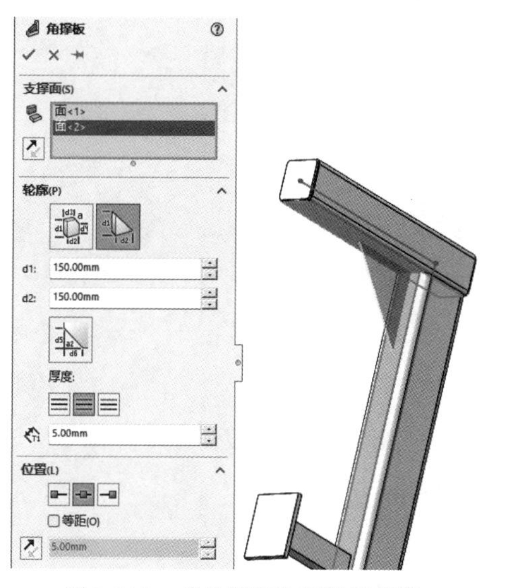

图 9-217 “角撑板”属性管理器

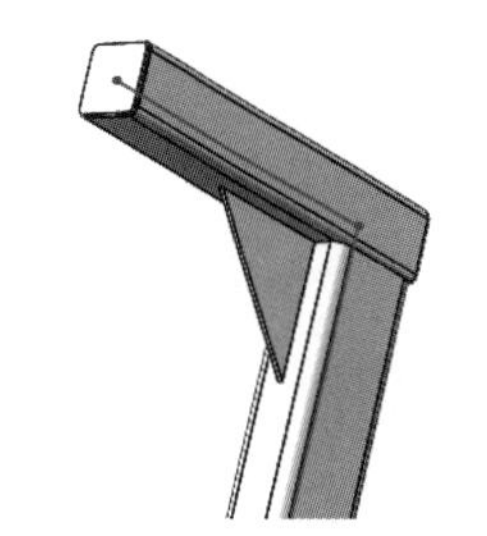

图 9-218 添加的角撑板

（21）创建圆角焊缝。单击“焊件”选项卡中的“圆角焊缝”按钮，系统弹出“圆角焊缝”属性管理器。选择焊缝类型为“间歇”，输入圆角大小为 6mm、焊缝长度为 6mm、节矩为 12mm，勾选“切线延伸”复选框。选择面 1 作为第一组面组，单击第二组列表框，然后选择面 2 和面 3 作为第二组面组，如图 9-219 所示。

（22）设置对边焊缝。勾选“对边”复选框，取消勾选“添加焊接符号”复选框，选择焊缝类型为“间歇”，输入圆角大小为 6mm、焊缝长度为 6mm，选择面 4 作为第一组面组，单击第二组列表框，然后选择面 2 和面 3 作为第二组面组，如图 9-220 所示。单击“确定”按钮✔，结果如图 9-221 所示。

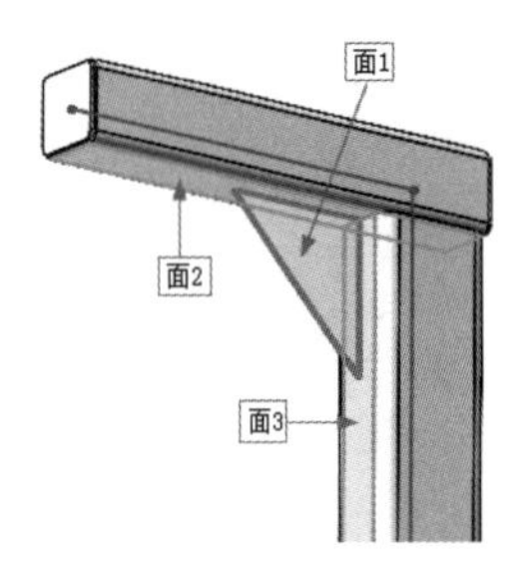

图 9-219　选择面 1、面 2 和面 3

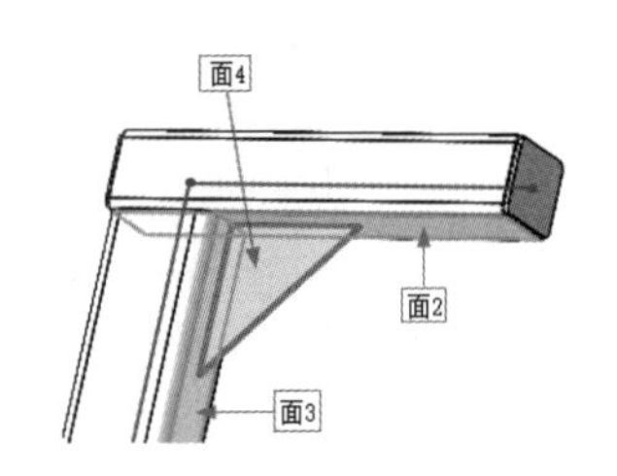

图 9-220　选择面 4、面 2 和面 3

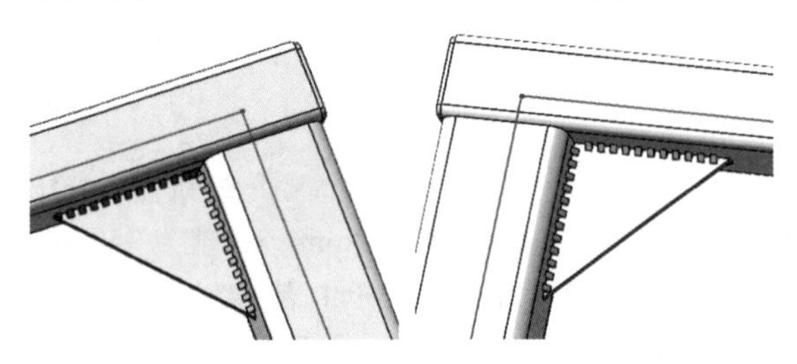

图 9-221　对边焊缝

第 10 章　切 割 清 单

内容简介

焊件工程图创建完成后，需要添加切割清单。切割清单就像装配图中的明细表一样，详细地列出了个零件的参数信息。本章主要介绍焊件切割清单的创建过程。

内容要点

- 焊件切割清单
- 综合实例——创建焊接工程图

案例效果

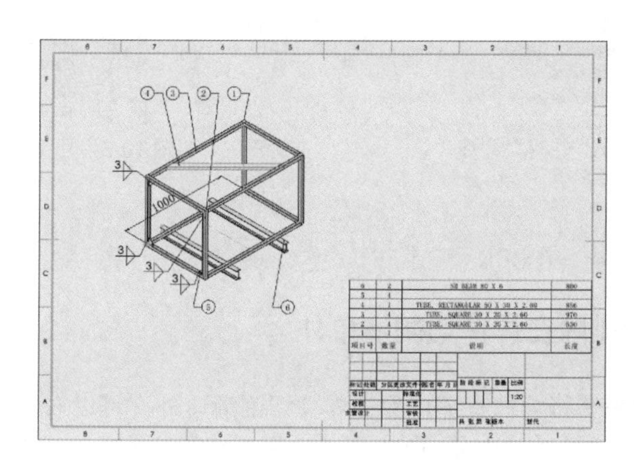

10.1　焊件切割清单

在焊件设计过程中，当第一个焊件特征插入零件中时，在 FeatureManager 设计树中出现一个名为“切割清单”的文件夹，结构构件创建的实体将出现在“切割清单”文件夹下，如图 10-1 所示。该文件夹前的按钮表示切割清单需要更新，按钮表示切割清单已更新。该零件的切割清单中包括各种焊件特征。

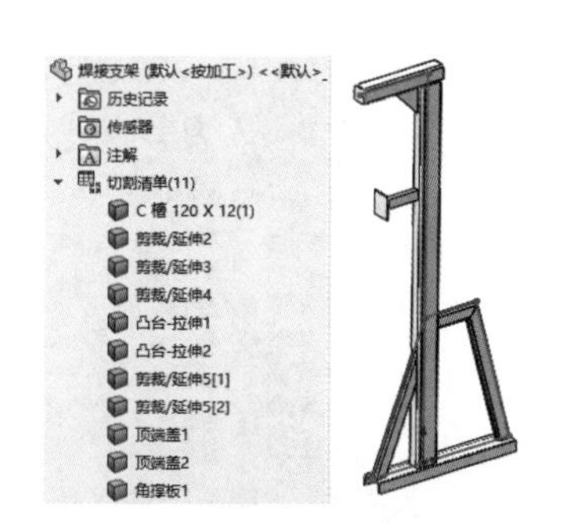

图 10-1　焊件切割清单

10.1.1 更新焊件切割清单

在焊件零件文档的 FeatureManager 设计树中右击“切割清单”，在弹出的快捷菜单中选择“更新”命令，如图 10-2 所示。“切割清单”文件夹前面的按钮变为，相同项目在切割清单项目子文件夹中集中在一起，如图 10-3 所示。

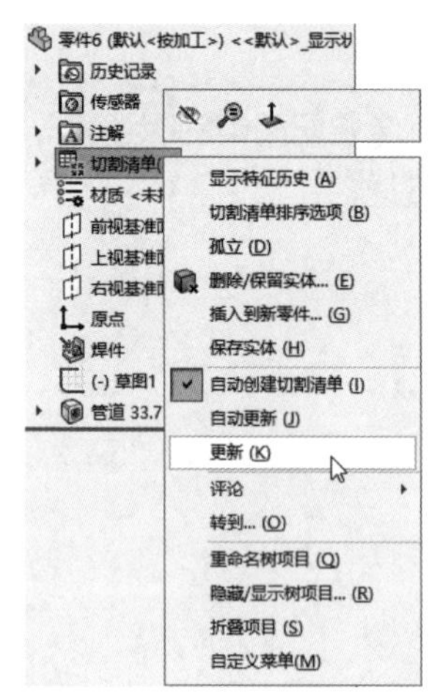

图 10-2 选择“更新”命令

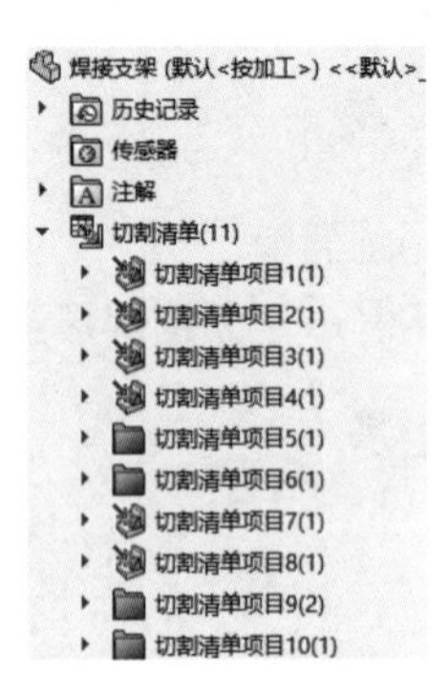

图 10-3 更新后的焊件切割清单

ⓘ 注意：

焊缝不包括在焊件切割清单中。

10.1.2 将焊件特征排除在焊件切割清单外

在设计过程中，如果要将焊件特征排除在焊件切割清单外，可以右击焊件特征，在弹出的快捷菜单中选择“制作焊缝”命令，如图 10-4 所示。更新切割清单后，该焊件特征将被排除在外，如图 10-5 所示。若想将先前排除在外的焊件特征包括在内，右击焊件特征，在弹出的快捷菜单中选择“制作非焊缝”命令，则焊件特征再次包含在切割清单内，只是位置发生变化，排在了最后一个切割清单项目中。

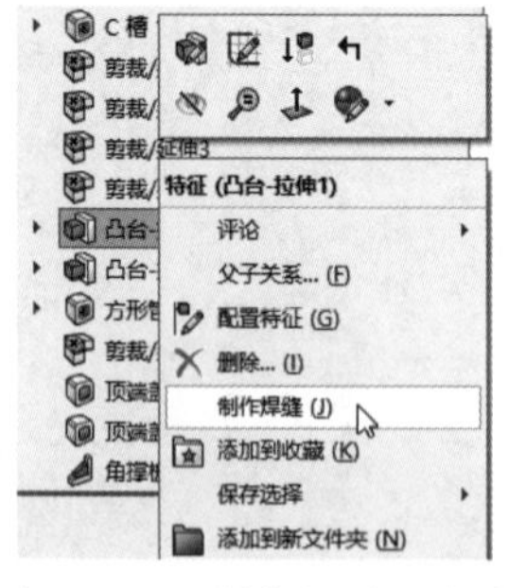

图 10-4 “制作焊缝”命令

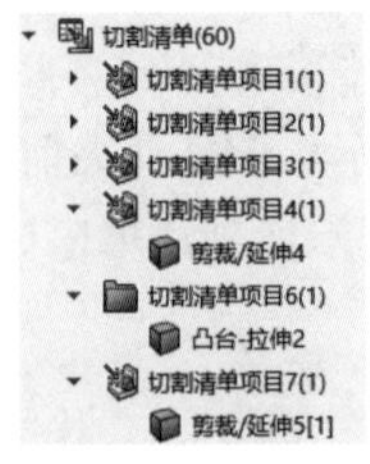

图 10-5 焊件特征被排除在切割清单外

10.1.3　自定义焊件切割清单属性

用户在设计过程中可以自定义焊件切割清单属性。在 FeatureManager 设计树中选中“切割清单”文件夹下的“切割清单项目”，右击，在弹出的快捷菜单中选择“属性”命令，如图 10-6 所示。系统弹出“切割清单属性”对话框，如图 10-7 所示。在该对话框中可以管理、编辑和查看所有切割清单项目属性。用户可以在该对话框中对每一项内容进行自定义。

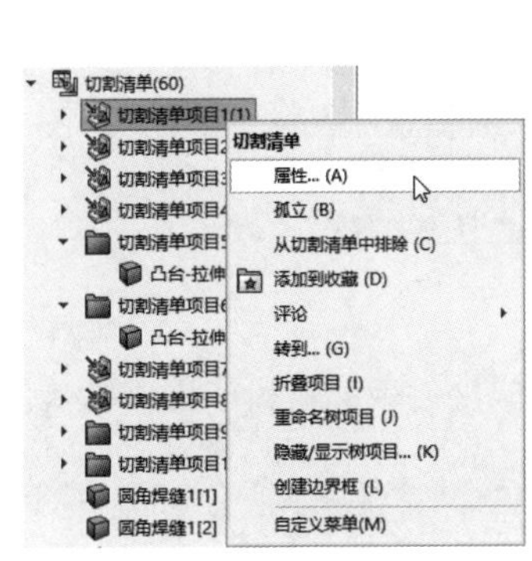
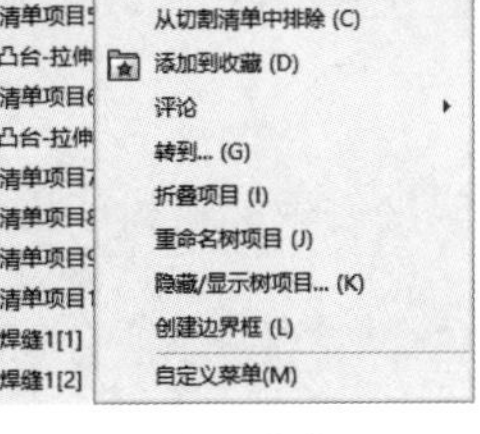

图 10-6　选择命令

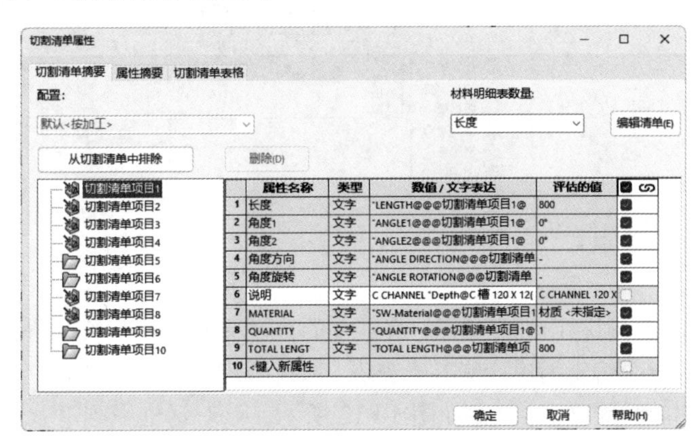

图 10-7　“切割清单属性”对话框

“切割清单属性”对话框中各选项卡的含义如下。

（1）“切割清单摘要”选项卡。

在“切割清单摘要”选项卡中可以浏览任何切割清单项目文件夹。

1）切割清单项目：选择要显示其属性的切割清单项目，单击“从切割清单中排除”按钮，则选中的切割清单项目不包括在切割清单中。此时，若选中该切割清单项目，则“从切割清单中排除”按钮变为“包括在切割清单中”。排除后的切割清单项目列表如图 10-8 所示。

2）属性名称：将属性应用到选定的切割清单项目。可以输入或选择一个属性，单击图 10-9 所示的下拉按钮，在下拉列表中选择属性。

3）类型：分类属性的类型。单击图 10-10 所示的下拉按钮，在下拉列表中选择类型。

图 10-8　排除后的清单项目列表

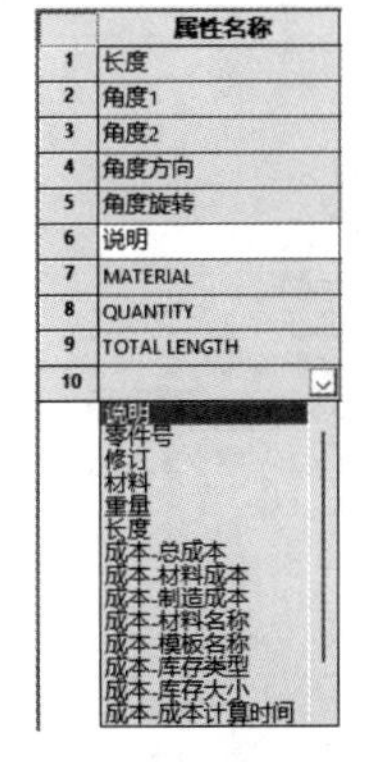

图 10-9　属性下拉列表

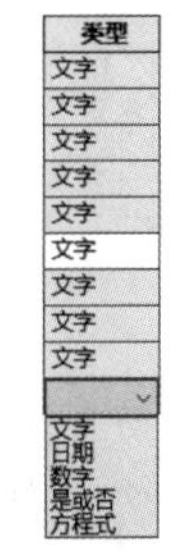

图 10-10　类型下拉列表

4）数值/文字表达：指定与类型兼容的属性值。单击列表框，显示下拉列表，如图 10-11 所示。

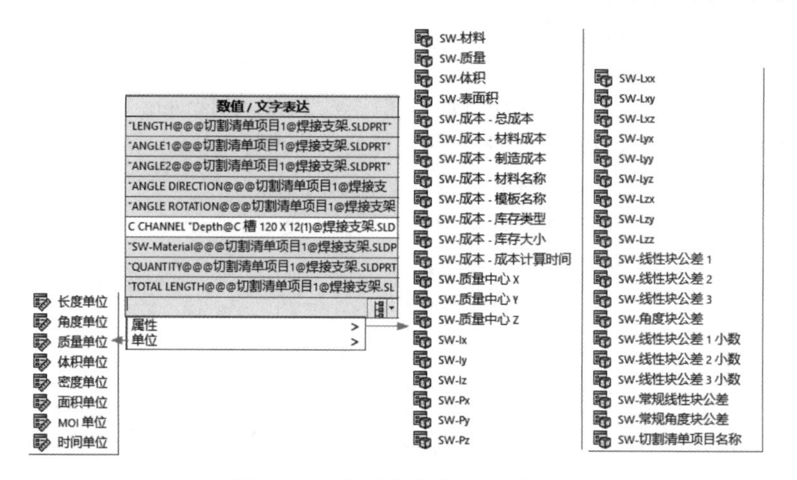

图 10-11　属性和单位下拉列表

5）材料明细表数量：将零件的自定义属性及其关联值链接到材料明细表中的材料明细表数量。

6）编辑清单：单击该按钮，系统弹出“编辑自定义属性清单”对话框，如图 10-12 所示。该对话框中列举了为“属性名称”定义的自定义属性。

（2）“属性摘要”选项卡。

“属性摘要”选项卡中将显示焊件零件中所有唯一的切割清单项目属性。单击每个属性可以显示切割清单每个项目中该属性的值。如果某个切割清单项目没有指派唯一属性，则它将显示为未指定，如图 10-13 所示。

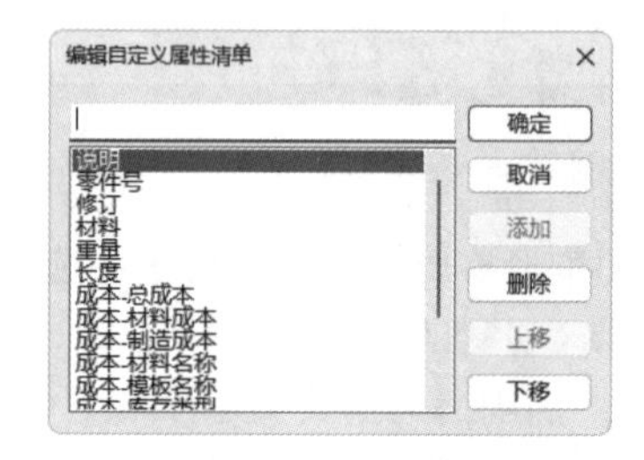

图 10-12　“编辑自定义属性清单”对话框

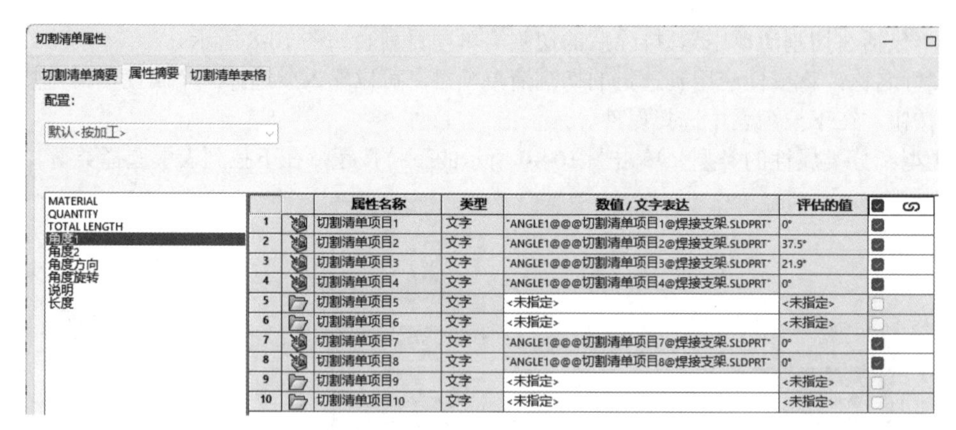

	属性名称	类型	数值 / 文字表达	评估的值
1	切割清单项目1	文字	"ANGLE1@@@切割清单项目1@焊接支架.SLDPRT"	0°
2	切割清单项目2	文字	"ANGLE1@@@切割清单项目2@焊接支架.SLDPRT"	37.5°
3	切割清单项目3	文字	"ANGLE1@@@切割清单项目3@焊接支架.SLDPRT"	21.9°
4	切割清单项目4	文字	"ANGLE1@@@切割清单项目4@焊接支架.SLDPRT"	0°
5	切割清单项目5	文字	<未指定>	<未指定>
6	切割清单项目6	文字	<未指定>	<未指定>
7	切割清单项目7	文字	"ANGLE1@@@切割清单项目7@焊接支架.SLDPRT"	0°
8	切割清单项目8	文字	"ANGLE1@@@切割清单项目8@焊接支架.SLDPRT"	0°
9	切割清单项目9	文字	<未指定>	<未指定>
10	切割清单项目10	文字	<未指定>	<未指定>

图 10-13　“属性摘要”选项卡

（3）“切割清单表格”选项卡。

“切割清单表格”选项卡中显示切割清单在工程图中的预览形式，如图 10-14 所示。单击“浏览模板”按钮，系统弹出“打开”对话框，可选择其他模板，如图 10-15 所示。

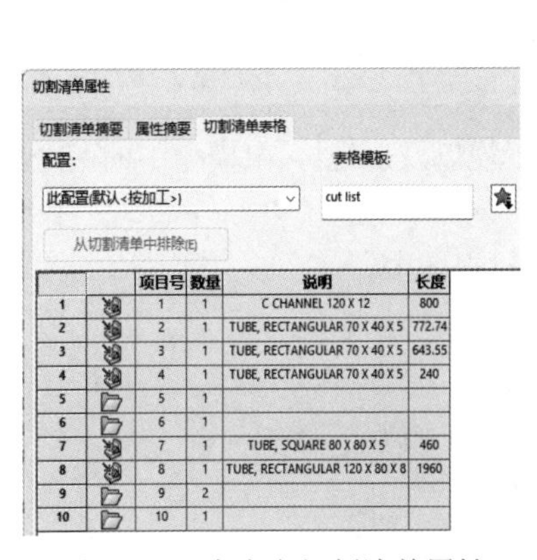

图 10-14　自定义切割清单属性

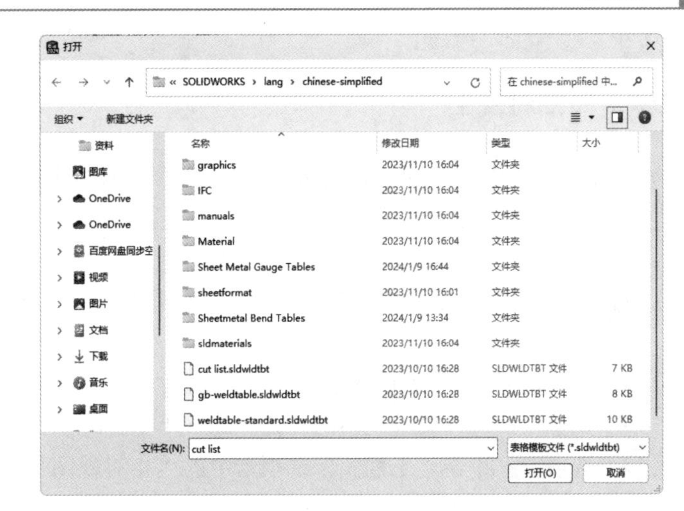

图 10-15　“打开”对话框

10.1.4　将焊件切割清单表格插入工程图

在创建好的焊件工程图中，单击“注解”选项卡的“表格”下拉列表中的“焊件切割清单”按钮，或者选择菜单栏中的“插入”→“表格”→“焊件切割清单”命令，根据系统提示选择一个工程图作为生成焊件切割清单的指定模型，系统弹出“焊件切割清单”属性管理器，如图 10-16 所示。在该属性管理器中可为焊件切割清单指定属性，其中部分选项的含义如下。

（1）表格模板：单击“浏览模板”按钮，系统弹出“打开”对话框，可选择标准或自定义模板。此选项只在插入表格过程中才可使用。

（2）表格位置：表格恒定边角控制在添加新列或行时表格扩展的方向。

（3）附加到定位点：勾选该复选框，将指定的边角附加到表格定位点。

（4）保留遗失项目：勾选该复选框，如果切割清单项目在切割清单生成以后已从焊件中删除，则仍可将项目在表格中保持列举。如果遗失的项目被保留，则遗失的项目文字显示为删除线格式。

（5）起始：设置切割清单开始的数字。

（6）不更改项目号：单击“锁定”按钮，使项目号在列被分类或重新组序时保留在其行内。

（7）边界框：设定表格外边界的线粗。

（8）网格边界：设定表格内部网格线的线粗。

图 10-16　“焊件切割清单”属性管理器

10.1.5　相对视图

在生成工程图时，可以生成焊件零件的单一实体工程图视图。

相对模型视图是一个正交视图（前视、右视、左视、上视、下视以及后视），由模型中的两个直交面或基准面及各自的具体方位的规格定义。

对于标准零件和装配体，整个零件或装配体显示在产生的相对视图中。

【执行方式】

- 工具栏：单击“工程图”工具栏中的“相对视图”按钮。
- 菜单栏：选择菜单栏中的“插入”→“工程视图”→“相对于模型”命令。
- 选项卡：单击“工程图”选项卡中的“相对视图”按钮。

【选项说明】

执行上述操作，系统弹出“相对视图”提示框，要求在另一个窗口中选择实体，如图 10-17 所示。单击“窗口”菜单，打开工程图对应的焊件的实体零件文件窗口，系统弹出“相对视图”属性管理器，如图 10-18 所示。该属性管理器中部分选项的含义如下。

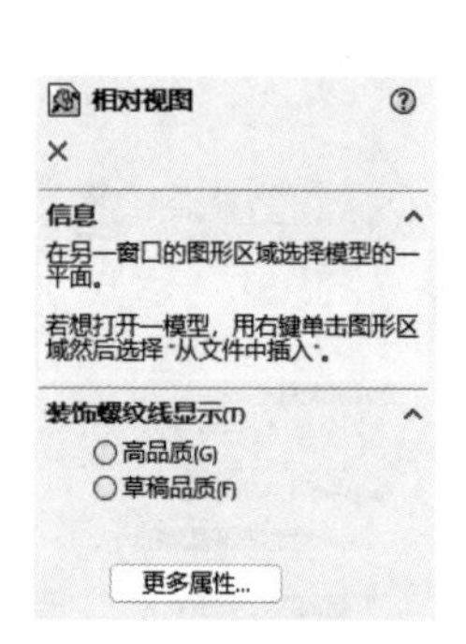

图 10-17　“相对视图”提示框

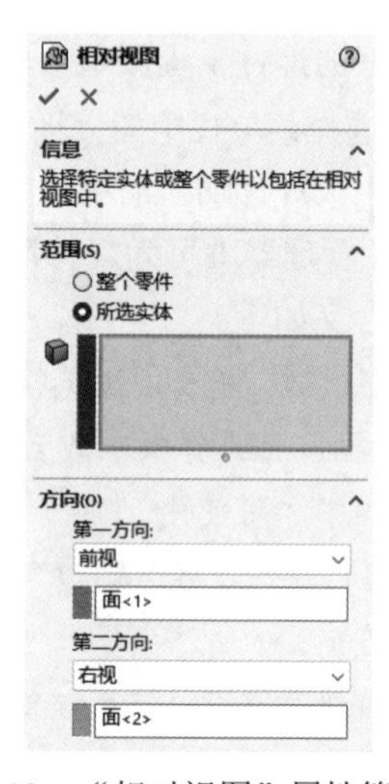

图 10-18　“相对视图”属性管理器

（1）整个零件：选中该单选按钮，相对视图包括多实体零件的所有实体。

（2）所选实体：选中该单选按钮，在绘图区选择实体，则相对视图只包含选择的实体。

（3）第一方向：选择相对视图的投影方向，然后在绘图区选择一个面或基准面。

（4）第二方向：选择相对视图的投影方向，然后在绘图区选择另一个面或基准面。

10.2　综合实例——创建焊接工程图

本节将创建 weldment_box2 零件的工程图，如图 10-19 所示。

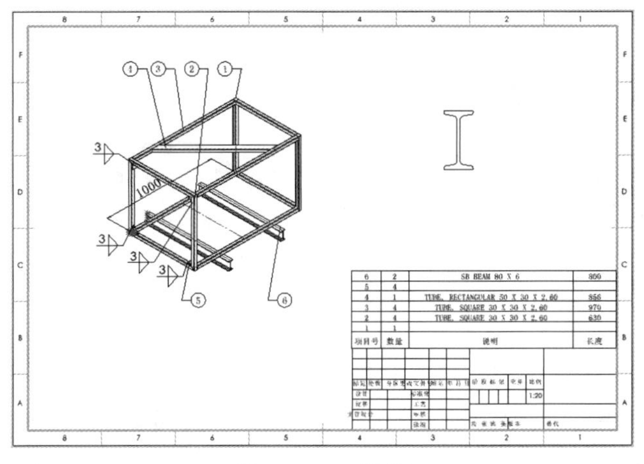

图 10-19 工程图

10.2.1 创建工程图

扫一扫，看视频

【操作步骤】

（1）打开源文件。单击“快速访问”工具栏中的“打开”按钮，打开 weldment_box2.sldprt 源文件，如图 10-20 所示。

（2）新建工程图。选择菜单栏中的“文件”→“从零件制作工程图”命令，系统弹出图 10-21 所示的“图纸格式/大小”对话框，选择 A3（GB）图纸，单击“确定”按钮，进入工程图设计界面。

（3）添加视图。单击“工程图”选项卡中的“模型视图”按钮，系统弹出“模型视图”对话框，选择 weldment_box2.sldprt 作为要插入的零件，如图 10-22 所示，单击“下一步”按钮，进入选择视图界面，如图 10-23 所示。在“方向”选项组的“更多视图”列表框中，勾选“上下二等角轴测”复选框，“显示样式”选择“消除隐藏线”，比例选中“使用自定义比例”单选按钮，设置自定义比例为 1∶10，“尺寸类型”选中“真实”单选按钮，在图纸中单击放置工程图，单击“确定”按钮，结果如图 10-24 所示。

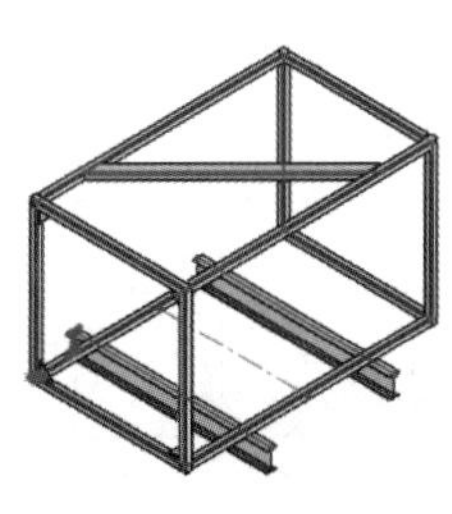

图 10-20 源文件

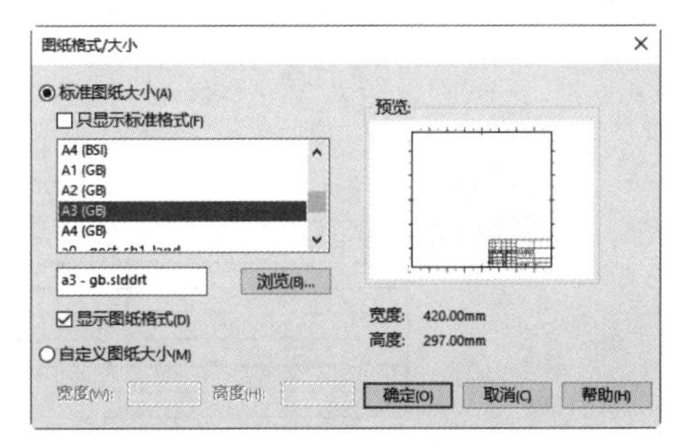

图 10-21 “图纸格式/大小”对话框

图 10-22 “模型视图”对话框

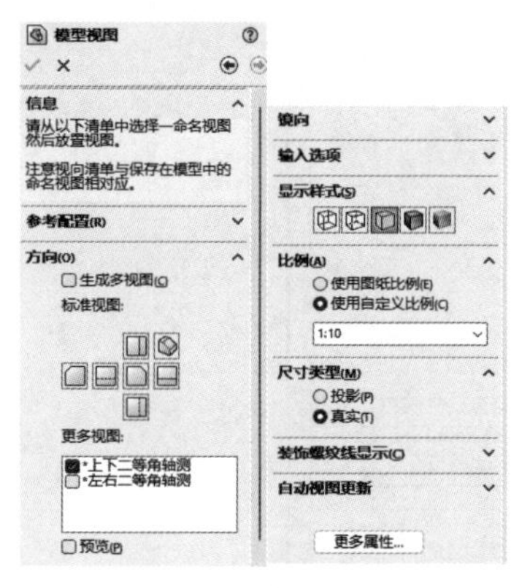

图 10-23　确定工程图视图方向及比例

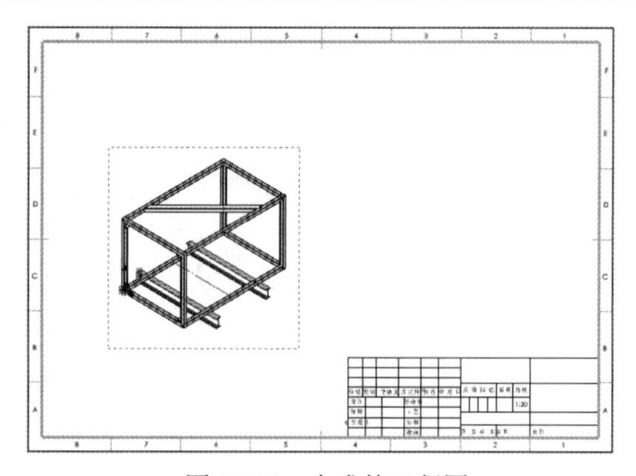

图 10-24　生成的工程图

（4）添加焊接符号。单击“注解”选项卡中的“模型项目”按钮，系统弹出“模型项目”属性管理器，在“来源/目标”选项组中选择“整个模型”，在“尺寸”选项组中单击“为工程标注”按钮，在“注解”选项组中单击“焊接符号”按钮，其他设置默认，如图 10-25 所示。单击“确定”按钮，拖动焊接注解将之定位，如图 10-26 所示。

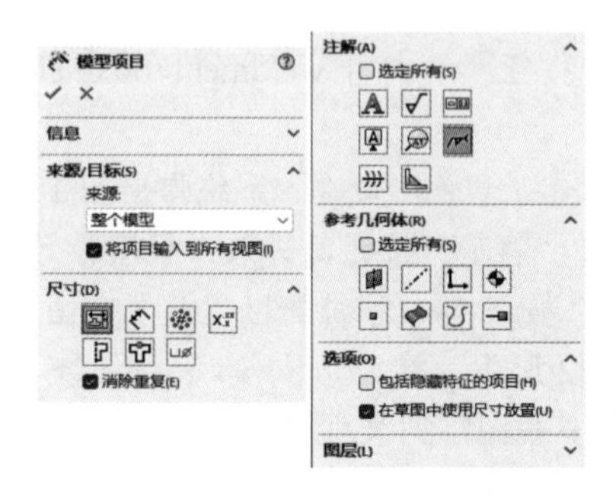

图 10-25　“模型项目”属性管理器

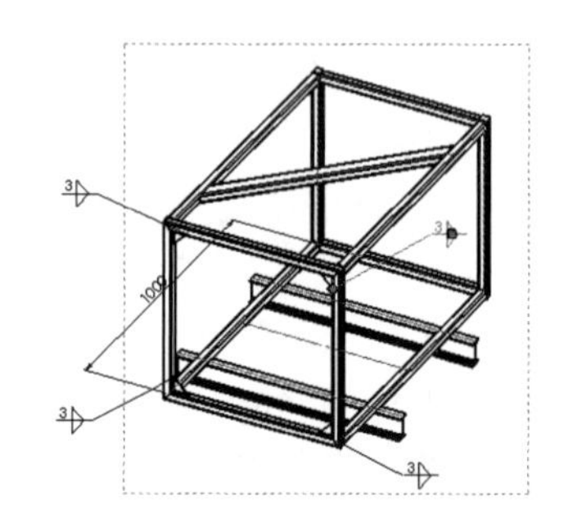

图 10-26　生成的焊接注解

10.2.2　创建切割清单

在焊件工程图中可以添加切割清单。

在工程图文件中选择菜单栏中的“插入”→“表格”→“焊件切割清单”命令，在系统的提示下，在绘图区选择工程图视图，系统弹出“焊件切割清单”属性管理器，进行图 10-27 所示的设置，单击“确定”按钮，将切割清单放置于工程图中的合适位置，如图 10-28 所示。

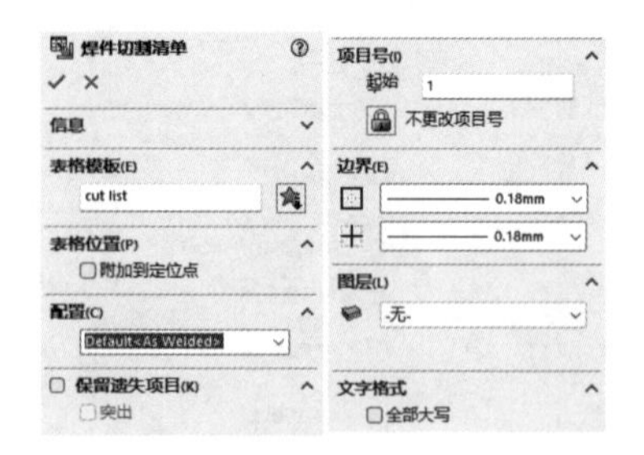

图 10-27　“焊件切割清单”属性管理器

项目号	数量	说明	长度
1	1		
2	4	TUBE, SQUARE 30 X 30 X 2.60	630
3	4	TUBE, SQUARE 30 X 30 X 2.60	970
4	1	TUBE, RECTANGULAR 50 X 30 X 2.60	856
5	4		
6	2	SB BEAM 80 X 6	800

图 10-28　焊件切割清单

10.2.3　编辑切割清单

对添加的切割清单可以进行编辑，修改其文字内容、字体、表格尺寸等，具体操作步骤如下。

（1）右击切割清单表格中的任何地方，在弹出的快捷菜单中选择“属性”命令，如图 10-29 所示，系统弹出“焊件切割清单”属性管理器，在“表格位置”选项组中选择恒定边角为“左下▦”。

（2）在“边界”选项组中更改表格外边线的线宽为 0.25mm，如图 10-33 所示。编辑完成，单击“确定”按钮✔。

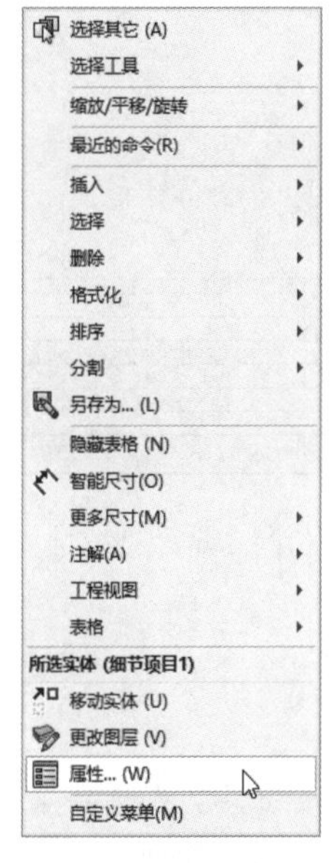

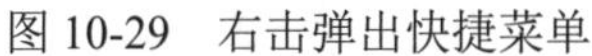
图 10-29　右击弹出快捷菜单

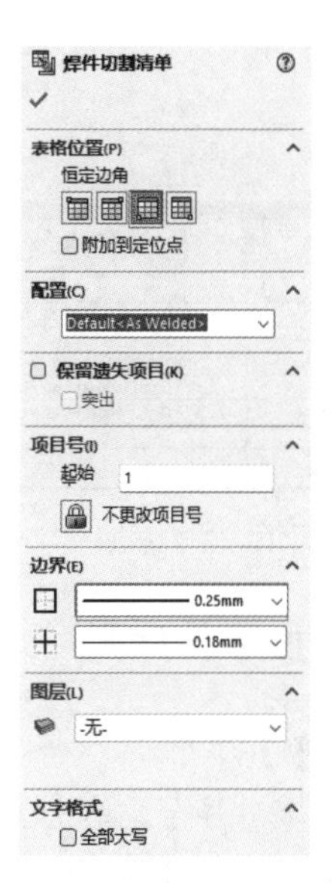

图 10-30　“焊件切割清单”属性管理器

（3）单击切割清单表格，系统弹出“表格”工具栏，在该工具栏中单击“表格标题在上”按钮▦，如图 10-31 所示。将表格标题的位置调整到表格下方。此时，“表格标题在上”按钮▦变为“表格标题在下”按钮▦，若再次单击该按钮，则将表格标题的位置调整到表格上方。

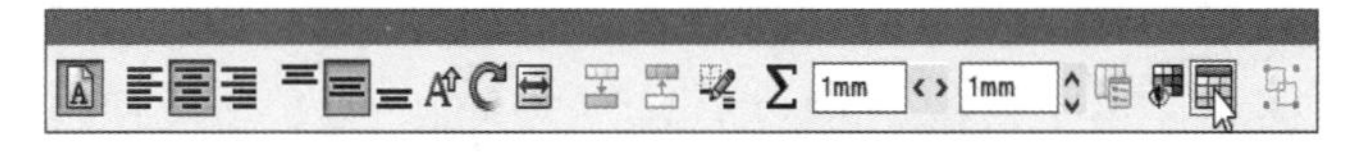

图 10-31　“表格”工具栏

（4）选中全部表格，在弹出的“表格”工具栏中单击“使用文档字体”按钮Ⓐ，在弹出的“字体”下拉列表中选择“宋体”，字号选择 16，文字对齐方式选择“居中☰”，如图 10-32 所示。

（5）双击“切割清单”表格的单元格，弹出内容输入框，输入要添加的注释，如图 10-33 所示。

（6）若想调整列和行的宽度，可以拖动列边框和行边框完成操作。拖动列边框调整切割清单表格以适应标题选项组长度尺寸，如图 10-34 所示。

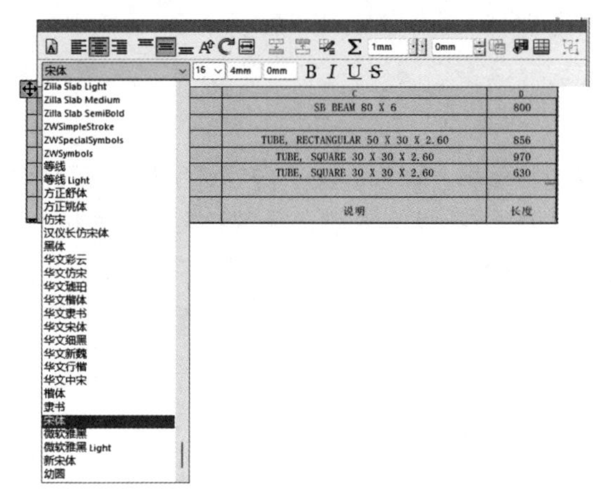

图 10-32　“字体”下拉列表

6	2	工字钢 80 X 6	800
5	4		
4	1	TUBE, RECTANGULAR 50 X 30 X 2.60	856
3	4	TUBE, SQUARE 30 X 30 X 2.60	970
2	4	TUBE, SQUARE 30 X 30 X 2.60	630
1	1		
项目号	数量	说明	长度

图 10-33　添加文字注释

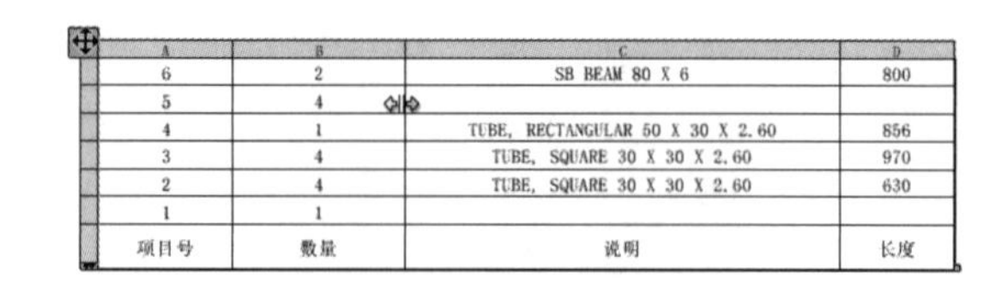

A	B	C	D
6	2	SB BEAM 80 X 6	800
5	4		
4	1	TUBE, RECTANGULAR 50 X 30 X 2.60	856
3	4	TUBE, SQUARE 30 X 30 X 2.60	970
2	4	TUBE, SQUARE 30 X 30 X 2.60	630
1	1		
项目号	数量	说明	长度

图 10-34　拖动列边框

扫一扫，看视频

10.2.4　添加零件序号

【操作步骤】

（1）自动零件序号。单击“注解”选项卡中的“自动零件序号”按钮，或选择菜单栏中的“插入”→“注解”→“自动零件序号”命令，系统弹出“自动零件序号”属性管理器，选择需要添加零件序号的工程图，在该属性管理器的“零件序号布局”选项组中单击“布置零件序号到方形”按钮。

（2）添加零件序号。在“零件序号设定”选项组中，选择“圆形”样式，选择“2 个字符”大小设置，选择“项目数”作为零件序号文，如图 10-35 所示。单击“确定”按钮添加零件序号，如图 10-36 所示。

图 10-35　“自动零件序号”属性管理器

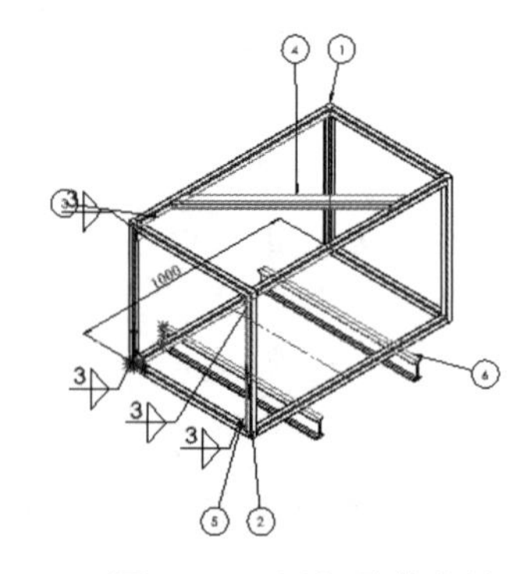

图 10-36　添加零件序号

注意：

每个零件序号的项目号与切割清单中的项目号相同。

（3）更改字体。选中所有序号，系统弹出“零件序号”属性管理器，如图 10-37 所示。单击“更多属性”按钮，系统弹出“注释”属性管理器，如图 10-38 所示。在“文字格式”选项组中取消勾选“使用文档字体”复选框，单击“字体”按钮，系统弹出“选择字体”对话框，选择“字体”为“宋体”，“高度”选中“单位”单选按钮，高度值设置为 6mm，如图 10-39 所示。单击“确定”按钮，返回“注释”属性管理器。

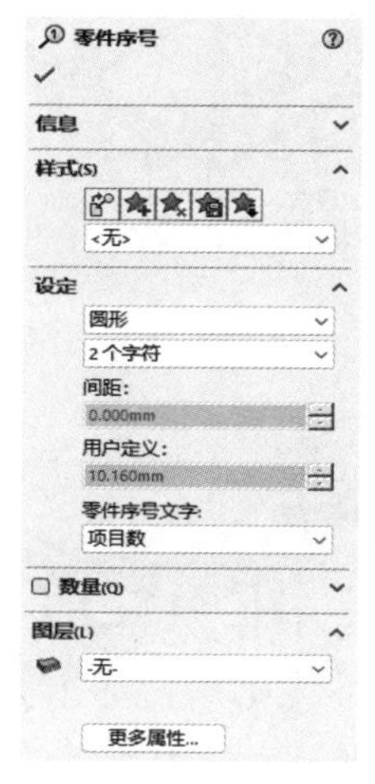

图 10-37　“零件序号”属性管理器

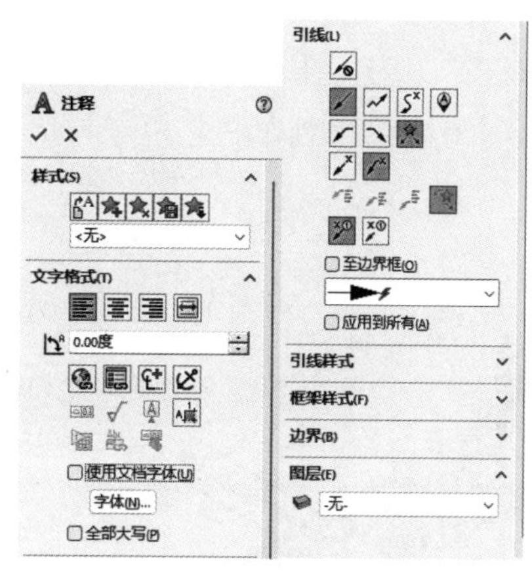

图 10-38　“注释”属性管理器

（4）更改引线箭头样式。在“引线”选项组中将样式修改为实心点，如图 10-40 所示。

（5）调整零件序号位置。拖动引线上的实心点和零件序号调整序号位置，结果如图 10-41 所示。

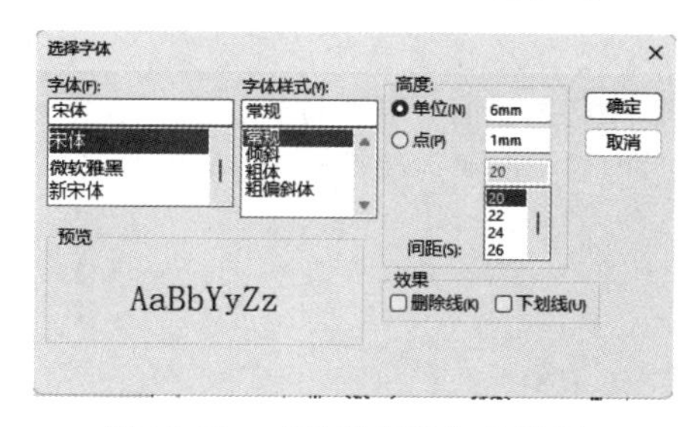

图 10-39　“选择字体”对话框

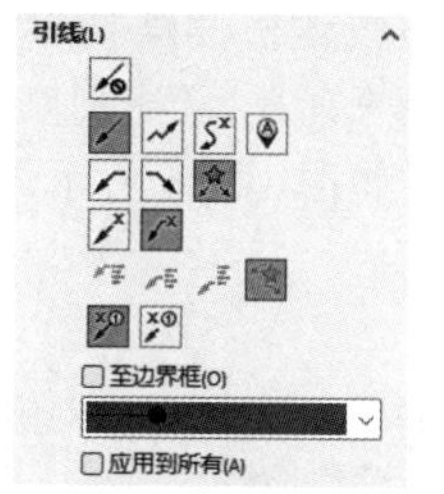

图 10-40　设置箭头样式

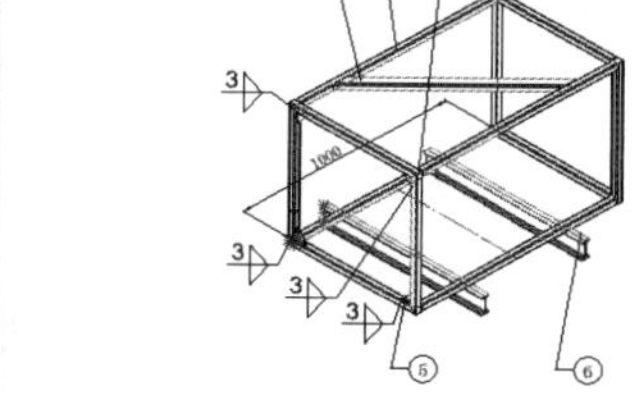

图 10-41　调整后的零件序号

10.2.5　创建相对视图

【操作步骤】

（1）创建相对视图。单击“工程图”选项卡中的“相对视图”按钮，根据系统提示，在“窗口”菜单中打开 weldment_box2 窗口。系统弹出“相对视图”属性管理器，如图 10-42 所示。选中“所选实体”单选按钮，然后在绘图区选择图 10-43 所示的工字钢。在“方向”选项组中选择第一方向为“前视”，然后在绘图区选择工字钢的右端面作为第一方向的面，如图 10-44 所示。选择第二方向为“上视”，然后在绘图区选择工字钢的上表面作为第二方向的面，如图 10-45 所示。单击“确定”按钮✔。

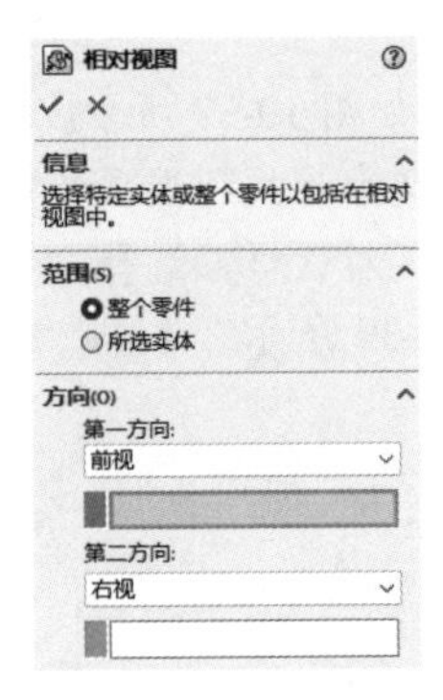

图 10-42 “相对视图”属性管理器

图 10-43 选择工字钢

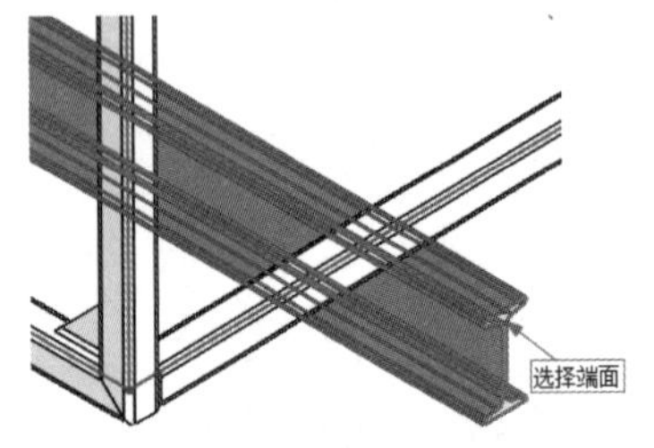

图 10-44 选择第一方向的面

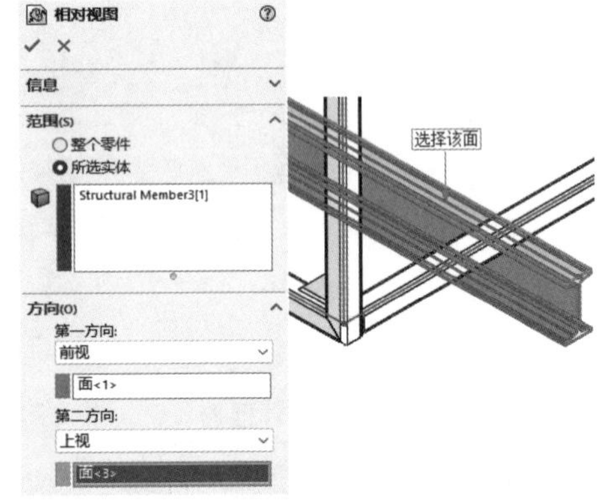

图 10-45 选择第二方向的面

（2）设置相对视图参数。系统返回“焊接工程图”窗口，在工程图适当的位置放置相对视图，系统弹出“工程图视图 12”属性管理器，“比例”选中“使用自定义比例”单选按钮，比例值设置为 1∶2，其他参数采用默认设置，如图 10-46 所示。单击“确定”按钮✔，结果如图 10-47 所示。

图 10-46 设置相对视图参数

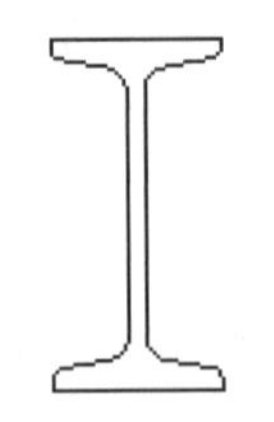

图 10-47 创建的相对视图

第 11 章　焊接设计实例

内容简介

本章介绍 H 形轴承支架、椅子、健身器、手推车车架等焊件的设计思路及设计步骤。通过由易到难、由浅入深的设计思路，读者可以综合运用焊件设计工具的各项功能，以进一步掌握设计技巧，具备独立完成设计的能力。

内容要点

- H 形轴承支架
- 椅子
- 健身器
- 手推车车架

案例效果

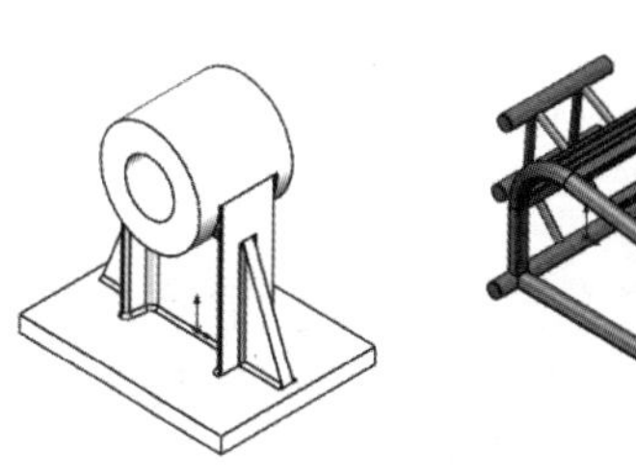

11.1　H 形轴承支架

扫一扫，看视频

本例介绍图 11-1 所示的 H 形轴承支架的设计。

11.1.1　创建拉伸实体

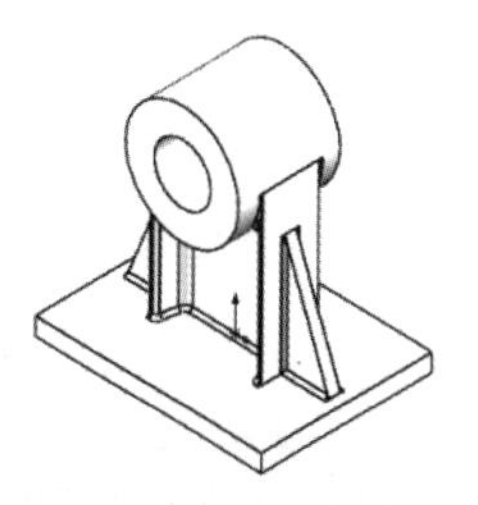
图 11-1　H 形轴承支架

【操作步骤】

（1）新建文件。单击“快速访问”工具栏中的“新建”按钮，或选择菜单栏中的“文件”→“新建”命令，在弹出的“新建 SOLIDWORKS 文件”对话框中单击“零件”按钮，然后单击“确定”按钮，创建一个新的零件文件。

（2）绘制草图1。在FeatureManager设计树中选择“上视基准面”作为草绘基准面，单击“草图”选项卡中的“中心矩形”按钮，绘制草图，如图11-2所示。

（3）创建拉伸实体1。单击“特征”选项卡中的“拉伸凸台/基体”按钮，选择草图1，系统弹出“凸台-拉伸”属性管理器，设置深度为15mm，单击“反向”按钮，调整拉伸方向向下，如图11-3所示。单击“确定”按钮生成拉伸实体1，如图11-4所示。

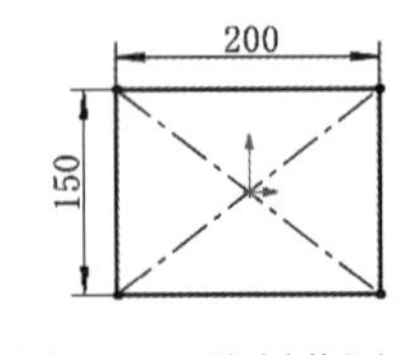

图11-2　绘制草图1

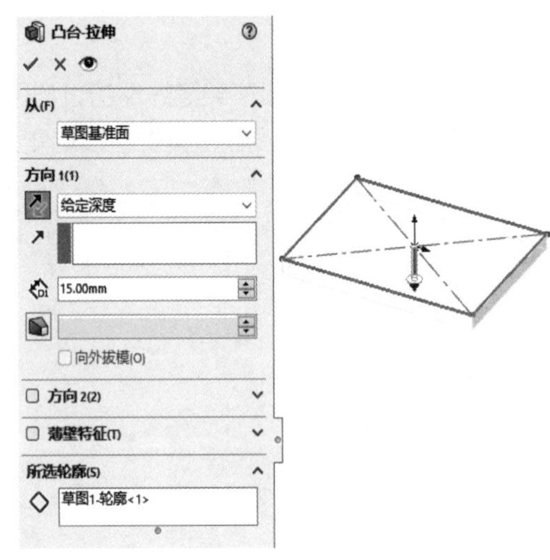

图11-3　“凸台-拉伸”属性管理器

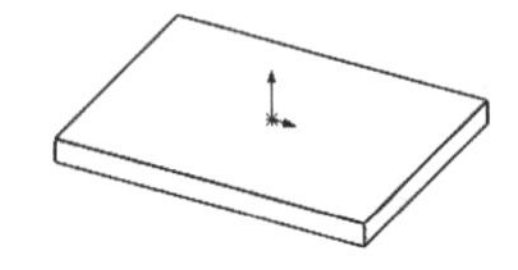
图11-4　拉伸实体1

11.1.2　创建结构构件

【操作步骤】

（1）绘制3D草图。单击“草图”选项卡中的“3D草图”按钮，再单击“直线”按钮，按Tab键切换坐标系，如图11-5所示。绘制一条直线，标注其智能尺寸，如图11-6所示。

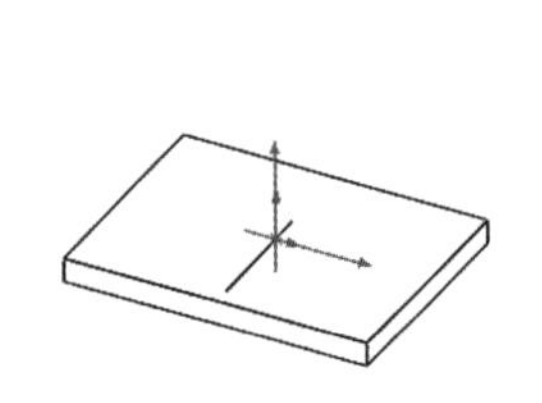
图11-5　切换3D绘图坐标系

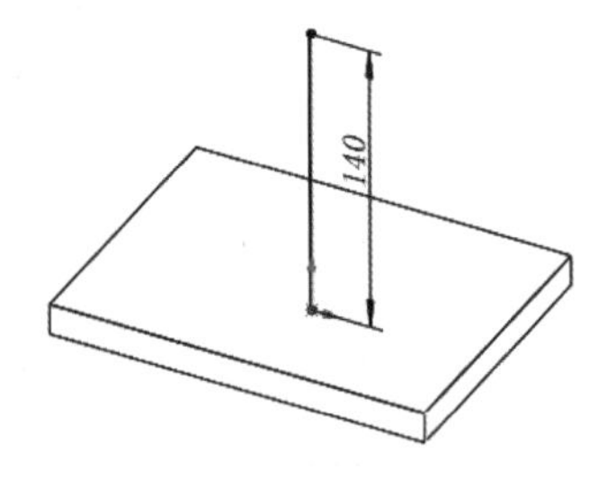

图11-6　绘制3D草图

（2）创建结构构件。单击“焊件”选项卡中的“结构构件”按钮，系统弹出“结构构件”属性管理器，选择iso标准、“sb横梁”类型，再选择100×8大小，在草图区域拾取直线，输入结构构件的旋转角度为90度，旋转结构构件，如图11-7所示。单击“确定”按钮，结果如图11-8所示。

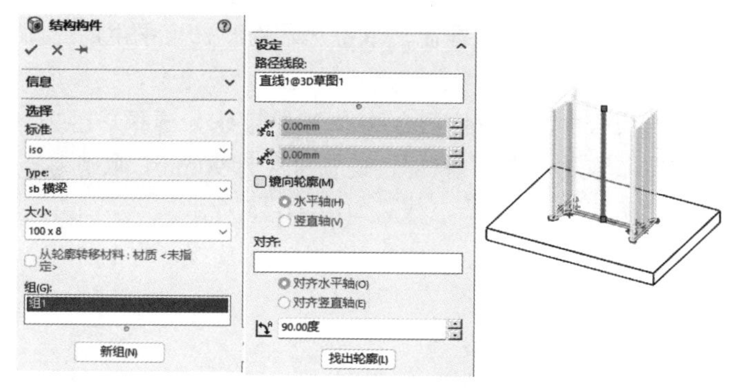

图 11-7　结构构件参数设置

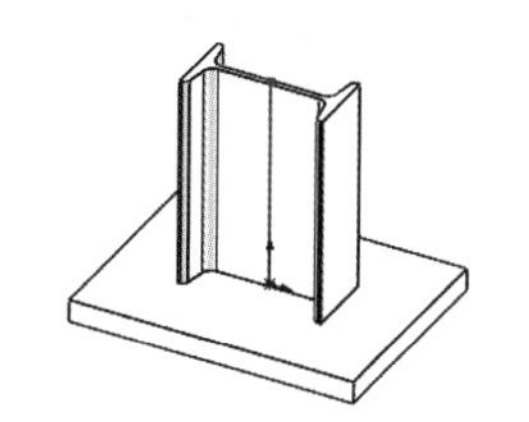

图 11-8　创建的结构构件

11.1.3　创建拉伸切除特征

【操作步骤】

（1）绘制草图 2。选择图 11-9 所示的结构构件的平面作为草绘基准面，单击“草图”选项卡中的“圆”按钮，绘制一个圆，圆的直径与结构构件的宽度相同，如图 11-10 所示。

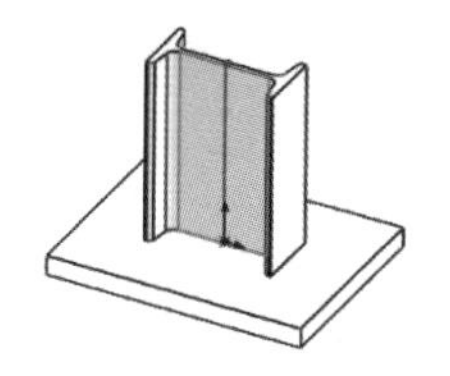

图 11-9　选择基准面

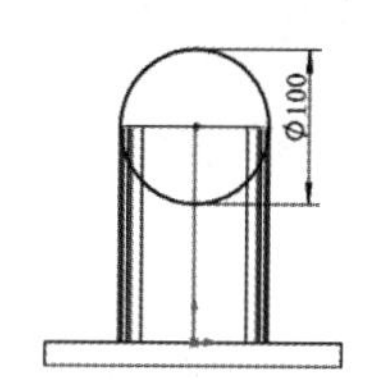

图 11-10　绘制草图 2

（2）创建拉伸切除特征。单击“特征”选项卡中的“拉伸切除”按钮，选择草图 2，系统弹出“切除-拉伸”属性管理器，终止条件均为“完全贯穿-两者”，如图 11-11 所示。单击“确定”按钮生成拉伸切除特征，如图 11-12 所示。

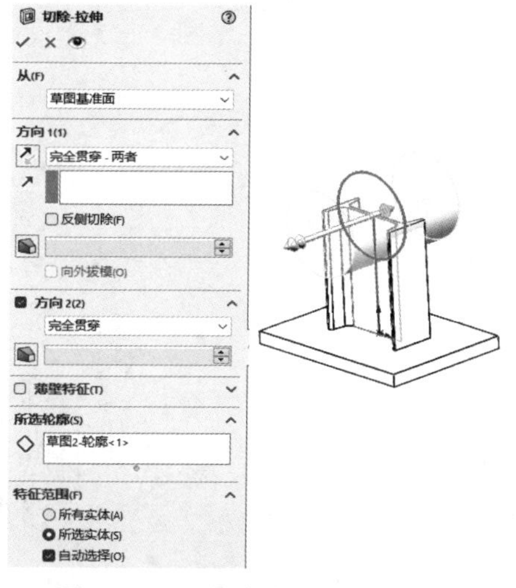

图 11-11　“切除-拉伸”参数设置

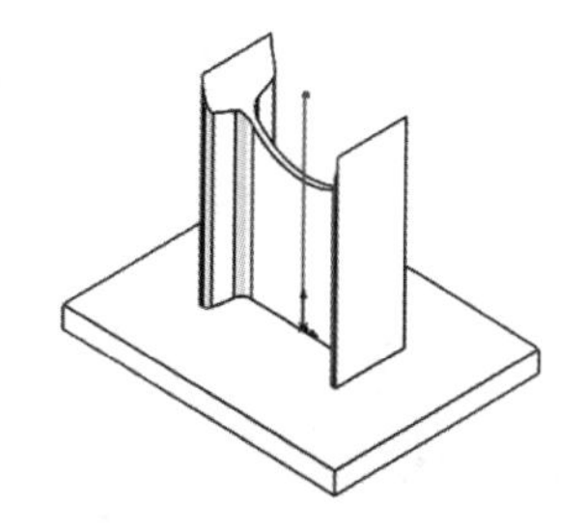

图 11-12　拉伸结果

（3）绘制草图3。选择图11-12所示的面作为草绘基准面，单击“草图”选项卡中的“圆”按钮，绘制草图3，如图11-13所示。

（4）创建拉伸实体2。单击“特征”选项卡中的“拉伸凸台/基体”按钮，选择草图2，系统弹出“凸台-拉伸3”属性管理器，终止条件设置为“两侧对称”，设置深度为90mm，取消勾选“合并结果”复选框，如图11-14所示。单击“确定”按钮，结果如图11-15所示。

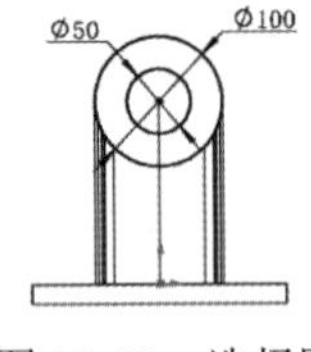

图11-13　选择圆

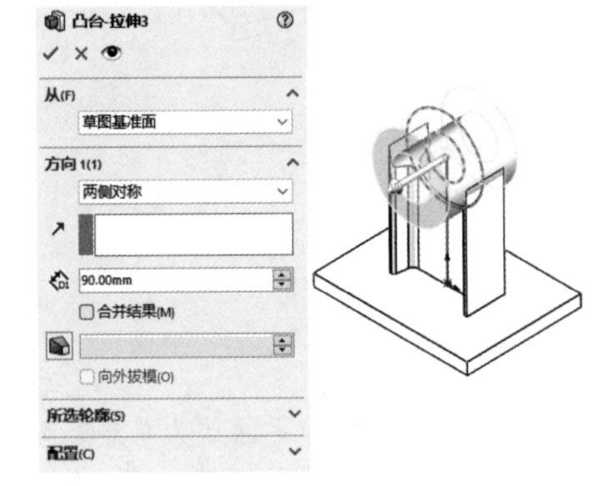

图11-14　拉伸实体参数设置

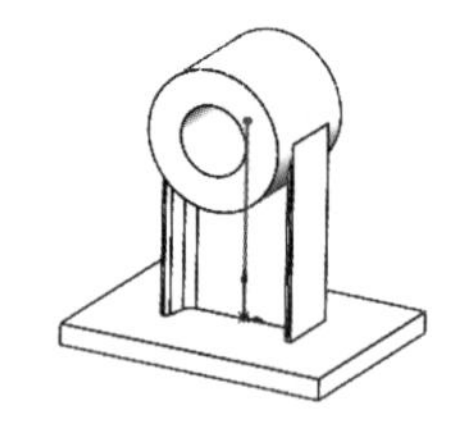

图11-15　拉伸实体2

11.1.4　创建角撑板

【操作步骤】

（1）创建角撑板特征。单击“焊件”选项卡中的“角撑板”按钮，系统弹出“角撑板”属性管理器，选择图11-16所示的两个面作为支撑面，单击选择“三角形轮廓”按钮，输入d1为100mm，输入d2为40mm，单击选择“两边”按钮，输入角撑板厚度为10mm，单击选择“轮廓定位于中点”按钮，单击“确定”按钮，结果如图11-17所示。

（2）添加另一侧的角撑板。重复上述的操作，在焊件的另一侧添加相同的角撑板，如图11-18所示。

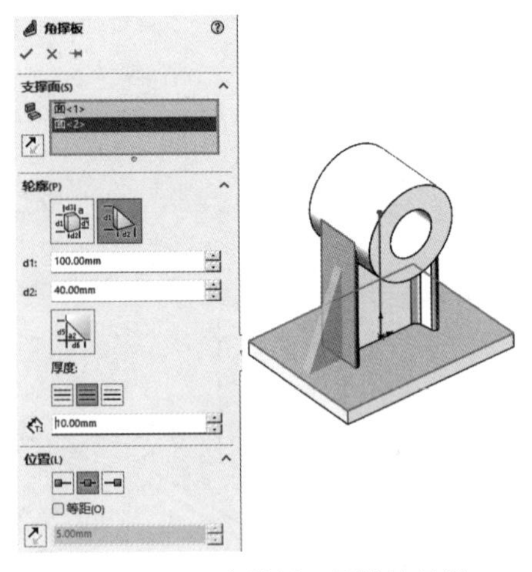

图11-16　“角撑板”属性管理器

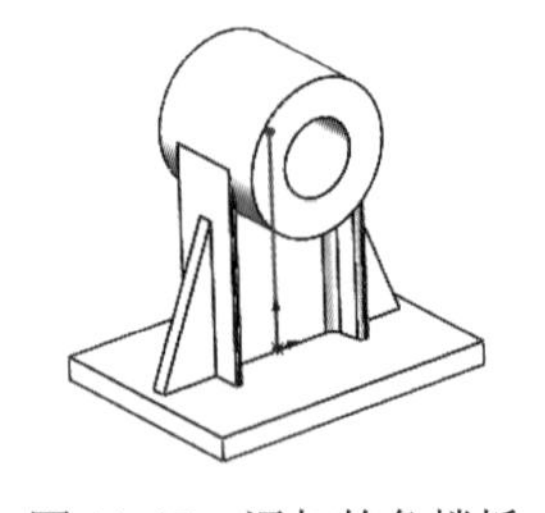

图11-17　添加的角撑板

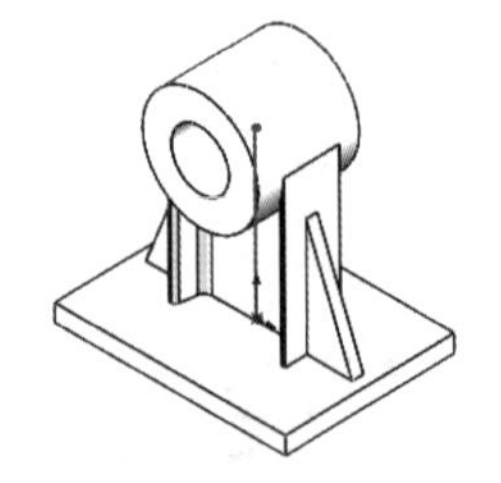

图11-18　添加另一侧的角撑板

11.1.5　创建圆角焊缝

【操作步骤】

（1）创建圆角焊缝 1。单击“焊件”选项卡中的“圆角焊缝”按钮，系统弹出“圆角焊缝”属性管理器，选择“全长”焊缝类型，输入“圆角大小”为 3mm，勾选“切线延伸”复选框，选择圆柱面作为第一组面，选择结构构件的两侧面作为第二组面，如图 11-19 所示。单击“确定”按钮，结果如图 11-20 所示。

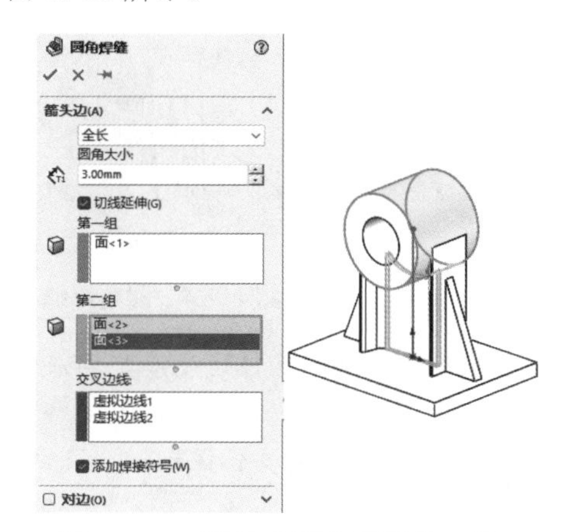

图 11-19　“圆角焊缝”属性管理器 1

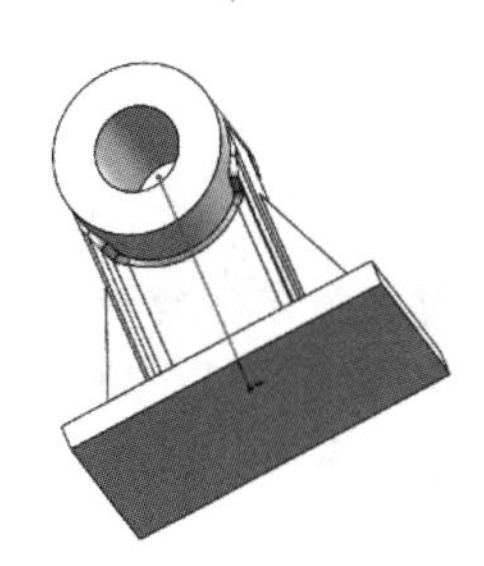

图 11-20　圆角焊缝 1

（2）创建圆角焊缝 2。单击“焊件”选项卡中的“圆角焊缝”按钮，系统弹出“圆角焊缝”属性管理器，选择结构构件的两侧面作为第一组面，选择拉伸实体 1 的上表面作为第二组面，选择“全长”焊缝类型，输入“圆角大小”为 3mm，勾选“切线延伸”复选框，如图 11-21 所示。单击“确定”按钮，完成结构构件与基座的圆角焊缝的添加，如图 11-22 所示。

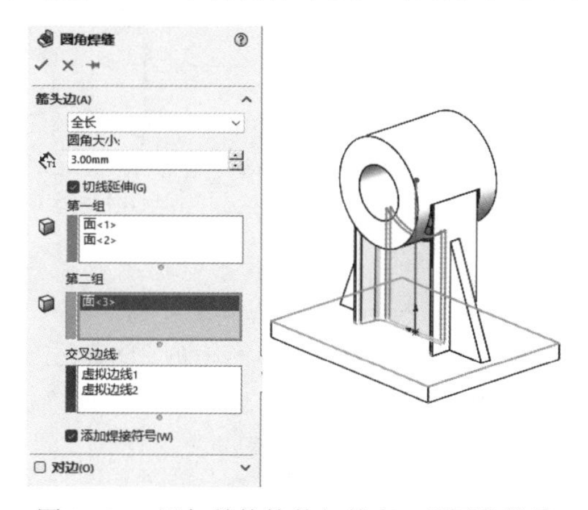

图 11-21　添加结构构件与基座一侧圆角焊缝

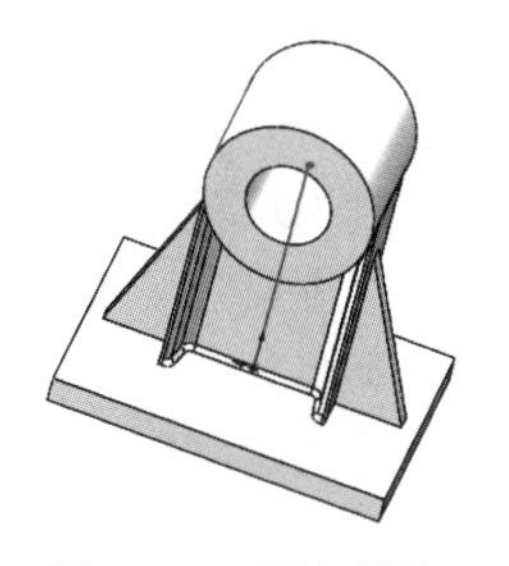

图 11-22　圆角焊缝 2

（3）创建圆角焊缝 3。单击“焊件”选项卡中的“圆角焊缝”按钮，系统弹出“圆角焊缝”属性管理器，选择角撑板的两侧面作为第一组面，选择结构构件的左侧面和拉伸实体 1 的上表面作为第二组面，选择“全长”焊缝类型，输入“圆角大小”为 3mm，勾选“切线延伸”复选框，如图 11-23 所示。单击“确定”按钮✔，结果如图 11-24 所示。

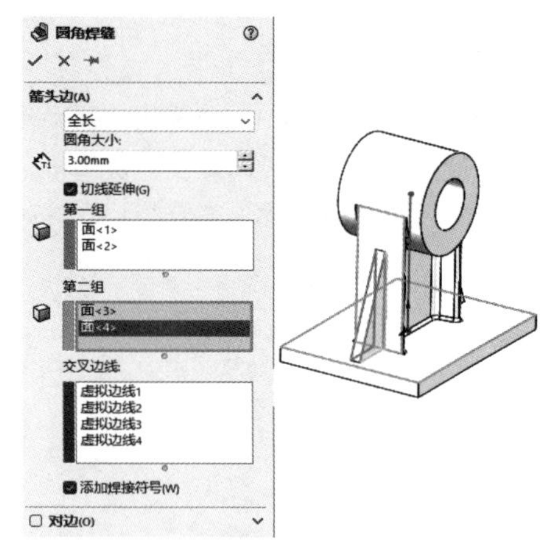

图 11-23 “圆角焊缝”属性管理器 2

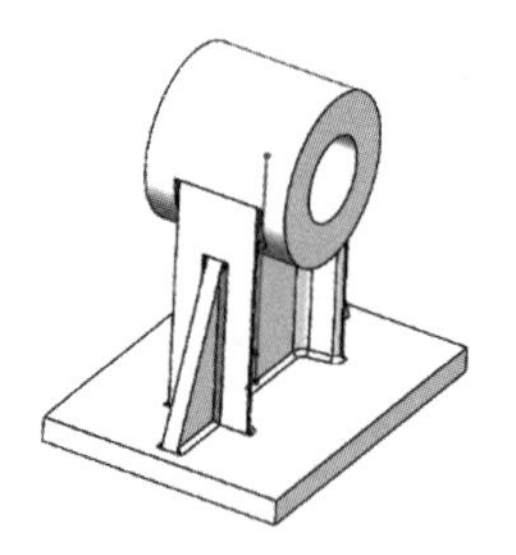

图 11-24 圆角焊缝 3

（4）创建圆角焊缝 4。重复上述的操作，在另一个角撑板与结构构件、基座之间添加圆角焊缝，最终结果如图 11-1 所示。

（5）保存文件。单击“快速访问”工具栏中的“保存”按钮，将文件保存。

11.2 椅　　子

本例创建图 11-25 所示的椅子。

扫一扫，看视频

11.2.1 绘制椅子轮廓草图

【操作步骤】

图 11-25 椅子

（1）新建文件。选择菜单栏中的“文件”→“新建”命令，或者单击“快速访问”工具栏中的“新建”按钮，在弹出的“新建 SOLIDWORKS 文件”属性管理器中单击“零件”按钮，然后单击“确定”按钮，创建一个新的零件文件。

（2）绘制 3D 草图。单击“草图”选项卡中的“3D 草图”按钮，进入草绘环境。单击“草图”选项卡中的“直线”按钮，通过 Tab 键改变草绘基准面，绘制图 11-26 所示的 3D 草图。

（3）添加相等约束。单击“草图”选项卡中的“添加几何关系”按钮，系统弹出“添加几何关系”属性管理器，分别选择图 11-27～图 11-30 所示的直线添加相等约束。

（4）标注样式设置。

1）选择菜单栏中的“工具”→“选项”命令，系统弹出“系统选项(S)-普通”对话框，勾选“输入尺寸值”复选框。

2）单击“文档属性”选项卡，单击“尺寸”选项，在“系统选项(S)-普通”对话框中单击“字体”按钮，系统弹出“选择字体”对话框，设置字体为“仿宋”，高度选择“单位”选项，设置大小为 5mm。在“主要精度”选项组中设置标注尺寸精度为“无”。设置完成后，单击“确定”按钮，关闭“系统选项(S)-普通”对话框。

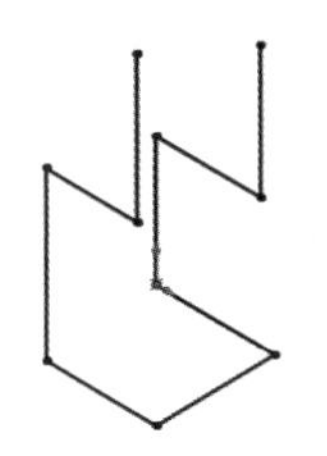

图 11-26　绘制 3D 草图

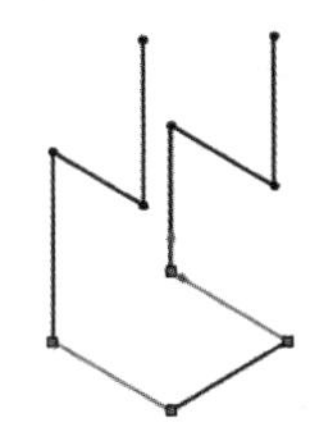

图 11-27　添加相等约束 1

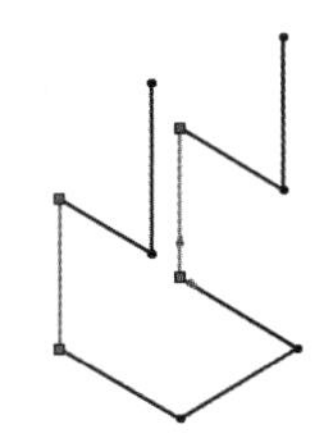

图 11-28　添加相等约束 2

（5）标注智能尺寸。单击“草图”选项卡中的“智能尺寸”按钮，标注其智能尺寸，结果如图 11-31 所示。

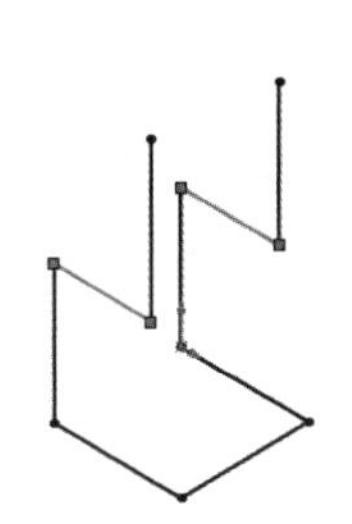

图 11-29　添加相等约束 3

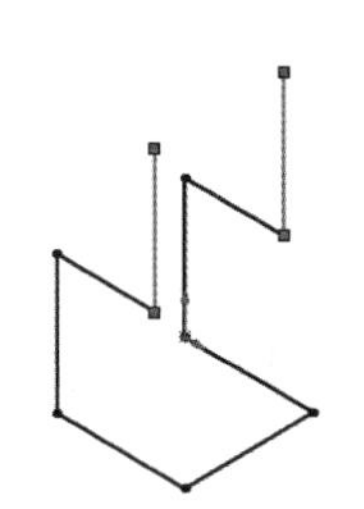

图 11-30　添加相等约束 4

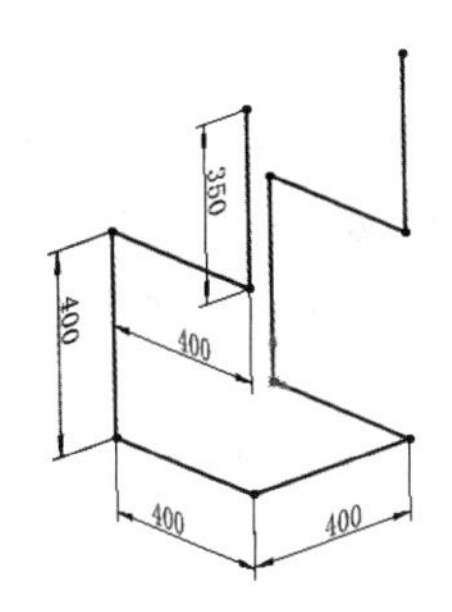

图 11-31　标注的草图

（6）绘制圆角。单击“草图”选项卡中的“绘制圆角”按钮，系统弹出图 11-32 所示的“绘制圆角”属性管理器。依次选择图 11-32 每个直角处的两条直线段，绘制半径为 50mm 的圆角，结果如图 11-33 所示。单击“退出草图”按钮，退出草绘环境。

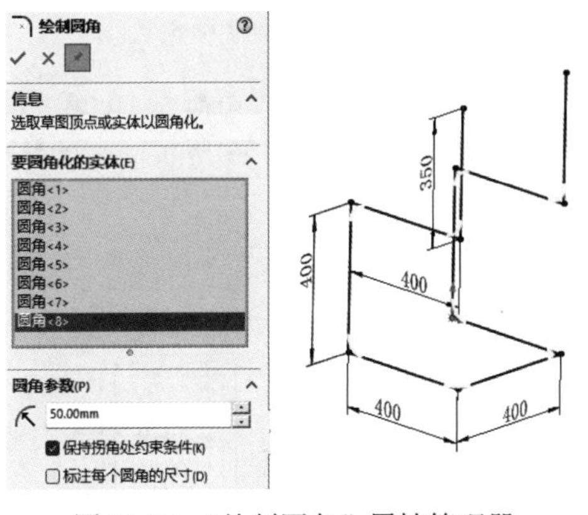

图 11-32　“绘制圆角”属性管理器

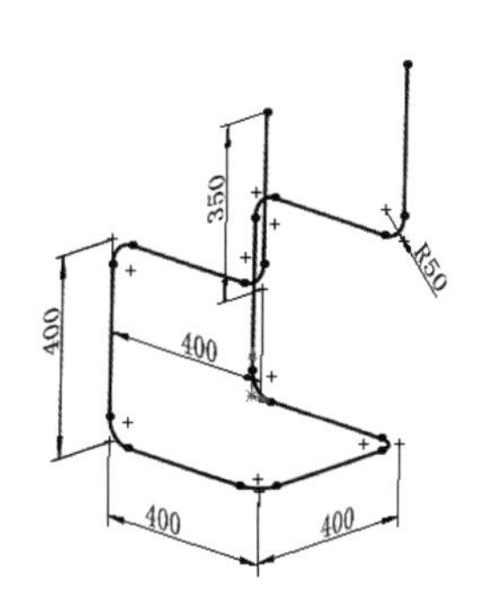

图 11-33　圆角后的图形

（7）保存文件。单击“快速访问”工具栏中的“保存”按钮，系统弹出“另存为”对话框，输入文件名称“椅子”进行保存。

扫一扫，看视频

11.2.2　自定义结构构件轮廓草图 1

【操作步骤】

（1）新建文件。选择菜单栏中的“文件”→“新建”命令，或者单击“快速访问”工具栏中的“新建”按钮，在弹出的“新建 SOLIDWORKS 文件”对话框中单击“零件”按钮，然后单击“确定”按钮，创建一个新的零件文件。

（2）标注样式设置。

1）选择菜单栏中的“工具”→“选项”命令，系统弹出“系统选项(S)-普通”对话框，勾选“输入尺寸值”复选框。

2）单击“文档属性”选项卡，单击“尺寸”选项，再单击“字体”按钮，系统弹出“选择字体”对话框，设置字体为“仿宋”，高度选择“单位”选项，大小设置为 5mm。

3）在“主要精度”选项组中设置标注尺寸精度为“无”。

4）单击“半径”选项，修改文本位置为“折断引线，水平文字”。设置完成后，单击“确定”按钮，关闭“系统选项(S)-普通”对话框。

（3）绘制矩形。在 FeatureManager 设计树中选择“前视基准面”作为草绘基准面。单击“草图”选项卡中的“中心矩形”按钮，以原点为中心绘制矩形，标注尺寸后如图 11-34 所示。

（4）绘制圆角。单击“草图”选项卡中的“绘制圆角”按钮，设置圆角半径为 4mm，绘制圆角，如图 11-35 所示。

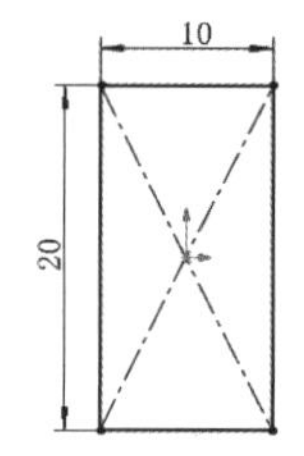

图 11-34　绘制矩形

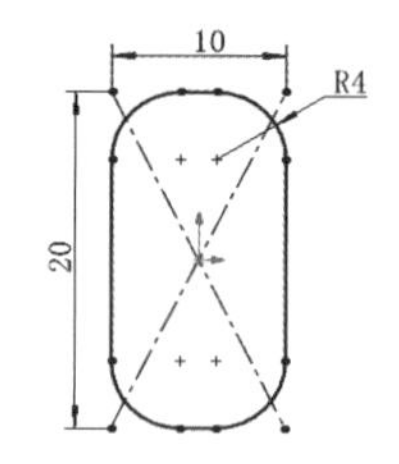

图 11-35　绘制圆角

（5）等距实体。单击“草图”选项卡中的“等距实体”按钮，输入等距距离为 1mm，勾选“选择链”复选框，选择一条直线或一个圆弧，勾选“反向”复选框，如图 11-36 所示，生成等距实体草图，如图 11-37 所示。单击“退出草图”按钮，退出草绘环境。

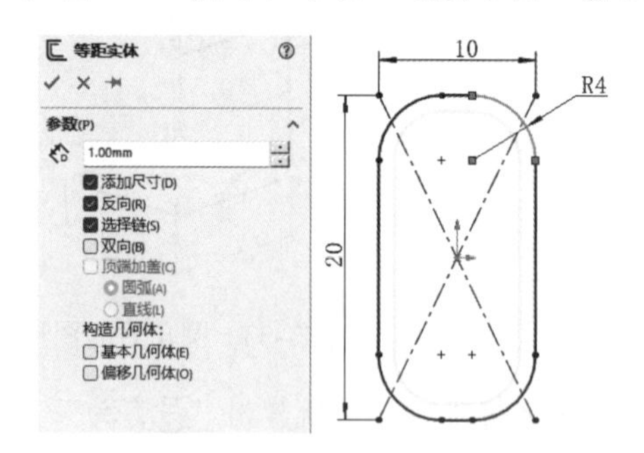

图 11-36　等距参数设置

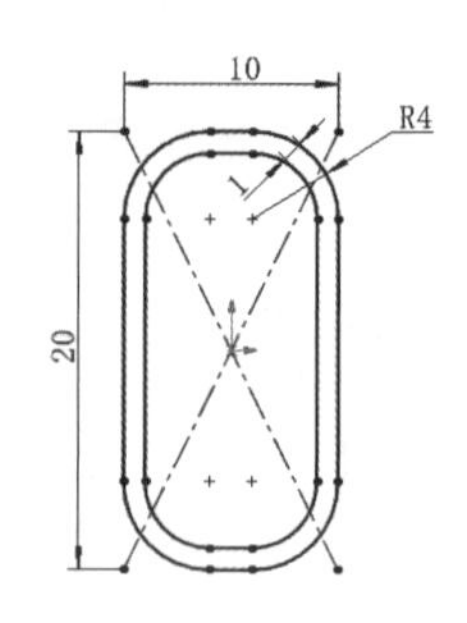

图 11-37　等距实体

（6）保存自定义结构构件轮廓。在 FeatureManager 设计树中选择草图，选择菜单栏中的“文件”→“另存为”命令，将自定义结构构件轮廓保存。焊件结构构件的轮廓草图文件的默认位置为“安装目录\Program Files\SOLIDWORKS Corp\SOLIDWORKS\data\weldment profiles\GB\自定义”文件夹。设置绘制的草图的文件名为 10×20×1、文件类型为*.sldlfp，如图 11-38 所示。单击“保存”按钮，保存在 rectangular tube 文件夹中，如图 11-38 所示。

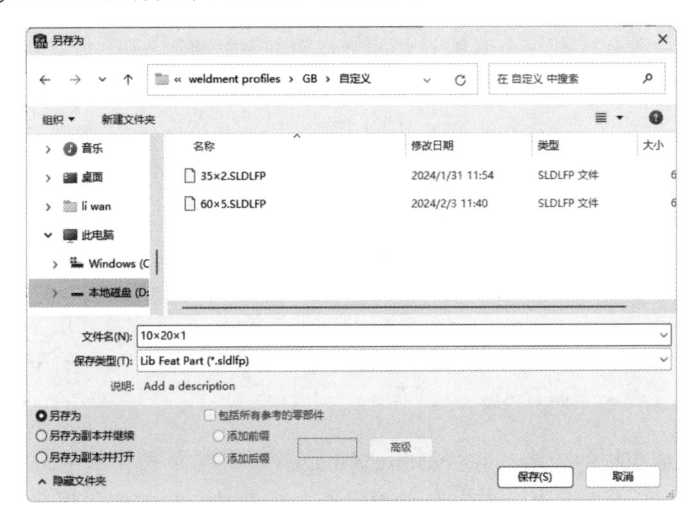

图 11-38　“另存为”对话框

（7）重复步骤（1）～步骤（6），创建 20×10×1 的矩形焊件轮廓草图。

11.2.3　自定义结构构件轮廓草图 2

【操作步骤】

（1）新建文件。选择菜单栏中的“文件”→“新建”命令，或者单击“快速访问”工具栏中的“新建”按钮，在弹出的“新建 SOLIDWORKS 文件”对话框中单击“零件”按钮，然后单击“确定”按钮，创建一个新的零件文件。

（2）标注样式设置。

1）选择菜单栏中的“工具”→“选项”命令，系统弹出“系统选项(S)-普通”对话框，勾选“输入尺寸值”复选框。

2）单击“文档属性”选项卡，单击“尺寸”选项，再单击“字体”按钮，系统弹出“选择字体”对话框，设置字体为“仿宋”，高度选择“单位”选项，大小设置为 5mm。

3）在“主要精度”选项组中设置标注尺寸精度为“无”。

4）单击“半径”选项，修改文本位置为“折断引线，水平文字”。设置完成后，单击“确定”按钮，关闭“系统选项(S)-普通”对话框。

（3）绘制矩形。在 FeatureManager 设计树中选择“前视基准面”作为草绘基准面。单击“草图”选项卡中的“中心矩形”按钮，以原点为中心绘制矩形，标注尺寸后如图 11-39 所示。

（4）绘制圆角。单击“草图”选项卡中的“绘制圆角”按钮，设置圆角半径为 4，绘制圆角，如图 11-40 所示。

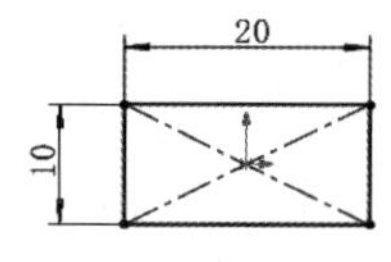

图 11-39　绘制矩形

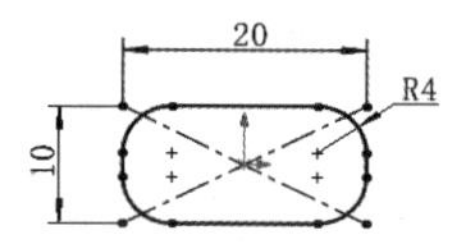

图 11-40　绘制圆角

（5）等距实体。单击“草图”选项卡中的“等距实体”按钮，输入等距距离为 1mm，勾选“选择链”复选框，选择一条直线或一个圆弧，勾选“反向”复选框，如图 11-41 所示，生成等距实体草图，如图 11-42 所示。单击“退出草图”按钮，退出草绘环境。

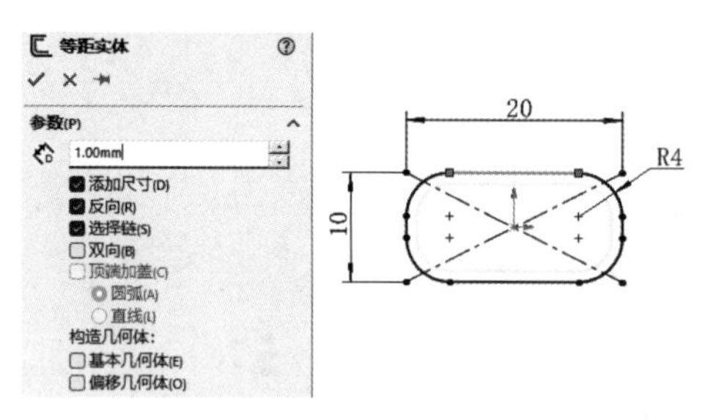

图 11-41　等距参数设置

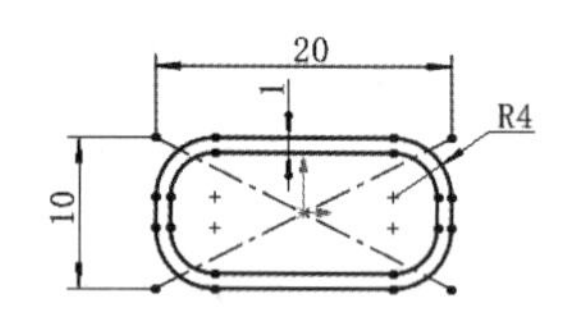

图 11-42　等距实体

（6）保存自定义结构构件轮廓。在 FeatureManager 设计树中选择草图，选择菜单栏中的“文件”→“另存为”命令，将自定义结构构件轮廓保存。焊件结构构件的轮廓草图文件的默认位置为“安装目录\Program Files\SOLIDWORKS Corp\SOLIDWORKS\data\weldment profiles\GB\自定义”文件夹。设置绘制的草图的文件名为 20×10×1、文件类型为 sldlfp，如图 11-43 所示。单击“保存”按钮，保存在“自定义”文件夹中。

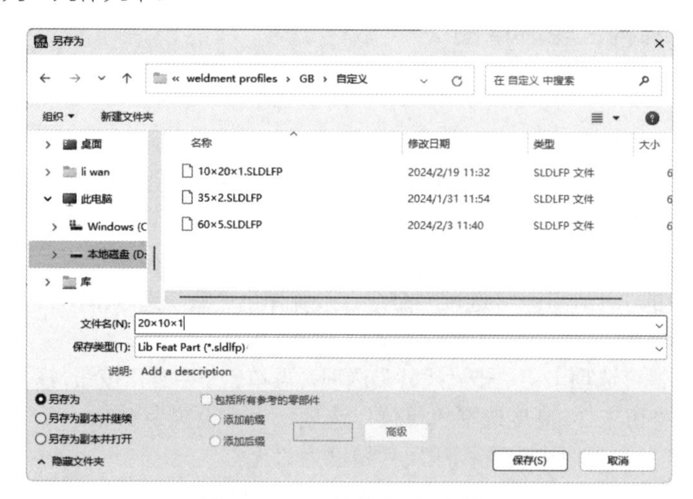

图 11-43　“另存为”对话框

扫一扫，看视频

11.2.4　创建结构构件

【操作步骤】

（1）切换窗口。单击“窗口”菜单中的“椅子”，进行窗口切换。

（2）创建结构构件 1。单击“焊件”选项卡中的“结构构件”按钮，系统弹出“结构构件”属性管理器。选择 gb 标准、“自定义”类型，再选择前面创建的 10×20×1 大小，在绘图区中选择组 1 轮廓，设置旋转角度为 0 度，如图 11-44 所示。单击“新组”按钮，在绘图区中选择图 11-45 所示的组 2 轮廓，设置旋转角度为 90 度。单击“新组”按钮，在绘图区中选择图 11-46 所示的组 3 轮廓，设置旋转角度为 0 度。在绘图区中选择图 11-47 所示的组 4 轮廓，设置旋转角度为 90 度。勾选“合并圆弧段实体”复选框，单击“确定”按钮✔。

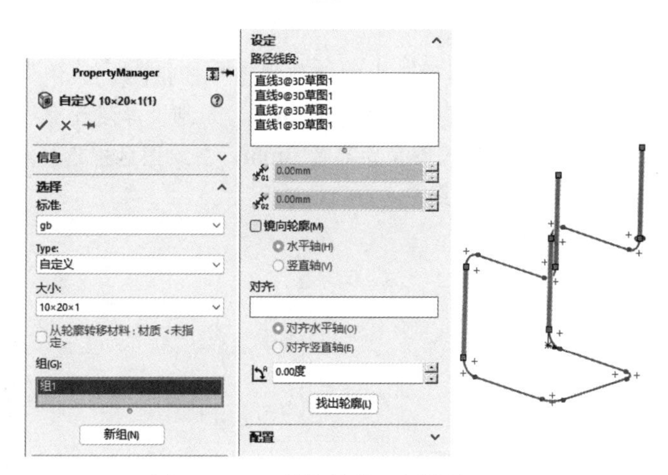

图 11-44　“结构构件”属性管理器

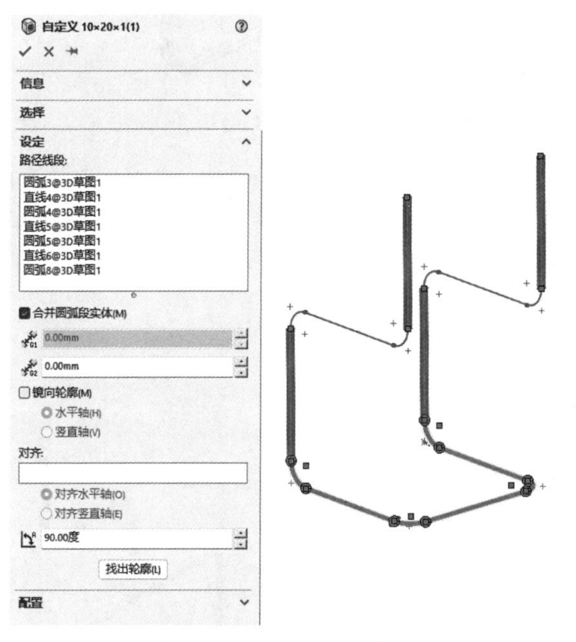

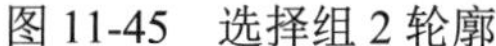

图 11-45　选择组 2 轮廓　　　　图 11-46　选择组 3 轮廓

（3）隐藏基准面 1。在 FeatureManager 设计树中选择“3D 草图 1”，右击，在弹出的快捷菜单中单击“隐藏”按钮，如图 11-48 所示。隐藏基准面后的结果如图 11-49 所示。

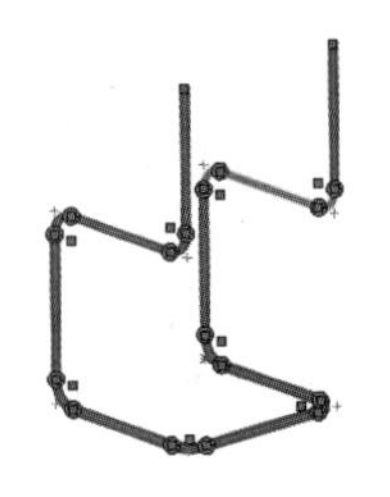

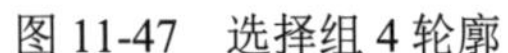

图 11-47　选择组 4 轮廓

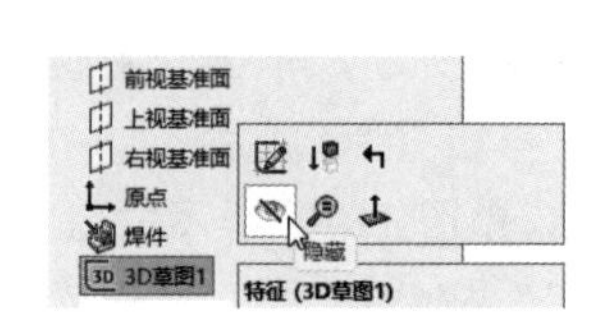

图 11-48　单击“隐藏”按钮

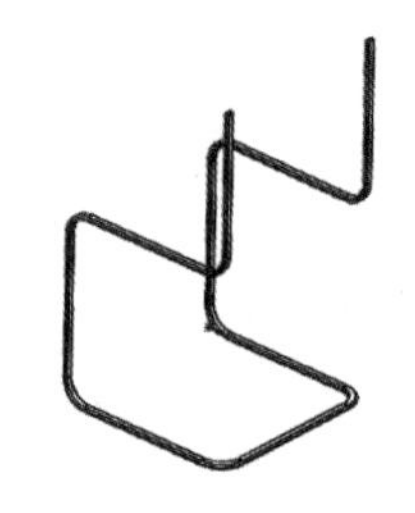

图 11-49　创建椅子构件

（4）创建顶端盖。单击“焊件”选项卡中的“顶端盖”按钮，系统弹出“顶端盖”属性管理器。单击厚度方向“向外”按钮，输入厚度为 5mm，勾选“厚度比率”复选框，输入厚度比率为 0.3，选中“倒角”单选按钮，输入倒角距离为 3mm，在绘图区中选择椅子构件的两个端面，图 11-50 所示。单击“确定”按钮✓，结果如图 11-51 所示。

图 11-50　顶端盖参数设置

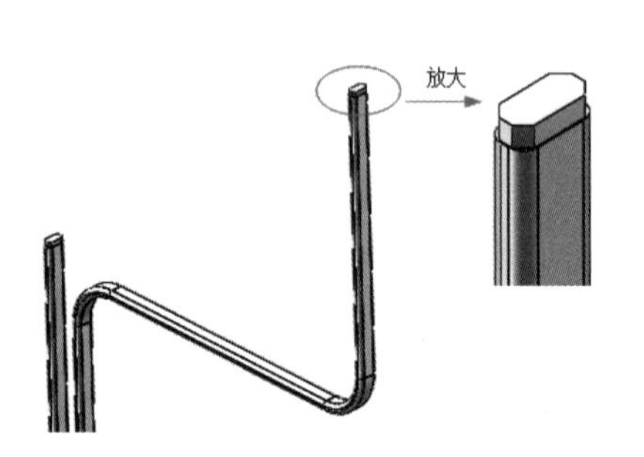

图 11-51　顶端盖

（5）创建基准面 2。单击“焊接”选项卡“参考几何体”下拉列表中的“基准面”按钮，系统弹出图 11-52 所示的“基准面”属性管理器。选择“右视基准面”作为参考基准面，输入距离为 400mm。单击“确定”按钮✓，结果如图 11-53 所示。

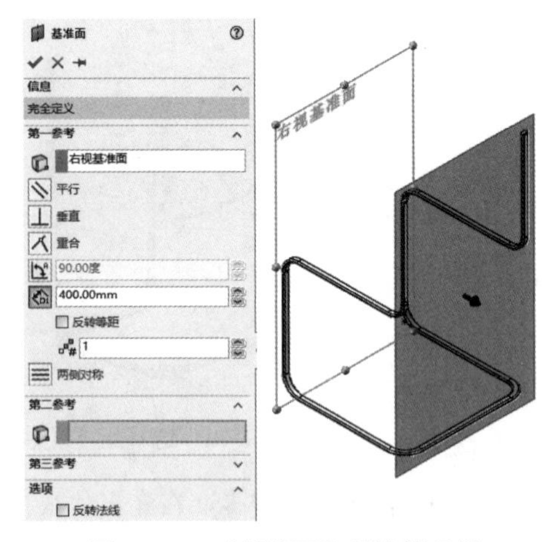

图 11-52　“基准面”属性管理器

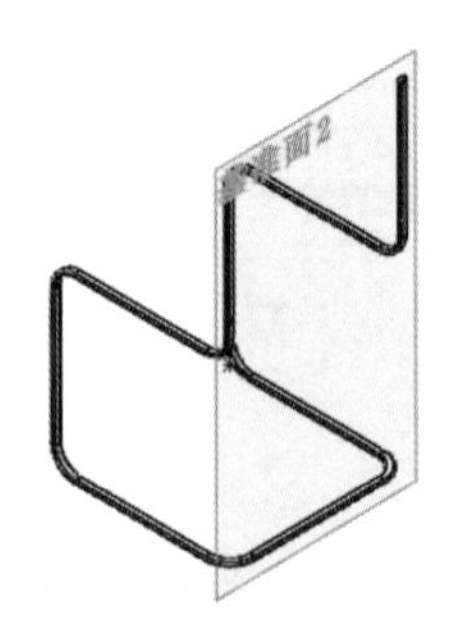

图 11-53　创建基准面 2

（6）绘制草图 1。选择步骤（5）创建的基准面作为草绘基准面，单击“草图”选项卡中的“直线”按钮，绘制直线，标注其智能尺寸，如图 11-54 所示。

（7）创建结构构件 2。单击“焊件”选项卡中的“结构构件”按钮，系统弹出“结构构件”属性管理器。选择 gb 标准、“自定义”类型，选择前面创建的 20×10×1 大小，在绘图区中选择步骤（6）绘制的草图 1，设置旋转角度为 0 度，如图 11-55 所示。单击“确定”按钮，结果如图 11-56 所示。

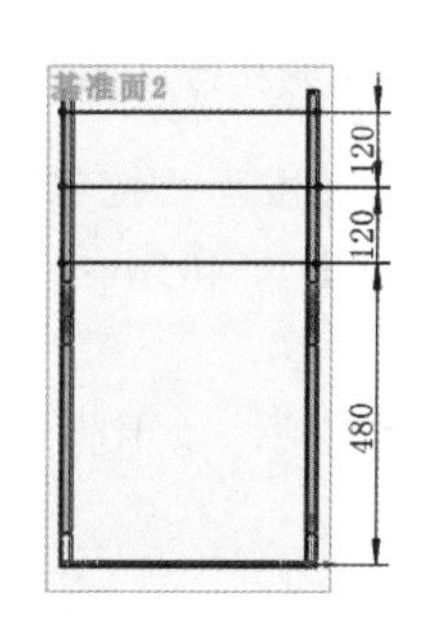

图 11-54　绘制草图 1

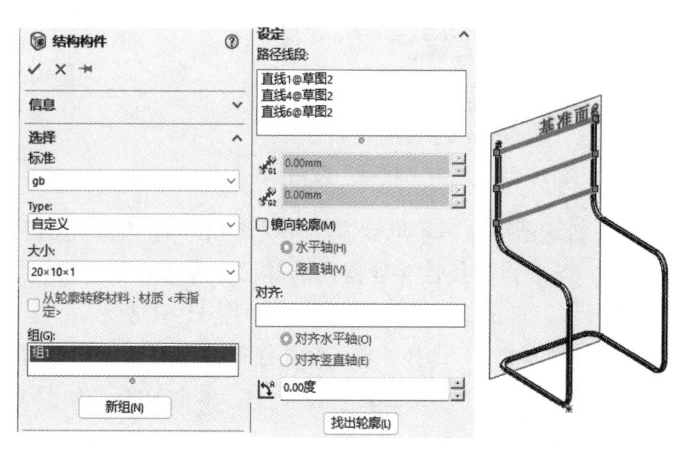

图 11-55　结构构件参数设置

（8）裁剪构件。单击“焊件”选项卡中的“剪裁/延伸”按钮，系统弹出“剪裁/延伸”属性管理器，选择“终端裁剪”类型，在绘图区中选择步骤（7）创建的结构构件作为要裁剪的实体，选择椅子轮廓构件中的两条竖直构件。选择“实体之间的封顶切除”选项，如图 11-57 所示。单击“确定”按钮。

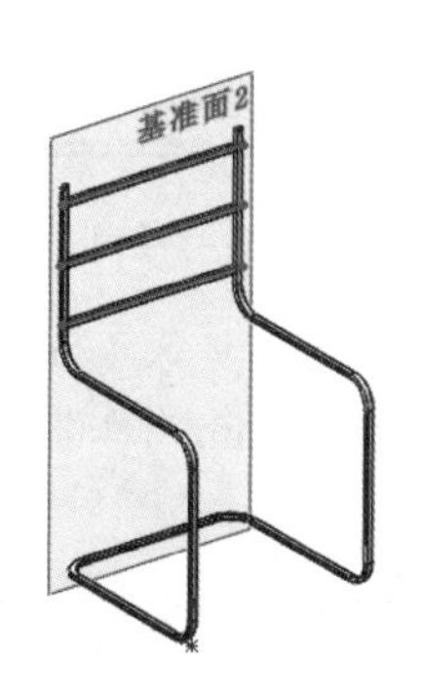

图 11-56　结构构件 2

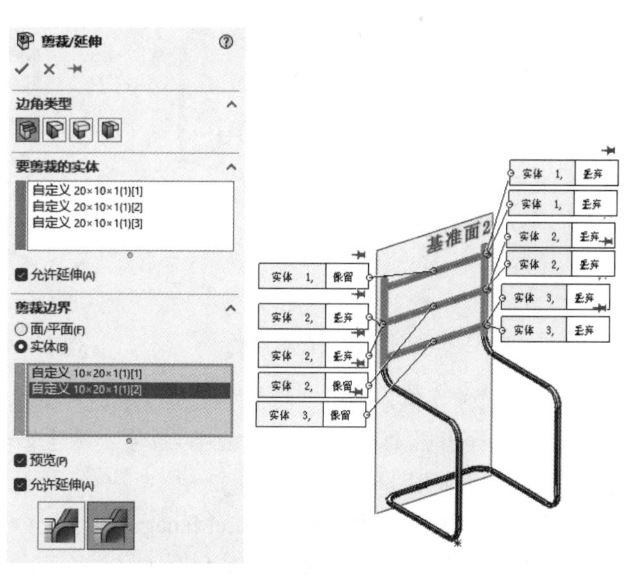

图 11-57　“剪裁/延伸”属性管理器

（9）隐藏基准面 2。在 FeatureManager 设计树中选择基准面 2，右击，在弹出的快捷菜单中单击“隐藏”按钮，如图 11-58 所示。隐藏基准面后的结果如图 11-59 所示。

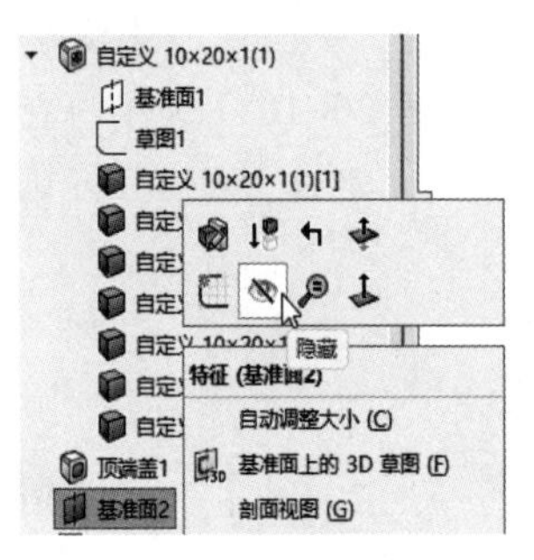

图 11-58　单击“隐藏”按钮

图 11-59　剪裁构件

（10）创建基准面 4。单击“焊件”选项卡的“参考几何体”下拉列表中的“基准面”按钮，系统弹出“基准面”属性管理器。选择“上视基准面”作为参考基准面，输入距离为 405mm，如图 11-60 所示。单击“确定”按钮✔，如图 11-61 所示。

（11）绘制草图 2。选择步骤（10）创建的基准面作为草绘基准面，单击“草图”选项卡中的“边角矩形”按钮和“绘制圆角”按钮，绘制草图，如图 11-62 所示。

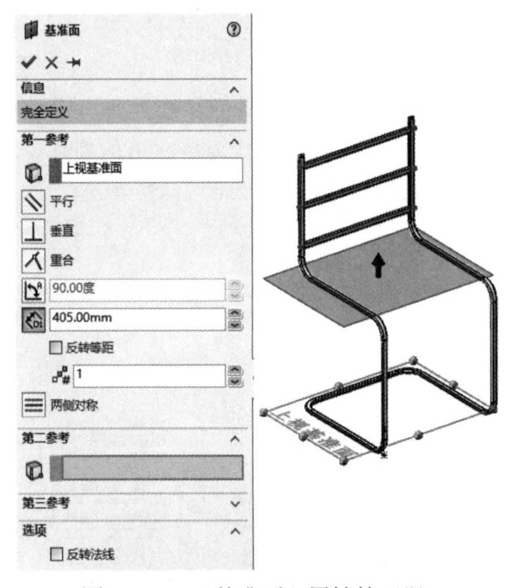

图 11-60　“基准面”属性管理器

图 11-61　创建基准面 4

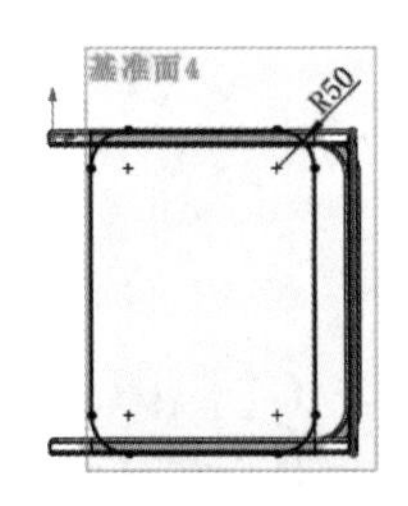

图 11-62　绘制草图 2

（12）创建拉伸实体。单击“特征”选项卡中的“拉伸凸台/基体”按钮，选择步骤（11）绘制的草图，系统弹出图 11-63 所示的“凸台-拉伸”属性管理器。输入拉伸距离为 25mm，单击“确定”按钮✔，结果如图 11-64 所示。

（13）隐藏草图和基准面。在 FeatureManager 设计树中选择草图 2 和基准面 4，右击，在弹出的快捷菜单中单击“隐藏”按钮，结果如图 11-65 所示。

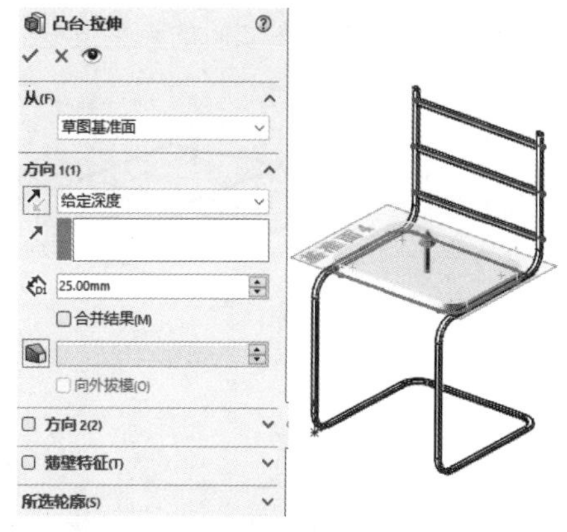

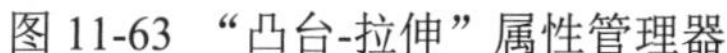
图 11-63 “凸台-拉伸”属性管理器

图 11-64　拉伸实体

图 11-65　隐藏草图和基准面

11.3 健　身　器

本例创建图 11-66 所示的健身器。

扫一扫，看视频

11.3.1 绘制轮廓草图

【操作步骤】

（1）新建文件。单击“快速访问”工具栏中的“新建”按钮，或选择菜单栏中的“文件”→“新建”命令，在弹出的“新建 SOLIDWORKS 文件”对话框中单击“零件”按钮，然后单击“确定”按钮，创建一个新的零件文件。

（2）绘制草图 1。在 FeatureManager 设计树中选择“上视基准面”作为草绘基准面，单击“草图”选项卡中的“中心线”按钮、“中点线”按钮和“直线”按钮，绘制草图 1，如图 11-67 所示。

（3）绘制 3D 草图 1。单击“草图”选项卡中的“3D 草图”按钮，然后单击“草图”选项卡中的“直线”按钮和“绘制圆角”按钮，按 Tab 键，将坐标系切换为 XY 坐标，绘制 3 条直线，如图 11-68 所示。标注其智能尺寸，并且进行剪裁，结果如图 11-69 所示。

图 11-66　健身器

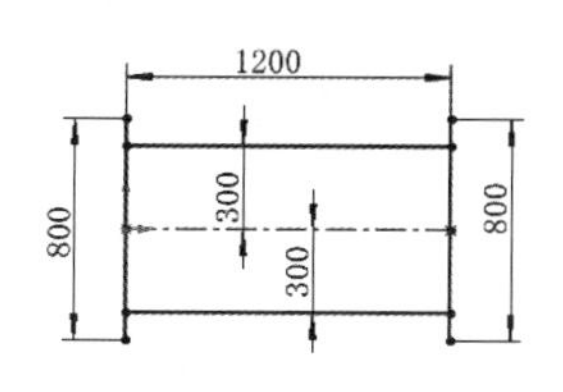

图 11-67　绘制草图 1

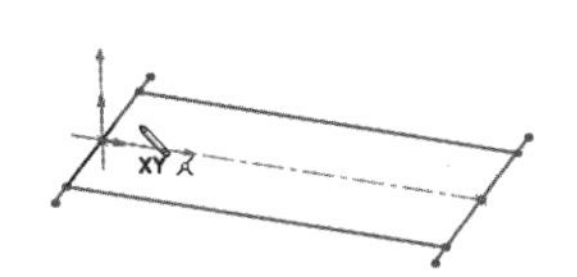

图 11-68　切换 3D 绘图坐标系

（4）绘制 3D 草图 2。重复上述操作，绘制另一侧完全对称的 3D 草图，如图 11-70 所示，单击“退出草图”按钮，退出草绘环境。

（5）绘制 3D 草图 3。单击“草图”选项卡中的“3D 草图”按钮，单击“草图”选项卡中的“直线”按钮，按 Tab 键，将坐标系切换为 ZX 坐标，绘制两条 3D 草图之间的连接直线，如图 11-71 所示。

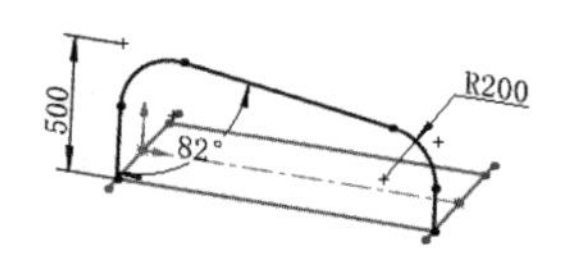

图 11-69 绘制 3D 草图 1

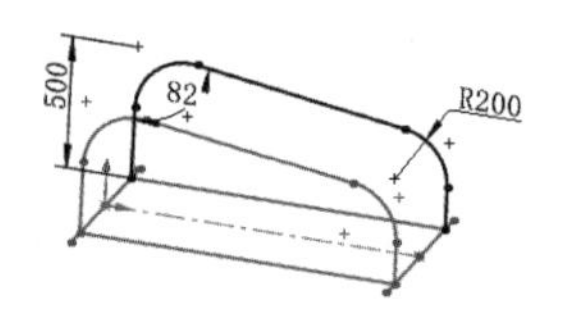

图 11-70 绘制 3D 草图 2

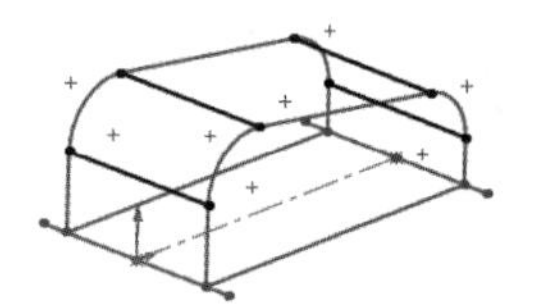

图 11-71 绘制 3D 草图 3

扫一扫，看视频

11.3.2 创建自定义结构构件

由于 SOLIDWORKS 2024 系统中的结构构件特征库中没有需要的结构构件轮廓，因此需要用户自己设计，其设计步骤如下。

（1）新建文件。单击“快速访问”工具栏中的“新建”按钮，或选择菜单栏中的“文件”→“新建”命令，在弹出的“新建 SOLIDWORKS 文件”对话框中单击“零件”按钮，然后单击“确定”按钮，创建一个新的零件文件。

（2）绘制草图 1。在 FeatureManager 设计树中选择“上视基准面”作为草绘基准面，单击“草图”选项卡中的“圆”按钮，在绘图区以原点为圆心绘制两个同心圆并标注其智能尺寸，如图 11-72 所示，单击“退出草图”按钮，退出草绘环境。

（3）保存自定义结构构件轮廓。在 FeatureManager 设计树中选择草图 1，选择菜单栏中的“文件”→“另存为”命令，保存路径为“安装目录\Program Files\SOLIDWORKS Corp\SOLIDWORKS\data\weldment profiles\GB\自定义”文件夹，文件类型为*.sldlfp，设置绘制的草图的文件名为 60×5，如图 11-73 所示。

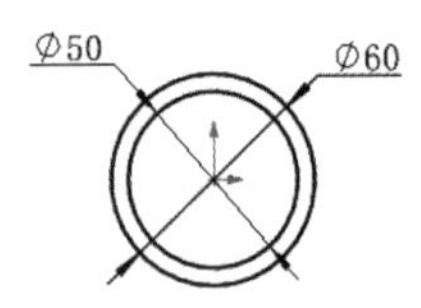

图 11-72 绘制草图 1

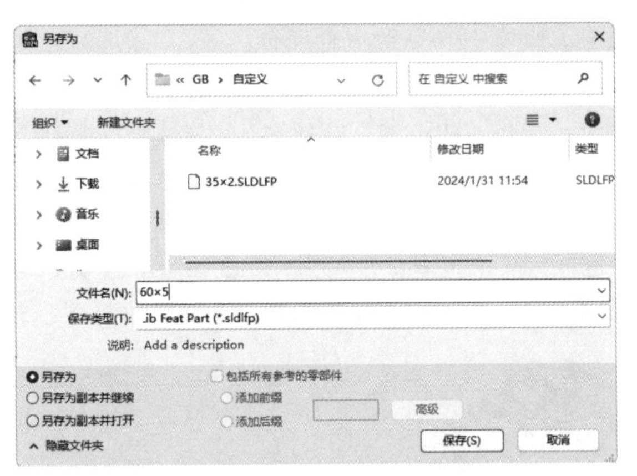

图 11-73 保存自定义结构构件轮廓

（4）切换窗口。选择菜单栏中的“窗口”→“健身器”命令，切换回健身器文件窗口。

（5）创建结构构件 1。单击“焊件”选项卡中的“结构构件”按钮，系统弹出“结构构件”属性管理器，选择 gb 标准、“自定义”类型，再选择 60×5 大小，在 FeatureManager 设计树中选择“3D 草图 1”，然后单击“新组”按钮，在 FeatureManager 设计树中选择“3D 草图 2”；再单击“新组”按钮，在 FeatureManager 设计树中选择草图 1，再单击“新组”按钮，在绘图区中选择剩余的两条直线，如图 11-74 所示。单击“确定”按钮✔。结果如图 11-75 所示。

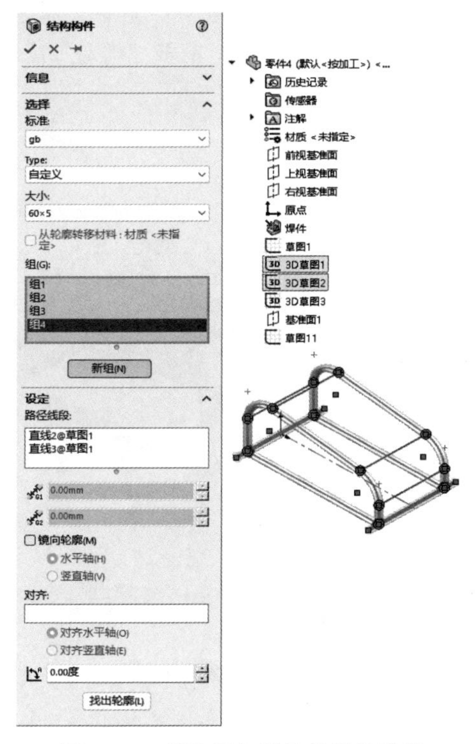

图 11-74　拾取添加结构构件的线条

图 11-75　创建自定义结构构件

11.3.3　创建矩形管结构构件

【操作步骤】

（1）创建结构构件。单击“焊件”选项卡中的“结构构件”按钮，系统弹出“结构构件”属性管理器，选择 iso 标准、“矩形管”类型，再选择 50×30×2.6 大小，在绘图区选择图 11-76 所示的两条直线；单击“新组”按钮，选择图 11-77 所示的两条直线，在“设定”选项组中输入旋转角度为 82 度，单击“确定”按钮✔，创建的矩形管构件如图 11-78 所示。

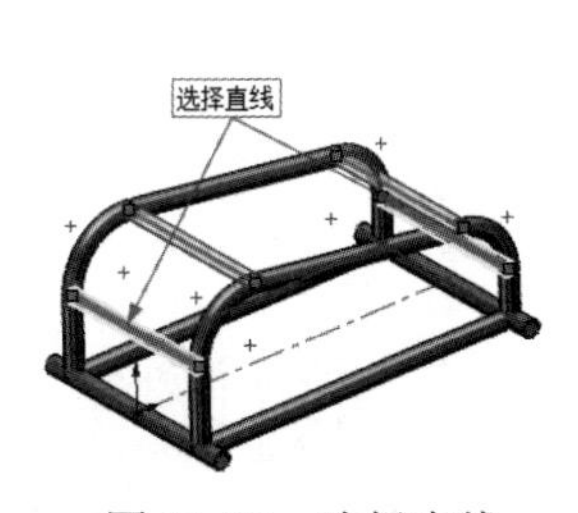

图 11-76　选择直线

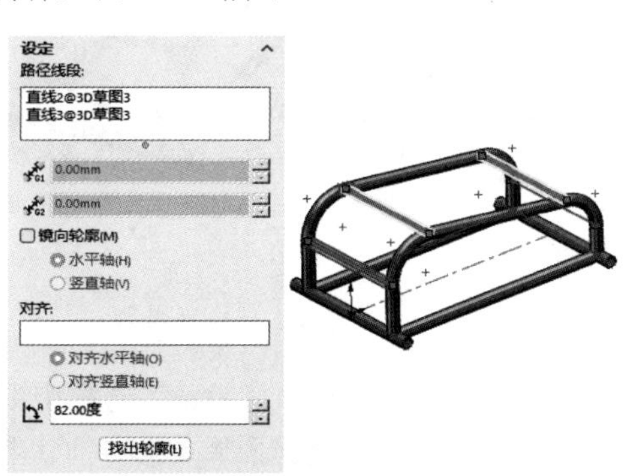

图 11-77　组 2 参数设置

（2）剪裁构件 1。单击“焊件”选项卡中的“剪裁/延伸”按钮，系统弹出“剪裁/延伸”属性管理器，选择“终端剪裁”选项，选择所有矩形管构件作为要剪裁的实体，剪裁边界选择“实体”，然后在绘图区中选择图 11-79 所示的两条自定义构件作为剪裁边界，单击“确定”按钮✓，剪裁完成。

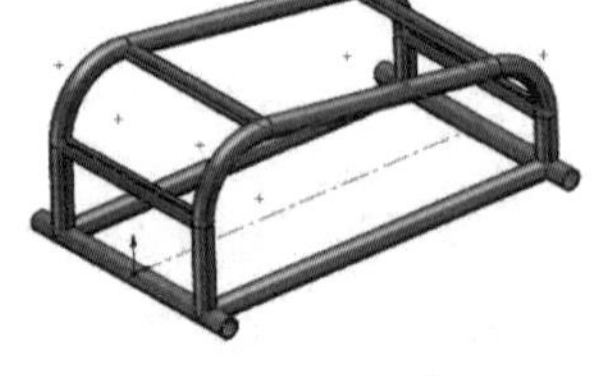

图 11-78　创建的矩形管构件

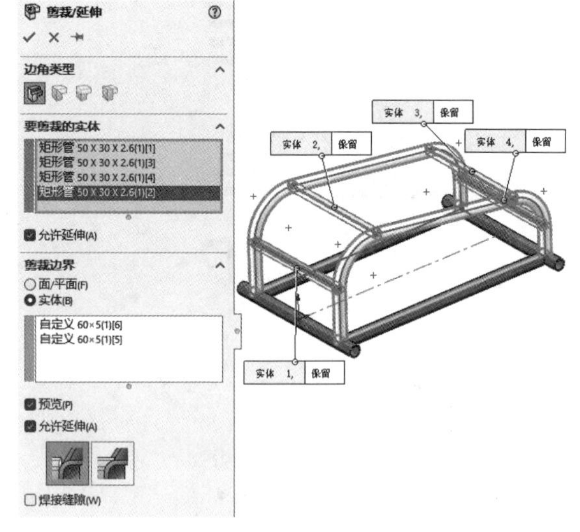

图 11-79　剪裁参数设置

（3）创建线性阵列。单击“特征”选项卡中的“线性阵列”按钮，系统弹出“线性阵列”属性管理器，选择图 11-80 所示的草图直线以确定阵列的方向，输入阵列间距为 160mm，设置实例数为 5，选择图 11-80 所示的矩形管作为阵列实体，单击“确定”按钮✓，结果如图 11-81 所示。

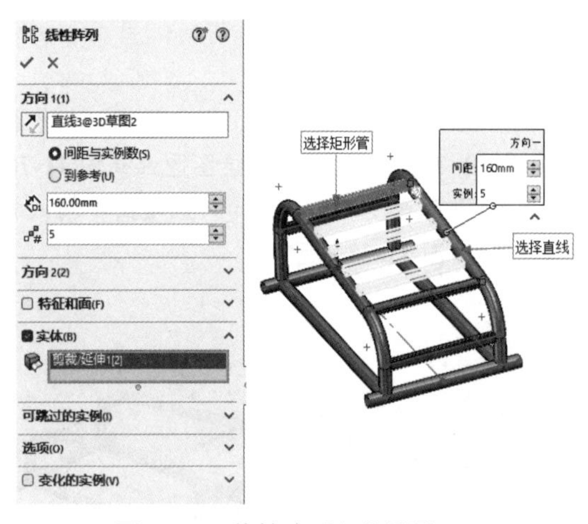

图 11-80　线性阵列参数设置

图 11-81　线性阵列结果

（4）创建曲线阵列 1。单击“特征”选项卡中的“曲线驱动的阵列”按钮，系统弹出“曲线驱动的阵列”属性管理器，选择圆弧作为方向 1 参照，单击“反向”按钮，调整阵列的方向，输入阵列间距为 120mm，设置实例数为 3，如图 11-82 所示，选择矩形管作为阵列实体，单击“确定”

按钮✔，结果如图 11-83 所示。

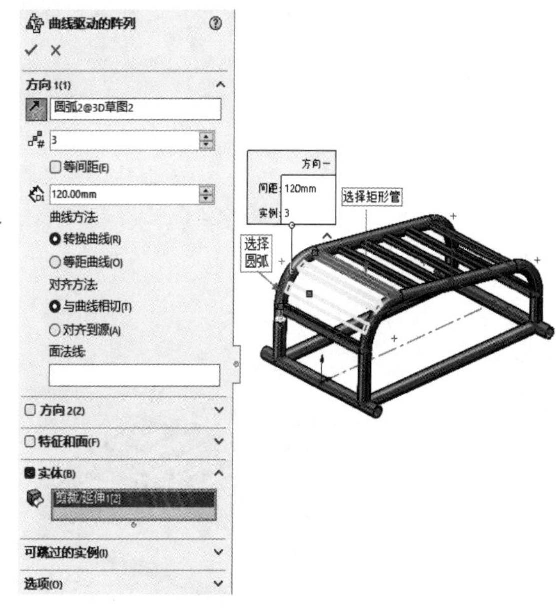

图 11-82　曲线阵列 1 参数设置

图 11-83　曲线阵列 1 结果

（5）创建曲线阵列 2。单击“特征”选项卡中的“曲线驱动的阵列”按钮，系统弹出“曲线驱动的阵列”属性管理器，选择圆弧作为方向一参照，单击“反向”按钮，调整阵列的方向，输入阵列间距为 140mm，设置实例数为 2，如图 11-84 所示，选择矩形管作为阵列实体，单击“确定”按钮✔，结果如图 11-85 所示。

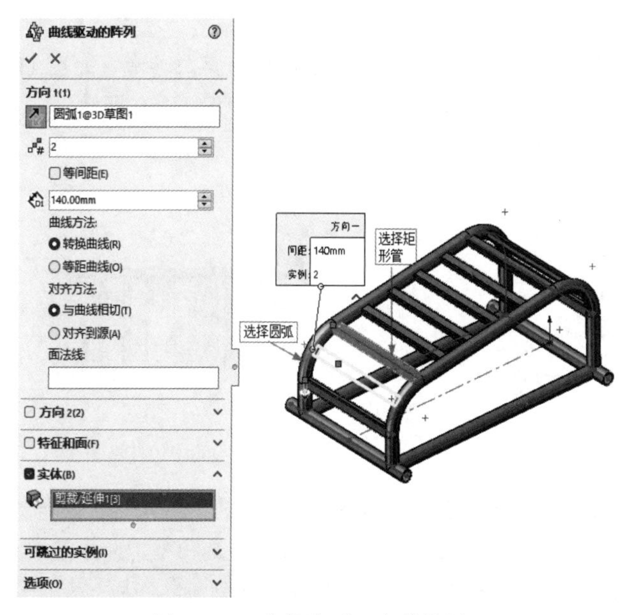

图 11-84　曲线阵列 2 参数设置

图 11-85　曲线阵列 2 结果

（6）剪裁构件 2。单击“焊件”选项卡中的“剪裁/延伸”按钮，系统弹出“剪裁/延伸”属性管理器，选择“终端剪裁”选项，在焊件实体上选择图 11-86 所示的要剪裁的管道实体和剪裁实体边界。单击“确定”按钮，结果如图 11-87 所示。

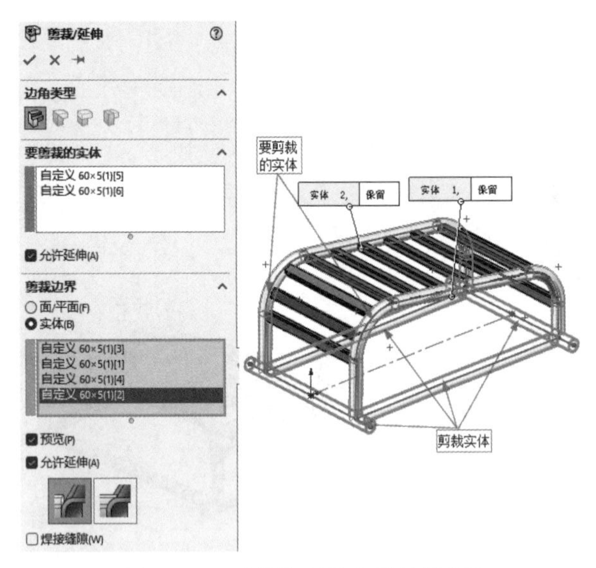

图 11-86 “剪裁/延伸”属性管理器

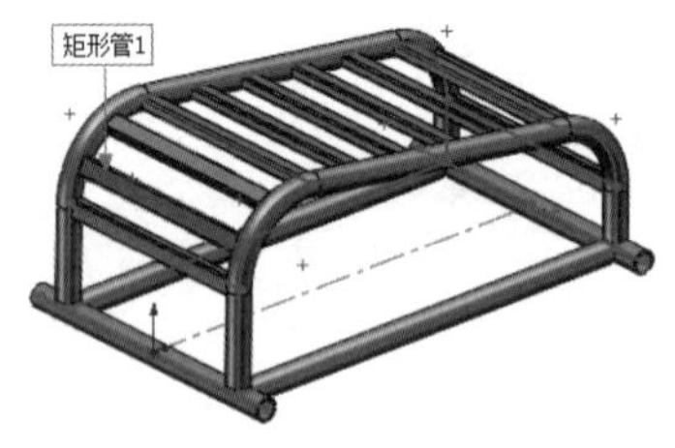

图 11-87 剪裁结果

扫一扫，看视频

11.3.4 创建管道结构构件

【操作步骤】

（1）创建基准面 3。单击“特征”选项卡中的“基准面”按钮，系统弹出“基准面”属性管理器，分别选择图 11-87 所示的矩形管 1 的上表面作为第一参考，下表面作为第二参考，如图 11-88 所示，单击“两侧对称”按钮，单击“确定”按钮，生成基准面 3，如图 11-89 所示。

（2）绘制草图 3。选择基准面 3 作为草绘基准面，单击“草图”选项卡中的“直线”按钮，绘制草图 3，如图 11-90 所示。

图 11-88 选择参考平面

图 11-89 创建基准面 3

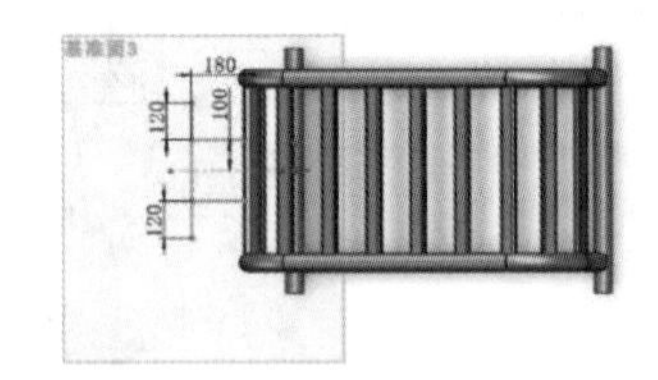

图 11-90 绘制草图 3

（3）创建基准面 4。单击“草图”选项卡中的“基准面”按钮，系统弹出“基准面”属性管理器，选择图 11-91 所示的直线草图，设置约束为“重合”；单击“第二参考”选项框，选择基准面 3 作为第二参考，单击“角度”按钮，输入角度为 200 度，单击“确定”按钮，生成基准面 4，如图 11-92 所示。

（4）绘制草图 4。选择基准面 4 作为草绘基准面，单击“草图”选项卡中的“直线”按钮，绘制草图 4，如图 11-93 所示。

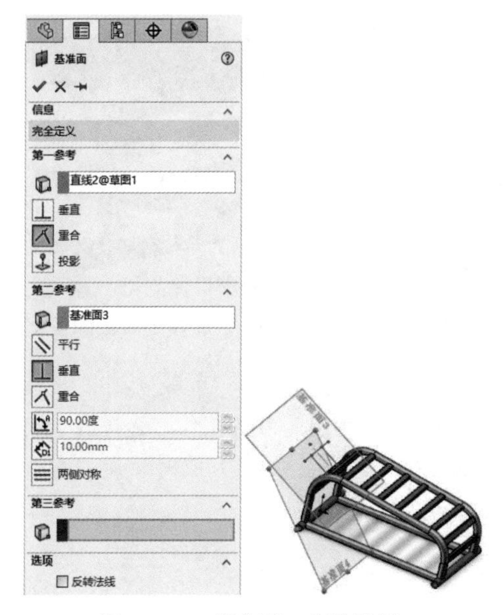

图 11-91 基准面 4 参数设置

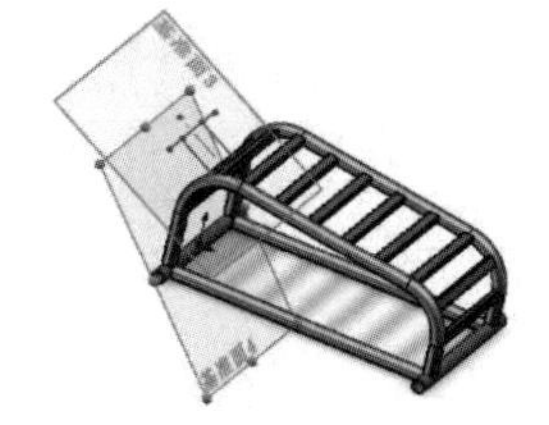

图 11-92 创建基准面 4

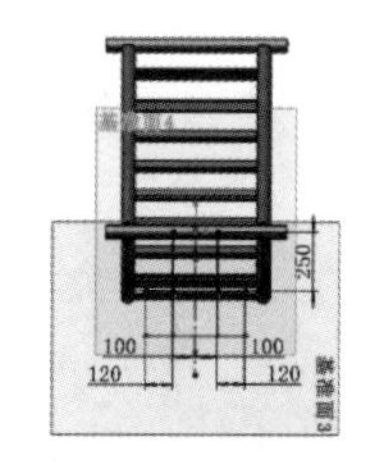

图 11-93 绘制草图 4

（5）绘制 3D 草图。单击“草图”选项卡中的“3D 草图”按钮和“直线”按钮，绘制 3D 草图，如图 11-94 所示。单击“退出草图”按钮，退出草绘环境。

（6）创建管道结构构件 1。单击“焊件”选项卡中的“结构构件”按钮，系统弹出“结构构件”属性管理器，选择 gb 标准、“自定义”类型，再选择 60×5 大小，选择图 11-95 所示的直线，添加管道结构构件，单击“确定”按钮，结构构件 1 如图 11-96 所示。

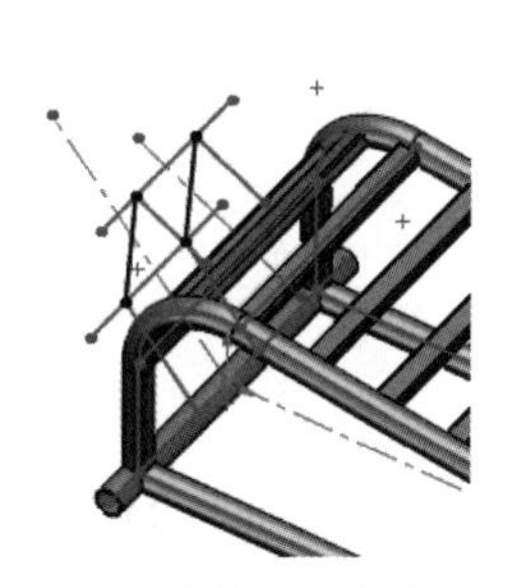

图 11-94 绘制 3D 草图

图 11-95 结构构件 1 参数设置

（7）创建管道结构构件 2。单击“焊件”选项卡中的“结构构件”按钮，系统弹出“结构构件”属性管理器，选择 iso 标准、“管道”类型，选择 26.9×3.2 大小，选择图 11-96 所示的直线，单击“新组”按钮，选择图 11-97 所示的直线 1 和直线 2，再次单击“新组”按钮，选择图 11-98 所示的直线，单击“确定”按钮✔，结果如图 11-99 所示。

图 11-96　结构构件 1

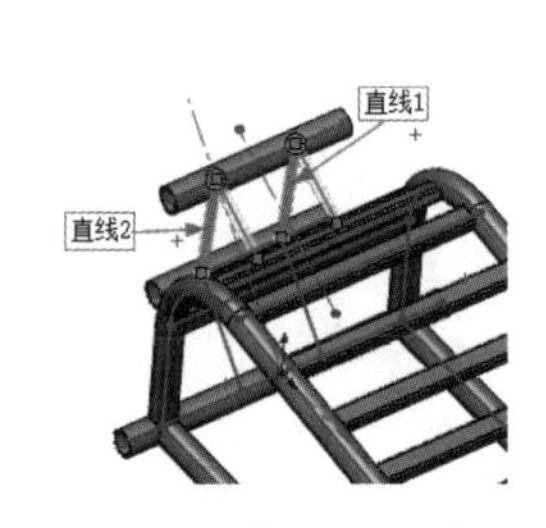

图 11-97　添加管道结构构件效果

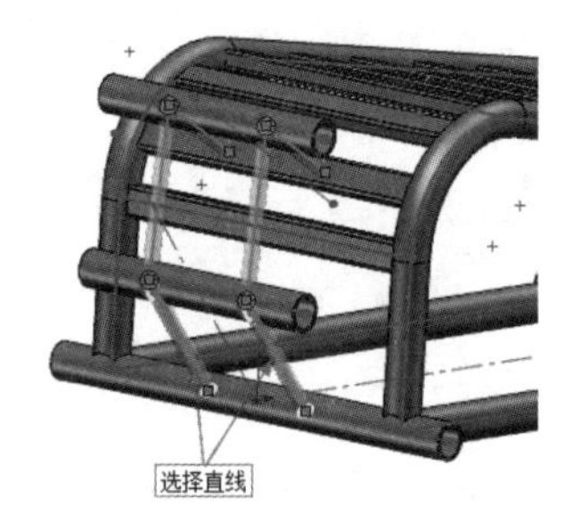

图 11-98　选择要剪裁的实体

（8）剪裁构件。单击“焊件”选项卡中的“剪裁/延伸”按钮，系统弹出“剪裁/延伸”属性管理器，单击“终端剪裁”按钮，选择步骤（7）创建的结构构件 2 作为要剪裁的实体，选择图 11-100 所示的 4 个实体边界作为剪裁边界，如图 11-100 所示，单击“确定”按钮✔，完成对管道的剪裁。

图 11-99　结构构件 2

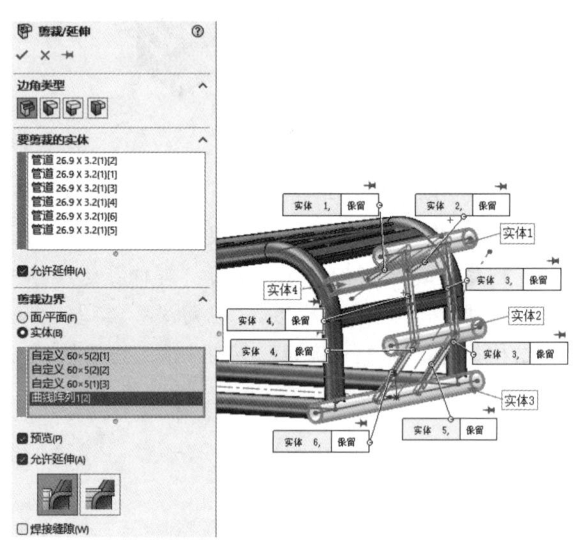

图 11-100　剪裁参数设置

扫一扫，看视频

11.3.5　创建顶端盖

【操作步骤】

（1）创建顶端盖。单击“焊件”选项卡中的“顶端盖”按钮，系统弹出“顶端盖”属性管理器，输入厚度为 5mm，选中“厚度比率”单选按钮，输入厚度比率为 0.5，选择图 11-101 所示的 8 个管道端口平面，单击“确定”按钮✔。

（2）隐藏草图。选择菜单栏中的“视图”→“隐藏/显示”→“草图”命令，如图 11-102 所示，设置为不显示草图，结果如图 11-103 所示。

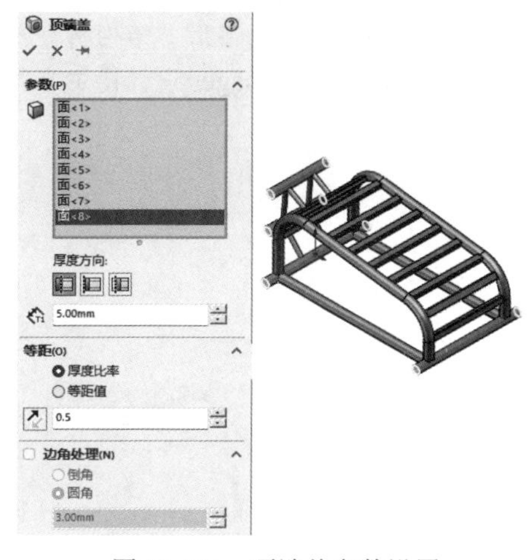

图 11-101　顶端盖参数设置

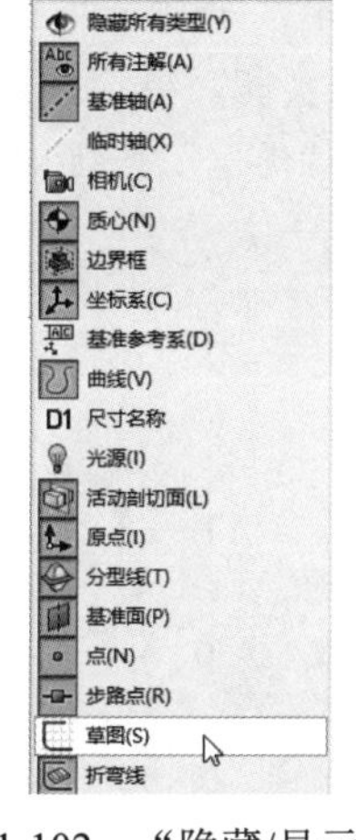

图 11-102　“隐藏/显示”菜单

图 11-103　健身器焊件实体

11.4　手推车车架

本节创建图 11-104 所示的手推车车架。

图 11-104　手推车车架

扫一扫，看视频

11.4.1　创建结构构件 1

【操作步骤】

（1）新建文件。选择菜单栏中的“文件”→“新建”命令，或者单击“快速访问”工具栏中的“新建”按钮，在弹出的“新建 SOLIDWORKS 文件”对话框中单击“零件”按钮，然后单击“确定”按钮，创建一个新的零件文件。

（2）绘制草图。在 FeatureManager 设计树中单击“前视基准面”作为草绘基准面，单击“草图”选项卡中的“中心线”按钮，绘制草图，如图 11-105 所示，单击“退出草图”按钮，退出草绘环境。

（3）绘制 3D 草图。单击“草图”选项卡中的“3D 草图”按钮，单击“直线”按钮和“绘制圆角”按钮，按 Tab 键切换坐标系，绘制 3D 草图，如图 11-106 所示。

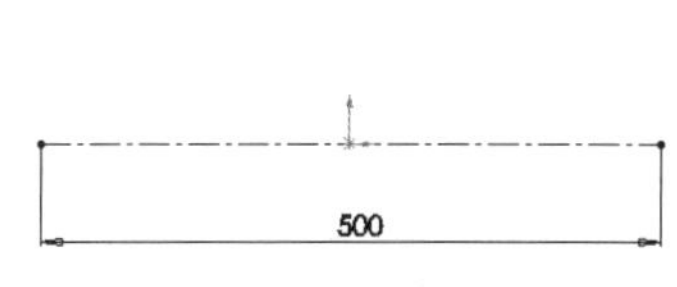

图 11-105　绘制草图

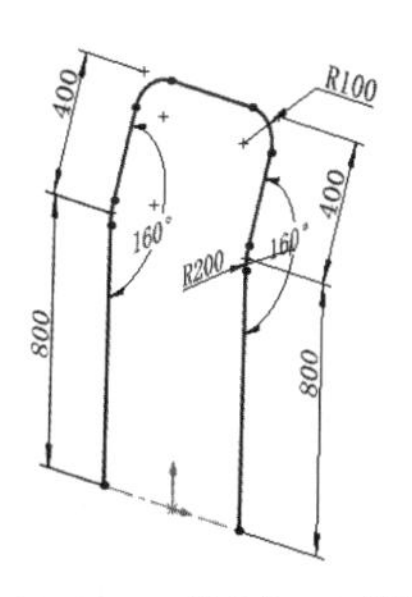

图 11-106　绘制 3D 草图

（4）创建结构构件 1。单击“焊件”选项卡中的“结构构件”按钮，系统弹出“结构构件”属性管理器，选择 iso 标准、“管道”类型，再选择 26.9×3.2 大小，在 FeatureManager 设计树中选择 3D 草图 1，如图 11-107 所示。单击“确定”按钮，结果如图 11-108 所示。

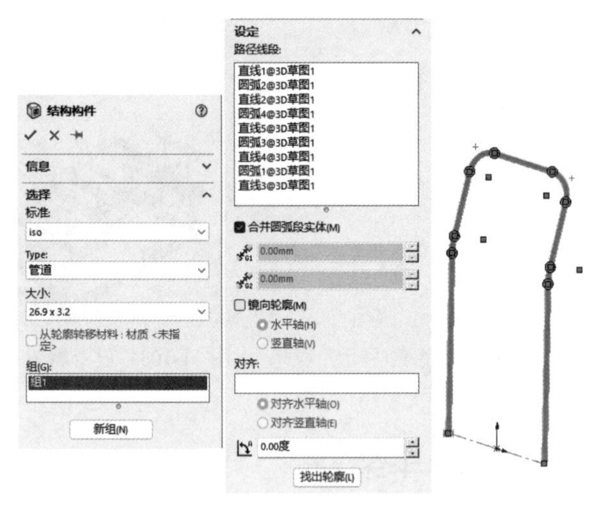

图 11-107 “结构构件”属性管理器

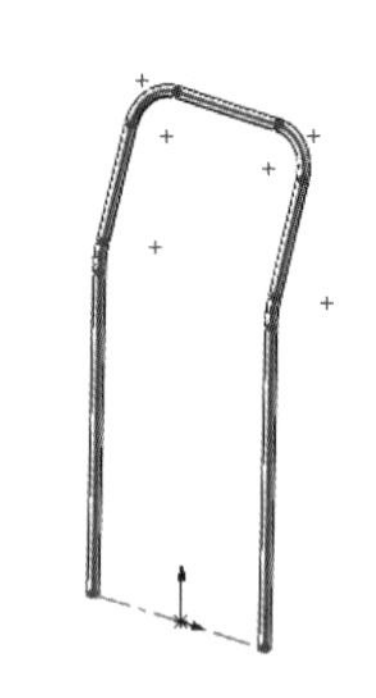

图 11-108 结构构件 1

扫一扫，看视频

11.4.2 创建结构构件 2

【操作步骤】

（1）创建基准面 1。单击“特征”选项卡中的“基准面”按钮，系统弹出“基准面”属性管理器，选择“右视基准面”作为第一参考，设置偏移距离为 90mm，勾选“反转等距”复选框，如图 11-109 所示。单击“确定”按钮，结果如图 11-110 所示。

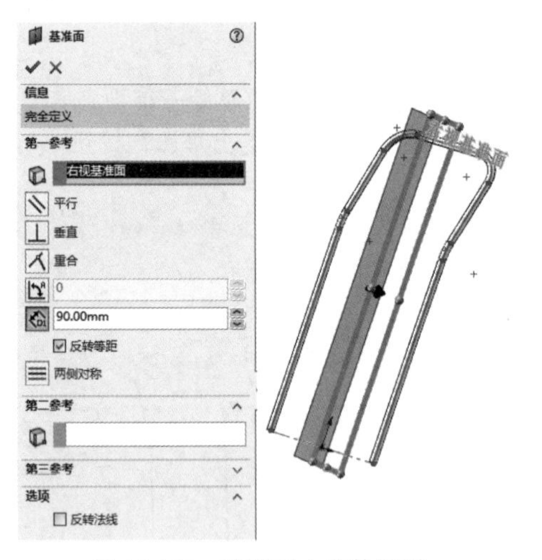

图 11-109 基准面 1 参数设置

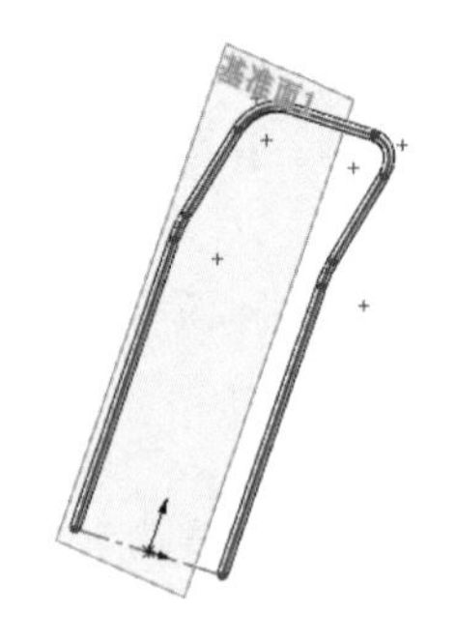

图 11-110 创建的基准面 1

（2）绘制草图 2。单击“草图”选项卡中的“草图绘制”按钮，单击“直线”按钮和“绘制圆弧”按钮，绘制草图 2 并标注其智能尺寸，设置图 11-111 所示的点 1 和点 2 的水平约束。

（3）创建结构构件 2。单击“焊件”选项卡中的“结构构件”按钮，系统弹出“结构构件”属性管理器，选择 iso 标准，选择“管道”类型，选择 26.9×3.2 大小，在 FeatureManager 设计树中选择草图 2，如图 11-112 所示。单击“确定”按钮，结果如图 11-113 所示。

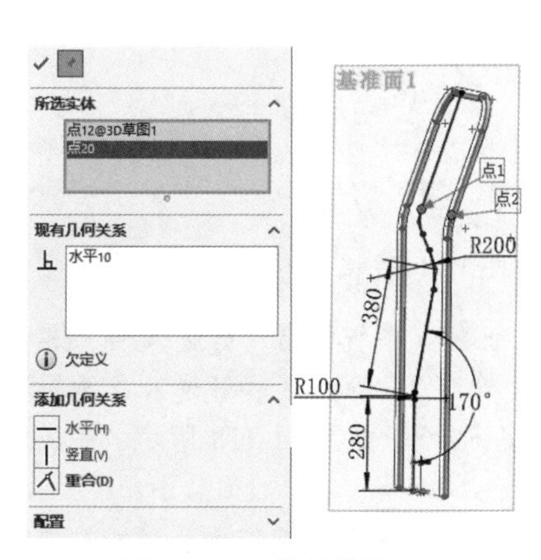

图 11-111　绘制草图 2

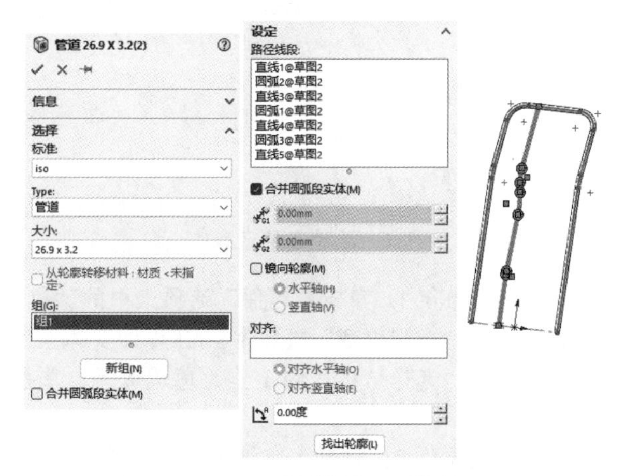

图 11-112　“结构构件”属性管理器

（4）创建阵列。单击“特征”选项卡中的“线性阵列”按钮，系统弹出“线性阵列”属性管理器，选择水平构造线确定阵列的方向，输入阵列间距为 180mm，设置实例数为 2，如图 11-114 所示。单击“确定”按钮，结果如图 11-115 所示。

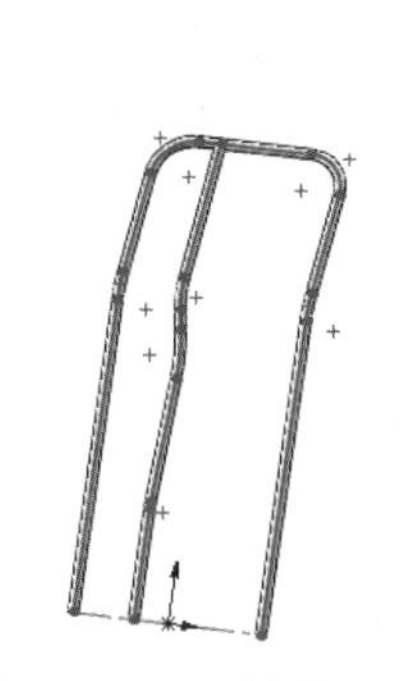

图 11-113　结构构件 2

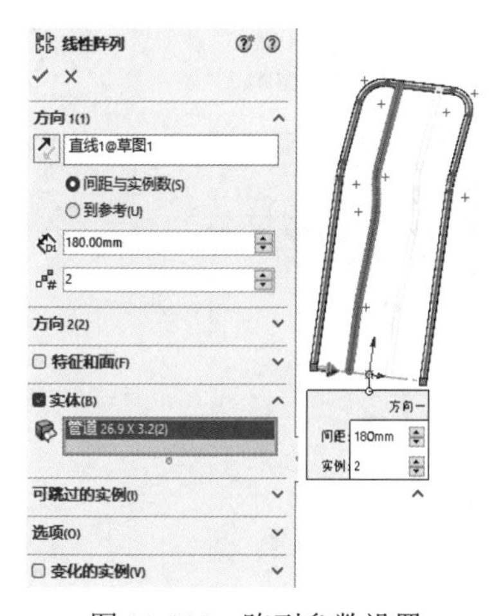

图 11-114　阵列参数设置

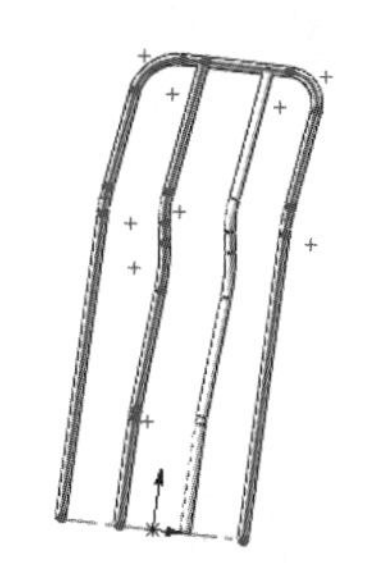

图 11-115　阵列结果

11.4.3　创建结构构件 3

【操作步骤】

（1）绘制 3D 草图。单击“草图”选项卡中的“3D 草图”按钮，单击“直线”按钮，过结构构件的中心，绘制 3 条直线，如图 11-116 所示。单击“退出草图”按钮，退出草绘环境。

（2）创建结构构件3。单击“焊件”选项卡中的“结构构件”按钮，系统弹出“结构构件”属性管理器，选择iso标准、“管道”类型，再选择26.9×3.2大小，添加结构构件，单击“确定”按钮，如图11-117所示。

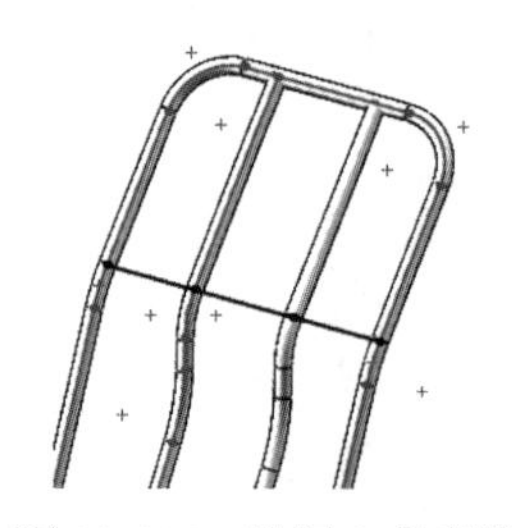

图11-116　绘制3条直线

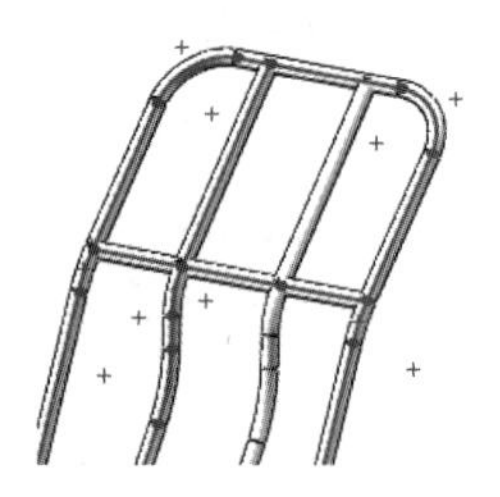

图11-117　结构构件3

（3）剪裁操作1。单击“焊件”选项卡中的“剪裁/延伸”按钮，系统弹出“剪裁/延伸”属性管理器，单击“终端剪裁”按钮，在焊件实体上选择管道1、管道2、管道3和管道4作为要剪裁的管道实体，选择结构构件1作为剪裁边界，单击“确定”按钮，如图11-118所示，完成对管道的剪裁。

（4）剪裁操作2。重复上述操作，在焊件实体上选择结构构件3的3条管道作为要剪裁的中间管道实体，选择结构构件2及阵列实体作为剪裁边界，如图11-119所示，单击“确定”按钮，完成对管道的剪裁。

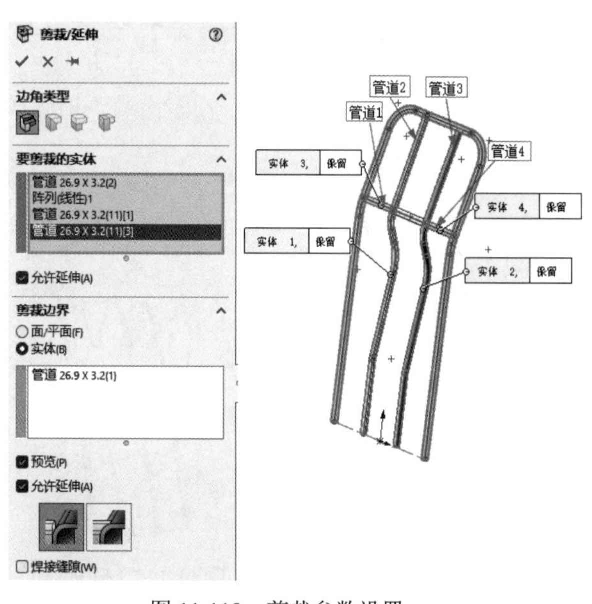

图11-118　剪裁参数设置

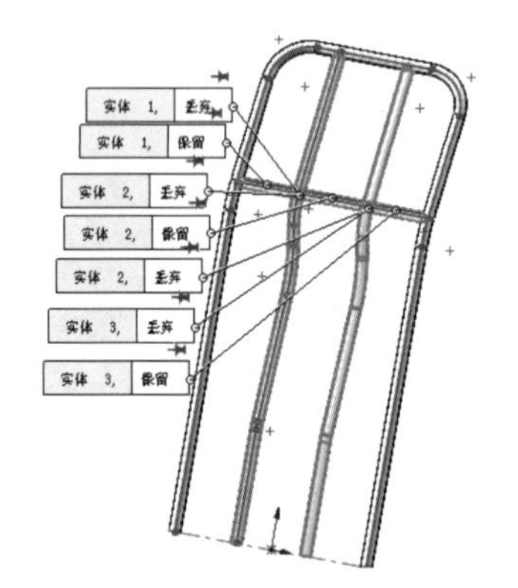

图11-119　剪裁结果

扫一扫，看视频

11.4.4　创建结构构件4

（1）绘制3D草图3。单击“草图”选项卡中的“3D草图”按钮，单击“直线”按钮和“绘制圆角”按钮，在YZ坐标平面内过结构构件的中心点绘制3D草图3，如图11-120所示。

（2）创建结构构件 4。单击“焊件”选项卡中的“结构构件”按钮，系统弹出“结构构件”属性管理器，选择 iso 标准、“管道”类型，再选择 26.9×3.2 大小，添加结构构件，单击“确定”按钮✔，如图 11-121 所示。

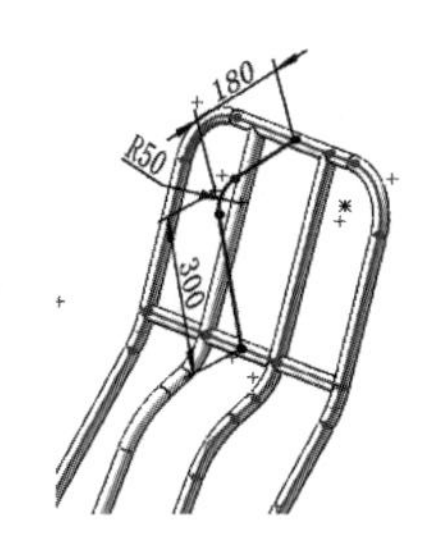

图 11-120　绘制 3D 草图 3

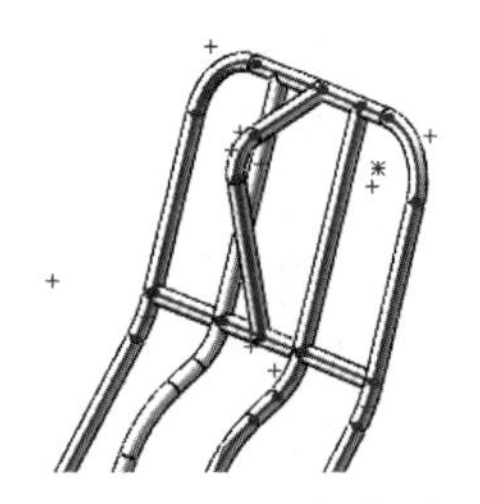
图 11-121　结构构件 4

（3）剪裁操作。单击“焊件”选项卡中的“剪裁/延伸”按钮，对结构构件 4 进行剪裁，如图 11-122 所示，单击“确定”按钮✔，剪裁完成，结果如图 11-123 所示。

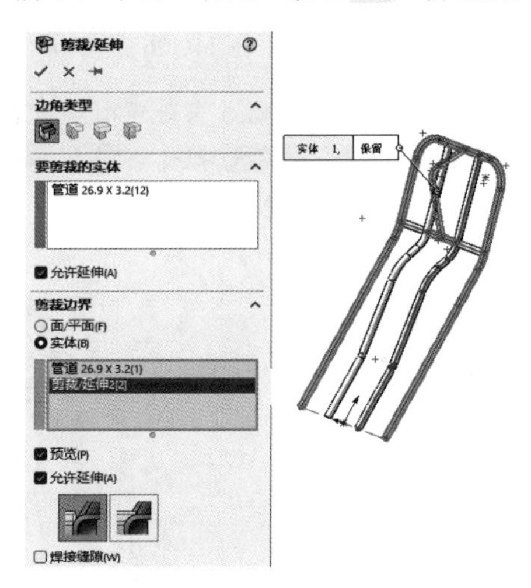

图 11-122　选择剪裁实体和边界

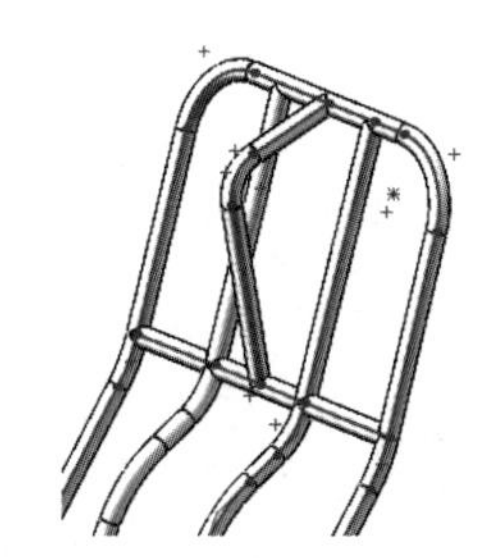
图 11-123　剪裁结果

11.4.5　创建钣金件

【操作步骤】

（1）绘制草图。选择“上视基准面”作为草绘基准面，单击“草图”选项卡中的“边角矩形”按钮绘制一个矩形，将矩形短边边线与结构构件 1 的外侧边设置共线约束，然后单击“草图”选项卡中的“智能尺寸”，在长边方形上标注其智能尺寸，如图 11-124 所示。

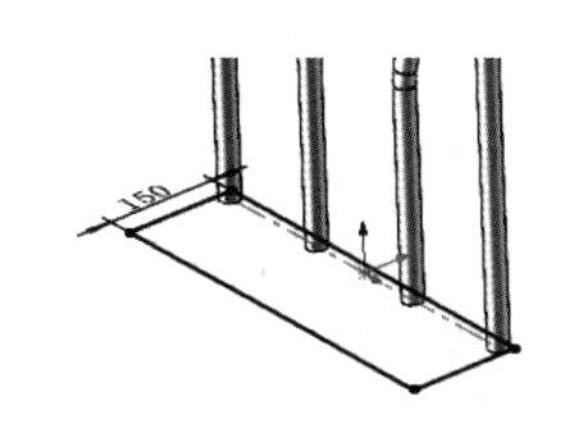

图 11-124　绘制矩形草图

（2）创建基体法兰。单击“钣金”选项卡中的“基体法兰/薄片”按钮，系统弹出“基体法兰”属性管理器，输入厚度为 5mm，其他设置如图 11-125 所示。单击“确定”按钮✔生成基体法兰，如图 11-126 所示。

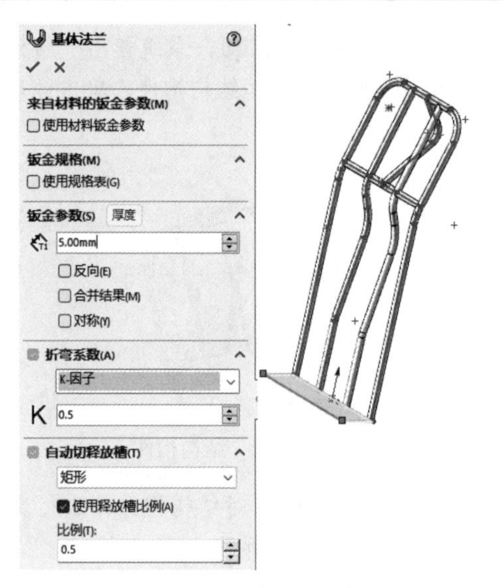

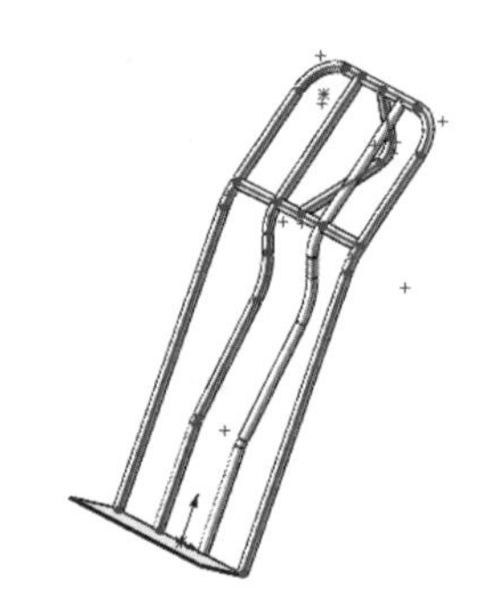

图 11-125 “基体法兰”属性管理器　　图 11-126 基体法兰

（3）创建边线法兰。单击“钣金”选项卡中的“边线法兰”按钮，系统弹出“边线-法兰 1”属性管理器，输入折弯半径为 5mm、法兰长度为 250mm，选择“内部虚拟交点”，其他设置如图 11-127 所示，单击“确定”按钮，生成边线法兰，如图 11-128 所示。

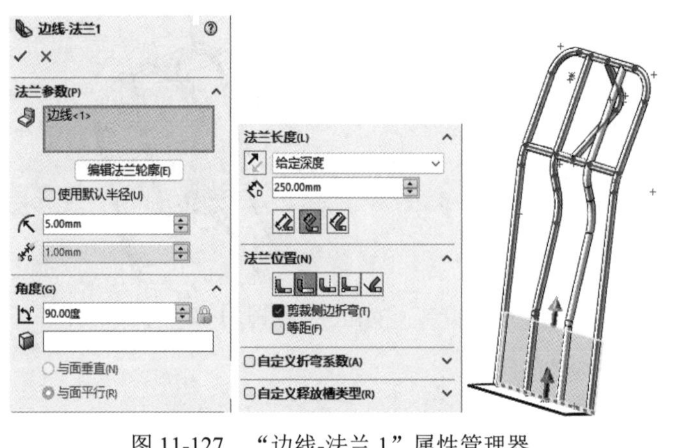

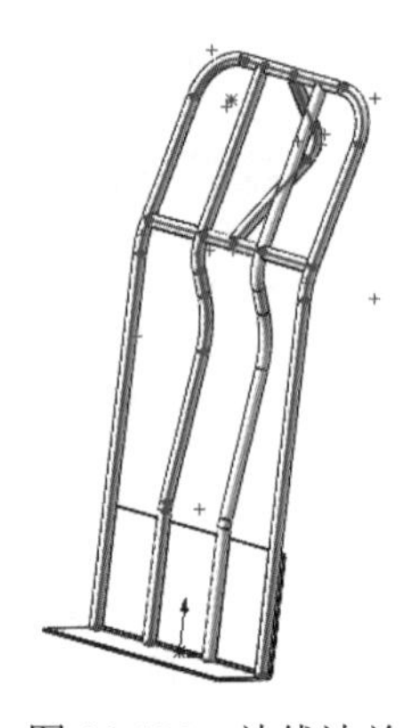

图 11-127 “边线-法兰 1”属性管理器　　图 11-128 边线法兰

扫一扫，看视频

11.4.6 创建拉伸及切除特征

【操作步骤】

（1）绘制草图 4。选择“右视基准面”作为草绘基准面，单击“直线”按钮和“转换实体引用”按钮，绘制草图 4，如图 11-129 所示。

（2）创建切除特征。单击“特征”选项卡中的“拉伸切除”按钮，系统弹出“切除-拉伸”属性管理器，选择草图 4，设置终止条件为“完全贯穿-两者”，如图 11-130 所示。单击“确定”按钮，结果如图 11-131 所示。

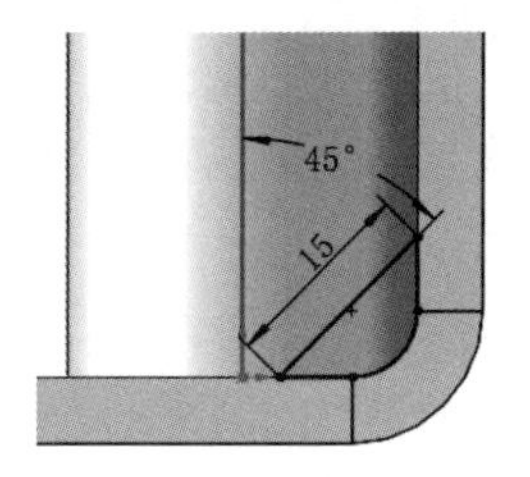

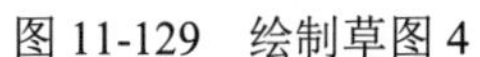
图 11-129　绘制草图 4

图 11-130　进行拉伸切除

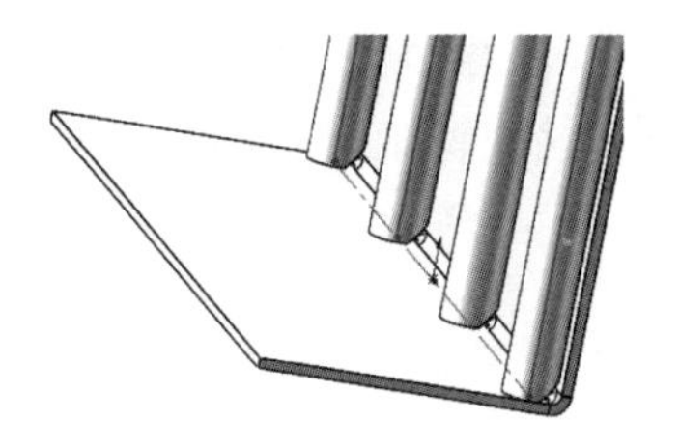

图 11-131　拉伸切除的结果

（3）绘制草图 5。选择图 11-132 所示的面作为草绘基准面，单击“草图”选项卡中的“边角矩形”按钮，绘制一个矩形并标注其智能尺寸，如图 11-133 所示。

（4）创建拉伸特征。单击“特征”选项卡中的“拉伸凸台/基体”按钮，系统弹出“凸台-拉伸”属性管理器，设置深度为 180mm，单击“确定”按钮生成拉伸实体特征，如图 11-134 所示。

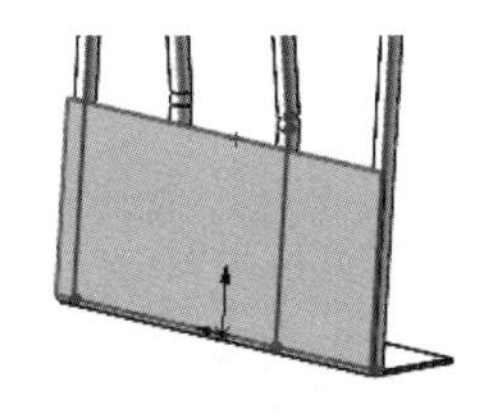

图 11-132　选择基准面

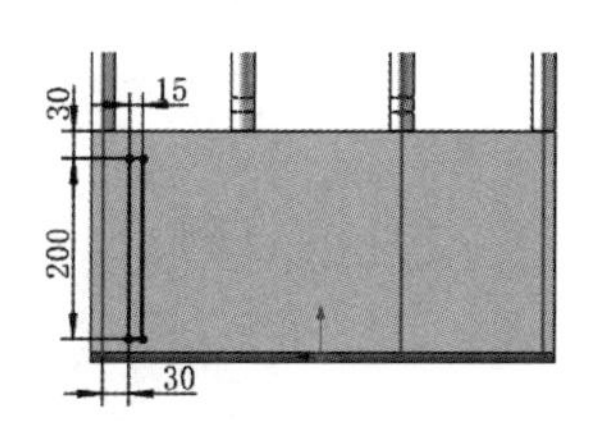

图 11-133　绘制草图 5

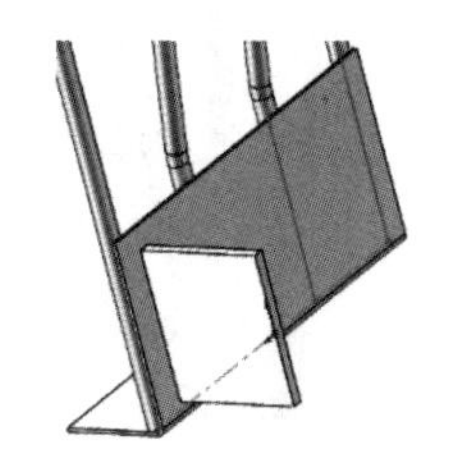

图 11-134　拉伸特征

（5）创建倒角特征。单击“特征”选项卡中的“倒角”按钮，系统弹出“倒角”属性管理器，选择“角度距离”选项，在“距离”输入框中输入 130mm，在“角度”输入框中输入 30 度，选择如图 11-135 所示。单击“确定”按钮生成倒角特征，如图 11-136 所示。

（6）绘制草图 6。选择拉伸实体的侧面作为草绘基准面，单击“直线”按钮绘制草图，标注其智能尺寸，如图 11-137 所示。

（7）创建拉伸切除特征。单击“特征”选项卡中的“拉伸切除”按钮，选择草图 6，系统弹出“切除-拉伸”属性管理器，设置终止条件为“完全贯穿”，单击“确定”按钮，如图 11-138 所示。

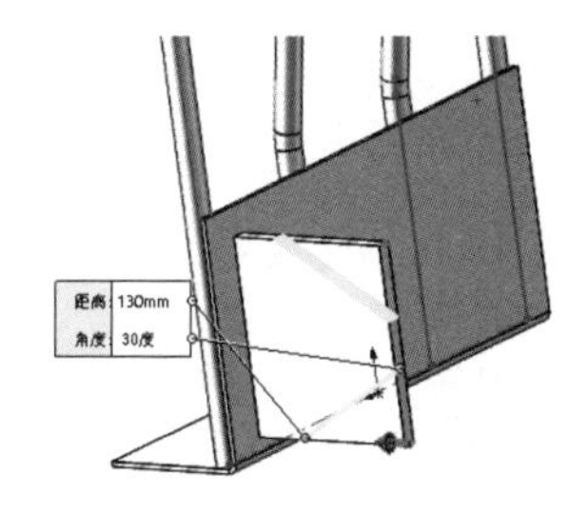

图 11-135　倒角参数设置

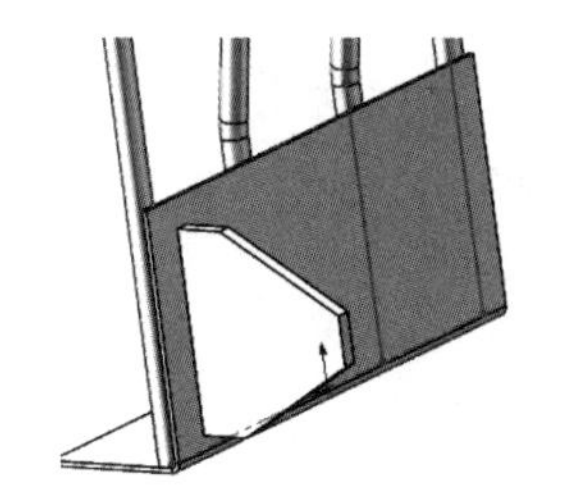

图 11-136　生成的倒角

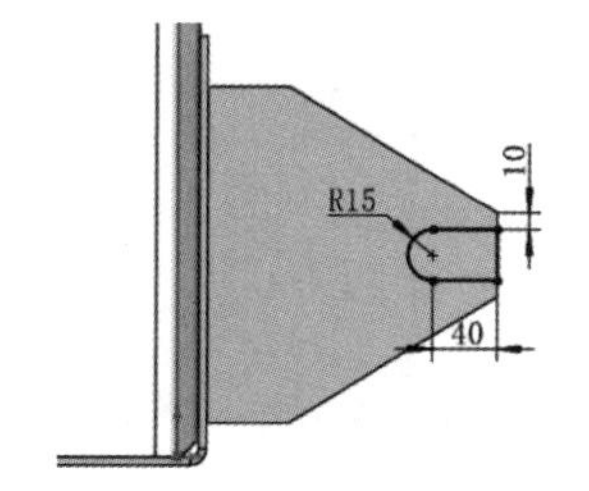

图 11-137　绘制草图 6

11.4.7　创建焊接特征

扫一扫，看视频

【操作步骤】

（1）创建角撑板特征。单击“焊件”选项卡中的“角撑板”按钮，系统弹出“角撑板”属性管理器，选择图 11-139 所示的两个面作为支撑面，单击“三角形轮廓”按钮，输入轮廓 d1 为 85mm，输入轮廓 d2 为 30mm，单击“两边”按钮，输入角撑板厚度数值 10mm，单击“轮廓定位于中点”按钮，单击“确定”按钮✓。

图 11-138　拉伸切除特征

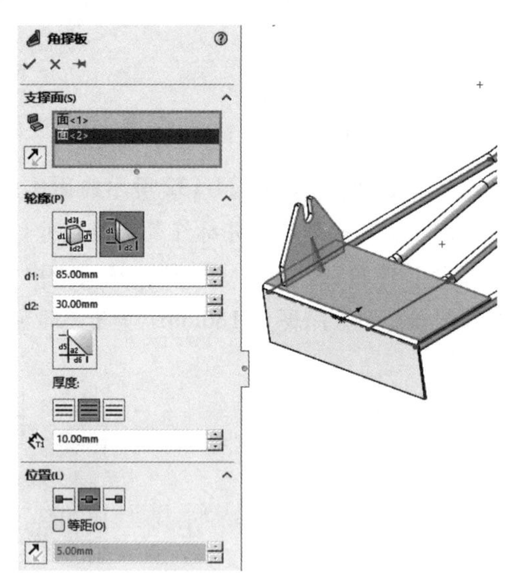

图 11-139　“角撑板”属性管理器

（2）创建圆角焊缝。单击“焊件”选项卡中的“圆角焊缝”按钮，系统弹出“圆角焊缝”属性管理器，选择“全长”焊缝类型，输入“圆角大小”为 5mm，勾选“切线延伸”复选框，选择拉伸实体的两侧面及角撑板的两侧面作为第一组面，选择边线法兰表面作为第二组面，如图 11-140 所示。单击“确定”按钮✓，结果如图 11-141 所示。

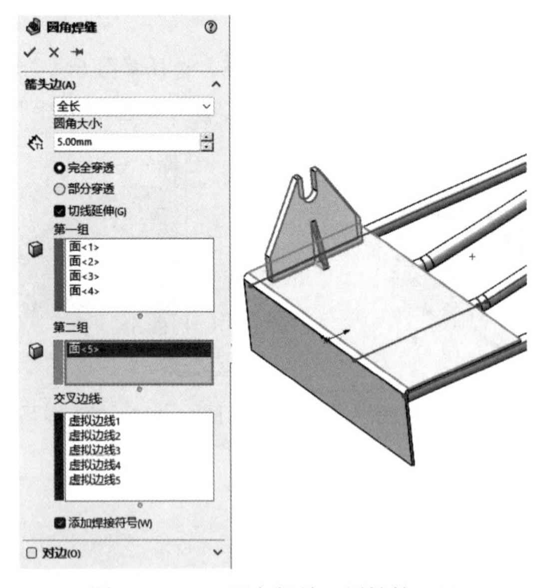

图 11-140　“圆角焊缝”属性管理器

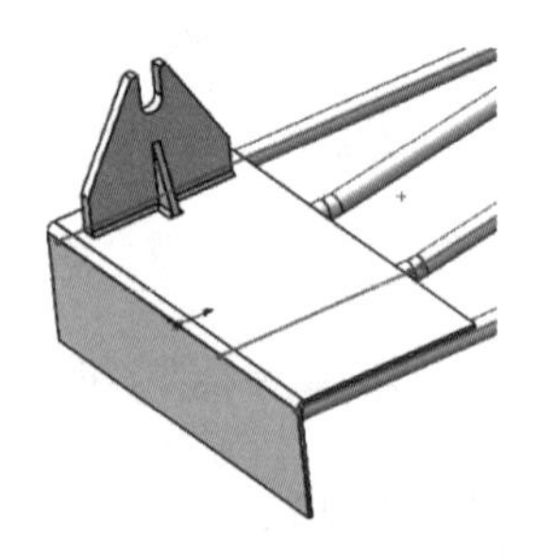

图 11-141　圆角焊缝

（3）创建镜向。单击“特征”选项卡中的“镜向”按钮，系统弹出“镜向”属性管理器，选择“右视基准面”作为镜向平面，在绘图区中选择拉伸实体、角撑板和圆角焊缝，如图 11-142 所示。单击“确定”按钮生成镜向特征，如图 11-143 所示。

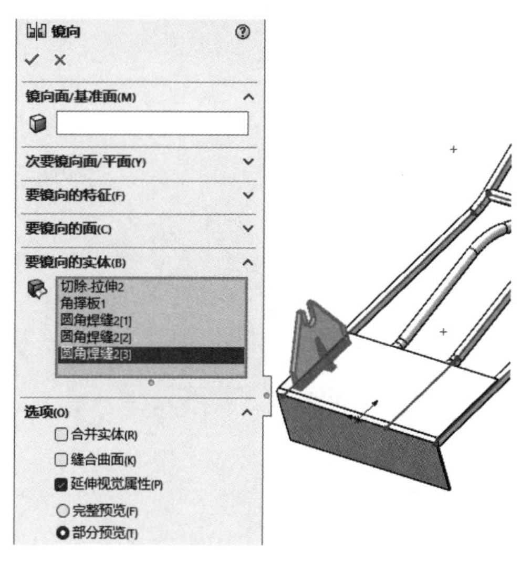

图 11-142　镜向参数设置

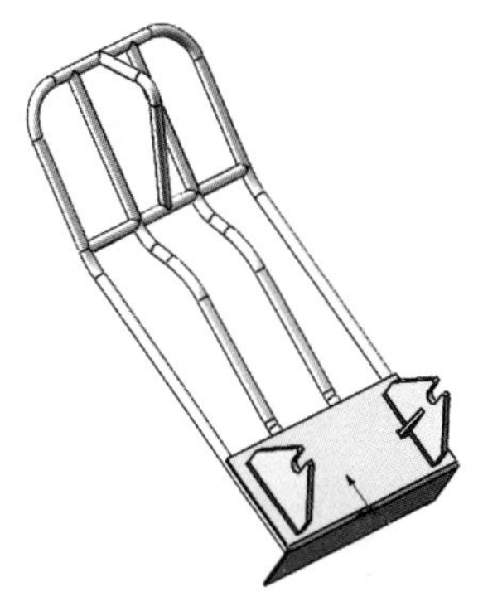

图 11-143　镜向特征